Wenger – Vogelspuren

Andreas Wenger

Vogelspuren

Entdecken und verstehen

Quelle & Meyer Verlag Wiebelsheim

Die Angaben in diesem Buch sind vom Autor und dem Verlag sorgfältig erwogen und geprüft, dennoch kann keine Garantie übernommen werden. Eine Haftung des Autors sowie des Verlags und seiner Beauftragten für Personen-, Sach- und Vermögensschäden ist ausgeschlossen.

Bibliografische Information der Deutschen Nationalbibliothek
Die Deutsche Nationalbibliothek verzeichnet diese Publikation in der Deutschen Nationalbibliografie; detaillierte bibliografische Daten sind im Internet über http://dnb.d-nb.de abrufbar.

Umschlagabbildungen: U1: Andreas Wenger (Abbildungen oben), Adobe Stock (D. G. Eirin: Möwe; emmapeel34: Hintergrund); U4: Andreas Wenger
Abbildungen Innenteil: Sofern nicht anders angegeben, stammen alle Abbildungen vom Autor.

Satz: Fabian Kaschinski (Quelle & Meyer Verlag GmbH und Co.)

Druck und Verarbeitung: Read Me Printing House, Warsaw
Printed in Europe/Imprimé en Europé

ISBN 978-3-494-02276-5

Inhalt

Abkürzungen

Abkürzungen werden in diesem Buch auf ein Minimum beschränkt. In den Tabellen und selten im Text sind sie gelegentlich unvermeidlich.

Beschreibung der Fußmorphologie

TS = Trittsiegel
TSB = Trittsiegelbreite
TSL = Trittsiegellänge
TSL^{oK} = Trittsiegellänge ohne Krallen
Z1 = Zehe 1, Hinterzehe, Hallux inklusive der Kralle
Z2 = Zehe 2, Innenzehe
Z3 = Zehe 3, Mittelzehe
Z4 = Zehe 4, Außenzehe
$Z1^{oK}$ = Zehe 1 ohne Kralle (Diese Abkürzung gilt sinngemäß auch für die anderen Zehen.)
K1 = Länge der Kralle des Hallux (Diese Abkürzung gilt sinngemäß auch für die Krallen der anderen Zehen.)
MT-Ballen = Metatarsalballen

Beschreibung von Gangarten

GA = Gangart
SB = Spurbreite
SL = Schrittlänge
GL = Gruppenlänge
ZGL = Zwischengruppenlänge
ZL = Zwischenlänge

Vorwort

„Vogelspuren sehen doch alle gleich aus und darüber hinaus lohnt es nicht, sich damit zu beschäftigen!"

Diese Meinung zu widerlegen und die Faszination des Spurenlesens mit einer möglichst großen Leserschaft zu teilen, ist Anliegen dieses Buches. Dabei ist Spurenlesen bei Säugetieren durchaus etabliert, beispielsweise im Monitoring von Wolf, Bär und Luchs. Doch bei Vögeln begegnet man der Spurenkunde allenfalls in der Jagdliteratur in Bezug auf Raufußhühner.

Seit 50 Jahren widme ich mich der Ornithologie, die Welt des Spurenlesens entdeckte ich vor etwa einem Jahrzehnt. Die präzise Methodik und die Aussagekraft einzelner Trittsiegel haben mich von Anfang an fasziniert. Besonders beeindruckte mich dabei die subtile, verfeinerte Art, auf diese Weise mit der Natur in Kontakt zu treten. Schon nach wenigen Jahren, einigen Kursen und Cybertracker-Evaluierungen erweiterte sich mein Blick auf die Natur in einer Weise, die ich als „altgedienter Waldschrat" kaum für möglich gehalten hätte.

Vogelspuren können tiefgründige Fragen beantworten: Welche Art war hier unterwegs? In welcher Gangart bewegte sich der Vogel? Wie viele Vögel waren es? Wann genau waren sie hier? Was hat das Tier an diesem Ort gemacht? Oder auch: Wie häufig wird ein bestimmtes Gebiet von Vögeln aufgesucht? Um zu zeigen, dass diese Tierklasse ebenso viel Aufmerksamkeit verdient wie die Säugetiere, wollte ich für den deutschsprachigen Raum ein vergleichbares Werk vorlegen, wie es Elbroch & Marks für Amerika geschaffen haben. Mit meiner langjährigen Erfahrung in der Vogelbeobachtung und meinem neuen Wissen als Spurenleser könnte das gelingen.

Zunächst musste ich allerdings selbst lernen und eine Vielzahl an Spuren sammeln. In den letzten zehn Jahren sind dabei über 100.000 Spurenfotos entstanden, hauptsächlich von Vögeln aus Europa, Asien, Afrika und Nordamerika. Besonders wertvoll für das Selbststudium war es, den Vogel zuerst zu beobachten (Art, Verhalten) und anschließend seine Spur genauer zu betrachten: die morphologischen Details, Maße, etwaige Gangarten und sonstige Zeichen. Zusätzlich habe ich viele Trittsiegel gezeichnet und die meisten fotografiert.

Eine weitere Quelle waren frischtote Vögel, zumeist Verkehrsopfer. Ich hatte Zugang zu einer Federnsammlung und durfte dort die frisch eingelangten Vögel untersuchen, vermessen und fotografieren. Bei der spurentechnischen Auswertung ist allerdings zu bedenken, dass zwar die Maße effektiv sind, morphologische Details wie Zehenbiegungen oder Öffnungswinkel sich jedoch von denen lebender Vögel unterschieden können. Besonders ausgeprägte Abweichungen sieht man bei Präparaten, deren Körperhaltung (einschließlich der Füße) sich eher an den ästhetischen Vorstellungen des Präparators orientiert.

Es blieben somit einige Fragen offen, insbesondere hinsichtlich der Fußmorphologie von Singvögeln. Diesbezüglich hatte ich das große Glück, an Vogelberingungen teilnehmen zu dürfen. Zunächst hatte ich vor, nur die Trittsiegellänge zu messen und die Füße von unten zu fotografieren. Diese Aufnahmen scheiterten jedoch, da die Vögel ihre Füße zu einer „Faust" ballten und mir die, für meine Forschung wichtigen, Unterseiten nicht zeigten. Die Lösung bestand darin, die Vögel auf eine Glasplatte zu setzen, um die Füße von unten abbil-

den zu können. In mehreren Entwicklungsschritten entstand schließlich ein Aufnahmeset, das brauchbare Ergebnisse lieferte, ohne die Gefiederten zusätzlich zu stressen. Freigelassen wurden sie dann über einen Lauftunnel mit einem feuchten Lehmbett auf der Bodenfläche. Dieses Verfahren ermöglichte es mir, von vielen heimischen Singvögeln Bilder der Fußunterseite zu machen und zudem Trittsiegel im Lauftunnel abzulesen.
Parallel dazu folgten umfangreiche Literaturrecherchen. Um grundlegende Untersuchungen zu Gangarten und Beinbewegungen zu finden, musste ich 60 Jahre zurückblicken. Arbeiten von Tilo Rüggeberg und Peter Kunkel aus dieser Zeit waren äußerst aufschlussreich und bestärkten mich in der Überzeugung, dass das Verständnis der Fußanatomie unerlässlich ist, um die Trittsiegel von Singvögeln richtig zu beurteilen. Daher werden in meinem Buch zu fast allen Vogelfamilien Bilder der Vogelfüße präsentiert. Auf welche Weise die Fußanatomie und damit auch die Trittsiegel die Lebensweise der Vögel widerspiegeln, zeigen eindrucksvoll die Arbeiten von Bernd Leisler über Rohrsänger und Schwirle. Im „Handbuch der Vögel Mitteleuropas“ fand ich wertvolle Hinweise zum Verhalten, zu den Gangarten und der Ernährung einzelner Arten sowie ein umfangreiches Literaturverzeichnis. Darüber hinaus habe ich zahlreiche weitere Quellen herangezogen, doch da dieses Buch als Bestimmungswerk konzipiert ist, habe ich Zitate auf ein Minimum beschränkt, um den Lesefluss für Nichtwissenschaftler zu erleichtern.
Die Grundlagen für das Buch waren nun gelegt, dennoch blieben einige Zweifel. Manche Vogelspuren konnte ich weiterhin nicht eindeutig bestimmen, und es fehlte noch an Vertrauen in meine eigene Expertise. Doch dann schenkte mir die Natur einige bestätigende Erlebnisse:
Entlang der Nordseeküste läuft ein Fahrweg, der bei Flut regelmäßig überschwemmt wird – ein ideales Gebiet, um Spuren von Watvögeln zu studieren. Und tatsächlich waren sie dort: Austernfischer, Kiebitze, Brachvögel und Rotschenkel – alle in unmittelbarer Nähe, gut zu beobachten, und auch viele Trittsiegel waren zu sehen. Ja, die genannten Arten konnte ich mittlerweile unterscheiden, doch eines der Trittsiegel passte nicht ganz ins Bild. Der Boden war härter, sodass mögliche Schwimmhäute nicht abdrückten, aber die Form der Zehen und diese eigenartigen Biegungen – das musste doch von einem Säbelschnäbler stammen. Nur war weit und breit kein solcher Vogel zu sehen. Hatte ich mich geirrt? Waren meine „inneren“ Schablonen für Watvögel falsch? Ratlosigkeit und ein wenig Frustration überkamen mich, bis wir nach einer Stunde erneut an derselben Stelle vorbeikamen. Und da standen sie nun: eine Gruppe Säbelschnäbler! Durch das Spurenlesen hatte ich sie bereits erkannt, bevor sie (wieder) sichtbar wurden – man muss seinen Kenntnissen nur vertrauen!
Ein weiteres Erlebnis erwartete mich in den Bergen: Nachdem ich mich intensiv mit den Spuren von Raufußhühnern beschäftigt hatte, fand meine Frau während einer gemeinsamen Reise nach Norwegen den Fuß eines Alpenschneehuhns. Dadurch konnte ich die Morphologie dieses Vogels im Detail studieren, insbesondere die dichte Befiederung, und im Schnee ausprobieren, wie ein Trittsiegel aussehen würde. Wie erwartet und bereits in anderen Büchern beschrieben, zeigte sich das charakteristische dreizipfelige, leicht verschwommene Abdruckmuster. Das sollte leicht wieder zu erkennen sein!
Einige Monate später in den österreichischen Voralpen: Durch den Klimawandel und veränderte Landnutzung steigt hier die Waldgrenze und Arten wie das Alpenschneehuhn wandern

ab. Für Spurenlesende ergibt sich eine spannende Aufgabe, die verbliebenen inselartigen Populationen dieser Art aufzuspüren. Tatsächlich entdeckte ich ein Trittsiegel, das von der Größe her passte – aber die Form überraschte mich. Die Zehen waren stark gespreizt und klar abgegrenzt, ganz anders als die bekannten Abdrücke. Sehen Schneehühner im Sommer gänzlich anders aus oder hatte sich ein Haselhuhn über die Baumgrenze verirrt? Zurückbleibende Fragezeichen sind keine Zusatzmotivation für eine geplante Autorenschaft. Die Antwort fand ich ein Jahr später. Auf einer weiteren Bergtour in einem anderen Gebiet hatte es Ende September bereits leicht geschneit. Beim Frühstück in der Berghütte beobachteten wir fünf dunkle Vögel mit weißen Flügeln – Alpenschneehühner, noch im Sommerkleid. Ihre Spuren waren leicht zu finden, und siehe da, sie entsprachen genau dem Abdruck, den ich damals in den Voralpen entdeckt hatte. Tatsächlich unterscheiden sich die Trittsiegel von Alpenschneehühnern je nach Jahreszeit deutlich. Der Wechsel ins Winterkleid bringt nicht nur ein anderes Aussehen mit sich, sondern verändert auch die Befiederung an der Fußsohle so stark, dass die Trittsiegel wirken, als stammten sie von zwei verschiedenen Arten.

Ein letztes Beispiel aus den Freuden und Herausforderungen eines Spurenlesers stammt aus Asien und zeigt, dass sich die Kunst des Spurenlesens auch international anwenden lässt: Erkenntnisse, die man über europäische Arten gewonnen hat, lassen sich ebenso auf andere Kontinente übertragen. Unsere Reise führte uns auf eine ornithologische Expedition nach Assam, eine nordöstliche Provinz Indiens. Zur Vorbereitung nahm ich mir vor, die etwa 600 Vogelarten der Zielregion sorgfältig zu studieren – darunter einige besondere Arten, die wir unbedingt beobachten wollten. In Indien angekommen, waren wir fast drei Wochen von früh bis spät unterwegs – eine „entspannte" Unternehmung. Trotzdem fand ich Zeit, an einem Flussufer nach Spuren Ausschau zu halten, was sich als äußerst lohnend erwies. Dort entdeckte ich zwei Trittsiegel, die mir aus Europa vertraut waren: eines vom Triel, nur etwas größer, und eines von einem Kiebitz. Diese Spuren gehörten hier zum Krabbentriel und zum Flusskiebitz – zwei Arten, die auf unserer Zielliste standen. Unsere einheimischen Führer waren beeindruckt, denn durch die Trittsiegel wussten wir bereits, dass diese Vögel in der Gegend vorkamen und wo wir sie suchen konnten. Tatsächlich gelang es, beide Arten an dieser Stelle später zu beobachten. Von diesem Zeitpunkt an hatten auch die mitreisenden Ornithologen mehr Verständnis dafür, dass ich meinen Blick eher auf den Boden als in die Baumkronen richtete.

Zurück daheim erwartete mich jede Menge unerledigte Schreib- und Recherchearbeit und die Einsicht, dass Autoren ihre Zeit besser am Computer – früher hätte man am Schreibtisch gesagt – verbringen sollten. Abgabetermine, auch wenn sie anfangs großzügig bemessen scheinen, rückten unerbittlich näher.

Eine große Herausforderung bestand darin, dass selbst in der Fachliteratur kaum Größenangaben zur Fußlänge von Vögeln zu finden sind. Auch beim Beringen wird zwar die Lauflänge gemessen, und gelegentlich die Innenfußspange, nicht jedoch der gesamte Fuß. Für dieses Buch war es daher notwendig, einen vollständig neuen Datensatz zu erstellen – und zwar für über 150 Nicht-Singvogelarten und etwa 100 Singvogelarten. Um repräsentative Daten zu erhalten, wurden pro Vogelart mindestens 20, nur in Ausnahmefällen weniger, meist jedoch deutlich mehr Fotos, Füße und Trittsiegel vermessen. Dabei habe ich bis zu

20 verschiedene Parameter erfasst. Aus dieser umfangreichen Datenmenge wurden die veröffentlichten Daten extrahiert, statistisch ausgewertet und in mehreren Schritten auf Plausibilität geprüft. Eine ähnliche Herangehensweise wurde für die Erhebung der Maße zu den verschiedenen Gangarten gewählt.
Doch Maße dienen Spurenlesenden meist nur als Zusatzkriterium. Das Hauptziel ist, Trittsiegel im Freiland anhand ihrer Morphologie zu erkennen – durch die Anordnung der Zehen, Proportionen und spezifische Druckpunkte. Aus einer möglichst großen Anzahl von Trittsiegeln habe ich deshalb versucht, einen Idealtypus herauszuarbeiten und diesen zeichnerisch darzustellen. Dieses typische Trittsiegel können Spurenlesende mit eigenen Funden aus dem Freiland vergleichen. Dabei stehen zwei Ansätze zur Verfügung: ein analytischer, bei dem man sich Schritt für Schritt anhand bestimmter Merkmale zur Bestimmung vorarbeitet, und ein anderer, bei dem man das Trittsiegel als Ganzes erfasst und es eher intuitiv erkennt. Im Buch möchte ich Unterstützung für beide Herangehensweisen bieten. Zusätzliche Abbildungen von Umrissen, Winkeln und verschiedenen morphologischen Details wie Ballenanordnung, Zehenkrümmungen und Schwimmhäuten sollen die analytische Vorgehensweise erleichtern, während Schablonenvorschläge das intuitive Erkennen fördern.
Diskutiert man über die Qualität von Bestimmungsbüchern, wird häufig erörtert, ob Zeichnungen oder Fotos besser ihren Zweck erfüllen. Zeichnungen erlauben es, besonders markante und charakteristische Merkmale hervorzuheben, wirken dadurch prägnant, spiegeln jedoch zugleich die subjektive Sichtweise des Autors wider. Fotos gelten als objektiver und zeigen die Realität scheinbar unverfälscht. Beide Ansätze haben ihre Berechtigung. Für dieses Buch war es mir wichtig, alle Zeichnungen selbst anzufertigen, um die – aus meiner Perspektive – typische Morphologie direkt zu vermitteln und Abweichungen zwischen Text und Abbildungen zu vermeiden. Auch der Großteil der Fotos stammt aus meinem Archiv; andere Bildautoren werden in den Bildlegenden erwähnt. Die Symbolbilder, die den Kapiteln über die Vogelfamilien vorangestellt sind, basieren auf eigenen Feldskizzen. Hervorragende Anregungen zum Zeichen von Vögeln finden sich in den Büchern und Videos von John Muir Laws.
Einige Vogelarten wie Spechte hinterlassen nur selten Trittsiegel am Boden, während ihre charakteristischen Bearbeitungsspuren von Bäumen sehr auffällig sind. Bei anderen Arten fallen die weißen Kotspritzer eher ins Auge als die dezenten Trittsiegel. Daher informiert das Buch auch über Fraßspuren, Exkremente und Speiballen. Spurenlesende, die diese Zeichen erkennen und deuten können, entdecken mehr und gewinnen ein umfassenderes Bild der Natur.
Als ich vor über drei Jahren die ersten Zeilen für dieses Buch schrieb, konnte ich das Ausmaß der bevorstehenden Arbeit – zum Glück – noch nicht erahnen. Allein das Kapitel über Singvögel beanspruchte ein halbes Jahr, das über Watvögel mehr als zwei Monate. Dennoch möchte ich nicht verschweigen, dass das Schreiben auch ein beglückender Prozess war. Es bedeutet, Gedanken, Erfahrungen und einzelne Beobachtungen in eine konkrete Form zu bringen und damit zu bewahren. Nun, am Ende des Zeichnens, Rechnens und Schreibens, hoffe ich, dass etwas Brauchbares entstanden ist. Ich wünsche allen Leserinnen und Lesern viele spannende Stunden in der Natur und freue mich, wenn dieses Buch dazu beiträgt!

Praxis des Spurenlesens

Dieses Buch lässt sich natürlich auch gemütlich zu Hause lesen: Man kann die Abbildungen in Ruhe ansehen, interessante Informationen gewinnen und sich an eigene Beobachtungen erinnern. Doch der wahre Zauber des Spurenlesens entfaltet sich draußen in der Natur – in direkter Begegnung und durch intensives, sinnliches Erleben. Dieser Abschnitt soll dazu einladen, die folgenden Kapitel nicht als Selbstzweck zu betrachten, sondern als Wissensquelle und Begleitung für eigene Erkundungen. Denn Spurenlesen allein führt oft nur langsam zum Erfolg und birgt die Gefahr, immer nur die eigene Sichtweise zu bestätigen. In Begleitung – sei es mit diesem Buch oder in einer Gruppe Gleichgesinnter – wird es hingegen spannender und bereichernder. Daher begeben wir uns auf einen gemeinsamen, virtuellen Rundgang, um Fragen zu erkunden, wie sie in der Praxis auftauchen.

Was suchen wir?

Es geht um **Spuren und Zeichen**, also um indirekte Nachweise, dass sich bestimmte Vogelarten im Gebiet aufhalten oder aufgehalten haben. Unter Spuren verstehen wir Trittsiegel und Fährten, die hier auch Spurgruppen genannt werden. Zeichen sind mannigfaltig und wir konzentrieren uns auf Fraßspuren und Ausscheidungen. Oft lenken erst die Zeichen unsere Aufmerksamkeit auf bestimmte Arten, da sie auffälliger sein können als Spuren. So prüfen erfahrene Spurensucher etwa an Gewässerrändern oder Schlammflächen zunächst die markanten, weißen Exkrement-Kleckse , die verlässlich auf Rallen oder Watvögel hinweisen, bevor sie nach Trittsiegeln suchen. Bei manchen Arten wie Spechten lassen sich Nachweise nahezu ausschließlich über Zeichen finden, die sie bei der Nahrungssuche hinterlassen – etwa Rindenabschläge oder Löcher in Ameisenhaufen.

Was brauchen wir?

Spurenlesen benötigt an sich nur die menschlichen Sinne, allenfalls ergänzt durch einen (kurzen) Maßstab.

Wo suchen wir?

Eine häufige Aussage lautet: „*Bei mir gibt es keine Vogelspuren …*", doch sie spiegelt meist nur eine subjektive Wahrnehmung wider. Tatsächlich sind wir von Vogelspuren umgeben – wir müssen lediglich lernen, genauer hinzusehen, als eine Art „*Schule der Wahrnehmung*". Während Zeichen wie Federn oder Fraßspuren fast überall zu finden sind, konzentrieren sich Trittsiegel vor allem auf bestimmten Untergründen.
Vielfach wird das Spurenlesen mit Schnee in Verbindung gebracht, und tatsächlich bietet der Winter interessante Möglichkeiten. So werden Hühnervögel und Waldschnepfen plötzlich sichtbar, und längere Fährten lassen sich verfolgen, etwa um die Nahrungssuche von Rabenvögeln nachzuvollziehen. Ein Nachteil ist jedoch, dass in vielen Regionen Europas Schnee entweder selten oder von kurzer Dauer ist. Auch die Schneequalität spielt eine Rolle, wobei Trittsiegel am besten auf dünner Schneeschicht über gefrorenem Boden sichtbar sind.

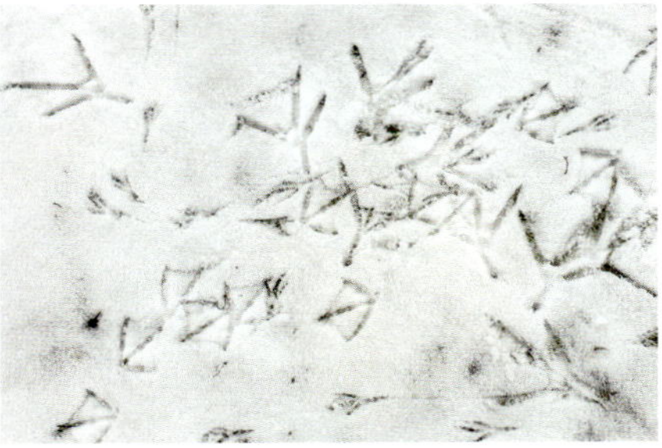

Schnee eignet sich als idealer Spurgrund: Drei verschiedene Vogelarten haben hier ihre Trittsiegel hinterlassen.

Eine Uferzone an einem großen Fließgewässer: Obwohl die Watvögel bereits weitergezogen sind, lässt sich ihre Anwesenheit anhand der Spuren nachweisen.

Schlammige oder feinsandige Uferzonen bieten ebenfalls hervorragende Bedingungen zum Spurenlesen. Dort lassen sich Entenvögel, Rallen, Watvögel, Möwen und Singvögel wie Krähen, Gebirgs- und Bachstelzen beobachten. Wassernahe Areale unterliegen einer hohen Dynamik, die wir nutzen können. Im Binnenland sind das Abfolgen von meist niederschlagbedingten Hoch- und Niedrigwässern. Günstige Verhältnisse zum Spurenlesen finden sich nach hohen Wasserständen, wenn diese langsam sinken und Schlammflächen freigeben, die nährstoffreich sind und viele Vögel anziehen. Ähnliche Verhältnisse schafft der Gezeitenhub an Flachküsten.

Andere großflächige Offenstellen findet man in Sandgruben oder im Bereich von Großbaustellen. Feine Sand- oder Staubauflagen ermöglichen deutliche Fußabdrücke von Flussregenpfeifern, vielleicht sogar einmal vom seltenen Triel, von Tauben und Rabenvögeln, Piepern, Lerchen und Bachstelzen. Ähnlich gute Bedingungen bieten Feldränder von Mais oder Hackfrüchten, besonders wenn sie feinkörnig sind oder bewässert wurden.

Auf dieser Sandfläche in der Feldflur zeigten sich Trittsiegel von Fasanen, Rebhühnern und Turteltauben.

Diese weitläufige Sandfläche ist durch Dammbauten entstanden. Auf ihr lässt sich eine Vielzahl verschiedener Spuren finden

Wasserpfützen in einer reich strukturierten Agrarlandschaft. Diese Pfützen sind hervorragende Quellen, um badende, trinkende oder nahrungssuchende Vogelarten zu entdecken.

Ein unterschätzter Spurgrund sind Wasserpfützen auf unbefestigten Feld- oder Waldwegen. Im Zuge der Austrocknung bildet sich oberflächlich ein Tonhäutchen, das Spuren in allen Details wiedergibt. Viele Arten der Feldflur trinken oder baden häufig und lassen sich an solchen Orten nachweisen, andere nutzen sie als regenwurmreiche Nahrungsquelle. Kontrolliert man gezielt diese Stellen, kann man sich einen guten Überblick über das Vorkommen unterschiedlicher Drosselarten, von Staren, Rabenvögeln, Tauben und verschiedenen Finken verschaffen.

Auch technische Bauwerke können spannend sein, besonders die Bereiche unter Brücken. Ob matschige Randstreifen oder Bermen, hier finden sich oft Spuren, auch von Vögeln. Dank der geschützten Lage bleiben diese Spuren dort oft lange erhalten.

Mit diesem Wissen kann man nun gezielt ein Gebiet kennenlernen, die einzelnen Spurgründe lokalisieren und systematisch aufsuchen. Doch das ist nur eine Facette des Spurenlesens. Eine weitere, eher intuitive Herangehensweise besteht darin, absichtslos, aber mit wachen Sinnen und ergebnisoffen durch die Landschaft zu streifen. Diese Methode führt oft zu überraschenden wie unerwarteten Erlebnissen.

Licht oder Schatten

Oft gehen wir achtlos an Spurgründen vorbei und übersehen die feinen Hinweise, die sie verbergen. Viele Vogelarten sind leicht und hinterlassen nur dezente Spuren, die nicht so auffällig sind wie die von größeren Säugetieren. Ob wir diese zarten Spuren erkennen, hängt maßgeblich von den Lichtverhältnissen ab.

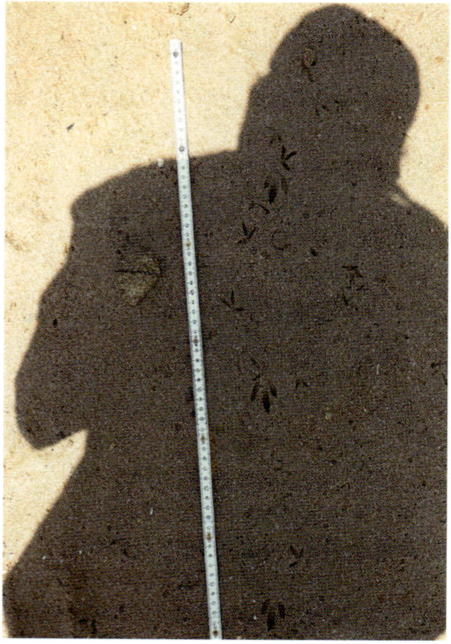

Licht und Schatten: An diesem Strand in Südeuropa waren zunächst keine Spuren sichtbar. Erst als Schatten auf die Fläche fiel – mangels anderer Optionen mithilfe des eigenen Körpers –, wurden überraschend ganze „Teppiche" von Seeregenpfeifer-Spuren und die eines Triels sichtbar. Ein Maßstab ist bei der Spurendokumentation unerlässlich, auch wenn er optisch störend wirken kann. In diesem Fall könnten allerdings Messabweichungen auftreten, da der Maßstab zu lang ist und nicht nah genug an den Trittsiegeln liegt (siehe Abschnitt „Hinweise zum Messen").

An Meeresküsten etwa lässt grelles Sonnenlicht feine Trittsiegel verschwimmen und Details verschwinden. Eine einfache Möglichkeit, Abhilfe zu schaffen, ist das Beschatten der Fläche – entweder mithilfe eines Sonnenschirms oder mit dem eigenen Schatten. Plötzlich wird die zuvor überstrahlte Fläche strukturiert und enthüllt einen „Teppich" feiner Trittsiegel.
Ähnlich schwierig ist die Beobachtung im Wald, wo auf feuchten Stellen ein Spiel aus Licht und Schatten die Wahrnehmung von Spuren stört. Nur durch gezieltes Beschatten lassen sich hier die Abdrücke von beispielsweise einer Waldschnepfe erkennen.
Generell werden feine Abdrücke besonders gut sichtbar, wenn man das Auge nah am Boden hat und gegen die Sonne schaut. Diese Technik hilft auch, Details klarer zu erfassen. In manchen Fällen kann eine zusätzliche Lichtquelle die Erkennung unterstützen.

Wie gehen wir vor?

Haben wir nun tatsächlich eine Vogelspur entdeckt, stürzen wir freudig darauf los, um sie genauer zu untersuchen. Das ist verständlich, schränkt aber unsere Wahrnehmung ein, weil in der Eile oft wichtige Aspekte übersehen und zusätzliche Zeichen zerstört werden. Ein von Mark Elbroch vorgestelltes dreistufiges Vorgehen zur Analyse von Spuren stellt ein ausgezeichnetes Beispiel für eine systematische und gut durchdachte Methode der Naturbeobachtung dar.

- **Luftperspektive**. Diese Phase fordert uns auf, das größere Bild zu betrachten. Hierbei sollten wir uns fragen, welche Vogelarten in dem jeweiligen Lebensraum vorkommen könnten und wie die saisonalen Veränderungen die Vogelaktivität beeinflussen. Die Beurteilung der Lebensräume und der Zeit im Jahr – ob es sich um Brutzeit oder Zugzeit handelt – ist entscheidend, um die Artenvielfalt zu verstehen und die Spuren im richtigen Kontext zu interpretieren.
- **Perspektive „im Stehen"**. In dieser Phase geht es darum, die unmittelbare Umgebung zu analysieren. Wir sollten prüfen, ob es sich um Einzelspuren oder eine ganze Spurengruppe handelt. Das Finden zusätzlicher Spuren oder Zeichen anderer Tiere kann wichtige Informationen darüber liefern, welche Arten sich in diesem Gebiet aufhalten und wie sie miteinander interagieren.
- **„Dirt Time"**. Erst in dieser letzten Phase bewegen wir uns näher an die Spur heran und beginnen, sie detailliert zu untersuchen. Das Niederknien, um die Spuren aus der Nähe zu betrachten, erlaubt es uns, Feinheiten zu erkennen, die aus der Ferne nicht sichtbar sind. Hier können wir Detailinformationen gewinnen, die beispielsweise eine Bestimmung auf Artniveau ermöglichen.

Durch diese strukturierte Herangehensweise maximieren wir die Chance, wertvolle Informationen zu sammeln und ein umfassenderes Bild der Vogelwelt in einem bestimmten Lebensraum zu erhalten.

Was möchten wir herausfinden?

Spurenlesen bedeutet, Fragen zu stellen! Die individuellen Interessen der Spurenlesenden sind vielfältig und sollten hier nicht eingegrenzt werden. Allerdings können einige standardisierte Fragen bereits helfen, grundlegende Informationen zu sammeln.

- **Wer?** Idealerweise sollten wir das Trittsiegel einer bestimmten Vogelart zuordnen können, in manchen Fällen zumindest einer Vogelfamilie.
- **Wie hat sich der Vogel verhalten?** Hierbei betrachten wir die Gangart: Ist der Vogel gegangen oder gelaufen? Hat er gestanden? Damit können wir auf sein Verhalten schließen – hat er geruht, getrunken oder gefressen?
- **Wie viele?** Diese Frage bezieht sich auf die Sozialstruktur. Manche Arten wie die Amsel sind meist allein unterwegs, während Stare (die spurenmäßig schwer zu unterscheiden sind) häufig in größeren Gruppen anzutreffen sind.
- **Wer noch?** In guten Spurgründen sind oft weitere Spuren erkennbar. Dazu können Säugetiere (häufig Mäuse), andere Vögel sowie potenzielle Beutetiere wie Insekten, Spinnen und Würmer gehören.
- **Warum?** Wir können etwa herausfinden, welche Arten gerne baden, häufig trinken, an bestimmten Orten Nahrung suchen oder Magensteinchen benötigen. Diese Frage zielt auf das Verhalten ab, unterstützt aber auch die Artbestimmung.
- **Wann?** Der Alterungsprozess von Trittsiegeln ist ein komplexes Thema beim Spurenlesen. Er hängt von Faktoren wie Substrat und Witterungsverhältnissen ab und kann zu erheblichen Fehleinschätzungen führen. Beispielsweise kann ein Trittsiegel, das ein Haushuhn in frischen Beton gesetzt hat, Jahrzehnte überdauern, während die Spur einer Bekassine im Seichtwasser innerhalb von Sekunden verrinnt. Andererseits können auch ältere Trittsiegel frisch wirken, wenn sie in trockenem Lehm eingebettet sind. In manchen Fällen hat die Altersbestimmung bei Vogelspuren durchaus praktische Bedeutung. Beispielsweise macht es einen Unterschied, ob das Trittsiegel einer Limikole aktuell aus der Brutzeit stammt oder vor einigen Monaten während des Vogelzuges gesetzt wurde.

Bestimmung von Vogelspuren

Hat man sich lange und intensiv mit Vogelspuren beschäftigt, ist das keine Frage der Analyse, sondern ein intuitives Zuordnen. Die Gesamtheit eines Trittsiegels mit den erwähnten weiteren Perspektiven rastet dabei wie in eine Schablone ein – in ein zuvor geprägtes inneres Bild. Diese Form des „Erkennens auf den ersten Blick“ kennen auch viele Ornithologen unter dem Begriff „Jizz“. Dieses innere Bild ist jedoch subjektiv und nur bedingt vermittelbar – es lässt sich nicht vollständig lehren oder aus Büchern lernen. Stattdessen entsteht es durch Eigenerfahrung, durch zahlreiche analytische Bestimmungen und nicht zuletzt durch Fehler, aus denen wir am meisten lernen. Es ist erwähnenswert, dass beide Ansätze nicht immer zur richtigen Bestimmung führen. Je mehr wir uns jedoch an der Analyse versucht haben, desto verlässlicher wird die intuitive Methode.
Zum Üben des Analyseverfahrens ist es anfangs besser, klar abdrückte, vollständige Trittsiegel auszuwählen. Dann gelingt es meist, diese in folgender Reihenfolge zu betrachten:

- **Grundtypus** (siehe Kapitel Einleitung). In den meisten Fällen lässt sich ein Trittsiegel einem der fünf Grundtypen zuordnen: klassischer Vogelfuß, Fuß mit reduziertem Hallux, Fuß mit zwei Schwimmhäuten, Ruderfuß oder zygodactyler Fuß. Besonders bei Ruderfüßen und zygodactylen Füßen ist die Auswahl der möglichen Arten dann bereits deutlich eingeschränkt. Nur selten ist die Zuordnung schwierig, zum Beispiel wenn Schwimmhäute nicht vollständig abgedrückt sind und dadurch mit „reduziertem Hallux" verwechselt werden.
- **Dimension**. Die wichtigste Dimension ist die TSL (Trittsiegellänge inklusive der Krallen). Im Anhang sind alle im Buch behandelten Arten größenmäßig gelistet.
- **Eingrenzung der Möglichkeiten**. Durch die Kombination von Grundtypus und Dimension lässt sich die Artenauswahl oft auf eine überschaubare Zahl eingrenzen. Weitere Informationen zur Differenzierung bieten die jeweiligen Artkapitel. Dies ist besonders bei Singvögeln hilfreich, für die ein einleitendes Kapitel einen Überblick über diese umfangreiche Familie bietet.
- **Nutzung der Artkapitel.** Die Bestimmung von Trittsiegeln beruht auf einer Kombination aus Messdaten, Proportionen und morphologischen Details, die meist spezifisch für einzelne Vogelfamilien sind. Die Artkapitel enthalten Abbildungen relevanter Details und teilweise auch Schablonen, die den intuitiven Zugang unterstützen. Zudem werden in jedem Kapitel mögliche Verwechslungen aufgezeigt, und der Bestimmungsprozess wird präziser, wenn man diese Alternativen mitberücksichtigt.
- **Häufige Arten und Wahrscheinlichkeit.** Es hilft, sich zuerst mit den häufigsten Arten vertraut zu machen, da die Wahrscheinlichkeit groß ist, dass ein fragliches Trittsiegel von einer dieser Arten stammt.
  - Binnenlandgewässer: Häufig anzutreffen sind Stockente, Graureiher, Flussuferläufer, Waldwasserläufer, Bekassine, Lachmöwe sowie Gebirgs- und Bachstelze.
  - Küstenbereiche: Silber- und Mittelmeermöwe, Austernfischer und andere Limikolen wie Alpenstrandläufer, Knutt oder Pfuhlschnepfe.
  - Pfützen und kleine Wasserstellen: Ringel- und Türkentaube, Raben- und Nebelkrähe, Dohle, Amsel, Singdrossel, Star, Buchfink und Bachstelze.

Wenn an einem dieser Lebensräume ein Trittsiegel entdeckt wird, kann man zunächst die hier genannten Arten auf Übereinstimmung prüfen. Dabei entwickelt sich mit der Zeit das beschriebene „innere Muster" an Schablonen. Ein besonderer Moment ist erreicht, wenn man zum Beispiel am Flussufer ein Trittsiegel mit Schwimmhäuten entdeckt und intuitiv spürt: *„Das sieht irgendwie anders aus – eine Stockente oder Lachmöwe kann das nicht sein!"* An diesem Punkt ist ein großer Schritt in der Spurenkunde getan.

Bemerkungen zum Fotografieren von Spuren

Angesichts der täglichen Flut an Bildern und Eindrücken, die viele von uns überschwemmen, erscheint eine kritische Auseinandersetzung mit der überbordenden Fotografie durchaus angebracht. Ein wesentlicher Gedanke des Spurenlesens besteht darin, eine

unmittelbare Beziehung zur Spur herzustellen, die die Natur für uns bereithält. Ein sofortiges Fotografieren, um die Spur festzuhalten und später am Computer zu betrachten, kann diesen Fluss jedoch unterbrechen, ablenken und uns die Gelegenheit nehmen, zusätzliche Details zu entdecken, die nur vor Ort sichtbar sind. Eine feinere Methode ist das zeichnerische Festhalten von Trittsiegeln, was uns zu mehr Ruhe und Aufmerksamkeit anregt und einen flüchtigen Blick in bewusstes Sehen verwandelt.
Dennoch ist eine ergänzende Fotodokumentation oft sinnvoll – idealerweise jedoch erst nach eingehender Betrachtung vor Ort. Fotos können bei komplexen Bestimmungsfragen und für präzise Messungen hilfreich sein. Besonders dann, wenn man die Bilder mit anderen teilen möchte, sollte man einige Kriterien beachten, die sich an den beschriebenen Perspektiven orientieren:

- **Metadaten.** Der Zeitpunkt und Ort der Aufnahmen sind wesentliche Informationen.
- **„Luft-Perspektive" – Lebensraum/Habitat.** Ein oder mehrere Fotos sollten den Landschafts- und Lebensraumcharakter vermitteln. So lässt sich erkennen, ob es sich zum Beispiel um Wald, Agrarland oder Küste handelt und ob die Umgebung aus Mischwald, Plantagen, Hecken oder einer offenen Feldflur besteht.
- **„Im Stehen" – nähere Umgebung.** Ein Bild der näheren Umgebung des Trittsiegels, je nach dessen Größe etwa 1 bis 10 m², hilft, die Kontextbedingungen besser zu erfassen.
- **„Dirt Time" – Großaufnahme.** Nahaufnahmen der Trittsiegel aus der Aufsicht mit einem beigelegten Maßstab sollen die zentralen Grundlagen für die Bestimmung bieten. Um optische Verzerrungen zu vermeiden, sollte das Foto möglichst senkrecht und vorzugsweise mit einer Tele-Einstellung gemacht werden. Extreme Weitwinkelaufnahmen können das Bild stark verfälschen. Bei ungünstigen Lichtverhältnissen empfiehlt es sich, das Bild sowohl im Licht als auch bei Beschattung mehrfach aufzunehmen. Es ist im Einzelfall dennoch schwierig, die Tiefe einzelner Teile des Trittsiegels exakt festzuhalten, was für präzise Bestimmungen notwendig sein kann. Eine professionelle Methode, die in Zukunft bei der Dokumentation von Spuren wahrscheinlich an Bedeutung gewinnen wird, ist der 3D-Scan, den einige Smartphones bereits ermöglichen.

Hinweise zum Messen

Die Dimensionen vieler Vogel-Trittsiegel ähneln sich stark, und oft unterscheiden sich die Arten nur um wenige Millimeter – manchmal sind sogar Detailmessungen einzelner Zehen erforderlich. Solche Daten exakt zu erfassen, ist jedoch herausfordernd. Im Gelände verhindern schwierige Bedingungen wie rutschiger Schlamm oft exakte Messungen oder das Trittsiegel wird im weichen Staub durch die Messung selbst beschädigt. Bei besonders interessanten oder schwer deutbaren Spuren kann eine Fotodokumentation mit nachträglicher Messung am Computer hilfreich sein. Aber auch hier gibt es einige Hürden:

- **Maßstab (generell).** Exakte Messungen sind nur möglich, wenn im Foto auch ein Maßstab abgebildet ist. Zusätzlich aufgenommene Schuhe oder Hände können zwar eine grobe Größenordnung andeuten, sind aber für Unterschiede im Millimeterbereich unzureichend.

- **Maßstab (Größe und Position).** Häufig sieht man Bilder, auf denen ein langer Meterstab in einiger Entfernung zu einer kleinen Vogelspur liegt. Messungen auf dieser Grundlage können stark verfälscht sein. Grundflächen im Gelände sind selten eben, und ein längerer Maßstab kann auf Steinen oder Bodenwellen aufliegen, wodurch er höher als das Trittsiegel positioniert ist. Solche Abweichungen können bis zu 30 % betragen und machen präzise Bestimmungen unmöglich. Der Maßstab sollte daher nicht wesentlich länger als das Trittsiegel sein (etwa 7 bis 10 cm), dicht daran liegen und auf derselben Ebene. Stark abfallendes Gelände kann ebenfalls die Messgenauigkeit beeinträchtigen.
- **Aufnahmetechnik.** Die beschriebenen Abweichungen werden umso größer, je näher die Kamera am Objekt ist. Ideal sind Teleaufnahmen aus etwa 1,50 Meter Höhe und möglichst senkrecht von oben.

Grenzen und Räume

Ebenso wie die Vogelwelt in ihren Habitaten immer weiter zurückgedrängt wird, verlieren auch Naturbegeisterte an Freiraum. Natürlich müssen wir im dicht besiedelten Europa Eigentums- und Nutzungsrechte besonders respektieren und uns naturschutzkonform verhalten. Die Grenzen, an die wir stoßen, mögen regional enger oder weiter gefasst sein, schließen aber auch Limits ein, die wir uns selbst setzen sollten. Spurenlesende entwickeln eine Sensibilität gegenüber der Tierwelt und wissen, wo oder in welchem Zeitraum Besuche unerwünscht sind. Niemand möchte das Brutgeschehen beeinträchtigen oder erschöpfte Nahrungsgäste stören. Doch wenn man Natur als Beziehungssystem aller belebten und unbelebten Elemente betrachtet, sollte man Menschen nicht grundsätzlich als unerwünschte Störfaktoren begreifen.

Rück- und Ausblick

„Ziemlich viel Aufwand“, könnte man denken, wenn man dieses Kapitel Revue passieren lässt. *„Lohnt es wirklich, sich damit so intensiv zu beschäftigen?“* Genau diese Frage möchte dieses Buch mit einem klaren *„Ja“* beantworten!

Louis Liebenberg, ein südafrikanischer Spurenlese-Pionier, hat sich mit der Bedeutung des Spurenlesens für die menschliche Evolution beschäftigt. Er geht davon aus, dass dieser „Skill“ in Jäger- und Sammler-Gesellschaften essenziell für das Überleben war – sei es, um Beute aufzuspüren oder potenzielle Feinde zu meiden. Die Fähigkeit zum Spurenlesen könnte daher auch genetisch verankert sein und bis heute in der modernen, industrialisierten Gesellschaft weiter schlummern. Spurenlesen wäre somit eine Rückkehr zu unseren Ursprüngen und eine Möglichkeit, wieder in intensiveren und unmittelbaren Kontakt mit der Natur zu treten.

Aus ornithologischer Sicht kann Spurenlesen als Gegenbewegung zur zunehmenden Technisierung der Biowissenschaft verstanden werden. Moderne Technologien wie Satellitentelemetrie, molekulargenetische Verfahren und die Analyse großer Datenbanken haben zweifellos wertvolle Erkenntnisse geliefert. Gleichzeitig besteht jedoch die Tendenz, dass Vögel dabei nur noch als anonyme Messgrößen betrachtet werden. Bestimmungs-Apps machen es bereits möglich, ornithologische Erhebungen zu betreiben, ohne auch nur einen Vogel tatsächlich selbst bestimmen zu können. Spurenlesen hingegen bringt uns wieder näher zu den Tieren als faszinierende Lebewesen mit ganz bestimmtem Aussehen, individuellen Bedürfnissen und Verhaltensweisen. Verglichen mit der Kulinarik sind Spurenlesende „Slow-Food-Genießer“ im Gegensatz zu jenen, die in einer Fast-Food-Bude rasch ihren Hunger stillen.

Ben Goldfarb schreibt aktuell im *Smithsonian Magazine* über das Comeback des Spurenlesens im Zeitalter der KI-Technologie (Even as A. I. Technology Races Ahead, the Prehistoric Science of Wildlife Tracking Is Making a Comeback). Der „Homo technologicus“ fühlte sich eher zu Bildschirmen hingezogen als zu Exkrementen, und unser Interesse gilt mehr den Autobahnen als den Tierpfaden. Trotzdem und im Gegensatz zu modernen Technologien wie Satellitentelemetrie, Drohnen und Kamerafallen erlebt das Spurenlesen – als kostengünstige, nichtinvasive Methode mit beeindruckender Aussagekraft – eine bemerkenswerte Renaissance.

Einleitung

Im Freiland die Spuren von Vögeln zu erkennen, möglichst auf Artniveau zu bestimmen und zu interpretieren, das ist Ziel dieses Buches. Es sind Spuren und bestimmte Zeichen, die hier vorgestellt werden. Unter **„Spuren"** verstehen wir Trittsiegel und Fährten, in der Folge auch Spurbilder genannt. Daneben gibt es zahlreiche andere indirekte Hinweise auf das Vorkommen bestimmter Vogelarten, die wir **„Zeichen"** nennen. In diesem Buch konzentrieren wir uns dabei vorwiegend auf Fraßspuren und Ausscheidungen, da diese oft in Zusammenhang mit Trittsiegeln auftreten und häufig sogar deutlicher erkennbar sind. Andere Zeichen, wie zum Beispiel Federn, bleiben unberücksichtigt, da dazu bereits umfangreiche Fachliteratur existiert.

Die Auswahl der vorgestellten Arten umfasst jene aus Zentraleuropa, mit einigen Ausblicken in den Norden und den Mittelmeerraum. Die hier vermittelten Grundlagen sind jedoch auch darüber hinaus nützlich, wurden bereits auf Reisen nach Asien, Afrika und Nordamerika erfolgreich angewandt und lassen sich sicherlich auch auf weitere Weltregionen übertragen. Einschränkend werden hier nur solche Arten behandelt, deren Spuren auch tatsächlich in der Natur anzutreffen sind. Hochseevögel, Taucher oder Segler sowie Seltenheiten bleiben unerwähnt.

Die Reise in die Welt der Vogelspuren begann bereits mit dem Kapitel über die Praxis des Spurenlesens. Hier beschäftigen wir uns theoretisch mit der Anatomie und Funktionsweise der Vogelfüße sowie der Ernährung in Bezug auf die Interpretation bestimmter Zeichen und beleuchten ökologische Zusammenhänge, die für das Spurenlesen von Bedeutung sind. In den Artkapiteln werden die einzelnen Vogelfamilien anschließend durch Texte und Abbildungen detailliert vorgestellt.

Vogelanatomie

Skelett der Wirbelsäule und des Beins

Bereits die Betrachtung von Vogelbildern ist für Spurenlesende aufschlussreich. Der Fokus liegt auf der hinteren Extremität. Hier fallen deutliche Unterschiede im Vergleich mit Säugetieren und insbesondere mit dem ebenfalls auf zwei Beinen gehenden Menschen auf. Die veränderten Proportionen und Winkel bedingen spezielle Bewegungsmuster und sind in der Folge relevant für Spurbilder auf dem Boden.

- Generell ist zu erkennen, dass sich die Körpermasse bei Vögeln im Brustbereich konzentriert. Das ist vor allem durch den ausgeprägten Flugapparat bedingt. Der Körperschwerpunkt liegt somit nicht wie beim Menschen über dem Hüftgelenk, sondern weiter vorne. Dadurch entsteht eine Vorderlastigkeit, die Vögel beim Laufen ausgleichen müssen, indem sie das Standbein nahe der Körpermitte aufsetzen, oft auch den Fuß nach innen drehen. Spurbilder vieler Vögel zeigen daher meist eine geringe Spurbreite und einen Innenspin. In diesem Zusammenhang ist es erstaunlich, dass es vielen Vögel gelingt, auch einbeinig zu stehen, sogar einbeinig zu hüpfen.

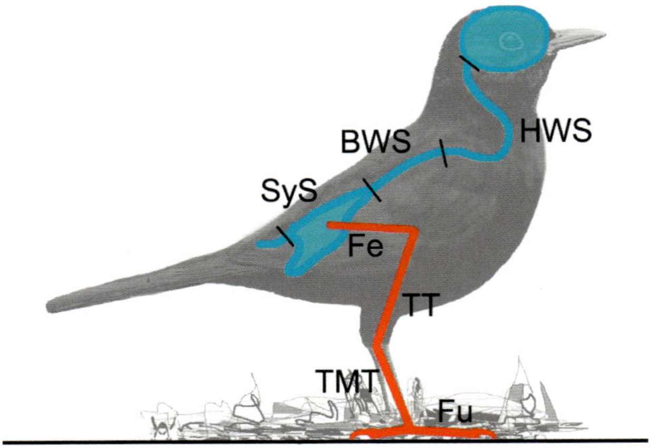

Spurenrelevante Vogelanatomie. Blau: Wirbelsäule. Rot: Beinskelett. Abkürzungen: HWS Halswirbelsäule, BWS Brustwirbelsäule, SyS Synsacrum, Fe Femur, TT Tibiotarsus (Unterschenkel), TMT Tarsometatarsus (Lauf), Fu Fuß (eigentlich Zehen).

- Die Beweglichkeit der Wirbelsäule ist stark eingeschränkt, was der Stabilität im Fluge zuträglich ist, die Möglichkeiten der Beinbewegung jedoch begrenzt. Lediglich die Halswirbelsäule (HWS) ist lang und mobil. Die Brustwirbelsäule (BWS) und das Synsacrum (SyS) aus verschmolzenen Lendenwirbeln und dem Kreuzbein sind starre Strukturen.
- Bei der Betrachtung des Beinskeletts fällt ein zusätzlicher Knochen auf – der Tarsometatarsus (TMT) oder Laufknochen. Dieser ist ein Spezifikum für Vögel und hat sich aus einer Verschmelzung der Mittelfußknochen entwickelt. Der Fuß (Fu) besteht somit nur aus den Zehen. Vögel sind demnach Zehengänger (digigrad) wie beispielsweise Hunde. Knochen des Unterschenkels werden Tibiotarsus (TT) genannt, jener des Oberschenkels ist das Femur (Fe). Auffallend sind die Proportionen. Das Femur ist meist der kürzeste Knochen, während Laufknochen und Fuß recht lang sind. Umgesetzt auf den Menschen wäre somit der Fuß ebenso lang wie Ober-und Unterschenkel gemeinsam. Zur Position der Knochen ist erwähnenswert, dass das Femur in Ruheposition etwa waagerecht steht und das Hüftgelenk weit hinter dem Körperschwerpunkt liegt. Wie sich das auf Bewegungen auswirkt, betrachten wir in der Folge.

Gelenke und Beinbewegungen

- Das Hüftgelenk (Hü) verbindet das Femur mit der Wirbelsäule. Anders als bei Säugetieren, ist die Beweglichkeit durch starke Bandverbindungen eingeschränkt. Es ist das Kniegelenk (Kn), das bei Vögeln die größten Wege beschreibt und somit wesentlich für die Schrittlängen verantwortlich ist. Zwischen Unterschenkel und Lauf liegt das Fersengelenk (Fe). Dieses Gelenk wird manchmal fälschlich als Knie betrachtet, da letzteres bei Vögeln meist unter dem Bauchgefieder verdeckt ist. Der Fuß (in Form der Zehen) setzt mittels des Zehengrundgelenks (Zgg) am Lauf an.

- Die Abbildung rechts zeigt eine Amsel im Schritt. Tiere nützen fast nie die maximale Streck- und Beugemöglichkeiten der Gelenke aus. Größere Schrittlängen erzielen sie mittels einer Änderung der Gangart. Der Pfeil verdeutlicht, dass beim Gehen (auch beim Laufen) der Vogelkörper in einer Ebene bleibt – anders als beim Hüpfen.

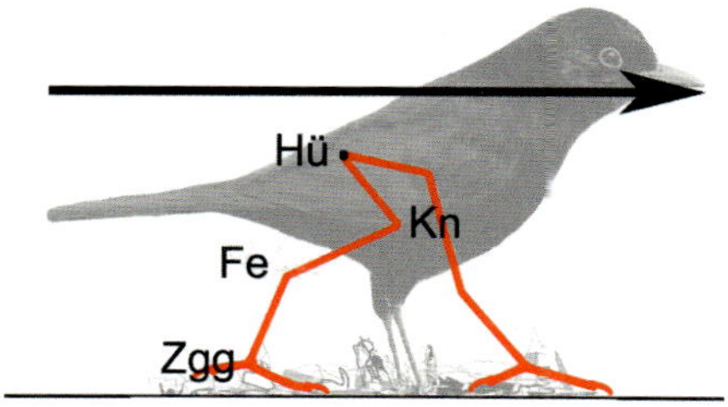

Bewegungsfreiheit der Beingelenke im Schritt. Abkürzungen: Hü Hüfte, Kn Knie, Fe Ferse, Zgg Zehengrundgelenk.

Beinbewegungen und Schrittlängen bei Wald-und Uferschnepfe. Ferse (schwarze Pfeile). Abkürzungen: SL/2 halbe Schrittlänge, TSL Trittsiegellänge.

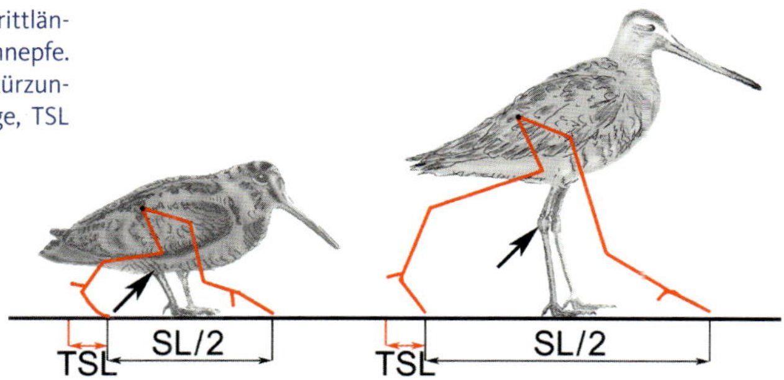

Die Distanz zwischen dem hinteren und dem vorderen Fuß entspricht der Auslenkung des Schwungbeins, stellt jedoch nur die halbe Schrittlänge (SL/2) dar. Das Standbein bewegt gleichzeitig das Becken um die gleiche Distanz nach vorne und trägt so die andere Hälfte der Schrittlänge bei.

Der Vergleich von Wald- und Uferschnepfe zeigt die Auswirkungen des Körperbaus auf die Schrittlängen.

- Die schwarzen Pfeile kennzeichnen die Positionen der Fersen. Bei vielen Arten ist dieses Gelenk knapp unter der Körperkontur sichtbar. Bei langbeinigen Vögeln wie der Uferschnepfe (rechts im Bild) zeigt sich ein großer Überstand, der durch den langen Unterschenkel (Tibiotarsus) bedingt ist.
- Dass langbeinige Vögel längere Schritte machen, ist wenig überraschend, doch für Spurenleser eröffnen sich daraus zusätzliche Bestimmungsmöglichkeiten. So sind beispielsweise die TSL von Wald- und Uferschnepfe ähnlich, die SL hingegen unterscheiden sich deutlich.
- Verhältnis von Schrittlänge zu Trittsiegellänge: Auch wenn man im Freiland keine längere Spurfolge, sondern nur zwei aufeinanderfolgende Trittsiegel findet, kann das Verhältnis von SL/2 zu TSL wichtige Hinweise auf die Vogelart geben. Bereits mit bloßem Auge lässt sich erkennen, dass bei der Uferschnepfe dieser Quotient etwa doppelt so groß ist wie bei der Waldschnepfe.

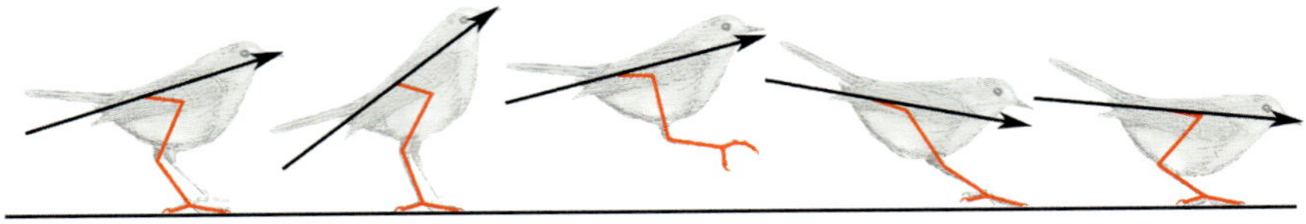

Bewegungsablauf beim Hüpfen. Beinskelett (rot) und Körperhaltung (schwarze Pfeile).

Viele der kleineren Singvögel bevorzugen das Hüpfen als Fortbewegung am Boden.

- Im Gegensatz zum Gehen oder Laufen verändert sich bei dieser Gangart die Körperhaltung (siehe schwarze Pfeile). Aus der Standposition richtet sich das Rotkehlchen auf, kippt beim Absprung leicht nach vorne und landet nach einer kurzen Flugphase mit nach unten geneigter Körperachse.
- Die Auslenkung der einzelnen Gelenke ist nicht größer als beim Laufen. Nur die Landung wird mit einer stärkeren Beugung abgefedert (ganz rechts in der Abbildung).
- In dieser letzten Position kommt die Ferse in Bodennähe. In einer anderen Situation erreicht sie dann tatsächlich den Boden, nämlich im Sitzen. Umgangssprachlich meint man häufig, *„der Vogel sitzt im Baum"*. Das ist nicht korrekt, denn tatsächlich steht dieser, in sitzender Position sieht man Vögel selten (beispielsweise am Nest).

Vogelfuß

Der Vogelfuß ist kein starres Siegel, das Abdrücke in den Boden stempelt. Tatsächlich begegnet uns hier eine komplexe Funktionseinheit, die flexibel auf bestimmte Verhaltensweisen und Substrate reagiert. Dass die Beugetendenz der Zehen überwiegt, erkennt man an frischtoten Vögeln, deren Füße fast immer zur „Faust" geballt sind. Die Streckung bei Bodenkontakt wird teilweise passiv durch das Eigengewicht des Vogels erreicht. Dies und andere funktionelle Aspekte wie der Einrastmechanismus zum automatischen Zehenschluss auf Zweigen sind Gegenstand von Forschungen und werden teilweise kontrovers diskutiert.

Zehen. Die meisten Vögel haben vier Zehen, wobei in der häufigsten Anordnung die erste Zehe (analog der menschlichen Großzehe) nach hinten, die anderen drei Zehen nach vorne zeigen. Eine fünfte Zehe fehlt wie auch bei manchen Säugetieren. Bei einigen Arten ist auch die erste Zehe rückgebildet, beispielsweise bei Hühnern sowie Watvögeln, oder fehlt ganz wie bei dem Dreizehenspecht, dessen Name es bereits nahelegt.

Die vorderen Zehen setzen am distalen (körperfernen) Ende des Tarsometatarsus (Laufbeins) an, die Hinterzehe mittels einer zwischengeschalteten Rolle. Das ermöglicht auch eine geringe Auf- und Abwärtsbewegung und erklärt, dass der proximale (körpernahe) Anteil dieser Zehe im Trittsiegel häufig nicht abdrückt. Mittel- und Außenzehe entspringen näher zueinander und stehen meist höher als die Innenzehe. Auch das hat spurentechnisch relevante Auswirkungen.

Die einzelnen Zehen sind aus Zehengliedern aufgebaut. Jede Zehe trägt eine spezifische Anzahl, die bei allen Arten konstant ist. Wie es in der Abbildung ersichtlich ist, sind das bei der ersten Zehe (Hinterzehe, Hallux) zwei Glieder. Bei der zweiten (Innenzehe) sind es

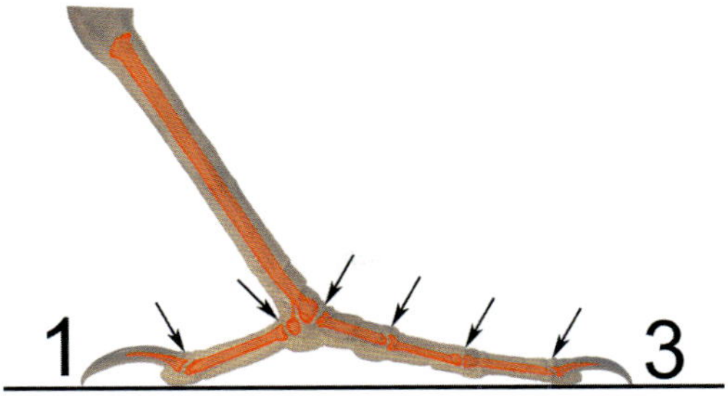

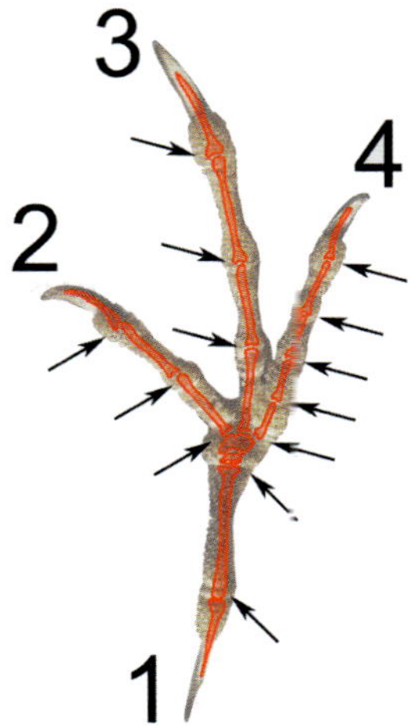

Fuß einer Singdrossel.

Oben: seitlich (Hinter- und Mittelzehe). Knochen rot unterlegt, Gelenke (schwarze Pfeile).

Rechts: Aufsicht. Knochen rot unterlegt, Gelenke (schwarze Pfeile).

drei. Die dritte (Mittelzehe) zeigt vier und schließlich die vierte (Außenzehe) fünf Glieder. (In manchen Publikationen wird das Endglied, das die Krallen trägt, nicht mitgezählt.) Der anatomische Aufbau erklärt, warum die einzelnen Zehen unterschiedliche Möglichkeiten zur Biegung haben. Die Außenzehe mit ihren vier Kleingelenken kann sich viel stärker und auch runder biegen als die Innenzehe. Diese hat nur ein Gelenk und deren Biegungen zeigen sich als Knick.

Ballen. Elastische Kissen an der Fußsohle – die Ballen – übertragen das Gewicht des Vogels auf den Untergrund, bei Greifvögeln auch auf die Beute. Manche Ballen, die Interphalangealballen, schützen die Gelenke, während andere, die Phalangealballen, an der Unterseite der Zehenglieder liegen. Form und Größe dieser Ballen sind wichtige Merkmale zur Bestimmung der Vogelart.

Innenzehe (Zehe 2) eines Turmfalken, seitlich. Ballen (Abdrücke rot markiert) und Kralle.

Die Abbildung zeigt die Innenzehe eines Turmfalken. Bei Greifvögeln, Falken und Eulen sind diese Ballen besonders kräftig ausgebildet. Der in der Abbildung linke Ballen liegt unter dem Lauf und heißt Metatarsalballen (Mittelfußballen), die drei rechts davon sind die Zehenballen der Innenzehe. Sie sind unter den Zehengliedern positioniert, also Phalangealballen. Die asymmetrische Verteilung dieser drei Ballen ist typisch für Innenzehen. Die stark gekrümmten Krallen von Falken überragen die Ebene der Ballen.

Krallen. Krallen sind Horngebilde, die der knöchernen Endphalange aufsitzen. Sie sind laufender Abnutzung ausgesetzt und wachsen, analog zu unseren Zehennägeln, lebenslänglich nach. Verschiedene Vogelfamilien besitzen unterschiedliche Krallentypen, die an ihre jeweilige Funktion angepasst sind. Wie sich diese Unterschiede auf die Form der Trittsiegel auswirken, wird in den Artkapiteln erläutert.

Spann- und Schwimmhäute. Viele Vogelarten tragen Hautgebilde unterschiedlicher Ausprägung zwischen oder entlang der Zehen. Das können Schwimmhäute zwischen zwei oder auch drei Zehen sein. Diese reichen zur Zehenspitze oder sind etwas kürzer. Manche Arten haben Lappen entlang der Zehen oder häutige Verbreiterungen, andere wiederum schmale Säume, vor allem zwischen Mittel- und Außenzehe. Diese werden als Spannhäute bezeichnet.

Laufbefiederung, „Balzstifte". Die Läufe mancher Vögel wie Raufußhühner, bestimmter Greifvögel, Eulen sowie Mehlschwalben sind befiedert. Balzstifte sind umgewandelte Federanlagen an den Zehen von Raufußhühnern. Wenn derlei Merkmale im Spurbild zu sehen sind, wird das in den Artkapiteln erwähnt.

Trittsiegel

Trittsiegel sind die Abdrücke („Störungen") im Boden, die der Vogelfuß hinterlässt. Im Idealfall sind diese charakteristisch und ermöglichen eine Artbestimmung. Sie sind jedoch keine Blaupause der Fußmorphologie, sondern das Ergebnis einer dynamischen Wechselwirkung zwischen dem Verhalten des Vogels und den Bedingungen des Untergrundes. Dabei beeinflussen Faktoren wie die Art des Substrats (etwa Schlamm, Lehm, Sand oder Bodenstreu), Witterung, Feuchtigkeit und Alterung der Spur das Erscheinungsbild der Trittsiegel erheblich.

Quellen

Wer sich im komplexen Bereich der Vogelspuren zurechtfinden möchte, ist auf der Suche nach „idealen" Abdrücken, die alle charakteristischen Details zeigen und für die jeweilige Art typisch sind. Dieser Anspruch lässt sich jedoch nur schwer umsetzen und stößt häufig an seine Grenzen.

- **Künstliche Trittsiegel:** In Büchern und Bildungseinrichtungen begegnen uns häufig Tuschbilder oder Abdrücke in Formmassen von frischtoten Vögeln oder Präparaten. Diese stellen wertvolle Lernmedien dar. Bestimmte arttypische Zehenbiegungen, Winkel und Druckverteilungen zeigen allerdings nur lebende Vögel. Die Komposition der künstlichen Abdrücke ist manchmal zufällig und kann irreführend sein.
- **Trittsiegel aus dem Freiland:** Diese „natürlichen" Spuren bilden die primäre Quelle. Sie sind jedoch häufig unvollständig, gealtert oder weichen vom Idealtyp ab. Innerhalb einer Art kann es erhebliche Variationen geben, die vor allem die Zehenspreizung, die Winkel und das Abdruckverhalten der Fußmitte (Metatarsalbereich) betreffen. Um diese Variabilität zu berücksichtigen, wurden für dieses Buch möglichst viele Trittsiegel verschiedener Individuen in unterschiedlichen Substraten ausgewertet. Daraus wurde ein „Idealtypus" entwickelt, auf dem die Abbildungen in den Artkapiteln basieren.

Künstliche Abdrücke und ein „Idealtypus" aus dem Freiland

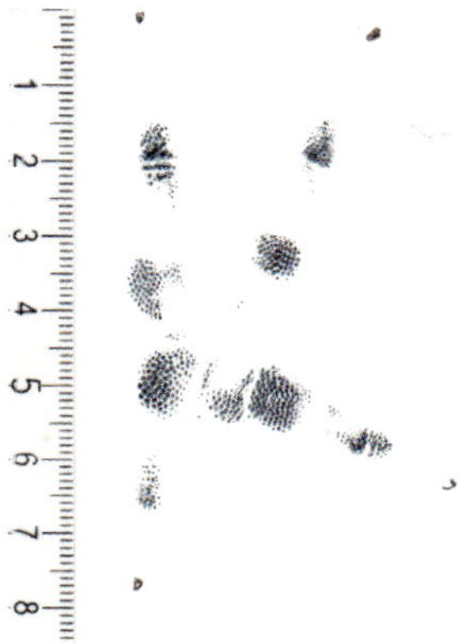

Links oben: Tuschabdruck eines Waldkauzes, rechtes Trittsiegel. Alle Details sind sichtbar, sogar die Feinstruktur im Bereich der Ballen. Dazu die typische K-Form – „wie im Lehrbuch". Im Freiland können Eulenspuren allerdings auch anders aussehen.

Rechts oben: Künstliches rechtes Trittsiegel einer Silbermöwe in Asche. Die Druckverteilung und besonders der deutliche Metatarsalballen sind untypisch und erinnern eher an einen Entenvogel. Trittsiegel im Freiland sehen anders aus, da Möwen meist vorgeneigt stehen.

Rechts: Rechtes Trittsiegel einer Rabenkrähe aus dem Freiland auf feuchtem Schlamm. „Idealtypus".

Beschreibung

Die Trittsiegel zeigen eine Vielzahl von Merkmalen. Eine Auswahl wichtiger und leicht erkennbarer Eigenschaften wird graphisch dargestellt. Wenn Spurenleser diese systematisch analysieren, lässt sich in vielen Fällen die Vogelart, die hinter den Spuren steckt, entschlüsseln.

Umrisse und Proportionen. Ein einfach zu erkennendes Merkmal ist die **Proportion** der Umrisslinien. Die meisten Vogeltrittsiegel lassen sich in jene Rechtecke einschreiben, die in der auf der folgenden Seite dargestellt sind. Die Zahlenangaben vergleichen die jeweilige Länge zur Breite. Häufig lassen sich folgende Proportionen feststellen:

- Quadratische Trittsiegel (1:1) zeigen Gänse- und Hühnervögel sowie viele Rallen und Watvögel. Bei manchen dieser Arten überwiegt sogar die Breite gegenüber der Länge. Etwas schmaler sind Trittsiegel von Reihern und Störchen und von Rallen, wenn diese rasch laufen.

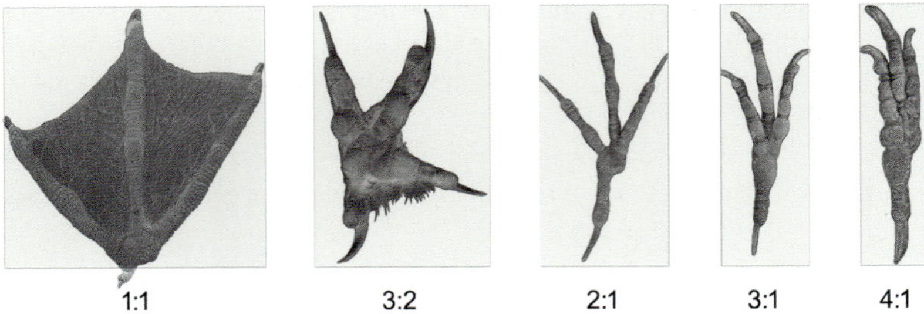

Trittsiegel und Proportionen (nicht maßstäblich). Von links nach rechts: Möwe (ohne Hinterzehe), Eule, Drossel, Grasmücke, Meise.

- Breit rechteckig, etwa im Verhältnis 3:2 sind die meisten Trittsiegel von Greifvögeln, Falken, Eulen und Tauben.
- Etwas schmaler (2:1) sind Trittsiegel vieler Singvogelarten, die sich häufig am Boden aufhalten. Dazu zählen Drosseln, Fliegenschnäpperverwandte, viele Rabenvögel, manche Finken und Ammern.
- Noch schmaler (3:1) sind Trittsiegel von Vögeln, die mehr Zeit im Geäst verbringen, wie Spechte, Laubsänger und andere Finken.
- Besonders schmale Trittsiegel (4:1) zeigen Meisen, Rohrsänger, Kleiber und die Baumläufer.

Am Beispiel einer Rabenkrähe werden in der Folge Umrisse, Proportionen und morphologische Details beschrieben. Dabei dient zunächst ein Trittsiegel aus dem Freiland als Grundlage; später, in den einzelnen Artkapiteln, werden idealisierte Zeichnungen herangezogen. Diese Analysen mögen teilweise technisch und abstrakt erscheinen, doch im Freiland genügt es oft, die beschriebenen Merkmale grob abzuschätzen.

Der **Umriss** (schwarz) entspricht hier einem Rechteck im Seitenverhältnis von 2:1.

Die **Ansatzlinie der Vorderzehen** ist durch eine horizontale, schwarze Linie markiert. Wenn die proximalen Ansätze der Vorderzehen nicht abdrücken, wird die Ermittlung erschwert. In diesem Fall kann man die Zehenachsen nach hinten verlängern und die richtige Ebene durch „Rückwärtseinschneiden" bestimmen. Diese Methode wird im Abschnitt über das Messen auch grafisch dargestellt.

Die **geometrische Mitte** des Trittsiegels wird durch den Schnittpunkt der Diagonalen bestimmt. Die Diagonalen bieten eine zusätzliche Möglichkeit, die Symmetrie des Trittsiegels zu beurteilen.

Aufschlussreich ist das **Verhältnis der Ansatzlinie der Vorderzehen zur Fußmitte**. Bei der Rabenkrähe liegt

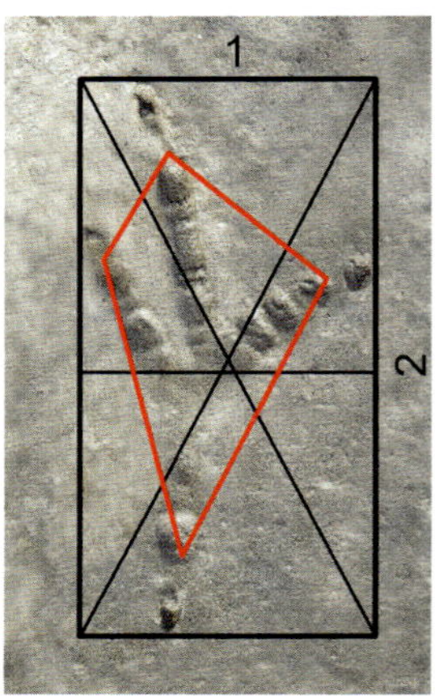

Umrisse und Proportionen. Umriss (schwarzes Rechteck), Umrisslinie der Zehenspitzen (rotes Deltoid), Mitte (schwarzer Diagonalenschnittpunkt), Ansatzlinie der Vorderzehen (schwarze, horizontale Linie).

diese Ansatzlinie etwa im Bereich der Fußmitte. Dieses Verhältnis variiert bei anderen Singvogelfamilien und kann eine wichtige Hilfe bei der Bestimmung sein. Eine genauere Erläuterung findet sich im Kapitel „**Einführung in die Bestimmung von Singvogel-Trittsiegeln**".
Die **Umrisslinie der Zehenspitzen** bildet meist ein Deltoid (rot), dessen Form vom Längenverhältnis der Innen- zur Außenzehe und den Öffnungswinkeln dieser Zehen abhängt. Bei Krähen ist dieses Deltoid stark verzerrt.

Schablonen. Schablonen sind Versuche, Trittsiegel als Gesamtheit wahrzunehmen und die vielen Einzelmerkmale zu integrieren. Im Beispiel zeigt die Schablone den „hugging toe". Bei Rabenvögeln stehen die Innen- und Mittelzehe fast parallel und „scheinen sich zu umarmen". Oft ist der Ansatz der Mittelzehe zur Seite verschoben und scheint aus der Außenzehe zu entspringen. Es ist jedoch effektiver, solche Schablonen selbst zu entwickeln, da der Wiedererkennungswert dann stärker ist. Weitere Beispiele werden in vielen Artkapiteln folgen.

Schablone für Rabenvögel.

Achsen und Winkel. Die Winkel variieren zwar etwas, sind jedoch für viele Arten charakteristisch. Die **Achsen** werden durch die proximale und distale Spitze der einzelnen Zehen gezogen, wobei eventuelle Krallenbiegungen nicht berücksichtigt werden. Von Bedeutung sind der **gesamte Öffnungswinkel** der Vorderzehen (°2 & 4) sowie der Grad der Asymmetrie zwischen den **Teilwinkeln** (°2 & 3 zwischen Innen- und Mittelzehe sowie °3 & 4 zwischen Mittel- und Außenzehe). Größere Öffnungswinkel finden sich bei Vögeln, die sich häufig auf dem Boden bewegen. Der innere Teilwinkel (°2 & 3) ist in der Regel etwas kleiner als der äußere (°3 & 4). Sind die Unterschiede geringer als 10°, kann das Trittsiegel als symmetrisch betrachtet werden.

Ein weiterer Winkel (°1 & 3) bezeichnet die Knickung oder Biegung der Fußachse zwischen Mittel- und Hinterzehe. Ein Problem bei der Bestimmung dieser Winkel ist, dass die Scheitelpunkte oft verschoben sind. Für eine präzise Messung sind dann

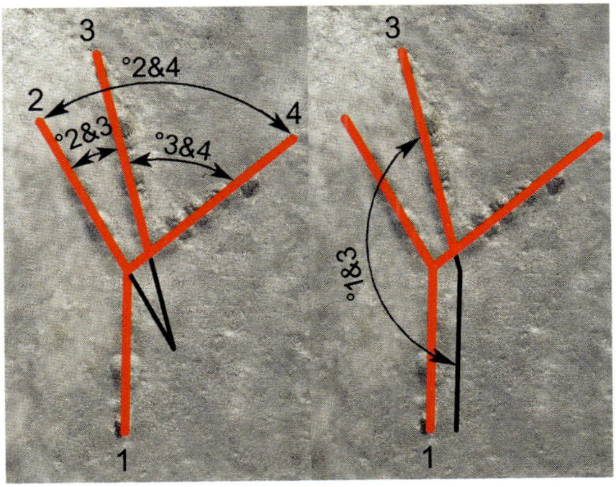

Winkel und Achsen: Zehenachsen (rot), Hilfsachsen (schwarz), Winkelangaben in Grad.

Hilfskonstruktionen erforderlich. Das ist nur anhand von Fotos und Nachbearbeitung am Computer möglich. Im Freiland sind meist nur Schätzungen möglich, wobei eine grobe Einordnung in der Regel ausreicht:

- Sind die Öffnungswinkel groß (größer als 60°) oder klein,
- sind die Teilwinkel (annähernd) symmetrisch oder asymmetrisch,
- wie stark ist die Fußachse geknickt (gebogen)?

Zehen (Ausrichtung und Biegungstendenz). Ob Zehen gerade stehen wie bei der Rabenkrähe oder eine Biegungstendenz zeigen wie beim Rotkehlchen, ist ein anderes Kriterium, um Trittsiegel zu unterscheiden. Weitere Merkmale sind etwaige Versetzungen der Hinterzehe zur Mitte oder solche der Mittelzehe zur Seite – das ist beispielsweise bei Reihern deutlich.

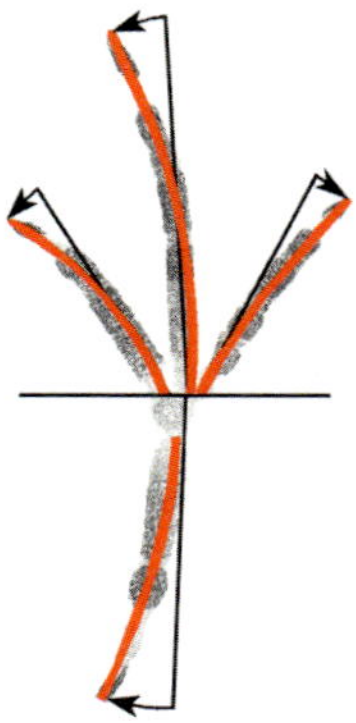

Biegungstendenz der Zehen beim Rotkehlchen, Gebogene Achsen (rot), Biegungstendenz (schwarze Pfeile).

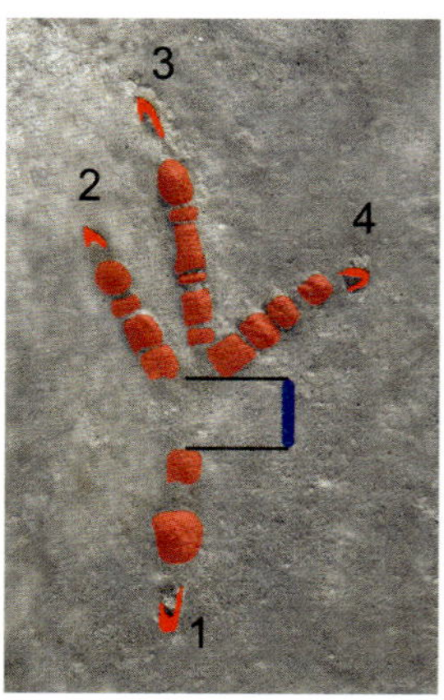

Ballenmuster (rosa), Negativraum (blau) und Krallen (rot).

Ballenmuster, Negativräume und Krallen. Die Ballenmuster im Trittsiegel entsprechen nicht immer der anatomischen Anordnung am Fuß, sondern sind das Ergebnis der Fußspannung, des Anstellwinkels der einzelnen Zehen zur Bodenfläche und der Tiefe des Abdrucks. Am Beispiel der Krähe sieht man ein durchgehendes **Ballenmuster.** Die würfelförmigen Ballen sind Phalangealballen, die schmalen Scheiben Interphalangealballen. Der Metatarsalballen sowie der proximale Anteil der Hinterzehe (1) drücken nicht ab. Dadurch entsteht eine Lücke im Trittsiegel, die als **Negativraum** bezeichnet wird (blaues Areal in der Abbildung). Größere Negativräume können sich auch zwischen den Zehenballen öffnen, wie es beispielsweise viele Greifvögel zeigen.

Ob der Metatarsalballen im Trittsiegel abdrückt, ist zum einen von der Spannung im Fußgewölbe abhängig, andererseits vom Substrat. Bei **flachen Fußgewölben** wie bei Meisen (links in Abb. oben, nächste Seite) drückt dieser Ballen stetig ab und bildet ein **durchgängiges Muster** der Zehenballen. **Hohe Fußgewölbe** zeigen beispielsweise Drosseln (rechts in Abb. oben, nächste Seite). Hier drückt der Metatarsalballen nicht ab, ebenso fehlt der proximale Anteil der Hinterzehe. Dadurch entsteht eine Lücke – der **Negativraum** (heller Pfeil Abb. oben, nächste Seite). Nur wenn der Fuß im Untergrund tiefer einsinkt (schwarzer Pfeil), verkleinert sich der Negativraum, dann kann auch der Metatarsalballen leicht abdrücken. Auch in diesem Fall erkennt man jedoch unterschiedliche Eindrucktiefen der Ballen. Das dreidimensionale Erfassen von Trittsiegeln ist im Freiland einfacher als am Beispiel zweidimensionaler Fotos oder Zeichnungen.

Ein weiteres Merkmal im Trittsiegel sind die **Krallen**, die in ihrer Ausprägung stark variieren können. Manchmal drücken Krallen im Freiland gar nicht ab, oder sind so subtil, dass sie leicht übersehen werden. Zur Beurteilung des Abdruckverhaltens von Vogelkrallen ist es hilfreich, folgende Gegensatzpaare zu betrachten:

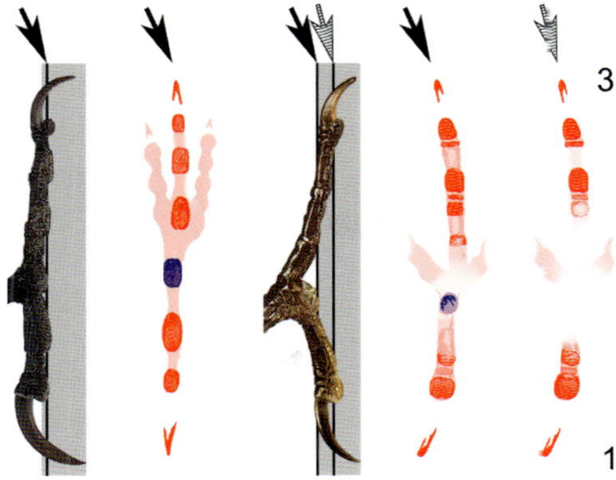

Unterschiedliches Abdruckverhalten des Metatarsalballens (blau): flaches Fußgewölbe (links), hohes Fußgewölbe (rechts). Substrat (graue Zone). (Nicht maßstäblich.)

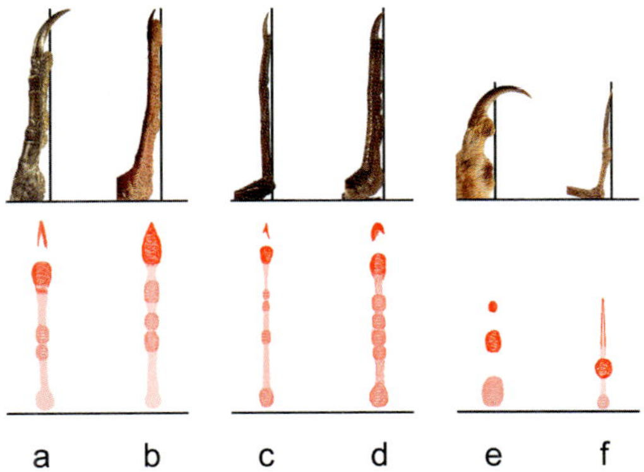

Abdruckverhalten von Krallen in Bezug auf Form und Krümmung: lang (a), kurz (b), spitz (c), stumpf (d), stark gekrümmt (e) und schwach gekrümmt (f). (Nicht maßstäblich.)

- **Lang oder kurz:** Drosseln wie die Amsel (a) besitzen lange Krallen. Diese drücken im Trittsiegel meist abgesetzt von distalen Zehenballen ab. Kurze Krallen (b) haben beispielsweise Möwen oder viele Enten. Diese sind meist nur als Auszipfelung des Zehenballens erkennbar.
- **Spitz oder stumpf:** Spitze Krallen (c) wie jene von Rallen zeigen sich meist als feine, abgesetzte Punkte. Stumpfe Krallen wie jene von Hühnern (d, ein Fasan), erzeugen oft recht flächige Abdrücke in Größe und Form von Zehenballen.
- **Starke oder schwache Krallenkrümmung:** Länge und Krümmung sind unterschiedliche Kriterien. So sind Krallen von Eulen (e) zwar lang, aber besonders stark gekrümmt, was deren Abdrücke recht kurz erscheinen lässt. Bei genauer Betrachtung kann auffallen, dass sie sehr tief ins Substrat eindrücken. Auch hier zeigt sich die Notwendigkeit einer dreidimensionalen Sicht. In anderen Fällen können stark gekrümmte Krallen auch zur Seite kippen und hakenförmige Schleifmarken hinterlassen. Ein typisches Beispiel für schwache Krümmungen sind Lerchen (f). Deren Krallen sind zwar lang, aber kaum gekrümmt, was einen charakteristischen, strichförmigen Abdruck bedingt („Sporn“).

Weitere Merkmale. Arten wie Rallen (a), Schreit- und Watvögel besitzen sehr flache Zehenballen, die keine spezifischen Muster hinterlassen. Stattdessen erscheinen die Zehenabdrücke als Kontinuum. Bei anderen Arten wie etwa Rabenvögeln (b) sind die Ballen kissenförmig, sodass Lücken zwischen den einzelnen Abdrücken entstehen und das Trittsiegel eine Form annimmt, die an eine „Perlenkette" erinnert. Das unterschiedliche Abdruckverhalten der Metatarsalballen wird durch schwarze Pfeile hervorgehoben. Zehen mit ausgeprägtem Ballenmuster und deren „Perlenketten" kann man als **bulbös** (knotig) bezeichnen.

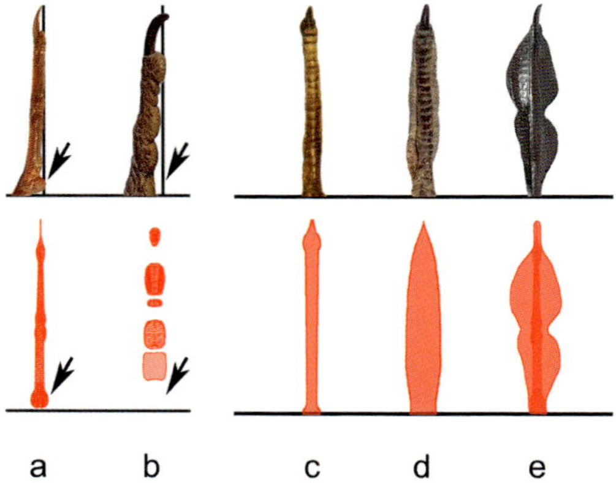

Ballenmuster und Zehenformen: Kontinuum (a), „Perlenkette" (b), parallelrandig (c), dolchförmig (d) und mit Schwimmlappen (e). Schwarze Pfeile weisen auf unterschiedliches Abdruckverhalten des Metatarsalballens hin. (Nicht maßstäblich).

Viele Vögel mit schlanken Zehen zeigen **parallelrandige** Konturen (c, eine Schnepfe). Andere Arten, die sich an schlammigen Ufern bewegen, zeigen auffällige Zehenformen, die durch seitliche Hautgebilde geformt werden. Als Beispiele werden hier die **Dolchform** (d, Kiebitz) und das Blässhuhn mit seinen **Lappen** (e) vorgestellt.

Auffällige Merkmale sind **Spann-** und **Schwimmhäute**.

Bei genauer Betrachtung von Trittsiegeln fällt oft eine rundliche Kontur im Winkel zwischen der Mittel- und Außenzehe auf, manchmal auch innen. Am Beispiel eines Fasans (a) erkennt man eine breitere laterale (seitliche) und eine schmalere mediale **Spannhaut**. Ausdehnung und Form dieser Spannhäute sind gute Unterscheidungsmerkmale besonders bei Watvögeln. Schwimmhäute können wie bei Möwen die Zehenspitzen erreichen (c) oder schmaler bleiben (b, Säbelschnäbler). Der Überstand der Mittelzehe ist ein wichtiges Bestimmungskriterium.

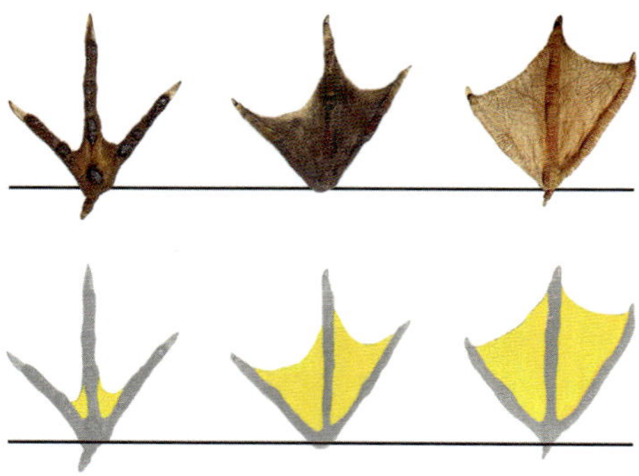

Spann- und Schwimmhäute: Spannhäute (a), Schwimmhäute (b, c). (Nicht maßstäblich.)

Grundtypen

Nicht alle Vögel zeigen den „klassischen“ Vogelfuß. Anatomisch können verschiedene Grundtypen unterschieden werden, spurentechnisch relevant sind fünf davon:

1. **„Klassischer“ Vogelfuß, anisodactyl („*ungleich-zehig*“).** Drei Zehen zeigen nach vorne, der Hallux nach hinten. Beispiele: Reiher, einige Schreitvögel, Greifvögel, Falken, Tauben, Eisvögel, Racken, Bienenfresser, Wiedehopf und alle Singvögel.
2. **Vogelfuß mit reduziertem oder fehlendem Hallux (Hinterzehe), tridyctyl („*drei-zehig*“), „gamebird-track“.** Drei Zehen weisen nach vorne, die Hinterzehe ist verkürzt, steht meist hoch am Lauf oder fehlt gänzlich. Beispiele: Hühnervögel, Rallen, Kraniche, Trappen, Triele, Austernfischer, Regenpfeifer, Schnepfenvögel.
3. **Vogelfuß mit 2 Schwimmhäuten, palmat.** Fuß mit reduziertem Hallux sowie 2 Schwimmhäuten zwischen den Vorderzehen (Innen- und Mittelzehe sowie Mittel- und Seitenzehe). Beispiele: Entenvögel, Seetaucher, Flamingos, Säbelschnäbler, Möwen, See- und Raubseeschwalben.
4. **Ruderfuß (3 Schwimmhäute), totipalmat.** Schwimmhäute zwischen allen Zehen (Hinter und Innenzehe, Innen- und Mittelzehe, Mittel- und Seitenzehe). Beispiele: Kormorane, Pelikane und Tölpel.
5. **Zygodactyle Füße („*halten sich die Waage*“).** Zwei Zehen weisen nach vorne (Innen- und Mittelzehe), zwei Zehen zeigen nach hinten (Hinter- und Außenzehe). Beispiele: Eulen, Spechte, Kuckucke, Papageien.

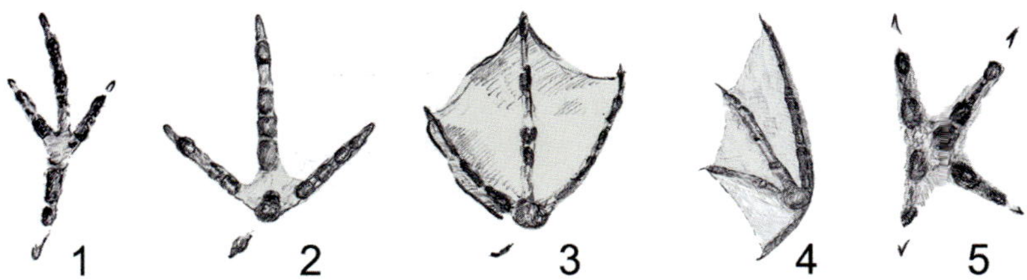

Fünf Grundtypen von Vogeltrittsiegeln (nicht maßstäblich).

Messen von Trittsiegeln

Der Grundtyp und die beschriebenen morphologischen Merkmale geben oft bereits Hinweise auf eine bestimmte Vogelfamilie. Für eine Bestimmung auf Artniveau sind zusätzlich meist Messungen erforderlich. Während die ornithologische Fachliteratur häufig Längenangaben für den Tarsometatarsus (Lauf) enthält, fehlen Maße für den Vogelfuß selbst. Diese Informationen sind jedoch in diesem Buch enthalten. Allerdings verlangt das Messen von Spurenlesenden große Sorgfalt (siehe auch Kapitel „Praktisches Spurenlesen“), damit die selbst erhobenen Daten auch tatsächlich valide und vergleichbar sind. Zudem ist zu beachten, dass die Messstrecken bei den einzelnen Grundtypen teils unterschiedlich erfasst werden.

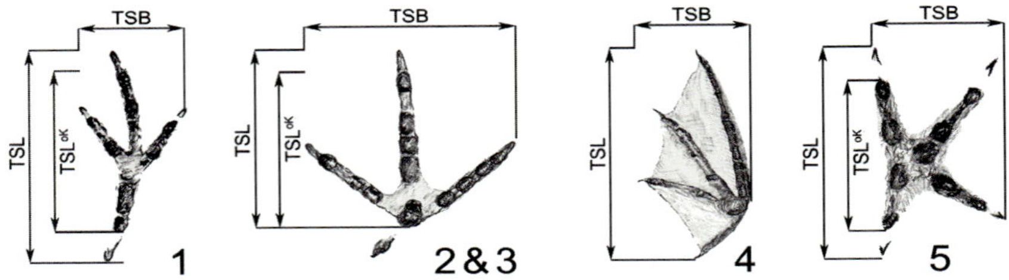

Messen von Vogeltrittsiegeln. TSL = Trittsiegellänge, TSL^{oK} = Trittsiegellänge ohne Krallen, TSB = Trittsiegelbreite. (Nicht maßstäblich.)

1. **„Klassischer" Vogelfuß.** Die Messstrecken schließen die Hinterzehe mit ein.
2. **Vogelfuß mit reduziertem oder fehlendem Hallux.** Hier wird die Hinterzehe nicht mitgemessen.
3. **Vogelfuß mit 2 Schwimmhäuten.** Hier wird die Hinterzehe nicht mitgemessen.
4. **Ruderfuß.** Die Trittsiegellänge orientiert sich an der größten Längenausdehnung, im Beispiel zwischen Hinterzehe und Außenzehe. Maße ohne Krallen sind hier wenig sinnvoll.
5. **Zygodactyle Füße.** Die Trittsiegellänge orientiert sich an der größten Längenausdehnung, im Beispiel zwischen Hinterzehe und Innenzehe.

Die beschriebenen Messstrecken basieren zur besseren Vergleichbarkeit auf den Vorgaben von Elbroch & Marks und Grolms. Dabei zeigt sich, dass die Längenangaben innerhalb der einzelnen Grundtypen nur eingeschränkt vergleichbar sind, da die Hinterzehe in einigen Fällen nicht mitgemessen wird. Eine zusätzliche Herausforderung ist, dass in englischsprachiger Literatur (zum Beispiel bei Rhyder) die Maße ohne Krallen erfasst werden. Um einen Vergleich zu erleichtern, werden in diesem Buch daher auch diese Maße (TSL^{oK}) angegeben.

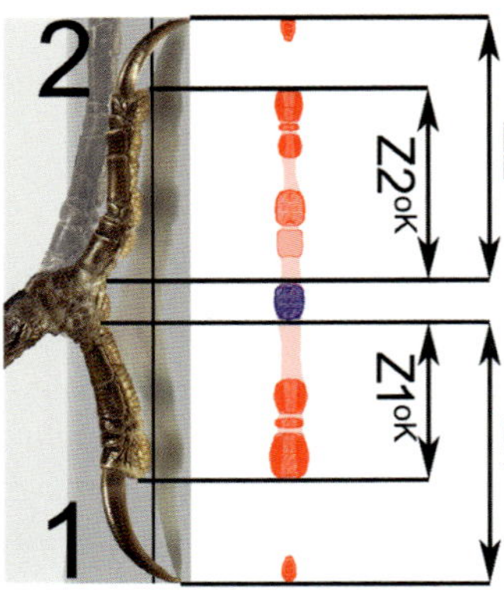

Messen von Vogeltrittsiegeln. Z1 = Länge der Hinterzehe, Z1^{oK} = Länge der Hinterzehe ohne Krallen. Z2 = Länge der Innenzehe Z2^{oK} = Länge der Innenzehe ohne Krallen.

Oft genügt es, die TSL (Trittsiegellänge) zu kennen. In komplexeren Fällen sind jedoch zusätzliche Detailmaße der einzelnen Zehen erforderlich, um feine Unterschiede herauszuarbeiten. Bei Arten mit langen Krallen wie beispielsweise Lerchen sind zudem Längenangaben ohne Krallen hilfreich.

Für die Bestimmung besonders relevant kann ein Vergleich der Längen von Hinterzehe (Z1) und Mittelzehe (Z3) sein.

Abweichungen und Hürden beim Messen. In der Praxis des Spurenlesens erweist sich das korrekte Messen, besonders von kleineren Trittsiegeln, als durchaus herausfordernd. Neben **Verkürzungen** durch schräg in den Boden gedrückte Zehen bereiten verschiedene **Messabweichungen** Probleme. Wenn der Maßstab nicht auf derselben Ebene wie das Trittsiegel liegt, können dramatische Fehleinschätzungen die Folge sein. In vielen Fällen ist auch das direkte Messen im Freiland schwierig, wenn Steilufer oder eiskalte Gewässer den Zugang erschweren. Dann kann man mittels Foto und beigelegtem Maßstab dokumentieren und später am Computer auswerten. Doch auch dabei können, insbesondere bei unebenen Flächen, langen Maßstäben und Weitwinkelaufnahmen, die Messungen völlig unbrauchbar werden.

Weitere Hürden stellen **unvollständig abgedrückte Trittsiegel** dar. Das folgende Beispiel zeigt, wie hier sinnvoll vorgegangen werden kann. Der vorgeschlagene Ablauf verdeutlicht auch, dass anatomische Kenntnisse für das Spurenlesen wichtig sind.

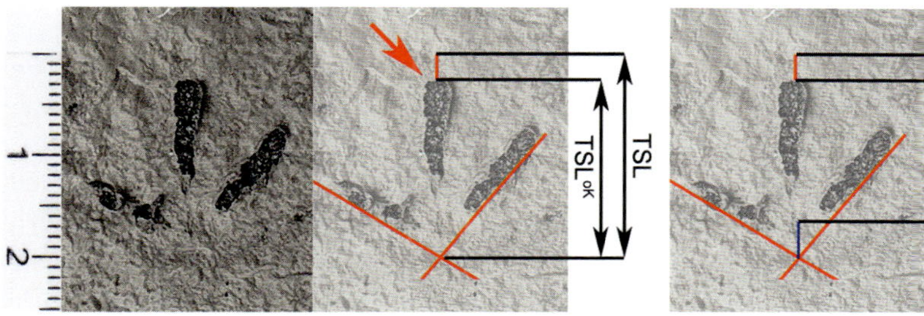

Messen von unvollständig abgedrückten Trittsiegeln am Beispiel eines Flussregenpfeifers (Messstrecken wie auf Abb. S. 34 oben). Rückwärts Einschneiden (rote Linien), Zehenspitze mit fehlender Kralle (roter Pfeil), Länge der Metatarsalregion (blaue Linie).

- Das asymmetrische Trittsiegel vom Grundtyp „Vogelfuß mit reduziertem oder fehlendem Hallux“ ist unschwer als Regenpfeifer zu erkennen. Wenn auch die Art interessiert, so sind wir auf korrekte Messungen angewiesen.
- Sowohl die Zehenspitze als auch die Metatarsalregion sind jedoch unklar definiert.
- Aus anatomischen Vergleichen wissen wir, dass Regenpfeifer spitze Krallen haben. Ein stumpfes Ende der Mittelzehe ist somit die Zehenspitze ohne Kralle (roter Pfeil in der Abbildung). Die Längen der fehlenden Kralle betragen bei allen in Frage kommenden Arten etwa 3 mm (rote Linie).
- Eine gute Annäherung an das proximale Ende des Trittsiegels erreichen wir durch „rückwärts Einschneiden“ der Seitenzehen (kreuzende rote Linien).
- Aus den gewonnenen Endpunkten lassen sich somit die Standardmaße mit ausreichender Genauigkeit bestimmen. Die TSL beträgt demnach 2,0 cm. Das ist auch für kleine Regenpfeifer (*Charadrius*) recht kurz und deutet auf die kleinste dieser Arten, den Flussregenpfeifer hin.
- Darüber hinaus lassen sich noch die Längen für die Mittelzehe ermitteln. Die Anatomie zeigt uns, dass die Länge des Metatarsalballens bei Regenpfeifern knapp 20 % der Trittsiegellänge beträgt, hier somit 4 mm (blaue Linie). Die Längen der Mittelzehen sind eine weitere Bestimmungsmöglichkeit. Sie werden in manchen Publikationen angegeben und auch in diesem Buch dokumentiert.

Ein weiteres Thema sind Maße von **Jungvögeln**, wobei zwischen Nestflüchtern und Nesthockern zu unterscheiden ist. Für uns relevante Nestflüchter sind Gänse- und Hühnervögel sowie Rallen und Watvögel. Bei Raufußhühnern etwa ist eine Artbestimmung anhand der Trittsiegellänge von Mai bis September problematisch, da die Küken bald nach dem Schlüpfen „auf eigenen Beinen" stehen und junge Birkhühner Trittsiegel in der Größe adulter Haselhühner hinterlassen können. Bei Nesthockern wie Singvögeln ist die verbreitete Annahme, dass deren Jungvögel kleinere Füße hätten, nur für eine kurze Phase nach dem Ausfliegen zutreffend. Meist ist binnen einer Woche bereits das Großgefieder vollständig entwickelt, dann haben auch die Füße die Dimension der Adulten erreicht.

Seitenbestimmung (rechts oder links)

Sowohl für die Bestimmung von Trittsiegeln als auch zur korrekten Beurteilung von Gangarten ist die Seitenbestimmung, also ob rechter oder linker Fuß, unerlässlich. Das ist in vielen Fällen deutlich, kann aber bei unvollständigen oder überlagerten Spurbildern auch herausfordernd sein. Bei Schwierigkeiten ist es hilfreich, folgende Kriterien heranzuziehen:

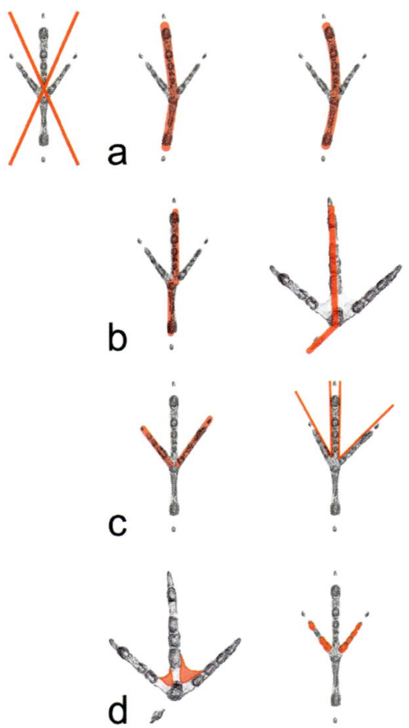

Seitenbestimmung von Vogeltrittsiegeln anhand von rechten Trittsiegeln (nicht maßstäblich): Biegung oder Knickung (a), Stellung des Hallux (b), Verhältnis der Seitenzehen (c), Spannhäute und Ballenmuster (d).

In der Natur ist kein Trittsiegel vollkommen symmetrisch (wie im durchkreuzten Beispiel), was fast immer eine Seitenbestimmung ermöglicht. Die Beispiele zeigen jeweils rechte Trittsiegel. Die Reihen **a** bis **d** stellen zunehmend subtilere Merkmale dar – häufig reicht bereits eines der ersten Kriterien aus. Bei Unsicherheiten lassen sich auch mehrere Merkmale kombinieren, um eine zuverlässige Bestimmung zu erzielen.

- Knickung **(a links)** oder Biegung (**a rechts**) der **Fußachse** (zwischen Hinter- und Mittelzehe). Diese ist fast immer nach innen gerichtet. Nur in ganz seltenen Fällen wie bei Fußverletzungen oder besonderer Bodenbeschaffenheit kommen Ausnahmen vor.
- Position der **Hinterzehe**. Diese ist häufig zur Mitte versetzt (**b links**) – besonders auffällig bei Reihern. Bei Vogelfüßen mit reduziertem Hallux (**b rechts**) weist dieser zur Mitte.

- Länge und Winkel der **Seitenzehen**. Bei fast allen Vögeln ist die Außenzehe länger als die Innenzehe (**c links**). Auch der Winkel zwischen Mittel- und Außenzehe (**c rechts**) ist zumeist größer.
- **Spannhäute** und **Ballenmuster**. Dieses Merkmal ist vor allem bei Hühner- und Watvögeln gut nutzbar. Die laterale (äußere) Spannhaut ist immer breiter als die innere (**d links**). Letztere kann auch gänzlich fehlen. Wenn alle anderen Merkmale unklar oder nicht anwendbar sind, kann das Ballenmuster der Seitenzehen hilfreiche Hinweise bieten (**d rechts**). Die Außenzehe zeigt oft vier Ballen in einer gleichmäßigen „Perlenketten"-Anordnung. Die Innenzehe hingegen weist meist nur drei Ballen auf, die unregelmäßig verteilt sind: Die beiden inneren Ballen liegen nahe beieinander, gefolgt von einer Lücke, nach der der distale Ballen abdrückt.

Gangarten und Spurbilder

Die Anatomie des Vogelbeins bedingt bestimmte Bewegungsabläufe, die dem Vogel unterschiedliche Gangarten ermöglichen. Wir beurteilen schließlich das dadurch entstehende Spurbild am Boden und ziehen Rückschlüsse auf die zugrundeliegende Gangart und das Verhalten des Vogels. Das Buch orientiert sich erneut an der Terminologie, wie sie von Elbroch & Marks sowie von Grolms beschrieben wurde. Spurbilder sind bestimmungstechnisch wertvoll. Durch die grundsätzliche Unterscheidung zwischen Läufern und Hüpfern können kleine Singvögel bereits grob sortiert werden. Zudem sind sie ein Schlüssel, um das Verhalten von Vögeln nachzuvollziehen und Geschichten im „Buch der Natur" zu lesen.

Grundtypen und Messstrecken

Vögel bewegen sich hauptsächlich in vier verschiedenen Gangarten:

- **Gehen (a).** Diese Gangart entspricht dem Schritt bei Säugetieren. Dabei hat immer ein Fuß Bodenkontakt und das Spurbild erscheint als eine gleichmäßige Zickzacklinie. Typischerweise ist hier die SL klein, während die SB relativ groß wird. Oft zeigt sich auch ein ausgeprägter Innenspin. Diese Gangart nutzen unter anderem die „Schreitvögel". Der Terminus **Schreiten** wird manchmal für zielgerichtetes Gehen mit größerer SL (hier aufgrund der Langbeinigkeit) benutzt.
- **Laufen (b)** ist wie das Gehen eine regelmäßige Gangart mit konstanten Abständen zwischen den Trittsiegeln. Der Unterschied besteht in der sogenannten Flugphase, in der beide Füße gleichzeitig den Bodenkontakt verlieren. Hier ist die SL zumeist größer, die SB kleiner und der Spin weitgehend aufgehoben. Im Laufen erreichen die Vögel ihre höchsten Geschwindigkeiten, man denke an den Strauß. Bei kurzbeinigen Arten wie Lerchen, Piepern und Stelzen setzt diese Gangart allerdings ebene, niederwüchsige oder vegetationslose Flächen voraus.
- **Hüpfen (c)** ist eine unregelmäßige Gangart, die sich aus den Phasen Absprung, Flugphase und Landung zusammensetzt. Bei unregelmäßigen Gangarten variieren die Abstände zwischen den einzelnen Trittsiegeln. Beide Füße stehen mehr oder

weniger parallel am Boden und der Vogel springt beidbeinig ab. Nach einer Flugphase landet er mit beiden Beinen gleichzeitig und der Zyklus beginnt erneut. Im Spurbild erkennt man dabei eine Gruppe eines circa parallel angeordneten Fußpaares – die Gruppenlänge (GL) ist deshalb kurz – und eine mehr oder minder lange Distanz zwischen diesen Gruppen – die Zwischengruppenlänge (ZGL). Deren Länge hängt nicht nur von der Kräftigkeit des Absprungs ab, sondern auch von der Höhe des Sprunges. Die Vorteile dieser Gangart sind deren Nutzbarkeit in höherer Vegetation und auch die Möglichkeit abrupter Richtungswechsel ohne Geschwindigkeitsverlust, weshalb viele Singvögel, deren bevorzugte Aufenthaltsorte Bäume oder Sträucher sind, sie bevorzugen.

- **Hüpflauf (d).** Dabei ist der Bewegungsablauf mit jenem des Hüpfens identisch. Der Unterschied besteht darin, dass die beiden Füße zeitlich und distanzmäßig versetzt aufspringen – das bildet sich in der größeren GL ab. Hüpflauf ist zumeist eine schnellere Gangart als Hüpfen, was sich auch an den größeren ZGL zeigt. Diese Gangart ist ein Spezifikum für Raben- und Drosselvögel.

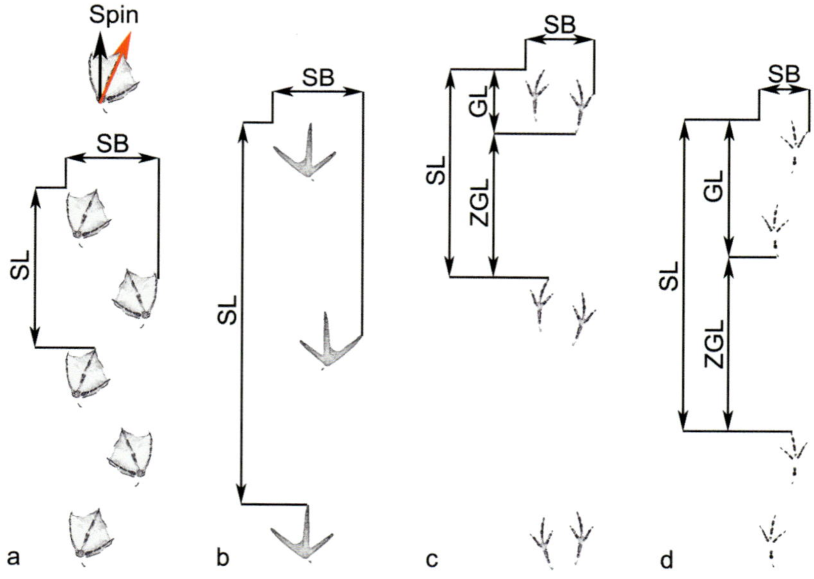

Gangarten bei Vögeln und deren Spurbilder (nicht maßstäblich). Gehen (a), Laufen (b), Hüpfen (c) und Hüpflauf (d). SL Schrittlänge, SB Spurbreite, GL Gruppenlänge, ZGL Zwischengruppenlänge (zu Begriffserklärungen siehe Glossar).

Zusätzliche Bewegungsmuster

Die vier beschriebenen Gangarten bieten eine wichtige Grundlage für das Verständnis der Spurbilder. In der Praxis zeigen sich jedoch deutlich komplexere Spurbilder. Es ist selten, dass ein Vogel eine Gangart über längere Strecken beibehält; oft erfolgen Unterbrechungen durch plötzliche Stopps und Richtungswechsel. Außerdem sind die Schrittlängen häufig inkonstant, und längere Distanzen werden oft auch fliegend überwunden. Zudem gibt es spezifische Bewegungsarten einzelner Vogelarten, die zusätzliche Variationen erzeugen.

Bei der Beurteilung von Spurbildern stößt man häufig auf zusätzliche Merkmale oder unerwartete Fragestellungen.

Spurbilder von Vögeln mit zusätzlichen Merkmalen und Bestimmungsproblemen: Schleifmarken (e), Hüpflauf oder Laufen (f) und Hüpfen oder Hüpflauf (g). (Nicht maßstäblich.)

- **Schleifmarken** und **andere Abdrücke (e).** Insbesondere im Schnee sind neben den Trittsiegeln häufig Schleifmarken zu finden, die hauptsächlich von der Mittelzehe, dem Hallux und seltener von den Seitenzehen hinterlassen werden. Beim Abflug kann man zusätzlich Flügelmarken erkennen, und besonders bei Eulen sind oft auch Spuren der Laufbefiederung oder des Bauches sichtbar.
- **Hüpflauf** oder **Laufen (f).** Wenn beim Hüpflauf die GL groß werden und gleichzeitig die ZGL kurz ist, dann unterscheiden sich die Spurgruppen kaum mehr vom Laufen. Die Abbildung zeigt einen derartigen Hüpflauf bei einer Amsel.
- **Hüpfen** oder **Hüpflauf (g).** Folgt man der Theorie, ist dieses Beispiel eindeutig ein Hüpflauf. Bei Zeitlupenaufnahmen hat dieses Rotkehlchen allerdings immer beide Füße gleichzeitig aufgesetzt. Definitionsgemäß handelt es sich somit um Hüpfen, auch wenn die GL so groß sind. In solchen Fällen ist eine Unterscheidung anhand des Spurbildes nicht möglich, was jedoch für die Beurteilung des Vogelverhaltens wenig relevant ist. Hier sollen lediglich die Grenzen theoretischer Modelle aufgezeigt werden.
- **Flattersprünge** (nicht in der Abb.). Hüpfende Bewegungen, die mittels der Flügel unterstützt werden, kommen beispielsweise bei Fliegenschnäppern im Rahmen des Nahrungserwerbs vor. Im Spurbild lässt sich dieser Typus nur dann verifizieren, wenn gleichzeitig Flügelmarken abdrücken. Hinweise liefern allenfalls besonders große SL.

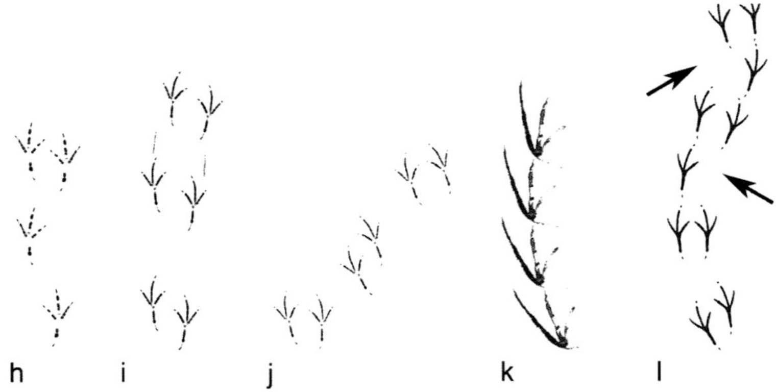

Zusätzliche Spurbilder von Vögeln: T-Stopp (h), „verschleierter Stopp" (i), seitwärts Hüpfen (j), einbeiniges Hüpfen (k) und „Polkaschritt" (l). (Nicht maßstäblich.)

Vögel können ansatzlos aus der Bewegung stoppen, aber auch wie Säugetiere charakteristische Stopp-Bilder zeigen. Zusätzlich sieht man manchmal ungewöhnliche Gangarten.

- **T-Stopp (h).** Dieses Spurbild ähnelt T-Stopps von Säugetieren. Aus dem Gehen oder Laufen heraus setzt die Amsel (in diesem Beispiel) im Abstoppen (hier) den rechten Fuß neben den linken. Die Dreieckskomposition der oberen drei Trittsiegel ist charakteristisch für Drosseln.
- **„Verschleierter" Stopp (i).** Aus dem Spurbild heraus würde man nicht erkennen, dass die mittlere Spurgruppe ein Stopp ist und das Rotkehlchen hier das Hüpfen unterbrochen hat.
- **Seitwärts Hüpfen (j).** Besonders bei der Nahrungssuche und bei der Rast am Boden zeigen sich bei kleineren Singvögeln derartige Spurgruppen.
- **Einbeiniges Hüpfen (k).** Dieses Spurbild kann recht verwirrend sein, wenn man es zum ersten Mal sieht. Gänsevögel, Kormorane (wie im Beispiel) und Watvögel rasten häufig einbeinig. Bei geringer Störung geben sie diese Haltung ungern auf und vollfühlen einbeinig kleinere Ortswechsel. Derlei Spurbilder findet man vor allem an Gewässerrändern.
- **„Polkaschritt" (l).** Dieser Bewegungsablauf kombiniert kurze Schritte oder Hüpfer, wobei öfters auf einen langen Schritt zwei kurze folgen. Manchmal hebt der hintere Fuß bereits ab, bevor der gegengleiche aufsetzt. Der Schritt (schwarze Pfeile in der Abbildung) wird abwechselnd vom rechten und linken Bein ausgeführt und ist häufig mit einem Richtungswechsel verbunden. Vögel, die in dieser Gangart unterwegs sind, hinterlassen meist sehr dichte und erratisch gewundene Spurbilder. Der Polkaschritt wird typischerweise von Finken bei der Nahrungssuche am Boden genutzt, aber auch von Ammern und Braunellen.

Polkaschritt. Diese Gangart geht auf Oskar Heinroth zurück. Gemeinsam mit seiner Frau Magdalena hat er eine Reihe von Singvögel aufgezogen und studiert, wobei er dieses Bewegungsmuster entdeckt hat. Es wurde mehrfach interpretiert, am anschaulichsten fast 50 Jahre später durch Peter Kunkel, der dazu schreibt:

> *„Zwischen Hüpfen und Laufen gibt es Übergänge in allen Abstufungen, von HEINROTH (1927) unter dem Namen „Polkaschritt" zusammengefasst. Es können dabei die beiden „hüpfenden" Beine nur ganz kurz nacheinander vom Boden abgehoben und im gleichen Abstand wieder aufgesetzt werden, sodass in der längsten Zeit des „Hüpfens" sich beide doch von der Unterlage gelöst bewegen. Das andere Extrem ist ein Doppelschritt, dessen beide Schritte dicht aufeinanderfolgen, der aber vom nächsten Doppelschritt durch eine kleine Pause getrennt ist. Beides und viele dazwischen liegende Typen sind bei Sperlingsvögeln sehr häufig."*

Nahrung, Erwerb und Fraßspuren

An den meisten Zeichen gehen wir achtlos vorbei, denn es benötigt ein bewusstes Hinschauen, um diese zu entdecken. Ernährungsgewohnheiten von Vögeln sind recht gut erforscht und in der Literatur (zum Beispiel G. v. Blotzheim & Bauer) nachzulesen. Die Vielzahl von Zeichen, die in der Natur zu finden sind, ist für sich genommen bereits faszinierend. Im Kontext mit Trittsiegeln lassen sich daraus sogar ganze Verhaltensmuster erkennen und nachvollziehen.
Methodisch aufgeschlüsselt können wir uns für die Nahrungsauswahl von Vögeln interessieren, die verschiedenen Methoden, an diese Nahrung heranzukommen, und schließlich für deren Behandlung durch die Vögel. All das bildet sich in den Fraßspuren ab.

Nahrungsauswahl

Diese ist nicht zufällig, sondern für Vogelfamilien und auch Arten typisch. Eine lange (meist einige 100.000 Jahre dauernde) gemeinsame Entwicklung hat eine ganz spezifische **Beziehung** zwischen **Vögeln und Pflanzen**, aber auch zwischen **Beutegreifern und Beute** hervorgebracht. Biologen nennen dieses Phänomen Koevolution. Der Körperbau bestimmter Vögel und auch das Verhalten sind an diese Beziehung angepasst. Deutlich wird das beispielsweise an spezialisierten Schnabelformen von Finken, die den Verzehr ganz bestimmter Samenkörner ermöglichen.
Für uns ist es demnach lohnend, sich auf ganz bestimmte Areale zu fokussieren. Samenreifende Disteln sind „Magneten" für Stieglitze, Selbiges sind Föhrennadeln für Auerhühner im Winter. Auch Früchtefresser nutzen ganz bestimmte Sträucher bevorzugt, beispielsweise ziehen Mistelbeeren bestimmte Drosselarten an. In den Artkapiteln finden sich weitere Beispiele.

Nahrungserwerb und Behandlung

Vögel haben die gesamte Erde besiedelt und nutzen Boden, Vegetation, Wasser und Lufträume zur Nahrungssuche. Die Nahrung kann in toto aufgepickt oder verschluckt werden, zumeist aber wird diese in irgendeiner Form aufbereitet, getrennt oder zerkleinert. Vor allem diese Behandlung – man sollte „Beschnäbelung“ sagen – macht den Nahrungserwerb spurentechnisch nachvollziehbar.

Fraßspuren – Zeichen am Boden

Die meisten Fraßspuren finden sich naturgemäß am Boden, wo auch Manches von Luftjägern oder Baumvögeln landet. Spurenlesende können gezielt auf folgende Hinweise achten.

Abweiden. In Bereichen wassernaher Vegetation, auf Saaten oder Grasland, kann Vegetation abgebissen oder abgerissen sein. Verursacher sind meist Schwäne, Gänse oder Enten, wobei eine genaue Betrachtung des Fraßbildes weitere Differenzierungen erlaubt. Das Befressen von Zwergsträuchern und anderen Trieben durch Raufußhühner kann man auch hier einreihen.

Nahrungssuche an der Oberfläche. Picken hinterlässt oft wenig auffällige Spuren, vielmehr sind es die Überreste der Nahrungsbehandlung wie leere Samenhüllen, befressene Früchte oder harte Chitinteile von Insekten, die als Hinweise dienen. Ob diese Zeichen im Offenland oder unter dichter Vegetation zu finden sind und ob es sich um Einzelspuren oder um Hinterlassenschaften ganzer Schwärme handelt, schränkt die Anzahl möglicher Arten bereits ein. Zusätzlich lassen sich meist auch Exkremente als weitere Indizien finden. Einige Vogelarten optimieren ihre Nahrungssuche, indem sie sich an Weidetiere anschließen. Häufig trifft man in diesem Zusammenhang auf Kuhreiher, Wiesenlimikolen, Rabenvögel und Stare.

Zeichen von Nahrungsbehandlung. Zeichen der Bearbeitung von Nahrungsquellen durch Vögel sind äußerst vielfältig und nahezu überall in der Natur zu finden. Besonders auffällig sind die Reste hartschaliger **Nüsse**, die Schnabelmarken von Spechten und Krähen aufweisen können. **Kleinere Samen** wie Kirschkerne oder Hainbuchensamen können auf Kernbeißer oder Kleiber hinweisen. Bekannt sind Bearbeitungsspuren an **Zapfen**, die überwiegend vom Buntspecht oder Kreuzschnäbeln stammen, jedoch von jenen der Eichhörnchen unterschieden werden sollten. Am Boden liegende, zäpfchenartige Fruchtstände von Erlen liefern Hinweise auf (Erlen-)Zeisige. Schnabelspuren an **Eicheln** deuten oft auf den Eichelhäher oder auf Finken hin. Pickspuren von Meisen gelten hier aber nicht dem Kern, sondern tierischer Nahrung, in diesem Fall dem Eichelbohrer.
Ansammlungen von **Resten weichschaliger Samen** wie Schoten, Hüllen oder Haarkelche sind ebenfalls häufig anzutreffen. Eine interessante Unterscheidung liegt darin, ob diese Reste in der Nähe der Wirtspflanze gefunden werden, was auf Finken hindeutet, oder ob sie weiter entfernt liegen. Meisen fressen nämlich nicht direkt an der Pflanze, sondern tragen die Samen zu einem weiter entfernten, gedeckten Fressplatz.

Eine weitere Verhaltensweise ist das **Abwerfen** von hartschaliger Nahrung wie Muscheln, Schnecken, Krabben und Nüssen auf harte Unterlagen. Dies lässt sich bei Rabenvögeln und Möwen beobachten.
Große Ansammlungen geöffneter **Schneckenhäuser** stammen meist von Singdrosseln und werden an sogenannten „Drosselschmieden" aufgeschlagen.

Nahrungsbehandlung beim Kleiber. Geöffnete Hainbuchensamen.

Nahrungssuche in tieferen Bodenschichten. Viele Vögel begnügen sich nicht damit, die Oberfläche optisch abzusuchen, sondern erschließen auch tiefere Bodenschichten. Hühner **scharren** mit den Beinen, während Drosselvögel, manche Fliegenschnäpper und Rabenvögel Laubschichten zumeist mit seitlichen Schnabelbewegungen freilegen („**Schnabelschleudern**"). Einige Arten bedienen sich an Grabetätigkeiten anderer Tiere wie Wildschweine, um an tiefere Nahrungsgründe zu gelangen. Auch menschliche Aktivtäten werden genutzt, wie das Pflügen, das manchmal Scharen von Dohlen, Tauben oder Möwen anlockt.

Stochern und Zirkeln. Viele Schnepfenvögel erwerben ihre Nahrung durch **Einstechen** ihrer langen Schnäbel in weiche, gut durchfeuchtete Bodenschichten. Hier können wir auf die Form der Einstichlöcher, deren Tiefe und Winkel sowie auf die Komposition dieser Fraßspur achten. **Kegelförmige Schnabelmarken** unterscheiden sich deutlich von den röhrenförmigen Stocherspuren. Die Dolchschnäbel von Erdspechten oder Rabenvögeln hinterlassen charakteristische Bodenmarken. Eine Besonderheit ist das **Zirkeln** mancher Singvögel, die ihre Schnäbel in den Boden einstechen, diese dann leicht öffnen und drehen. Diese Zeichen sind für Stare typisch, können aber auch von Lerchen, Drosseln und einigen Rabenvögeln stammen.

Grabespuren. Wenige Vögel graben. Trotzdem kann man manchmal im Schnee freigelegte Stellen erheblicher Tiefe, seltener sogar beeindruckende Tunnel finden. Letztere legen bestimmte Spechtarten an, vor allem im Bereich von Ameisenbauten. Auch Häher graben Stollen zu ihren Bodendepots – beim Tannenhäher können diese über einen Meter lang sein. Manche Hühnervögel können im Winter bis in eine Tiefe von 50 cm graben, um an Nahrung zu kommen. Davon zu unterscheiden sind Schlafhöhlen von Raufußhühnern.
Ameisenhügel. Im Winter kann man an den Hügeln der Roten Waldameise tiefe, tunnelartige Löcher entdecken, die von Spechten auf der Suche nach Nahrung gegraben

Fraßspuren von einem Schwarzspecht an einem Ameisenhügel.

wurden. Im Sommer lässt sich hier ein anderes Verhalten beobachten – das sogenannte „Einemsen“, bei dem auch weitere Vogelarten ein Bad in Ameisensäure nehmen. Die Spuren dieses Verhaltens sind jedoch deutlich weniger auffällig.

Nahrungsdepots. Häher legen gut getarnte Nahrungsdepots am Boden an, die meist nur sichtbar werden, wenn die Vögel sie leeren oder wenn Eichhörnchen sie plündern. Auch Meisen und Rabenvögel nutzen Verstecke zur Vorratsspeicherung. Bei Rabenvögeln lässt sich das besonders gut beobachten, wenn sie Walnüsse in Grasbüscheln verstecken.
Ein Zeichen, das langfristig erkennbar bleibt, sind **Baumpflanzungen** durch Vögel, wenn die Depots nicht wiedergefunden werden. So mancher Nussbaum in der Kulturlandschaft oder Eichenhain im Naturwald verdankt seine Existenz den Vögeln.

Zeichen von Beutegreifern oder Aasverwertern. Wenn **Vögel andere Vögel erbeuten**, so werden mehr oder minder große Federanteile vor dem Fressen gerupft. Diese Federn können große Haufen oder kreisförmige Muster bilden und geben wertvolle Hinweise auf den Beutegreifer – meist handelt es sich um Habichte, Sperber oder Falken. Weitere charakteristische Merkmale sind, welche Teile der Beute gefressen wurden, ob die Flügel ausgerissen sind oder ob sich Schnabelkerben auf dem Brustbeinkamm zeigen. Interessanterweise können auch Würger und Rabenvögel derlei Rupfungen hinterlassen. Von Greifvögeln oder Eulen **erbeutete Säugetiere** werden manchmal geköpft oder gehäutet. Größere Kadaver; stellen ebenfalls Nahrung für Greifvögel, aber auch für eine Reihe von **Aasfressern** dar. Rabenvögel können allerdings den Tierkörper nicht selbst öffnen und fressen an weicheren Körperstellen wie den Augen.

Rupfung eines Sperbers in Deckung. Die Beute ist eine Lachmöwe.

Aufnahme von mineralischen Materials. Magensteinchen (Gastrolithen): Unterschiedliche Arten wie Hühnervögel, Tauben, Rabenvögel und auch weitere Singvögel fressen an bestimmten Stellen „Grit“. Das sind Steinchen von ganz bestimmter Korngröße, Textur und Härte.
Alpendohlen picken an Mauern nach ausgeblühtem Salpeter, Finken suchen manchmal **salzhaltige** Stellen

auf. Das können Straßenränder nach Salzstreuung sein, aber auch nitratreiche Stellen durch tierischen Urin.

Tränken und Wasserstellen. Während viele Vögel gar nicht oder wenig trinken und ihren Flüssigkeitsbedarf aus der Nahrung ziehen, erscheinen Körnerfresser wie Hühner, Tauben und Finken regelmäßig an Tränken. Baden ist ebenfalls ein häufiges Verhalten bei Vögeln.

Weitere Zeichen. Zusätzlich zu Fraßspuren findet man **Sandbadestellen**, meist von Hühnervögeln, Sperlingen und Finken.
Vögel können an häufig begangenen Stellen auch **Wechsel** anlegen. Besonders auffällige hinterlassen Enten, manchmal auch Hühnervögel oder Rallen.

Fraßspuren – in höherer Vegetation

Für Menschen als „Bodentiere“ sind Spuren in größerer Höhe nur dann zu entdecken, wenn sie sehr ausgeprägt sind. Unser diesbezüglicher Horizont endet zumeist etwa in Augenhöhe, sodass viele dieser Zeichen unentdeckt bleiben.

Koniferennadeln. Das Fressen an Nadeln ist ein Spezifikum für Raufußhühner und hinterlässt charakteristische Zeichen an den Zweigspitzen, manchmal beeinflusst es sogar die Wuchsform ganzer Bäume.

Blüten und Knospen. Besonders im Winter und Frühling nutzen bestimmte Finkenvögel diese Quelle – nicht immer zur Begeisterung von Obstgartenbesitzern. Die Aufnahme von Pollen und Nektar spielt in den Tropen eine größere Rolle, aber auch heimische Vögel wie Laubsänger, Goldhähnchen und Meisen schätzen diese „Energiepakete“.

Insektenjäger in Gehölzen. Interessant sind hier sowohl die artspezifische Bevorzugung bestimmter Baumarten als auch die Straten (Höhen und Stammentfernungen), in denen Nahrung gesucht wird. Suchender und ablesender Nahrungserwerb liefert allerdings nur wenig verwertbare Zeichen. Deutlicher sind Öffnungen von Pflanzengallen durch bestimmte Meisen oder geplünderte Spinnennetzte durch Goldhähnchen, Kleiber, manche Laubsänger und Finkenvögel.
Viele Arten entfernen den Darm von Raupen vor dem Fressen. Besonders aufmerksame Spurenlesende können diese Reste, angeklebt an kleinen Ästchen, entdecken.

Insektenjäger im Röhricht. Blaumeisen hacken Löcher in Schilf und Rohrkolben auf der Suche nach Insektenlarven.

Fleischige Früchte und Beeren. Auf die Koevolution bestimmter Vogel- und Pflanzenarten wurde schon hingewiesen. In diesem Zusammenhang können Spurenlesende darauf achten, ob nur Fruchtfleisch gefressen, die Beeren insgesamt aufgenommen oder selektiv Kerne herausgepickt wurden. Bei Fruchtfleischfressern durchwandern die Samen

Die Amsel war nur am Fruchtfleisch der Kirsche interessiert.

unverdaut – in besonderen Fällen sogar erst keimfähig gemacht – den Vogeldarm. Diese Vögel, das sind vor allem Drosselvögel, Fliegenschnäpper und Grasmücken, erweisen damit den Pflanzen den Dienst der Fernverbreitung (= **Ornithochorie**). Sogenannte Kernprädatoren wie Finkenvögel beteiligen sich nicht an der Gehölzverbreitung, fressen und verdauen Kerne, ohne Interesse am Fruchtfleisch zu zeigen. Welche Beeren bevorzugt gefressen werden und welche Rolle Farbe und Größe spielen, wurde vielfach untersucht und wird ausgewählt in den Artkapiteln beleuchtet. Besondere Aufmerksamkeit genießen die Scheinbeeren von Misteln.

Zeichen an Stämmen und Zweigen. Diese reichen von subtilen Borkenabschuppungen durch Baumläufer, Meisen und Kleiber bis zu auffälligen **Kavernen**, die Schwarzspechte in Bäume schlagen. Von diesen Zeichen sind Bruthöhlen von Spechten zu unterscheiden, die oft ganz spezifische Formen und Lokalisationen aufweisen und eine Vielzahl von Nachnutzern anziehen.

Derartig ausgedehnte Kavernen legt nur der Schwarzspecht an.

Spechtschmieden sind natürliche Spalten oder Hohlräume, die teilweise – vor allem vom Buntspecht – durch Schnabelbearbeitung optimiert werden. In und unter solchen Schmieden finden sich oft bearbeitete Zapfen, Nüsse oder Steinfruchtkerne. Auch Kleiber und Rabenvögel können Schmieden nutzen.
Ein anderes Spezifikum für Spechte ist das **Ringeln**. Das sind ein- oder mehrreihige Lochreihen an Stämmen von Laubhölzern oder auch Bergfichten.

Geplünderte Nester (Eier). Begabte Nesträuber unter den Vögeln sind Rabenvögel, aber auch Buntspecht und Neuntöter. Hier kann man sich dafür interessieren, ob Eierschalen aus natürlichem Schlupf stammen oder ob sie erbeutet wurden, sei es von Säugetieren oder von anderen Vögeln.

Sitzwarten und Fraßplätze. Wenn Vögel auf Nahrungssuche weit verteilt durch die Landschaft streifen, sind ihre Spuren schwer auszumachen. Bei sogenannten Wartenjägern ist das anders. Insektenfresser wie Rotschwänze, Braun- und Schwarzkehlchen sowie Würger lauern ihrer Beute an bestimmten Plätzen auf und verzehren sie oft auch direkt dort. An solchen Stellen sammeln sich daher Beutereste, häufig ergänzt durch Kotspuren.
Wenn Bienenfresser oder auch der Grauschnäpper stachelbewehrte Insekten erbeuten, entfernen sie meist die Giftanlage. Auch diese Reste kann man dann gehäuft am Boden finden.
Auch unter Sitzwarten von Würgern finden sich Chitinreste bestimmter Insekten oder auch kleine Rupfungsfedern, Säugetierschädel oder Gedärme.

Nahrungsdepots. Neben den Bodenverstecken gibt es auch solche in höherer Vegetation. Greifvögel oder Eulen verstecken manchmal Beutereste in Astgabeln. Ansammlungen von Insekten oder Samen an verschiedensten Stellen an Bäumen weisen auf Meisen oder Kleiber hin. Die Lokalisation dieser Depots und etwaige Tarnungen können Hinweise auf einzelne Arten liefern.
Würger können kleine Vögel oder Säugetiere, aber auch Reptilien und Insekten an Dornensträuchern **aufspießen** oder in Astgabeln klemmen. Dies kann sowohl der Speicherung überschüssiger Nahrung dienen als auch die Behandlung der Beute (zum Beispiel Abziehen des Felles) unterstützen.

Am Wasser

Viele Zeichen nahrungssuchender Wasservögel entschwinden in der Strömung oder dem Gezeitenwechsel, trotzdem lohnt sich auch hier ein forschender Blick.

Fraßspuren an submerser Vegetation. Besonders Schwäne ernähren sich auch durch flächiges Abweiden von Wasserpflanzen.

Wasserränder und Spülsäume. Reste von Weich- und Krebstieren oder Fischen können Hinweise auf Möwen, Wat- oder Rabenvögel liefern. Der Nutzungsgrad größerer Fische ist ein gutes Merkmal zur Unterscheidung von See- und Fischadler. Die größere Art lebt oft verschwenderischer.
Spülsäume an der Küste sind bevorzugte Nahrungsgründe gewisser Limikolen. Im Binnenland findet man hier zudem Zeichen von Stelzen und Piepern. Abgerissene Libellenflügel oder andere Insektenteile stammen häufig von der Bachstelze.

Gewässergrund. Besonders in Stillgewässern mit schlammigem Grund erhalten sich bestimmte Zeichen über eine längere Zeit. Das sind **Schnatterspuren** von Entenvögeln oder sogenannte **„Mähspuren“** der Brandgans oder von Säbelschnäblern. Weitere auffällige Zeichen sind **„Trampelwannen“** von Brandgänsen, Watvögeln oder Möwen.

Sitzwarten in Fließgewässern. Wasseramseln können hier Reste von Köcher-, Stein- und Eintagsfliegen hinterlassen.

Ausscheidungen

Auch wenn Vogelkot meist als Ärgernis betroffener Autobesitzer wahrgenommen wird, sind diese Exkremente für Spurenlesende wertvolle Erkenntnisquellen. In vielen Fällen wird man erst durch die auffälligen weißen Flecken auf interessante Stellen aufmerksam, an denen sich dann auch Fraßspuren oder Trittsiegel finden lassen.

Ernährung und Verdauung

Die Verdauung der Vögel unterscheidet sich von jener der Säugetiere. Trotzdem sind die Grundbausteine der Nahrung gleich, nämlich Kohlenhydrate (Zucker), Fette und Eiweiße. Diese drei Elemente können durch pflanzliche Ernährung bereitgestellt werden, hochkalorische tierische Nahrung beruht auf Eiweiß und Fett.
Prämissen des Vogelstoffwechsels sind hoher Energiebedarf, Gewichtsersparnis und ein reduzierter Wasserhaushalt. Viele Vögel bevorzugen deshalb energiereiche Ernährung wie fettreiche Samen oder tierisches Eiweiß. Zur Zeit der Beerenreife sind auch zuckerhaltige Früchte relevant. Nur wenige Arten wie Raufußhühner und Gänsevögel können einen beträchtlichen Anteil ihrer Nahrung aus grünem Pflanzenmaterial gewinnen, was energetisch problematisch werden kann.

Während der weiße Kotklecks sofort ins Auge fällt, sieht man die Trittsiegel des Reihers erst bei genauerer Betrachtung.

Reste der Eiweiß-Verdauung werden über die Niere ausgeschieden. Das Endprodukt ist hier Harnsäure, die für ihre Ausscheidung weniger Wasser benötigt als vergleichbare Ausscheidungsprodukte anderer Tierklassen. Denn Wasser ist relativ schwer und kann die Flugfähigkeit beeinträchtigen. Nur Körnerfresser (Tauben, Sperlinge, Finken) müssen regelmäßig trinken. Viele Arten decken ihren Flüssigkeitsbedarf vor allem aus der Nahrung. Eine wichtige Flüssigkeitsquelle ist zudem das sogenannte „Oxidationswasser“, das

bei der „Verbrennung" der Nährstoffe im Körper entsteht.
Ebenfalls im Dienste des optimalen Energiegewinns und der Gewichtsersparnis sind Speiballen zu betrachten. Um den Verdauungstrakt nicht funktions- und gewichtsmäßig zu überlasten, haben viele Vogelmägen die Möglichkeit, Unverdauliches abzusondern und zu komprimieren. Letztlich wird dieses Material über die Speiseröhre wieder ausgespien, wodurch im Darm ein energiereicherer und leichterer Nahrungsbrei verarbeitet werden kann. Vögel besitzen eine Kloake, durch die sowohl Darminhalte als auch der Harn (sowie die Geschlechtsprodukte) gemeinsam ausgeschieden werden.

Drei Grundtypen

Vögel weisen drei Grundtypen von Ausscheidungen auf.

- **Speiballen** sind komprimierte, rundlich bis ovale Gebilde aus Haaren, Federn, Knochenteilen und anderem unverdaulichen Material. Sie können an Säugetier-Exkremente erinnern, sind aber in der Regel geruchlos und nicht gedreht. Bei hohem Haaranteil nennt man diese auch **Gewölle**. Speiballen werden gesondert von den Exkrementen über die Speiseröhre ausgeschieden.
- **Exkremente** haben meist zwei deutlich unterscheidbare Anteile:
    - » **Kotanteil.** Das ist der dunkle Anteil, der Samenreste und deren Hüllen, Zelluloseanteile, Beerenhäute, Erde oder Chitinreste enthält. Je nach Flüssigkeitsgehalt kann dieser hart und tubulär erscheinen oder als wässriger Klecks. Letzterer beinhaltet meist Reste von Beeren und Früchten und kann intensiv gefärbt sein.
    - » **Harnsäure/Urat.** Die Ausscheidungsprodukte der Niere werden gemeinsam mit dem Kot abgesetzt. Dieser Anteil ist mehr oder minder weiß und besteht aus Urat – der kristallisierten Harnsäure. Die Menge ist vom Eiweißanteil der Nahrung abhängig. Bei Ernährung mit grünem Pflanzenmaterial kann er ganz fehlen, sonst sieht man weiße Überzüge oder Ansammlungen an einem Pol des Exkrementes – die sogenannte Uratkappe. Bei reinen Fleisch- oder Fischfressern ist der Kotanteil gering. Diese scheiden überwiegend Harnsäure aus, während der unverdauliche Anteil als Speiballen entsorgt wird.

Exkrement- und Speiballenanalyse

Exkremente und Speiballen spiegeln die Ernährung der Vögel wider. Bereits oberflächliche Analysen im Feld können Spurenlesenden wertvolle Auskünfte über die Verursacher liefern. Exkremente sind somit wesentliche Zeichen, um Artbestimmungen zu unterstützen, aktuelle Fressgewohnheiten zu bestätigen und auf die Ausstattung des Lebensraumes.hinsichtlich bestimmter Nahrungspflanzen oder Beutetiere zu schließen. Dabei sind einige Punkte zu beachten:

- Die Ernährungsgewohnheiten vieler Vögel ändern sich im Jahreslauf. Auch Samenfresser wechseln zur Brutzeit auf tierische Nahrung. Manche Insektenfresser hingegen, zum Beispiel einige Drosseln, ernähren sich zur Beerenreife bevorzugt vegetarisch.

- Die Ernährung von Jungvögeln unterscheidet sich von jener der Adulten. Schnelles Wachstum ist offensichtlich nur (überwiegend) mit tierischer Ernährung möglich. Exkremente unter Vogelnestern können im Aussehen stark von jenen außerhalb der Brutzeit abweichen.
- Die Größe der Exkremente lässt nicht immer auf die Körpermasse des entsprechenden Vogels schließen. Wenn beispielsweise Rabenvögel große Gewölle ausspeien, ist das Volumen der verbleibenden Exkremente gering. Generell ist der Kot von Körnerfressern massiger als jener von Insektenfressern.
- Exkremente werden von Vögeln zufällig in der Landschaft verteilt, können aber auch gehäuft an Schlaf- und Fressplätzen oder unter Nestern gefunden werden.

Speiballen und Gewölle

Speiballen können sehr unterschiedlich aussehen. Die grundsätzliche Unterscheidung von Säugetierkot ist nicht immer einfach. Letzterer ist meist gedreht und weist im frischen Zustand einen oft unangenehmen Geruch auf.

Zur Dokumentation gefundener Speiballen hat es sich bewährt, folgende Details zu beachten:

- **Fundort und Zeit.** Der Fundort hilft, mögliche Urheber einzugrenzen. So wird ein Eulengewölle, das im tiefen Wald gefunden wird, kaum von einer Offenlandart stammen. Das Datum des Fundes ist wichtig, da sich die Ernährung jahreszeitlich stark unterscheiden kann.
- **Form und Dimension.** Speiballen sind kugelig, oval oder birnenförmig. Flach ge-

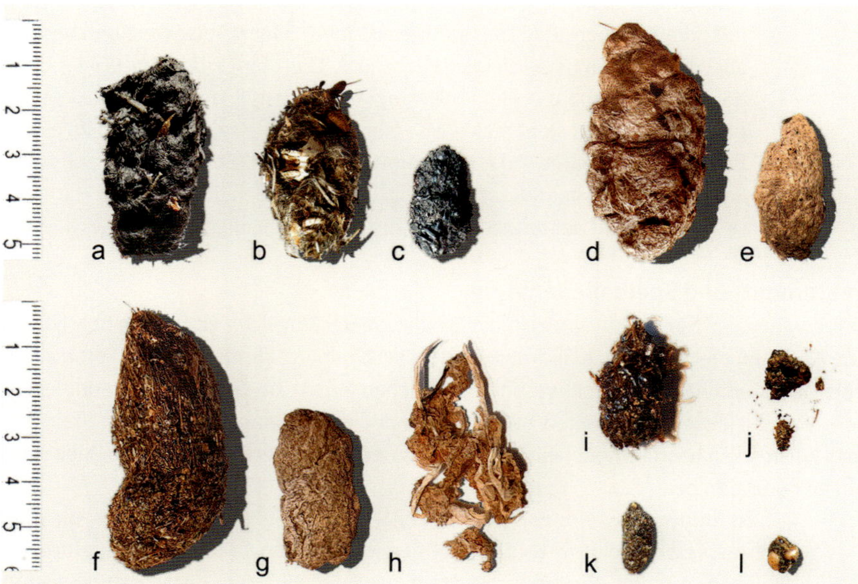

Speiballen von Vögeln. a Schleiereule, b Sumpfohreule, c Steinkauz, d Mäusebussard, e Turmfalke, f Kolkrabe, g und h Sturmmöwe, i Bienenfresser, j Neuntöter, k Wasseramsel, l Rotkehlchen.

drückte Gebilde weisen auf sekundäre Kompression hin. Die Formen sind oft nicht arttypisch, sondern von der Ernährung abhängig. So sind beide Speiballen (g und h in der Abb.) von der Sturmmöwe, wobei der linke nach artgerechter Ernährung gebildet wurde, der zweite aber nach dem Verzehr von Plastikteilen. (Derlei Versuche der Müllverwertung enden für viele Vögel letal.) Längen und Durchmesser von Gewöllen sind relevant, da sie Obergrenzen definieren. Dabei ist der Durchmesser konstanter, als Maß für die maximale „Schlundweite", während die Länge vor allem die Nahrungsmenge abbildet. Die Gewölle (a bis c in der Abb.) stammen von Eulen. Sie sind oval, jene der Schleiereule (a) zylindrisch bis birnenförmig. Im frischen Zustand sind Schleiereulengewölle schwarz und von einer glänzenden Schleimhülle überzogen. Jene vom Steinkauz (c), einer kleinen Eule, sind in der Abbildung kürzer, können jedoch fast die Länge der Sumpfohreule (b) erreichen. Allerdings ist der Durchmesser geringer.

- **Farbe und Textur.** Die Farbe ist auch vom Feuchtigkeitsgrad abhängig, und so können regennasse Gewölle vom Turmfalken (e) schwarz erscheinen, obwohl sie durch die Mäusehaare eigentlich graubraun sind. Speiballen mit hohem Haaranteil (d und e) wirken sehr glatt, während Speiballen aus Chitin (i) eine raue, zerklüftete Oberfläche haben.
- **Konsistenz und Inhalt.** Gewölle unterscheiden sich deutlich in ihrer Konsistenz: Manche wie die von Bienenfressern (i) und Neuntötern (j) zerfallen leicht, während andere sehr dicht sind. Der Inhalt spielt eine wesentliche Rolle bei der Artbestimmung. So ähnelt die Form der Eulengewölle jener von Greifvögeln oder Falken, doch nur die von Eulen (zum Beispiel der Sumpfohreule, b) enthalten einen hohen Anteil an Knochen, darunter Unterkiefer und Zähne. Die Speiballen der Wasseramsel (k) bestehen überwiegend aus kleinen Steinchen, Hinweise auf ihre Köcherfliegen-Ernährung. Bestimmte Singvögel wie das Rotkehlchen (l) hinterlassen Speiballen, die Samen enthalten – Überreste ihrer herbstlichen Beerenkost.

Kotanteil

Die prinzipielle Abgrenzung eines Vogelexkrements zu anderen Tierklassen gelingt aufgrund ihres weißen Urat-Anteils zumeist. Nur selten fehlt dieser, andererseits zeigen auch Reptilien einen Weißanteil, der jedoch meist vom Kot völlig getrennt liegt. Die Bestimmung kann in ähnlichen Schritten wie bei Speiballen erfolgen. Bei Exkrementen ist die Bandbreite noch größer, und auch innerhalb einer Art können diese völlig unterschiedlich aussehen, abhängig von der Qualität und dem Flüssigkeitsgehalt der saisonalen Ernährung. Spurenlesende können sich bei der Analyse von Exkrementen darauf konzentrieren, wie hoch der Flüssigkeitsanteil ist, woraus sich der Festanteil zusammensetzt und in welchem Umfang das Urat verteilt ist.

- **Fundort und Zeit.** Ökologische Kriterien wie Lebensraum und allfällige Nahrungspflanzen sind ebenso relevant wie die Jahreszeit. Wie beschrieben, wechselt die Ernährung stark mit dem saisonalen Nahrungsangebot.
- **Formen.** Die Form resultiert aus dem Flüssigkeitsanteil und dem Inhalt des Kotes.
  - » **Flüssige bis halbflüssige Kleckse.** Beispiel a zeigt diese Form. Der hohe Flüs-

sigkeitsanteil ist oft durch die Aufnahme fleischiger Früchte und Beeren (hier Kirschen) bedingt.

» **Feuchte, amorphe Massen.** Hühner (b) oder Gänsevögel (c) zeigen häufig diese Form. Je nach Durchfeuchtung können Fladen oder auch trockenere, zusammengeballte Massen entstehen.

» **Zylinder.** Bei trockeneren Exkrementen entstehen Zylinder in unterschiedlichen Faltungen und Verformungen. Beerenhäute und grüne Pflanzenteile bedingen oft eine Fältelung (e. Amsel mit Kirschen). Großer Chitinanteil (f, g) führt oft zu einer Verdickung an einem Pol. Fresser von trocken Samen (j) produzieren auch „exakte" Zylinder. Nur wenige Formen gelten als arttypisch, so zum Beispiel die „Kringel" von Tauben (k) oder die j-förmigen „Spazierstöcke" des Grünspechts (h).

- **Dimensionen.** Wie beschrieben, kann man aufgrund der Dimensionen nur bedingt

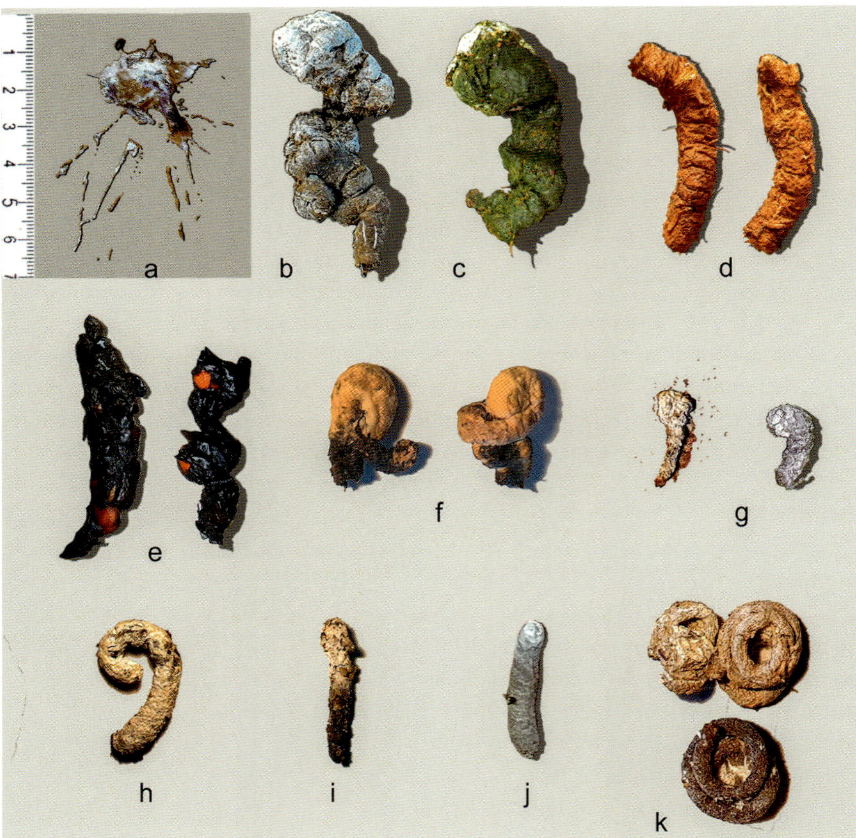

Vogelexkremente (nicht maßstäblich, f bis k sind vergrößert): a Klecks (Amsel), b amorph (Haushuhn), c amorph (Graugans), d c-förmig (Auerhuhn), e gedrehte und gefaltete Zylinder (Amsel), f gefaltete, verklumpte Zylinder (Rauchschwalbe), g Zylinder mit aufgetriebenem Pol (Kohlmeise), h „Spazierstock", j-förmig (Grünspecht), i gerader Zylinder mit Kappe (Fasan), j gerader Zylinder (Feldsperling), k „Kringel" (Türkentaube).

auf die Art schließen. Bei Klecksen unterschätzt man häufig das Volumen, da große Mengen der Flüssigkeit vom Boden aufgenommen werden und nicht mehr sichtbar sind. Wenn größere Arten wie Rabenvögel einen Großteil der Nahrung als Speiballen ausscheiden, bleiben die Exkremente klein. Generell sind Exkremente von Körnerfressern (Hühner, Tauben) voluminöse, als solche von Insektenfressern.

- **Farbe und Textur.** Soweit unter dem Uratmantel erkennbar, haben manche Exkremente typische Farben. Samen- und Körnerfresser zeigen Brauntöne (k). Gänsevögel (c) aber auch Lerchen fressen grüne Pflanzenteile, deren Blattgrün dann auch im Kot erhalten ist. Besonders auffällig sind die Farben der Beeren (wie Kirschen in e), aus denen sich manchmal die Nahrungspflanzen ableiten lassen. Glänzend schwarze, braunrote oder grünlich schillernde Kotanteile verweisen auf Insektenfresser. Wird Nahrung während der Verdauung fein zerrieben, ist der Kot recht glattrandig. Nicht verdaute Beerenhäute, Koniferennadeln oder Chitin ergeben raue bis zerklüftete Oberflächen.
- **Konsistenz und Inhalt.** Kotanteile mit Chitin zerfallen leicht und sind brüchig. Grüne Pflanzenteile und Beeren ergeben eine zähe, klebrige Konsistenz. Kot von Samenfressern ist fest verbacken und hart. Eine grobe Einschätzung des Inhaltes ist bereits mit bloßem Auge möglich. Spurenlesen ist eine Disziplin, bei der wir der Natur in erster Linie mit unseren menschlichen Sinnen gegenübertreten. Eine kleine Ergänzung für Ornithologen sei gestattet: unser Fernglas. Dieses lässt sich auch trefflich als Lupe verwenden, wenn wir retrograd durch das Objektiv blicken. Auf diese Weise können wir bereits im Freiland Inhalte der Exkremente hinreichend einordnen.
  - » **Tierisches Material.** Obwohl Fleisch- und Fischfresser den Großteil der Nahrungsreste als Gewölle ausscheiden können, sind meist kleinere Knochenreste (auch Fischgräten) und Fischschuppen nachzuweisen. Häufig finden sich Reste des Exoskelettes (= Chitin) von Gliedertieren. Facettenaugen von Kleinlibellen, Flügelfragmente, Kieferzangen und leuchtend gefärbte Flügeldecken sind hier zu entdecken. Derlei Chitin-Analysen könnten eine ebenso große Rolle im Nachweis bestimmter Insekten erlangen wie die Gewöllanalyse hinsichtlich Kleinsäugerpopulationen.
  - » **Pflanzliches Material.** Reste von Grünpflanzen, die noch Chlorophyll-Anteile (Blattgrün) aufweisen, zeugen von Ernährung von Wasserpflanzen (Gänsevögel, Rallen) oder Grünnahrung im Feld (zum Beispiel Raps bei Hühnervögeln oder Lerchen). Nadeln von Koniferen als Winterfutter mancher Raufußhühner sind bereits makroskopisch auffällig. Von verschiedenen Sämereien und auch von Nüssen bleiben meist nur kleine, zerriebene Bröse übrig, das sind meist Zellulose-Teile. Anders ist es bei Samen bestimmter Gehölze, die unverdaut wieder ausgeschieden werden (siehe Kirschkerne, e). Dies sind Hinweise auf die Ornithochorie.
  - » **Anorganisches Material.** Diese Fraktion kann überraschend groß sein. Fein zerriebene Steinchen sind Reste vom „Grit". Damit werden die Magensteine (Gastrolithen) bezeichnet, die Körnerfresser (u. a. Hühner, Tauben, Sperlinge, Finken, Ammern) aufnehmen, um harte Nahrung im Muskelmagen zu zerrei-

ben. Häufig zeigt sich auch ein Erdanteil, der meist von Würmern stammt. Als Zivilisationszeichen finden sich auch immer öfter kleine Plastikteile.

» **Reinheit und Mischung.** Es sind Insektenfresser (Spechte, Schwalben, Stelzen), deren Kotanteil (fast) ausschließlich aus einer Fraktion, dem Chitin, besteht. Meist jedoch finden wir eine Gemengelage, deren Komposition wieder Rückschlüsse auf die Verursacher zulässt. Fein zermahlene Zellulose ist fast immer mit einem ebenso großen Steinchenanteil verknüpft – ein Hinweis, wie Verdauung bei diesen Arten funktioniert. Fliegenschnäpper und Drosseln ernähren sich aus einem Gemisch von Insekten und Beeren, was sich auch im Kot nachweisen lässt.

Uratanteil. Ein wesentliches Erkennungsmerkmal von Vogelexkrementen ist der Uratanteil. Harnsäure ist das Endprodukt der Eiweißernährung, und je ausgeprägter diese ist, umso höher ist dieser Anteil. Bei Fleisch- und Fischfressern kann dieser 100 % betragen, während er bei reiner Beerenkost auch ganz fehlen kann.

- **Reiner Uratanteil.** Fleischfresser wie Greifvögel und Falken, eingeschränkt auch Eulen, entsorgen Unverdauliches mittels Gewöllen. Durch die Kloake ausgeschieden wird fast reines Urat ohne größere Kotanteile. Für Spurenlesende interessant ist die Unterscheidung, dass Greifvögel und Falken Urat-Streifen (Beispiel a) hinterlassen, Eulen hingegen Urat-Kleckse (b). Ähnlich ist die Situation bei Reihern, die ebenfalls Kleckse (b in der Abbildung) hinterlassen, während Kormorane ihre Ausscheidung eher fein versprühen. Zur Vollständigkeit sei hier erwähnt, dass auffliegende Reiher auch lange Exkrementstreifen hinterlassen können, die dann schwer von jenen der Greifvögel zu unterscheiden sind.
- **Urat-Überguss mit geringem Kotanteil.** Bleibt der Uratanteil hoch und jener des Kotes gering, so entsteht ein Überguss. Die kleinen, sandigen Kotwalzen beim Gänsesäger (c in der Abbildung) sind nur bei genauerer Betrachtung erkennbar. Wenn dieser Kotanteil flüssig ist, erscheint er als braun-gelbe Verfärbung. Der Weißanteil selbst ist meist unregelmäßig begrenzt.
- **Urat-Überguss mit (etwa) äquivalentem Kotanteil.** Die runden Kleckse über den gebogenen Kotzylindern (d) sind bei vielen Singvogelarten zu finden. Der Weißanteil bildet meist runde, scharf abgegrenzte Flächen.
- **Urat-Kappe.** Diese saubere Trennung zwischen Urat- und Kotanteil ist selten, jedoch für manche Hühnerarten (e) typisch.
- **Urat-Überzug.** Zwischen Kappen und Überzügen bestehen fließende Übergänge. Selten sind Überzüge vollständig. Dann erinnert das Aussehen des Exkrementes an eine Zigarette mit der papierweißen Hülle und dem zerbröselten rotbraunen Chitin-Kern. Häufiger beschränkt sich der Überzug auf einen Pol und lässt den gegenüberliegenden frei (f).
- **Kein Urat.** Fehlt Eiweiß in der Ernährung, bildet der Vogel auch kein Urat. Das Beispiel (g) zeigt ein Frühlings-Exkrement einer Singdrossel. Efeubeeren sind in dieser Jahreszeit eine wichtige Nahrungsgrundlage.

- **Sonderformen.** Zusätzlich zu den vorgestellten Typen sind sogenannte Brut- und Blinddarmlosungen spurentechnisch relevant. Diese betreffen vor allem Hühnervögel und werden im Artkapitel detaillierter dargestellt.
  - » „**Brutlosungen**" sind massige Konglomerate trockener Kotmassen. Sie entsprechen „Obstipationen" der brütenden Henne, die ihr Nest selten verlassen kann und dieses auch nicht durch Exkremente enttarnen möchte. Feldornithologisch bedeutet das Auffinden derartiger Exkremente einen Brutnachweis.
  - » Primär unverdauliche Faseranteile werden in den langen Blinddärmen bestimmter Vogelarten bakteriell fermentiert und so einer Nutzung zugeführt. Diesbezügliche Exkremente sind breiig, übelriechend und unterscheiden sich deutlich von „regulären" Exkrementen. **Blinddarmkot** wird meist nur einmal am Morgen abgegeben und zeigt die Lage der Schlafstellen.

Uratanteil von Vogelexkrementen (nicht maßstäblich, a bis c verkleinert, d vergrößert): a Urat-Streifen (Seeadler), b Urat-Klecks (Graureiher), c Urat übergossen (Gänsesäger), d Urat übergossen (Buchfink), e Urat-Kappe (Steinhuhn), f Urat-Überzug (Schwarzspecht), g kein Urat (Singdrossel bei Ernährung mit Efeubeeren).

Ökologie

„Lesen im Buch der Natur", so werden manchmal unsere Beobachtungen umschrieben. Folgt man dieser Analogie, so kann man einzelne Trittsiegel als Worte betrachten. Kombiniert mit zusätzlichen Zeichen formen sie sich bereits zu einem Satz. Ganze Geschichten entwickeln sich allerdings nur, wenn wir in größeren Zusammenhängen denken. Denn es sind diese Geschichten, welche die eigentliche Faszination des Spurenlesens ausmachen. Prosaischer gesprochen, interessieren wir uns für die nachfolgenden ökologischen Zusammenhänge.

Lesen der Landschaft

Beginnend von den tiergeographischen Regionen, kann man mit seinem geistigen Auge Schritt für Schritt bis zu den kleineren Einheiten schweifen. Gute Vogelbestimmungsbücher (zum Beispiel Svensson et al.) weisen aktuelle Verbreitungskarten von Vögeln aus. Viele Ornithologen und Spurenlesende haben darüber hinaus auch ein „Gefühl" dahingehend entwickelt, welche Möglichkeiten der unmittelbare Lebensraum bietet. Stehen wir im Wald oder im Offenland, wie intensiv ist die Bewirtschaftung, hat das Areal hohe Reliefenergie? Dazu sind Fragen zur Exposition und Höhenstufe beachtenswert. Zusätzlich sind es Details wie Wasserpfützen, Dornsträucher, Geländekanten oder ein morscher Baum, die entscheidende Hinweise auf Vogelvorkommen bergen.
Natürlich ist nicht die gesamte Bandbreite im Einzelfall relevant oder ablesbar. Doch es ist ein spannender Erkenntnisgewinn, diese Wahrnehmung zu verfeinern. Wenn man bei jedem Spurenfund diese Themen mitdenkt, entsteht allmählich ein Set von Zusatzinformationen, das in der Folge Bestimmungen unterstützt. Im fortgeschrittenen Stadium verläuft diese Wahrnehmung intuitiv. Dann sind es bestimmte Kompositionen in der Landschaft, die auf mögliche Artenvorkommen verweisen. Und tatsächlich zieht es uns dann – in einem ganz bestimmten Achtsamkeitszustand – zu diesem ganz spezifischen Prallhang im Bereich einer bestimmten Bachschleife. Und da ist auch schon dieses weiß getünchte Ästchen, das über das Wasser ragt, von wo aus dieser blaugrün funkelnde „Edelstein" mit einem schrillen Pfiff abfliegt.

Phänologie

„Vogeluhren" folgen einem bestimmten, festgelegten Tagesrhythmus, verändern sich aber auch im Jahreslauf. Nur wenige Vogelarten bleiben tatsächlich ganzjährig, stationär in einem engen Gebiet. Auch sogenannte Standvögel unternehmen außerhalb der Brutzeit mehr oder minder ausgedehnte Wanderungen. Diese sind bei Zugvögeln noch auffälliger und unterliegen einer recht konstanten Rhythmik. Obwohl sich diese durch die Anpassungsfähigkeit verändert, erweisen sich langjährige Erfahrungen als erstaunlich zutreffend. Vielleicht ist manchen der volkstümliche Spruch *„Zu Maria Geburt fliegen die Schwalben furt* (sic!), *zu Mariä Verkündigung, kommen sie wiederum"* bekannt. Tatsächlich kann man, zumindest in Österreich, recht zuverlässig am 25. März die ersten Rauchschwalben sehen, die am blassblauen Frühlingshimmel ihre Kreise ziehen.

Für Spurenlesende ist es relevant, wann im Jahr welche Vogelarten zu erwarten sind. Besonders während der Zugzeit kann man in entsprechenden Habitaten Vögel nachweisen, die sonst nicht im Gebiet leben.

Lebensraum, Verhalten und Ernährung einzelner Arten

Das „Handbuch der Vögel Mitteleuropas" von Glutz von Blotzheim und Kurt Bauer bleibt eine nahezu unerschöpfliche Quelle für diese Themen. Auf mehreren tausend Seiten lassen sich zahlreiche Detailfragen nachschlagen, die helfen, unklare Spuren und Zeichen zu interpretieren. Dabei geht es teils um spezielle Lebensraumnutzungen oder Hinweise auf bestimmte Nahrungsquellen. Einige Vogelarten zeigen charakteristische Verhaltensweisen wie Sandbäder, die bei der Bestimmung hilfreich sein können, während andere durch typische Vergesellschaftungen auffallen.
Die beschriebenen ökologischen Zusammenhänge werfen nur ein Schlaglicht auf dieses ungemein komplexe Thema. Im Rahmen dieses Buches fokussieren wir vor allem auf eine mehrdimensionale Einordnung der aufgefundenen Spuren und Zeichen. Als Ausblick könnte aber auch das Spurenlesen wertvolle Beiträge dazu liefern, neue Erkenntnisse über Verhalten, Raumnutzung und Ernährung von Vögeln zu gewinnen.

Gänsevögel

Schwäne, Gänse, Gründel- und Tauchenten sowie Säger, all diese Arten werden zur Familie der Gänsevögel zusammengefasst. Viele dieser Vögel erscheinen in großen Scharen, sind oft nicht scheu und manche von ihnen haben sich als Parkgeflügel den Menschen angeschlossen. Besonders an schlammigen Ufern oder Sandbänken finden sind regelmäßig deren Spuren und Zeichen. Mit etwas Übung lassen sich ihre Trittsiegel von anderen Arten mit Schwimmhäuten wie den Möwen gut unterscheiden. Anspruchsvoller wird es, wenn unter den „allgegenwärtigen" Stockenten auch Spuren anderer Entenarten identifiziert werden sollen. Daher ist es wichtig, die Merkmale der häufigen Stockente gut zu kennen.

Fußmorphologie und Trittsiegel

Das auffallendste Merkmal der Füße von Gänsevögeln sind die Schwimmhäute. Diese können allerdings bei hartem Untergrund nur angedeutet sein oder ganz fehlen. An der Innenseite der Zehe 2 liegt ein unterschiedlich schmaler, zusätzlicher Schwimmhautlappen. Die Hinterzehe ist kurz und entspringt höher am Laufknochen als die Vorderzehen.

- Grundtypus: Vogelfuß mit Schwimmhäuten und reduziertem Hallux.
- Dimension: TSL 6,4 (5,8 bis 7,0) cm für die Stockente.
- Dimensionen für alle hier behandelten Gänsevögel: TSL ab 3,7 cm bei der Krickente, bis 20 cm beim Höckerschwan.

Als Beispiel für diese Familie wird eingangs die Stockente vorgestellt.

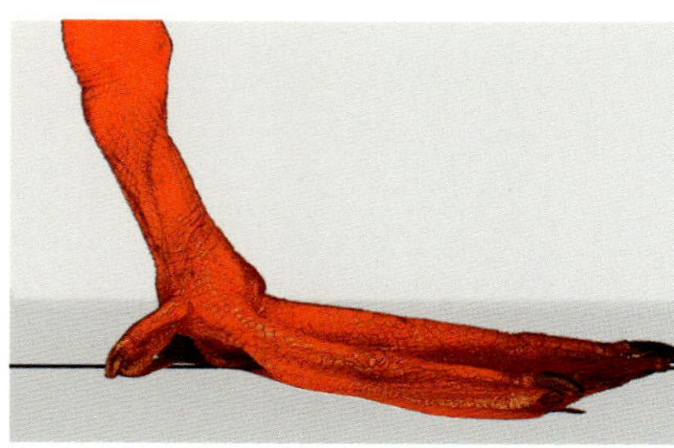

Stockente:
oben: Fuß seitlich
links: linker Fuß, Unterseite.

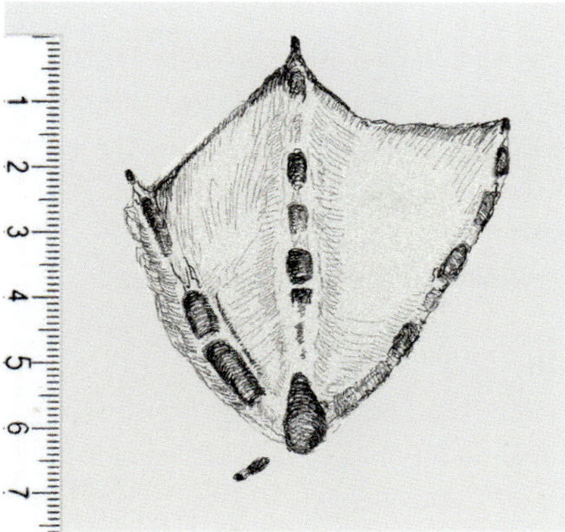

Stockente: rechtes Trittsiegel (idealisierte Zeichnung).

Umrisse und Proportionen

Der Umriss entspricht einem Quadrat. Das Deltoid (rote Linie) entlang der Zehenspitzen ist nahezu symmetrisch.

Schablone

Die Schablone integriert Längen, Ausrichtungen sowie Knickungen und Biegungen der Zehen. Gebogen ist lediglich die Basis der Außenzehe, alle anderen Kanten sind geknickt, was die Schablone „eckig-kantig“ erscheinen lässt. Somit unterscheiden sich Gänsevögel von den rundlichen Gesamtformen von Möwen.

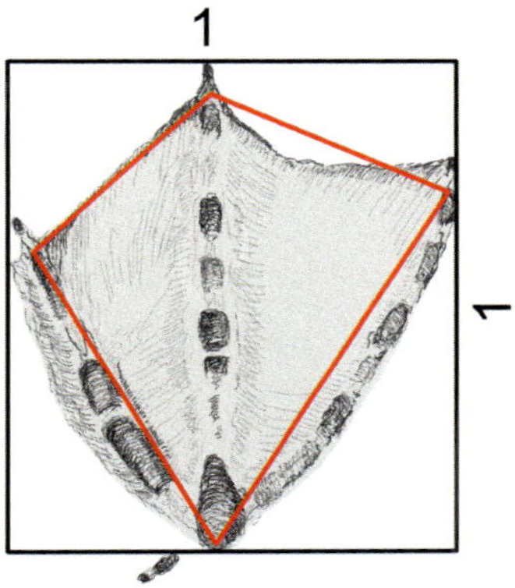

Stockente: Umrisslinien.

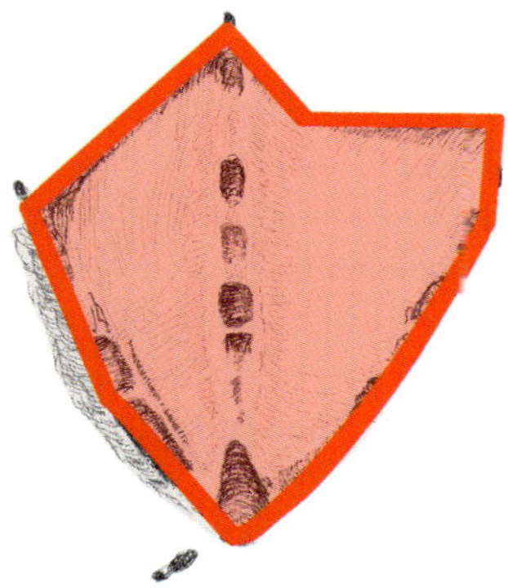

Stockente: Schablone.

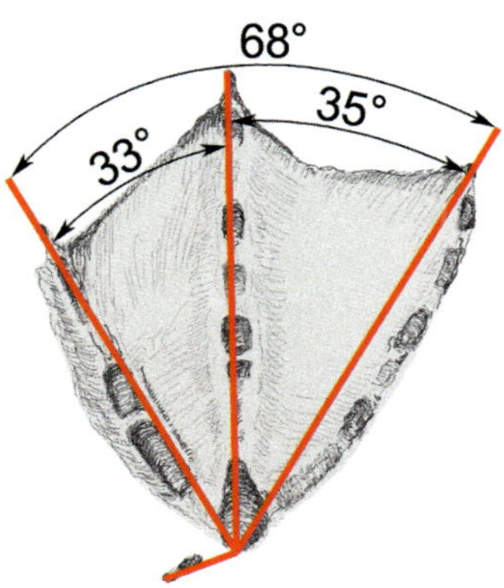

Stockente: Öffnungswinkel. Zehenachsen (rot), Gradangaben der Winkel.

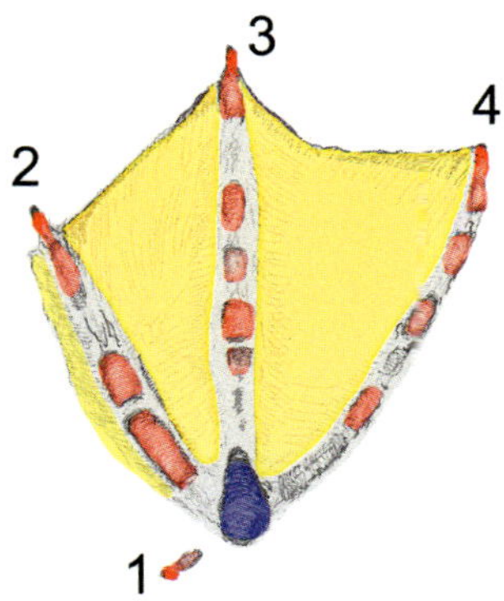

Stockente: Ballenmuster und Krallen: Krallen (rot), Zehenballen (rosa), Metatarsalballen (blau), Schwimmhäute (gelb).

Achsen und Winkel

Die Innenknickung der Zehenspitzen bedingt kleinere Winkel, als das breite Trittsiegel vermuten ließe. Die Schwankungsbreite ist groß und liegt bei der Stockente zwischen 65 und 80°. Von den Teilwinkeln ist der Winkel zwischen Innenzehe und Mittelzehe meist etwas kleiner als jener zwischen Mittel- und Außenzehe. Die Unterschiede sind jedoch gering und insgesamt wirken die Winkel **symmetrisch**.
Der **Hallux** (Hinterzehe) ist meist nach **innen gewinkelt**, maximal bis knapp 90°.

Ballenmuster, Krallen und Schwimmhäute

Die Mittelzehe steht zumeist gerade und ist am längsten. Die Außenzehe (4) ist deutlich länger als die Innenzehe (2). Sie ist an der Basis mehr oder minder gebogen und am Ende zusätzlich nach innen geknickt.
Die meisten Trittsiegel zeigen zumindest angedeutete **Ballenmuster**. Dabei fällt auf, dass die Innenzehe (2) wesentlich dicker ist als die Außenzehe (4). Die deutlichsten Ballen zeigen sich an der Basis der Innenzehe und zentral an der Mittelzehe (3). Die **Hinterzehe** (Hallux, 1) ist verkürzt und abgewinkelt. Sie drückt fast immer auf, zumindest als **kleiner Punkt**.
Die Krallen sind kurz und (bei der Stockente) wenig auffällig. Lediglich die Kralle der Hinterzehe (1) ist markant.
Der längsovale **Metatarsalballen ist prominent** und **stetig**.
Die **Schwimmhäute** reichen bis zu den Zehenspitzen, drücken allerdings selten auf ganzer Fläche ab. Deutlich zeigt sich meist die Vorderkante, besonders im Bereich der Krallen. Sieht man bei harten Untergründen keine Abdrücke der Schwimmhäute, so ist zumindest die Innenbiegung der Zehen ein indirekter Hinweis auf deren Vorhandensein.

Wesentliche morphologische Merkmale

Einige Merkmale sind für alle Gänsevögel typisch und diese sind auch als Unterscheidungskriterien zu ähnlichen Trittsiegeln hilfreich:

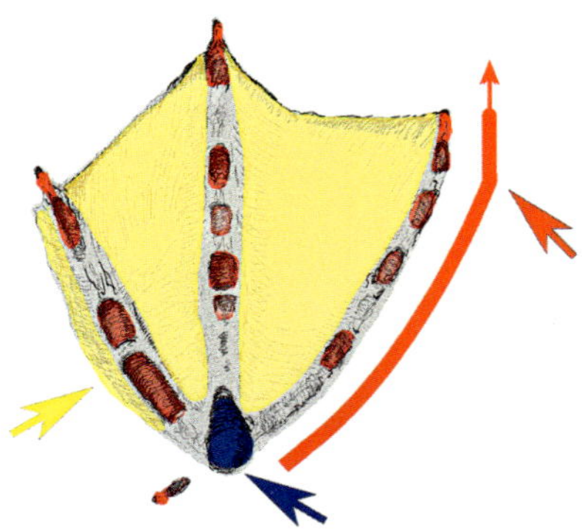

Wesentliche Merkmale bei der Stockente: Biegung und Knickung der Außenzehe (rote Linie und Pfeil, Metatarsalballen (blauer Pfeil), akzessorische Schwimmhaut an der Innenzehe (gelber Pfeil).

- **Druckverteilung.** Gänsevögel haben **Plattfüße**, die eine gleichmäßige Druckverteilung über die gesamte Fußsohle gewährleisten. Der Metatarsalballen drückt gleich stark auf wie die Zehen und deren Spitzen. (Das ist bei Möwen anders.)
- **Biegungen und Knicke der Außenzehe (rote Linie und Pfeil).** Die Ausrichtung dieser Zehe ist charakteristisch und fast immer verlaufen die proximalen Zehenglieder in einem flachen Bogen, während das letzte Glied nach innen geknickt ist

(roter Pfeil). Durch diesen **Knick** weist die Zehenspitze in **die gleiche Richtung wie die Mittelzehe**.

- Der **Metatarsalballen** (blau) ist längsoval und drückt fast immer **großflächig** ab.
- Der **Hallux** steht tiefer als bei Möwen und drückt zumeist ab, in hartem Substrat oft nur die Kralle als kleiner Punkt, in weichem Untergrund aber auch Teile der Zehenspitze. In seltenen Fällen kann ein Hallux-Abdruck auch fehlen, dazu kann man folgende Regel anbieten: **Ist das Substrat so hart, dass Schwimmhäute nicht abdrücken, kann auch der Hallux fehlen. Bei deutlich sichtbaren Schwimmhäuten muss auch der Hallux abgedrückt sein** (sonst ist eine Fehlbestimmung wahrscheinlich).
- **Innenzehe.** Allein durch die stärkeren Ballen erscheint die **Innenzehe dicker als die Außenzehe**. Dieser Eindruck wird noch durch die **akzessorische** (= zusätzliche) **Schwimmhaut** (gelber Pfeil) verstärkt, welche an der Außenkante als Doppelkontur erkennbar ist.

Realitätsprüfung

Das linke Bild zeigt ein typisches Trittsiegel der Stockente mit klar erkennbaren Schwimmhäuten. Rechts, in hartem Substrat, haben sich diese nicht abgedrückt. Lediglich die Innenbiegung der Außenzehen weist indirekt auf das Vorhandensein von Schwimmhäuten hin. Trotz der Unterschiede lassen sich bei beiden Trittsiegel typische Merkmale erkennen:

- Insgesamt breite Trittsiegel mit etwa **quadratischem Umriss**.
- Die **Außenzehe** ist deutlich länger als die Innenzehe. Sie zeigt eine charakteristische Form, nämlich eine proximale Biegung mit einem Innenknick knapp vor der Zehenspitze. Dadurch steht die Kralle parallel zu jener der Mittelzehe.
- Die **Innenzehe** wirkt dicker als die Außenzehe (besonders deutlich im rechten Bild). Die **akzessorische Schwimmhaut** ist als runde Doppelkontur erkennbar.
- Der Metatarsalballen drückt als längsovale Fläche deutlich ab.
- Der Hallux ist verkürzt und abgewinkelt. Links erkennt man den Endballen und die Kralle. Rechts drückt nur die Kralle ab.

Stockente: Zwei rechte Trittsiegel aus dem Freiland in unterschiedlichen Substraten.

Verwechslungsmöglichkeiten

Sind Schwimmhäute deutlich, so kommen folgende Familien in Betracht (Reihung nach Wahrscheinlichkeit):

- **Möwen.** Hier wirken die Trittsiegel insgesamt runder. Der Metatarsalballen ist zarter und der Hallux drückt seltener ab.
- **Säbelschnäbler**. Die Schwimmhäute erreichen an der Mittelzehe nicht die Zehenspitze.
- **Kormoran**. Er hat zusätzliche Schwimmhäute zwischen der Hinterzehe und der Innenzehe (Ruderfuß). Die Symmetrie von Ruderfüßen ist deutlich anders.
- **Seeschwalben.** Sie sind fast immer kleiner. Die Schwimmhäute erreichen an der Mittelzehe nicht die Zehenspitze.
- **Flamingo**. Die Trittsiegel haben Gänsegröße, sind rundlich (wie bei Möwen) und der Hallux fehlt oder ist schwach abgedrückt.
- **Raubmöwen.** Sie sind am schwierigsten zu unterscheiden. Das deutlichste Unterscheidungsmerkmal sind die langen Krallen, von denen jene der Innenzehe nach hinten gebogen ist.

Fehlen die Schwimmhäute, achte man auf die Innenbiegung der Zehen, um Verwechslungen mit Arten, die „Trittsiegel mit reduziertem Hallux" zeigen, zu vermeiden. Bei diesen stehen die Zehen gerade oder weisen nach außen. Das können sein:

- **Rallen** (ähnlicher Lebensraum!)
- Große **Watvögel** (ähnlicher Lebensraum!)
- **Hühnervögel**

Artengarnitur

Gänsevögel sind eine artenreiche Familie. Obwohl eine starke Bindung an Gewässer besteht, begeben sich viele Arten zur Nahrungssuche oder zur Ruhe an Land und hinterlassen dort Spuren und Zeichen. Die Bestimmung auf Artniveau der einzelnen Schwäne, Gänse und Halbgänse, Meeres-, Gründel- und Tauchenten sowie der Säger ist meist nur in Einzelfällen möglich. Neben Größenangaben sind hier Kenntnisse über jahreszeitliches Auftreten und Verhalten hilfreich. Die nachfolgenden Tabellen sind keine vollständige Aufzählung, sondern eine Auswahl jener Arten, deren Trittsiegel mit höherer Wahrscheinlichkeit angetroffen werden können.

Schwäne: Arten und spurenrelevante Fakten. Die großen Trittsiegel der Schwäne sind vor allem in der kalten Jahreszeit zu finden, wenn auch Wintergäste aus dem Norden auf Grünland Futter suchen.

Art	**Spurenrelevante Fakten**
Höckerschwan	Ganzjährig auf größeren Stillgewässern, teilweise auch synanthrop in Parks. Vor allem im Winter auch Nahrungssuche auf Grünland. Parkschwäne lassen sich füttern.
Singschwan	Wintergast und wieder Brutvogel in Nordost-Europa. Regelmäßiger auf Grünland als der Höckerschwan.
Zwergschwan	Wintergast. Regelmäßiger auf Grünland als der Höckerschwan.

Gänse und Halbgänse: Arten und spurenrelevante Fakten. Viele Gänse und Halbgänse suchen ihre Nahrung auf Grünland und Feldern. Dabei überqueren sie häufig „Spurenfallen" wie feuchte Offenböden oder Fahrspuren. Bei gezielter Suche lassen sich dort interessante Entdeckungen machen.

Art	**Spurenrelevante Fakten**
Blässgans	Abgesehen von Einzelbruten an der Nordseeküste Wintergast, auch im Binnenland. Nahrungssuche auf Grünland und Feldern.
Saatgans	Seltener werdender Wintergast an der Küste und im Binnenland. Nahrungssuche auf Grünland und Feldern.
Graugans	Ganzjährig in unterschiedlichen Gewässertypen. Nahrungssuche vor allem auf Grünland.
Kanadagans	Neozoon in Ausbreitung, auch synanthrop. Nahrungssuche auf Grünland aber auch im Wasser. Lässt sich gelegentlich füttern.
Weißwangengans	Meist Wintergast, brütet teilweise an Nord- und Ostsee. Nahrungssuche vor allem auf Grünland, seltener auf Äckern. Schläft auch auf Sandbänken. Im Brutgebiet auf Felsküsten.
Ringelgans	Wintergast. Nahrungssuche in überschwemmten Wiesen (Seegräser).
Brandgans	Ganzjährig vor allem an Küsten, aber auch im Binnenland. Nahrungssuche im Flachwasser, ruht an Land (Sandbänke, Wiesen). Höhlenbrüter, zum Beispiel in Kaninchenbauten.
Nilgans	Konkurrenzstarkes Neozoon in Ausbreitung. Nahrungssuche auf Grünland, seltener auf Äckern. Teilweise Höhlenbrüter.

Gründelenten: Arten und spurenrelevante Fakten. Gründelenten seihen ihre Nahrung bevorzugt aus dem Wasser. Viele Arten fressen aber auch zusätzlich an Land oder schlafen dort. An geeigneten Orten findet man deshalb regelmäßig Trittsiegel von Pfeif-, Krick- und Stockenten.

Art	**Spurenrelevante Fakten**
Pfeifente	Ganzjährig und zunehmend häufig, auch im Binnenland. Weidet gerne auf Grünland und man könnte diese Art als „Gans unter den Enten" bezeichnen.
Schnatterente	Recht selten. Ganzjährig, bevorzugt auf deckungsreichen Gewässern. Wenig an Land.

Fortsetzung: Gründelenten: Arten und spurenrelevante Fakten.

Art	Spurenrelevante Fakten
Krickente	Ganzjährig in unterschiedlichen Feuchtgebieten. Nahrungssuche besonders im Flachwasser und im Schlick.
Stockente	Häufigste Ente, ganzjährig in den meisten Gewässertypen, auch in Parks. Obwohl es sich um eine typische Gründelente handelt, sucht die Stockente Nahrung auch an Land, lässt sich füttern und schläft auch teilweise am Gewässerrand.
Knäkente	Seltener Sommergast, meist im südöstlichen Flachland. Selten außerhalb des Wassers.
Löffelente	Ganzjährig. Selten an verkrauteten Gewässern. Wenig an Land.

Tauchenten: Arten und spurenrelevante Fakten. Tauchenten sind viel seltener an Land als Gründelenten. Am ehesten findet man Trittsiegel der häufigen Reiherente.

Art	Spurenrelevante Fakten
Kolbenente	Häufiger im Sommer, dann oft an größeren Gewässern mit Schilfbestand. Selten an Land.
Tafelente	Ganzjährig, im Winter vor allem an größeren Gewässern. Selten an Land.
Moorente	Seltene Art. Meist nur im Sommer an eutrophen, verwachsenen Feuchtgebieten. Schläft manchmal, gut gedeckt, an Land.
Reiherente	Ganzjährig an verschiedenen Gewässertypen, auch synanthrop. Schläft selten an Land. Lässt sich gelegentlich füttern.

Meeresenten: Arten und spurenrelevante Fakten. Spuren von Meeresenten sind noch seltener anzutreffen. Am ehesten könnte man solche von Eider- und Samtente finden oder dann, wenn eine Schellente ihren Nachwuchs von der Bruthöhle zum nächsten Gewässer führt.

Art	Spurenrelevante Fakten
Eiderente	Wintergast vor allem an Meeresküsten. An Land zur Brutzeit und im Winter Schlafgesellschaften am Strand.
Trauerente	Wintergast vor allem an Meeresküsten. Kaum an Land.
Samtente	Wintergast vor allem an Meeresküsten. Zur Brutzeit ausgeprägte Schlafplatzkultur an Land, die auch manchmal im Winter beibehalten wird.
Schellente	Wintergast mit zunehmender Brutausbreitung ins Binnenland. Höhlenbrüter mit guten Klettereigenschaften.

Säger: Arten und spurenrelevante Fakten. Säger erbeuten ihre Nahrung vor allem tauchend. Spuren hinterlassen sie nur, wenn sie an Land Ruheplätze oder Nester aufsuchen.

Art	Spurenrelevante Fakten
Zwergsäger	Wintergast an Küste und Binnengewässern. Schläft an Land.
Mittelsäger	Wintergast, meist an der Küste. Im Winter am Strand und im Brutgebiet auf dem Weg zum Nest (Bodenbrüter).
Gänsesäger	Ganzjährig an klaren, auch schnell fließenden Gewässern. Schläft an Land. Höhlenbrüter, auch an Gebäuden.

Maße, Variationsbreite und Unterscheidungen

Zu den Maßen

Betrachtet man die Maße der Gänsevögel, sind einige Aspekte beachtenswert:

- Gänsevögel sind Nestflüchter. Das bedeutet, dass man zu bestimmten Zeiten auch Trittsiegel von Jungvögeln finden kann, die deutlich kleiner sind und damit zu Verwechslungen Anlass geben können. Heinz Düttmann hat in einer diesbezüglichen Studie festgestellt, dass die Küken der Brandgans in der ersten Lebenswoche etwa 50 % der endgültigen Fußlänge zeigen. Die endgültige Länge wird bereits in der sechsten Lebenswoche erreicht. Ähnliche Entwicklungen sind auch für die anderen Arten zu erwarten. Von Ende April bis Mitte August sollten Spurenlesende diesen Umstand bedenken.
- **Geschlechtsdimorphismus:** Die Maße für Ganter und Erpel sind um 5 bis 10 % größer als jene der weiblichen Vögel. Somit kann man in manchen Situationen eine Geschlechtsbestimmung andenken (siehe Abbildung).
- **Messabweichungen:** Besonders in weichem Schlick sinken die Zehenspitzen stärker ein. Dann sind die Krallen der Mittelzehe nicht sichtbar oder das Trittsiegel steht insgesamt schräg zur Oberfläche, wodurch die TSL deutlich kürzer erscheinen können.

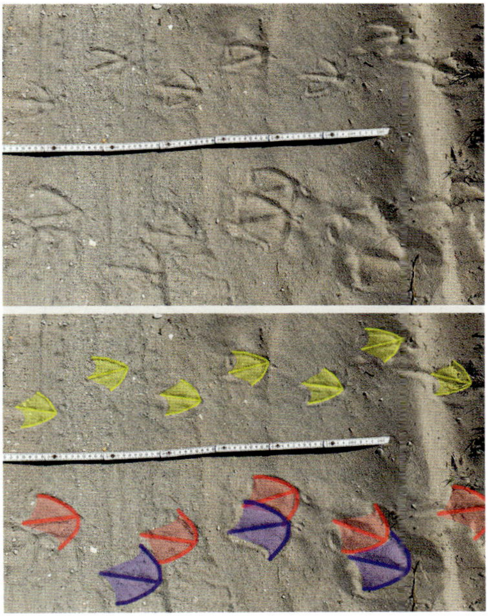

Variationsbreite von Trittsiegeln am Beispiel einer Graugansfamilie. Ganter (blau), Gans (rot), Jungvogel (gelb).

Die Abbildung auf der vorherigen Seite zeigt ein Beispiel für Geschlechtsdimorphismus und für Jungvögel. Der Ganter hat eine TSL von 10,5 cm, die Gans von 9,4 cm. Damit liegt der männliche Vogel über dem Mittelwert für Graugänse (siehe Tabelle „Trittsiegelmaße von Gänsen und Halbgänsen“), das Weibchen darunter. Der Geschlechtsdimorphismus ist hier mit über 10 % deutlich ausgeprägt. Das Gössel (= Junggans) misst 6,9 cm, liegt in der Größenordnung einer Stockente und könnte mit dieser verwechselt werden, wenn man den Kontext nicht beachtet. Der Jungvogel erreicht knapp 70 % der TSL von Adulten und befindet sich damit etwa in der 3. Lebenswoche, extrapoliert man die Ergebnisse von Heinz Düttmann.

Maßtabellen

Trotz der eingangs erwähnten Einschränkungen lässt sich in vielen Fällen zumindest eine grobe Einordnung anhand der Dimensionen vornehmen:

- Trittsiegel, die länger als 13 cm sind, stammen von Schwänen. Der Zwergschwan ist deutlich kleiner, die beiden anderen Arten lassen sich aufgrund der Dimension nicht unterscheiden.
- Gänse und Halbgänse zeigen zumeist TSL zwischen 7 und 11 cm, nur Ringel- und Brandgänse sind kleiner. Ebenfalls in diese Größenkategorie fallen allerdings Meeresenten und der Gänsesäger.
- TSL zwischen 4 und 7 cm sind typisch für Gründelenten. Gut abgrenzen lassen sich die kleinen Arten (Krick- und Knäkente), deren TS weniger als 5 cm messen. Dann folgt eine mittlere Gruppe (5 bis 6 cm), mit Pfeif-, Schnatter-, Spieß- und Löffelente. Die längsten TS hat die Stockente.
- Generell sind die Füße von Tauchenten in Relation größer als solche von Gründelenten. So erreicht die kleine Moorente eine TSL, die an jene der doppelt so schweren Stockente heranreicht. Meeresenten erreichen sogar die Dimension von Gänsen.
- Die Trittsiegel von Sägern können größenmäßig nicht einheitlich kategorisiert werden. Der Gänsesäger – ein passender deutscher Name – erreicht Abmessungen, die denen kleiner Gänse ähneln.

Trittsiegelmaße von Schwänen (siehe auch Abkürzungsverzeichnis).

Art	TSL (cm)	TSB (cm)	Z1 (cm)	Z2 (cm)	Z3 (cm)	Z4 (cm)
Höckerschwan	18 (16–20)	17 (15–19)	2,7 (2,4–3,0)	12 (10–13)	15 (13–16)	14 (13–16)
Singschwan	17 (15–20)	16 (15–18)		12 (10–13)	15 (13–16)	15 (13–16)
Zwergschwan	14 (13–15)	13 (12–15)				

Trittsiegelmaße von Gänsen und Halbgänsen (siehe auch Abkürzungsverzeichnis).

Art	TSL (cm)	TSB (cm)	Z1 (cm)	Z2 (cm)	Z3 (cm)	Z4 (cm)
Blässgans	8,4 (7,6–9,2)	8,0 (7,2–8,8)	1,7 (1,5–1,9)	5,5 (5,0–6,1)	7,1 (6,4–7,8)	7,2 (6,5–7,9)
Saatgans	9,3 (8,4–9,9)	8,8 (7,7–9,7)	1,8 (1,6–2,0)	6,1 (5,4–6,7)	7,9 (7,0–8,7)	8,0 (7,0–8,8)
Graugans	10,0 (9,0–11,0)	9,9 (8,9–10,9)	2,1 (1,9–2,3)	6,7 (6,0–7,4)	8,6 (7,7–9,5)	8,3 (7,5–9,1)
Kanadagans	10,5 (9,5–11,6)	10,3 (9,3–11,3)	1,9 (1,7–2,1)	6,1 (5,5–6,7)	8,7 (7,8–9,6)	7,9 (7,[illegible]–8,7)
Weißwangen-gans	7,9 (7,1–8,7)	8,4 (7,6–9,2)			6,3 (5,7–6,9)	
Ringelgans	7,1 (6,4–7,8)	7,6 (6,8–8,4)			5,7 (5,1–6,3)	
Brandgans	6,8 (6,1–7,5)	7,1 (6,2–7,8)	1,4 (1,3–1,5)	4,6 (4,1–5,1)	5,7 (5,1–6,3)	5,8 (5,2–6,4)
Nilgans	8,2 (7,4–9,0)	8,3 (7,5–9,1)			6,9 (6,2–7,6)	

Trittsiegelmaße von Gründelenten (siehe auch Abkürzungsverzeichnis).

Art	TSL (cm)	TSB (cm)	Z1 (cm)	Z2 (cm)	Z3 (cm)	Z4 (cm)
Pfeifente	5,6 (5,0–6,2)	5,7 (5,1–6,3)	1,0 (0,9–1,1)	3,5 (3,2–3,9)	4,9 (4,4–5,4)	4,5 (4,1–5,0)
Schnatterente	5,6 (5,0–6,2)	5,6 (5,0–6,2)	1,1 (1,0–1,2)	3,5 (3,2–3,9)	4,9 (4,4–5,4)	4,9 (4,4–5,4)
Krickente	4,1 (3,7–4,5)	4,0 (3,6–4,4)	0,9 (0,8–1,0)	2,7 (2,4–3,0)	3,6 (3,2–4,0)	3,3 (3,0–3,6)
Stockente	6,4 (5,8–7,0)	6,5 (5,9–7,2)	1,3 (1,2–1,4)	4,4 (4–4,8)	5,6 (5,0–6,2)	5,3 (4,8–5,8)
Spießente	6,0 (5,4–6,6)	6,2 (5,6–6,8)	1,1 (1,0–1,2)	4,3 (3,9–4,7)	4,9 (4,4–5,4)	4,9 (4,4–5,4)
Knäkente	4,5 (4,1–5,0)	4,3 (3,9–4,7)			3,9 (3,5–4,3)	
Löffelente	5,2 (4,7–5,7)	5,0 (4,5–5,5)			4,5 (4,1–5,0)	

Trittsiegelmaße von Tauch- und Meeresenten (siehe auch Abkürzungsverzeichnis).

Art	TSL (cm)	TSB (cm)	Z1 (cm)	Z2 (cm)	Z3 (cm)	Z4 (cm)
Kolbenente	7,4 (6,7–8,1)	8,6 (7,7–9,5)	2,1 (1,9–2,3)	5,2 (4,7–5,7)	6,4 (5,8–7,0)	6,6 (5,9–7,3)
Tafelente	7,7 (6,9–8,5)	8,6 (7,7–9,5)	2,2 (2,0–2,4)	5,3 (4,8–5,8)	6,7 (6,0–7,4)	7,1 (6,4–7,8)
Moorente	5,8 (5,2–6,4)	6,6 (5,9–7,3)			5,0 (4,5–5,5)	
Reiherente	6,6 (5,9–7,3)	7,5 (6,8–8,3)	1,8 (1,6–2,0)	4,4 (4,0–4,8)	5,7 (5,1–6,3)	5,7 (5,1–6,3)
Eiderente	9,3 (8,4–10,2)	9,4 (8,5–10,3)	2,1 (1,9–2,3)	6,9 (6,2–7,6)	8,1 (7,3–8,9)	8,8 (7,9–9,7)
Trauerente	7,9 (7,1–8,7)	8,0 (7,2–8,8)			6,9 (6,2–7,6)	
Samtente	9,0 (8,1–9,9)	9,1 (8,2–10,0)			7,9 (7,1–8,7)	
Schellente	7,2 (6,5–7,9)	8,0 (7,2–8,8)	1,6 (1,4–1,8)	5,3 (4,8–5,8)	6,3 (5,7–6,9)	6,8 (6,1–7,5)

Trittsiegelmaße von Sägern (siehe auch Abkürzungsverzeichnis).

Art	TSL (cm)	TSB (cm)	Z1 (cm)	Z2 (cm)	Z3 (cm)	Z4 (cm)
Zwergsäger	5,4 (4,9–5,9)	4,8 (4,3–5,3)	1,0 (0,9–1,1)	3,9 (3,5–4,3)	4,7 (4,2–5,2)	4,7 (4,2–5,2)
Mittelsäger	7,2 (6,5–7,9)	6,4 (5,8–7,0)		4,2 (3,8–4,6)	6,1 (5,5–6,7)	6,1 (5,5–6,7)
Gänsesäger	7,8 (7,0–8,6)	7,2 (6,5–7,9)	1,5 (1,4–1,7)	5,5 (4,9–6)	6,7 (6,0–7,4)	6,7 (6,0–7,4)

Morphologische Unterschiede

Morphologische Details eröffnen zusätzliche Ansätze zur Differenzierung von Trittsiegeln ähnlicher Größe. Die folgenden Merkmale des Trittsiegels können analysiert werden, um Unterschiede zwischen verschiedenen Familien zu erkennen:

- **Proportion von Länge zu Breite** (schwarze Umrisslinie). Diese ist in der Tendenz bei Schwänen und Gründelenten quadratisch (Typus a); bei den übrigen Arten schmaler (b).
- **Proportion der Zehenlängen** (rotes Deltoid). Dieses Merkmal hängt vor allem von der relativen Länge der Außenzehe ab. Bei Arten des Typs b (Tauch- und Meeresenten, Säger) ist die Außenzehe im Verhältnis länger und dadurch wirkt das Deltoid stärker asymmetrisch.

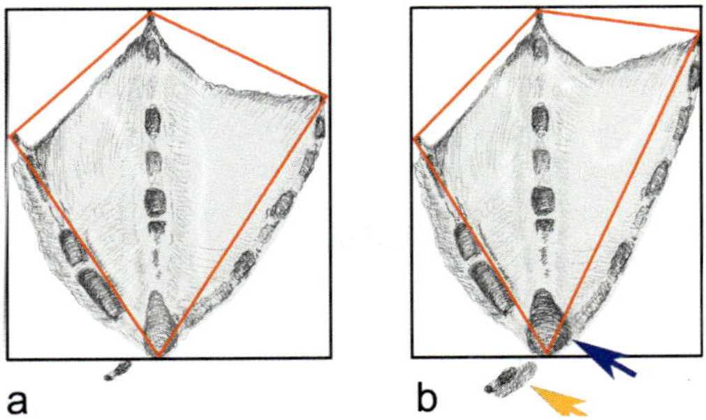

Morphologische Unterschiede bei Gänsevögeln (nicht maßstäblich): Schwäne und Gründelerten (a), Tauchenten, Meeresenten und Säger (b). Umrisslinien (schwarz und rot), Metatarsalballen (blauer Pfeil), Hallux (gelber Pfeil).

- **Metatarsalballen** (blauer Pfeil). Dieser ist vor allem bei Tauch- und Meeresenten besonders groß und deutlich.
- **Hallux** (gelber Pfeil). Bei Tauch- und Meeresenten sowie Sägern ist der Hallux relativ lang und kann sehr breitflächig abdrücken (siehe auch Abbildung „Hallux-Typen“).
- **Eindrucktiefe**, besonders der Mittelzehe (hier nicht abgebildet). Bei schweren Arten, wie Schwänen und größeren Gänsen, sollte die Mittelzehe stärker abgedrückt erscheinen als bei kleinen Entenarten.

Betrachtet man die Anatomie der Hinterzehe (Hallux), so lassen sich deutliche Unterschiede erkennen.

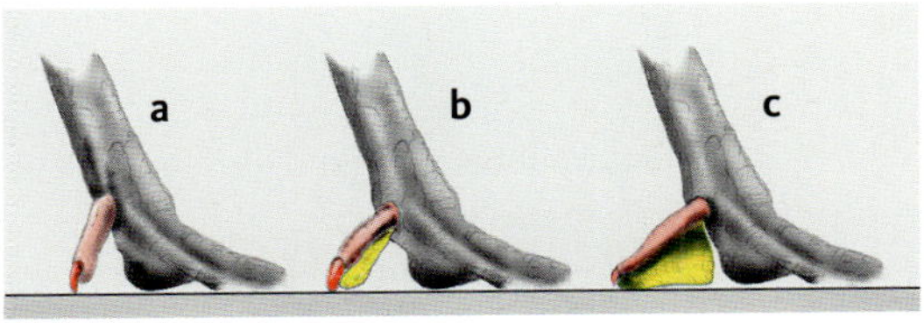

Hallux-Typen bei Gänsevögeln (nicht maßstäblich): Schwäne, Gänse (a). Gründelenten (b), Tauch- und Meeresenten, Säger (c). Hallux (rosa), Kralle des Hallux (rot), Schwimmlappen (gelb).

- **Typus a.** Bei Schwänen und Gänsen setzt der Hallux relativ hoch am Lauf an. Bei Schwänen ist die Hinterzehe darüber hinaus relativ kurz und es existiert kein zusätzlicher Schwimmlappen. Daher hinterlässt der Hallux – wenn überhaupt – nur einen kleinen Abdruck, der hauptsächlich der Kralle entspricht.
- **Typus b.** Bei Gründelenten ist der Hallux tiefer am Lauf angesetzt. Die Länge der Kralle variiert innerhalb dieser Familie und an der Unterseite zeigt sich ein kleiner Schwimmlappen als zusätzliche Struktur. Im Trittsiegel sind die Hinterzehen dieser Enten fast immer deutlich sichtbar. Neben der Kralle zeigen sich häufig auch längere, strichförmige Abdrücke des Schwimmlappens.
- **Typus c.** Bei Tauch- und Meeresenten sowie Sägern setzten die Hinterzehen noch tiefer am Lauf an und sind zudem besonders lang. Die Krallen variieren in ihrer Länge, wobei ein großer Schwimmlappen die gesamte Länge der Kralle umfasst und bis zum Boden reicht. Im Trittsiegel ist daher ein deutlicher Abdruck der Hinterzehe zu erwarten, der manchmal flächig erscheint und sich bis zum Metatarsalballen erstrecken kann.

Theorie und Praxis – eine Einschränkung

Zusammenfassend lässt sich feststellen, dass tauchende Entenarten schmalere Füße, längere Außen- und Hinterzehen sowie einen zusätzlichen Schwimmlappen am Hallux entwickeln, wodurch sich ihre Fußanatomie den Ruderfüßen annähert – eine weitergehende Anpassung an das Tauchen. Aus der Perspektive von Spurenlesenden ist jedoch bedauerlich, dass diese anatomisch-funktionellen Merkmale in den Trittsiegeln nur begrenzt erkennbar sind.

- **Gesamtproportion von Länge zu Breite.** Gerade die Annahme, dass Tauch- und Meeresenten schmalere Trittsiegel zeigen, lässt sich im Freiland oft nicht nachvollziehen. Möglicherweise ist nur im Ruhen die Standfläche breiter, während in Bewegung die TS tatsächlich schmal werden.
- **Proportion der Zehenlängen.** Die relativ lange Außenzehe von Tauchenten, Meeresenten und Sägern kann anhand der Messwerte nicht zuverlässig nachvollzogen werden und zeigt sich auch im Feld nicht konsistent. Das Problem liegt darin, dass die Vögel die Biegung dieser Zehe situationsabhängig anpassen können. Eine stärkere Biegung führt dazu, dass die gemessene Zehenlänge (als gerade Strecke) kürzer erscheint, während das Trittsiegel schmaler wird. Bei gestreckten Zehen zeigt sich der gegenteilige Effekt.
- **Hallux.** Offensichtlich können Gänsevögel auch die Position des Hallux modifizieren. Großflächige Abdrücke des Schwimmlappens sind bei Tauch- und Meerenten sowie Sägern selten.

In der Abbildung sind Größenunterschiede deutlich erkennbar, während die morphologischen Variationen weniger auffällig und im Freiland variabel sind.

- Das Trittsiegel vom **Singschwan (a)** ist quadratisch. Die Außenzehe ist kürzer als die Mittelzehe. Obwohl der schwere Vogel tiefe Eindrücke, besonders im Bereich der Mittelzehe und des Metatarsalballens hinterlassen hat, fehlt der Hallux.
- Beim **Gänsesäger (b)** zeigt sich ein längliches Trittsiegel. Die Außenzehe ist fast so lang wie die Mittelzehe. Obwohl der Boden recht hart ist und die Schwimmhäute kaum erkennbar sind, findet sich ein deutlicher Abdruck einer recht langen Hinterzehe. Neben der Kralle sieht man auch angedeutet ein tropfenförmiges Areal, das fast bis zum Metatarsalballen reicht. Dieses entspricht dem großen, flächigen Schwimmlappen.

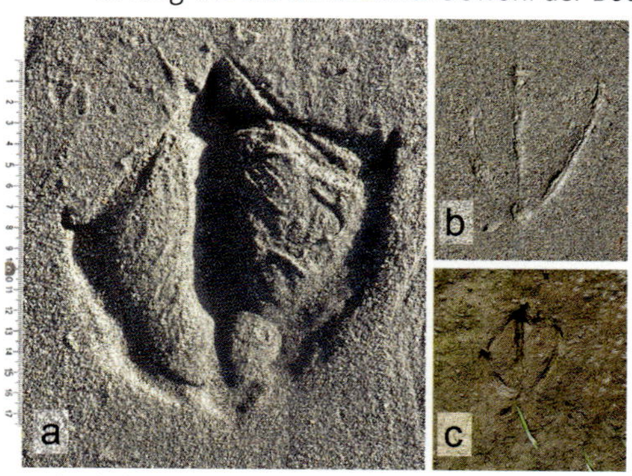

Vergleich der Morphologie und Größe bei Gänsevögeln (rechte Trittsiegel): Singschwan (a), Gänsesäger (b) und Krickente (c).

- Das Trittsiegel der **Krickente (c)** erscheint neben seiner Kleinheit auffallend asymmetrisch mit einer kurzen Innenzehe. Dies ist jedoch ein Artefakt, das durch den weichen Boden entsteht. Typisch für Enten lässt sich die akzessorische Schwimmhaut an der Innenzehe als Doppelkontur erkennen. Der Hallux ist für eine Schwimmente überraschend lang, was auf Beinbewegungen mit stark gebeugtem Fersengelenk hindeutet.

Gangarten und Spurbilder

Neben dem Aufenthalt im Wasser, fressen oder schlafen Gänsevögel auch an Land. Besonders an Gewässerrändern sind somit Spurbilder zu erwarten. Diese sind bei allen Arten ähnlich und unterscheiden sich vor allem größenmäßig.
Obwohl Gänsevögel in der Regel gehen, können je nach Verhalten auch abweichende Spurbilder entstehen.

- **Gehen (a, b)**. Die häufigste Gangart ist langsames Gehen, bei dem sich die Körperachse bei jeder Beinbewegung mitdreht. Im Volksmund wird dies oft als „Watscheln" bezeichnet. Typisch sind kurze SL bei großen SB. Die Trittsiegel sind zumeist etwa 20° gegenüber der Laufrichtung nach innen gedreht (Innenspin).
- **Laufen**. In seltenen Fällen wird auch diese Gangart genutzt, häufiger noch bei Gänsen. Andere Beispiele kann man beim Abflug beobachten. Dieses Mitlaufen zeigen vor allem die schwereren Arten und die Tauch- und Meeresenten. Die dabei entstehenden Spuren zeigen sich zumeist nur als flüchtige Wellenmuster auf der Wasseroberfläche. Gänse und Gründelenten fliegen bei Störungen direkt vom Boden auf und benötigen keinen Anlauf. Laufen kommt auch bei innerartlichen Konflikten vor.
- **Einbeiniges Hüpfen (c).** Gänsevögel ruhen gerne auf einem Bein, wenn sie an Land schlafen. Bei leichten Störungen – beispielsweise Wellenschlag – behalten sie die Einbeinigkeit bei und weichen mit kurzen Hüpfbewegungen aus. Oft ist das auch eine Seitbewegung mit geringem Raumgewinn. Aufgrund der geringen SL überlagern sich die Trittsiegel häufig.
- **T-Stopp** (b in der Abb. oben auf nächster Seite). Durch einen Halbschritt stoppen die Vögel und hinterlassen die typische Dreierkomposition.

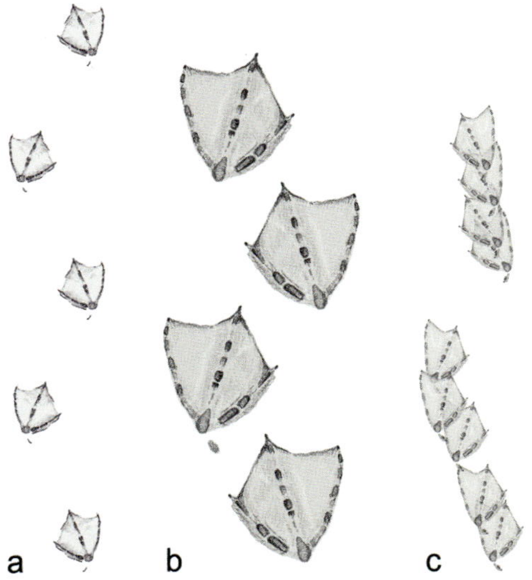

Spurbilder von Gänsevögeln: Gehen mit großen Schrittlängen bei der Stockente (a), Gehen mit kurzen Schrittlängen beim Singschwan (b) und einbeiniges Hüpfen beim Gänsesäger (c).

Spurbilder von Gänsevögeln aus dem Freiland: Gehen (a & b) und T-Stopp (b oben) bei der Stockente. Gehen mit sehr kurzer SL beim Singschwan (c).

Auch wenn in Abb. (a) kaum Details der Trittsiegel erkennbar sind, kann man aufgrund der typischen Form des Spurbildes bei der Bestimmung sicher sein. In Abb. (b) erkennt man ein zusätzliches Detail, das die Entstehungsgeschichte plastischer macht, nämlich **Spritzmarken**. Die Ente kommt am unteren Bildrand mit ihren nassen Füßen an Land. Dort verspritzt sie mit jeder Bewegung das an den Beinen anhaftende Nass in Laufrichtung. Schließlich stoppt sie nach zwei Schritten und das restliche Wasser tropft aus dem Gefieder. Bei den schweren Schwänen (Abb. c) ist die Schrittlänge meist sehr kurz.

Die Zwischenlänge (ZL), ein hilfreicher Zusatzparameter

Bevor wir uns mit den Dimensionen der Gangarten beschäftigen, soll hier ein zusätzlicher Parameter eingeführt werden, der in diesem Buch vorgestellt und **Zwischenlänge** (ZL) genannt wird. (Die Zwischenlänge sollte nicht mit dem Standardmaß der Zwischengruppenlänge (ZGL) verwechselt werden, die im Glossar erklärt wird.)

Die **Zwischenlänge** ist die Strecke zwischen der Fußspitze und dem Fußhinterrand zweier aufeinanderfolgender Trittsiegel. Sie erlaubt die einfache **Ermittlung der** (ungefähren) **Schrittlänge,** auch wenn die **Spurgruppe unvollständig** ist. Man benötigt lediglich ein vollständiges Trittsiegel und einen kurzen Anteil des folgenden. Das funktioniert unter der Annahme, dass die Gangart relativ konstant ist. Damit lässt sich das **Verhalten** erfassen, insbesondere ob ein Vogel gegangen oder gelaufen ist.

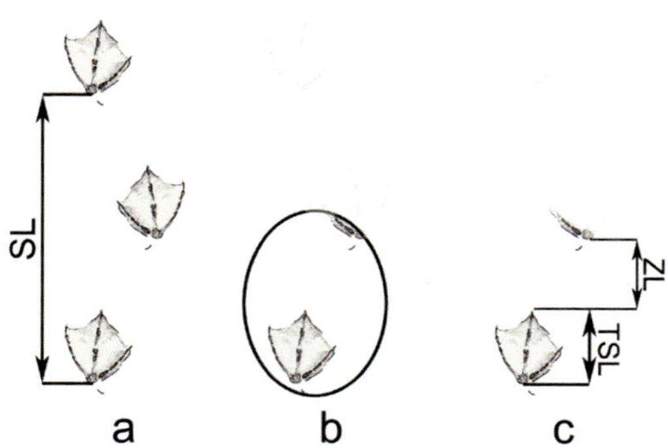

Ermittlung von SL bei unvollständigen Spurgruppen mithilfe der ZL (siehe auch Abkürzungsverzeichnis): SL konventionell gemessen (a), Fokus auf einen Teilaspekt einer unvollständigen Spurgruppe (b). Allein aus den Parametern TSL und ZL lässt sich die SL abschätzen (c).

Die Betrachtung der ZL allein lässt bereits eine Einschätzung des Bewegungsmusters zu. Genauer wird die Beurteilung, wenn man das Längenverhältnis zwischen ZL und TSL einschätzt. Die angegebenen Werte sind nicht nur für Gänsevögel, sondern auch für andere Vogelfamilien mit ähnlich kurzen Beinen wie Hühnervögel anwendbar.

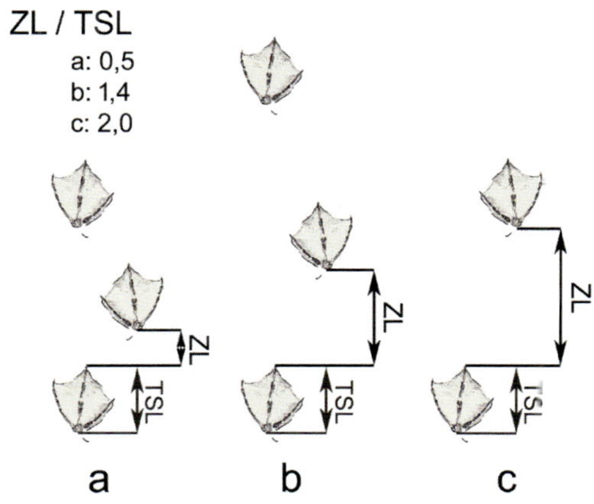

Rasche Einschätzung von Gangarten anhand der Zwischenlänge (ZL): Langsamens Gehen (a), rasches Gehen (b), Laufen (c). Neben der visuellen Beurteilung dieser Relation kann man das das Verhältnis der ZL zur Trittsiegellänge (TSL) auch numerisch angeben.

Der **Quotient aus ZL/TSL:**

- Beim **langsamen Gehen** beträgt dieser etwa **0,5**. Das heißt, dass die ZL halb so lang ist wie die TSL. Das ist am Beispiel **(a)** zu erkennen. Bei sehr kurzen Schritten kann die ZL auch negativ werden.
- Beim **schnellen Gehen** ist die ZL **1,4 mal größer** als die TSL (Beispiel **b**).
- Noch größere ZL **(mehr als zweifache TSL**) werden nur im **Laufen** erreicht (Beispiel **c**).
- Interessant dabei ist, dass diese Relationen für alle hier beschriebenen Arten ähnlich sind. Man kann somit diesen Quotienten im Freiland verwenden, auch wenn die Artbestimmung primär unklar ist.

Absolute Größen sind oft schwer zu merken, doch viele Menschen sind äußerst effektiv darin, Relationen zu erfassen. Dabei lassen sich anhand weniger Parameter „innere Schablonen" entwickeln, die es auch ohne aufwändige Analysen möglich machen, Gangarten und Verhalten intuitiv zu erfassen. So kommen wir dem eigentlichen Zauber des Spurenlesens näher: Die Geschichten und Zusammenhänge hinter den Spuren zu entdecken, anstatt sich ausschließlich auf technische Daten zu konzentrieren.

Maße für die Gangarten

Maße von Gangarten der Gänsevögel (siehe auch Abkürzungsverzeichnis).

Art	Gehen		Laufen		SB (cm)
	SL (cm)	ZL/TSL	SL (cm)	ZL/TSL	
Singschwan, Höckerschwan	45 (31–76)	0,3 (-0,1–1,2)			27 (20–31)
Blässgans	30 (17–47)	0,8 (0–1,8)	49 (45–55)	1,9 (1,7–2,3)	14 (12–16)
Graugans	41 (26–55)	1,1 (0,3–1,8)	63 (53–76)	2,2 (1,7–2,9)	11 (9–15)
Kanadagans	36 (17–59)	0,7 (-0,2–1,8)	61 (57–78)	1,9 (1,7–2,7)	14 (10–18)

Fortsetzung: Maße von Gangarten der Gänsevögel (siehe auch Abkürzungsverzeichnis).

Art	Gehen		Laufen		SB (cm)
	SL (cm)	ZL/TSL	SL (cm)	ZL/TSL	
Pfeifente	21 (17–31)	0,9 (0,5–1,8)	34 (30–41)	2,0 (1,7–2,7)	8 (6–11)
Krickente	13 (6–25)	0,6 (-0,3–2,0)	25 (23–32)	2,1 (1,8–2,9)	7 (5–9)
Stockente	24 (9–40)	0,8 (-0,3–2,0)	44 (40–55)	2,3 (2,0–3,1)	10 (7–11)
Kolbenente	21 (12–28)	0,4 (-0,2–0,9)			13 (11–15)
Reiherente	19 (11–25)	0,4 (-0,2–0,9)			12 (10–14)
Gänsesäger	22 (13–31)	0,4 (-0,2–1,0)			12 (8–18)

Die Tabelle zeigt Maße von Gangarten ausgewählter Gänsevögel aus dem Freiland. Dazu lassen sich folgende Aussagen treffen:

- Spurbreiten sind bei Gänsevögeln bestimmungstechnisch weniger relevant und lassen keine Aussage über die Gangart zu.
- Neben den absoluten Zahlen kann man eine gewisse übergeordnete Struktur anhand des Quotienten aus ZL/TSL erkennen.
  - » Schwäne, Tauchenten und Säger weisen in Relation zur TSL die kürzesten SL auf, durchschnittlich im Bereich von 0,3 bis 0,4 der TSL, wobei diese Werte auch negativ sein können.
  - » Gänse haben die relativ größten SL, was auch durch deren längere Laufknochen resultiert.
  - » Die Gangart Laufen ist bei Gänsevögeln selten. Laufstrecken zur Unterstützung des Starts vom Wasser werden hier nicht berücksichtigt. An Land laufen vor allem Gänse, seltener Enten. Die Quotienten liegen hier meist bei etwa 2.

Zeichen

Wechsel und „Betten"

Die Abbildungen auf der nächsten Seite zeigen Beispiele für **Wechsel** und „**Betten**". Diese Zeichen sind bei Schnee leichter zu erkennen. Ist man allerdings einmal darauf aufmerksam geworden, findet man sie auch in anderen Substraten.

Pfeifenten könnte man als die „Gänse unter den Enten" bezeichnen. Häufig weiden sie auf gewässernahen Grünflächen und legen dann Wechsel an, wie auf der obersten Abbildung erkennbar. Auch manche Stockenten gehen auf wiederkehrenden Pfaden zu bevorzugten Rastplätzen an Land. Gänse hingegen fliegen meist direkt zu ihren Nahrungsgründen, die oft auch weiter entfernt liegen.

Stockenten, seltener Reiherenten und Gänsesäger schlafen auch an Land. Auf Baumstämmen oder Steinen im Wasser sind diese Stellen meist nur bei Schneelage zu entdecken. Häufiger sind Stockenten-„Betten" an Gewässerrändern, die eine charakteristische ovale bis eiförmige Form haben und circa 25 × 16 cm messen. Neben allfälligen Trittsiegeln findet man hier typischerweise Exkremente am hinteren Pol und oft auch Federn.

Nahrungserwerb/ spurenrelevante Beispiele

Gründeln, Seihen, Picken, Schnattern, Tauchen, Abreißen, Rupfen und Abweiden – die Techniken der Nahrungsaufnahme bei Gänsevögeln sind vielfältig. Einige dieser Methoden hinterlassen charakteristische Spuren, deren Kenntnis für Spurenlesende von Bedeutung ist. Besonders wichtig sind dabei die Berücksichtigung der Bodenbeschaffenheit und die Wassernähe.

Wechsel einer Pfeifentengruppe im Schnee.

Ruheplatz eines Gänsesägers.

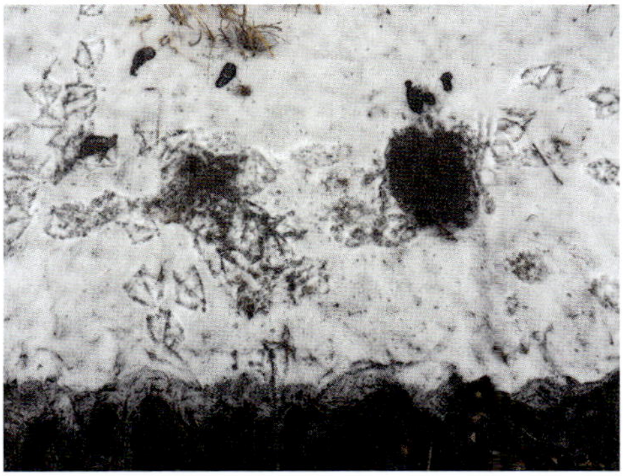

Schlafplätze von Stockenten am Gewässerrand.

Auf festem Grund wie Grünland oder trockengefallenen Sandbänken.

- **Picken nach Samen.** Zur Zeit der Samenreife zeigen einige Entenarten dieses Verhalten, was allerdings spurentechnisch meist wenig prägnant ist.
- **Rupfen.** Das ist eine Abreißbewegung mit der Schnabelspitze und betrifft meist grüne Pflanzenteile. Die Fraßstellen wirken unregelmäßig „zerrupft". Dies zeigen Schwäne und manche Enten.
- **Weiden.** Das ist die typische Ernährungsweise vieler Gänsearten. Im Gegensatz zum Rupfen wird die Vegetation durch speziell angepasste Schnabelseiten abgeschnitten. Dabei erfassen die Gänse mehrere Halme gleichzeitig, wodurch ein gleichmäßiges „Mähbild", ähnlich einem englischen Rasen, entsteht. Bernd Leisler (1969) beschreibt in diesem Zusammenhang sogenannte „**Gansanger**" an Binnengewässern. Diese kurzrasigen

Fraßspuren von Höckerschwänen: Rupfen von Vegetation am Gewässerrand.

Grünflächen – „Anger" bezeichnet eine Rasenfläche – entstehen durch das regelmäßige Abweiden von Graugansfamilien.

- **Graben.** Der Singschwan und einige Gänse hinterlassen mit ihren Schnäbeln Gruben, wenn sie nach Speicherorganen von Pflanzen oder tierischer Beute graben.

In stark durchnässten Arealen (Schlick, überspülter Sand ...). Enten und bestimmte Halbgänse sind auf diese Nahrungshabitate spezialisiert. Ziele sind meist Weichtiere, die hier in großer Zahl leben. Anders als das Stochern bei Watvögeln, sind diese Fressmethoden bei den Gänsevögeln nicht selektiv, sondern ein flächendeckendes, „blindes" Durchstöbern an nahrungsreichen Stellen. Dabei nehmen die Vögel eine Vielzahl ziemlich kleiner Beutetiere auf.

- **Seihen/„(Durch-)Schnattern".** Enten besitzen einen Seihschnabel. Dabei werden beim Fressen das nährstoffreiche Gemisch aus Pflanzenteilen und Beutetieren, aber auch Sand und Wasser in den Schnabel gesaugt. Durch seitliche Lamellen rinnen Wasser und Feinsediment wieder ab, während der Nahrungsbrei im Schnabel verbleibt und verschluckt wird. Als Zeichen am Boden sieht man dann manchmal an den Rändern der Schnabelspur auch Ansammlungen des abgelaufenen Feinsediments. Mit dieser Technik können diese Vögel in kurzer Zeit große Mengen seihen, allerdings nur in sehr nassem Substrat. „Schnattern" wird hier als Synonym für das Seihen verwendet und nicht für die Lautäußerungen von Enten.

Im Wasser. Im tieferen Wasser kann man nur selten Fraßspuren an Wasserpflanzen erkennen oder Gründelspuren am Gewässergrund.

Nahrungserwerb bei der Brandgans. Besonders gut untersucht ist das Fressverhalten bei der Brandgans, wobei drei markante Zeichen beschrieben werden.

- **Probelöcher, „Minikrater"** (Thompson). Auf relativ trockenen Untergründen graben die Vögel regelmäßige Reihen von runden Probelöchern in den Sand. Diese Reihen laufen parallel zur Wasserkante. Einzelkrater haben dabei einen Durchmesser von etwa 5 cm und eine Tiefe von 3 cm. Dabei verläuft die Einstichkante senkrecht und am gegenüberliegenden Pol sammelt sich das Feinsubstrat.
- Das „**Farnkraut**"-Zeichen, im Englischen „scything" (= Mähen) bezeichnet, wurde 1959 von Swennen & Van der Baan beschrieben. Diese Fressmethode nutzen Brandgänse im feuchten Schlick, indem sie sich langsam voran bewegen, um den

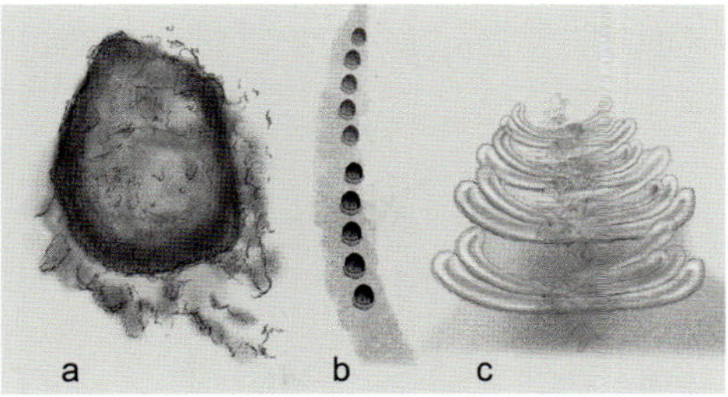

Fraßspuren von Brandgänsen: Trampelwanne (a), „Minikrater“ (b), „Farnkraut“-Zeichen/sything (c).

Schnabel abwechselnd nach links und rechts in Bogenbewegungen durch dieses Feinsubstrat ziehen. Die Bögen können eine Gesamtbreite von etwa 40 cm erreichen. Dabei entstehen abstrakte Muster, die an ein Farnblatt erinnern. Dieses Zeichen wurde für unseren Raum an der holländischen Nordseeküste und der französischen Atlantikküste gefunden.

- **Trampelwannen** sind beispielsweise von Bergmann & Klaus vom deutschen Wattenmeer beschrieben worden. Dabei stehen die Vögel meist im Seichtwasser und wirbeln durch Trampelbewegungen ihrer Beine nährstoffreichen Schlick auf, wodurch sich im lockeren Grund eine Wanne ausbildet, die etwa 40 cm im Durchmesser misst und bis zu 10 cm tief ist. Trampelwannen legen auch Ringelgänse und andere Arten wie Möwen an.

Ernährung und Fraßspuren

Das Ernährungsspektrum von Gänsevögeln reicht von rein vegetarischer bis zu überwiegend fischlastiger Kost. Dazu gibt es verschiedene Spezialisten und diverse Mischformen. Die nachfolgenden Tabellen berichten über die Nahrungsgewohnheiten, spurenrelevante Fraßspuren und Nahrungserwerbstechniken. Die Angaben basieren auf Literaturrecherchen (vor allem G. v. Blotzheim & Bauer) und eigenen Beobachtungen.

Ernährung, Fraßspuren und Nahrungserwerb bei Schwänen, Gänsen und Halbgänsen.

Art	Ernährung	Fraßspuren / Nahrungserwerb
Höckerschwan	Überwiegend vegetarisch. Grüne Pflanzenteile und Wurzeln. Geringer tierischer Anteil. Lässt sich auch füttern.	Rupft mit der Schnabelspitze Pflanzen am Ufer oder Grünland (Letzteres im Winter).
Singschwan	Wie oben. Lässt sich aber nicht füttern.	Gräbt auch aktiv mit dem Schnabel nach Wurzeln. Dort kreisrunde Löcher (Durchmesser bis 80 cm, Tiefe bis 20 cm).
Zwergschwan	Wie oben	Im Winter auf überschwemmten Wiesen fressend
Saatgans, Blässgans	Vegetarisch: Gräser, Feldfrüchte	Weiden auf Grünland (besonders Grassamen) und Feldern, Saatgans kann im Schnee graben (bis 15 cm).

Fortsetzung: Ernährung, Fraßspuren und Nahrungserwerb bei Schwänen, Gänsen und Halbgänsen.

Art	Ernährung	Fraßspuren / Nahrungserwerb
Graugans	Rein vegetarisch: Gräser, Wasserpflanzen, Wurzeln, Feldfrüchte.	Weiden auf Grünland und Feldern (wie oben). Gräbt auch mit dem Schnabel nach Wurzeln.
Kanadagans	Vegetarisch, im Sommer auch zusätzlich tierische Nahrung (Invertebraten). Lässt sich auch füttern.	Weidend nach Gänseart
Weißwangengans	Im Winter Gräser, selten Feldfrüchte	Wie oben
Ringelgans	Im Winter Gräser auf Salzwiesen. Auch Weich- und Krebstiere.	Weidend, für tierische Nahrung auch Trampelwannen (Durchmesser bis 30 cm, Tiefe bis 15 cm)
Brandgans	Hoher tierischer Anteil (Muscheln, Schnecken, Würmer, Krebstiere). Seltener Wasserpflanzen.	Pendelnde Schnatterbewegungen im Schlamm, Trampelwannen
Nilgans	Gräser und Feldfrüchte, vereinzelt Wirbellose	

Ernährung, Fraßspuren und Nahrungserwerb bei Gründelenten.

Art	Ernährung	Fraßspuren / Nahrungserwerb
Pfeifente	Vegetarisch: Gräser, Wasserpflanzen, Algen. Geringer tierischer Anteil.	Häufig von Wasseroberfläche aufpickend. Weidet auch oft nach Gänseart.
Schnatterente	Überwiegend Wasserpflanzen, tierischer Anteil gering.	Seihend und tauchend. Selten auf Grünland.
Krickente	Frühling und Sommer größtenteils tierische Nahrung (Zuckmücken, Köcherfliegen). Im Winter größtenteils vegetarisch (vor allem Pflanzensamen).	Schnattern im leicht überspülten Schlick. Seihen, Gründeln, Picken; auch Schlammtreten.
Stockente	Frühling und Frühsommer überwiegend tierische Nahrung (Weichtiere, Insekten), sonstiges Jahr größtenteils vegetarisch (vor allem Pflanzensamen). Lässt sich füttern.	Im Wasser pickend, seihend, gründelnd, auch Schlammtreten. An Land rupfend und pickend.
Knäkente	Saisonale Unterschiede wie bei der Stockente. Bei der pflanzlichen Kost aber auch grüne Anteile wie Wasserlinsen.	Fast nur im Wasser, überwiegend seihend.

Fortsetzung: Ernährung, Fraßspuren und Nahrungserwerb bei Gründelenten.

Art	Ernährung	Fraßspuren / Nahrungserwerb
Löffelente	Saisonale Unterschiede, wie Knäkente	Am Wasser seihend. Durch rasches Kreisschwimmen Aufwühlen des Gewässerbodens.

Ernährung, Fraßspuren und Nahrungserwerb bei Tauch-, Meeresenten und Sägern.

Art	Ernährung	Fraßspuren / Nahrungserwerb
Kolbenente	„Vegetarierin unter den Tauchenten." Algen, Laichkräuter.	Taucht und gründelt im Wasser
Tafelente	Pflanzenkost (Grünanteile von Wasserpflanzen und Samen). Geringerer tierischer Anteil (Weichtiere, Würmer, Insektenlarven).	Tauchend und gründelnd im Wasser
Moorente	Überwiegend Vegetarierin (Laichkräuter, Wasserlinsen, Algen). Geringer tierischer Anteil (Insekten, Schnecken, Kaulquappen).	Pickend und gründelnd im Wasser. Taucht wenig.
Reiherente	Überwiegend tierisch, vor allem Weichtiere (im Binnenland Wandermuschel). Auch Pflanzensamen. Lässt sich bisweilen füttern.	Tauchspezialist
Eiderente	Animalische Kost: Spezialistin für Muscheln, auch Krebstiere und Seesterne. Selten Fische.	Vor allem tauchend, selten gründelnd an der See
Trauerente	Ähnlich Eiderente	Tauchente im Meer, seltener im Binnenland
Samtente	Wie oben; häufiger auch Krebstiere und Fische	Tauchente im Meer, auch im Binnenland
Schellente	Unterschiedliche animalische Kost, abhängig vom Biotop. Im Binnenland vor allem Insektenlarven, Weichtiere und Würmer, auch Pflanzen. Am Meer Krebs- und Weichtiere.	Tauchend, selten gründelnd
Zwergsäger	Im Winter Fische, sonst Insekten	Tauchend
Mittelsäger	Kleine Fische, Frösche und Krebstiere	Tauchend
Gänsesäger	Kleine bis mittelgroße Fische, Insekten	Tauchend

Ausscheidungen

Wie aus den Tabellen hervorgeht, unterscheidet sich die Ernährung der einzelnen Arten deutlich und verändert sich zudem im Jahresverlauf. Diese Unterschiede wirken sich auch auf die Beschaffenheit der Ausscheidungsprodukte aus. **Exkremente** sind wichtige Hinweise, die bei der Artbestimmung hilfreich sein können, besonders dann, wenn Trittsiegel fehlen oder undeutlich sind. So lassen sich beispielsweise die äußerlich ähnlichen „Betten" von Stockenten und Gänsesägern anhand der unterschiedlichen Exkremente leicht auseinanderhalten. Die Kotwalzen der Pfeifenten enthalten meist einen hohen Grünanteil, bedingt durch unverdaute Pflanzenreste, während der hohe Weißanteil im Kot der Reiherenten auf deren tierische Ernährung hinweist.

Verwirrend kann es sein, wenn im Frühling die Exkremente von Stockenten aus weißen Klecksen bestehen – dann fressen sie bevorzugt eiweißreiche Kleintiere –, später im Jahr dunkelgrüne Walzen sind und am Höhepunkt der Samenreife deren Reste zeigen. Parkgeflügel, das regelmäßig gefüttert wird, leidet zumeist unter zu geringem Faseranteil („Ballaststoffe"), was oft flüssige Exkremente bedingt.

Ungeachtet dieser Vielfalt besteht ein Grundmuster, an dem wir uns orientieren können.

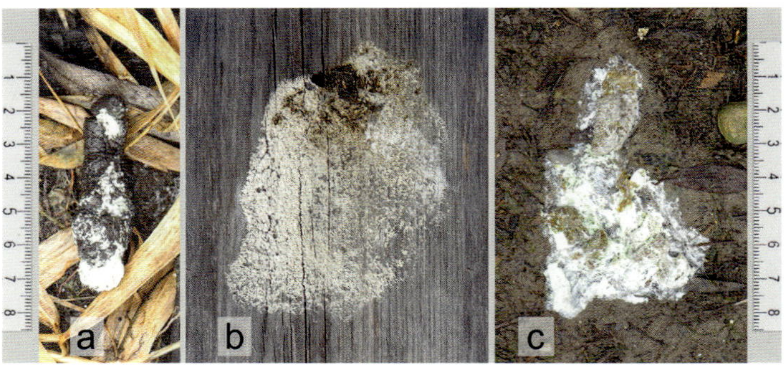

Variationsbreite von Stockenten-Exkrementen. Zylinder (a), Fladen (b). Der Flüssigkeitsanteil wurde rasch in das Holz eingesaugt. Zurück bleiben Faserstoffe von Pflanzen (dunkle Masse) und ein hoher Uratanteil durch die vermehrte tierische Ernährung im Frühling. Kleckse (c). Ein Beispiel für Exkremente von Parkenten bei regelmäßiger Fütterung. Auch im Winter bestehen ein Überschuss an Nahrung und ein Mangel an Ballaststoffen. Daher werden Exkremente dünnflüssig und schleimig.

Gleichförmige Zylinder mit stumpfen Enden. Diese Kotformen stammen von den Pflanzenfressern unter den Gänsevögeln. Faserreiche und ältere Exkremente sind eher hart, während frische Exkremente mit hohem Anteil an jungen Pflanzen weicher sind. Je nach Eiweißgehalt der Nahrung – neben erbeuteten Kleintieren haben auch junge Pflanzentriebe einen hohen Proteingehalt – zeigt sich eine unterschiedlich stark ausgeprägte Uratkappe (Weißanteil an einem Pol). Die Farbe variiert von Grün (durch Blattgrün aus unverdauten Pflanzenresten oder Armleuchteralgen) bis Dunkelgrau (bei faserreicher Kost wie Samen).

Größenunterschiede liefern Hinweise auf die jeweiligen Arten. Die Maßangaben dienen dabei als Orientierung, da Faktoren wie die Qualität der Nahrung (insbesondere der Faseranteil), die gefressene Menge und der Alterungsprozess zu erheblichen Dimensionsschwankungen führen können. Zusätzlich sollte man, besonders im Frühling, auch die kleineren Ausscheidungen von Jungvögeln, insbesondere bei Gänsen, berücksichtigen.

Exkremente von Graugänsen. Kotzylinder von Alt- und Jungvögeln im Mai (a). Die dunkleren Stücke sind kleiner und stammen von den Jungvögeln. Blinddarmkot (b). Dieser ist dunkel und zähflüssig und bei Gänsen seltener zu finden als bei Hühnervögeln. Kotansammlung (c). Hier hat die sich Gans geraume Zeit aufgehalten und eine Pause bei der Nahrungssuche eingelegt. Vertraut man der Literatur, so werden stündlich drei bis vier Zylinder abgegeben – die Gans hat somit etwa drei Stunden an diesem Platz gerastet.

Dimensionen von Exkrementen (nach eigenen Daten aus dem Freiland).

Art	Typ	Länge (cm)	Durchmesser (cm)
Höckerschwan, Singschwan	Zylinder	14,3 (12,6–18,2)	3,2 (2,8–3,5)
Graugans	Zylinder	8,6 (5,7–12,7)	1,2 (0,9–1,5)
Graugans juv.	Zylinder	5,0 (3,5–5,9)	0,8 (0,7–0,9)
Kanadagans	Zylinder	7,5 (5,8–8,4)	1,2 (1,1–1,4)
Brandgans	Zylinder	6,0	1,2
Pfeifente	Zylinder	5,3	1,1 (1,0–1,3)
Krickente	Klecks	9,5	2,4
Stockente	Zylinder	5,3 (4,3–6,5)	1,1 (1,1–1,4)
Stockente	Fladen	10,5 (7,3–13,6)	8,5 (7,2–9,7)
Stockente	Klecks	8,4 (6,3–12,0)	4,6 (2,7–7,0)
Gänsesäger	Klecks	16,1 (12,8–20,9)	8,2 (4,0–12,5)

Fladen. Bei hohem Flüssigkeitsanteil zerfallen die feuchten Kotzylinder zu fladenartigen Gebilden. Dies kommt oft vor, wenn faserarme Wasserpflanzen oder Algen gefressen werden sowie nach dem Gründeln nach Kleintieren. Die Farbe gibt dabei Hinweise: Ein leuchtendes Grün weist auf pflanzliche Nahrung hin, während eine dunklere Färbung mit Weißanteilen auf das Gründeln nach tierischer Kost deutet.

Kleckse mit Festanteilen. Bei noch höherem Wasseranteil oder menschlicher Fütterung zerfallen Exkremente zu Klecksen. Der Flüssiganteil versickert oft in dem Untergrund und zurück bleibt nur die Festfraktion – manchmal in Form eines Ringes. Tauchenten, mit unterschiedlich hohem Anteil an tierischer Ernährung zeigen einen höheren Weißanteil und oft Reste von Muschel- oder Schneckenschalen.
Missfarbige Kleckse können auf Infektionen oder Parasiten hindeuten.

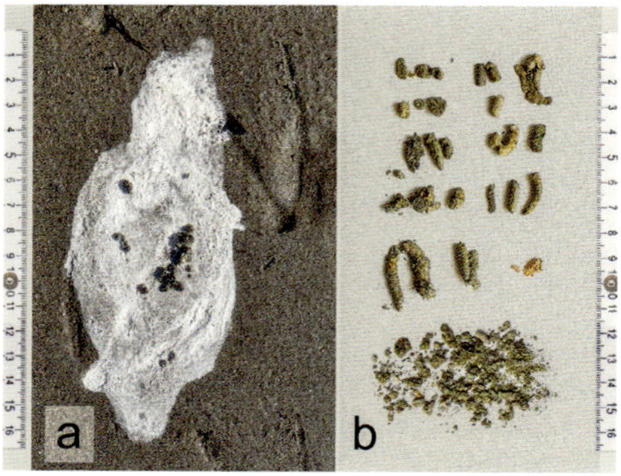

Exkrement vom Gänsesäger. Kotklecks mit hohen Uratanteil (a). Interessant ist der Kotanteil in Form kleiner Röllchen (b). Diese bestehen überwiegend aus Feinsand mit kleinsten Resten von Fischgräten und -schuppen.

Kleckse mit überwiegendem Uratanteil. Die Exkremente von Sägern sind fast ausschließlich weiße Kleckse, allenfalls mit gelblich-bräunlichen Verfärbungen. Beim Gänsesäger sieht man zusätzlich kleine Röllchen von etwa 2 cm Länge und 3 bis 4 mm Durchmesser, die Feinsand und winzige Fischreste enthalten.
Ähnlich lassen sich auch Exkremente von Meeresenten erwarten.

Blinddarmkot. Die Verdauungssäfte der Gänsevögel können nur einen Teil der Pflanzennahrung aufschließen. Hartes Fasermaterial kann zusätzlich in den gut entwickelten Blinddärmen mit Hilfe der Darmflora fermentiert und damit verfügbar gemacht werden. Das Endprodukt dieses Prozesses ist ein breiiger, dunkler Blinddarmkot. Bei den hier behandelten Arten wird dieser Verdauungsweg jedoch nur in etwa 10 % der Fälle genutzt, somit ist Blinddarmkot selten und allenfalls bei Gänsen nachzuweisen.

Sonderformen. Größere **Kotansammlungen** finden sich im Bereich von Nahrungsgründen und Schlafplätzen, wobei Gänse durchschnittlich drei Walzen pro Stunde abgeben und die Darmpassage der Nahrung nach circa drei Stunden abgeschlossen ist.
Im Nahebereich von Brutplätzen können sich ebenfalls Kotanhäufungen des wachenden Ganters finden. Die Weibchen geben zu dieser Zeit große, knollenförmige **Brutlosung** ab.

Speiballen. Diese sind für Gänsevögel untypisch. Lediglich die Eiderente, die größere, hartschalige Beute (Muscheln, Seesterne) bevorzugt, soll Speiballen bilden.

Hühnervögel

Hühnervögel sind ein weiteres Beispiel für den feldornithologischen Wert des Spurenlesens. Diese großen, teils bunten und stimmfreudigen Vögel sind auch Meister der Tarnung. Viele Vogelfreunde haben sich schon vergeblich bemüht, der doch so nahe scheinenden Rufer ansichtig zu werden.

Das Auffinden von Spuren und Zeichen kann eine willkommene Ergänzung sein, sich Klarheit über Vorkommen von „wilden" Hühnern in einem Gebiet zu verschaffen, sei es in der Feldflur oder im Bergwald. Der phylogenetische Stammbaum dieser Familie wird vielfach diskutiert, für Spurenlesende bietet sich jedoch eine alte, heute als überholt betrachtete Einordnung an – nämlich die Unterscheidung zwischen Glattfuß- und Raufußhühnern, womit auch ein ökologischer Gradient verbunden ist. Die ersteren werden auch als „Feldhühner" bezeichnet, was auf ihren Lebensraum verweist, letztere dagegen sind (grob gesprochen) „Waldhühner".

Fußmorphologie und Trittsiegel

Füße von Hühnern, am Beispiel des Jagdfasans, zeigen folgende Merkmale:

- Grundtypus: Vogelfuß mit reduziertem Hallux.
- Dimension: TSL 2,4 bis 10 cm (für alle hier vorgestellten Arten).
- Die Zehen sind stark gespreizt, die Füße damit breit.
- Die Zehen stehen gerade, sind kräftig und mit deutlichen Ballen versehen.

Jagdfasan:

oben: Fuß seitlich (Der Sporn am Lauf kennzeichnet einen männlichen Vogel.)

links: linker Fuß, Unterseite.

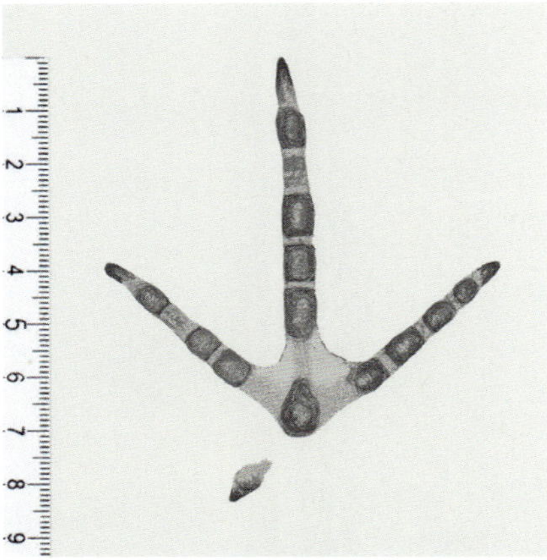

Jagdfasan: rechtes Trittsiegel (idealisierte Zeichnung).

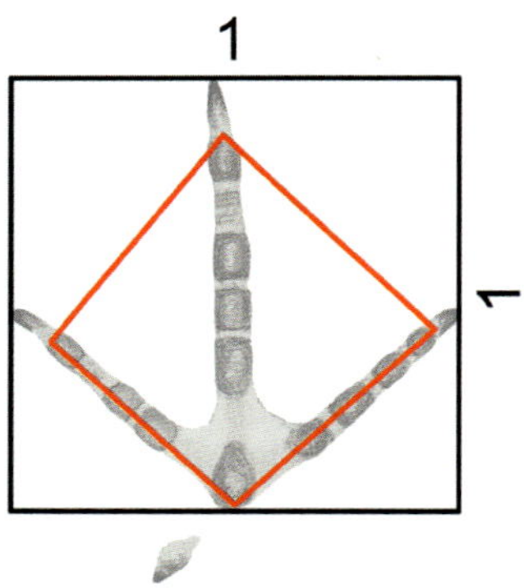

Jagdfasan: Umrisslinien.

- Der Hallux ist kurz, setzt recht hoch am Laufbein an und steht steil.
- Der Metatarsalballen ist kräftig und längsoval.
- An der Basis der Vorderzehen sieht man schmale Spannhäute.
- Die Krallen sind kurz, kräftig und schwach gekrümmt.

Umrisse und Proportionen

Der Umriss entspricht etwa einem Quadrat. Das Deltoid (rote Linie) entlang der Zehenspitzen ist nahezu symmetrisch.

Achsen und Winkel

Die Öffnungswinkel der Vorderzehen betragen 90 bis 120°. Die Teilwinkel sind etwa gleich. Der Hallux ist mehr oder minder stark nach innen gewinkelt (120 bis 160°).

Ballenmuster, Negativräume und Krallen

Der Fuß drückt zumeist **ganzflächig** auf.
Die **Zehen** sind **kräftig** und stehen **gerade**. Die **Ballen** erscheinen eckig und bilden ein **durchgängiges Muster**, wobei die Zehenkonturen **parallelrandig** bleiben. Der **Metatarsalballen** drückt fast immer **ab**.

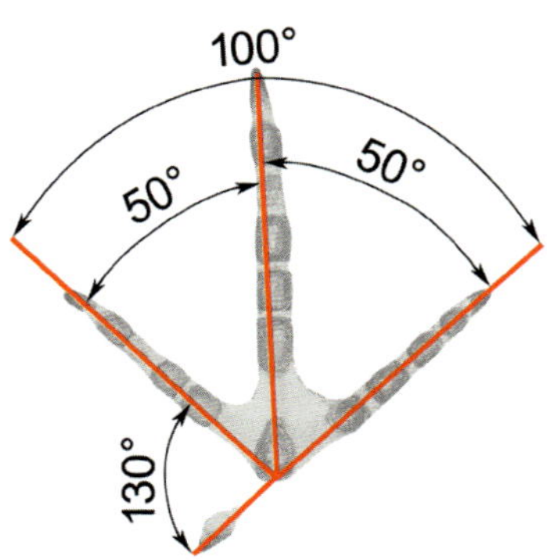

Jagdfasan: Zehenachsen (rot) und Öffnungswinkel mit Gradangaben.

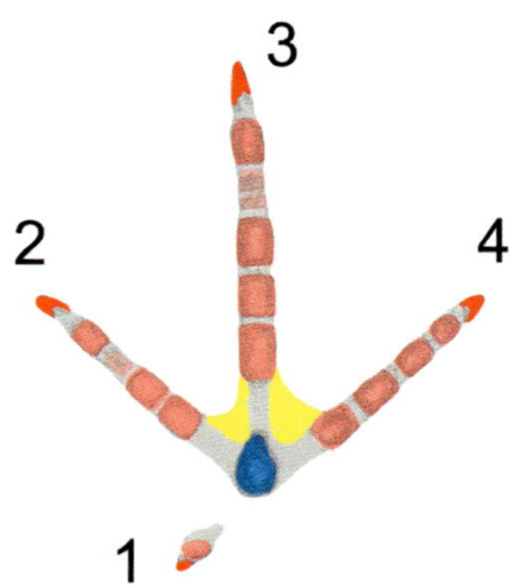

Jagdfasan: Ballenmuster (Zehenballen rosa, Metatarsalballen blau, Spannhäute gelb und Krallen rot).

An der Basis der Vorderzehen sieht man schmale **Spannhäute**. Die laterale ist breiter als die mediale.
Der **Hallux** drückt **stetig** ab und ist nach innen gewinkelt. Oft hinterlässt er lediglich die Spur der Hinterkralle und einen schmalen Abdruck des Endballens, da diese Zehe steil steht.
Die Abdrücke der **Krallen** sind meist mit den **Endballen** der jeweiligen Zehen **verbunden** und erscheinen oft ebenso dick wie die Zehenballen.

Realitätsprüfung

Die Qualität der Trittsiegel ist stark vom Substrat abhängig, trotzdem lassen sich stetige Merkmale nachvollziehen:

- Die Trittsiegel sind **breit** und die **Zehen kräftig.**
- Die **Zehen** stehen **gerade,** manchmal neigen die Krallen zu einer geringen Außenbiegung.
- Das **Ballenmuster** ist zumeist **deutlich** erkennbar (Abb. a, c, d) und fehlt nur in feuchter Erde (Abb. b). Die Ballen wirken eckig und lassen dazwischen nur geringe, strichförmige Negativräume.
- Der Metatarsalballen ist überall zu erkennen, in Abb. a aufgrund einer Bodendelle nur angedeutet.
- Die **Hinterzehe** ist stetig **abgedrückt** und **nach innen gewinkelt.** Typische Abdrücke sind in Abb. a und d. Infolge der Steilstellung des Hallux drücken vor allem die Kralle und ein geringer Teil des Endballens ab. Ein längerer Abschnitt der Hinterzehe fehlt somit, was als Abgrenzung zu anderen Arten (auch zu den Raufußhühnern) dienen kann.
- Von den **Spannhäuten** fallen vor allem die lateralen auf, die deutlich breiter sind. Deren runde Außenkante ist in den Abb. b und d gut zu erkennen.
- Die **Krallen**abdrücke sind kurz und **wuchtig**. Sie sind oft ebenso breit wie die Endballen der Zehen (deutlich in Abb. c und d) und nicht von den Zehenkonturen getrennt.

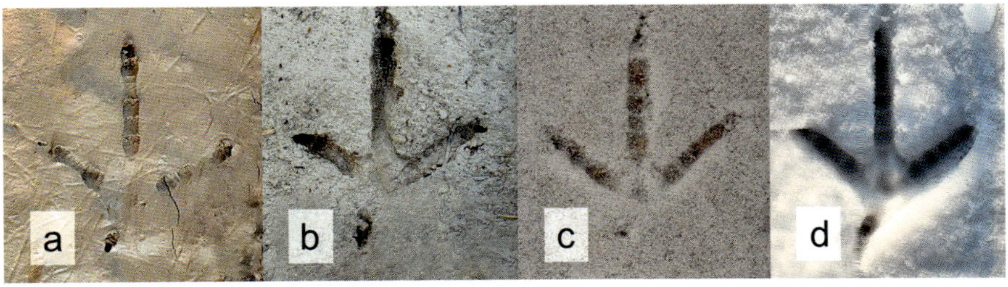

Jagdfasan: Vier rechte Trittsiegel in Lehm (a), Erde (b) und Schnee (c und d).

Verwechslungsmöglichkeiten

Trittsiegel von Hühnervögeln sind häufig zu finden und sehr typisch. Verwechslungen mit anderen Vogelfamilien sind trotzdem möglich.

- **Gänsevögel und Möwen**. Wenn die Schwimmhäute auf hartem Boden nicht abdrücken, ähneln solche Spuren denen von Vogelarten mit einem reduzierten Hallux. Allerdings haben Hühnervögel kräftigere Zehen mit deutlichem Ballenmuster, aber der auffälligste Unterschied besteht in den Zehenbiegungen. Bei Gänsevögeln sind die Innen- und Außenzehen immer zur Fußmitte gebogen, während diese bei Hühnern gerade stehen oder nach außen gebogen sind.
- **Rallen** haben dünnere Zehen und längere, spitze Krallen. Ein wesentlicher Unterschied, der im Freiland meist gut sichtbar ist, ist das Fehlen von Spannhäuten.
- **Watvögel**. Nur wenige, größere Limikolen hinterlassen TS in der Größe kleinerer Hühnervögel. Vom Lebensraum her überschneiden sich beispielweise Waldschnepfe und Haselhuhn. Hühner haben fast immer kräftigere Zehen und stärker ausgeprägte Zehenballen.

Haushuhn: Rechtes Trittsiegel in Beton.

- Auch **Haushühner** sollten berücksichtigt und von ihren wildlebenden Verwandten unterschieden werden. Raufußhühner scheiden aufgrund ihrer Habitatansprüche weitgehend aus, jedoch können Rebhühner oder Jagdfasane durchaus in der Nähe menschlicher Siedlungen auftreten. Aufgrund der Vielzahl an Haushuhnrassen sind allgemeingültige Angaben zur Trittsiegellänge (TSL) schwer möglich. Hähne besitzen zudem deutlich größere Füße als Hennen. Bei größeren Hühnerrassen liegen die TSL typischerweise zwischen 6,5 und 9,5 cm, während sogenannte Zwerghühner wesentlich kleinere Abdrücke hinterlassen. Morphologisch sind die Trittsiegel sehr plump, mit breiten Ballen, dicken Zehen und massiven Metatarsalballen.

Artengarnitur

Für dieses Buch werden neun Hühnervögel angeführt. Alle Arten leben ganzjährig im Gebiet, nur die Wachtel ist ein Zugvogel. Die meisten Hühnervögel sind von hohem jagdlichem Interesse und werden teils gehegt oder auch nachgezüchtet und ausgesetzt. Es gibt zudem immer wieder Versuche, gebietsfremde Arten anzusiedeln (Moorschnee-

hühner, diverse Fasane und deren Unterarten, Chukarhühner, Truthühner und andere). Auch Parkvögel wie Pfaue sind manchenorts in der freien Landschaft anzutreffen. Diese letztgenannten Arten werden hier nicht behandelt.
Die Wahrscheinlichkeit, auf Spuren wildlebender Hühnervögel zu stoßen, variiert stark. Die meisten Funde stammen wohl vom Jagdfasan, während andere sogenannte „Glattfußhühner“ nur noch vereinzelt und lediglich regional häufiger anzutreffen sind. Raufußhühner hingegen sind generell selten. Ihre verbliebenen Populationen stehen vielerorts kurz vor dem Aussterben.

Spurenrelevante Angaben zu Hühnervögeln (Der Begriff „Glattfußhuhn“ wird hier als Arbeitsbegriff verwendet und ignoriert taxonomische Verwandtschaften. Die betreffenden Vogelarten gehören teilweise verschiedenen Familien an.).

Art	Typus	Wo?
Auerhuhn	Raufußhuhn	„Urwaldart“; naturnahe, alte, strukturreiche Nadelwälder in Mittelgebirgslagen
Birkhuhn	Raufußhuhn	Einst Kulturfolger auf extensivem Rodungsland; Almmatten, Moore, Heiden
Haselhuhn	Raufußhuhn	„Katastrophenart“; Nadelwälder mit dichtem Unterwuchs wie nach Windbrüchen oder Käferkalamitäten
Alpenschneehuhn	Raufußhuhn	Eiszeitrelikt; in den Alpen über der Baumgrenze; Felsen, Schutthalden
Rothuhn	„Glattfußhuhn“	„Feldhuhn“ auf Brach- und Weideland; West und Südwest-Europa
Steinhuhn	„Glattfußhuhn“	Wärmegetöntes, steiniges Bergland; Alpen und Balkan
Wachtel	„Glattfußhuhn“	Wärmegetönte Feldfluren („Kornwachtel“)
Rebhuhn	„Glattfußhuhn“	„Feldhuhn“ in offenem, strukturreichem Kulturland
Jagdfasan	„Glattfußhuhn“	Neozoon seit dem Altertum; flächendeckend außer in geschlossenen Waldgebieten und im Hochgebirge

Maße, Variationsbreite und Unterscheidungen

Raufußhühner lassen sich größenmäßig unterscheiden, wobei lediglich das Alpenschneehuhn und das Haselhuhn ähnliche Maße aufweisen – diese beiden Arten bewohnen jedoch kaum denselben Lebensraum. Unter den „Glattfußhühnern“ sind Fasane deutlich größer, während Wachteln kleiner sind als die übrigen Arten. Die Trittsiegel von Rot-, Stein- und Rebhuhn sind in ihrer Größe zwar ähnlich, können jedoch durch die unterschiedliche Verbreitung der Arten voneinander unterschieden werden.

Trittsiegelmaße der Hühnervögel (siehe auch Abkürzungsverzeichnis).

Art	TSL (cm)	TSL^{oK} (cm)	TSB (cm)	Z1 (cm)	Z1^{oK} (cm)	Z3 (cm)	Z3^{oK} (cm)
Auerhuhn ♂	9,5 (8,7–10,1)	8,1 (7,5–9,1)	10,4 (8,9–12)	2,8 (2,4–3,3)	2,1 (1,6–2,6)	7,8 (7,3–8,0)	6,2 (5,8–6,8)
Auerhuhn ♀	7,4 (7,0–7,6)	6,0 (5,0–6,8)	8,1 (7,2–8,9)	1,9 (1,7–2,3)	1,4 (1,4–1,4)	5,7 (5,4–6,2)	4,7 (4,7–5,5)
Birkhuhn ♂	6,6 (6,3–6,9)	5,6 (5,3–6,0)	6,5 (6,0–7,3)	1,9 (1,7–2,5)	1,4 (1,2–1,9)	5,5 (5,2–5,8)	4,4 (4,1–4,8)
Birkhuhn ♀	6,1 (5,9–6,3)	5,1 (4,9–5,5)	6,8 (6,5–6,9)	1,6 (1,4–1,8)	1,3	5,1 (4,9–5,3)	4,4
Haselhuhn	4,7 (4,5–5,0)	4,1 (3,8–4,4)	5,3 (4,0–6,0)	1,2 (0,8–1,4)	0,9 (0,7–1,1)	3,9 (3,7–4,2)	3,2 (3,0–3,5)
Alpen-schneehuhn	4,5 (4,1–5,0)	3,7 (3,4–4,0)	3,3 (2,3–3,4)	0,7 (0,6–1,1)	0,9	3,9 (3,6–4,2)	3,1 (2,9–3,4)
Rothuhn	5,0 (4,6–5,3)	4,2 (3,9–4,4)	5,3 (4,8–5,8)	1,2 (1,0–1,2)	0,9	4,2 (3,9–4,2)	3,3 (3,2–3,4)
Steinhuhn	5,2 (4,9–5,3)	4,5 (4,4–4,6)	5,3 (5,1–5,6)	1,2 (1,1–1,3)	0,9 (0,7–0,9)	4,2 (4,1–4,3)	3,7 (3,3–3,8)
Wachtel	2,8 (2,3–3,1)	2,3 (2,1–2,5)	2,8 (2,6–3,1)	0,9 (0,7–1,0)	0,8	2,4 (2,2–2,6)	2,0 (1,9–2,1)
Rebhuhn	4,9 (4,4–5,2)	4,1 (3,7–4,4)	5,3 (4,7–6,0)	1,1 (0,8–1,4)	0,8 (0,7–0,9)	4,2 (3,7–4,5)	3,3 (2,6–3,6)
Jagdfasan ♂	7,0 (6,7–7,4)	5,9 (5,6–6,2)	7,0 (6,8–8,0)	1,3 (1,1–1,5)	1,0 (0,9–1,1)	6,0 (5,9–6,5)	4,9 (4,7–5,4)
Jagdfasan ♀	5,8 (5,7–6,2)	4,9 (4,7–5,2)	6,3 (6,2–6,6)	1,1 (0,9–1,3)	1,0 (0,8–1,1)	4,7 (4,7–5,3)	3,9 (3,8–4,3)

Betrachtet man diese Maße, so sind zwei zusätzliche Aspekte zu bedenken:

- **Geschlechtsdimorphismus.** Bei fast allen Arten sind die Hähne deutlich größer als die Hennen, was insbesondere bei größeren Arten spurentechnisch relevant ist. Den deutlichsten Geschlechtsdimorphismus findet man beim Auerhuhn, bei dem die Hähne bis zu 30 % längere Trittsiegel aufweisen als die Hennen. Bei Fasanen beträgt der Unterschied etwa 20 %, bei Birkhühnern knapp 10 %. Bei den übrigen Arten sind die Größenunterschiede vernachlässigbar. Für das Spurenlesen ist es hilfreich, dass es kaum Größenüberschneidungen zwischen den verschiedenen Arten gibt: Selbst kleine Auerhennen hinterlassen noch längere Trittsiegel als große Birkhähne. José María Galán ist aufgefallen, dass bei Rothühnern in der Coto Doñana (Südwest-Spanien) die Hähne in Relation deutlich längere Mittelzehen haben als die Hennen. Dies zeigt sich bereits bei der Betrachtung im Feld durch einen längeren Überstand dieser Zehe gegenüber der Seitenzehen. Das lässt sich auch bei anderen Hühnern nachweisen, weitere Beobachtungen sind aber nötig.

- **Jungvögel.** Junghühner sind Nestflüchter, was bedeutet, dass sie sich bereits im Gelände bewegen, bevor ihre Füße vollständig ausgewachsen sind. Dies hat einige wichtige Auswirkungen auf das Spurenlesen:
  - TSL (ungewöhnliche Dimensionen). In ihrer ersten Lebenswoche erreichen die Junghühner nur 25 bis 30 % der TSL der Altvögel.
  - Dauer und Zeitraum des Längenwachstums. Relevant sind die Schlüpftermine, die auch innerhalb der einzelnen Arten gestaffelt sein können und meist zwischen Ende April bis Anfang Juni liegen. Bei Gelegeverlust oder bei phänologisch „verwirrten" Vögeln (das sind oft freigesetzte Jagdfasane) können sich diese Zeiträume bis in den Frühherbst erstrecken. Normalerweise gibt es eine Jahresbrut. Die Längenentwicklung dauert zwischen 30 (bei der Wachtel) und 60 bis 90 Tagen (bei den größeren Arten). Zusammenfassend lässt sich daraus ableiten, dass wir nur von Mitte September bis Ende April sicher sein können, keine Jungvögel mit kleineren Füßen anzutreffen.
  - Fokussiert man auf die Geschlechtsbestimmung, sollte man allfällige Altersunterschiede bedenken. Ein Junghahn des Jagdfasans erreicht am Ende seines ersten Lebensjahres erst die Körpermaße einer ausgewachsenen Henne. Der Geschlechtsdimorphismus trifft somit nur bei Altvögeln zu.

Jungvögel von Hühnern: TSL, Entwicklungszeitraum, Verwechslungsmöglichkeiten.

Art	**TSL (cm)**	**Zeitraum (Monate)**	**Verwechslungen**
Auerhuhn	2,5–8,5	Ende April bis Anfang September	Birkhuhn (Haselhuhn)
Birkhuhn	2,0–5,9	Anfang Mai bis Ende August	Haselhuhn
Haselhuhn	1,5–4,0	Ende April bis Anfang August	
Wachtel	1,0–2,3	Mitte Mai bis Anfang Juli	
Rebhuhn	1,5–4,5	Mitte Mai bis Anfang August	Wachtel
Jagdfasan	2,0–5,8	Mitte April bis Ende Oktober	Rebhuhn, Jagdfasan: juveniles ♂ vs. adultes ♀

Der Entwicklungszeitraum in obiger Tabelle berücksichtigt nicht nur die Entwicklungszeit der Küken, sondern auch die gestaffelten Schlüpftermine. Im Zusammenhang mit dieser Thematik ist es hilfreich, auf den Kontext von Spurenfunden zu achten. Jungvögel treten selten alleine auf und sind meist in Gesellschaft der führenden Henne. Oft ist es möglich, hier entsprechende Hinweise zu finden, seien es Fraßspuren oder unterschiedlich große Exkremente.

Morphologische Unterschiede

Obwohl wie beschrieben keine engere taxonomische Verwandtschaft innerhalb der „Glattfußhühner" existiert, sind die Trittsiegel innerhalb dieser Gruppe morphologisch sehr ähnlich. Auch die einzelnen Raufußhühner zeigen jenseits der Größendifferenzen kaum Unterschiede. Spurentechnisch können wir somit vor allem zwischen diesen beiden Kategorien unterscheiden.

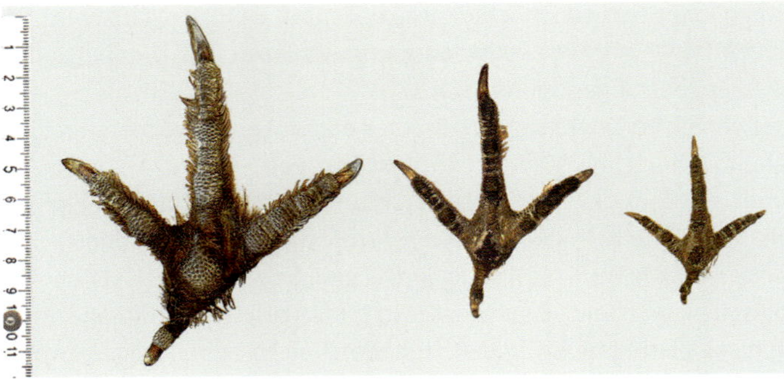

Raufußhühner, linke Füße Unterseite: Auer-, Birk- und Haselhuhn (von links nach rechts).

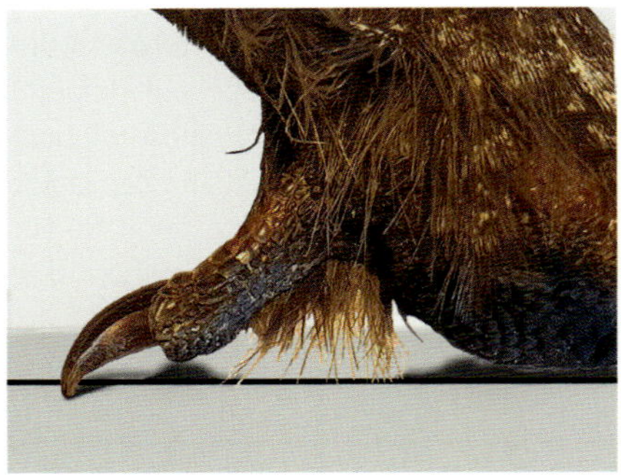

links: Zehe eines Raufußhuhns mit „Balzstiften".

rechts: Fuß eines Raufußhuhns, seitlich: Hallux und Metatarsalballen.

Die Raufußhühner weisen im Vergleich zu den anderen Hühnervögeln folgende abweichende Merkmale auf:

- Die Zehen sind dicker, insbesondere durch Querstrukturen, die als „**Balzstifte**" bezeichnet werden. Diese Strukturen sind umgewandelte Federn, die im Einklang mit dem Mauserzyklus gewechselt werden. Oft erscheinen die **Zehen dreieckig** und keilförmig, im Gegensatz zu den parallelen Rändern, die bei den „Glattfußhühnern" zu finden sind.
- Die Ballen sind insgesamt wuchtiger.
- Der Öffnungswinkel ist meist breiter.
- Der Lauf ist bis zum Boden befiedert. Diese Federn können im weichen Schnee auch abdrücken.
- Die **Zehen** stehen nicht gerade, sondern weisen **Biegungen** auf.
- Die Krallen sind oft gegenüber den Zehenachsen geknickt.
- Der Hallux wirkt im Trittsiegel nicht punktförmig, sondern drückt auf längerer Strecke ab. Dies liegt daran, dass die Hinterzehe relativ länger ist, tiefer am Laufbein ansetzt und dadurch flacher steht. Der Abdruck der Hinterkralle ist häufig vom Endballen abgesetzt.

Vergleich, Raufuß- und „Glattfußhuhn“: rechte Trittsiegel (idealisierte Zeichnung).

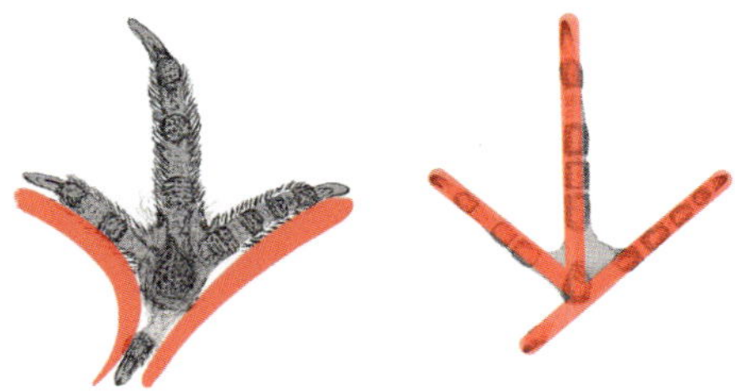

Vergleich, Raufuß- und „Glattfußhuhn“: Schablonen.

Der ganzheitliche Eindruck vermittelt bei Raufußhühnern etwas „verspielt Geschwungenes“ (siehe Schablonen links). Die Kralle der Hinterzehe kann dabei einen leichten Gegenschwung beschreiben. „Glattfußhühner“ hingegen erscheinen geometrisch „streng“.

Aufgrund variierender Schneequalitäten können die **Trittsiegel von Auerhühnern** sehr unterschiedlich aussehen. Die Grundstruktur bleibt zwar gleich, doch feine Details (siehe Abb. b) sind meist nur im seichten Schnee erkennbar. Wenn die schweren Vögel tiefer einsinken, entsteht das für sie typische „Kreuz“ (siehe Abb. a). Auerhühner zeigen zudem einen ausgeprägten Geschlechtsdimorphismus: Das Trittsiegel der Henne (Abb. c) ist etwa 30 % kürzer als das der Hähne (Abb. a und b).

Ein weiteres Beispiel für die Formenvielfalt der Trittsiegel von Raufußhühnern zeigt eine Serie von **Haselhühnern**. Typisch sind die Abb. a und b, bei tiefem Einsinken bestehen die Abdrücke jedoch aus mehr oder minder unförmigen Löchern (wie Abb. c). Besonders bei Haselhühnern zeigen sich gelegentlich Trittsiegel mit extrem gespreizten Seitenzehen. Diese liegen dann auf einer Linie und fast im rechten Winkel zur Fußachse (Abb. d).

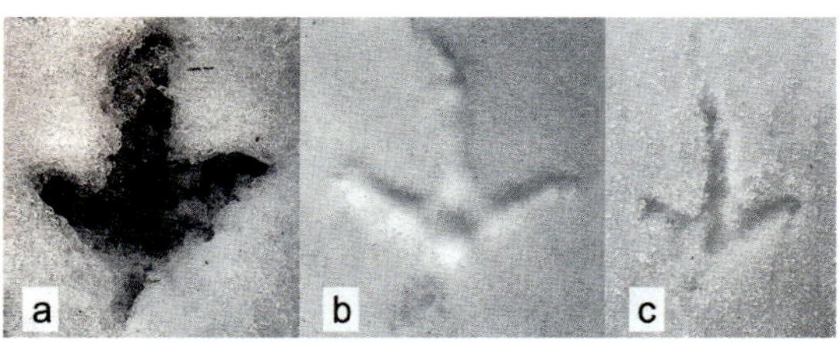

links: Auerhuhn, drei rechte Trittsiegel (Substratunterschiede und Geschlechtsdimorphismus): Auerhahn (a und b), Auerhenne (c).

unten: Haselhuhn: Vier rechte Trittsiegel (Formenvielfalt der Abdrücke).

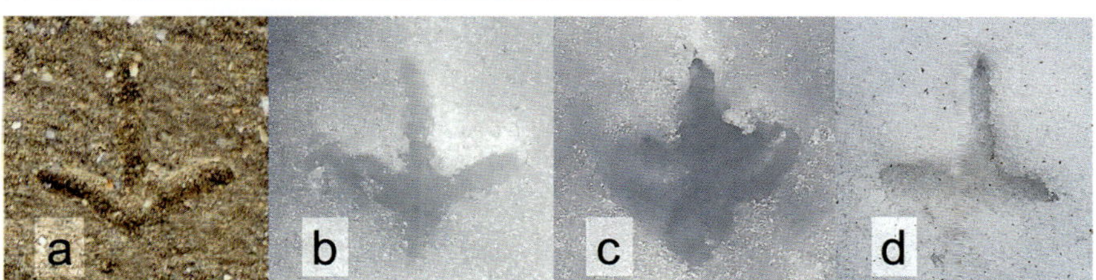

Alpenschneehuhn: linker Fuß von unten, rechtes Trittsiegel.

Alpenschneehühner zeigen besonders ausgeprägte Raufußhuhn-Merkmale: Im Winterkleid sind nicht nur die Läufe, sondern auch die Zehen dicht befiedert. Dadurch erscheinen die Trittsiegel in dieser Zeit meist verschwommen und zeigen kaum Details. Im Sommerkleid hingegen ähneln ihre Trittsiegel denen von Haselhühnern.

Gangarten und Spurbilder

Die bevorzugte Gangart von Hühnern ist das Gehen. Andere Bewegungsmuster werden nur in Ausnahmefällen wie Flucht, bei innerartlichen Konflikten, der Balz oder nach der Landung genutzt. Hühner sind schwere Vögel und mit Ausnahme der Wachtel wenig gewandte Flieger. Besonders Raufußhühner erklimmen Hanglagen meist zu Fuß und fliegen von erhöhten Positionen, auch von Bäumen, talwärts – allenfalls parallel zum Hang – ab. Viele „Glattfußhühner" leben in größeren Gruppen und können Areale mit dichten Spurenteppichen hinterlassen.

Zur schnellen Erfassung der Gangarten im Freiland wird wieder auf die **Zwischenlänge** (ZL) verwiesen. Dieser Parameter wird im Kapitel über die Gänsevögel vorgestellt.

- **Gehen.** Diese Gangart ist die bevorzugte aller Hühnervögel, wobei man zwei Typen unterscheiden kann:
  - » Gehen mit kurzen SL bei Futtersuche und „entspannter" Fortbewegung. Dabei entsteht das typisch **undulierende Spurbild** (siehe S. 93 Abb. a, c), wenn die Vögel die Standbeine einwärts und zur Körpermitte drehen, um – bildlich gesprochen – mit ihrem schweren Körper nicht seitwärts wegzukippen. Die Zwischenlängen sind meist etwas kürzer als eine TSL und können gegen Null gehen.
  - » Gehen mit langen SL. Hier herrscht ein höherer Erregungsgrad, beispielsweise bei der Überwindung deckungsarmer Bereiche oder bei innerartlicher Nahrungskonkurrenz (siehe S. 93 Abb. d). Hier ist die Innendrehung der Fußachse meist geringer und der Spurverlauf gerichtet. Die ZL kann gut das zweifache der TSL erreichen. Anders ist das bei den langbeinigeren Fasanen. Hier bedeutet eine ZL von 2 eine entspannte, langsamere Gangart.
- **Laufen.** Gehen mit langen SL kann fließend in Laufen übergehen. Oft ist es nur mit Zeitlupenstudien zu unterscheiden, ob der Vogel kurzfristig mit beiden Beinen den Bodenkontakt verloren hat. Spurentechnisch können wir das Laufen bei einer Zwischenlänge ansetzten, die mehr als das 2,5-fache der TSL beträgt. Längere Laufstrecken bei Raufußhühnern sieht man zur Zeit der Balz, allenfalls auch bei der Jagd nach Fluginsekten. Auerhühner benötigen einen kurzen Anlauf beim Abflug. Feldhühner laufen oft bei der Landung einige Schritte. Ausdauernd laufen

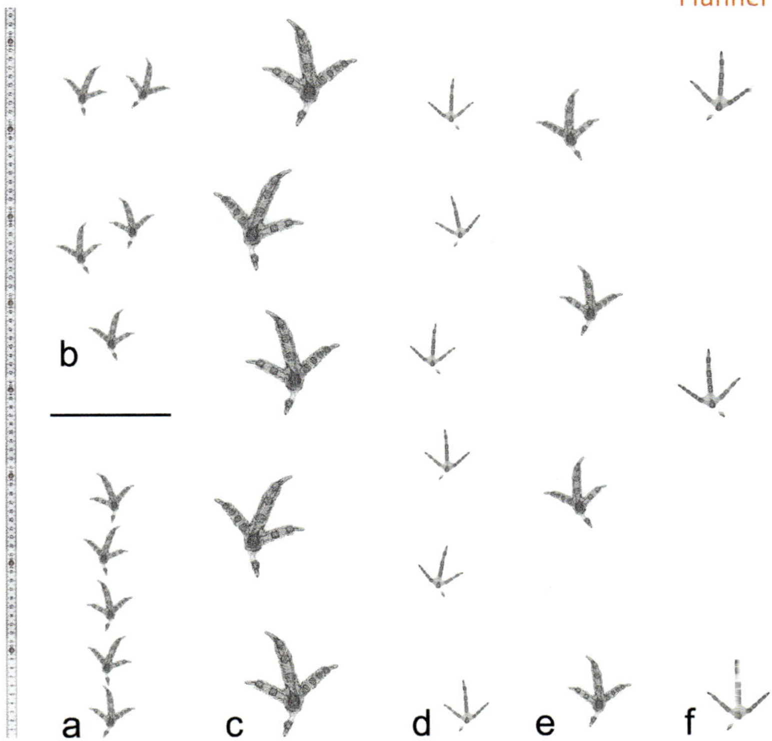

Spurbilder von Hühnervögeln: Gehen mit sehr kurzen SL beim Haselhuhn (a), Hüpfen beim Haselhuhn (b), Gehen mit kurzen SL beim Auerhuhn (c). Gehen mit langen SL beim Rebhuhn (d), Laufen beim Birkhuhn (e), Laufen mit sehr langen SL beim Jagdfasan (f).

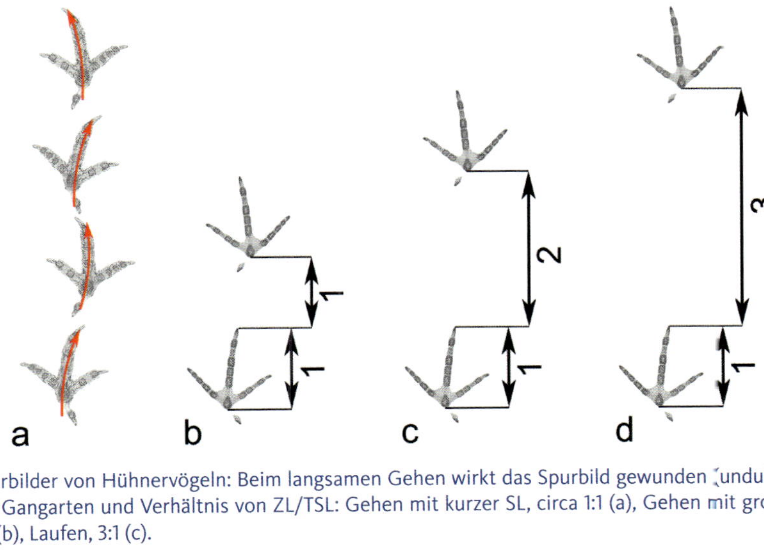

Spurbilder von Hühnervögeln: Beim langsamen Gehen wirkt das Spurbild gewunden (undulierend) (a), Gangarten und Verhältnis von ZL/TSL: Gehen mit kurzer SL, circa 1:1 (a), Gehen mit großer SL, 2:1 (b), Laufen, 3:1 (c).

jedoch Fasane und können dabei beachtliche SL erreichen (siehe S. 93 oben, Abb. f).

- **Hüpfen.** Kleinere Hindernisse können durch Hüpfen überwunden werden, allenfalls wird auch bodennahe Nahrung durch einen Sprung erreicht, wobei oft die Flügel zu Hilfe genommen werden (= Flattersprung). Auch höhere Strukturen wie Baumstümpfe und andere Aussichtswarten werden mittels Hüpfens erreicht (siehe S. 93 oben, Abb. b).

Spurbilder von Hühnervögeln aus dem Freiland: Gehen mit sehr kurzen SL beim Birkhuhn (a), Gehen beim Rebhuhn (b), Gehen mit großen SL beim Jagdfasan (c), Laufen beim Jagdfasan (d).

Dimensionen

Maße von Gangarten bei Hühnervögeln (siehe auch Abkürzungsverzeichnis).

Die Tabelle orientiert sich an eigenen Daten, im Einzelfall können die Maße auch überschritten werden. Beim Jagdfasan sind SL bis 150 cm beschrieben.

Art	Gangart	SB (cm)	SL (cm)	GL (cm)	ZGL (cm)
Auerhuhn	Gehen	10–14	22–48		
	Laufen	11–13	47–70		
	Hüpfen	19–20	29–48	15–22	14–33
Birkhuhn	Gehen	7–11	15–47		
	Laufen	7–9	46–49		
	Hüpfen	17–18	19–33	10–20	8–20
Haselhuhn	Gehen	4–5	11–32		
	Laufen	4–5	31–37		
	Hüpfen	10–14	14–24	6–12	5–18
Alpenschneehuhn	Gehen	4–5	11–25		
	Laufen	4–5	25–36		
Wachtel	Gehen	3–5	7–19		
	Laufen	3–5	18–25		

Fortsetzung: Maße von Gangarten bei Hühnervögeln.

Art	Gangart	SB (cm)	SL (cm)	GL (cm)	ZGL (cm)
Rebhuhn	Gehen	4–7	11–34		
	Laufen	5–6	33–45		
Jagdfasan	Gehen	6–11	18–48		
	Laufen	6–12	46–100		

Weitere Spurbilder

- **Spurenteppiche.** Besonders Rebhühner bilden außerhalb der Brutzeit größere Gemeinschaften. In geeignetem Substrat können wir dann große Ansammlungen überlagernder Spurbilder finden, sogenannte „Spurenteppiche".
- **Flügelmarken.** Bei der Landung oder beim sogenannten Flattersprung zeichnen sich – vor allem im Schnee – Marken der Flügel ab. Charakteristische Abdrücke hinterlassen balzende Auerhähne, wenn die Spitzen ihrer Handschwingen parallele Linien entlang der Fährte ziehen.
- **„Wannen".** Wenn Raufußhühner im lockeren Schnee landen, sinken sie oft stark ein. Dabei bilden sich Wannen, die beim Auerhuhn etwa 30 x 20 cm groß sind und bis zu 30 cm tief sein können (siehe Abb. S. 96 oben).
- **Wechsel, Rutsch- und Schleifspuren.** In günstigen Nahrungsgründen, beispielsweise wenn in Oberhangbereichen viele Samen gereift sind, halten sich Auer- und Birkhühner längere Zeit recht kleinräumig auf. Dort können in der wadenhohen Vegetation regelrechte Wechsel aus niedergedrückten Pflanzen entstehen. Horst Schönbeck beschreibt, dass Alpenschneehühner auf dem Bauch gelegentlich über steile Hänge rutschen und dabei entsprechende Spuren hinterlassen. Ähnliche Wannen hinterlassen andere Raufußhühner in ebenem Gelände, wenn sie durch knietiefen Lockerschnee „pflügen".

Spurbild von Rebhühnern: Die TSL und die SL der einzelnen Vögel sind nicht gleich (siehe Geschlechtsdimorphismus). Die Gruppe von sieben Vögeln hat einen „Spurenteppich" hinterlassen. Rechts unten ist ein Abdruck eines Flügels zu sehen, dessen runde, breite Form charakteristisch für Hühnervögel ist.

links: Landungsspur vom Auerhahn: Der schwere Vogel ist bei der Landung im Schnee eingesunken, wobei auch der rechte Flügel einen Abdruck hinterlassen hat. In der Folge streift noch die Flügelspitze.

rechts: Landungsspur von einem Auerhahn: Hier im Wald war der Schnee weicher, sodass der Bauch des Vogels bei der Landung eine tiefe Wanne geformt hat.

links: Bodenbalz vom Auerhahn: Der Vogel läuft in Richtung des oberen Bildrandes, wobei die Flügel leicht entfaltet und bodenwärts gedreht sind. Die Spitzen der Handschwingen hinterlassen dabei parallel verlaufende Linien.

rechts: Wechsel vom Auerhuhn: In dieser kräuterreichen Flur auf einem sonnigen Oberhang suchte eine Auerhenne mit ihren bereits flüggen Jungvögeln nach Nahrung. Dabei entstanden Wechsel von etwa 20 cm Breite (Maßstab im Vordergrund erkennbar).

Zeichen

Zeichen von Hühnervögeln können manchmal sehr auffällig sein und gewinnen besondere Bedeutung, wenn keine Trittsiegel zu finden sind. Bestimmte Fraßspuren oder Exkremente stellen häufig die einzigen Hinweise auf das Vorkommen dieser scheuen und gut getarnten Tiere dar und erlauben in vielen Fällen eine eindeutige Bestimmung. Zahlreiche wissenschaftliche Erfassungsmethoden sowie naturschutzfachliche Monitoringprogramme basieren auf solchen Hinweisen, insbesondere bei Raufußhühnern. Spurenkundige können hierzu wertvolle Beiträge leisten, insbesondere dann, wenn sie die Lebensraumansprüche dieser Arten (siehe Tabelle „Spurenrelevante Angaben“, S. 87) berücksichtigen und ein Auge für bevorzugte Aufenthaltsorte entwickeln. Zum Beispiel sind die oberen, sonnenexponierten Bereiche von Hängen wichtige Zonen für die Nahrungssuche und Staubbäder vieler Raufußhühner. Haselhühner ziehen sich gerne unter ausladende Äste junger Fichten zurück, während Auerhühner im Winter bevorzugt Föhrennadeln fressen. Besondere Rücksichtnahme ist erforderlich, um die hohe Störungsanfälligkeit dieser gefährdeten Vögel zu minimieren. Dabei müssen auch die Rechte von Jagd und Naturschutz sorgfältig beachtet werden.

Ernährung

Hühner ernähren sich überwiegend pflanzlich mit einem unterschiedlichen Anteil an tierischer Kost. Die nestflüchtenden Jungvögel sind allerdings in ihrer ersten Lebenszeit gänzlich auf Insekten – oft sind es Ameisen(puppen) – angewiesen. Die Nahrungswahl ist auch jahreszeitlich recht verschieden.

- Im Winter sind das bei Raufußhühnern oft Koniferennadeln (Föhrenarten, Fichte ...), Knospen (Birke, Haselnuss, Zwergweiden ...) und im Vorfrühling deren Blüten.
- „Glattfußhühner“ werden im Winter der Bezeichnung „Feldhühner“ gerecht und suchen oft auf abgeernteten Äckern nach Getreidekörnern.
- Im späteren Frühling und von Sommer bis Herbst sind Samen von Kräutern und Beeren (wie Erd-, Heidel- und Preiselbeeren) sowie Früchte der Eberesche die Hauptnahrung.
- In der gesamten Vegetationsperiode werden auch grüne Pflanzenteile wie Blätter, Triebe und Blüten gefressen.
- Die animalische Beikost besteht aus Käfern, Ameisen, Raupen und anderen Gliedertieren. Bei „Glattfußhühnern“ ist der tierische Anteil der Erwachsenenernährung etwas höher. Neben Lebensraumverlusten ist der Mangel an geeigneter tierischer Nahrung für die Küken eine Hauptursache für den Rückgang bestimmter Hühnervögel.
- Hühner trinken regelmäßig, sie fressen im Winter Schnee und wenige Arten begnügen sich auch mit Tau.
- Alle Hühner nehmen Magensteine auf, die in der Jägersprache „Waidkorn“ genannt werden. Diese haben artspezifische Korngrößen und müssen bestimmte Härtekriterien erfüllen. Zusätzlich sollen auch Schneckenhäuser oder Kerne aufgenommen werden, um die Verdauungstätigkeit zu unterstützen.

Nahrungserwerb und Fraßspuren

Nur Auer-, Birk- und Haselhühner fressen im Winter bevorzugt auf Bäumen. Hier lassen sich folgende Fraßspuren finden:

- **Verbiss an Koniferennadeln**, vor allem durch Auer- und Birkhuhn. Da sie ihre Hälse weit vorrecken können, erreichen die Vögel von einem Sitzplatz aus recht weit entfernte Zweige und können fressen, ohne sich von der Stelle zu bewegen.

Fraßspur vom Auerhuhn: Von diesem Fichtenzweig wurden im Winter die Nadeln scharf abgezwackt – wie mit einer Schere.

Fraßspur vom Auerhuhn: Noch im Frühling sieht man, wo die Nadeln flächig abgefressen wurden und dass der Baum nur mehr an wenigen verbliebenen Blattknospen neu austreibt. Nadeln von Rotföhren sind bevorzugte Winternahrung.

Fraßspur von Hasel- oder Birkhuhn: Wenn im Vorfrühling abgebissene Blühkätzchen von Birken (wie im Bild) oder auch von Haselsträuchern gehäuft am Boden liegen, so kann dies auf Fraßaktivitäten dieser Raufußhühner hinweisen.

Dadurch entstehen fensterförmige Verbissformen („Hahnenfenster"). Hat man die Möglichkeit, diese Zweige näher zu betrachten, so sind die Nadeln bis auf kurze Reste gerade abgeschnitten wie mit einer Gartenschere.

- **Verbiss an Knospen und Blütenständen.** Hasel- und Birkhühner fressen im Vorfrühling gerne die eiweißreichen Kätzchen von Birken und Haselnusssträuchern. Zu Boden gefallene Reste unter den Gehölzen zeugen von diesen Aktivitäten.
- **„Schneeräumen".** Raufußhühner versuchen zwecks Nahrungsaufnahme den Neuschnee mit dem Schnabel von den Zweigen zu schütteln. Diese freigelegten Stellen können auffallen, besonders wenn dabei auch Nadeln und Zweigstücke abgerissen wurden und am Boden liegen.

Der **Großteil der sonstigen Nahrungssuche** findet am Boden statt.

- **Abpicken.** Das Fressen an Samen oder Triebspitzen bodennaher Vegetation hinterlässt nur diskrete Zeichen. Besonders aufmerksame Spurensuchende können sich in Raufußhuhnrevieren den Heidelbeeren widmen. Sowohl Triebe als auch später die Beeren sind wichtige Nahrungsquellen und tatsächlich lassen sich hier Fraßspuren entdecken. (Allerdings gibt es auch eine Reihe von Säugetieren – nicht zuletzt auch Menschen – die sich für diese süßen Beeren interessieren.) Die Pflanzenteile und Samen werden zumeist im Ganzen verschluckt, nur vom Jagdfasan wird das Anpicken von Kartoffeln und Ähnlichem beobachtet.
- **Erschließen von Nahrung.** Denkt man an Haushühner, so dient dem klassi-

schen Nahrungserwerb das Scharren mit den Beinen. Von den wilden Verwandten zeigen vor allem Feldhühner dieses Verhalten, Raufußhühner verwenden dazu lieber den Schnabel. Im Winter können Hühnervögel wie Alpenschneehuhn, Rebhuhn und Jagdfasan bis zu 40 cm tiefe Schneeschichten durchwühlen, um an Nahrung zu gelangen.

- **Amboss.** Nach G. v. Blotzheim & Bauer verwenden Rebhühner Steine, um nach Art der Singdrosseln Gehäuseschnecken zu öffnen.

Fraßspur vom Birkhuhn: Triebe (wie am Bild), aber auch Früchte der Heidelbeere sind wichtige Nahrungsressourcen. Hier sieht man, wie die Triebe von einem Birkhuhn „geerntet" wurden.

links: Scharrspuren vom Jagdfasan: Wie Haushühner auch scharren viele Feldhühner mit ihren Beinen in der Bodenstreu, um Nahrhaftes freizulegen. An dieser Feldhecke wurde die gepresste Streuschicht aus vorjährigen Blättern an mehreren Stellen umgewendet.

rechts: Fraßspuren von Rebhühnern im Schnee: Diese dünne Schneeauflage stellt für Rebhühner kein Problem dar. Mit wenigen Scharrbewegungen sind die Wintersaaten freizulegen. Fasane und andere Hühnervögel können noch bedeutend tiefer graben.

Weitere Zeichen

- **„Huderpfannen" (Sand- und Staubbäder).** Viele Hühner baden gerne in lockerem, trockenem Substrat. Im Gebirge sind das meist besonnte, südexponierte Stellen. Während Sandflächen an Weg- und Feldrändern meist gut erkennbar sind, so denkt man bei alten Feuerstellen, zerfallenem Mulm von Baumstümpfen oder abgeflachten Ameisenhügeln primär nicht an „Huderpfannen". Herrscht Mangel an günstigen Stellen, so können auch Liegestätten oder Scharrstellen von Huftieren zu diesem Zweck angenommen werden. Im Zweifelsfall schaffen Exkremente

„Huderfanne" vom Jagdfasan: Dies ist ein Beispiel für zwischenartliche Nachnutzung. Diese Kahlstelle wurde zuerst von einem Rehbock mittels „Platzfegen" angelegt. Der Fasan hat diese für ein Staubbad genutzt und zum Beweis auch ein Exkrement hinterlassen. Derlei „Huderpfannen" messen etwa 40 × 25 cm.

Huderpfanne oder „Einemsen" von Raufußhühnern: Dieser Hügel der Roten Waldameise ist weitgehend eingeebnet und nur mehr von wenigen Ameisen bewohnt. Diese Stelle wird von den Vögeln immer wieder aufgesucht. Ob dies primär eine „Dusche mit Ameisensäure" oder aber ein Badeverhalten ist, lässt sich nicht schlüssig beantworten.

„Huderpfanne" vom Haushuhn: Zuerst wird die Laubschicht weggescharrt und dann der Boden gelockert. Das feine Material wird mit den Flügeln im Gefieder verteilt. Typisch sind die längsovale Begrenzung, das Lockermaterial, allfällige Trittsiegel beim Verlassen der Stelle und Exkremente (rechts im Bild).

Schlafmulde vom Rebhuhn: An diesem Grashorst hat ein Rebhuhn geschlafen. Die umgebenden Trittsiegel beweisen dies und grenzen dieses Zeichen von ähnlich aussehenden „Sassen" von Feldhasen ab. Die Dimension dieser Schlafmulde ist 26 × 15 cm.

oder Federn Gewissheit, dass tatsächlich ein Hühnervogel dieses Zeichen gesetzt hat. Eine Ausnahme stellt hier das Alpenschneehuhn dar. Als Eiszeitrelikt schient es im Sommer unter Hitze zu leiden und badet in feuchtem Sand, um sich abzukühlen.

- **„Einemsen".** Über die Motivation dieses Bades in Ameisensäure gibt es mehrere Meinungen – häufig genannt werden die keimtötende Wirkung und Hautpflege. Besonders bei Raufußhühnern sind diesbezügliche Zeichen spurentechnisch nicht immer klar von Huderpfannen zu trennen.

links: Geschmolzene Schneehöhle von zwei Alpenschneehühnern. Wenn im Frühling der Schnee schmilzt, bleibt von den Schlafhöhlen nur mehr die Mulde des Höhlenbodens. Diese Höhlen werden immer einzeln angelegt, Paare nächtigen allerdings in sehr geringem Abstand (wie in der Abb.). Die Dimension beträgt etwa 30 × 20 cm und der Boden ist – für Raufußhühner typisch – dicht mit Exkrementen bedeckt. Aus den ca. 30 Einzelwalzen kann man eine Verweildauer von sechs bis acht Stunden annehmen.

rechts: Schlafhöhle vom Haselhuhn: Haselhühner ruhen häufig am Stammfuß kleiner Fichten im Schutz der überhängenden Äste. Das Höhlendach ist beim Verlassen eingebrochen (Dimension 30 × 20 cm). Links im Vordergrund kann man das Spurbild erahnen.

- **Schlafmulden.** Vor allem Alpenschneehühner und „Glattfußhühner" (außer Fasane) schlafen am Boden, wo sie in lockerer Erde oder niedriger Vegetation Mulden in Körpergröße und Exkremente hinterlassen können. Diese Schlafstellen werden meist täglich gewechselt.
- **Schneehöhlen.** Raufußhühner graben im Winter Schneehöhlen oder lassen sich einschneien, um die kalten Winternächte zu überleben. Auch Auerhühner, die an sich auf Bäumen schlafen, zeigen dieses Verhalten bei tiefen Temperaturen. Ruht der Vogel noch in der Höhle, könnte man eine leichte Vertiefung an jener Stelle erkennen, an der der Eingangstunnel mit Lockerschnee verschlossen ist, doch derlei subtile Zeichen fallen in einer Schneelandschaft kaum auf. Erst wenn beim Verlassen das Höhlendach einbricht, besonders aber nach der Schneeschmelze im Frühling, werden diese Höhlen auffällig. Zu diesem Zeitpunkt verbleibt eine Mulde im Bereich des seinerzeitigen Höhlenbodens. Diese Mulde ist längsoval und etwa in der Dimension der Körperlänge der jeweiligen Art (bei Auerhühnern bis 100 cm lang, bei Birkhühnern ca. 60 cm, bei Haselhühnern 30 bis 40 cm). Manchmal sieht man auch die Lage des Eingangstunnels, der nochmal dieselbe Länge aufweisen kann. Ein Beweis dafür, dass es sich tatsächlich um eine Schlafstelle eines Huhns gehandelt hat – und nicht etwa um jene eines Hasen –, sind die obligatorischen Ansammlungen von Exkrementen. Aus deren Anzahl lässt sich auch die Aufenthaltsdauer bestimmen. Raufußhühner scheiden nach G. v. Blotzheim & Bauer pro Stunde vier bis fünf Kotwalzen aus. In langen Winternächten gefolgt

Schlafbaum vom Auerhuhn: Die Fichte in der linken Abb. bietet freien Anflug und der Vogel nächtigt auf einem Seitenast. Während der Nacht fallen die Exkremente zu Boden und bilden ein auffälliges Muster im Schnee. Im hinteren Bereich sieht man auch einige abgebrochene Zweige. In der Aufsicht (rechte Abb.) sind die Kotwalzen zu erkennen, die aufgrund ihrer Wärme im Schnee einsinken.

von ungünstigen Tageswitterungen können bis zu 90 Einzelexkremente abgegeben werden. Auch Rebhühner können in Schneehöhlen übernachten.

- **Schlafbäume.** Auer- und Birkhühner sowie Fasane schlafen auf Bäumen (außer die Weibchen zur Brutzeit). Besonders im Winter bei Schneelage sind unter den Schlafbäumen Exkremente und oft auch abgetretene Nadelzweige zu finden. Die Wahl dieser Plätze ist typisch, aber auch regional verschieden. Raufußhühner benötigen einen gewissen Freiraum zum An- und Abflug und übernachten meist im Bereich der unteren Äste, wo sie Deckung finden. Fasane klettern springend von Ast zu Ast und nächtigen eher im Dickicht.

Ausscheidungen

Die Jagdliteratur (zum Beispiel Müller & Müller) unterscheidet, besonders bei Raufußhühnern, zwischen Winter- und Sommerlosung. Dabei sind Exkremente im Winter trockene, kompakte und lang überdauernde „Walzen“. Zu anderen Jahreszeiten sind sie unregelmäßig geformt, weicher und durch das Fressen von Trieben oder Beeren grünlich bis bunt gefärbt. Der Weißanteil (= Harnsäure) ist im Winter gering, sonst deutlich und meist in Form einer Uratkappe oder eines Überzugs sichtbar. An dieser Einteilung können wir uns auch spurentechnisch orientieren.

Für das Spurenlesen ist folgende Klassifizierung sinnvoll (die Kennungen beziehen sich auf die Abbildung der folgenden Seite):

- **Zylinder, „Walzenlosung“ (a bis c).** Diese stammen fast immer von Raufußhühnern, wenn diese im Winter Koniferennadeln oder andere faserreiche Pflanzenteile fressen. Sie sind c-förmige Walzen mit stumpfen Enden, fest gepresst und so beständig, dass sie bis zum Frühsommer überdauern. Die Oberflächen sind rau, nadelig,

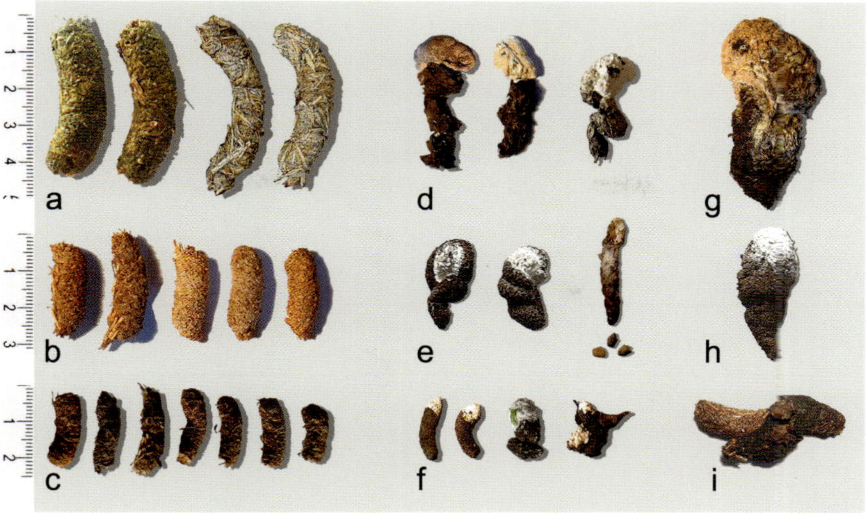

Exkremente von Hühnervögeln: Zylinder a bis c (Auerhuhn zwei Typen a, Birkhuhn b, Alpenschneehuhn c). Gefaltete und gedrehte Keulen d bis f (Steinhuhn d, Jagdfasan e, Rebhuhn f). „Brutlosung" g und h (Birkhuhn g, Jagdfasan h), Blinddarmlosung vom Birkhuhn i.

schuppig oder körnig, Letzteres, wenn Knospen oder Blühkätzchen gefressen wurden. Auch diese Winterlosung hat zumeist einen geringen Uratüberzug, der durch Schnee oder Regen auswäscht (und auf den Abbildungen nicht mehr zu sehen ist). Die Dimensionen sind arttypisch – allerdings mit Überschneidungen.

- **Keulen, gefaltet oder gedreht (d bis f).** Wenn Raufußhühner in der Vegetationsperiode Samen, grüne Pflanzenteile oder Beeren fressen, ändern sich auch Form und Inhalt der Exkremente. Sie werden weicher und unregelmäßig, meist mit einem dickeren Ende. „Glattfußhühner" zeigen meist diesen Typus. Wurden größere Samen oder Käfer gefressen, so ist der Kotanteil knotig und gefaltet. Bei näherer Betrachtung erkennt man Samenreste, grüne Pflanzenteile oder bunte Flügeldecken. Auf jeden Fall findet sich ein auffälliger Weißanteil, meist in Form einer Uratkappe – im Freiland erscheinen sie als weiße Flecken und sind auffällig. Ein weiterer, typischer Inhalt sind Steinchen, die regelmäßig auch ausgeschieden werden (wie in Abb. e). Bei Beerenkost färben sich der Kotanteil, aber auch das Urat rötlich bis dunkelviolett.
- **Verklumpungen** (siehe Abb. S. 101 oben links). Sind die Exkremente weich oder durchfeuchten diese während der Schneeschmelze oder des Regens, dann können diese Einzelstücke zu großen Ansammlungen verklumpen.
- **Ungeformte Kleckse (rechts in f).** Bei höherem Feuchtigkeitsanteil der Nahrung verkleben die Exkremente oder zerfließen zu Klecksen.
- **„Brutlosung" (g und h).** Während Hennen ihre Eier ausbrüten, sitzen sie lange Zeit gut getarnt und wenig beweglich auf ihrem Bodennest. Nur ein- bis zweimal pro Tag verlassen sie dieses und setzen dann auch Exkremente ab. Diese unterscheiden sich deutlich von den sonst bekannten Formen und sind eindeutig größer, knollig und tragen einen gut sichtbaren Uratüberzug am stumpfen Ende.

- **Blinddarmlosung, „Caecal-Losung“ (i).** Wie auch Gänsevögel können Hühner im Blinddarm ihre primär nährstoffarme, faserreiche Kost mit Hilfe von Bakterien zusätzlich aufschließen. Diesbezügliche Exkremente sind breiig und dunkel. Sie werden meist nur einmal am Morgen abgegeben und finden sich als dunkler Überzug auf den Kotwalzen. Nach einiger Zeit reißen die Überzüge auf und erscheinen dann als bröselige, schwarze Stückchen, die an Holzkohle erinnern (wie in Abb. S. 105 links unten).

Maße von Exkrementen der Hühnervögel.

Art	Typus	Länge (cm)	Durchmesser ♂ und ♀ (cm)	Durchmesser ♂ (cm)	Durchmesser ♀ (cm)
Auerhuhn	Zylinder	4,8 (2,8–7,9)	1,1 (0,7–1,4)	1,2 (0,9–1,4)	0,8 (0,7–1,0)
Birkhuhn	Zylinder	2,8 (2,4–4,5)	0,9 (0,7–1,2)	1,0 (0,9–1,2)	0,8 (0,7–0,8)
Haselhuhn	Zylinder	2,3 (1,2–3,3)	0,6 (0,5–0,7)		
Alpen-schneehuhn	Zylinder	2,0 (1,2–3,5)	0,6 (0,5–0,7)		
Steinhuhn	Keule	3,1 (2,9–4,9)	1,0 (0,6–1,3)		
Rebhuhn	Keule	2,0 (1,5–3,2)	0,6 (0,4–0,9)		
Jagdfasan	Keule	2,3 (1,9–4,0)	1,0 (0,6–1,6)		

Im Einzelfall mögen diese Dimensionen auch abweichen und die Maße beziehen sich ausschließlich auf erwachsene Vögel. Nutzt man diese Tabelle für Monitoringprojekte, so sind vor allem Unterscheidungen der einzelnen Raufußhühner relevant und allenfalls eine Geschlechtsbestimmung. Dazu lassen sich folgende Aussagen treffen:

- **Auer- oder Birkhuhn.** An der Baumgrenze können sich die Areale dieser beiden Arten überschneiden, somit sind in solchen Bereichen beide zu erwarten. Die Durchmesser von Vogelexkrementen sind im Allgemeinen verlässlichere Unterscheidungsmerkmale als deren Länge. Bei diesen Arten (siehe Durchmesser ♂ und ♀ in der Tabelle) zeigen die Kotzylinder jedoch ähnliche Dicken, was überrascht, da beim deutlich leichteren Birkhuhn dünnere Exkremente zu erwarten wären. In diesem Fall lässt sich eine Unterscheidung ausnahmsweise dennoch anhand der Länge vornehmen, wobei nur Exkremente mit einer Länge zwischen 3 und 4 cm unklar bleiben. Morphologische Unterschiede bieten zusätzliche Hinweise: Auerhuhn-Exkremente enthalten oft mehr Nadeln, während die des Birkhuhns eher eine geschuppte Oberfläche aufweisen, die durch Triebe und Knospen entsteht.
- **Geschlechtsdimorphismus.** Exkremente auch dem entsprechenden Geschlecht zuzuordnen, gelingt (eingeschränkt) beim Auerhuhn, allenfalls beim Birkhuhn. Da der Trocknungsgrad zu zusätzlichen Schwankungen führt, sollte man bei der Beurteilung vorsichtig sein:
  - **Auerhuhn.** Bei Längen über 4,5 cm und Dicken (Durchmesser) über 1 cm und sind Hähne wahrscheinlich. Bei Längen unter 4 cm und Dicken unter 0,9 cm

handelt es sich zumeist um Hennen. Bei Längen zwischen 4 und 4,5 cm sowie Dicken um 1 cm ist die Geschlechtsbestimmung zweifelhaft.

» **Birkhuhn.** Bei Längen über 2,7 cm und Dicken über 0,9 cm sind Hähne wahrscheinlich. Bei Längen unter 2,5 cm und Dicken unter 0,8 cm sind es meist Hennen. Bei Längen zwischen 2,4 und 2,7 cm ist die Bestimmung zweifelhaft.

- **Kleinere Raufußhühner.** Eine Unterscheidung zwischen Hasel- und Alpenschneehuhn ist nur aufgrund der unterschiedlichen Lebensräume möglich, die Dimensionen sind sehr ähnlich. Bei Dicken zwischen 0,6 und 0,8 cm kann die Abgrenzung zum Birkhuhn erschwert sein.
- **„Glattfußhühner“.** Exkremente vom Jagdfasan sind meist länger und dicker als jene vom Rebhuhn. Die große Bandbreite erschwert allerdings eine sichere Zuordnung.

„Ruheplatz mit Aussicht“ vom Alpenschneehuhn: In der erhöhten Steinmulde (links vorne) hat der Vogel geschlafen und diese Ansammlung von Exkrementen hinterlassen. Aus den knapp 40 Einzelstücken kann man auf eine Aufenthaltsdauer von acht bis zehn Stunden schließen.

Schlafplatz vom Alpenschneehuhn: Schwerer sind diese Stellen in der Flechten-, Moosvegetation zu finden. Dieser Platz wurde erst kürzlich verlassen, die weißen Überzüge des Harnsäureanteils auf den Kotzylindern sind noch teilweise erkennbar.

Blinddarmlosung vom Alpenschneehuhn: Diese Stückchen könnten leicht mit mineralischen Material oder verkohlten Holzresten verwechselt werden. Tatsächlich handelt es sich um gealterte Blinddarmlosung, deren ursprünglich breiig-teigige Oberfläche beim Trocknen reißt und zerfällt.

Brutlosung vom Birkhuhn: Diese unterscheidet sich deutlich von den typischen Einzelwalzen. Einer Obstipation gleich, haben sich die Einzelelemente zusammengeballt. Am stumpfen Ende erkennt man den Harnsäureüberzug.

links: Geschmolzene Schneehöhle vom Birkhuhn: Noch bis in den Sommer hinein kann man diese Stellen antreffen. Im oberen Teil der Abbildung sind die Einzelwalzen verklumpt. Bei ungünstiger Witterung und langen Winternächten können sich an Schlafplätzen bis zu 90 Kotstücke ansammeln. Die Höhlen werden in der Regeln nur einmal genutzt.

rechts: Schlafplatz vom Rebhuhn: Exkremente von „Glattfußhühnern" unterscheiden sich deutlich durch ihre gedrehte Keulenform. Im Feld sind es vor allen die weißen Punkte der Uratkappe, die Spurensuchenden auffallen.

Speiballen werden bei Hühnern kaum beobachtet, allenfalls bei Auerhühnern.

Ruderfüßer

Manche Spuren überdauern Jahrzehnte – man denke an Trittsiegel von Haushühnern in Betonflächen. Nur kurz zu sehen sind hingegen jene Spuren, die Kormorane hinterlassen, wenn sie mit Beinunterstützung vom Gewässer abheben. Trotzdem ist es spannend, sich diesen flüchtigen Verwerfungen auf Wasseroberflächen zu widmen. Ungeachtet der Flüchtigkeit, kann man mit einiger Übung doch erkennen, ob die Beinbewegungen parallel verlaufend waren wie bei Ruderfüßern oder ob Gänsevögel einen Anlauf mit versetzten Beinen genommen haben. Auch diskrete Wellenbewegungen können ein Zeichen dafür sein, dass hinter einem Schilfstreifen Wasservögel auf Entdeckung warten.
Ruderfüßer sind perfekt an ein Leben im Wasser angepasst und zeichnen sich durch ihre exzellenten Schwimm- und Taucheigenschaften aus. An Land kommen sie zum Rasten und Gefiedertrocknen. Kormorane sitzen gerne auf Steinen oder Gehölzen am Ufer, wo sie allerdings kaum Trittsiegel hinterlassen. Pelikane findet man vor allem in Südosteuropa, gelegentlich an der Nordsee und selten an größeren Gewässern im Binnenland. Auch Basstölpel zählen zu dieser Kategorie, und manchmal kann man die Fußanatomie ihrer Ruderfüße an jenen unglücklichen Vögeln studieren, die in Fischernetzen zu Tode gekommen sind.

Fußmorphologie und Trittsiegel

Die Füße zeigen folgende Merkmale:

- Grundtypus: Ruderfuß.
- Dimension: TSL 6 bis 22 cm (für alle hier vorgestellten Arten).

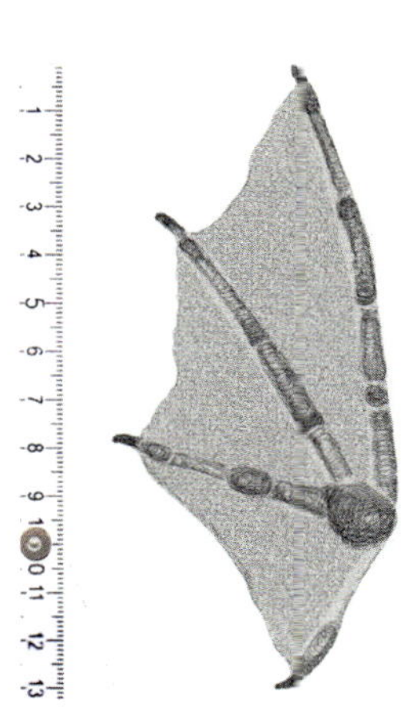

Kormoran:
links: linker Fuß, Unterseite.
rechts: rechtes Trittsiegel (idealisierte Zeichnung).

- Ruderfüße besitzen **drei Schwimmhäute**, die sich außen zwischen den Zehenpaaren 4 und 3 aufspannen, dann zwischen 3 und 2 und, im Unterschied zu Gänsevögeln und Möwen, zusätzlich zwischen 2 und 1.
- Die Gesamtform ist charakteristisch und erinnert an einen **Fledermausflügel**.
- Im Gegensatz zu den meisten anderen Vögeln ist bei Ruderfüßern die **Außenzehe** (Zehe 4) **am längsten** und nicht die Mittelzehe (Zehe 3).
- Der Metatarsalballen ist kräftig, längsoval und zur Mitte gedreht. Seine Spitze zeigt zwischen Zehe 3 und 2.
- Die Krallen sind kurz, recht spitz und schwach gekrümmt.

Folgende Beschreibungen beziehen sich zuerst auf den Kormoran.

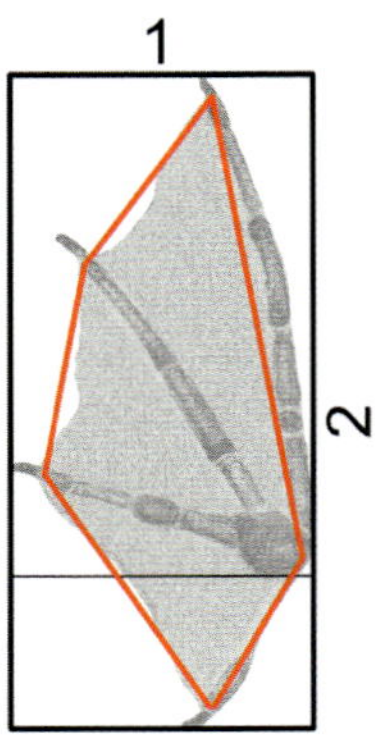

Kormoran: Umrisslinien, Ansatzlinie der Vorderzehen.

Umrisse und Proportionen

Der Umriss entspricht einem breiten **Rechteck** im Seitenverhältnis von etwa 2:1. Dieses Verhältnis ändert sich nur unwesentlich, wenn die Hinterzehe angewinkelt oder nicht sichtbar ist (siehe horizontale Linie). Eine Umrisslinie entlang der Zehenspitzen deutet die Form eines Fledermausflügels an.

Achsen und Winkel

Trittsiegel von Kormoranen zeigen unterschiedliche Winkelstellungen an der Hinterzehe. Diese ist in Bewegung gestreckt, beim Sitzen und Hüpfen zumeist angewinkelt. Die anderen Winkel sind konstant, der kleinste Öffnungswinkel besteht zwischen Mittel- und Außenzehe.

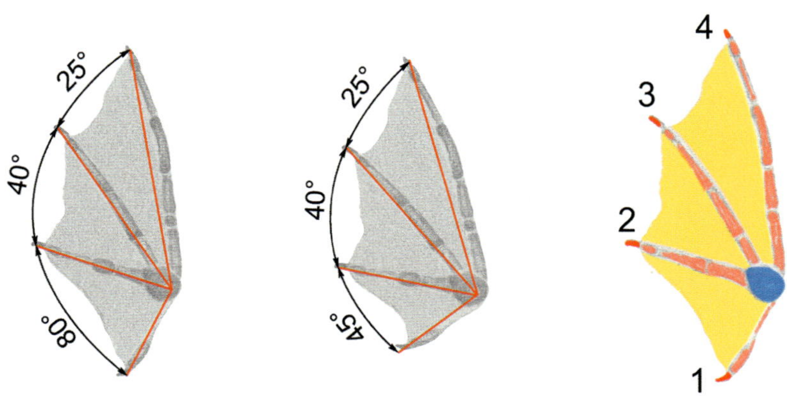

Kormoran:

links: Zehenachsen bei gestreckter Hinterzehe (rot) und Öffnungswinkel mit Gradangaben.

Mitte: Zehenachsen bei abgewinkelter Hinterzehe (rot) und Öffnungswinkel mit Gradangaben.

rechts: Kormoran: Ballenmuster (Zehenballen rosa, Metatarsalballen blau, Spannhäute gelb und Krallen rot).

Ballenmuster, Negativräume und Krallen

Der Fuß drückt zumeist **ganzflächig** auf.

Die **Zehen** sind **dünn** und leicht **gebogen**. Die Außen- und Mittelzehe sind meist auf gesamter Länge abgedrückt, die anderen Zehen oft unvollständig. Das Ballenmuster ist flächig und meist nur angedeutet.

Der **Metatarsalballen** ist rund bis oval und **drückt deutlich ab**.

Alle **drei Schwimmhäute** sind in weicheren Spurgründen **gut erkennbar**.

Die **Krallen** drücken unmittelbar an der Grenze der Schwimmhäute ab, am deutlichsten oft die Hinterkralle.

Realitätsprüfung

Kormoran: Zwei rechte Trittsiegel aus dem Freiland (Sandbank links, Wattküste rechts).

Die bisherigen Abbildungen folgten dem Vorbild von Elbroch & Marks, nämlich mit einer Achse zwischen den Spitzen der Zehen 1 und 4. Das ist messtechnisch sinnvoll (siehe im Kapitel Einleitung „Messen von Trittsiegeln“), entspricht aber meist nicht der natürlichen Fußstellung. Diese zeigt sich an Trittsiegeln aus dem Freiland und ist stärker nach außen rotiert. Trotzdem, und sogar wenn die Schwimmhäute nicht mehr sichtbar sind, weil die Trittsiegel teilweise überspült wurden (wie im rechten Bild), verbleiben ausreichend Merkmale zur sicheren Identifizierung.

- Die Gesamtform eines „**Fledermausflügels**“ ist nachvollziehbar.
- Die **Außenzehe** (Zehe 4) ist **am längsten** und somit länger als die Mittelzehe. Meist zeigt sie eine leichte Innenbiegung.
- Die Zehen sind dünn und deren Konturen parallel.
- Der **Metatarsalballen** ist **wuchtig** und deutlich abgedrückt.
- Die **Hinterzehe** ist unterschiedlich stark abgewinkelt und im Vergleich mit Gänsevögeln **relativ lang.**
- Die **Schwimmhäute** sind bei idealen Abdrücken (linkes Bild) **gut erkennbar**.
- **Krallen** können als **kleine Punkte** am Vorderrand der Schwimmhautkante sichtbar sein.

Verwechslungsmöglichkeiten

Nur unvollständige Abdrücke können dazu führen, dass Trittsiegel von Ruderfüßern mit denen anderer Arten verwechselt werden, die ebenfalls Schwimmhäute besitzen. Das sind **Gänsevögel** und **Möwen**. Doch ist die Hinterzehe von Ruderfüßern in jedem Fall länger und auch auf längerer Strecke abgedrückt. Wenn diese fehlt, so fällt auf, dass die Außenzehe am längsten ist. Auch sind die Öffnungswinkel bei Gänsevögeln und Möwen fast immer größer.

Artengarnitur

Drei unterschiedliche Vogelfamilien haben Ruderfüße ausgebildet. Das sind Kormorane, Pelikane und Tölpel. Realistische Chancen, Trittsiegel aufzufinden, bestehen beim Kormoran und in Südost-Europa bei den beiden Pelikanarten.

Arten und spurenrelevante Fakten zu Ruderfüßern.

Art	Vorkommen	Fundorte von Spuren
Kormoran	An Meeresküsten und Gewässern im Binnenland	Sand- und Wattflächen am Meer und im Binnenland, auffällige Schlafbäume und Brutkolonien
Krähenscharbe	Meeresvogel	Sitzt an Felsenküsten
Zwergscharbe	Vegetationsreiche Binnengewässer und Flussmündungen in Südost-Europa, Ausbreitungstendenz nach Nordwesten	Sitzt gerne auf Vertikalstrukturen (Schilf)
Rosapelikan, Krauskopfpelikan	Südost-Europa, auch an Binnengewässern, Vorstöße bis zur Nordseeküste, manchmal im Binnenland	Sandbänke an Gewässerkanten, Wasservogel-Rastplätze
Basstölpel	Meeresvogel, brütet an Steilküsten, im Winter auch an der Atlantikküste und im Mittelmeer	Angespülte Totfunde an Meeresküsten

Maße, Variationsbreite und Unterscheidungen

Die Standardmessmethode für die Trittsiegel von Ruderfüßern (siehe Kapitel Einleitung „Messen von Trittsiegeln) ist für den Gebrauch im Freiland suboptimal. Während im Sitzen die Hinterzehe meist stärker abgewinkelt wird, streckt sich diese in Bewegung. Das führt zu Messabweichungen von bis zu 20 % innerhalb des gleichen Individuums. Eine Unterscheidung ähnlich großer Arten anhand der TSL wird dadurch schwer bis unmöglich. Konstanter sind Messungen ohne die Hinterzehe wie bei Gänsevögeln und Möwen. Dieser Parameter (TSL^{oZ1}) wird in der folgenden Tabelle zusätzlich angegeben.

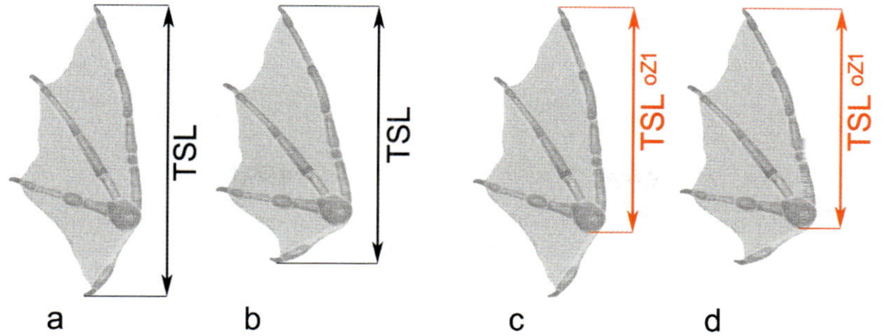

Messstrecken und Abweichungen bei Ruderfüßern: „Klassische“ Messung bei gestrecktem Hallux (a) und bei gewinkeltem Hallux (b). Dabei können erhebliche Messabweichungen sogar innerhalb desselben Individuums auftreten, die jedoch vermeidbar sind, wenn die TSL ohne Zehe 1 (TSL^{oZ1}) gemessen wird. Bei dieser Methode ergeben sich annähernd gleiche Maße, unabhängig davon, ob der Hallux gestreckt (c) oder gewinkelt (d) ist.

Trittsiegelmaße von Ruderfüßern (siehe auch Abkürzungsverzeichnis).

Art	TSL (cm)	TSL^{oZ1} (cm)	TSB (cm)	Z4 (cm)
Kormoran	12,6 (10,8–14,5)	11,2 (10,4–12,0)	7,0 (5,9–8,4)	10,3 (9,5–10,9)
Krähenscharbe	11,6 (9,9–13,3)	10,3 (9,6–11,0)	6,4 (5,4–7,7)	9,5 (8,7–10,0)
Zwergscharbe	6,6 (6,0–6,4)	6,0 (5,6–6,3)	3,5 (3,0–4,1)	5,2 (5,0–5,3)
Pelikane	19,1 (15,5–22,6)	14,2 (11,6–16,5)	11,7(9,0–14,4)	12,3 (10,3–14,4)
Basstölpel	12,5 (11,9–12,9)	11,0 (10,7–11,3)	71, (5,5–8,2)	9,9 (9,3–10,3)

Pelikane sind deutlich größer als die anderen Ruderfüßer. Der Krauskopfpelikan ist etwas größer als der Rosapelikan. Kormoran und Basstölpel haben zwar fast identische TSL, zeigen jedoch unterschiedliche Zehenproportionen.

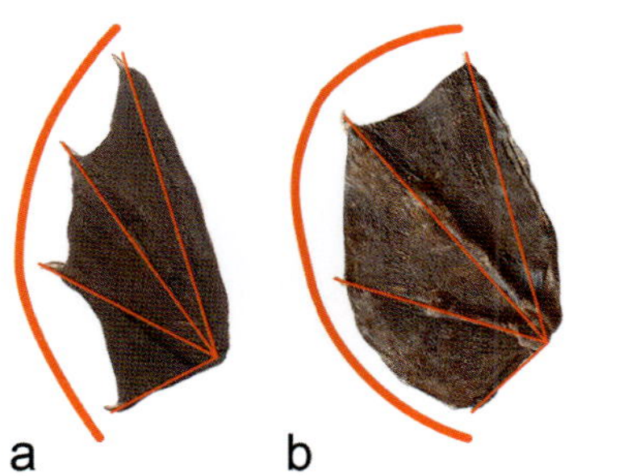

Morphologische Unterschiede zwischen Kormoranen (a) und Tölpeln (auch Pelikanen) (b).

Morphologische Unterschiede

Ein Blick auf die unterschiedliche Morphologie ist einprägsamer als die zahlenmäßigen Unterschiede. Bei Tölpeln ist die Außenzehe (Zehe 4) nur geringfügig länger als die Mittelzehe (Zehe 3) und die Mittelzehe in Relation länger, wodurch das Trittsiegel eine rundere Form erhält. Ähnliches gilt auch für die Pelikane.

Unterschiede zwischen Kormoranen und Tölpeln (Prozentangaben der Zehenlängen bezogen auf die TSL).

Art	TSL (cm)	Z2 (cm)	Z3 (cm)	Z4 (cm)
Kormoran	12,6 (10,8–14,9)	5,3 (5,0–6,4)	7,5 (7,2–8,5)	10,3 (9,3–10,9)
		42 %	60 %	82 %
Basstölpel	12,5 (11,9–12,9)	6,7 (6,4–6,9)	9,3 (9,1–9,6)	9,9 (9,3–10,3)
		54 %	74 %	79 %

Gangarten und Spurbilder

Kormorane kommen ans Ufer, um in der typischen „Bet-Stellung“ (mit ausgebreiteten Flügeln) ihr Gefieder zu trockenen. Ruderfüßer gehen oder hüpfen, beides meist nur auf kurzen Strecken.

- **Hüpfen (Abb. a & b),** beispielweise bei kleinräumigen Platzwechseln in der Gezeitenzone:
  - » Hüpfen mit kurzen SL (**Abb. b** im oberen Bereich).
  - » Hüpfen mit sehr geringen SL. Bei kurzen Platzkorrekturen, beispielsweise bei Wellenschlag. Bei dieser Gangart können die Spurgruppen teilweise überlappen (**Abb. a).**
  - » Seitliches Hüpfen (**Abb. b** unten) und einbeiniges Hüpfen (**Abb. k auf S. 40**), zum Beispiel Ausweichbewegungen bei auflaufender Flut.

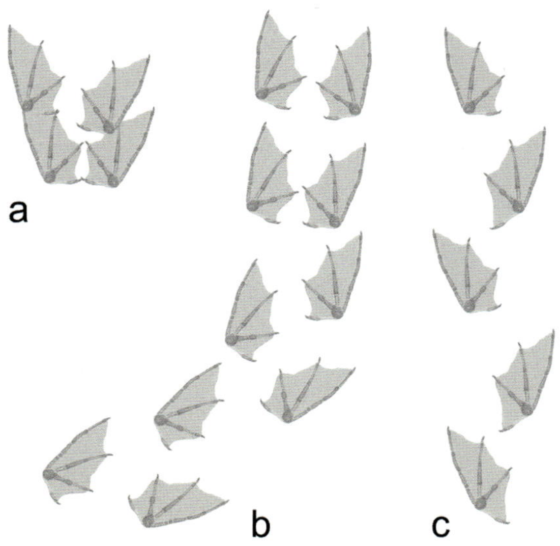

Spurbilder von Ruderfüßern: Hüpfen mit sehr kurzen SL (a), Hüpfen, auch seitwärts (b), Gehen (c).

- **Hüpfen beim Abflug.** Diese Bewegungen hinterlassen flüchtige Spuren in Form von oberflächlichen Wasserverwirbelungen.
- **Gehen (Abb. c).** Längere Landaufenthalte werden im Gehen unternommen. Die SL sind dabei kurz und die SB meist geringer als bei Gänsevögeln. Auch fehlt eine Innenrotation der Fußachse.

Zusätzlich zu den Spurbildern lässt sich in den Abbildungen auch die Variabilität der Hinterzehe erkennen. Während sie beim Gehen gestreckt wird, winkelt der Vogel sie beim Sitzen oder bei kurzen Hüpfern an.

Spurbilder vom Kormoran:
links: Hüpfen mit sehr kurzer SL am Wattenmeer.
rechts: Gehen auf einer Sandbank im Binnenland.

Dimensionen

Maße von Gangarten bei Ruderfüßern (siehe auch Abkürzungsverzeichnis).

Art	Gangart	SB (cm)	SL (cm)	GL (cm)	ZGL (cm)
Kormoran	Hüpfen (an Land)	12–19	8–30	10–14	-5–14
	Hüpfen (beim Start)	16–18	75–100	21–31	50–72
	Gehen	12–16	14–45		
Pelikane	Gehen	18–24	24–80		

Die Tabelle orientiert sich an eigenen Daten. In manchen Fällen sind auch größere SL zu erwarten.

Vergesellschaftung

Viele Ruderfüßer neigen dazu, sich mit anderen Arten zu vergesellschaften, und es lohnt ein genauer Blick. An geeigneten Rastplätzen kann man dann Spurenansammlungen von Kormoranen, (seltener) Pelikanen, verschiedenen Gänsevögeln und Reiherarten finden.

Zeichen

Ruderfüßer verbringen nur zum Ausruhen und Brüten Zeit an Land, wobei sie meist auf Bäumen oder Felsen sitzen. Daher hinterlassen sie nur selten Trittsiegel, wodurch andere Spuren wie etwa Ausscheidungen für den Nachweis ihrer Anwesenheit besonders wichtig sind.

Ernährung

Die Ernährung dieser Vögel besteht überwiegend, bei den größeren Arten nahezu ausschließlich, aus Fischen. Beeindruckende Stoßtaucher aus großer Höhe sind dabei Basstölpel, während dies bei Pelikanen eher auf tropische Arten zutrifft. Kormorane tauchen direkt von der Wasseroberfläche ab, während die in Europa heimischen Pelikane meist während des Schwimmens fischen. Da die Beute im Ganzen verschluckt wird, sind Fraßspuren selten zu finden.

Auswürgen von Nahrung

Sowohl Kormorane als auch Basstölpel würgen bei Störungen (besonders am Nistplatz) Nahrung wieder aus. Ansammlungen von mehr oder minder angedauten Fischresten könnten an entsprechenden Stellen zu finden sein. Diese Zeichen sind allerdings nicht spezifisch, da ähnliches Verhalten auch von Reihern und Ibissen bekannt ist.

Schlafbäume

Auch außerhalb der Brutzeit übernachten Kormorane gemeinschaftlich auf Bäumen. Diese Schlafplätze werden oft über Jahre genutzt und sind auffällig. Durch den konstanten „Kot-Regen" sind sie weiß überzogen und wirken, als wären sie mit Raureif bedeckt. Viele Bäume ertragen den stetigen Harnsäureeintrag nicht und sterben ab.

Ausscheidungen

Die nahezu ausschließliche Kost mit Fischen bedingt, dass **Exkremente** überwiegend aus

Winterschlafplatz von Kormoranen und Zwergscharben (im unteren Bereich). Die Bäume erscheinen durch den Überzug aus weißen Exkrementen wie bereift.

Sitzplatz von Kormoranen mit Kotstreifen. Links oben in der Rinne am Baumstamm liegt ein Speiballen.

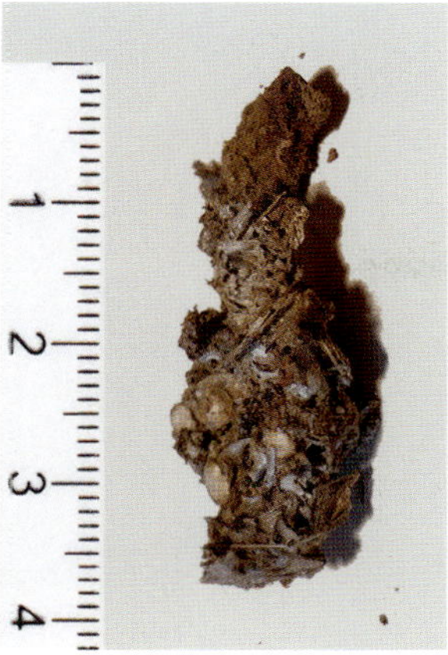

flüssiger Harnsäure bestehen. Dabei produzieren **Kormorane weiße Streifen**, **Pelikane** hingegen **Kleckse**. Letztere ähneln jenen von Reihern und Gänsesägern. Daneben scheiden Kormorane knöcherne Anteile als **Speiballen** aus. Diese messen durchschnittlich 3,8 × 2,4 cm. Nach G. v. Blotzheim & Bauer sind diese Ballen im frischen Zustand mit einer „Hülle aus erstarrtem Drüsensekret“ umgeben. Krähenscharben sollen keine Speiballen bilden.

Speiballen vom Kormoran. Er zerfällt leicht und besteht aus Fischgräten und anderen Knochenteilen.

Rallen

Rallen sind ein Paradebeispiel für die vielfach unterschätzte feldornithologische Bedeutung des Spurenlesens. Wenn man beobachtet hat, wie unauffällig sich selbst die großen Teichhühner verhalten können, dann ist klar, dass kleinere Rallenarten häufig übersehen werden. Außerhalb der Brutzeit werden auch stimmliche Nachweise selten und die Suche nach Spuren ist erfolgversprechender als die Hoffnung auf Direktbeobachtungen. „Spurenfallen" wie trockengefallene Röhrichtgassen oder schlammige Gewässerränder verraten recht zuverlässig die Anwesenheit der versteckt lebenden Vögel. Viele interessante Erkenntnisse über Brutvorkommen, Durchzügler und Überwinterungsplätze warten hier auf Entdeckung.

Fußmorphologie und Trittsiegel

Wasserralle: Fuß seitlich.

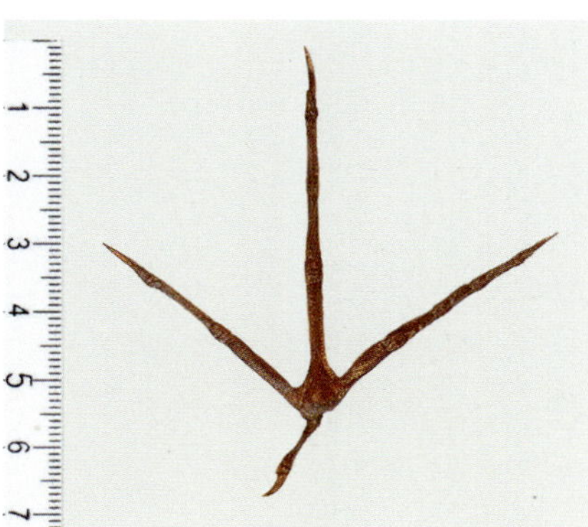

Wasserralle: linker Fuß, Unterseite.

Rallen haben lange, dünne und stark gespreizte Zehen mit spitzen Krallen. Die Hinterzehe ist zwar verkürzt, im Rahmen des Grundtypus allerdings relativ lang und nicht allzu hoch am Lauf ansetzend.

- Grundtypus: Vogelfuß mit reduziertem Hallux.
- Dimension: TSL 5,3 (4,8 bis 5,8) cm für die Wasserralle.
- Dimensionen für alle hier behandelten Rallen: TSL ab 3 cm bei den kleinen Arten bis über 10 cm bei Blässhühnern.

Umrisse und Proportionen

Der Umriss entspricht etwa einem Quadrat (1:1), ohne Hinterzehe ist er sogar breiter als lang. Das Deltoid (rote Linie) entlang der Zehenspitzen ist nahezu symmetrisch.

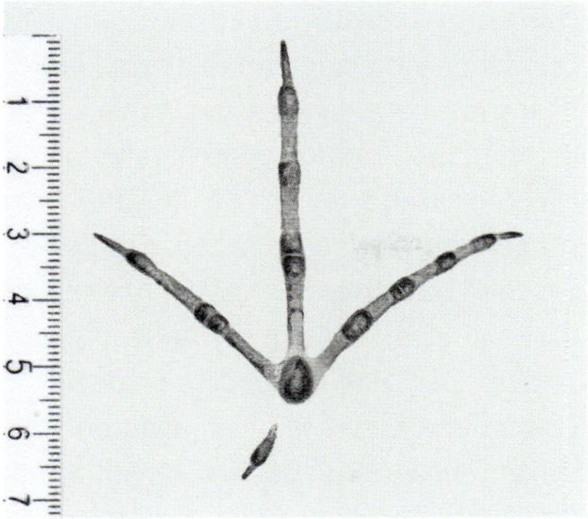

Wasserralle: rechtes Trittsiegel (idealisierte Zeichnung).

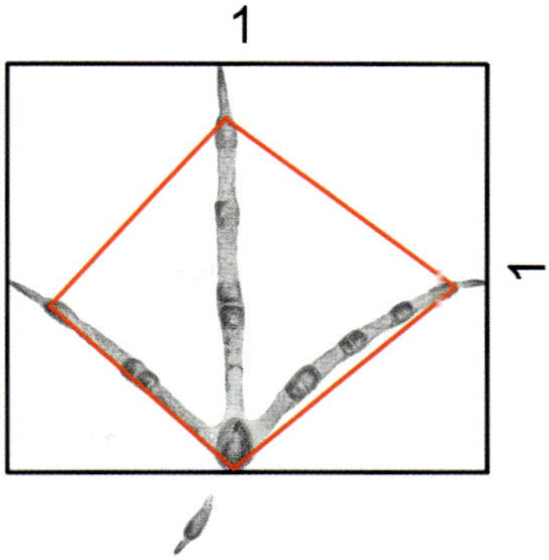

Wasserralle: Umrisslinien.

Wasserralle: Schablone.

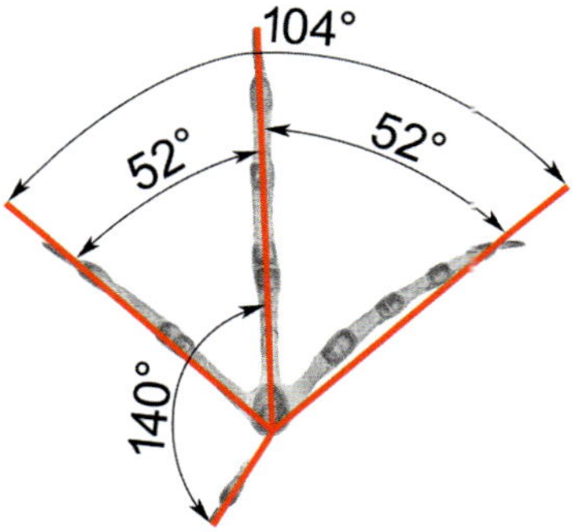

Wasserralle: Öffnungswinkel. Zehenachsen (rot), Gradangaben der Winkel.

Schablone

Die Schablone kann man als markanten Pfeil (gegen die Laufrichtung) beschreiben. Die Außenzehe neigt manchmal zu einer leichten Biegung.

Achsen und Winkel

Die Vorderzehen sind weit gespreizt und zeigen meist einen **Öffnungswinkel von über 100°** (maximal bis etwa 120°). Nur in Ausnahmefällen wie beim Laufen können die Zehen enger stehen (bis 85°). Die Teilwinkel sind nahezu **symmetrisch**.
Die Abwinkelung des **Hallux** (Hinterzehe) ist variabel. Durchschnittlich beträgt der Winkel nach innen 140°. Allerdings kann der Hallux von Rallen auch fast gerade (180°) stehen oder bis 100° angewinkelt sein.

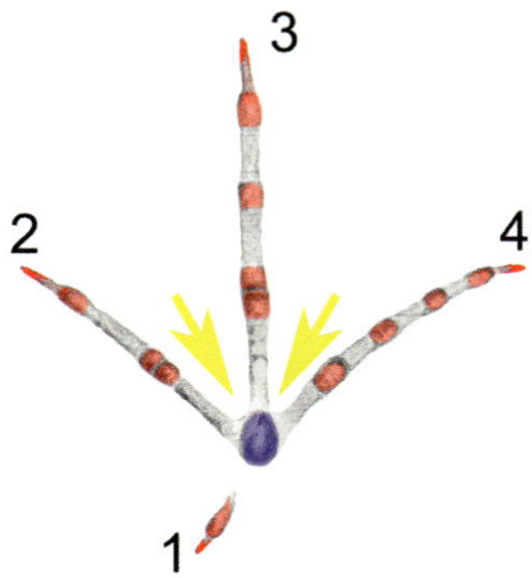

Wasserralle: Ballenmuster und Krallen. Zehenballen (rosa), Krallen (rot), Metatarsalballen (blau), fehlende Spannhäute (gelbe Pfeile).

Ballenmuster und Krallen

Die Zehen sind lang und dünn und enden häufig in einer ausgezogenen Spitze (siehe Krallen). Die Konturen sind parallelrandig. Die Mittelzehe (3) ist am längsten, der Längenunterschied zwischen den Seitenzehen (4 und 2) ist gering. Die Außenzehe (4) kann eine Tendenz zur Außenbiegung zeigen. Der Hallux (1) drückt stetig ab und unterscheidet sich von anderen Trittsiegeln dieses Grundtypus „Vogelfuß mit reduziertem Hallux". Er ist nämlich relativ lang und drückt auch auf langer Strecke ab (selten erreicht er sogar den Metatarsalballen).

Oftmals erscheinen die Zehenabdrücke als dünne, durchgehende **Linien**. Nur auf bestimmten Untergründen zeigen sich auch **Ballenmuster**. In solchen Fällen erkennt man an der Außenzehe (4) eine Kette aus vier „Perlen", an der Mittelzehe (3) drei „Perlen" und an der Innenzehe (2) zwei. Der Hallux hinterlässt dann ebenfalls einen ausgeprägten Ballen im Bereich des Endgliedes.

Die **Krallen** sind lang, spitz und nur leicht gekrümmt, wodurch die Zehenspitzen nadelförmig wirken. Auf sehr feuchtem Untergrund können diese feinen Abdrücke jedoch verschwimmen, wodurch die Zehen kürzer erscheinen und ihre tatsächliche Länge nicht erkennbar ist. Dies kann zu Messfehlern von über 10 % führen, die dann dazu beitragen, eine Wasserralle fälschlicherweise als Tüpfelsumpfhuhn zu identifizieren. Eine **genauere Betrachtung der Zehenspitzen** bietet hier Abhilfe: **Enden diese in einer ausgezogenen Spitze, entspricht das Trittsiegel der tatsächlichen Länge. Zeigt sich hingegen ein stumpfes Ende, drückt die Kralle nicht ab.**

Der längsovale **Metatarsalballen** ist **zart**, aber fast immer zu sehen.

Einige Rallen zeigen seitliche Verbreiterungen an den Zehen, Blässhühner sogar zusätzliche halbrunde **„Schwimmlappen"**. **Spannhäute** zwischen den Zehenansätzen **fehlen** jedoch (siehe gelbe Pfeile), was sich oft als tiefe Ausrundung im Bereich der Zehenzwischenräume zeigt. Dieses Merkmal ist hilfreich zur Unterscheidung von Hühnervögeln sowie vielen Watvögeln. Für Spurenleser ist es leider wenig hilfreich, dass ausgerechnet Waldschnepfe und Bekassine, die in ähnlichen Lebensräumen vorkommen, ebenfalls keine Spannhäute aufweisen.

Realitätsprüfung

Auf dem linken Bild auf der nächsten Seite ist ein detailreiches Trittsiegel in einem idealen Substrat zu sehen, während sich auf dem rechten Bild ein weicher, wässriger Untergrund findet. Typische Merkmale sind aber auf beiden Abbildungen erkennbar:

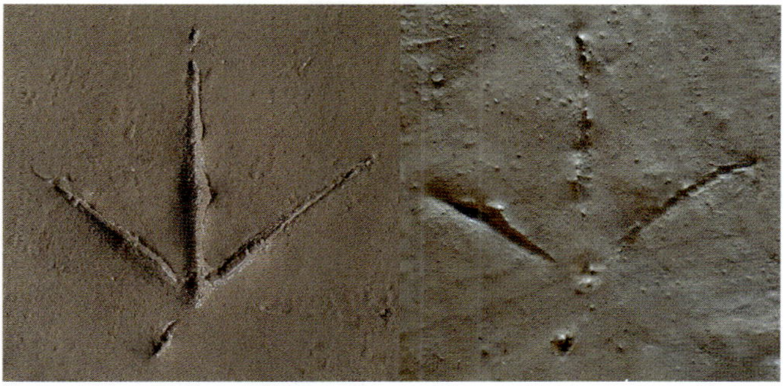

Wasserralle: Zwei rechte Trittsiegel aus dem Freiland in unterschiedlichen Substraten.

- Beide **Trittsiegel** sind etwa **quadratisch** mit weiten Öffnungswinkeln (100 bis 110°). Umrissformen und Teilwinkel sind symmetrisch.
- Die **Zehen sind lang, dünn und weitgehend parallelrandig**. Sie enden in **feinen Spitzen**. Die meisten Zehen stehen gerade. Nur im rechten Bild ist die Außenzehe gebogen.
- Der Hallux ist relativ lang und nach innen gewinkelt. Links drückt auch der Endballen auf längerer Strecke ab. Rechts sieht man nur die Kralle.
- Die **Krallen** sind **lang und spitz** und zumeist in die Zehenspitze integriert, nur die Mittelkralle im linken Bild ist abgesetzt. Der Krallenabdruck der Innenzehe im rechten Bild ist im feuchten Substrat „abgesunken". Hier ist eine Messung problematisch.
- Ballenmuster sind punktuell zu erahnen – an der Mittelzehe links und an der Außenzehe rechts.
- Der **Metatarsalballen** drückt beidseits als **kleine, längsovale Fläche** ab.
- Die klaren Ausrandungen an den Zehenbasen sind am linken Bild gut zu erkennen, da **Spannhäute fehlen**.

Verwechslungsmöglichkeiten

Lange, dünne Zehen ohne Spannhäute und darüber hinaus gleiche Lebensräume – da drohen Verwechslungen mit:

- **Bekassine** und **Waldschnepfe.** Schnepfen haben kürzere Hinterzehen und auch kürzere Krallen, trotzdem bleibt die Unterscheidung zu gleich großen Rallen eine Herausforderung für Spurenlesende, da viele Merkmale sehr ähnlich sind.

Bei undeutlichen Trittsiegeln:

- **Hühnervögel** haben dickere Zehen und deutliche Ballenmuster.
- **Andere Watvögel** vergleichbarerer Größe haben zumeist dolchförmige Zehen und laterale Spannhäute.
- Allenfalls **Gänsevögel**, wenn Schwimmhäute nicht abdrücken (gleicher Lebensraum!).

Artengarnitur

Als spurenrelevant werden hier sechs Rallenarten vorgestellt, die in Feuchtgebieten und an Gewässerrändern zu finden sind. Lediglich der Wachtelkönig ist ein Wiesenvogel.

Rallen: Arten und spurenrelevante Fakten.

Art	Wann?	Wo?
Wasserralle	ganzjährig	Auch an kleineren, seicht überfluteten Feuchtgebieten wie Abzugsgräben und Schilfbeständen; Brutvogel, Durchzügler und Überwinterer
Tüpfelsumpfhuhn	März bis Oktober	Brütet auf Überschwemmungsflächen, während des Durchzuges auch in anderen Feuchtbiotopen
Kleines Sumpfhuhn	März bis Oktober	Schilfbestände und Schwimmblattvegetation
Teichhuhn	ganzjährig	Feuchtgebiete mit strukturreicher Uferzone; teilweise auch synanthrop
Blässhuhn	ganzjährig	Feuchtgebiete mit strukturreicher Uferzone. Im Winter zum Teil in großen Ansammlungen auf offenen Wasserflächen.
Wachtelkönig	Mai bis September	Extensive, feuchte und lückige Wiesenflächen

Maße, Variationsbreite und Unterscheidungen

Hinweise zu den Maßen

Jungvögel der Rallen sind Nestflüchter. Obwohl deren Füße innerhalb von circa sechs Wochen die Größe der Adulten erreichen, sollten wir das in der Brutzeit berücksichtigen (abgesehen von der Selbstverständlichkeit, sich naturschutzkonform zu verhalten). Eine interessante Maßtabelle stellt Peter Becker in der Zeitschrift Limikola vor, die auf Unterscheidungsmöglichkeiten anhand von Größenunterschieden hinweist. Dimensionsangaben aus solchen Publikationen sind allerdings schwer zu vergleichen, da manchmal die (relativ lange) Hinterzehe mitgemessen wird oder für die Länge der Mittelzehe andere Referenzpunkte gelten.

Maßtabellen

Rallen besitzen im Verhältnis zu ihrer Körpergröße und ihrem Gewicht relativ große Füße. Dies verhindert ein Einsinken in weichen Schlamm und erleichtert das Klettern im Röhricht. Bei einigen Arten wie dem Tüpfelsumpfhuhn, Kleinen Sumpfhuhn und Teichhuhn sind die Hinterzehen (Z1) besonders lang, was vermutlich die Greiffunktion unterstützt. Wenn die feinen Krallen auf weichem Untergrund nicht abgebildet werden (**stumpfe Zehenspitzen!**), ist es sinnvoller, Messwerte ohne Krallen (vor allem $Z3^{oK}$) heranzuziehen, um Fehlinterpretationen zu vermeiden. Der Wachtelkönig nimmt unter den Rallen eine

Sonderstellung ein. Er verfügt über vergleichsweise kleine Füße mit einem kurzen Hallux, was als ökomorphologischer Hinweis auf seine abweichende Lebensraumpräferenz als Wiesenvogel gedeutet werden kann.

Trittsiegelmaße der Rallen.

Art	TSL (cm)	TSB (cm)	Z1 (cm)	Z1^{oK} (cm)	Z3 (cm)	Z3^{oK} (cm)
Wasserralle	5,3 (4,8–5,8)	6,2 (5,1–7,6)	1,3 (0,9–1,6)	1,2 (0,8–1,6)	4,7 (4,1–5,1)	4,2 (3,6–4,6)
Tüpfel-sumpfhuhn	4,4 (3,9–4,7)	5,4 (4,8–6)	1,3 (1,1–1,7)	1,1 (0,9–1,2)	3,8 (3,4–4,1)	3,4 (2,7–3,7)
Kleines Sumpfhuhn	3,9 (3,6–4,2)	4,3 (4,0–4,7)	1,5 (1,2–1,7)	1,2 (1,0–1,3)	3,5 (3,3–3,6)	2,9 (2,7–3,1)
Teichhuhn	7,1 (6,6–7,4)	9,1 (8,3–10,2)	2,4 (1,7–2,9)	1,9 (1,3–2,4)	6,3 (5,9–6,6)	5,5 (5,1–5,9)
Blässhuhn	9,8 (8,6–10,7)	8,9 (8,0–9,4)	2,6 (2,3–3,2)	2,1 (1,7–2,3)	8,7 (7,9–9,4)	7,7 (7,0–8,0)
Wachtelkönig	3,9 (3,4–4,3)	3,5 (2,9–4,2)	0,6 (0,5–0,7)		3,2 (2,9–3,7)	2,8 (2,5–3,2)

Morphologische Unterschiede

Abweichend von der typischen Morphologie der Rallenfüße besitzen Blässhühner markante Schwimmlappen an den Zehen (s. Abb. oben auf S. 122). Auf harten Untergründen drücken sich diese allerdings häufig nicht ab, wodurch auch diese Zehen relativ dünn und glatt begrenzt wirken. Dennoch erlaubt die TSL eine sichere Abgrenzung zu anderen, kleineren Rallenarten.

Die Trittsiegel des Wachtelkönigs ähneln eher denen von Hühnervögeln oder Watvögeln, da sie einen kurzen Hallux und eine geringere Zehenspreizung aufweisen. Diese morphologischen Unterschiede und der abweichende Lebensraum ermöglichen eine Unterscheidung.

Folgende morphologische Unterscheidungsmerkmale sind aufschlussreich:

- **Zehendicke und Form.** Die Zehen aller Rallen sind dünn. Allerdings haben einige Arten häutige Verbreiterungen an den Zehenrändern ausgebildet. Trittsiegel des Teichhuhns weisen deswegen dickere Zehenabdrücke auf als jene der Wasserralle (s. Abb. unten auf S. 122). Am auffälligsten sind diese Gebilde beim Blässhuhn, wo sich sogenannte Schwimmlappen zeigen.
- **Relative Halluxlänge** (gemessen an der gesamten TSL). Die Relation (Z1/TSL) variiert je nach Art. Beim Wachtelkönig ist sie mit 16 % am geringsten während sie bei Blässhuhn und Wasserralle etwa 25 % beträgt. Die übrigen Arten weisen eine Relation von mehr als 30 % auf.

Blässhuhn, rechtes Trittsiegel. Die auffälligen Schwimmlappen sind allerdings nur in passenden Substraten abgebildet.

- **Öffnungswinkel der Vorderzehen** (°Z2 und Z4). Dieser ist beim Blässhuhn (und mutmaßlich beim Wachtelkönig) geringer als bei den anderen Arten – durchschnittlich 85° gegenüber über 100°.
- **Variabilität**. Öffnungswinkel, Zehendicke und die relative Halluxlänge sind keine absoluten Parameter, sondern zusätzlich zur Fußanatomie auch von Verhalten und Untergrund geprägt. Die Zehendicke beim Teichhuhn (Abb. b) ist generell ausgeprägter als bei der Wasserralle (Abb. c). Doch wenn der Boden hart ist, können auch die Zehen vom Teichhuhn sehr dünn erscheinen – besonders die Außenzehe in Abb. a. Interessant sind auch Position und Länge des Hallux, beispielsweise beim Teichhuhn. Während zumeist die relative Länge arttypisch groß ist (Abb. a), winkelt der Vogel im Schnee die Hinterzehe stark an und hebt sie auch offensichtlich, sodass diese deutlich kürzer abdrückt (Abb. b).

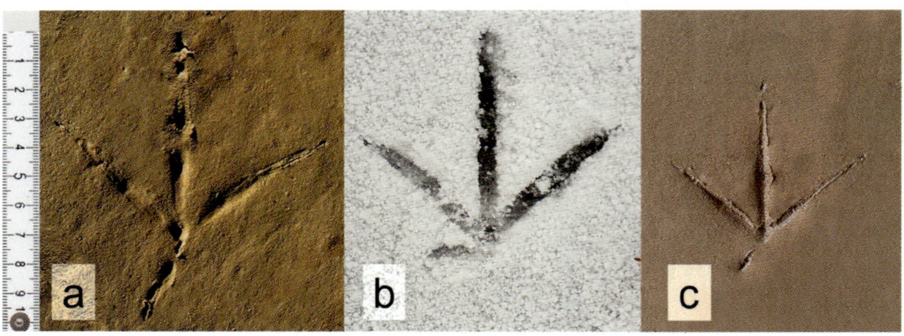

Variabilität und Zehendicke von Trittsiegeln: Teichhuhn auf hartem Grund mit relativ dünnen Zehen und langem Hallux (a), Teichhuhn im Schnee mit kräftigen Zehen und kurzem, stärker gewinkeltem Hallux. Wasserralle mit dünnen Zehen (c).

Gangarten und Spurbilder

An geeigneten Stellen sind Trittsiegel von Rallen häufiger zu finden, als man vielleicht vermutet. Besonders auf Schlammflächen, die deckungsreiche Gebiete verbinden, entsteht durch wiederholte Nutzung eine Vielzahl überlagernder Spuren – sogenannte „Spurenteppiche“. Für Spurenlesende besteht die Herausforderung darin, einzelne Trittsiegel zu unterscheiden und korrekt zuzuordnen. Während sich die Arten anhand ihrer

Größen gut differenzieren lassen (siehe Maßtabellen), ist es deutlich schwieriger, die Anzahl der beteiligten Individuen abzuschätzen.

Mit Ausnahme vom Blässhuhn halten sich Rallen meist gut verborgen in der Deckung auf und bewegen sich dort kletternd, schwimmend oder gehend fort. Sie sind schlechte Flieger und meiden das Fliegen, sofern es nicht unbedingt erforderlich ist (außer während des Vogelzugs). Bei Gefahr nutzen sie das sogenannte „Fluchtlaufen", bei dem sie die Flügel zur Unterstützung ihrer Laufbewegung einsetzen. Rallen laufen jedoch auch in anderen Situationen, etwa bei der Jagd auf Beute. Das Blässhuhn benötigt zudem eine längere Anlaufstrecke beim Start aus dem Wasser.

„Spurenteppich" von Rallen (Wasserrallen und Tüpfelsumpfhühner) auf einer Schlammfläche zwischen zwei Röhrichtzonen.

Typische Gangarten von Rallen. Rasches Gehen beim Teichhuhn (a), langsames, undulierendes Gehen und Stopp beim Teichhuhn (b), undulierendes Gehen beim Blässhuhn (c).

- **Gehen (Abb. a, b, c).** Entspanntes Gehen erfolgt oft in weichen Schlangenlinien (undulierend) (b). Ein weiterer Typus ist zielgerichtetes, geradliniges Gehen mit größeren SL (a). In beiden Fällen ist die **SB sehr klein** und übersteigt die TSB nur unwesentlich. **SL sind insgesamt gering**. Die Abstände zwischen den einzelnen Trittsiegeln (= ZL) sind oft so klein, dass das Spurbild einer geschlossenen Kette gleicht. Eine Drehung der Fußachse gegenüber der Laufrichtung zeigen die meisten Arten nicht (**kein Spin**), am ehesten noch das Blässhuhn.
- **Laufen**. Recht große SL zeigen sich beim Fluchtlaufen und bei Anläufen zum

Oben: Rechtes Trittsiegel einer Wasserralle: Ein untypisch schmales Trittsiegel im Laufmodus, erkennbar auch an der Druckverteilung. Beim Laufen drücken nämlich die Zehenspitzen stärker ab.

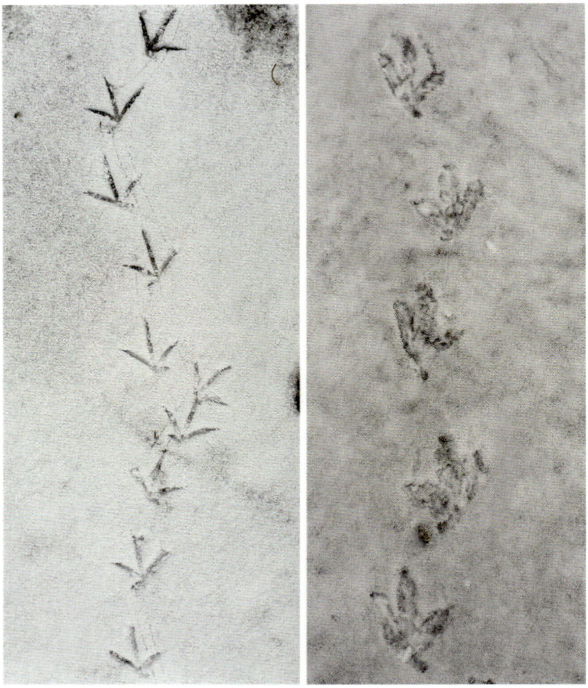

Rechts: Spurbilder von Rallen aus dem Freiland: Gehen mit Stopp beim Teichhuhn (links), undulierendes Gehen beim Blässhuhn (rechts).

Abflug. Dabei werden die Vorderzehen meist weniger gespreizt, was die **Trittsiegel schmal und untypisch** macht (siehe Abb. links).

- **Stopps (Abb. b S. 123)**. Wenn Rallen bei der Nahrungssuche stoppen, zeigt sich meist eine versetzte Fußstellung statt eines T-Stopps. Selten ruhen die größeren Arten auch auf dem Bauch liegend, meist aber im Stehen – häufig auch auf einem Bein.

Längere Spurensequenzen bei Rallen findet man an schlammigen Ufern oder im Schnee (Abb. rechts). Auf beiden Bildern sieht man den undulierenden Gang und die geringen SL sowie SB. Gut erkennbar ist die unterschiedliche Fußmorphologie der beiden Rallenarten. Die Schwimmlappen beim Blässhuhn sind arttypisch und ein Alleinstellungsmerkmal. Ein weiterer Unterschied ist der geringere Öffnungswinkel der Vorderzehen.

Maße für die Gangarten

Maße von Gangarten der Rallen (siehe auch Abkürzungsverzeichnis).

Art	SL Gehen (cm)	SL Laufen (cm)	SB (cm)
Wasserralle	21 (14–31)	44 (31–53)	6 (5–9)
Kleinere Sumpfhühner	16 (9–21)	32 (23–38)	4 (4–5)
Teichhuhn	25 (17–43)	59 (42–68)	9 (8–12)
Blässhuhn	25 (20–47)	68 (48–89)	12 (10–13)

Die SB sind gering und in manchen Fällen nur wenig breiter als die TSB. Die Maximalwerte beim Laufen können in Einzelfällen (vor allem bei Flügelgebrauch) größer sein, als in der Tabelle angegeben.

Zeichen

Ruhe- und Schlafplätze

Die meisten Rallenarten ruhen gut versteckt in der Vegetation, Teichhühner auch auf speziellen Schlafnestern und Wasserrallen aufgebaumt. Nur Blässhühner übernachten im Winter gelegentlich gemeinschaftlich am Ufer und hinterlassen dabei auf passenden Untergründen charakteristische Trittsiegel. Ein interessantes Merkmal der Rallen, insbesondere der Wasserralle, ist, dass sie im Gegensatz zu vielen anderen Vogelfamilien im **Bereich ihrer Schlafplätze nicht koten**.

Wechsel

Rallen folgen im Dickicht oft wiederkehrenden Pfaden, drücken dabei die Vegetation zur Seite und formen regelrechte **Wechsel**. Besonders auffällig ist das bei Teichhuhn und Wasserralle. Wenn man die Blickachse auf „Rallenhöhe" absenkt, kann man diese Wechsel entdecken. Weitere Hinweise zur Abgrenzung zu anderen Verursachern liefern Trittspuren (auch in Wasserlinsenteppichen), Mauserfedern und vor allem Exkremente.

Wechsel von Teichhühnern.

Nahrungserwerb/ spurenrelevante Beispiele

Obwohl Rallen ihre Nahrung überwiegend am Boden suchen, bleiben beim Abpicken, Gründeln und Tauchen kaum verwertbare Spuren zurück. Wasserrallen können allerdings **Stocherspuren** hinterlassen, wobei *„der Schnabel bis über die Stirnbefiederung in den Schlamm gebohrt wird"* (nach G. v. Blotzheim & Bauer). Nur Bläss- und Teichhühner entfernen sich bei der Nahrungssuche etwas von der Deckung und finden sich auch auf wassernahen Freiflächen. Zeichen der anderen Rallenarten sind fast nur in unmittelbarer Umgebung der Deckung antreffen.

Ernährung und Fraßspuren

Die Grundlage der Ernährung bilden meist Insekten und deren Larven, Würmer und

Schnecken. Die Wasserralle zeigt einen stärkeren Jagdtrieb und erbeutet auch Fische, Amphibien, Vögel und Kleinsäuger. Vor allem im Winter wird diese Nahrung vegetarisch ergänzt (Samen, Beeren, Früchte). Ausgeprägte Vegetarier sind Blässhühner, obwohl diese auch nach Muscheln tauchen.

Bei vielen Rallenarten wurden **Magensteinchen** nachgewiesen.

Ausscheidungen

Die **Exkremente** von Rallen sind voluminös und enthalten viel Flüssigkeit. Betrachtet man das Beispiel in Abb. b, sieht man den breiten Wasserhof um das frische Exkrement, der jedoch nach kurzer Zeit eintrocknet und dann verschwindet. Das Teichhuhn in Abb. a und b hat überwiegend pflanzliche Nahrung aufgenommen, was je nach Saison und Region variiert. Im Gegensatz dazu zeigt das Exkrement des Tüpfelsumpfhuhns (Abb. c) fast ausschließlich Uratanteile ohne erkennbare Kotfraktion, was darauf hindeutet, dass sich dieser Vogel hauptsächlich tierisch ernährt hat.

Speiballen sind für die Wasserralle und den Wachtelkönig nachgewiesen (G. v. Blotzheim & Bauer), aber im Freiland wohl schwer aufzufinden.

Aufgrund der Anatomie (gut ausgebildete Blinddärme) sollte auch entsprechender Kot, speziell bei pflanzenfressenden Arten gebildet werden. Dazu fehlen (eigene) Freilandbeobachtungen und Literaturangaben.

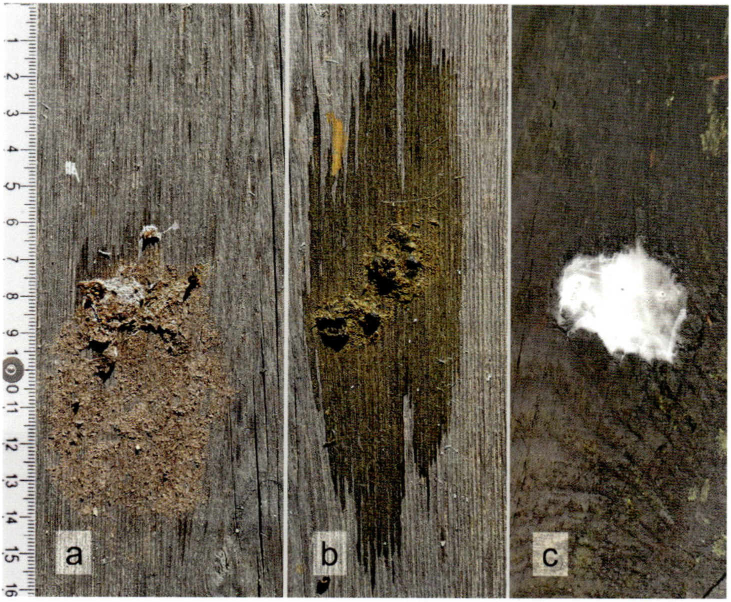

Exkremente von Rallen: Teichhuhn, ein Tag alt (a), Teichhuhn frisch (b), Tüpfelsumpfhuhn (Foto: Otto Samwald) (c).

Reiher

Groß, häufig zu finden, mit klaren Erkennungsmerkmalen – Trittsiegel von Reihern sind eine Freude für Spurenlesende!

Nur wenige Vogelarten hinterlassen Trittsiegel in der Größe einer Männerhand und mit langen, schlanken Zehen wie jene vom Graureiher. Diese Spuren findet man nicht nur in Uferbereichen, sondern auch an Feldrändern oder in Wasserpfützen, was die vielseitige Lebensweise dieser Vögel unterstreicht. Auffällig sind zudem die großen weißen Kotflecken, die Reiher an ihren Jagdplätzen hinterlassen. Besonders im Winter, wenn die Bäume ihre Blätter verloren haben, fallen auch die weiß „gekalkten" Schlafbäume auf.

Fußmorphologie und Trittsiegel

Füße vom Graureiher zeigen folgende Merkmale:

- Grundtypus: Klassischer Vogelfuß.
- Dimension: TSL 10,0 bis 19,7 cm (für alle hier vorgestellten Arten, nur die Zwergrohrdommel ist kleiner).
- Die **Zehen sind lang, dünn und nicht (kaum) gebogen**. Die Hinterzehe ist deutlich kürzer als die Mittelzehe.
- Die Zehenballen sind schwach ausgeprägt.
- Der Metatarsalballen ist relativ klein und unauffällig.

Graureiher:
links: linker Fuß, Unterseite.
rechts: Fuß, seitlich und Putzkralle.

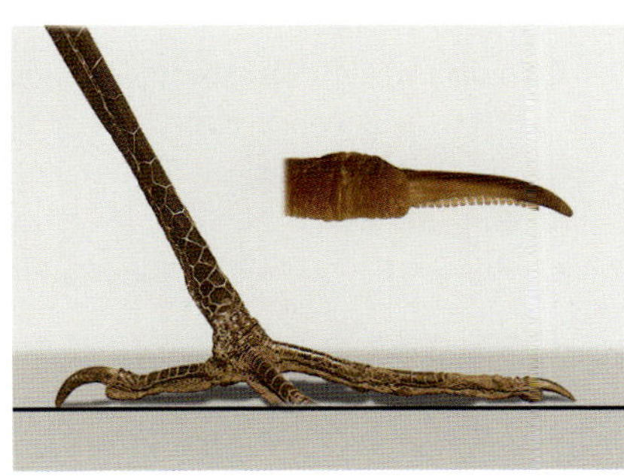

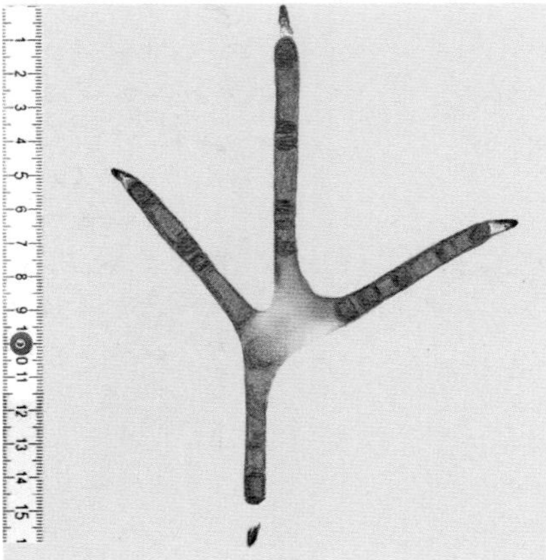

Graureiher: rechtes Trittsiegel (idealisierte Zeichnung).

Auffällig sind hingegen **Spannhäute**, wobei sich zwischen der Mittel- und der Außenzehe eine breite Spannhaut zeigt, medial eine weitere, schmalere. Gemeinsam mit der **Innenverschiebung der Hinterzehe** wirkt die gesamte **Metatarsalregion asymmetrisch**.

Die Krallen der Vorderzehen sind recht kurz und schwach gekrümmt. Jene der Hinterzehe ist länger und stärker gekrümmt. Besonders bei Reiherarten, die im Röhricht leben und dort auch klettern, sind die Krallen länger. Ein interessantes anatomisches Detail zeigt die Mittelzehe. Hier besteht eine Zähnung am Innenrand der Kralle, die als „Putzkralle" bezeichnet wird.

Folgende Beschreibungen beziehen sich zuerst auf den Graureiher, einen typischen Vertreter dieser Familie.

Umrisse und Proportionen

Der Umriss entspricht einem **Rechteck** im Seitenverhältnis von etwa **3:2**. Die Umrisslinie entlang der Zehenspitzen ist ein verzerrtes Deltoid (rote Linie) und **asymmetrisch**. Die Asymmetrie wird dadurch verstärkt, dass auch die geometrische Mitte exzentrisch ist. Die Ansatzlinie der Vorderzehen liegt hinter der geometrischen Mitte.

Schablone

Ein charakteristisches Merkmal, das die Trittsiegel von Reihern sofort erkennbar macht, ist die **nach innen versetzte Hinterzehe** (markiert durch rote Linien). Dabei entspringen die Mittel- und Hinterzehe aus unterschiedlichen Punkten im Bereich der Fußmitte. Auffällig ist auch die **asymmetrische** Form dieser Region, die sich aus dem Metatarsalballen und den Spannhäuten zusammensetzt (blaue Zone). Besonders prägnant ist die **Ausrandung der seitlichen Spannhaut**, die durch eine blaue Kontur hervorgehoben wird.

Achsen und Winkel

Der Öffnungswinkel zwischen Innen- und Außenzehe beträgt meist mehr als 90° und kann bei starker Zehenspreizung bis zu 120° betragen. Die Außenzehe ist stärker abgewinkelt als die Innenzehe. Die Hinterzehe ist zwar nach innen versetzt, weist jedoch in die Richtung der Mittelzehe. Nur in seltenen Fällen kann sie auch leicht nach innen gewinkelt sein (was zu Verwechselungen mit anderen Schreitvögeln führen kann).

Ballenmuster, Negativräume und Krallen

Der Fuß drückt zumeist **ganzflächig** auf, auf harten Böden ist die Fußmitte schwächer abgedrückt.

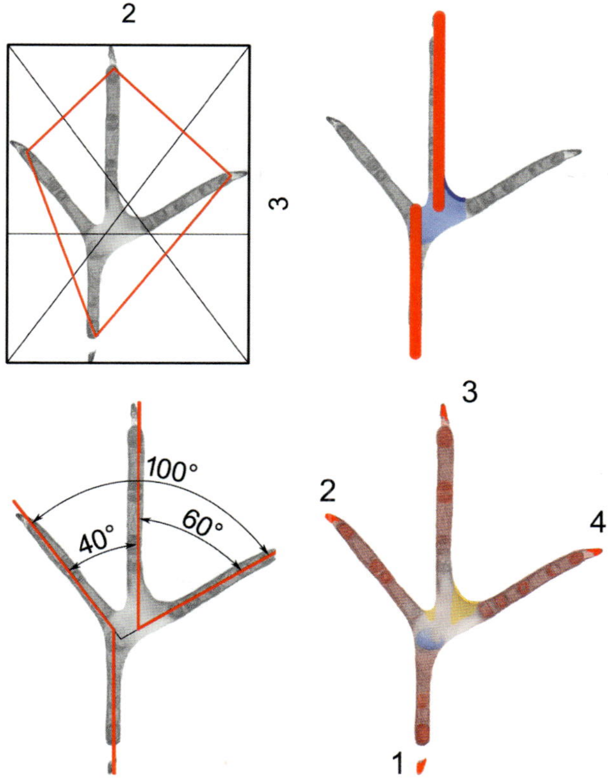

Graureiher:

oben links: Umrisslinien, geometrische Mitte (schwarzer Diagonalenschnittpunkt) und Ansatzlinie der Vorderzehen (schwarze, horizontale Linie).

oben rechts: Schablone. Achsenversetzung von Mittel- und Hinterzehe (rot). Metatarsalregion (blau).

unten links: Öffnungswinkel Zehenachsen (rot), Gradangaben der Winkel.

unten rechts: Ballenmuster (Zehenballen rosa, Metatarsalballen blau, Spannhäute gelb und Krallen rot).

Die **Zehen** sind **lang, dünn, stehen gerade und weisen parallele Ränder auf**. Das Ballenmuster ist flächig, nur selten können einzelne Ballen angedeutet sein.
Der **Metatarsalballen** ist klein, unauffällig und im Trittsiegel oft nicht abzugrenzen.
Die **laterale Spannhaut** ist meist erkennbar, besonders deutlich deren gebogene **Außenkante**.
Die **Krallen** sind (beim Graureiher) kurz und drücken unmittelbar vor dem Endballen der jeweiligen Zehen ab. Die Hinterkralle ist allerdings länger und erscheint im Trittsiegel als abgesetzter Punkt. Dieser kann fehlen, wenn der Vogel diese Kralle anhebt.

Realitätsprüfung

Abhängig vom Untergrund und dem Verhalten variieren Trittsiegel aus dem Freiland. In den meisten Fällen bleibt jedoch eine klare Grundstruktur erhalten, die eindeutige Bestimmungen ermöglicht:

- Die Gesamtform der **Trittsiegel** ist **breit** und sie wirken mehr oder minder **asymmetrisch**.

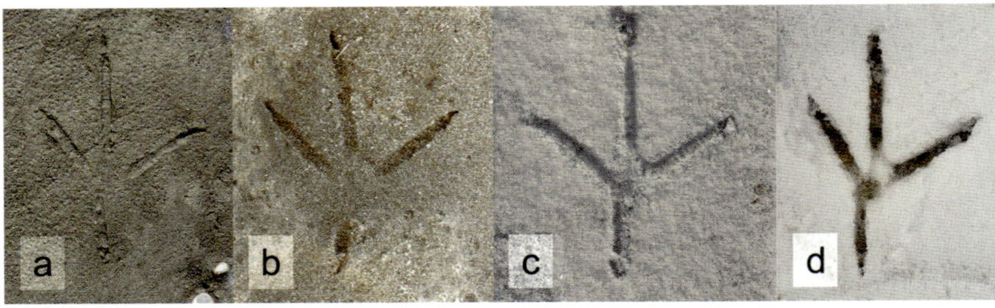

Graureiher: vier rechte Trittsiegel in unterschiedlichen Substraten (Lehm a, Sand b, Schnee c & d).

- Die **Zehen** sind **lang** und **dünn**. Sie stehen **gerade** und weisen **parallele Ränder** auf.
- Die **Mittelversetzung der Innenzehe** ist besonders im Schnee (Abb. c und d) deutlich. Bestehen Verwerfungen in der Bodenstruktur, so kann dieses Merkmal weniger auffällig sein (Abb. a) oder sogar unkenntlich werden (Abb. b).
- Der **Metatarsalballen** ist **klein** und **unscheinbar,** deutlicher in den Abb. b und c.
- Die seitliche **Spannhaut** zeigt sich meist in ihrer typischen, runden **Außenkontur**. Bei sehr harten Böden kann diese fehlen (Abb. a).
- **Krallen** sind als **Punkte,** meist in Verbindung mit den Endballen der Zehen erkennbar.

Verwechslungsmöglichkeiten

Die meisten Trittsiegel von Reihern sind unverwechselbar, nur in Ausnahmefällen können Probleme auftreten:

- **Schreitvögel.** Drückt die Hinterzehe von Reihern untypisch ab oder wird die Kralle abgehoben, sind Verwechslungen mit Störchen oder Ibissen denkbar. Störche haben allerdings breitere, dolchförmige Zehen. Lässt der Hallux keine klaren Schlüsse zu, kann man bei Ibissen auf die breitere mediale Spannhaut achten.
- **Greifvögel**. Große Greifvögel haben wuchtigere Zehenballen und längere Krallen.

Artengarnitur

Hier werden neun Reiherarten vorgestellt, die im Gebiet angetroffen werden können. Die einzelnen Arten haben unterschiedliche Standortansprüche, vor allem bei der Nahrungssuche, sind teilweise Zugvögel und unterschiedlich häufig. Die Bestimmung von Spuren im Freiland wird leichter, wenn man Fundort, Jahreszeit und die Antreffwahrscheinlichkeit berücksichtigt.

Reiher: Spurenrelevante Angaben.

Art	Vorkommen	Wahrscheinlichkeit und Fundorte von Spuren
Graureiher	Flächendeckend, außer im Hochgebirge, ganzjährig	Wahrscheinlich, Gewässerränder und Offenland
Purpurreiher	Lückige Verbreitung, nicht im Nordosten, Zugvogel	Möglich, oft versteckt im Röhricht, manchmal auch in der Feldflur
Silberreiher	Weit verbreitet, vor allem als Wintergast	Wahrscheinlich, Gewässerränder und Offenland
Seidenreiher	Im Süden und Westen, auch als Wintergast	Wahrscheinlich, Gewässerränder, auch im Seichtwasser
Kuhreiher	Ausbreitungstendenz nach Norden; ganzjährig	Möglich, besonders auf Viehweiden
Rallenreiher	Lückige Verbreitung, im Süden, Zugvogel	Möglich, oft an schlammigen, deckungsreichen Uferzonen
Nachtreiher	Zugvogel mit lückiger Verbreitung	Unwahrscheinlich, meist in der Vegetation
Rohrdommel	Lückig verbreitet, ganzjährig, im Nordosten Zugvogel	Möglich, nahe von Röhrichten, im Winter auch an untypischen Stellen
Zwergrohrdommel	Lückig verbreitet (oft übersehen?), Zugvogel	Unwahrscheinlich, klettert meist im Röhricht

Maße, Variationsbreite und Unterscheidungen

Beim Messen von Reiher-Trittsiegeln ist Folgendes zu bedenken:
Reiher heben nicht selten die Hinterkralle vom Boden ab. In solchen Fällen schätzt man die TSL zu kurz ein und Längen ohne Krallen (TSL^{oK}) sind dann zuverlässigere Parameter. Generell können Reiher die langen Zehen teilweise „einziehen", indem sie das Grundgelenk am Laufknochen anheben. Bei kurzen TSL sollte man zuerst mehrere Trittsiegel vermessen, bevor man sicher sein kann, tatsächlich eine der kleineren Reiherarten nachgewiesen zu haben. Ein weiterer Hinweis kann eine veränderte Proportion von TSL/TSB sein.

Trittsiegelmaße von Reihern (siehe auch Abkürzungsverzeichnis).

Art	TSL (cm)	TSL^{oK} (cm)	TSB (cm)	Z1 (cm)	$Z1^{oK}$ (cm)	Z3 (cm)	$Z3^{oK}$ (cm)
Graureiher	16,0 (14,7–18,2)	14,0 (12,9–16,1)	12,1 (9,2–15,5)	5,1 (4,4–5,5)	4,0 (3,2–4,4)	9,6 (8,7–10,9)	8,7 (7,8–9,9)
Purpurreiher	19,0 (18,5–19,7)	16,0 (15,1–17,0)	14,6 (14,2–15,1)	5,7 (5,6–5,9)	4,4 (4,1–4,6)	12,2 (11,9–12,5)	10,4 (10,0–10,8)

Fortsetzung: Trittsiegelmaße von Reihern (siehe auch Abkürzungsverzeichnis).

Art	TSL (cm)	TSL^{oK} (cm)	TSB (cm)	Z1 (cm)	Z1^{oK} (cm)	Z3 (cm)	Z3^{oK} (cm)
Silberreiher	16,4 (13,6–17,5)	13,9 (11,6–15,4)	13 (10,2–13,8)	5,0 (3,8–6,0)	3,8 (3,0–4,8)	9,7 (8,3–10,8)	8,5 (7,5–9,4)
Seidereiher	11,1 (10,0–12,5)	9,4 (8,7–11,5)	8,3 (6,9–10,9)	3,5 (2,3–4,1)	2,8 (1,7–3,4)	6,7 (5,9–7,9)	6,0 (5,4–6,9)
Kuhreiher	10,7 (10,0–11,5)	9,0 (8,5–9,6)	7,9 (6,9–8,1)	3,9 (3,7–4,2)	3,1 (2,9–3,3)	5,9 (5,5–6,3)	5,1 (4,7–5,4)
Rallenreiher	12,0	10,7	8,3	3,7	3,1	7,5	6,7
Nachtreiher	12,0	10,1	7,7	4,5	3,1	6,9	6,4
Rohr-dommel	17,9 (16,0–18,5)	14,6 (13,0–14,6)	9,8	6,1 (5,1–6,5)	4,1 (3,6–4,6)	10,8 (9,4–11,3)	9,6 (8,0–10,0)
Zwergrohr-dommel	7,8	6,2	3,7	2,6	1,8	4,7	3,9

Es sind 3 Größenklassen erkennbar:

- Die großen Arten (TSL 14 bis 20 cm): Grau- und Silberreiher lassen sich größenmäßig nicht abgrenzen, der etwas größere Purpurreiher hinterlässt selten Trittsiegel. Interessant sind die übergroßen Füße der deutlich kleineren Rohrdommel.
- Kleine Reiher (TSL 10 bis 13 cm): Auch hier besteht seitens der Dimension keine Unterscheidungsmöglichkeit. Am häufigsten ist der Seidenreiher zu erwarten.
- Zwergrohrdommel (TSL unter 8 cm).

Morphologische Unterschiede

Grundsätzlich gleichen sich die Trittsiegel aller Reiherarten. Die manchmal geäußerte Meinung, dass sich Grau- und Silberreiher anhand unterschiedlicher Zehendicken unterscheiden ließen, konnte im Freiland nicht bestätigt werden.

Mögliche Unterscheidungsmerkmale bei Reiher-Trittsiegeln sind unterschiedliche Krallenlängen und Zehenproportionen. Arten, die gut klettern können, wie Purpurreiher, Nachtreiher und beide Rohrdommelarten besitzen im Verhältnis zur Zehenlänge längere Krallen. Kleinere Reiherarten zeigen oft schmalere Trittsiegel. Zudem kann man auf subtile Unterschiede in der relativen Länge des Hallux achten, jedoch besteht in diesem Bereich noch weiterer Forschungsbedarf.

Gangarten und Spurbilder

Viele Reiherarten sind Lauerjäger und stehen lange Zeit unbeweglich. Andere wie der Seidenreiher, jagen auch im Laufen oder vollführen einbeinige, vibrierende Fußbewegungen zum Aufspüren von versteckter Beute.

- **Gehen (a, d)**, vielfach auch als „Schreiten“ bezeichnet, ist die bevorzugte Gangart bei Reihern. Aufgrund der langen Beine zeigen sich zumeist lange SL und schmale SB. Die Fußachse steht in Fortbewegungsrichtung, kann aber auch bis zu 10° nach innen rotiert sein. In tieferen Böden wie Schnee sieht man öfters Schleifmarken der Mittelzehe.
- **„Schleichen“ (b)** ist ein Gehen mit sehr kurzen SL, das fast immer im Zusammenhang mit Jagdsequenzen steht und somit einen Hinweis auf das Verhalten bietet.

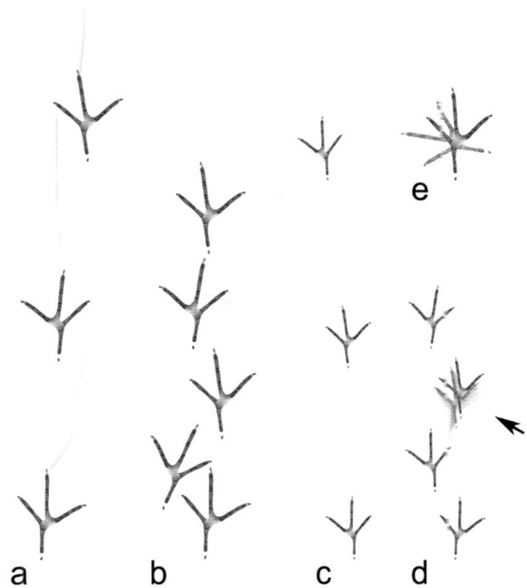

Spurbilder von Reihern: Gehen mit Schleifmarken beim Graureiher (a), „Schleichen“ = Gehen mit kurzen SL beim Graureiher (b). Laufen (c) und Beutezug beim Seidenreiher (d): Gehen mit Fußtrillern (Pfeil in d). „Stern“ = einbeinige Drehung beim Graureiher (e).

- **Laufen (c):** Die großen Reiherarten laufen selten. Kommt es dennoch vor, handelt es sich meist um ein Fluchtverhalten, bei dem sie das Auffliegen vermeiden möchten. Seiden- und auch Kuhreiher nutzen diese Gangart allerdings häufiger, vor allem bei der Jagd.
- **Fußtrillern (Pfeil in d):** Besonders Seidenreiher zeigen dieses Verhalten beim Beutezug. Im Schlick oder Seichtwasser wird durch diese Beinbewegung versteckte Beute mobilisiert.
- **Stehen:** Als Lauerjäger stehen Reiher oft lange Zeit mit paralleler oder leicht versetzter Fußstellung, in Ruhephasen auch einbeinig. Dabei ausgeführte Richtungsänderungen führen zu teils verwirrenden Überlagerungen der Trittsiegel, die dann an einen „Stern“ erinnern (**Abb. e**). Die Rast am Boden kann zu weiteren Spurenbildern führen, die auf bestimmte „Komfort-Verhaltensweisen“ hindeuten – häufig sind das Putzbewegungen am Gefieder (siehe „Putzkralle“) und Sonnenbaden.
- **Hüpfen beim Abflug:** Reiher stoßen sich aus dem beidbeinigen Stand ab und laufen in der Regel nicht an, wie man das bei Scheitvögeln sieht. Nur selten können die großen Arten in schwierigen Situationen (zum Beispiel Abflug aus tieferem Gewässer oder nach dem Verschlingen großer Beute) den Start durch ein bis zwei zusätzliche, beidbeinige Abstoßbewegungen unterstützen.

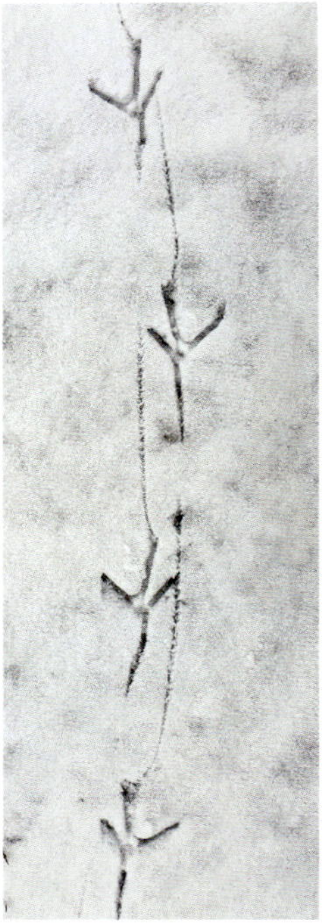

Graureiher:

links: Gehen im Schnee mit Schleifmarken.

Mitte: Spursequenz. Gehen zu einem Rastplatz am Ufer, dort Rast im Stehen und Rückkehr.

rechts: Sternförmiges Spurbild (einbeiniges Stehen mit Richtungswechsel).

Dimensionen

Maße von Gangarten bei Reihen (siehe auch Abkürzungsverzeichnis).

Art	Gangart	SB (cm)	SL (cm)
Grau- und Silberreiher	Gehen	15 (11–18)	60 (17–101)
	Laufen		96 (90–140)
Seidenreiher	Gehen	9 (7–12)	35 (24–61)
	Laufen		62 (50–73)

Die Maße für Grau- und Silberreiher sind auch beim Purpurreiher zu erwarten.

Zeichen

Oft sind es die auffälligen weißen Kotflecken, die zuerst auf die Anwesenheit von Reihern hinweisen. Die Trittsiegel werden dagegen meist erst auf den zweiten Blick entdeckt.

Ernährung

Reiher sind ausgesprochene „Anti-Vegetarier“, deren Beutespektrum stark von der Art, dem Lebensraum und der Jahreszeit abhängt. Sie jagen häufig Fische und Amphibien, nehmen aber auch Insekten, Weichtiere, Egel sowie Kleinsäuger (besonders im Winter) und Jungvögel ins Visier. Ihre Beute wird im Ganzen verschlungen, sodass Fraßspuren kaum zu finden sind. Gelegentlich lassen sich jedoch ausgewürgte Mageninhalte entdecken, wenn die Vögel überrascht oder erschreckt werden.

Schlafbäume

Die meisten Reiherarten schlafen auch außerhalb der Brutzeit gemeinschaftlich auf Bäumen oder im Röhricht. Ähnlich wie bei den Ruderfüßern sind diese Plätze aufgrund der massenhaften, weißen Kotauflagen gut erkennbar.

Ausscheidungen

Die Ausscheidung von Reihern besteht zum Großteil aus weißer Harnsäure (Urat), einem kleinen Kotanteil und aus Speiballen.

- **Urat.** Aufgrund der tierischen Ernährung bildet sich im Rahmen der Verdauung ein hoher Anteil an Eiweiß-Abbauprodukten. Das ist Harnsäure, die recht flüssig ist und in Form von **großen, weißen Klecksen** ausgeschieden wird. Diese können beim Graureiher bis 45 × 25 cm messen.
- Der Kotanteil aus „Ballaststoffen" ist gering und meist nur in Form von gelblich-bräunlichen Verfärbungen im Uratklecks sichtbar.
- **Speiballen** enthalten unverdauliche Nahrungselemente, die nicht den „Umweg" über den Darm beschreiten, sondern retrograd wieder abgegeben werden. Sie können Haare, Federn, Weichtier- und Krebsschalen oder Insektenteile enthalten und sind meist dicht gepresst. Bei großen Reihern sind sie zwischen 3 und 4 cm dick und 5 bis 6,5 cm lang. Bei kleineren Arten beträgt die Dicke ca. 2 cm und die Länge 3 bis 4,5 cm. Speiballen von Kuhreihern enthalten einen hohen Chitinanteil (Insekten!) und auch Pflanzenteile. Obwohl Fische häufige Nahrungsbestandteile sind, enthalten **Speiballen von Reihern keine Gräten**, da diese mitverdaut werden.

Exkrement vom Graureiher: Ein großer, unregelmäßiger, weißer Klecks, der fast ausschließlich aus Harnsäure besteht. Dieser ist im Freiland auffälliger als die Trittsiegel, die man meist erst auf den zweiten Blick entdeckt.

Schreitvögel

Die Zusammenfassung großer, langbeiniger Vögel unter dem veralteten Begriff „Schreitvögel“ ist ein pragmatischer Ansatz, da genetische Analysen zeigen, dass zwischen den einzelnen Vogelfamilien keine engere Verwandtschaft besteht. Diese Vogelgruppen haben sich unabhängig voneinander an Lebensräume in Offenländern oder Flachwasserzonen angepasst.
Nachdem die Reiher in einem eigenen Kapitel vorgestellt werden, verbleiben hier Kraniche, Störche, Ibisvögel, Trappen und Flamingos. In Zentraleuropa sind diese Familien jeweils nur mit wenigen Vertretern anzutreffen und werden daher gemeinsam betrachtet. Viele dieser Arten sind selten und besitzen spezielle Lebensraumansprüche. Ihre Nachweise über Spuren bieten spannende Möglichkeiten und können zu neuen Erkenntnissen in der Feldornithologie führen.

Fußmorphologie und Trittsiegel

Ein bekannter Vertreter dieser Gruppe ist der Kranich. Typische Merkmale, die alle Schreitvögel zeigen, sind:

- Große, beim Kranich etwa 12 cm lange, und breite Füße.
- Deutliche, meist runde Metatarsalballen.
- Im Unterschied zu Reihern (siehe voriges Kapitel)
  - » ist die **Hinterzehe nicht zur Mitte versetzt** und alle Zehen scheinen aus einem Punkt im Bereich des Metatarsalballens zu entspringen;
  - » ist die **Hinterzehe kürzer, stark reduziert oder fehlt ganz**.

Bei anderen Merkmalen der Schreitvögel bestehen keine Übereinstimmungen, was zur Differenzierung der einzelnen Familien genutzt werden kann. Sie sind die einzige Gruppe, bei der das Konzept der Grundtypen der Vogelfüße nicht ideal passt.

Kranich: linker Fuß, Unterseite.

- **Grundtypen**
  - » **Vogelfüße mit reduziertem Hallux**. Beim zuerst vorgestellten Kranich handelt es sich klar um diesen Typus, das trifft auch auf Trappen zu, wobei hier die Hinterzehe vollständig fehlt.
  - » Anisodactyle = **Klassische Vogelfüße**. In Übereinstimmung mit der Klassifikation von Joscha Grolms werden Störche und Ibisvögel diesem Typus zugeordnet. Deren Hinterzehen sind allerdings recht kurz und

setzen höher am Lauf an, was die Abgrenzung zu „Vogelfüßen mit reduziertem Hallux“ unscharf macht. Im Vergleich dazu, haben Rallen ähnliche kurze Hinterzehen, werden aber zur Kategorie „Füße mit reduziertem Hallux“ gezählt.

» **Vogelfüße mit 2 Schwimmhäuten**. Flamingos lassen sich dieser Kategorie zuordnen.

Es bestehen markante Unterschiede in der Anatomie der Hinterzehe und der Krallen:

- **Länge und Ansatz der Hinterzehen:**
  - » **Störche** (b) und **Löffler** (c) als Vertreter der Ibisvögel haben längere Hinterzehen, die etwas höher am Laufbein ansetzen.
  - » **Kraniche** (a) und **Flamingos** (e) besitzen kürzere Hinterzehen, die deutlich höher am Laufbein ansetzen und steil stehen.
  - » Bei **Trappen** (d) fehlt die Hinterzehe vollständig.
- **Krallen:**
  - » Kurze, stumpfe Krallen, die „ausgerollt“ sind wie menschliche Zehennägel, finden sich bei **Störchen** (b), **Trappen** (d) und **Flamingos** (e).
  - » **Kraniche** (a) und **Ibisvögel** (c) besitzen hingegen lange und spitze Krallen.

Diese anatomischen Gegebenheiten spiegeln sich auch in den Trittsiegeln wider. Darüber hinaus lassen sich noch weitere charakteristische Merkmale erkennen.

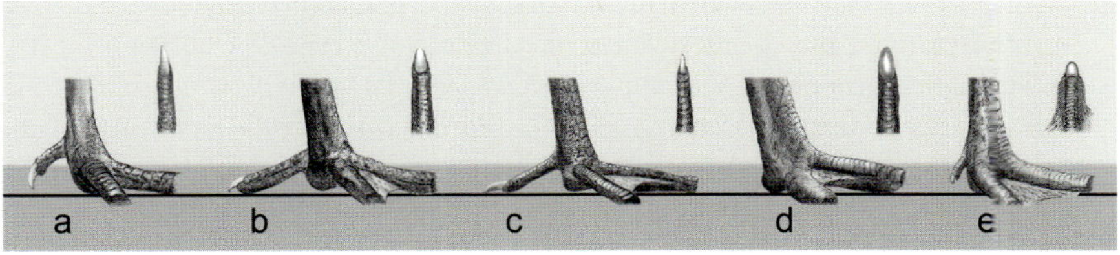

Schreitvögel, Hinterzehe seitlich und Kralle der Mittelzehe: Kranich (a), Storch (b), Löffler (c), Großtrappe (d) und Flamingo (e).

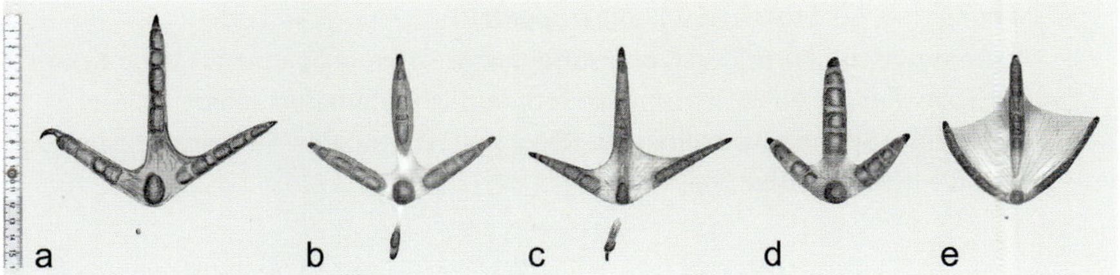

Schreitvögel, rechte Trittsiegel (idealisierte Zeichnungen): Kranich (a), Storch (b), Löffler (c), Großtrappe (d), Flamingo (e).

Umrisse und Proportionen

Störche und Ibisvögel werden inklusive der Hinterzehe betrachtet, die anderen Arten allerdings ohne den Hallux. Das erschwert die Vergleichbarkeit. Trotzdem sind alle **Umrisse** im Wesentlichen **quadratisch**, beim Kranich (a) sogar breiter als lang. Die Umrisslinien entlang der Zehenspitzen sind ziemlich **symmetrische** Deltoide (rote Linie). Etwas stärker verzerrt wirkt der Löffler (c).

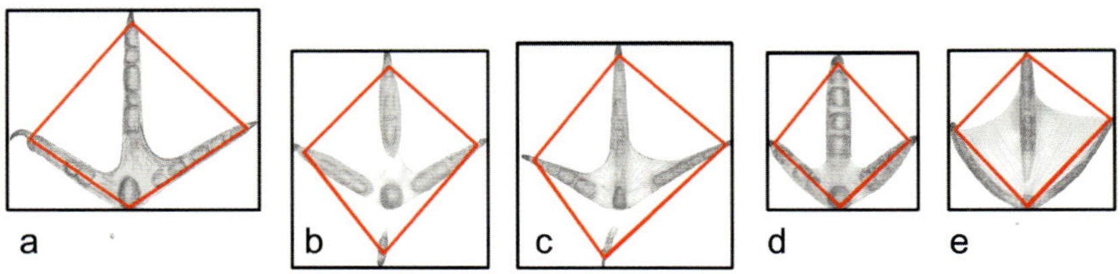

Umrisslinien: Kranich (a), Storch (b), Löffler (c), Großtrappe (d), Flamingo (e).

Schablonen

Auffällig sind die variierenden **Zehenformen** und die Ausdehnung der **Spann- bzw. Schwimmhäute**, die bereits auf den ersten Blick Unterschiede erkennen lassen. Wie die Zehen im Trittsiegel abgedrückt werden, hängt von möglichen häutigen Verbreiterungen, dem Aufliegen oder leichten Abheben der Metatarsalregion sowie der Tiefe des Untergrunds ab. Dadurch entstehen verschiedene Abdruckformen, die als **parallelrandig, stilett- oder dolchförmig** beschrieben werden können.

- Mehr oder minder **parallele Ränder** zeigen die Trittsiegel des **Kranichs** (a). Kranichzehen können manchmal überraschend spitz und dünn erscheinen.
- **Stilettartige** Zehenabdrücke findet man bei Ibisvögeln wie dem **Löffler** (c).
- Eine **dolchförmige** Struktur mit breiten, abgerundeten Rändern, die sich zur Basis hin verjüngen, ist charakteristisch für **Störche** (b). Auch die dicken Zehen der **Großtrappen** (d) sind dolch- bis keilförmig.

Der Metatarsalballen drückt zumeist deutlich auf und bildet gemeinsam mit den Schwimm- und Spannhäuten eine charakteristische **Fläche in der Fußmitte** (blaue Areale).

- **Klein und schwächer abgedrückt**, obwohl schmale Spannhäute anatomisch vorhanden sind, bei **Störchen** (b) und **Trappen** (d).
- **Asymmetrische Form** durch eine ausgeprägte laterale Spannhaut beim **Kranich** (a), wobei die Außenbegrenzung hier oft deutlich sichtbar ist (blaue Linie).
- **Zwei breite Spannhäute** mit in der Regel klar erkennbaren Außenkanten bei Ibisvögeln wie dem **Löffler** (c).

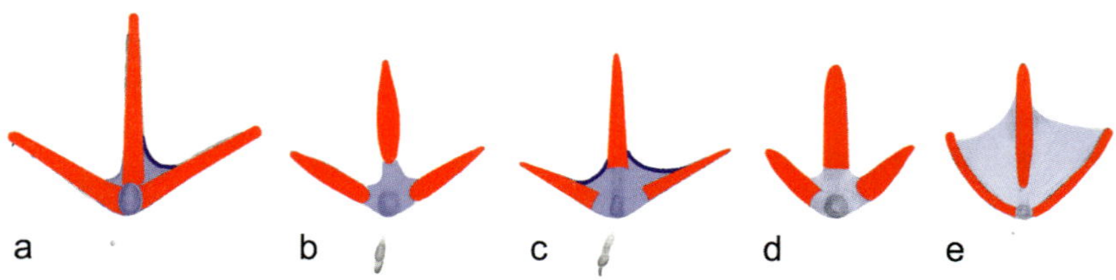

Schablonen: Kranich (a), Storch (b), Löffler (c), Großtrappe (d), Flamingo (e).

- **Zwei Schwimmhäute**, die im Trittsiegel nicht an die Spitze der Mittelzehe heranreichen, sind charakteristisch für den **Flamingo** (e).

Achsen und Winkel

Der Öffnungswinkel zwischen Innen- und Außenzehe beträgt bei **Kranichen** (a), **Störchen** (b) und **Ibisvögeln** (c) etwa 120° (95 bis 145 °). Bei Störchen liegt dieser Winkel meist am unteren Ende des Spektrums. Die beiden Teilwinkel sind dabei ungefähr gleich groß. Im Vergleich dazu ist der Öffnungswinkel bei **Trappen** (d) und **Flamingos** (e) mit ca. 90° deutlich kleiner (80 bis 100°).

Die Hinterzehen sind, so vorhanden und abdrückt, leicht nach innen geknickt. Manchmal stehen sie auch gerade, was insbesondere beim Löffler zu Verwechslungen mit Reihern führen kann.

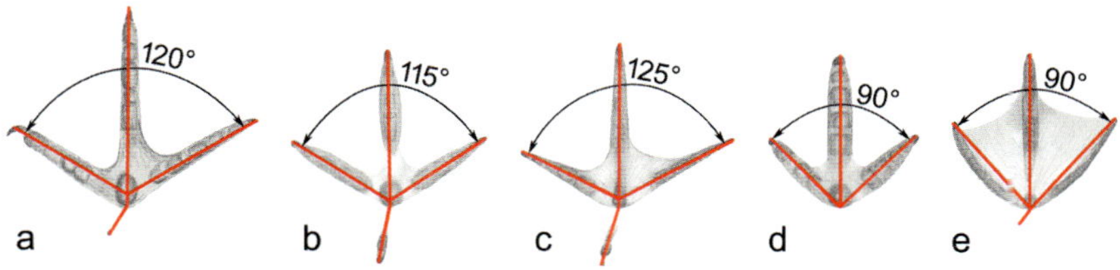

Öffnungswinkel, Zehenachsen (rot), Gradangaben der Winkel: Kranich (a), Storch (b), Löffler (c), Großtrappe (d), Flamingo (e).

Ballenmuster, Negativräume und Krallen

Die **Füße** drücken zumeist **ganzflächig** auf.

Auf die **unterschiedlichen Zehenformen** wurde bereits im Text (siehe Schablonen) eingegangen. Die Ballen sind flach und Ballenmuster nur angedeutet.

Die unterschiedlichen **Längen der Hinterzehen** sind ein wesentliches Merkmal. Regelmäßige Abdrücke vom Hallux finden sich nur bei **Störchen** (b) und **Ibisvögeln** (c).

Die **Metatarsalballen** sind beim **Kranich** (a), **Storch** (b) und der **Großtrappe** (d) groß und rund, beim **Löffler** (c) als Vertreter der Ibisvögel und dem **Flamingo** (e) kleiner.

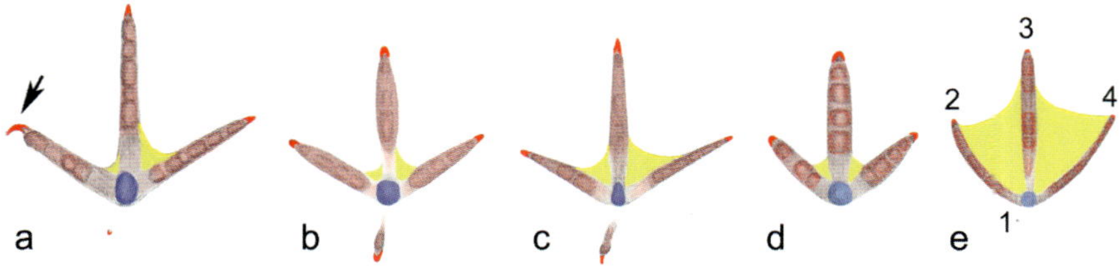

Ballenmuster (Zehenballen rosa, Metatarsalballen blau, Spannhäute gelb und Krallen rot): Kranich (a), Storch (b), Löffler (c), Großtrappe (d), Flamingo (e).

Auch die **Spann- und Schwimmhäute** wurden bereits behandelt. In den Trittsiegeln sind diese nicht immer klar erkennbar, deutlich sind jedoch oft die Außenkanten, so beim **Kranich** (a), beim **Löffler** (c) und beim **Flamingo** (e).
Die unterschiedlichen **Krallentypen** wurden im Rahmen der Fußanatomie vorgestellt. Im Trittsiegel fallen diese Unterschiede vor allem an der Mittel- und Hinterzehe auf. Flächig ausgerollte Krallen wie bei **Störchen** (b) und **Trappen** (d) hinterlassen oft **halbrunde Abdrücke** unmittelbar vor dem jeweiligen Zehenendglied. Unterschiedlich dazu sind die langen, spitzen Krallen der **Ibisvögel** (c) und eingeschränkt auch der **Kraniche** (a). Auf ein wesentliches Erkennungszeichen bei **Kranichen** (a) weist José María Galán hin, nämlich auf die **Biegung der Innenzehenkralle** (schwarzer Pfeil).

Realitätsprüfung

Alle fünf Trittsiegel auf Seite 141 zeigen charakteristische Merkmale, die eine sichere Bestimmung ermöglichen:

- **Kranich**
  - » Das gesamte TS ist aufgrund großer Öffnungswinkel **sehr breit**.
  - » Die Zehen sind lang, relativ dünn und parallelrandig. Das Ballenmuster ist andeutungsweise erkennbar.
  - » Der **Hallux** ist sehr kurz und drückt nur mit der Kralle als kleiner **Punkt** ab. Dieser Abdruck fehlt bei vielen Trittsiegeln im Freiland.
  - » Der **Metatarsalballen** ist **groß**, längsoval und deutlich abgedrückt.
  - » Eine **laterale Spannhaut** ist deutlich erkennbar, besonders die runde Außenkante. Da auf der Innenseite eine solche fehlt, wirkt die Fußmitte asymmetrisch.
  - » Die Krallen sind spitz und relativ kurz und nicht von den Endballen abgesetzt. Abweichend davon ist die **Kralle der Innenzehe** länger und nach **hinten gebogen** (nach Galán, 2016).
- **Weißstorch**
  - » Das TS ist schmaler als bei Kranichen.
  - » Die **Zehen** sind **kräftig** und **dolchförmig** mit einer Verjüngung zu den Zehenbasen hin, wo sie auch schwächer abdrücken.
  - » Der Hallux ist kurz, dessen Zehenballen drücken aber auf längerer Strecke ab.
  - » Der **Metatarsalballen** ist **groß**, rund und deutlich abgedrückt.
  - » Sowohl außen als auch auf der Innenseite zeigen sich Spannhäute, wodurch diese Region symmetrisch wirkt.
  - » Die Krallen sind kurz und flach, im TS wirken sie rundlich.
- **Löffler** (als Repräsentant für Ibisvögel = „Löffler und Ibisse“)
  - » Das TS wirkt zart und „elegant“.
  - » Die Zehen sind schmal und laufen spitz aus („**Stilett**“).
  - » Der Hallux ist kurz, dessen Zehenballen drücken aber auf längerer Strecke ab.
  - » Der Metatarsalballen ist klein und unauffällig.

Kranich: rechtes Trittsiegel im Lehm.

Weißstorch: rechtes Trittsiegel in einer Feuchtwiese.

Löffler: rechtes Trittsiegel im Sand.

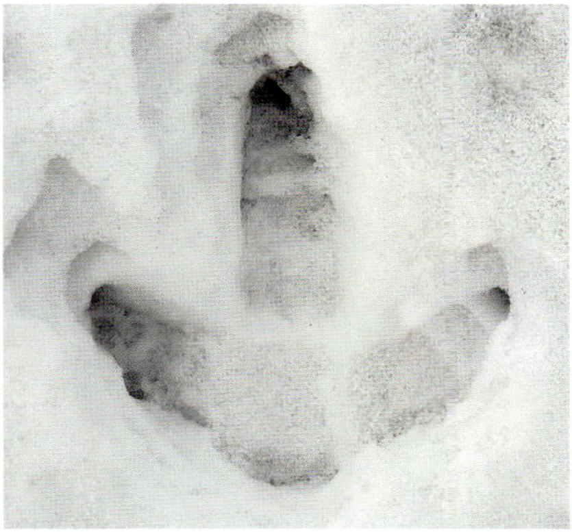

Großtrappe (Hahn): rechtes Trittsiegel im Schnee.

Rosa Flamingo: rechtes Trittsiegel im Schlamm.

  - » **Beidseitig** zeigen sich **breite Spannhäute**. Die laterale erreicht etwa ein Drittel der Zehenlänge, die mediale ist schmaler. Diese Region wirkt somit etwas asymmetrisch.
  - » Die Krallen sind spitz (bei manchen Ibissen auch länger).
- **Großtrappe**
  - » Das gesamte TS wirkt **plump** (wenig Negativraum).
  - » Die **Zehen** sind außerordentlich **dick** und keil- bis dolchförmig.
  - » Ein Hallux fehlt auch anatomisch.
  - » Der **Metatarsalballen** ist **groß**, rund und deutlich abgedrückt.
  - » Schmale Spannhäute sind zwar vorhanden, im Bild jedoch nicht erkennbar.
  - » Die Krallen sind kurz und flach, im TS wirken sie rundlich.
- **Rosa Flamingo**
  - » Das gesamte TS ist flächig abgedrückt.
  - » Die Mittelzehe wirkt etwas aufgetrieben, die **Seitenzehen** sind dünn und nach innen **gebogen**.
  - » Anatomisch ist der Hallux sehr kurz und hoch angesetzt, sodass er im Trittsiegel zumeist kaum abdrückt.
  - » Die beiden **Schwimmhäute** erreichen **nicht die Spitze** der Mittelzehe.
  - » Die Krallen sind sehr kurz und rund und drücken (unauffällig) als runde Konturen am Zehenrand ab.

Verwechslungsmöglichkeiten

Trotz der relativ eindeutigen Merkmale können die Trittsiegel der Schreitvögel untereinander verwechselt werden, insbesondere wenn kräftige Zehen auf hartem Boden kaum abgedrücken oder umgekehrt zarte Füße tief im Schlamm versinken.

- **Ibisvögel vs. Störche**. In weichem Substrat können die an sich schlanken Zehen von Löfflern und Ibissen dolchförmig wirken.
- **Kraniche vs. Ibisvögel**. Auf sehr hartem Boden hinterlassen die kräftigen Zehen der Kraniche oft nur zarte Abdrücke, die an die stilettartige Form der Ibisvögel erinnern können.
- **Störche und Ibisvögel vs. Kranich**. Wenn die Hinterzehen von Störchen oder Ibisvögeln nur unvollständig abdrücken, kann es zu Verwechslungen mit den Trittsiegeln von Kranichen kommen.

Nur wenige, weitere Vogelfamilien können Anlass zu Verwechslungen geben:

- **Reiher** (siehe voriges Kapitel). Verwechslungen sind insbesondere mit Ibisvögeln möglich, besonders wenn beim Löffler der Hallux nicht angewinkelt ist, sondern gerade steht.
- **Gänsevögel**. Das betrifft den Flamingo, dessen Grundtypus und Dimension jenen der Gänse ähneln. Allerdings erreichen beim Flamingo die Schwimmhäute nicht die Spitze der Mittelzehe, die Innenzehe ist nicht verbreitert (da eine zusätzliche

Schwimmhaut fehlt) und der Metatarsalballen ist weniger ausgeprägt.

- **Greifvögel**. Große Greifvögel haben wuchtigere Zehenballen und längere Krallen.

Artengarnitur

Neun Arten von Schreitvögeln sind für uns relevant. Nicht berücksichtigt wird der Jungfernkranich, eine östliche, etwas kleinere Kranichart, die manchmal in den großen Zugtrupps des Kranichs auftaucht. Ebenso unerwähnt bleiben tropische Flamingos, die sich als Gefangenschaftsflüchtlinge manchen Kolonien „unseres" Rosaflamingos anschließen.

Spurenrelevante Angaben zu Schreitvögeln:

Art	Wann? (Status)	Wo?
Kranich	Zugvogel (April bis September), sonst Durchzügler und Wintergast	Brütet in Waldmooren und Bruchwäldern im Nordosten, Ausbreitungstendenz, während des Zuges in der Agrarlandschaft
Weißstorch	Zugvogel (März bis September), zunehmend auch Überwinterung	lückige Verbreitung, synanthrop, Nahrungssuche in Wiesen und Feuchtgebieten (auch Müllkippen)
Schwarzstorch	Zugvogel (März bis September)	Waldgebiete mit Feuchtstellen, besonders im Gebirge
Löffler	Zugvogel (März bis Oktober)	Verschilfte Gewässer, im Südosten und an den westlichen Küsten
Brauner Sichler	Zugvogel	Vegetationsreiche, größere Gewässer
Waldrapp	Zugvogel	Ausgestorben, Wiederansiedlungsprojekte in Süddeutschland, Schweiz, Italien und Österreich
Großtrappe	Ganzjährig	Reliktvorkommen vor allem im Osten, „Wiesensteppen"
Zwergtrappe	Im Gebiet Zugvogel (April bis September)	Selten in Offengeländen Südwest-Europas, früher weiter verbreitet
Rosaflamingo	Im Süden ganzjährig, auf nördlichen Vorposten (zum Beispiel in Holland) von März bis August.	Typisch in Salzwasser-Lagunen; gelegentlich auch im Binnenland

Maße, Variationsbreite und Unterscheidungen

Achtung, die Maßangaben der einzelnen Schreitvogel-Familien sind **nicht direkt vergleichbar**! Die großen TSL bei Störchen und Ibisvögeln ergeben sich aus der Tatsache, dass (nur) hier der Hallux mitgemessen wird.

Trittsiegelmaße von Reihern (siehe auch Abkürzungsverzeichnis).

Art	TSL (cm)	TSB (cm)	Z1 (cm)	Z2 (cm)	Z3 (cm)	Z4 (cm)
Kranich	12,1 (11,0–13,8)	16,3 (15,1–17,4)	1,9 (1,7–2,0)	6,9 (5,8–8,5)	10,2 (9,2–11,4)	8,0 (7,4–8,7)
Weißstorch	13,4 (12,2–14,2)	11,9 (9,8–13,6)	3,3 (2,6–4,1)	6,0 (4,7–7,3)	8,6 (7,4–9,5)	6,7 (5,8–8,0)
Schwarz-storch	13,2 (12,2–14,2)	11,8 (10,7–12,9)	3,3 (2,6–4,0)	5,9 (5,5–6,3)	8,5 (7,4–9,6)	6,6 (6,0–7,2)
Löffler	13,5 (12,5–14,6)	11,5 (11,0–13,4)	3,8 (3,2–4,5)	6,1 (4,7–6,3)	8,5 (7,0–9,0)	7,0 (5,9–7,4)
Brauner Sichler	10,7 (9,7–11,9)	8,3 (8,0–8,6)	3,1 (2,1–3,5)	4,0 (3,8–4,1)	6,9 (6,2–7,9)	4,9 (4,8–4,9)
Waldrapp	11,3	9,3	3,6	4,8	6,7	5,4
Großtrappe ♂	9,7 (8,7–10,3)	8,9 (6,3–10,4)		5,2 (4,7–5,6)	7,4 (6,7–8,2)	5,7 (5,0–6,4)
Großtrappe ♀	6,8 (6,3–7,6)	5,3 (5,5–6,9)		3,6 (3,4–3,7)	5,6 (4,9–6,2)	4,0 (3,8–4,0)
Zwergtrappe	4,2 (3,7–4,7)	3,9 (3,0–4,6)		2,3 (2,0–2,6)	3,4 (3,0–3,8)	2,4 (2,0–2,7)
Rosaflamingo	9,2 (7,2–11,4)	10,2 (9,2–11,0)	1,1 (0,6–1,6)	6,5 (6,0–7,3)	8,3 (6,3–10,5)	7,1 (6,6–7,4)

Wie bereits erwähnt, sind die Größenklassen anhand der Trittsiegellängen (TSL) schwer vergleichbar. Stattdessen eignet sich die Länge der Mittelzehe (Z3) besser für eine Einordnung:

- Am längsten ist die Mittelzehe beim Kranich.
- Darauf folgen Störche und der Löffler, vergleichbar mit der Dimension des Flamingos.
- Kürzer sind die Mittelzehen bei kleineren Ibissen und der männlichen Großtrappe.
- Noch kürzer sind die Mittelzehen bei der weiblichen Großtrappe und, mit deutlichem Abstand am kürzesten, bei der Zwergtrappe.

Größenvergleiche sind besonders hilfreich, um **Löffler** von **Braunen Sichlern** zu unterscheiden (der Waldrapp wird eine Rarität bleiben) und um das Geschlecht bei **Großtrappen** zu bestimmen. Bei den beiden Storcharten hingegen ist eine Unterscheidung anhand der Größe kaum möglich, da sich ihre Maße stark überschneiden. Alle anderen Bestimmungsfragen lassen sich anhand der morphologischen Unterschiede klären.

Geschlechtsdimorphismus

Bei allen beschriebenen Arten sind die männlichen Tiere größer und schwerer, spurentechnisch relevant ist das nur bei der Großtrappe.

Jungvögel/Nestflüchter

Störche, Löffler und Ibisse sind Nesthocker, deren Jungvögel hinterlassen erst dann Spuren, wenn die Füße bereits die Länge der Altvögel erreicht haben. Bald nach dem Schlüpfen verlassen allerdings Kraniche, Trappen und Flamingos ihre Nester. Dieser Umstand ist im Frühsommer bei Messungen zu berücksichtigen.

Gangarten und Spurbilder

Spurbilder der Schreitvögel: Gehen beim Löffler (a), Gehen beim Weißstorch (b), Laufen beim Kranich (c), Hüpflauf bei der Großtrappe (d).

Ihrem Namen folgend „schreiten" die Schreitvögel, womit ein zielgerichtetes Gehen gemeint ist.

- **Gehen (a und b)** ist die typische Gangart der Schreitvögel. Löffler und Ibisse zeigen dabei kürzere SL, bei den langbeinigen Arten sind diese größer. Die SB bleibt meist gering. Die Fußachse zeigt in Laufrichtung, bei Störchen und Trappen ist sie manchmal leicht nach innen gedreht.
- **Laufen (c)**. Kraniche und Flamingos nehmen zum Abflug meist einen Anlauf mit etwa fünf Doppelschritten (was in der Nomenklatur des Spurenlesens fünf SL entspricht). Sonst bleibt diese Gangart eine Ausnahme und beschränkt sich auf das Fangen beweglicher Beute (beispielsweise bei Störchen), Balzverhalten oder kurze Fluchtbewegungen.

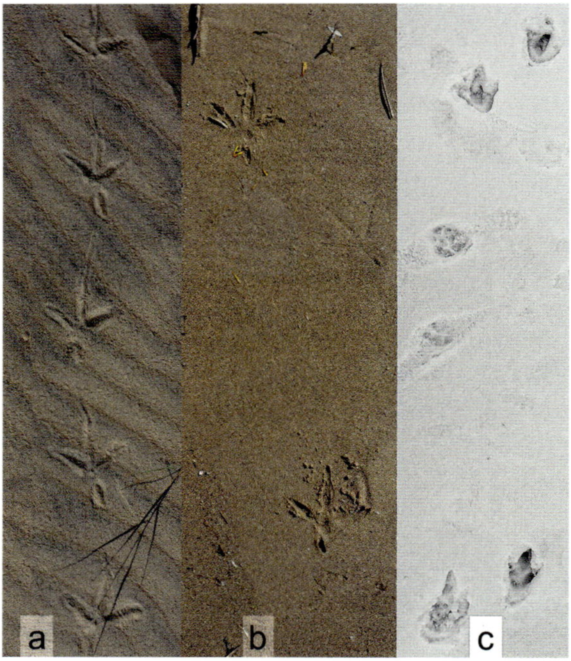

Spurbilder von Schreitvögeln aus dem Freiland: Gehen beim Löffler (a), Laufen beim Weißstorch (b), Hüpflauf beim Abflug einer Großtrappe (c) (nicht maßstäblich).

- **Stehen**. Schreitvögel suchen ihre Nahrung in Bewegung, im Gegensatz zu den häufig im Stehen lauernden Reihern. Stehen dient fast ausschließlich der Gefiederpflege und der Ruhe. Alle Arten, mit Ausnahme der Trappen, stehen auch einbeinig. Dabei ruhen nur Kraniche, Trappen und Flamingos am Boden, die anderen Arten bevorzugt in höherer Vegetation oder auf Felsen.
- **„Sitzen"**. Kraniche, Trappen und Flamingos sitzen manchmal auf ihren abgebogenen Intertarsalgelenken (= „Fersen").
- Abflug und **Hüpflauf (d)**. Den Abflug unterstützen die schweren Großtrappen oft durch einige (zwei bis fünf), zeitlich versetzte Hüpfbewegungen, die spurentechnisch einem Hüpflauf entsprechen. Das können auch Störche beim Start vom Boden zeigen. Die GL sind dabei klein und die ZGL groß. Löffler und Ibisse benötigen keine zusätzliche Unterstützung und fliegen mit einem beidbeinigen Sprung vom Boden auf.

Dimensionen

Maße von Gangarten bei Reihen (siehe auch Abkürzungsverzeichnis).

Art	Gangart	SB (cm)	SL (cm)	GL (cm)	ZGL (cm)
Kranich	Gehen	17–24	25–116		
Kranich	Laufen		117–223		
Weiß- und Schwarzstorch	Gehen	13–17	27–99		
Weißstorch	Laufen		111–130		
Weißstorch	Hüpflauf	26	90	24	66
Löffler	Gehen	12–20	27–71		
Brauner Sichler, Waldrapp	Gehen	9–13	22–56		
Großtrappe ♂	Gehen	10–16	20–69		

Fortsetzung: Maße von Gangarten bei Reihen (siehe auch Abkürzungsverzeichnis).

Art	Gangart	SB (cm)	SL (cm)	GL (cm)	ZGL (cm)
Großtrappe ♀	Gehen		17–57		
Großtrappe	Hüpflauf	22	111	21	89
Rosaflamingo	Gehen	11–13	44–96		
Rosaflamingo	Laufen		bis 198		

Die SB für das Laufen sollten etwas geringer sein als im Gehen, das trifft jedoch nicht verlässlich zu. Für den Hüpflauf liegen nur wenige Beobachtungen vor.

Zeichen

Zeichen von Schreitvögeln sind weniger auffällig als jene von Reihern, sieht man von den „gekalkten" Dächern ab, die Weißstörche am Brutplatz hinterlassen.

Ernährung

Die meisten Arten ernähren sich ausschließlich tierisch, wobei Insekten wie Käfer und Heuschrecken, Weichtiere und Würmer eine bedeutende Rolle spielen, seltener auch kleine Säugetiere und Vögel, Reptilien, Amphibien sowie Fische. Im größeren Ausmaß pflanzliche Kost fressen nur Kraniche und Trappen. Dabei werden sowohl Getreidekörner, andere Samen und grüne Pflanzenteile genutzt, bei Großtrappen spielen Kreuzblütler (Kohl, Senf, Raps) eine bedeutende Rolle. Die Aufnahme von Magensteinchen ist vom Kranich und den Trappen beschrieben (G. v. Blotzheim & Bauer).

Nahrungserwerb und Fraßspuren

Viele Schreitvögel verschlucken die tierische Nahrung im Gesamten und hinterlassen wenig verwertbare Fraßspuren. Andere sind wiederum auffälliger:

Fraßspur vom Kranich: Schnabelmarke auf einem Feld (Foto: Andreas Dell).

- **Kraniche**. Wenn im Herbst große Trupps auf abgeernteten oder frisch eingesäten Feldern nach Nahrung suchen, können diese mit dem Schnabel in die Erde stechen. Das kann einzelne, gut erkennbare Schnabelmarken hinterlassen oder handtellergroße Erdumbrüche, die an Scharrspuren erinnern.
- **Löffler und Ibisse.** Bei Störungen können Vögel (besonders Jungvögel) im Magen befindliche Nahrung auswürgen. Diesbezügliche Funde könnten spurentechnisch verwertbar sein. Ob die seitlichen Schnabelbewegungen des Löfflers im Flachwasser Marken hinterlassen, wäre zu prüfen.

- **Großtrappe**. Besonders im Winter fressen diese Vögel die großen Blätter von Kreuzblütlern (zum Beispiel Raps). Dabei werden härtere Pflanzenteile wie Stängel oder Blattrippen ausgespart, was typische Fraßspuren hinterlässt.
- **Flamingo.** G. v. Blotzheim & Bauer beschreiben wie folgt: *„Bei der Nahrungsaufnahme treten die Vögel oft auf der Stelle und führen den Kopf – Oberschnabel nach unten – im Kreise um sich herum. Der Schnabel hinterläßt dabei eine kreisrunde Ringspur im Schlamm."*

Fraßspur der Großtrappe: Im Winter bilden Rapsblätter ein wichtige Nahrungsgrundlage. Die harten Pflanzenteile werden verschmäht.

Weitere Zeichen

Großtrappen nehmen Staubbäder. Diesbezügliche Mulden könnten beispielsweise auf unbefestigten Flurwegen oder lockeren Feldrändern auffallen.

Ausscheidungen

Exkremente von Arten, die sich tierisch ernähren, bestehen zum Großteil aus flüssiger weißer Harnsäure (Urat) mit einem geringen bräunlich-gelblichen Kotanteil. Es handelt sich um Kleckse, die jenen von Reihern gleichen. Arten, die sich auch pflanzlich ernähren wie **Kraniche** und **Trappen**, können hingegen auch geformte, trockene Exkremente abgeben, die je nach Nahrung bräunlich oder grünlich gefärbt sind.

Speiballen sind von Störchen bekannt, die jedoch nur geringe Anteile unverdaulicher Beutereste wie Insektenfragmente, Säugetierhaare oder Reptilienschuppen enthalten. Der Großteil besteht aus Füllmaterial wie Pflanzenfasern oder Erde. In seiner Dissertation über den Weißstorch hat Peter Sackl drei verschiedene Typen von Speiballen beschrieben, die sich deutlich voneinander unterscheiden:

- Der häufigste Typ besteht vorwiegend aus dicht gepackten Säugetierhaaren, insbesondere von Wühlmäusen. Diese Gewölle sind zwischen 5 und 8 cm lang sowie 3 bis 4 cm dick.
- Seltener treten Speiballen auf, die überwiegend aus pflanzlichem Material oder Erde bestehen. Diese Speiballen sind etwas kleiner.
- Ebenfalls seltener werden Speiballen ausgeschieden, die fast ausschließlich aus Erde und Sand bestehen.

Speiballen des Weißstorchs sind längsoval bis bauchig und ihre Farbe reicht von rotbraun bis grau. Im Gegensatz dazu frisst der Schwarzstorch kaum Säugetiere, weshalb in seinen Speiballen fast nie Haare zu finden sind. Stattdessen enthalten sie häufiger Panzerteile von Krebsen, während das pflanzliche Füllmaterial aus Moosen, Torf und Wasserpflanzen besteht. Generell bildet der Schwarzstorch weniger häufig Speiballen, die zudem etwas kleiner sind als die des Weißstorchs.

Ausscheidungen vom Weißstorch: Unter den typischen Rauchfanghorsten bilden sich „Fahnen“ aus weißem Exkrement. Am Boden unter der Traufe (unterer Bildabschnitt) sind ebenfalls Exkremente und Teile von Speiballen (dunkle Elemente) zu finden.

links: Speiballen vom Weißstorch: Abgebildet ist jener der drei Typen von Speiballen, der hauptsächlich aus Pflanzenfasern besteht. Die wenigen Chitinreste sind nur bei genauer Untersuchung mit einer Lupe sichtbar. Die rötliche Färbung des Speiballens kann auf Heuschreckenkost beruhen.

rechts: Speiballen vom Schwarzstorch: Typisch sind ein deutlicher Anteil an Pflanzenfasern und Panzerteile von Krebsen (Foto Jörn Kaufhold).

Watvögel

Watvögel, auch als Limikolen bekannt, sind für Ornithologen gleichermaßen faszinierend wie herausfordernd. Von den weltweit über 200 Arten unternehmen einige beeindruckende Reisen, bei denen sie jedes Jahr Tausende Kilometer von der Südhalbkugel zur Nordhalbkugel und zurück überwinden. Dabei können sie an ungewöhnlichen Orten, fast überall auf der Welt, überraschend auftauchen. Die Vielfalt der Arten, ihr Zugverhalten und die oft schwierige Bestimmung im Feld führen dazu, dass manche Vogelbeobachter die Identifizierung von Limikolen erst gar nicht versuchen, während andere sich intensiv mit dieser anspruchsvollen Thematik auseinandersetzen.
Genauso vielschichtig sind die Spuren von Watvögeln. Sowohl an der Küste als auch in Feuchtgebieten im Binnenland bieten sie unerschöpfliche Erlebnisse für Spurenlesende.

Fußmorphologie und Trittsiegel

Flussuferläufer: linker Fuß, Unterseite.

Flussuferläufer: Fuß seitlich.

Der Flussuferläufer ist einer der häufigsten Watvögel mit weiter Verbreitung in Europa. Seine Füße zeigen typische Merkmale, die sich auch bei den meisten anderen Limikolen finden:

- Grundtypus: Vogelfuß mit reduziertem Hallux.
- Dimension: TSL knapp 2 cm bis 5,7 cm (für alle hier vorgestellten Arten).
- Die **Zehen stehen gerade**, einzelne Ballen sind schwach ausgeprägt.
- Geringe Unterschiede der Zehenlängen: Die Mittelzehe ist nicht wesentlich länger als die Außenzehe und diese wiederum ist nur unwesentlich länger als die Innenzehe.
- Der Hallux ist verkürzt. Beim Flussuferläufer ist er (für einen Watvogel) allerdings relativ lang und setzt recht tief am Laufbein an.
- Der **Metatarsalballen** ist deutlich **ausgeprägt**.

- Zwischen Mittel- und Außenzehe (= **lateral**) zeigt sich eine breite **Spannhaut**.
- Die Krallen sind kurz und schwach gekrümmt.

Die folgende Beschreibung bezieht sich zuerst auf den Flussuferläufer.

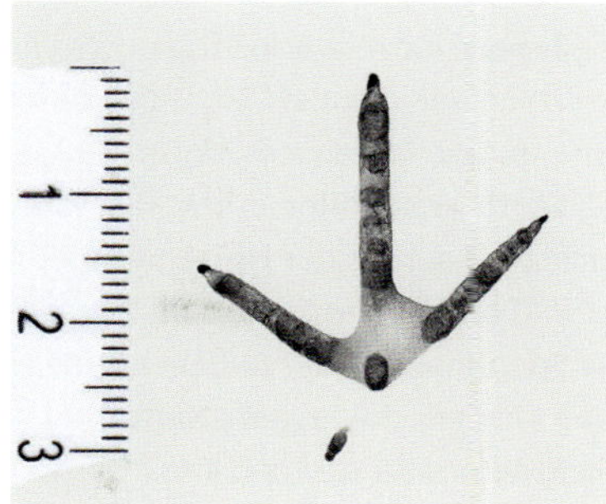

Flussuferläufer: rechtes Trittsiegel (idealisierte Zeichnung).

Umrisse und Proportionen

Der Umriss entspricht etwa einem **Quadrat**. Die Umrisslinie entlang der Zehenspitzen ist ebenfalls quadratisch und relativ **symmetrisch**.

Achsen und Winkel

Die Öffnungswinkel der Vorderzehen sind im Normalfall größer als 90°, beim Flussuferläufer durchschnittlich 100°. Die Teilwinkel sind etwa gleich. Der Hallux ist mehr oder minder stark nach innen gewinkelt (130 bis 170°).

Bestimmungsprobleme entstehen, wenn man auf ungewöhnlich **schmale Trittsiegel** stößt. Solche Spuren findet man besonders bei größeren Watvögeln wie Brachvögeln oder Uferschnepfen. Sie entstehen, wenn diese Vögel beim Abflug **Anlauf** nehmen und dabei ihre Zehen weniger spreizen.

Ballenmuster, Negativräume und Krallen

Die **Füße** drücken zumeist **ganzflächig** auf und im tiefen Boden wirkt das Trittsiegel wie eine einheitliche Fläche (rosa).

Ist das Substrat härter, kann sich an der Zehenbasis eine Lücke bilden.

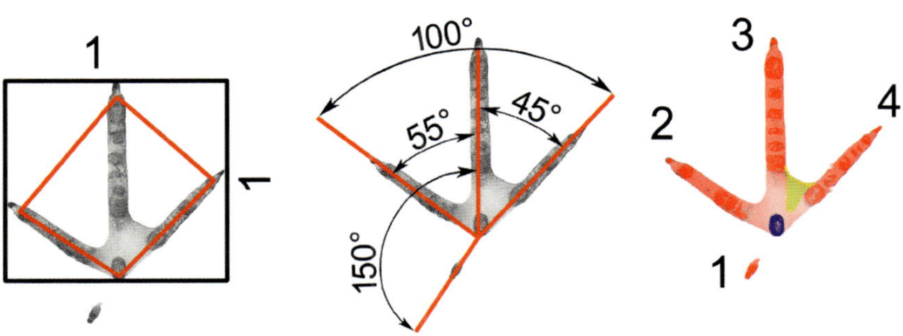

Flussuferläufer:

links: Umrisslinien.

Mitte: Zehenachsen (rot) und Öffnungswinkel mit Gradangaben.

rechts: Ballenmuster (Fußfläche rosa, Metatarsalballen blau, Spannhäute gelb und Zehenballen und Krallen rot).

Die **Zehen** sind relativ **kräftig** und stehen **gerade**. (Die Form der Zehen variiert bei anderen Limikolen und dient als wichtiges Unterscheidungsmerkmal.)
Nur wenn die Bodenverhältnisse besonders günstig sind, ist ein **Ballenmuster angedeutet**.
Der **Metatarsalballen** drückt **fast immer** als runde Fläche ab.
Auch der Abdruck der **Hinterzehe** ist meist **deutlich**. (Abdrücke oder das Fehlen des Hallux sind ein weiteres Kriterium für die Bestimmung von Watvögeln).
Die **Spannhaut** an der Außenseite des Fußes ist an vielen Trittsiegeln erkennbar und bildet dann eine **geschwungene Kante**.
Die **Krallen** sind kurz und ihre Abdrücke sind oft mit dem Endglied der jeweiligen Zehe verbunden. Das Endglied der Mittelzehe ist recht breit, wodurch die darauf sitzende Kralle wie ein kleines **„Häubchen"** erscheint.

Realitätsprüfung

An allen drei Trittsiegeln lassen sich die beschriebenen Merkmale nachvollziehen.

- Der **Grundtypus**, Vogelfuß mit reduziertem Hallux, ist eindeutig.
- Die Gesamtform entspricht etwa einem **Quadrat** und die Trittsiegel wirken symmetrisch.
- Der Öffnungswinkel der Zehen sind **größer als 90°** und die Teilwinkel etwa gleich.
- Die Unterschiede der Zehenlängen (ohne Hinterzehe) sind gering.
- Die **Zehen** sind relativ kräftig (Abb. a, c) und **stehen gerade**.
- Ballenmuster sind nur in Abb. b gut erkennbar.
- Der **Hallux** drückt deutlich ab und ist nach **innen gewinkelt**. Er ist relativ lang und steht flach, sodass nicht nur die Kralle, sondern auch das Endglied abdrückt (**längere Strecke**).
- Der **Metatarsalballen** ist rund und stetig abgedrückt, besonders auffällig in Abb. b und c.
- Die **Krallen** sind kurz und sitzen den Endballen der Zehen wie kleine **„Häubchen"** auf (gut zu sehen bei den Mittelzehen b und c).

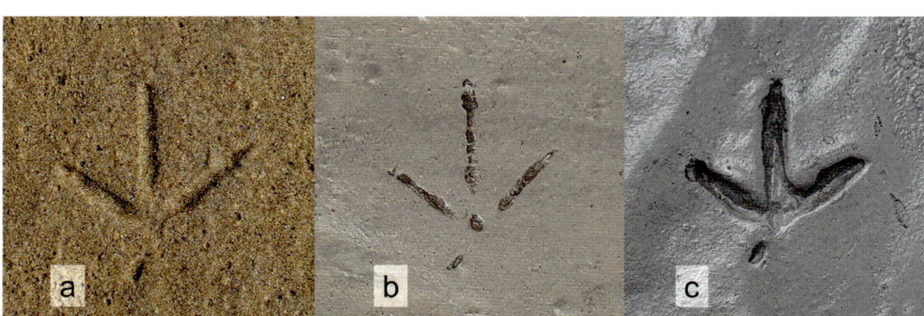

Flussuferläufer: Drei rechte Trittsiegel im Sand (a), seichten (b) und tiefen Schlamm (c).

Verwechslungsmöglichkeiten

Diese bestehen mit anderen Vogelfamilien vom gleichen Grundtypus:

- **Hühnervögel** haben dickere Zehen mit ausgeprägtem Ballenmuster. Raufußhühner zeigen auch eine Biegungstendenz der Zehen, während die Zehen von Watvögel meist gerade stehen. Bedenkt man die unterschiedlichen Lebensräume und dass die meisten Hühnervögel größer sind als Limikolen, so reduziert sich dieses Thema auf wenige Beispiele (zum Beispiel Haselhuhn vs. Waldschnepfe).
- Trittsiegel von **Rallen** können leicht mit jenen von Schnepfenvögeln verwechselt werden, da sie den gleichen Lebensraum teilen. In der Praxis sind Verwechslungen zwischen Bekassine und Tüpfelsumpfhuhn am häufigsten, während die etwas größere Wasserralle leichter zu unterscheiden ist. Zwar zeichnen sich Rallen durch längere Hinterzehen und Krallen im Vergleich zu Schnepfen aus, dennoch bleibt die Bestimmung im Einzelfall herausfordernd.
- „Schreitvögel“ wie **Kraniche** oder **Trappen** sind deutlich größer.

Artengarnitur

Um ein repräsentatives Bild dieser Vogelordnung zu erhalten, ist die Betrachtung von mindestens 36 (!) Arten notwendig. Das gestaffelte Durchzugsmuster verdeckt, dass die meisten Limikolen, die in Mitteleuropa erscheinen, keine lokalen Brutvögel sind, sondern sich auf Reisen zu (oder von) weit entfernten Brutgebieten in Nordeuropa oder Sibirien befinden. Ihre Brut- und Durchzugsgebiete konzentrieren sich auf spezielle Regionen an den Küsten oder auf Feuchtgebiete im Binnenland. Wer sich intensiver mit Watvögeln beschäftigen möchte, sollte solche Gebiete gezielt recherchieren oder selbst erkunden. Der **Vogelzug** folgt einem recht **festen Zeitplan** und in verschiedenen Quellen kann man nachlesen, welche Arten zu bestimmten Zeiten an welchen Orten durchziehen. Spurenlesende können wertvolle Erkenntnisse beisteuern, indem sie beispielsweise überwinternde Zwergschnepfen an unscheinbaren Wassergräben entdecken.

Maße, Variationsbreite und Unterscheidungen

Das Messen von Limikolen-Trittsiegeln gestaltet sich oft schwierig. Der schlammige Untergrund macht „sauberes“ Arbeiten oft unmöglich und im tiefen Substrat sind die Messstrecken schwierig zu ermitteln. In vielen Fällen liegt der Maßstab nicht in der gleichen Ebene wie das Trittsiegel (oft deutlich höher) und es ist häufig unklar, ob die distalen Enden eines Trittsiegels auch die Krallen mit einschließen oder nicht. Diese Messabweichungen, die die Bestimmung erheblich erschweren, müssen berücksichtigt werden und treten auch bei der späteren Analyse von Fotos auf.

Trittsiegelmaße von Watvögeln: Austernfischer, Säbelschnäbler und Triele (siehe auch Abkürzungsverzeichnis).

Art	TSL (cm)	TSL^{oK} (cm)	TSB (cm)	Z2 (cm)	Z3 (cm)	Z3^{oK} (cm)	Z4 (cm)
Austernfischer	4,9 (4,4–5,4)	4,6 (3,9–5,1)	5,7 (5,0–6,3)	2,6 (2,3–3,0)	4,1 (3,5–4,5)	3,7 (3,0–4,2)	3,4 (3,0–3,5)
Säbelschnäbler	5,0 (4,7–5,5)	4,7 (4,6–4,7)	6,1 (4,5–6,9)	3,0 (2,8–3,2)	4,1 (3,8–4,4)	3,8 (3,5–4,1)	3,3 (3,2–3,7)
Stelzenläufer	4,6 (4,2–5,3)	4,1 (3,6–4,8)	5,8 (4,7–6,9)	3,1 (2,8–3,4)	4,2 (3,6–4,7)	3,8 (3,3–4,2)	3,4 (3,0–3,6)
Triel	4,0 (3,6–4,4)	3,8 (3,4–4,2)	3,1 (2,5–3,5)	2,1 (1,8–2,3)	3,4 (3,0–3,7)	3,2 (2,9–3,4)	2,7 (2,4–3,0)

Trittsiegelmaße von Watvögeln: Regenpfeifer und Kiebitze (siehe auch Abkürzungsverzeichnis).

Art	TSL (cm)	TSL^{oK} (cm)	TSB (cm)	Z2 (cm)	Z3 (cm)	Z3^{oK} (cm)	Z4 (cm)
Sandregenpfeifer	2,3 (2,0–2,5)	2,0 (1,8–2,1)	2,5 (2,2–2,7)	1,3 (1,1–1,4)	1,9 (1,7–2,1)	1,6 (1,5–1,7)	1,5 (1,3–1,6)
Flussregenpfeifer	2,0 (1,8–2,2)	1,8 (1,6–1,8)	2,6 (2,1–3,2)	1,1 (0,9–1,2)	1,8 (1,5–1,9)	1,5 (1,2–1,6)	1,4 (1,1–1,5)
Seeregenpfeifer	2,2 (2,0–2,4)	2,0 (1,9–2,1)	2,6 (2,1–3,1)	1,3 (1,1–1,5)	1,9 (1,7–2,2)	1,7 (1,4–1,7)	1,6 (1,4–1,9)
Mornellregenpfeifer	2,7 (2,5–2,9)	2,4 (2,2–2,6)	3,5 (3,3–3,8)	1,5 (1,4–1,6)	2,2 (2,0–2,4)	2,0 (1,9–2,2)	1,8 (1,6–1,9)
Goldregenpfeifer	3,5 (3,3–3,7)	3,2 (3,0–3,2)	4,0 (3,8–5,0)	2,0 (1,8–2,2)	3,0 (2,8–3,2)	2,7 (2,5–2,8)	2,4 (2,3–2,6)
Kiebitzregenpfeifer	3,7 (3,4–4,1)	3,5 (3,3–3,6)	4,4 (3,9–5,0)	2,1 (1,7–2,4)	3,2 (2,8–3,4)	2,9 (2,8–3)	2,5 (2,1–2,7)
Kiebitz	3,8 (3,4–4,1)	3,4 (3,0–3,6)	4,6 (4,0–5,1)	2,3 (2,0–2,5)	3,2 (2,9–3,5)	2,8 (2,6–3,1)	2,6 (2,2–3,0)

Trittsiegelmaße von Watvögeln: Strandläufer und Steinwälzer (siehe auch Abkürzungsverzeichnis).

Art	TSL (cm)	TSL^{oK} (cm)	TSB (cm)	Z2 (cm)	Z3 (cm)	Z3^{oK} (cm)	Z4 (cm)
Alpenstrandläufer	2,6 (2,3–2,8)	2,3 (2,0–2,5)	3,4 (2,6–3,8)	1,6 (1,4–1,8)	2,3 (2,0–2,6)	2,0 (1,7–2,2)	1,8 (1,7–2,1)
Sichelstrandläufer	2,7 (2,5–2,9)	2,5 (2,3–2,7)	3,3 (3,1–3,6)		2,4 (2,2–2,6)	2,2 (2,0–2,4)	
Knutt	3,0 (2,8–3,2)	2,6 (2,5–2,9)	4,1 (3,8–4,4)	1,9	2,5 (2,4–2,8)	2,4 (2,2–2,6)	2,1

Fortsetzung: Trittsiegelmaße von Watvögeln: Strandläufer und Steinwälzer (siehe auch Abkürzungsverzeichnis).

Art	TSL (cm)	TSL^{oK} (cm)	TSB (cm)	Z2 (cm)	Z3 (cm)	$Z3^{oK}$ (cm)	Z4 (cm)
Sanderling	2,2 (1,9–2,3)	2,0 (1,7–2,1)	2,8 (2,7–3,6)	1,5 (1,4–1,5)	1,9 (1,8–2,0)	1,6 (1,5–1,6)	1,6 (1,5–1,7)
Meerstrand-läufer	3,0 (2,8–3,2)	2,8 (2,6–3,1)	3,9		2,6 (2,4–2,8)	2,4 (2,3–2,6)	
Zwergstrand-läufer	2,0 (1,8–2,2)	1,7 (1,6–1,8)	2,6 (2,2–2,8)	1,7 (1,6–1,7)	1,8 (1,6–2,1)	1,6 (1,4–1,7)	1,8 (1,8–1,9)
Temminck-strandläufer	1,9 (1,8–2,1)	1,7 (1,6–1,8)	2,7 (2,2–3,2)	1,3 (1,2–1,4)	1,7 (1,5–1,8)	1,5 (1,3–1,6)	1,5 (1,4–1,6)
Kampfläu-fer ♀	3,5 (3,1–3,6)	3,0 (2,7–3,1)	4,4 (3,5–4,1)	2,1 (1,9–2,3)	2,8 (2,7–3,1)	2,5 (2,3–2,7)	2,4 (2,1–2,4)
Kampfläu-fer ♂	4,1 (3,7–4,4)	3,6 (3,3–3,8)	5,6 (4,1–5,9)	2,6 (2,3–2,8)	3,5 (3,3–3,7)	3,0 (2,7–3,2)	3,0 (2,7–3,2)
Steinwälzer	2,9 (2,6–3,1)	2,5 (2,1–2,7)	3,5 (3,1–3,9)	1,8 (1,5–1,9)	2,6 (2,3–2,8)	2,3 (2,1–2,5)	2,0 (1,8–2,2)

Trittsiegelmaße von Watvögeln: Wasserläufer und Flussuferläufer (siehe auch Abkürzungsverzeichnis).

Art	TSL (cm)	TSL^{oK} (cm)	TSB (cm)	Z2 (cm)	Z3 (cm)	$Z3^{oK}$ (cm)	Z4 (cm)
Dunkler Wasserläufer	4,1 (3,7–4,4)	3,7 (3,4–4,0)	5,3 (5,0–5,8)	2,6 (2,4–2,8)	3,7 (3,3–4,0)	3,3 (3,0–3,6)	2,9 (2,7–3,1)
Rotschenkel	3,6 (3,3–3,9)	3,1 (2,8–3,4)	4,7 (4,2–5,0)	2,2 (1,8–2,5)	3,1 (2,7–3,3)	2,6 (2,3–2,9)	2,4 (1,9–2,6)
Grün-schenkel	4,1 (3,9–4,5)	3,7 (3,5–4,1)	5,5 (3,7–5,8)	2,5 (2,2–2,8)	3,5 (3,2–3,8)	3,2 (2,8–3,4)	2,8 (2,5–3,1)
Bruchwas-serläufer	3,2 (2,9–3,6)	2,9 (2,6–3,3)	4,2 (3,7–4,6)	2,1 (1,7–2,6)	2,7 (2,5–3,1)	2,5 (2,0–3,0)	2,2 (1,9–2,6)
Waldwasser-läufer	3,3 (2,9–3,8)	3,0 (2,7–3,4)	4,5 (3,6–5,0)	2,1 (1,7–2,4)	2,9 (2,5–3,2)	2,4 (2,1–2,7)	2,4 (1,7–2,8)
Flussufer-läufer	2,4 (2,0–2,7)	2,2 (1,9–2,4)	2,7 (2,2–3,5)	1,5 (1,3–1,7)	2,0 (1,7–2,3)	1,8 (1,5–2,0)	1,7 (1,5–1,9)
Odins-hühnchen	2,3 (2,0–2,4)	2,2 (1,8–2,2)	2,6	1,6	2,1 (1,8–2,2)	1,9 (1,6–2,0)	1,8

Trittsiegelmaße von Watvögeln: Pfuhlschnepfen und Brachvögel (siehe auch Abkürzungsverzeichnis).

Art	TSL (cm)	TSL^{oK} (cm)	TSB (cm)	Z2 (cm)	Z3 (cm)	$Z3^{oK}$ (cm)	Z4 (cm)
Uferschnepfe	4,7 (4,3–4,9)	4,0 (3,8–4,2)	5,5 (5,2–5,8)	3,2 (3,0–3,2)	4,2 (3,9–4,5)	3,6 (3,3–3,9)	3,5 (3,3–3,7)
Pfuhl-schnepfe	4,1 (3,7–4,4)	3,6 (3,4–4,0)	5,0 (4,2–6,1)	2,6 (2,4–2,7)	3,4 (3,1–3,7)	3,0 (2,8–3,4)	2,8 (2,6–3,0)
Großer Brachvogel	5,4 (4,9–5,7)	4,9 (4,5–5,3)	7,6 (5,5–8,9)	3,5 (3,1–4,2)	4,5 (4,2–4,8)	4,1 (3,7–4,4)	3,9 (3,5–4,2)
Regenbrach-vogel	4,6 (4,1–5,0)	4,0 (3,7–4,3)	6,1 (5,2–6,6)	2,7 (2,2–3,1)	3,9 (3,5–4,2)	3,4 (3,1–3,6)	3,2 (2,7–3,4)

Trittsiegelmaße von Watvögeln: „Sumpfschnepfen“ und Schnepfen i. e. S. (siehe auch Abkürzungsverzeichnis).

Art	TSL (cm)	TSL^{oK} (cm)	TSB (cm)	Z2 (cm)	Z3 (cm)	$Z3^{oK}$ (cm)	Z4 (cm)
Doppel-schnepfe	3,6 (3,1–3,9)	3,2 (2,6–3,5)	3,3 (2,6–3,6)	2,2 (1,8–2,4)	3,1 (2,5–3,3)	2,8 (2,2–3,0)	2,4 (1,9–2,6)
Bekassine	4,0 (3,6–4,3)	3,5 (3,4–4,0)	4,9 (3,7–5,6)	2,6 (2,2–2,9)	3,5 (3,1–3,9)	3,0 (2,8–3,3)	3,0 (2,6–3,4)
Zwerg-schnepfe	3,2 (3,0–3,3)	2,8 (2,6–2,9)	3,5 (2,5–3,7)	2,1 (2,0–2,2)	2,8 (2,6–2,8)	2,4 (2,2–2,4)	2,5 (2,4–2,5)
Wald-schnepfe	4,6 (4,2–5,0)	4,2 (3,8–4,5)	5,2 (4,6–5,6)	2,4 (2,3–2,8)	4,0 (3,6–4,3)	3,6 (3,2–3,9)	2,8 (2,5–3,2)

Um das umfangreiche Zahlenmaterial übersichtlich darzustellen, sind die Tabellen taxonomisch gegliedert. Das Spurenlesen bei Limikolen wird deutlich einfacher, wenn wir uns mit der **Systematik vertraut machen** und uns einen Überblick über die einzelnen Familien innerhalb der Ordnung der Watvögel verschaffen.

Es zeigt sich, dass Limikolen anhand ihrer Trittsiegellänge allein nur schwer zu unterscheiden sind. Bei den meisten Arten liegt diese im Bereich zwischen 2,5 und 4,5 cm – also relativ dicht beieinander. Selbst an den beiden Rändern des Größenspektrums, bei besonders kleinen oder großen Watvögeln, gibt es jeweils mindestens fünf Arten mit sich **überschneidenden Maßen**. Die Tabellen im Buch ermöglichen es allerdings, zusätzlich die Längen der einzelnen Zehen miteinander zu vergleichen. Diese Proportionen bieten nämlich zusätzliche Differenzierungsmöglichkeiten. So ist bei einigen Arten wie etwa der Waldschnepfe, die Mittelzehe (Z3) deutlich länger als die Außenzehe (Z4), was bei den meisten anderen Watvögeln – einschließlich der verwandten Bekassine – nicht der Fall ist. Auch das Verhältnis zwischen Außenzehe (Z4) und Innenzehe (Z2) liefert wertvolle Hinweise. Bei vielen Arten ist die Außenzehe nur geringfügig länger als die Innenzehe, während Austernfischer, Triel und Regenpfeifer relativ lange Außenzehen aufweisen. Wenn man in der Folge auch morphologische Merkmale und ökologische Faktoren berücksichtigt, kommen wir der zuerst aussichtslos erscheinenden Bestimmung näher.

Geschlechtsdimorphismus und Jungvögel

Größenmäßig besteht der auffälligste Geschlechtsdimorphismus beim Kampfläufer, bei dem die Trittsiegel der Männchen um fast 20 Prozent länger sind.
Limikolen sind Nestflüchter, und die Jungvögel hinterlassen für einige Wochen kleinere Trittsiegel, was zu Fehleinschätzungen führen kann. Allerdings stammen die meisten aufgefundenen Spuren von Durchzüglern, und da Brutgebiete aus Naturschutzgründen nicht betreten werden, spielt dieser Aspekt in der Praxis nur eine geringe Rolle.

Morphologische Unterschiede

Für die Beurteilung morphologischer Merkmale benötigen wir repräsentative, detailreiche Trittsiegel, idealerweise aus einer längeren Spurgruppe. Bei manchen Einzelabdrücken, besonders auf harten oder auch sehr weichen Untergründen können wichtige Einzelheiten verschleiert sein. So kann die Zehenform untypisch abdrücken oder Spannhäute und Krallen können fehlen. Es empfiehlt sich, schrittweise die folgenden Merkmale zu betrachten.

Winkel, Symmetrie und Proportionen. Die Öffnungswinkel der Seitenzehen (Zehen 2 und 4) sind bei den meisten Watvögeln groß und betragen zwischen 100° und 120°. **Schmale Füße** haben nur der **Triel** (circa 60°) und größere Limikolen, wenn sie beim Abfliegen Anlauf nehmen. **Besonders große Winkel** (mehr als 125°) können Trittsiegel von **Stelzenläufern**, **Kampfläufern** und **Brachvögeln** annehmen.
Die Teilwinkel zwischen der Innen- und Mittelzehe sowie der Mittel- und Außenzehe sind bei den meisten Arten ähnlich, wodurch das Trittsiegel symmetrisch wirkt. Eine deutliche und stetige **Asymmetrie** (70°/50°) zeigen allerdings **Regenpfeifer** und der **Kiebitz** (manchmal auch der Austernfischer). Interessanterweise wird dabei die Innenzehe stärker abgespreizt, was bewegungstechnisch kontraproduktiv erscheint.

Gewichtsverteilung/Metatarsalballen

- **„Plattfuß" (a).** Bei vielen Limikolen, beispielsweise beim **Flussuferläufer**, drückt der Metatarsalballen stetig ab. Dann ist auch der hintere Fußrand klar definiert.

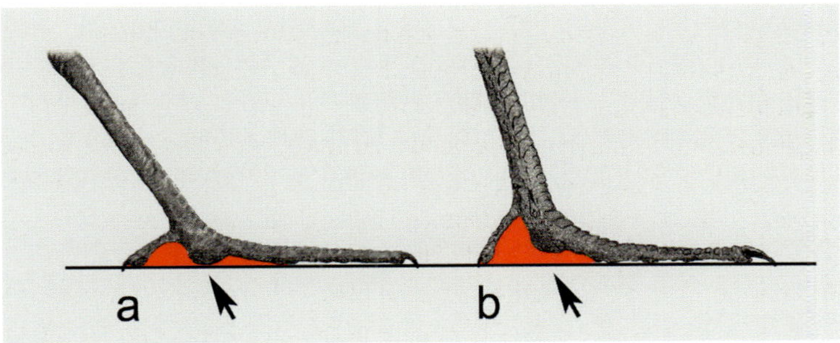

Abdruckverhalten des Metatarsalballens bei Watvögeln (nicht maßstäblich): Metatarsalballen (schwarzer Pfeil) drückt ab (a), die Metatarsalregion ist abgehoben (b). Diese Unterschiede bedingen verschieden lange Negativräume (rote Flächen).

- **Hohes Fußgewölbe**, MT schwach abgedrückt oder fehlend **(b).** Bei anderen Arten wie etwa **Wasserläufern** oder **Pfuhlschnepfen** wird der Bereich des Metatarsus weniger belastet, sodass er nur schwach oder gar nicht abdrückt. In solchen Fällen ist der hintere Rand dieser Region schwer zu erkennen, und es entsteht ein **breiter Negativraum** zwischen dem Abdruck der Hinterzehe und dem proximalen Beginn der Mittelzehe. Dieses Muster tritt auch bei Vogelarten wie **Regenpfeifern** oder **Sanderlingen** auf, wenn sie schnell laufen. Hier fehlt allerdings der Hallux.

Zehenform und Dicke. Die Zehenform von Watvögeln ist in vielen Fällen charakteristisch für bestimmte Familien und dient als wichtiges Bestimmungsmerkmal. Dabei lassen sich drei grundlegende Formen unterscheiden:

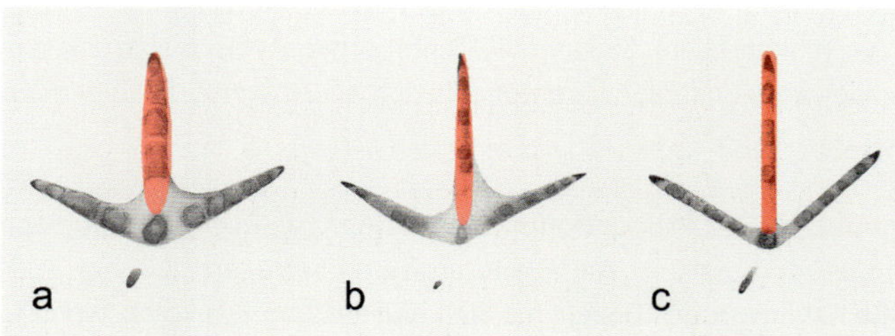

Zehenformen von Watvögeln (nicht maßstäblich): dolchförmig (a), stilettförmig (b) und parallelrandig (c).

- **Dolchförmig (a)** sind recht kräftige Zehen mit breiter Mitte und stumpfen Enden (zum Beispiel bei **Austernfischer**, **Triel**, **Regenpfeifern** und den **Brachvögeln**).
- **Stilettförmige (b)** Zehen sind in der Mitte ebenfalls bombiert, aber schmal und sie laufen spitz zu (zum Beispiel bei **Säbelschnäblern**, **Stelzenläufern**, **Wasserläufern** und **Pfuhlschnepfen**). Die Trittsiegel **größerer Regenpfeifer** (Gattung *Pluvialis*) und vom **Kiebitz** können auf hartem Untergrund ebenso stilettförmig wirken, während sie in weichem Substrat dolchförmig ausgeprägt sind.
- **Parallele Ränder (c)** sieht man bei **Sumpf- und Waldschnepfen**, beim **Flussuferläufer** und vielen **Strandläufern.**
- **Zehendicke**. Die relative Dicke der Zehen korreliert nicht immer mit der Körpergröße der Vögel. So besitzen größere Arten wie der **Stelzenläufer** verhältnismäßig **zarte Zehen**, während **kleine Regenpfeifer** (*Charadrius*), **Flussuferläufer**, **Sanderlinge** und **Steinwälzer** im Verhältnis **kräftigere Zehen** aufweisen. Zehen der meisten anderen **Strandläufer** und von **Sumpf**- und **Waldschnepfen** sind **schmal.**

Zehenspitze (Krallen). Die **Zehenspitzen** als Detail zur gesamten Zehenform können typisch ausgeprägt sein. Maßgeblich dabei ist weniger die Kralle, sondern der Endballen der jeweiligen Zehe.

- **Stumpf (a):** Wenn der Endballen ebenso breit ist wie der Rest der Zehe, wirkt die Spitze stumpf. Der Abdruck der Kralle ist in der Regel deutlich schmaler und sitzt wie ein „Häubchen“ auf der Zehe (zum Beispiel bei **Austernfischer**, **Triel**, **Regen-**

pfeifern, **Kiebitz**, **Flussuferläufer** und **Brachvögeln**).

- **Spitz ausgezogen (b):** Bei **Wasserläufern** sind die Endballen schmal, unter die Kralle verlängert und nach vorne spitz zulaufend, was dem Trittsiegel eine charakteristische Form verleiht. Ähnlich ausgeprägt sind die Zehenspitzen bei **Stelzenläufern**, **Strandläufern** und **Pfuhlschnepfen**.

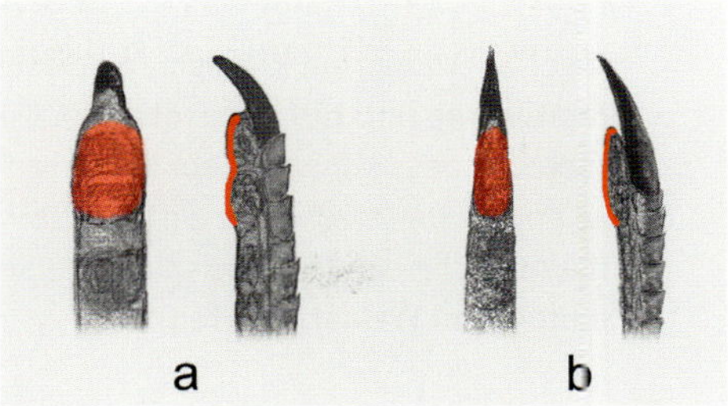

Zehenspitzen von Watvögeln (Grundriss links, Seitansicht rechts): Stumpf (a), spitz ausgezogen (b).

Hallux. Die Abdrücke der Hinterzehe sind im Feld oft nur bei gezielter Suche zu sehen. Ihr Vorhandensein oder Fehlen, der Abstand zum Metatarsalballen und die Form des Abdrucks dienen als wertvolle Bestimmungsmerkmale. **Ein positiver Nachweis von Halluxabdrücken schließt Arten, bei denen eine Hinterzehe anatomisch fehlt, sicher aus. Umgekehrt gilt dies jedoch nicht**, da auf harten Böden oder bei schneller Fortbewegung eine anatomisch vorhandene Hinterzehe möglicherweise keine sichtbaren Spuren hinterlässt.

- **Anatomisch fehlender Hallux (a)** bei **Austernfischer**, **Stelzenläufer**, **Triel**, dem **Sanderling** und den **Regenpfeifern** mit Ausnahme vom Kiebitzregenpfeifer.
- **Rudimentär (b)** bei **Säbelschnäbler** und **Kiebitzregenpfeifer**. Bei diesen Arten ist der Hallux sehr kurz und steht so hoch am Laufbein, dass keine Abdrücke zu erwarten sind.
- **Stark verkürzt (c)** trifft auf den **Kiebitz** zu. Obwohl der Hallux kurz ist und im Stehen den Boden nicht erreicht, sieht man nicht selten dessen Abdrücke. Sie sind punktförmig und nahe am Metatarsalballen.
- **Relativ lang und hoch angesetzt (d).** Diese Anordnung ist charakteristisch für **Wasserläufer**. Wie beschrieben, ist der Metatarsalballen dabei leicht abgehoben und der Abdruck in der Fußmitte setzt sich aus einem punktförmigen Hallux, einem höchstens seichten Abdruck des Metatarsalballens und dem proximalen

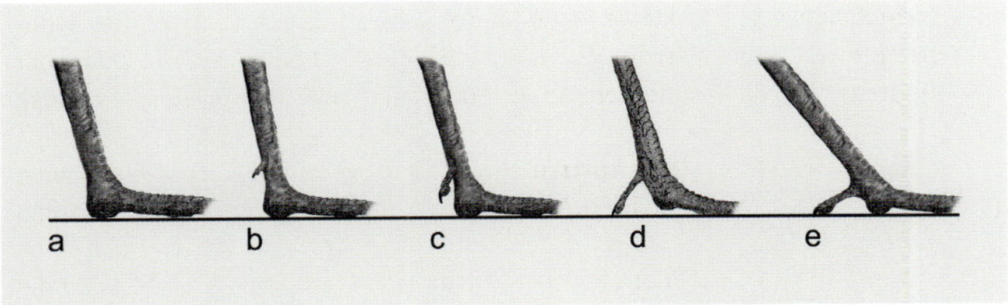

Hinterzehen von Watvögeln (nicht maßstäblich): Fehlend (a), rudimentär (b), stark verkürzt (c), relativ lang und hoch angesetzt (d), relativ lang und tief angesetzt (e).

Ansatz der Mittelzehe zusammen. Auch **Pfuhlschnepfen** zeigen ähnliche Trittsiegel, allerdings mit kräftigeren, meist stilettförmigen Zehen.

- **Relativ lang und tief angesetzt (e).** Diese anatomische Konstellation begünstigt Abdrücke des Hallux, die auf längerer Strecke abbilden, die Krallen und den Endballen der Hinterzehe mit einschließen und sich von den punktförmigen vom Typ (d) unterscheiden (zum Beispiel viele **Strandläufer**, **Flussuferläufer**, **Brachvögel**, **Sumpf- und Waldschnepfen**).

Spann- und Schwimmhäute. Das letzte relevante Merkmal sind Schwimm- und Spannhäute. Diese sind in entsprechenden Substraten deutlich sichtbar, anderenfalls oft nur als Ansätze an den Zehenrändern zu erahnen.

- **Schwimmhäute (a)**. Der proximale Ansatz der beiden Schwimmhäute an der Mittelzehe erinnert an den Typus von Seeschwalben. Von den Watvögeln hinterlässt nur der **Säbelschnäbler** derartige TS.
- **Schwimmlappen (b)**. Rundliche, segmentierte Schwimmlappen weisen auf Wassertreter wie das **Odinshühnchen** hin. Sie erinnern an Blässhühner, die allerdings wesentlich größer sind.
- **Breite mediale und laterale Spannhäute (c)** sind typisch für **Brachvögel**. Den ähnlichen **Pfuhlschnepfen** fehlt die mediale Spannhaut (weitgehend?).
- **Fehlende (schmale) mediale und breite laterale Spannhäute (d)** finden sich bei Wasserläufern. Die lateralen Spannhäute setzen verschieden hoch an der Mittelzehe an. Beim **Rotschenkel** erreicht der Ansatz fast die Hälfte der Zehenlänge, während er bei Wald- und Bruchwasserläufern nur etwa 25 Prozent beträgt.

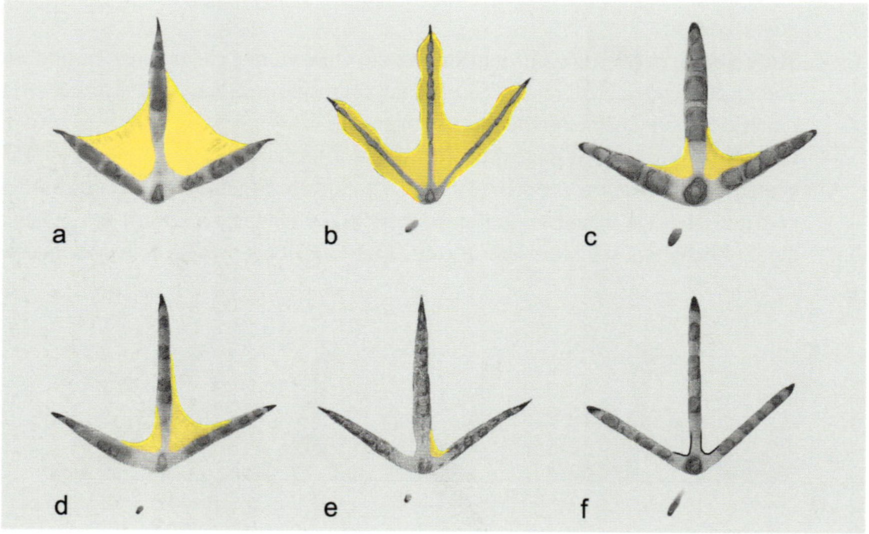

Spann- und Schwimmhäute bei Watvögeln (Kanten gelbe Linien, Flächen hellgelb, nicht maßstäblich): Schwimmhaut (a), Schwimmlappen (b), breite mediale und laterale Spannhaut (c), schmale mediale und breite laterale Spannhaut (d), schmale laterale Spannhaut (e), keine Spannhäute (f).

- **Schmale laterale Spannhäute (e)** sieht man bei vielen **Strandläufern.** Sie sind im Trittsiegel gar nicht oder nur als zarte Kontur erkennbar.
- **Keine Spannhäute (f)** haben **Sumpf- und Waldschnepfen.** Bei deutlichen Trittsiegeln kann man auf die tiefen Ausrandungen an den Zehenbasen achten, die nahe an den Metatarsalballen reichen.

Morphologische Merkmale von Watvögeln, taxonomisch geordnet (Abkürzungen siehe Abkürzungsverzeichnis).

Fußnoten: Von den Familienmerkmalen abweichende Arten werden mit * gekennzeichnet und gesondert gelistet.

Art, Familie	Winkel, Symmetrie, Proportionen	MT	Zehenform, Breite, Zehenspitze	Hallux	Schwimm-/ Spannhäute
Austern-fischer	105°, leicht asymmetrisch, Z3 relativ lang	„platt“	dolchförmig, dick, stumpf	fehlt	lateral breit, medial schmal (fehlend?)
Säbel-schnäbler	120°, symmetrisch. Z3 relativ lang	„platt“	stilettförmig, "Flamme", dünn, spitz	rudi-mentär	Schwimmhaut
Stelzen-läufer	140°, symmetrisch, Z3 relativ lang	hoch	stilettförmig/ parallel, dünn, spitz	fehlt	lateral breit, medial schmal
Triel	60°, symmetrisch, Z3 relativ lang	„platt“	dolchförmig, dick , stumpf	fehlt	lateral breit, medial schmal
Regenpfeifer	120°, asymmetrisch (70°/50°), Z3 relativ lang	„platt“	dolchförmig/ stilettförmig, dick, stumpf	fehlt	lateral breit, medial schmal
Kiebitz-regenpfeifer*	120°, asymmetrisch (70°/50°), Z3 relativ lang	„platt“	dolchförmig/ stilettförmig, dick, stumpf	rudi-mentär	lateral breit, medial schmal
Kiebitz*	120°, asymmetrisch (70°/50°), Z3 relativ lang	„platt“	dolchförmig/ stilettförmig, dick, stumpf/spitz	stark verkürzt, hoch	lateral breit, medial schmal
Strandläufer	120°, symmetrisch, Z3 kurz	„platt“	parallel/stilettförmig, dünn, spitz	lang, tief	lateral schmal/ fehlend
Kampfläufer*	120° oder größer, symmetrisch, Z3 kurz	„platt“	parallel/stilettförmig, dünn, spitz	lang, tief	lateral relativ breit
Sanderling*	110° symmetrisch, Z3 kurz	hoch	dolchförmig, relativ kräftig, stumpf	fehlt	lateral schmal/ fehlend
Steinwälzer	100°, symmetrisch, Z3 kurz	„platt“	parallel, relativ kräftig, stumpf/ spitz	lang tief	keine

Fortsetzung: Morphologische Merkmale von Watvögeln (taxonomisch geordnet).

Art, Familie	Winkel, Symmetrie, Proportionen	MT	Zehenform, Breite, Zehenspitze	Hallux	Schwimm-/ Spannhäute
Wasser-läufer	120°, symmetrisch, Z3 relativ lang	hoch	stilettförmig, dünn, spitz	lang, hoch	lateral breit, medial beim Rotschenkel
Flussufer-läufer	100°, symmetrisch, Z3 kurz	„platt“	parallel, relativ dick, stumpf	lang, hoch	lateral breit, medial schmal
Odinshühn-chen	100°, symmetrisch, Z3 kurz	„platt“	stilettförmig, dünn, spitz	lang, tief	Schwimm-lappen
Pfuhl-schnepfen	120°, symmetrisch, Z3 kurz	hoch	stilettförmig/ dolchförmig, lang spitz	lang, hoch	lateral breit, medial schmal (fehlend?)
Brachvögel	125°, symmetrisch, Z3 kurz	„platt“	dolchförmig, dick, stumpf	lang, tief	lateral und medial breit
Sumpf-schnepfen	110°, symmetrisch, Z3 kurz	„platt“	parallel, dünn, stumpf	lang, tief	keine
Wald-schnepfe	110°, symmetrisch, Z3 lang	„platt“	parallel, dünn, stumpf	lang, tief	keine

Bestimmung ausgewählter Trittsiegel. Man kann sich auch einfach an den Spuren von Watvögeln erfreuen, ohne den Anspruch zu haben, jedes einzelne Trittsiegel zu bestimmen. Die umfangreichen Informationen in diesem Kapitel lassen sich auch dahingehend nutzen, um zunächst eine besonders **markante Art** genauer kennenzulernen. Im Binnenland bieten sich dazu etwa **Waldwasserläufer, Flussuferläufer** und **Bekassine** an. An der Küste ist die Auswahl aufgrund saisonaler Einflüsse vielfältiger, doch häufig begegnet man dort Spuren von **Austernfischern, Alpenstrandläufern, Knutts**, **Sanderlingen**, **Pfuhlschnepfen** und **Brachvögeln**.

Bestimmte morphologische Merkmale lassen sich auch direkt vor Ort ohne aufwändige Analyse feststellen: **Stark asymmetrische Trittsiegel** etwa deuten meist auf **Regenpfeifer** oder **Kiebitze** hin. Sehr kräftige, **dolchförmige Zehenabdrücke** zusammen mit einem sichtbaren Hallux schließen den Austernfischer aus – hier handelt es sich vermutlich um einen **Brachvogel**. Wenn Schwimmhäute nicht klar zu erkennen sind, dann deuten schlanke, stilettförmige Zehen mit einer an „**Flammen**“ erinnernden Krümmung oft auf den **Säbelschnäbler** hin.

Unabhängig vom Habitat lassen sich **Waldschnepfe** und **Bekassine** trotz ähnlicher Größe und Morphologie meist gut unterscheiden. Hier ist die relative Länge der Mittelzehe (Z3) ein wesentliches Merkmal: Bei der Bekassine ist die Mittelzehe etwa 15 % länger als die Außenzehe („Z3 kurz“), während dieser Unterschied bei der Waldschnepfe über 30 %

beträgt („Z3 lang"). Interessanterweise tragen Waldschnepfen am Hallux nur sehr kurze Krallen, während diese bei Sumpfschnepfen über die Endballen hinausragen – inwieweit dieses anatomische Detail zur Spurenbestimmung beiträgt, bleibt noch zu untersuchen. Diese Beispiele können beliebig erweitert werden. Im folgenden Abschnitt wird gezeigt, wie sich einzelne Trittsiegel durch die Kombination solcher Merkmale eindeutig und unverwechselbar beschreiben lassen.

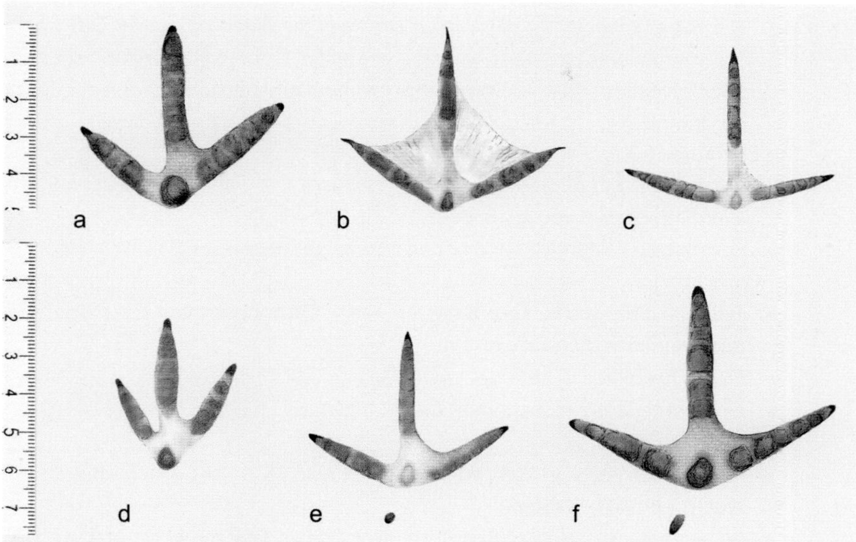

Rechte Trittsiegel großer Watvögel mit TSL 4,0 bis 5,4 cm (idealisierte Zeichnungen): Austernfischer (a), Säbelschnäbler (b), Stelzenläufer (c), Triel (d), Pfuhlschnepfe (e), Großer Brachvogel (f).

Trittsiegel großer Watvögel sind meist deutlich abgedrückt und im Feld auffällig. Folgende Merkmalskombinationen sind typisch:

- **Austernfischer (a).**
  - » Der Fuß drückt ganzflächig ab, der Metatarsalballen ist groß und deutlich.
  - » Der **Öffnungswinkel** ist mit etwa 100° für einen Watvogel **relativ schmal**.
  - » Die Innenzehe ist etwas stärker abgespreizt und relativ kurz, was einen leicht **asymmetrischen Eindruck** vermittelt.
  - » Die **Zehen** sind **kräftig und dolchförmig** mit stumpfen Spitzen.
  - » Ein **Hallux fehlt**.
  - » Es zeigt sich eine **breite laterale Spannhaut**, die den asymmetrischen Gesamteindruck verstärkt.
- **Säbelschnäbler (b)**. Eine ästhetische Bemerkung scheint eingangs unvermeidlich, denn das Trittsiegel spiegelt die innewohnende Eleganz des Vogels wider und verweist auf die geschwungenen Linien seines Schnabels.

  - » Der Fuß drückt ganzflächig ab, der Metatarsalballen ist deutlich jedoch klein.
  - » Der Öffnungswinkel beträgt etwa 120°, was dem typischen Wert für Watvögel entspricht. Die Teilwinkel sind symmetrisch.
  - » Die **Zehen sind schlank und stilettförmig**, wobei die lang ausgezogenen Spitzen der Seitenzehen charakteristisch nach hinten gebogen sind. Diese Form verleiht dem Abdruck eine geschwungene, **„flammenförmige" Erscheinung**.
  - » Ein rudimentärer Hallux hinterlässt keinen Abdruck.
  - » Der Säbelschnäbler ist die einzige Limikole, die einen **palmaten Fuß** (mit 2 Schwimmhäuten) aufweist, während alle anderen Arten Füße mit reduziertem oder fehlendem Hallux zeigen. Die Schwimmhäute reichen nicht bis zur Spitze der Mittelzehe.
- **Stelzenläufer (c)**.
  - » Diese Art ist mit dem Säbelschnäbler verwandt und zeigt ähnliche Zehenform, allerdings ohne Biegungstendenz.
  - » Der Metatarsalbereich steht höher, ist weniger belastet und schwächer abgedrückt.
  - » Typisch ist die **starke Spreizung** mit einem **Öffnungswinkel** von bis zu **140°** und symmetrischen Teilwinkeln.
  - » Ein Hallux fehlt.
  - » Eine breite laterale Spannhaut drückt meist ab.
- **Triel (d)**
  - » Das für den recht großen Vogel relativ kleine TS drückt ganzflächig ab mit **wuchtigem MT–Ballen**.
  - » Im Gegensatz zu den anderen Limikolen ist das **Trittsiegel schmal** mit kleinem Öffnungswinkel.
  - » Die **Zehen** sind **dolchförmig**, kräftig und enden mit stumpfer Spitze. Ein **Hallux fehlt**.
  - » Die breite laterale Spannhaut ist deutlich, die schmalere mediale oft unauffällig.
- **Pfuhlschnepfe (e)**.
  - » Ein „eleganter" Vogel mit hohem Fußgewölbe, bei dem der Metatarsalballen etwas vom Boden abgehoben ist und nur einen flachen oder gar keinen Abdruck hinterlässt. Oft entsteht ein breiter **Negativraum** zwischen dem Hallux-Abdruck und dem proximalen Ansatz der Mittelzehe.
  - » Der Öffnungswinkel beträgt etwa 120°, wobei die Teilwinkel symmetrisch sind.
  - » Die **Zehen** wirken eher zart, sind aber **dolch- oder stilettförmig** mit relativ schlanken Spitzen.
  - » Der **Hallux** hinterlässt meist nur einen **punktförmigen Abdruck**, da er relativ hoch ansetzt.
  - » Eine **breite laterale Spannhaut** zeichnet sich deutlich ab, während eine mediale Spannhaut anders als bei Brachvögeln kaum oder gar nicht sichtbar ist.

- **Großer Brachvogel (f).**
  - » Ein **wuchtiges Trittsiegel** mit **deutlichem** Metatarsalballen und **kräftigen, dolchartigen Zehen** mit stumpfen Enden.
  - » Die **Öffnungswinkel** sind mit durchschnittlich 125° etwas **größer** als bei den Pfuhlschnepfen. Die Teilwinkel sind symmetrisch.
  - » Der **Hallux** drückt **deutlich** und manchmal auch auf größerer Strecke ab, weil er tief am Lauf ansetzt.
  - » Sehr charakteristisch sind die **Spannhäute**, die besonders lateral, aber auch medial sehr breit sind. Das verstärkt den Eindruck der Wuchtigkeit des gesamten Trittsiegels.

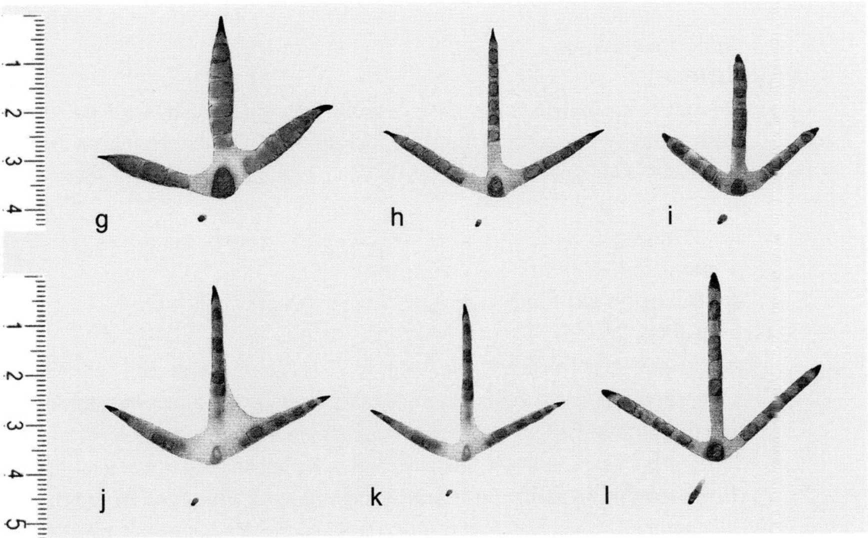

Rechte Trittsiegel mittelgroßer Watvögel mit TSL 2,9 bis 3,8 cm (idealisierte Zeichnungen): Kiebitz (g), Kampfläufer ♀ (h), Steinwälzer (i), Rotschenkel (j), Bruchwasserläufer (k), Bekassine (l).

Die meisten in diesem Kapitel vorgestellten Watvögel gehören dieser Größerklasse an und lassen sich allein anhand der TSL nicht voneinander unterscheiden. Daher ist es besonders wichtig, bei diesen Arten morphologische Unterschiede zu erkennen.

- **Kiebitz (g).**
  - » Ein zumeist **wuchtiges TS**, wobei der Metatarsalballen deutlich abdrückt. Auffällig ist die **Asymmetrie**, wobei der Innenwinkel mit etwa 70° deutlich größer ist als jener zwischen Mittel- und Außenzehe (50°). Der asymmetrische Eindruck wird noch dadurch verstärkt, dass die Außenzehe distaler ansetzt als die Innenzehe.
  - » Die **Zehen** sind **dolchförmig und kräftig**, die Spitzen eher stumpf – bei manchen TS wirken sie auch spitz.

  - » Obwohl der Hallux anatomisch kurz ist und auch hoch ansetzt, drückt er nicht selten als kleiner Punkt nahe dem Metatarsalballen ab.
  - » Eine **laterale Spannhaut** ist deutlich und auffällig.

- **Kampfläufer ♀ (h).**
  - » Diese Art weist einen deutlichen Geschlechtsunterschied auf, wobei Männchen um 30 % längere TS haben. Die Morphologie bleibt jedoch gleich.
  - » Der Fuß drückt ganzflächig ab, auch im Bereich des zarten Metatarsalballens.
  - » Kampfläufer können die **Zehen stark spreizen** (bis 130°), die Teilwinkel sind symmetrisch.
  - » Die **Zehen** sind **parallelrandig** bis **stilettförmig** und zart.
  - » Der **Hallux** drückt oft als **zarter Punkt** ab.
  - » Im Gegensatz zu den anderen Strandläufern zeigen Kampfläufer deutliche **laterale Spannhäute**.
- **Steinwälzer (i).**
  - » Diese nicht besonders große Limikole hat in Relation recht **kräftige** Beine und **Füße**, die ganzflächig abdrücken und auch stetig den Metatarsalballen zeigen.
  - » Die Krallen sind anatomisch lang und spitz, was sich im TS nicht immer abbildet.
  - » Der **Öffnungswinkel** ist mit etwa 100° eher **schmal**, die Teilwinkel sind symmetrisch.
  - » Der **Hallux drückt** zumeist **ab**. Spannhäute stellen sich nicht dar.
- **Rotschenkel (j).**
  - » Wasserläufer sind „elegante", hochbeinige Watvögel. Ihre **typische Fußhaltung** zeigt einen nur leicht belasteten Metatarsalballen und einen **ausgeprägten Negativraum** zwischen dem Hallux-Abdruck und dem proximalen Ansatz der Mittelzehe – vergleichbar mit dem Auftritt eines hochhackigen Damenschuhs.
  - » Die **Zehen** sind **schlank und stilettförmig** mit **spitz zulaufenden Enden**.
  - » Der **Hallux** ist hoch angesetzt, aber lang, sodass er häufig als **markanter Punktabdruck** erscheint, der relativ weit hinter dem Metatarsalbereich liegt.
  - » Alle Wasserläufer besitzen **breite laterale Spannhäute**, die beim Rotschenkel besonders ausgeprägt sind. Diese reichen fast bis zur **Hälfte der Mittelzehe**. Ein weiteres charakteristisches Merkmal ist eine zusätzliche, schmalere Spannhaut auf der Innenseite.
- **Bruchwasserläufer (k).**
  - » Diese etwas kleinere Art aus der Familie der Wasserläufer zeigt dieselben morphologischen Merkmale wie der Rotschenkel. **Unterschiede** bestehen in der **Ausprägung der Spannhäute**. Hier erreicht die laterale Spannhaut an ihrem Ansatz nur etwa ein **Viertel der Mittelzehe**.
- **Bekassine (l).**
  - » Auf den ersten Blick ist sie dem Kampfläufer oder Rotschenkel recht ähnlich, es finden sich jedoch markante Unterscheidungsmerkmale.
  - » Anders als bei Wasserläufern drückt die Bekassine ganzflächig auf und zeigt einen **deutlichen Abdruck des Metatarsalballens**.

- » Die **Winkel** sind etwas **schmaler** (circa 110°).
- » Die **Zehen** sind **parallelrandig** mit eher stumpfen Enden.
- » Oft fällt auf, dass der **Hallux relativ lang** ist und nicht nur als runder Punkt erscheint, sondern über eine **längere Strecke** abdrückt und auch den Endballen sichtbar macht.
- » Ein besonders charakteristisches Merkmal ist, dass Schnepfen **keine Spannhäute** aufweisen und die Ränder der Zehenzwischenräume bis nahe an den Metatarsalballen reichen.

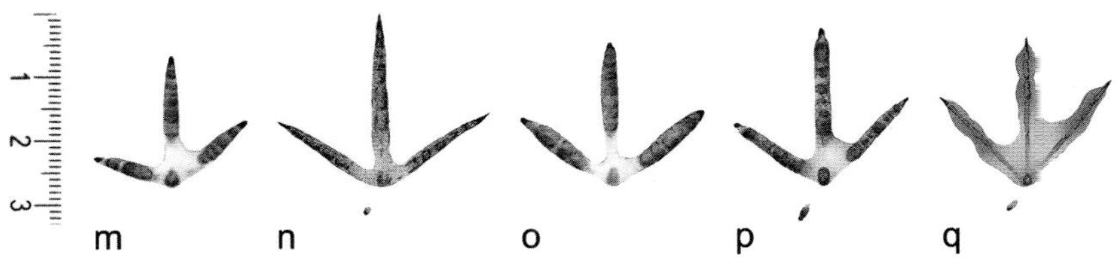

Rechte Trittsiegel kleiner Watvögel mit TSL 1,8 bis 2,6 cm (idealisierte Zeichnungen): Flussregenpfeifer (m), Alpenstrandläufer (n), Sanderling (o), Flussuferläufer (p), Odinshühnchen (q).

Bei diesen kleinen Füßen kann es schwierig sein, die meist feinen Unterschiede im Freiland zu erkennen. Für die Bewertung von Zehenformen oder Halluxabdrücken sollten „ideale" Trittsiegel vorhanden sein, die diese Details klar und deutlich abbilden.

- **Flussregenpfeifer (m).**
  - » Das **Trittsiegel** ist – gemessen an der geringen Körpergröße des Vogels – **relativ kräftig** und weist einen ausgeprägten Metatarsalballen auf, der jedoch nicht in jedem Abdruck sichtbar ist.
  - » Charakteristisch für Regenpfeifer ist die **Asymmetrie** der Zehenstellung, wobei der Innenwinkel etwa 70° und der Außenwinkel etwa 50° beträgt.
  - » Die **Zehen** sind **dolchartig**, relativ kräftig und enden stumpf. Ein **Hallux ist nicht vorhanden. Lateral** zeigt sich eine deutliche **Spannhaut**.
- **Alpenstrandläufer (n).**
  - » Ein häufiges Trittsiegel, vor allem an der Küste, wenn diese Watvögel zu Zehntausenden hier Nahrung suchen.
  - » Obwohl das **TS zart** wirkt, drückt der Metatarsalballen meist ab.
  - » Der Öffnungswinkel beträgt etwa 120°, die Teilwinkel sind symmetrisch.
  - » Die **Zehen** sich **dünn und stilettförmig mit ausgezogener Spitze**.
  - » Abdrücke vom **Hallux** findet man **häufig**.
  - » Eine zarte laterale Spannhaut bildet sich spurentechnisch kaum ab.
- **Sanderling (o).**
  - » Die Ausnahmestellung unter den Strandläufern zeigt sich am **fehlenden Hallux** und an den recht **kräftigen Zehen**. Diese wirken eher **dolchförmig** mit stumpfen Enden.

» Die Winkel sind etwas schmaler als beim Alpenstrandläufer.
» Der Metatarsalballen drückt wenig ab, was weniger anatomisch bedingt ist, sondern durch die Vorwärtsneigung des Vogels beim schnellen Laufen.
» Spannhäute fallen nicht auf.

- **Flussuferläufer (p).**
  » Diese Art wurde bereits zu Beginn des Kapitels beschrieben. Die neuerliche Darstellung soll den Vergleich mit ähnlichen Trittsiegeln erleichtern. Im Gegensatz zum Flussregenpfeifer sind die Teilwinkel symmetrisch. Im Vergleich zu den anderen hier gezeigten Arten stehen folgende Merkmale im Vordergrund: Die **parallelen Ränder** der kräftigen **Zehen** mit ihren **stumpfen Enden**, bei denen der Krallenabdruck wie ein kleines „**Häubchen**" aufsitzt, sind charakteristisch. Auffällig sind zudem der lange Hallux, der häufig auch Teile des Endballens abdrückt, sowie die **breite laterale Spannhaut**.
- **Odinshühnchen (q)**.
  » Die charakteristischen **Schwimmlappen** zeigen nur Arten aus der Familie der Wassertreter wie das Odinshühnchen. Sind diese feinen Strukturen im Trittsiegel nicht erkennbar, bleibt ein zarter Abdruck, der dem des Alpenstrandläufers ähnelt.

Realitätsvergleiche

Diskrepanzen zwischen idealisierten Zeichnungen und realen Trittsiegeln aus der Natur können mitunter irritierend sein. Nicht immer sind alle Merkmale klar erkennbar und manchmal weichen diese deshalb von der Theorie ab. Dennoch lassen sich in vielen Fällen zumindest die Familie und oft sogar die Art bestimmen, wenn man weiß, worauf man achten kann.
Die Bodenverhältnisse können Trittsiegel dramatisch verändern. Sieht man beim **Aus-**

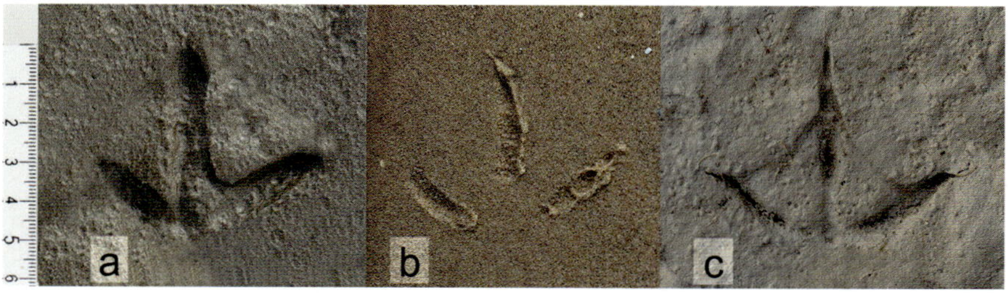

Drei rechte Trittsiegel großer Watvögel aus dem Freiland: Austernfischer (a und b), Säbelschnäbler (c).

ternfischer in weichem Boden **(a)** die plumpen, dolchförmigen Zehen und den kräftigen Metatarsalballen deutlich, so reduziert sich der Abdruck in trockenem Sand **(b)** auf den Vorfuß. Trotzdem bleibt die Grundstruktur der Zehen erkennbar.
Der **Säbelschnäbler (c)** ist der einzige Watvogel mit 2 Schwimmhäuten. Auf die geschwungene Zehenform, die ein einzigartiges Trittbild ergibt, wurde bereits hingewiesen. Dies lässt sich auch noch erkennen, wenn die Schwimmhäute nicht abdrücken.

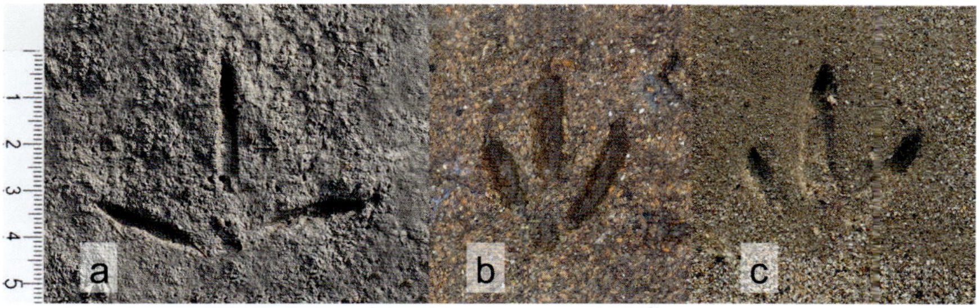

Drei rechte Trittsiegel großer Watvögel aus dem Freiland: Stelzenläufer (a), Triel (b und c).

Die stark gespreizten Zehen sind charakteristisch für den **Stelzenläufer (a).** In Kombination mit den stilettförmigen Zehen, der seitlichen Spannhaut und der fehlenden Hinterzehe gibt es in dieser Größenordnung keine vergleichbare Art.
Der **Triel (b und c)** ist ebenso typisch. Er zeigt einen besonders engen Öffnungswinkel, dolchförmige, plumpe Zehen, einen kräftigen Metatarsalballen und keinen Hallux.

Drei rechte Trittsiegel großer Watvögel aus dem Freiland: Pfuhlschnepfe (a), Großer Brachvogel (b und c).

Große Brachvögel (b und c) sind allein aufgrund ihrer Größe leicht zu erkennen. Die dolchförmigen Zehen, der große Metatarsalballen und deutliche Spannhäute lateral und auch in der Mitte sind kennzeichnend. Etwaige Unklarheiten bezüglich Austernfischer beseitigen die deutlichen Abdrücke der Hinterzehe.
Der weiche Boden lässt auch die Zehen der **Pfuhlschnepfe (a)** dolchförmig erscheinen, die sonst eher stilettförmig wirken. Anders als bei den Brachvögeln drückt der Metatarsalballen nur leicht auf und auch der Hallux ist zarter und punktförmig. Spannhäute sind in dieser Abbildung nicht sichtbar, obwohl anatomisch eine deutlich ausgeprägte Spannhaut an der Außenseite vorhanden ist.

Trittsiegel vom **Kiebitz (a** und **b, nächste Seite oben)** sind wuchtig und zeigen dolchförmige Zehen. Auffällig ist zudem die auch für Regenpfeifer typische Asymmetrie.
Steinwälzer-Trittsiegel **(c** und **d, nächste Seite oben)** ähneln jenen von Flussuferläufern, sie wirken jedoch kräftiger und sind größer. Als weiteres Unterscheidungsmerkmal fehlen hier Abdrücke einer lateralen Spannhaut.

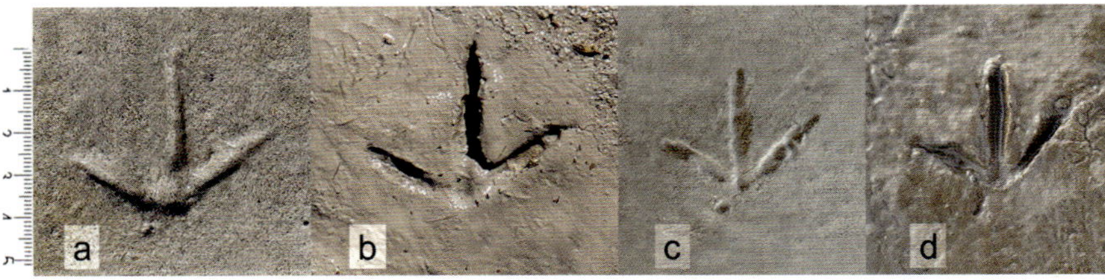

Vier rechte Trittsiegel mittelgroßer Watvögel aus dem Freiland: Kiebitz (a und b), Steinwälzer (c und d).

Vier rechte Trittsiegel mittelgroßer Watvögel aus dem Freiland: Kampfläufer ♂ (a), Rotschenkel (b), Bekassine (c und d).

Diese vier Trittsiegel sind zum Verwechseln ähnlich! Trotzdem weisen sie Merkmale auf, die eine Unterscheidung ermöglichen.

Der **Rotschenkel (b)** hat im Gegensatz zu den beiden anderen Arten stilettförmige Zehen, was besonders an der Mittelzehe deutlich wird. Das wichtigste Merkmal ist die breite laterale Spannhaut, deren Ausdehnung von keiner anderen Art erreicht wird. Als einziger Wasserläufer zeigt er auch eine schmale mediale Spannhaut.

Der **Kampfläufer (a)** hat parallelrandige Zehen und die latereale Spannhaut ist schmaler als beim Rotschenkel.

Bekassinen (c und d) haben schlanke, parallelrandige Zehen und keine Spannhäute. Besonders in Abb. c sieht man, dass die Zehenzwischenräume bis zur Basis eingeschnitten sind.

Sieht man kleine TS von Limikolen im Binnenland (Abb. oben, nächste Seite), steht man vor der Aufgabe, **Flussregenpfeifer (Abb. a** und **b)** und **Flussuferläufer (c** und **d)** zu **unterscheiden**. Auffällig sind die asymmetrischen Winkel beim Flussregenpfeifer – im Extremfall bilden Mittel- und Innenzehe ein gespiegeltes „L". Die Zehenform unterscheidet sich weniger deutlich und die typische Dolchform von Regenpfeifern können im tiefen Boden (c) auch Flussuferläufer andeuten. **Ist der Hallux zu sehen, können Regenpfeifer ausgeschlossen werden, während Flussuferläufer nicht immer Abdrücke der Hinterzehe hinterlassen.**

Die nächsten beiden Arten trifft man eher am Meer. Dem **Sanderling (e** und **f)** fehlt bekanntlich die Hinterzehe und im Laufen sieht man auch kaum Abdrücke des Metatarsalballens (f). Die Mittelzehe wirkt im Vergleich mit den anderen Arten recht kurz.

Trittsiegel vom **Alpenstrandläufer (g** und **h)** ähneln jenen von Flussuferläufern. Meist sind die Zehen dünner und haben spitzere Enden, der Hallux ist kürzer und die laterale Spannhaut deutlich schmaler. Alpenstrandläufer sind zumeist in großen Gruppen unterwegs und hinterlassen dabei dichte Spurenteppiche.

Acht rechte Trittsiegel kleiner Watvögel aus dem Freiland: Flussregenpfeifer (a und b), Flussuferläufer (c und d), Sanderling (e und f), Alpenstrandläufer (g und h).

Gangarten und Spurbilder

Watvögel halten sich überwiegend am Boden auf und suchen hier ihre Nahrung. Im feuchten Sand oder Schlamm sind längere Spurgruppen häufig, was es ermöglicht, diese zu verfolgen und verschiedene Verhaltensmuster anhand der Abdrücke zu interpretieren. Deutsche Bezeichnungen wie „Wasserläufer" oder „Strandläufer" sind nicht immer zutreffend, da die meisten dieser Vögel gehen und deutlich seltenerer laufen. Lediglich der Sanderling, ein Strandläufer, bewegt sich überwiegend laufend entlang des Spülsaumes und würde diesem Namen gerecht werden. Allerdings trägt gerade er nicht den Zusatz „Läufer" im Namen – dieser ist statt-

Spurbilder kleiner Watvögel: Gehen beim Flussuferläufer (a), Gehen beim Temminckstrandläufer (b), Laufen beim Sanderling (c).

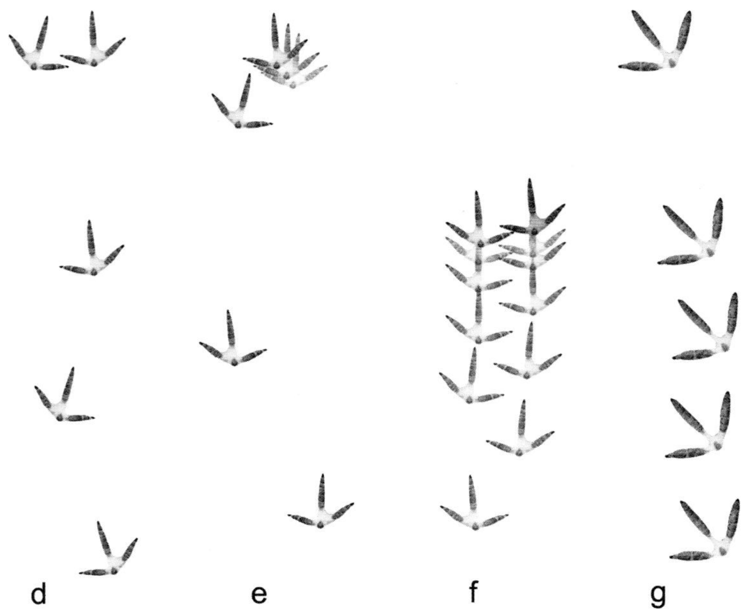

Spurbilder kleiner Watvögel: Gehen und Stopp beim Flussregenpfeifer (d), Laufen, Stopp und „Fußtrillern" beim Flussregenpfeifer (e), „Parademarsch" beim Flussregenpfeifer (f), einbeiniges Hüpfen beim Sanderling (g).

dessen einem amerikanischen Verwandten, dem „Sandstrandläufer", vorbehalten. Die Beschäftigung mit Watvögeln bleibt somit ein faszinierendes und teilweise verwirrendes Thema.

- **Gehen (a, b, d, h, i)** ist die häufigste Gangart bei Watvögeln. Bei kurzbeinigen Arten sind auch die SL in der Regel kurz und wenig konstant. Die SB bleibt meist gering, und die Fußachse ist oft bis zu 10° nach innen gedreht. Längere SL können auf langbeinige Watvögel hinweisen und dienen als zusätzliches Bestimmungskriterium. Es ist jedoch wichtig, sicherzustellen, dass es sich tatsächlich um Gehen und nicht um Laufen handelt. Im Allgemeinen wirkt die Fortbewegung beim Gehen oft wenig zielgerichtet und unduliert, außerdem wird abrupt die Richtung geändert.
- **Laufen (c, e, j, k)** ist meist eine Übergangsgangart, die bei sozialen Auseinandersetzungen eingesetzt wird, aber auch, um ungünstige Stellen schnell zu überwinden oder Deckung zu suchen. Die SL überschneiden sich teilweise mit denen längerer Gehschritte, und die schnellen Bewegungen der Watvögel erschweren es dem Beobachter oft, mit bloßem Auge zwischen trippelndem Gehen und Laufen zu unterscheiden. Laufspuren sind jedoch geradliniger und die Fußachse zeigt in Laufrichtung. Die Unterscheidung zwischen Gehen und Laufen liefert Hinweise, um das Verhalten der Vögel besser zu verstehen. Größere Watvögel (zum Beispiel Austernfischer oder Brachvögel) starten gelegentlich nicht direkt vom Boden, sondern nehmen einen Anlauf, bevor sie abheben.

Spurbilder größerer Watvögel: Gehen beim Regenbrachvogel (h), Gehen bei der Waldschnepfe (i), Laufen beim Grünschenkel (j), Laufen beim Austernfischer (k).

- **Einbeiniges Hüpfen (g)** sieht man vor allem von Regenpfeifern und Strandläufern, wenn sie während der Rast über kurze Strecken ausweichen – besonders dem Wellenschlag am Ufer.
- **„Parademarsch“ (f).** Die kleinen Regenpfeifer der Gattung *Charadrius* zeigen ein auffälliges Balzverhalten, das als „Parademarsch“ bezeichnet wird. Dabei führen die Männchen im Stechschritt parallele Beinbewegungen mit sehr kurzen Schrittlängen (SL) aus, um die Weibchen zur Paarung aufzufordern. Dieses charakteristische Verhalten lässt sich leicht im Spurbild erkennen und kann als Hinweis auf Brutaktivitäten gewertet werden. Auch Elbroch & Marks beschreiben dieses Verhalten unter dem Begriff „high stepping“.
- **„Fußtrillern“ (e)** ist ein Verhalten bei der Nahrungssuche. Dabei klopfen die Vögel mit einem Fuß, manchmal auch abwechselnd mit beiden, in rascher Abfolge auf den Boden, um versteckte Beute (meist Würmer) aufzustöbern. Häufig sieht man das bei Regenpfeifern und Kiebitzen.
- **Hüpflauf**. In seltenen Fällen nutzen größere Watvögel diese Gangart, um den Start (vielleicht bei schwierigen Bedingungen) zu unterstützen.

- **Ruhen und Stopp**. Watvögel schlafen häufig auf einem Bein. Regenpfeifer bewegen sich in einem typischen „Stop-and-Go“-Rhythmus. Im Stehen orten sie ihre Beute optisch (manchmal auch akustisch) und stürmen dann in wenigen Schritten darauf zu, halten wieder an, um zu fressen, und setzen dieses Verhalten fort. Dabei entsteht ein charakteristisches Spurbild, wobei man sowohl T-Stopps als auch solche mit versetzter Fußstellung sieht (weitere Beschreibungen im Abschnitt über Nahrungssuche).

Dimensionen

Maße von Gangarten der Watvögel: Austernfischer, Säbelschnäbler und Triele (siehe auch Abkürzungsverzeichnis).

Art	Gangart	SB (cm)	SL (cm)
Austernfischer	Gehen	6,6–8,4	11–36
	Laufen		34–56
Säbelschnäbler	Gehen	6,9–8,2	18–45
	Laufen		40–74
Stelzenläufer	Gehen	6,0–7,3	15–41
	Laufen		38–66
Triel	Gehen	3,5–4,3	18–32
	Laufen		25–43
Austernfischer	Gehen	6,6–8,4	11–36
	Laufen		34–56

Maße von Gangarten der Watvögel: Regenpfeifer, Kiebitz, Strandläufer und Steinwälzer (siehe auch Abkürzungsverzeichnis).

Art	Gangart	SB (cm)	SL (cm)
Kleine Regenpfeifer	Gehen	2,0–3,1	7–15
	Laufen		12–33
Größere Regenpfeifer, Kiebitz	Gehen	4,8–6,2	9–23
	Laufen		17–35
Mittelgroße Strandläufer, Steinwälzer	Gehen	3,5–5,5	5,6–16
	Laufen		12–32
Kleine Strandläufer	Gehen	2,9–3,8	3,4–12
	Laufen		9,8–20
Kampfläufer ♀	Gehen	5,4–5,8	7,5–21
	Laufen		19–37
Kampfläufer ♂	Gehen	5,9–7,1	8,2–20
	Laufen		22–40

Maße von Gangarten der Watvögel: Wasserläufer, Flussuferläufer (siehe auch Abkürzungsverzeichnis).

Art	Gangart	SB (cm)	SL (cm)
Grünschenkel, Dunkler Wasserläufer	Gehen	6,0–7,4	8,4–25
	Laufen		22–41
Rotschenkel	Gehen	4,9–6,8	6,6–19
	Laufen		18–36
Bruch- und Waldwasserläufer	Gehen	4,0–5,3	6–18
	Laufen		17–33
Flussuferläufer	Gehen	2,9–4,0	4,6–15
	Laufen		13–32

Maße von Gangarten der Watvögel: Pfuhlschnepfen, Brachvögel, Sumpf- und Waldschnepfen (siehe auch Abkürzungsverzeichnis).

Art	Gangart	SB (cm)	SL (cm)
Pfuhlschnepfe	Gehen	6,1–8,1	10–26
	Laufen		23–46
Uferschnepfe	Gehen	7,5–8,9	14–32
	Laufen		28–52
Großer Brachvogel	Gehen	7,2–9,5	14–35
	Laufen		32–48
Regenbrachvogel	Gehen	6,4–8,6	14–32
	Laufen		30–39
Bekassine	Gehen	5,5–6,9	9,3–17
	Laufen		15–34
Waldschnepfe	Gehen	4,7–7,6	8,4–23
	Laufen		2[illegible]–43

Die Maße für SL zeigen eine große Schwankungsbreite. Für die Spurenanalyse sind vor allem die Abgrenzungen zwischen den Maximalwerten im Gehen und den Minimalwerten im Laufen von Interesse. Diese überschneiden sich zwar teilweise, ermöglichen aber meist dennoch eine Unterscheidung der Gangarten, was Rückschlüsse auf das Verhalten zulässt. Die SB ist aufgrund der oft undulierenden Fortbewegung schwer zu messen und für Bestimmungen weniger aussagekräftig.

Weitere Aspekte

Zusätzliche Informationen ergeben sich aus der Frage, ob es sich um einzelne Spuren oder ausgedehnte Spurenteppiche handelt. Ebenso ist es aufschlussreich, in welchem Mikrohabitat die Spuren gefunden wurden und wie weit sie sich vom Wasser entfernt befinden. Schließlich sollte auch die Wahrscheinlichkeit berücksichtigt werden, eine bestimmte Watvogelart zu einer bestimmten Jahreszeit an diesem Standort anzutreffen.

Spurbilder von Watvögeln aus dem Freiland: „Einsame" Spurgruppe vom Regenbrachvogel (links), Spurenteppich mit TS unterschiedlicher Watvögel (rechts).

Vergesellschaftung. Während der Brutzeit sind Watvögel meist allein, paarweise oder in kleinen Familiengruppen anzutreffen. Dieses Verhalten ändert sich jedoch dramatisch während der Zugzeit und in den Winterquartieren.

Einsamen Brutvögeln in der nördlichen Tundra wie dem Alpenstrandläufer begegnen wir im Wattenmeer in Form von „Vogelwolken" aus Zehntausenden Individuen. Auch Knutts, Sanderlinge und Pfuhlschnepfen bilden häufig große Schwärme. Im Gegensatz dazu reisen Regenpfeifer, auch viele Wasserläufer (Gattung *Tringa*), Flussuferläufer und Brachvögel eher allein oder in kleinen Gruppen. Diese Unterschiede können Hinweise zur korrekten Zuordnung aufgefundener Spurgruppen liefern.

Fundorte und Mikrohabitate. An Flachküsten ist das Spurenlesen eng mit den Gezeiten verknüpft. Während der Flut ziehen sich die Watvögel zu „Hochwasserrastplätzen" weiter ins Binnenland zurück, um dann bei ablaufendem Wasser wieder auf die freigelegten Flächen zur Nahrungssuche zurückzukehren. Für Spurenlesende stellt jedes Niederwasser ein frisches „Datenblatt" dar, auf dem die Vögel immer wieder neu ihre Spuren zeichnen. Hierbei können wir insbesondere auf folgende Details achten:

- **Wassertiefe und Spurverfügbarkeit.** Watvögel, die tiefer waten wie **Dunkle Wasserläufer**, **Grünschenkel** und **Uferschnepfen**, hinterlassen dort **selten** verwertbare **Spuren**.
- **Trittsiegel bei seichtem Wasserstand**. Mit sinkendem Wasserstand fallen die

Spuren von **Austernfischern, Säbelschnäblern, Stelzenläufern, Knutts** und verschiedenen **Wasserläufern** ins Trockene – Vögel, die sich zuvor in den seichten Zonen auf Nahrungssuche befanden.

- **Spülsaum** als bevorzugtes Habitat. Der Spülsaum ist aufgrund der hohen Beuteaktivität und des weichen Untergrunds ein idealer Aufenthaltsort für viele Watvögel. Hier findet man häufig Spuren, besonders wenn dort Pflanzenreste, tote Organismen oder anderes Strandgut angeschwemmt wurden.
- Spuren entlang von **Gewässerkanten**. Insbesondere **Flussuferläufer** hinterlassen ausgedehnte Spurgruppen, die den Uferlinien folgen.
- **Trockene Areale und Wiesenflächen**. In den trockeneren, weiter vom Wasser entfernten Bereichen sind **Regenpfeifer** und **Kiebitze** zu finden, während sich **Brachvögel** auch auf Wiesenflächen aufhalten.

Gewässerkanten: Flussuferläufer haben am Gewässerrand (rechts im Bild) Nahrung gesucht. Dieselben Strecken werden dabei mehrfach begangen, wobei sich die Spurgruppen überlagern.

Auch im Binnenland lassen sich solche Zusammenhänge beobachten. Dort bestimmt die Dynamik aus niederschlagsbedingten Hoch- und Niedrigwassern die Verteilung von Spuren, allerdings in längeren zeitlichen Intervallen als die täglichen Gezeitenwechsel an der Küste.

Angeschwemmtes Pflanzenmaterial am Spülsaum: Dieses Mikrohabitat ist ein Anziehungspunkt für Watvögel und hier sind Spuren zu erwarten. Die Kotkleckse verraten bereits Vogelaktivität, wobei neben Limikolen auch Möwen als Verursacher infrage kommen.

Wahrscheinlichkeit. Beim Besuch eines Gebiets ist es hilfreich, sich über die lokalen Vorkommen von Watvögeln zu informieren und die Zugmuster zu berücksichtigen, um die Zeiten des Durchzugs bestimmter Arten einschätzen zu können. Die Wahrscheinlichkeit, bestimmte Limikolen zu beobachten, variiert stark je nach Region und Jahreszeit.

- **Küste oder Binnenland**. Arten wie **Knutts, Steinwälzer** oder **Pfuhlschnepfen** sind an **Küsten häufig** zu finden, treten jedoch im Binnenland nur selten auf.
- **Habitatpräferenzen**. **Regenpfeifer** und **Sanderlinge** halten sich bevorzugt auf ausgedehnten **Sandflächen** auf, während **Meerstrandläufer** und **Steinwälzer** eher an **Felsküsten** oder steinigen Uferbereichen zu beobachten sind.
- **Salzgehalt** des Wassers. Einige Arten wie der **Säbelschnäbler** bevorzugen salzhaltige Gewässer und fehlen in reinen Süßwassergebieten.

Diese Kenntnisse erleichtern die gezielte Suche und Erkennung von Watvögeln in unterschiedlichen Landschaften und zur passenden Jahreszeit.

Zeichen

Fraßspuren, Exkremente und Speiballen sind die wesentlichen Zeichen, die Watvögel hinterlassen.

Ernährung

Die meisten Arten ernähren sich überwiegend tierisch, wobei Krustentiere, Schnecken, Muscheln, Würmer und Insekten eine bedeutende Rolle spielen, seltener auch Fische, Reptilien, Amphibien und kleine Säugetiere. Pflanzliche Kost fressen im größeren Ausmaß und zu bestimmten Jahreszeiten Stelzenläufer, Triel, Goldregenpfeifer, Mornellregenpfeifer, Sanderling, Kampfläufer, Zwerg- und Temminckstrandläufer sowie Bekassinen. Die Aufnahme von **Magensteinchen** wurde für viele Arten beschrieben.

Nahrungssuche und Beutebehandlung

Grundlagen. Um Zeichen von Watvögeln zu verstehen, sind einige grundlegende Aspekte zu berücksichtigen. Watvögel nutzen verschiedene Sinne, um Nahrung zu finden, was zu unterschiedlichen Suchstrategien führt:

- **Sehsinn**. Das betrifft **Lauerjäger** wie Regenpfeifer, Kiebitze und Flussuferläufer. Die Beute befindet sich meist an oder knapp unter der Oberfläche und wird gezielt aufgepickt. Zeichen dieser Art von Beutefang sind oft unauffällig, räumlich weit verteilt und nicht an den Wasserkörper gebunden.
- **Tastsinn**. Ein Großteil der potenziellen Beute befindet sich tiefer im Boden und wird durch kontinuierliche **Stocherbewegungen**, quasi blind und ohne die Mithilfe der Augen, lokalisiert. Tim Birkhead beschreibt in seinem Buch Untersuchungen von **Theunis Piersma** am **Knutt**. Wiederholte Stocherbewegungen sollen dabei feine Druckwellen erzeugen, die von den Tastkörperchen im Schnabel registriert werden. Der Knutt kann daraus ein dreidimensionales Bild des Bodens erstellen und so Beute aufspüren. Derlei Zeichen sind für aufmerksame Spurenlesende gut

zu erkennen und konzentrieren sich auf durchfeuchtete Areale insbesondere entlang der Wasserlinie oder unter Wasser.
- Diskutiert wird, ob der **Hörsinn** bei den Lauerjägern eine Rolle spielt oder ob die stochernden Arten auch den **Geschmackssinn** nutzen.

Watvögel zeigen eine Reihe von körperlichen Anpassungen an ihren Lebensraum und das Jagdverhalten. So haben Sichtjäger wie Regenpfeifer kürzere Beine und Schnäbel. Stochernde Watvögel hingegen besitzen längere Beine und Schnäbel, angepasst an unterschiedliche Wassertiefen. Wenn Watvögel im tieferen Wasser nach Beute suchen, sind die dabei entstehenden Zeichen allerdings sehr flüchtig und für Spurenleserde kaum verwertbar. Auch im flachen Wasser verschwinden die meisten Spuren schnell durch den Wellenschlag. Die besten Chancen, etwas zu entdecken, bieten sich daher an der Wasserlinie und in Flachzonen, wenn das Wasser bei Ebbe zurückweicht.
- Kurzbeinige Alpenstrandläufer, Sanderlinge oder Flussuferläufer bewegen sich an der Wasserlinie. Andere Arten wie die Regenpfeifer sind nicht an Wasserkörper gebunden.
- Arten mit mittellangen Beinen wie Rotschenkel, Bruch- und Waldwasserläufer oder Bekassinen stochern im flachen Wasser.
- Langbeinige Arten wie Säbelschnäbler, Dunkler Wasserläufer, Grünschenkel oder Uferschnepfe nutzen größere Wassertiefen, wo einige davon bisweilen auch kleine Fische oder Kaulquappen erbeuten.

Die unterschiedlichen Schnabelformen der Watvögel spiegeln ebenfalls ihre speziellen Nahrungsstrategien wider:
- Kurze, kräftige, gerade Schnäbel bei Arten wie Regenpfeifer und Kiebitzen sind ideal zum Picken an der Oberfläche.
- Lange, gerade, relativ dicke Schnäbel wie jene von Ufer-, Sumpf- und Waldschnepfen eignen sich besonders gut zum Stochern.
- Aufgebogene Schnäbel wie jene von Säbelschnäblern oder Grünschenkeln ermöglichen das Durchseihen des Bodens. Mit seitlichen Kopfbewegungen, auch als „Mähen“ oder „Säbeln“ bezeichnet, filtern sie den Untergrund.
- Abwärts gebogene Schnäbel bei Brachvögeln ermöglichen das Sondieren von Spalten und Ritzen für schwer zugängliche Beute.

Zeichen der Nahrungssuche (nach G. v. Blotzheim & Bauer, Piersma, Swennen & Van der Baan). Limikolen zeigen während der Nahrungssuche verschiedene Bewegungsmuster, die zusammen mit den beschriebenen Suchstrategien typische Verhaltensweisen ergeben. Diese verlaufen relativ stereotyp und lassen sich in den Spurenbildern gut nachvollziehen.
- **Stop-and-Go-Verhalten (Abb. a).** Dies ist die typische Nahrungssuchstrategie von **Regenpfeifern**, insbesondere den kleinen Arten der Gattung *Charadrius*, sowie bei **Kiebitzen**. Dabei lauern die Vögel zunächst, scannen die Umgebung visuell oder akustisch – das ist der „Stopp“. Sobald Beute gesichtet wird, laufen oder gehen sie in wenigen schnellen Schritten darauf zu – das „Go“ –, halten erneut inne („Stopp“)

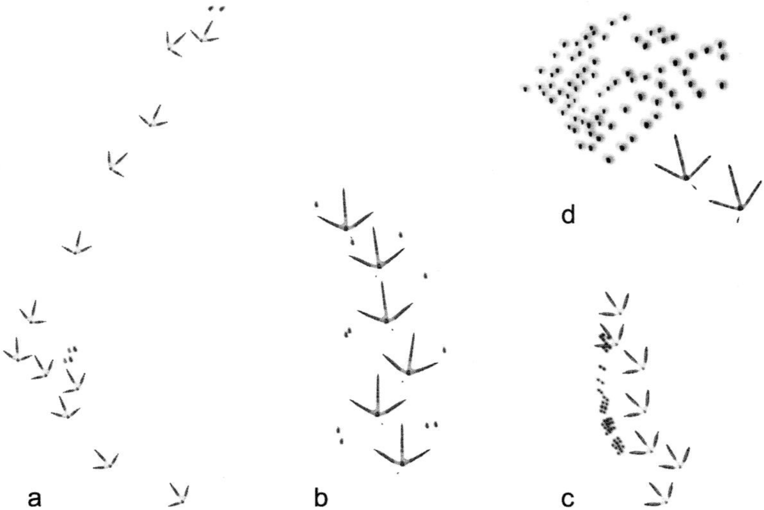

Spurgruppen von Watvögeln bei der Nahrungssuche: Stop and Go beim Flussregenpfeifer (a), kontinuierliches Gehen und Picken beim Kampfläufer (b), kontinuierliches Gehen und Stochern beim Sanderling (c) und Stochern im Stehen bei der Bekassine (d).

und picken die Beute auf. Anschließend beginnt ein neuer Zyklus. Insgesamt wirkt dieses Bewegungsmuster abgehackt und hektisch. Im Spurbild lässt sich dieses Verhalten nachvollziehen: wenige Schritte des Gehens oder Laufens, ein Stopp (T-Stopp oder mit versetzten Beinen) sowie häufig eine seichte Marke am Boden vom Picken. Die nächste Sequenz verläuft oft in eine andere Richtung.

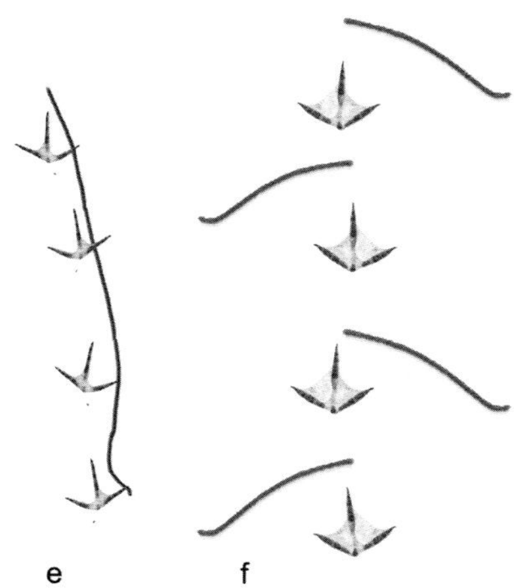

Spurgruppen von Watvögeln bei der Nahrungssuche: „Pflügen" beim Rotschenkel (e) und „Säbeln"/„Mähen" beim Säbelschnäbler (f).

- **Kontinuierliches Gehen und Picken (Abb. b).** Wenn Beute offen an der Oberfläche liegt, bewegen sich **Strandläufer** (zum Beispiel Zwergstrandläufer, Kampfläufer), **Wasserläufer** (zum Beispiel Bruchwasserläufer), **Flussuferläufer** oder **Steinwälzer** langsam vorwärts und picken sie auf. Im Spurbild zeigt sich ein mehr oder weniger wellenförmiges Gangmuster mit kurzen Schrittlängen und unregelmäßig verteilten Pickmarken.

- **Kontinuierliches Gehen (Laufen) und Stochern (Abb. c).** Diese Strategie ist typisch für Arten wie **Alpenstrandläufer**, **Sanderling**, **Dunkler Wasserläufer**, **Ufer- und Pfuhlschnepfe** an Wasserrändern mit weichem, feuchtem Substrat. Das Spurbild weist ein geradliniges Gangbild mit dichten Einstichreihen auf, oft beschrieben als „nähmaschinenartig". Abweichend von anderen Strandläufern bevorzugt der Meerstrandläufer felsige Küstenabschnitte und stochert nicht.
- **Stochern im Stehen (Abb. d). Bekassine**, **Zwerg- und Waldschnepfer** stochern oft auf kleinräumigen Arealen und erproben diese sorgfältig. Dabei steht die Schnepfe und dreht nur den Kopf. An Spurbildern entstehen so typische flächige Stocherbilder in (meist angedeuteten) konzentrischen Halbkreisen.
- **„Pflügen" (Abb. e). Wasserläufer** wie der **Rotschenkel** schieben ihren Schnabel bei der Nahrungssuche durch weichen Schlamm vorwärts, ohne ihn herauszuziehen, und lassen ihn leicht geöffnet. Dabei entsteht eine schmale Furche, die jedoch im feuchten Substrat oder unter Wasser schnell verschwinden kann.
- **„Mähen", „Säbeln" (Abb. f)** ist typisch für den **Säbelschnäbler**, wird aber auch vom Stelzenläufer und einigen Wasserläufern genutzt. Dabei wird der Schnabel leicht geöffnet, in pendelnden Bewegungen durch den weichen Schlick gezogen und kleine Beute abgeseiht. Im Spurbild bleiben sichelförmige Schnabelmarken beidseitig der Trittsiegelreihen zurück. Wenn ganze Gruppen von Säbelschnäblern gemeinschaftlich säbeln, überlagern sich diese Bilder.
- **„Routing"** (eine passende deutsche Bezeichnung fehlt). Ein charakteristisches Verhalten des **Steinwälzers**, das ein von einer Seite zur anderen pendelndes Such-

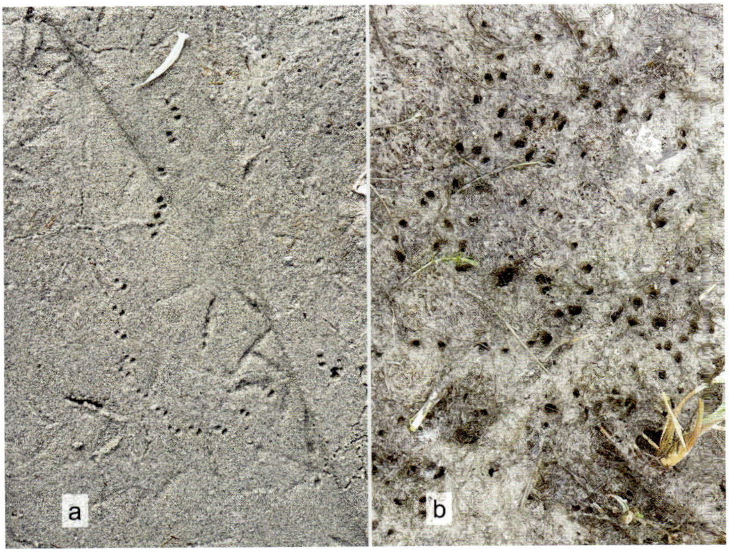

Spurgruppen von nahrungssuchenden Watvögeln aus dem Freiland: Kontinuierliches Gehen und Stochern beim Alpenstrandläufer (a) und Stochern im Stehen bei der Bekassine (b). Oft sind die Stocherlöcher auffälliger als Trittsiegel, die überhaupt fehlen können.

verhalten mit Wende- und Grabeaktionen des Schnabels kombiniert. Auffällig im Spurbild sind umgedrehte Steine, Pflanzenteile oder Treibgut sowie Grabestellen, die bis zu 10 cm tief sein können.

- **„Kreiseln“**. Diese Technik wird von Wassertretern wie den **Odinshühnchen** angewendet. Dabei drehen sich die Vögel kontinuierlich im Wasser. Wahrscheinlich erzeugen sie dabei kleine Wirbel, die Nahrungspartikel an die Oberfläche bringen, die sie dann aufnehmen. Spurentechnisch ist dieses Verhalten kaum nachzuweisen.
- **„Fußtrillern“** ist ein zusätzliches Verhalten von Regenpfeifern und Kiebitzen, um sich ruhig verhaltende, unterirdische Beute zu mobilisieren (siehe Abschnitt über Gangarten).

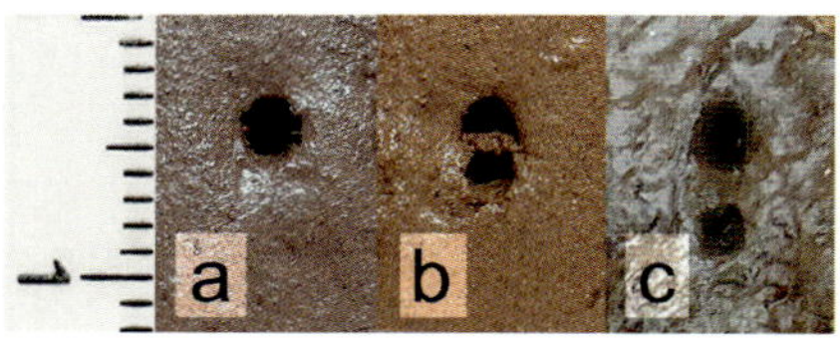

Formen von Stocherlöchern bei Watvögeln: Schnabel geschlossen (a), Schnabel leicht geöffnet (b) und Schnabel stärker geöffnet (c).

Schnabelmarke vom Austernfischer: Dieses kräftige Zeichen fällt im Freiland sofort auf. Beachtenswert ist außerdem, dass die typische Dolchform der Zehen bei harten Böden unkenntlich wird.

Ein genauer Blick auf die Stocherlöcher lohnt sich, da deren Form, Größe, Tiefe und Richtung weitere Hinweise bieten können.

- **Form**. Bei **geschlossenem Schnabel** sieht man runde Löcher, manchmal mit einer erkennbaren Trennlinie zwischen Ober- und Unterschnabel (**Abb. a**). Beim Einstechen mit leicht geöffnetem Schnabel, wie es bei Strandläufern, Sumpf- und Waldschnepfen zu beobachten ist, bilden sich zwei **„Halbmonde“ (Abb. b).** In besonders weichem Untergrund können Limikolen ihre Schnäbel noch weiter öffnen, sodass **Doppelabdrücke** entstehen **(Abb. c).** Dabei handelt es sich nicht um zwei getrennte Einstiche, sondern um Abdrücke von Ober- und Unterschnabel. **Zirkeln** ist eine Erweiterung der Stocherlöcher durch Drehen mit geöffnetem Schnabel. Das zeigen Steinwälzer.
- **Durchmesser.** Der Durchmesser von Stocherlöchern hängt nicht nur von der tatsächlichen Schnabeldicke ab, sondern auch davon, wie tief die Vögel ihren Schnabel ins Substrat gestochen haben. Bei vielen Arten liegt der Durchmesser eines einzelnen Lochs typischerweise zwischen 3 und 5 mm. Kräftigere Schnäbel haben

Kiebitze und größere Regenpfeifer (Gattung *Pluvialis*). Auffällig davon abweichend sind die **wuchtigen Stochermale des Austernfischers**, die im Feld sofort ins Auge fallen und an der Einstichstelle bis zu 20 mm messen können.

- **Tiefe**. Man kann versuchen, die Stocherlöcher zu sondieren, um deren Tiefe auszuloten. Die maximale Stochertiefe korreliert mit der jeweiligen Schnabellänge. So lassen sich beispielweise Löcher der Bekassine (über 6 cm) von jenen der Zwergschnepfe (knapp 4 cm) unterscheiden. Allerdings können auch langschnäbelige Arten beim sogenannten Probe-Stochern nur seichte Löcher anlegen.
- **Richtung**. Nicht alle Watvögel stechen die Schnäbel vertikal in den Boden, wie es Bekassinen zumeist tun. Waldschnepfen sollen eher schräg einstechen Für viele andere Arten fehlen hier noch detaillierte Beobachtungen.

Beutebehandlung. Kleinere Beutetiere werden im Ganzen verschluckt. Besonders Borstenwürmer werden vor dem Verzehr häufig zum Wasser getragen, um sie dort vom Sand zu befreien und zu befeuchten, was das Verschlucken erleichtert. Größere und teils wehrhafte Beute wie Krabben wird von Arten wie Austernfischern, Kiebitzregenpfeifern und Brachvögeln vor dem Fressen getötet. Dabei werden Panzerteile und Scheren teilweise entfernt.
Austernfischer haben zudem spezielle Techniken entwickelt, um Weichtiere zu öffnen. Bei leicht geöffneten Muscheln durchtrennen sie mit dem Schnabel den Schließmuskel. Fest verschlossene Muscheln oder Schnecken werden seitlich „aufgehämmert". Harte Unterlagen wie Steine dienen dabei als Amboss.

Beutebehandlung vom Austernfischer: Diese Muschel wurde seitlich aufgehämmert.

Ausscheidungen

Exkremente von Arten, die sich vor allem tierisch ernähren, bestehen zum Großteil aus flüssiger weißer Harnsäure (Urat) mit einem geringen dunklen, mehr oder minder geformten Kotanteil. Beim Fressen hinterlassen Watvögel eine große Anzahl von weißen Klecksen, was oft das auffälligste Zeichen für ihre Anwesenheit ist. Wer diese Hinweise zu deuten vermag, kann in solchen Arealen leichter Stocherlöcher oder auch Trittsiegel finden.
Die Exkremente von Watvögeln reflektieren die aktuelle Nahrungszusammensetzung sowohl in Menge als auch Qualität. **So können selbst große Limikolen relativ kleine**

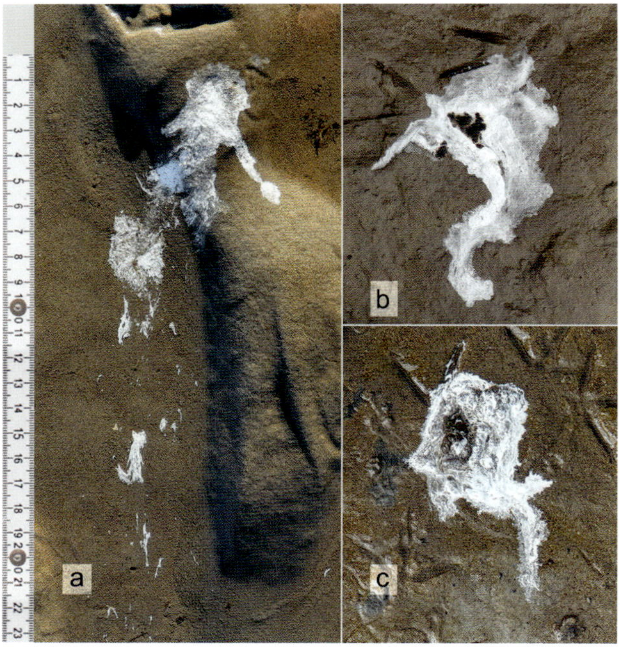

Große Exkremente von Watvögeln: Austernfischer (a), Grünschenkel (b), Kiebitz (c).

Exkremente hinterlassen, während bei kleineren Arten eine gewisse Obergrenze besteht (Abb. auf dieser und der nächsten Seite). Bezüglich der Obergrenze hinterlassen nur Arten wie Austernfischer, Grünschenkel oder Große Brachvögel Exkremente mit Ausdehnungen über 10 cm. Kiebitze und größere Regenpfeifer erreichen etwa 7 cm, während die kleineren Limikolen, darunter Sumpf- und Waldschnepfen, Exkremente von 2 bis 5 cm Länge produzieren.

Die Exkremente sind meist klecksförmig, dehnen sich jedoch zu Streifen, wenn sich Austernfischer oder Brachvögel rasch fortbewegen.

Gelegentlich bestehen die Exkremente fast ausschließlich aus weißen Massen, häufig jedoch enthalten sie dunklere Festanteile. Diese können winzige Skelettreste von Wirbellosen, Sand oder erdiges Material sowie gelegentlich auch Pflanzenreste umfassen.

Alle Watvögel bilden **Speiballen**, da ihre Nahrung viele unverdauliche Bestandteile wie Exoskelette von Krebstieren, Muschelschalen und Sand enthält. Diese Ballen sind oft wenig kompakt und zerfallen schnell in den feuchten, dynamischen Nahrungsgebieten, was erklärt, warum trotz einer Auswurfquote von bis zu vier Speiballen pro Stunde nur wenige gefunden werden. Die Ernährung mit bestimmten Krebstierarten kann die Speiballen orange färben (Drewitt).

Der Durchmesser der Speiballen liegt bei Watvögeln bis zur Größe des Säbelschnäblers bei etwa 1 cm mit einer Länge von 1,5 bis 2 cm. Größere Arten wie der Große Brachvogel können Speiballen mit einer Länge von über 5 cm bilden.

Kleinere Exkremente von Watvögeln: Kiebitz (d), Grünschenkel (e), Bekassine (f), Waldschnepfe (g) und Waldwasserläufer (h).

Speiballen: Von einer Pfuhlschnepfe (a) und einem Alpenstrandläufer (b).

Möwen, Seeschwalben und Raubmöwen

„Geronnenes Sommerlicht", schwerelos am Himmel schwebend und Teil flimmernder Küstenlandschaften – so lassen sich Möwen erleben. Für viele Ornithologen ist die Bestimmung der einzelnen Arten eine große Herausforderung, die gleichermaßen Enthusiasmus und Frustration weckt. Nur wenige Vogelfamilien zeigen eine derartige Vielfalt an Gefiederkleidern mit unterschiedlichsten Farbvarianten und geografischen Variationen, während sich zusätzlich die Taxonomie ständig wandelt. Wer hier noch nicht genug gefordert ist, kann sich in Diskussionsforen über das Zugverhalten oder das Auftreten seltener Möwenarten in Mitteleuropa austauschen. Spurenlesende müssen hier in mancher Hinsicht „am Boden bleiben" und sich mit einfacheren Fragestellungen zufriedengeben.

Fußmorphologie und Trittsiegel

Wie bei den Gänsevögeln sind auch bei Möwen, Seeschwalben und Raubmöwen die Schwimmhäute das auffälligste Merkmal. Die Hinterzehe ist kurz und setzt hoch am Laufknochen an. Als Referenz dient hier die Mittelmeermöwe, deren Fußmorphologie und Trittsiegel weitgehend mit denen der Silbermöwe übereinstimmen.

- Grundtypus: Vogelfuß mit Schwimmhäuten und reduziertem Hallux.
- Dimension: TSL 6,9 (5,9 bis 7,7) cm für die Mittelmeermöwe
- Dimensionen für alle hier behandelten Möwen: TSL knapp unter 3 cm bei der Zwergmöwe bis fast 10 cm bei großen Mantelmöwen.

Mittelmeermöwe:
links: linker Fuß, Unterseite.
rechts: Fuß seitlich.

- Dimensionen bei den Seeschwalben: TSL unter 2 cm bei kleinen „Sumpfseeschwalben“ bis gut 5 cm bei der Raubseeschwalbe.
- Dimensionen bei den Raubmöwen: TSL knapp 4 cm bis über 8 cm.

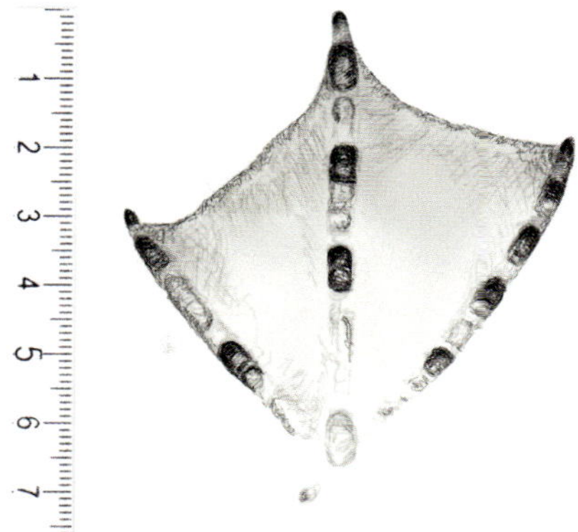

Mittelmeermöwe: rechtes Trittsiegel (idealisierte Zeichnung).

Umrisse und Proportionen

Der Umriss entspricht etwa einem Quadrat (1:1). Das Deltoid (rote Linie) entlang der Zehenspitzen ist aufgrund der kurzen Innenzehe asymmetrisch.

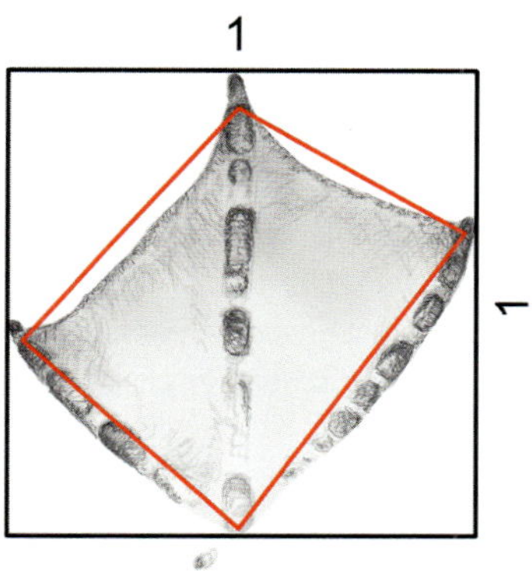

Mittelmeermöwe: Umrisslinien.

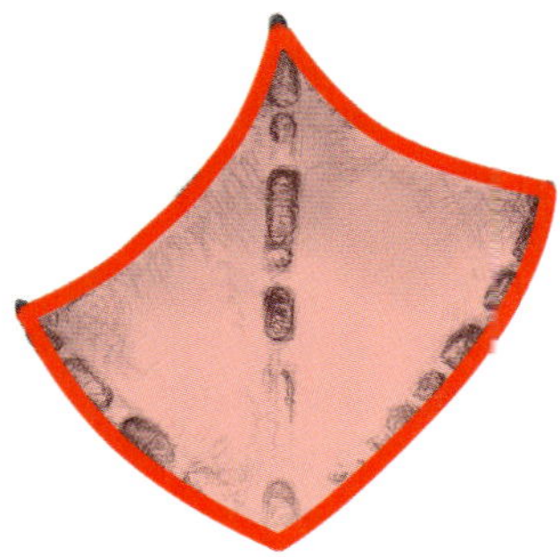

Mittelmeermöwe: Schablone.

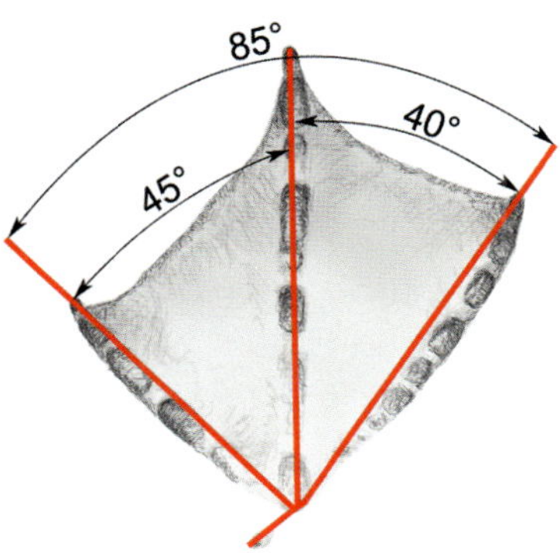

Mittelmeermöwe, Öffnungswinkel: Zehenachsen (rot), Gradangaben der Winkel.

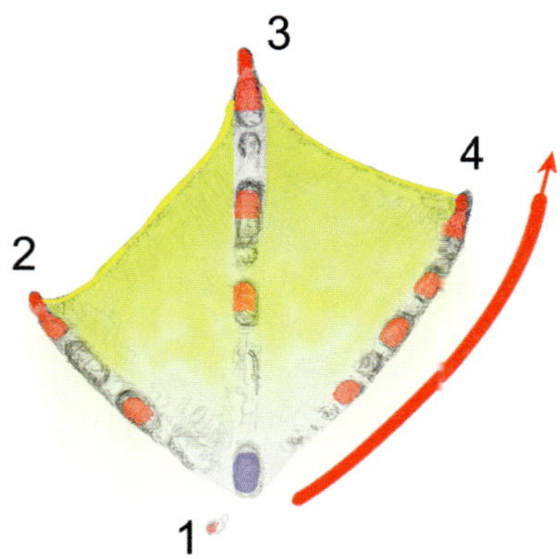

Mittelmeermöwe: Zehenballen (rosa), Krallen (rot), Metatarsalballen (blau), Schwimmhäute (gelb), Biegung und Ausrichtung der Außenzehe (rote Linie und Pfeil).

Schablone

Die Schablone integriert Längenproportion und Biegung der Zehen. Dadurch ergibt sich ein insgesamt **„schwungvoll-weich-gebogenes“** Gesamtbild, das Möwen von den eher „eckigen“ Schablonen der Gänsevögel unterscheidet.

Achsen und Winkel

Der Öffnungswinkel liegt um 80° und kann etwa zwischen 75 und 95° schwanken. Die Teilwinkel sind nahezu gleich und wirken **symmetrisch**.
Der **Hallux** (Hinterzehe) ist nach **innen gewinkelt.**

Ballenmuster, Krallen und Schwimmhäute

Die Mittelzehe steht gerade und ist am längsten. Die **Außenzehe** (4) ist deutlich länger als die Innenzehe (2). Sie weist eine **regelmäßige Biegung** auf und die Zehenspitze zeigt nach außen (rote Linie und Pfeil). Damit unterscheidet sie sich von Gänsevögeln, deren Außenzehe an der Spitze zusätzlich nach innen knickt und damit in Laufrichtung weist.
Möwen haben eine **vorderlastige** Körperhaltung beim Stehen und Gehen. Dadurch drücken sich die **Zehenspitzen deutlich** stärker ab als der Metatarsalbereich. Auch sind die Ballenmuster im vorderen Bereich der Zehen klarer ausgeprägt. Typischerweise zeigt sich wie bei vielen anderen Vogelfamilien eine charakteristische Ballenverteilung: zwei Ballen an der Innenzehe, drei in der Mitte und vier in einer „Perlenkette“ an der Außenzehe. Der **Hallux** (Zehe 1) ist stark verkürzt und hoch am Lauf angesetzt, wodurch er nicht nur aufgrund der Lastverteilung selten abdrückt. Wenn überhaupt, erscheint er als kleiner Punkt nahe dem Metatarsalballen.
Der runde **Metatarsalballen** drückt **schwach** ab oder fehlt im Trittsiegel ganz.
Die **Krallen** sind (bei den meisten Möwen) kurz und stumpf und im Trittsiegel **nicht von der Zehenspitze abgesetzt.**
Die **Schwimmhäute** reichen (bei Möwen) bis zu den Zehenspitzen und drücken vor allem mit den Vorderkanten ab. Manchmal fehlen sie ganz, sodass nur die Innenbiegung der Zehen 2 und 4 ihr Vorhandensein verrät.

Realitätsprüfung

Abb. a zeigt ein Trittsiegel mit Schwimmhäuten und der typischen Vorderlastigkeit im feuchten Sand. In Abb. b hat der weiche Schlamm die Abdrücke der Schwimmhäute „verschluckt“. Der Schnee (Abb. c) zeichnet viele Details, das Trittsiegel überrascht allerdings durch seine ungewohnte Wuchtigkeit. An gemeinsamen Merkmalen lassen sich erkennen:

- Die (gedachten) Umrisse der Trittsiegel sind etwa quadratisch und die Winkel sind symmetrisch.
- Die **Außenzehe** ist deutlich länger als die Innenzehe und sie ist **gleichmäßig gebogen**, wobei die Spitze nach außen weist.
- Die **Vorderlastigkeit** ist in Abb. a und b deutlich erkennbar. Im Schnee könnte

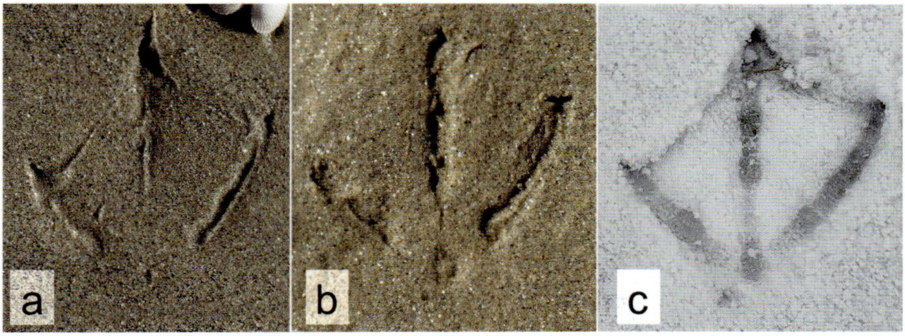

Drei rechte Trittsiegel der Mittelmeermöwe aus dem Freiland in unterschiedlichen Substraten: im feuchten Sand (a), Schlamm (b) und im Schnee (c).

man nur „mit der Nase am Boden" sehen, dass die Zehenspitzen tiefer abgedrückt sind als der Metatarsalbereich.

- Die Zehenballen sind besonders im Schnee deutlich.
- Die Krallen sind nicht von der Zehenspitze abgesetzt, aber gut erkennbar.
- Der **Metatarsalballen drückt schwächer ab** als die Zehenspitzen. In Abb. a ist dieser nur angedeutet.
- Der Hallux kann ganz fehlen (a), in Abb. b ist er angedeutet und nur im Schnee deutlich. Er ist abgewinkelt und steht nahe am Metatarsalballen.

Verwechslungsmöglichkeiten

Erkennt man die Schwimmhäute, so kommen folgende Familien in Betracht (Reihung nach Wahrscheinlichkeit):

- **Seeschwalben** und **Raubmöwen.** Seeschwalben haben kleinere Füße und deren Schwimmhäute erreichen nicht die Spitze der Mittelzehe. Raubmöwen sind sehr selten und haben längere Krallen.
- **Gänsevögel** sind „eckiger" und „plattfüßiger".
- **Säbelschnäbler**. Die Schwimmhäute erreichen nicht die Spitze der Mittelzehe.
- **Kormoran.** Dieser Vogel ist ein Ruderfüßer mit 3 Schwimmhäuten.
- **Flamingo.** Die Schwimmhäute erreichen nicht die Spitze der Mittelzehe.

Fehlen die Schwimmhäute, sollte man auf die **Innenbiegung der Zehen** achten, um Verwechslungen mit Arten zu vermeiden, die „Trittsiegel mit reduziertem Hallux" aufweisen. Bei diesen Arten sind die Zehen entweder gerade ausgerichtet oder zeigen nach außen. Dazu zählen beispielsweise:

- Kleine **Rallen** (ähnlicher Lebensraum!). Deren Zehen sind sehr schlank und tragen lange Krallen.
- **Watvögel** (ähnlicher Lebensraum!). Außer dem Säbelschnäbler zeigen Watvögel gerade Zehen.
- **Hühnervögel** haben kräftige Zehen mit deutlichen, dicht stehenden Ballen.

Artengarnitur

Möwen, Seeschwalben und Raubmöwen sind artenreiche Familien. Ihre Spuren finden sich überwiegend in der Nähe von Gewässern, aber auch im Siedlungsraum oder an Mülldeponien. Einzelne Arten unterscheiden sich im jahreszeitlichen Auftreten und der bevorzugten Nutzung spezifischer Lebensräume, so etwa die Dreizehenmöwe, die als fischfressende Meeresart hauptsächlich in Küstengebieten vorkommt. Die folgenden Tabellen sollen diesbezügliche Einschätzungen erleichtern, insbesondere, da die Dimensionen der Trittsiegel häufig überlappen.

Möwen: Arten und spurenrelevante Fakten.

Art	Wann?	Wo?
Lachmöwe	Ganzjährig	Brutvogel küstennah und an größeren Binnengewässern in Kolonien. Durchzügler und Wintergast auch synanthrop und im Ackerland.
Schwarzkopfmöwe	März bis November, im Winter an Küsten	Punktuelle, kleinere Brutkolonien an Küste und Binnengewässern; oft gemeinsam mit Lachmöwen. Seltener Durchzügler, vor allem im Frühling.
Zwergmöwe	Ganzjährig	Brutvogel im Nordosten; überwintert im Westen und Süden; im Binnenland Durchzügler.
Dreizehenmöwe	Nicht im Winter	Koloniebrüter an steilen Klippen; Schiffsfolger. Durchzug auch im Binnenland.
Sturmmöwe	Ganzjährig	Brutkolonien an der Küste und größeren Binnengewässern. Verbreiteter Überwinterer und Durchzügler.
Silbermöwe	Ganzjährig	An Nord- und Ostsee; auch synanthrop. Selten während des Durchzugs auch im Binnenland.
Mittelmeermöwe	Ganzjährig; nördlich der Donau Zugvogel	Ausbreitungstendenz nach Norden; an größeren Gewässern, auch synanthrop (zum Beispiel Hausdächer). Nahrungssuche auch auf Mülldeponien.
Steppenmöwe	Ganzjährig	Brutvogel im Schwarzmeergebiet und an der unteren Donau. Ausbreitungstendenz nach Westen. Im Winter auch abseits dieses Gebietes.
Heringsmöwe	März bis Oktober; seltener Wintergast	Brutvogel an der Küste und großen Binnengewässern
Mantelmöwe	Ganzjährig	Brutvogel an Küsten in Nord- und Westeuropa, seltener Wintergast im Binnenland

Seeschwalben: Arten und spurenrelevante Fakten.

Art	Wann?	Wo?
Lachseeschwalbe	April bis September	Brütet an flachen Wasserflächen in offener Landschaft, auch in Lagunen; seltener Durchzügler (vor allem im Frühling)
Brandseeschwalbe	März bis September	Kolonienbrüter an Flachküsten; im Binnenland seltener Durchzügler
Zwergseeschwalbe	März bis Oktober	Brütet an flachen Kiesbänken am Meer oder großen Flüssen; Durchzügler vor allem im Frühling
Raubseeschwalbe	April bis Oktober	Brutvogel an Küsten des Baltikums und Osteuropas. Durchzügler im Binnenland im Frühling und Herbst.
Weißbartseeschwalbe	April bis September	„Sumpfseeschwalbe". Brütet in überschwemmten Feuchtgebieten; seltener Durchzügler im Frühling und Herbst.
Trauerseeschwalbe	April bis Oktober	„Sumpfseeschwalbe". Brütet auf Seen mit Schwimmblattvegetation, häufiger Durchzügler im Frühling und Herbst.
Weißflügelseeschwalbe	April bis September	„Sumpfseeschwalbe" aus Osteuropa; seltener Durchzügler im Frühling und Herbst
Flussseeschwalbe	April bis Oktober	Brütet an Binnengewässern oder der Küste (auch auf künstlichen Brutflößen); regelmäßiger Durchzügler im Binnenland
Küstenseeschwalbe	April bis Oktober	Kolonienbrüter an Nordsee und Atlantik, in Nordeuropa auch abseits vom Meer. Seltener Durchzügler im Binnenland.

Raubmöwen: Arten und spurenrelevante Fakten.

Art	Wann?	Wo?
Raubmöwen	Herbst (Winter), Frühling	Raubmöwen brüten im Norden und erscheinen an mitteleuropäischen Küsten oder im Binnenland selten als Durchzügler, meist im Herbst. Oft sind sie mit Möwen vergesellschaftet.

Antreffwahrscheinlichkeit

Die Wahrscheinlichkeit, Trittsiegel der genannten Arten im Freiland auch tatsächlich zu finden, variiert erheblich. Der Großteil der Möwen-Trittsiegel stammt von fünf häufigen Arten. Dennoch sollten Spurenlesende stets berücksichtigen, dass auch weniger wahrscheinliche Arten auftreten können, um voreilige und scheinbar „sichere" Artbestimmungen zu vermeiden.

- Am wahrscheinlichsten findet man TS von Lach- und Sturmmöwe sowie von den „weißköpfigen Großmöwen“ (Silber-, Mittelmeer- und Steppenmöwe).
- Deutlich seltener sind TS von stärker an das Meer und den Fischfang gebundenen Arten (Herings- und Mantelmöwe), besonders aber jene der Dreizehenmöwe, die sich an Land meist auf Steilfelsen aufhält. Insgesamt seltene Arten wie die Schwarzkopfmöwe sind ebenso unwahrscheinlich wie die Zwergmöwe, die wenig zu Boden kommt.
- Trittsiegel von Raubmöwen sind selten und könnten in diesem Buch eigentlich unberücksichtigt bleiben – wären da nicht Eigenerfahrungen, die den Autor eines Besseren belehrt haben. In nördlichen Brutgebieten, aber auch während der Zugzeit können TS von Raubmöwen übersehen werden, wodurch manche spannende Entdeckung verborgen bleibt. Jede Raubmöwenart kann dabei leicht mit einer Möwenart ähnlicher Fußgröße verwechselt werden.
- Selten sind auch TS von Seeschwalben, am häufigsten noch jene der Brandseeschwalbe. Am unwahrscheinlichsten sind Sumpfseeschwalben, die allenfalls auf kleinen Schlammhügeln in Sumpfgebieten Spuren hinterlassen.

Maße, Variationsbreite und Unterscheidungen

Maßtabellen

Seitens der Größe kann man Kleinmöwen von den Großmöwen abgrenzen, das lässt sich auch anhand der Trittsiegelmaße nachvollziehen.

Trittsiegelmaße von Möwen (siehe auch Abkürzungsverzeichnis).

Art	TSL (cm)	TSB (cm)	Z1 (cm)	Z2 (cm)	Z3 (cm)	Z4 (cm)
Lachmöwe	4,1 (3,5–4,5)	4,2 (3,3–5,2)	0,5 (0,4–0,6)	2,9 (2,4–3,2)	3,7 (3,0–4,2)	3,4 (2,7–3,9)
Schwarzkopf-möwe	4,4 (4,1–4,7)	4,8 (3,9–5,1)	0,5 (0,4–0,7)	3,1 (3,1–3,2)	3,9 (3,6–4,1)	3,6 (3,5–3,9)
Zwergmöwe	3,6 (2,8–4,2)	3,7 (2,6–4,8)	0,4 (0,3–0,6)	2,5 (2,1–2,9)	3,2 (2,5–3,7)	3,0 (2,4–3,4)
Dreizehen-möwe	5,0 (4,2–5,6)	5,1 (4,0–6,0)		3,5 (3,2–3,9)	4,5 (3,7–4,9)	4,2 (3,6–4,6)
Sturmmöwe	4,9 (4,4–5,3)	5,1 (4,6–5,6)	0,6 (0,5–0,8)	3,5 (3,3–3,7)	4,4 (3,9–4,6)	4,0 (3,7–4,3)
Silbermöwe	6,7 (5,7–7,3)	7,4 (6,4–8,4)	0,7 (0,5–1,0)	4,5 (4,0–5,1)	5,7 (5,1–6,3)	5,5 (4,8–5,9)
Mittelmeer-möwe	6,9 (5,9–7,7)	6,6 (5,6–8,5)	0,7 (0,5–0,9)	4,4 (3,7–5,6)	6,0 (5,3–6,7)	5,5 (4,4–6,8)

Fortsetzung: Trittsiegelmaße von Möwen (siehe auch Abkürzungsverzeichnis).

Art	TSL (cm)	TSB (cm)	Z1 (cm)	Z2 (cm)	Z3 (cm)	Z4 (cm)
Steppenmöwe	7,1 (6,3–7,4)	6,9 (6,0–8,1)	0,7 (0,5–1,0)	4,7 (4,2–5,3)	6,1 (5,7–6,4)	5,8 (5,0–6,3)
Heringsmöwe	6,3 (5,8–7,2)	7,3 (7,0–7,5)	0,6 (0,4–1,0)	4,2 (3,9–5,2)	5,4 (4,7–6,3)	5,2 (4,6–6,1)
Mantelmöwe	8,0 (7,0–9,5)	9,7 (8,0–11,0)	0,8 (0,6–1,1)	5,3 (4,7–6,8)	7,0 (6,3–8,3)	6,5 (5,6–8,1)

Die Schwankungsbreite der Trittsiegellängen (TSL) ist bei Möwen relativ groß. Dies liegt einerseits am **Geschlechtsdimorphismus** – bei männlichen Möwen sind die Maße um 5 bis 10 % länger – und andererseits an den weiten Verbreitungsgebieten, in denen einzelne Populationen unterschiedliche Größen aufweisen können. In der Kategorie der **Kleinmöwen** findet man am häufigsten Trittsiegel der **Lachmöwe**. Deutlich kleiner (mit nur geringen Überschneidungen) ist die Zwergmöwe. Dreizehen- und Sturmmöwe sind durchschnittlich um 1 cm länger, trotzdem besteht eine Überlappungszone. Bei den **Großmöwen** ist die **Mantelmöwe** am größten und deutlich abgegrenzt. Die anderen sind anhand der Dimension nicht zu unterscheiden.

Trittsiegelmaße von Seeschwalben (siehe auch Abkürzungsverzeichnis)..

Art	TSL (cm)	TSB (cm)	Z1 (cm)	Z2 (cm)	Z3 (cm)	Z4 (cm)
Lachsee- schwalbe	3,6 (2,9–4,3)	3,5 (2,6–4,3)	0,7 (0,6–0,9)	2,1 (1,7–2,5)	3,2 (2,6–3,8)	2,6 (2,1–3,1)
Brandsee- schwalbe	3,1 (2,8–3,6)	3,0 (2,5–3,6)	0,6 (0,6–0,7)	1,8 (1,6–2,1)	2,8 (2,5–3,2)	2,3 (2,0–2,6)
Zwergsee- schwalbe	2,2 (1,8–2,7)	2,1 (1,6–2,7)	0,4 (0,3–0,5)	1,3 (1,1–1,6)	2,0 (1,6–2,5)	1,6 (1,3–2,0)
Raubsee- schwalbe	4,8 (4,3–5,4)	5,0 (4,3–4,6)	0,9 (0,7–1,1)	2,6 (2,4–3,0)	4,0 (3,7–4,5)	3,2 (2,9–3,4)
Weißbartsee- schwalbe	2,6 (2,1–3,1)	2,5 (1,9–3,1)	0,5 (0,4–0,6)	1,5 (1,2–1,8)	2,3 (1,9–2,8)	1,9 (1,5–2,3)
Trauersee- schwalbe	2,1 (1,7–2,4)	2,0 (1,5–2,4)	0,4 (0,3–0,5)	1,2 (1,0–1,4)	1,9 (1,5–2,1)	1,5 (1,2–1,8)
Weißflügel- seeschwalbe	2,1 (1,6–2,4)	2,0 (1,4–2,4)	0,4 (0,3–0,5)	1,2 (0,9–1,4)	1,9 (1,4–2,1)	1,5 (1,2–1,8)
Flusssee- schwalbe	2,7 (2,3–3,4)	2,5 (2,2–3,4)	0,5 (0,4–0,6)	1,5 (1,3–1,9)	2,4 (2,2–2,5)	2,0 (1,7–2,4)
Küstensee- schwalbe	2,4 (2,0–2,6)	2,3 (1,8–2,6)	0,5 (0,4–0,5)	1,3 (1,1–1,5)	2,0 (1,8–2,3)	1,7 (1,5–1,9)

Trittsiegel von **Seeschwalben** sind generell kleiner als jene von Möwen. Nur die Raubseeschwalbe erreicht die Dimension von Kleinmöwen. Von den anderen Arten sind Lach- und Brandseeschwalbe relativ groß, während die „Sumpfseeschwalben" besonders kleine Füße haben.

Trittsiegelmaße von Raubmöwen (siehe auch Abkürzungsverzeichnis).

Art	TSL (cm)	TSB (cm)	Z1 (cm)	Z2 (cm)	Z3 (cm)	Z4 (cm)
Schmarotzerraubmöwe	4,7 (4,3–4,9)	4,7 (4,3–4,9)	1,1 (1,0–1,1)	3,0 (2,7–3,1)	4,1 (3,7–4,2)	3,6 (3,3–3,7)
Falkenraubmöwe	4,1 (3,6–4,3)	4,1 (3,6–4,3)	0,9 (0,8–1,0)	2,6 (2,3–2,7)	3,6 (3,1–3,7)	3,1 (2,7–3,3)
Spatelraubmöwe	6,0 (5,4–6,3)	6,1 (5,5–6,4)	1,4 (1,2–1,4)	3,8 (3,4–4,0)	5,1 (4,7–5,5)	4,6 (4,1–4,8)
Skua	8,2 (7,3–8,5)	8,3 (7,4–8,6)	1,9 (1,7–2,0)	5,8 (5,2–6,0)	7,1 (6,2–7,2)	6,2 (5,5–6,5)

Raubmöwen sind von den Dimensionen her mit Möwen vergleichbar und lassen sich größenmäßig nicht von ihnen unterscheiden. Sie zeigen einen sogenannten RSD (reversed size sexual dimorphism), was bedeutet, dass die Weibchen – im Gegensatz zu den meisten verwandten Arten – größer sind als die Männchen. Bemerkenswert ist, dass dieses Phänomen auch bei Greifvögeln auftritt, die ebenfalls Fleischfresser sind.

Morphologische Unterschiede

Die Morphologie ergänzt ökologische Betrachtungen und ermöglicht Eingrenzungen bei Arten ähnlicher Größe.

Folgende Merkmale des Trittsiegels können untersucht werden, um die Unterschiede zu verdeutlichen:

- **Krallen**. Diese sind bei **Möwen (a, b) kurz und stumpf** und im Trittsiegel meist nicht von der Zehenspitze abgesetzt. **Seeschwalben (c)** haben **lange, spitze** Krallen mit geringer Krümmung. Im Trittsiegel drücken diese manchmal als abgesetzter Punkt vor den Zehenspitzen ab. **Raubmöwen (d)** zeigen **lange, spitze und stark gekrümmte** Krallen. Die **Kralle der Innenzehe** ist häufig zusätzlich **nach innen gebogen** (Galán, 2016).

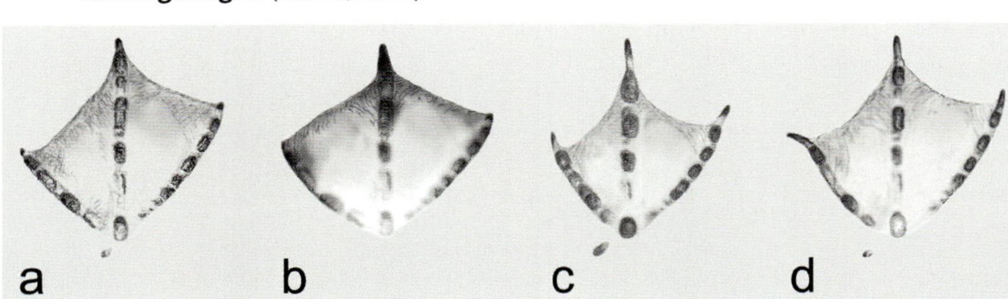

Morphologische Unterschiede bei Möwen (a, b), Seeschwalben (c) und Raubmöwen (d) (nicht maßstäblich).

- **Schwimmhäute**. Diese reichen bei **Möwen (a, b)** und **Raubmöwen (d) bis zu den Zehenspitzen.** Bei Möwen überragen sie manchmal auch die Krallen (besonders an der Außenzehe). Bei **Seeschwalben (c)** setzten sie an der Mittelzehe **weiter proximal** an. Gemeinsam mit der langen Kralle überragt damit diese Zehe die Schwimmhautgrenze um 25 %, was im Trittsiegel sehr auffällig ist. Laurent Demongin berichtet über ein interessantes Detail bei den Sumpfseeschwalben: Nur die Trauerseeschwalbe weist die typische Form der Schwimmhäute auf, während bei der Weißbart- und der Weißflügelseeschwalbe lediglich eine schmalere Spannhaut vorhanden ist.
- **Hallux**. **Raubmöwen (d)** und besonders **Seeschwalben (c)** haben eine relativ **längere Hinterzehe als Möwen**, diese wird auch stetiger abgedrückt.
- **Ballenmuster der Zehen und Metatarsalballen. Seeschwalben** (**c**) **sind nicht so vorderlastig wie Möwen (a, b).** Daher sind im Trittsiegel die Zehenballen und der Metatarsalballen gleichmäßiger abgedrückt.
- **Kleinmöwen (b).** In weichem Substrat können Kleinmöwen die Zehen besonders stark spreizen und sinken etwas nach vorne ein. Dadurch entsteht dieses **„schüsselförmige“ Bild**, das sich von „klassischen“ Möwen-Trittsiegeln (a) unterscheidet.

Gangarten und Spurbilder

Möwen, Seeschwalben und Raubmöwen bewegen sich an Land gehend fort, selten laufen sie (s. Abb. nächste Seite).

- **Gehen (a, b):** Dabei erreichen Möwen auch größere SL, während Seeschwalben mit kleinen Schrittchen trippeln.
- **Laufen (c):** Diese selten genutzte Gangart sieht man allenfalls bei innerartlichen Konflikten während der Futtersuche.
- **Hüpflauf (d):** Im Zuge von Landemanövern oder beim Abflug können Möwen gelegentlich diese Gangart auf kurzer Strecke nutzen. Beim Abflug von Großmöwen werden SL über einem Meter erreicht – besonders ambitionierte Spurenlesende können hier auch die Windrichtung ablesen (Starts erfolgen gegen den Wind).
- **Landungen und Stopps (b):** Bei Landungen in weichem Untergrund drücken die Trittsiegel deutlich stärker ab als in den folgenden Spurbildern (links unten in Abb. b). Bei Stopps stehen die Füße mehr oder minder parallel.
- **Stehen, „Liegen“:** Im Ruhezustand oder am Schlafplatz können Möwen sowohl beid- als auch einbeinig stehen. Dabei ändern sie ständig ihre Ausrichtung, was ein überlagertes Spurbild erzeugt. Wenn eine Möwe mit dem Bauch auf dem Boden „liegt“, sitzt sie anatomisch betrachtet bei stark gebeugten Beingelenken auf ihren Fersen. In geeignetem Substrat könnten hierbei muldenartige Abdrücke entstehen.

Zusätzlich kann man auf den Bildern auch wieder die Zwischenlänge betrachten. In Abb. b (nächste Seite unten) ist der Abstand zwischen zwei aufeinanderfolgenden TS deutlich

Spurbilder von Möwen: Mittelmeermöwe im Gehen (a), Landung, Gehen und Stopp bei der Lachmöwe (b), Laufen bei der Silbermöwe (c), Hüpflauf im Abflug bei der Mittelmeermöwe (d).

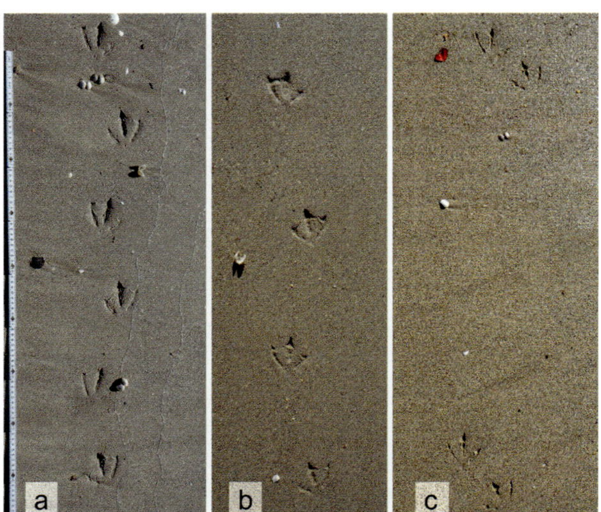

Spurbilder von Mittelmeermöwen aus dem Freiland: Gehen (a), Laufen (b), Hüpflauf (c)

größer als die doppelte TSL (siehe auch Tabelle „Maße von Gangarten“). Das ist ein eindeutiger Hinweis auf das Laufen. Die Hüpflauf-Spur (c) zeigt einen Vogel beim Abflug.

Mit dem erworbenen Wissen lässt sich die Spursequenz auf der nächsten Seite mühelos interpretieren: Die Möwe kommt von links angeflogen, offenbar recht schnell, da sie bei der Landung tief einsinkt und den Schwung mit einem kurzen Hüpflauf abfängt. Nachdem er die Richtung wechselt, stoppt der Vogel und schaut nach links oben – was könnte dort wohl seine Aufmerksamkeit erregt haben? Vielleicht Artgenossen oder eine Futterquelle? Schließlich bewegt sich die Möwe nach links oben weiter, in einem zügigen, aber nicht überhasteten Tempo. Analytische Spurenlesende könnten anhand der Relation von ZL (Zwischenlänge) zu TSL (Trittsiegellänge) feststellen, dass diese etwa 1,4 beträgt, was ziemlich genau dem Durchschnittswert für entspanntes Gehen entspricht (siehe Tabelle „Maße von Gangarten"). So spannend dürfte es also doch nicht gewesen sein.

Spurbilder und Verhalten einer Silbermöwe aus dem Freiland: Landung, Hüpflauf, Stopp und Gehen.

Maße von Gangarten

Die Tabelle enthält die Maße für Gehen und Laufen unterschiedlicher Möwenarten. Sie umfasst Daten für kleine Möwen (wie die Lachmöwe), Großmöwen (Silber-, Mittelmeer-, Steppen- und Heringsmöwe) sowie die noch größeren Mantelmöwen. Für Seeschwalben werden gemeinsame Werte angegeben, wobei größere Arten im Einzelfall auch höhere Schrittlängen (SL) erreichen können. Raubmöwen weisen ähnliche Dimensionen wie Möwen vergleichbarer Größe auf.

Es lassen sich folgende Aussagen treffen:

- Die Spurbreite ist bestimmungstechnisch wenig relevant und lässt auch – anders als bei Säugetieren – keine Aussage über die Gangart zu.
- Die SL korrelieren im Wesentlichen mit den TSL der einzelnen Arten. Die Grenze zwischen Gehen und Laufen liegt bei einem Quotienten ZL/TSL von ca. 2,2.

Maße von Gangarten der Möwen und Seeschwalben (siehe auch Abkürzungsverzeichnis).

Art	SL (cm)	ZL/TSL	SL (cm)	ZL/TSL	SB (cm)
	Gehen		Laufen		
Kleine Möwenarten	21 (12–26)	1,6 (0,4–2,2)	33 (25–41)	3,0 (2,1–4,0)	7 (5–10)
Großmöwen	32 (19–44)	1,4 (0,4–2,2)	45 (43–68)	3,0 (2,2–4,0)	10 (7–14)
Mantelmöwe	36 (16–51)	1,3 (0,0–2,2)	62 (48–77)	2,9 (2,0–3,8)	13 (8–17)
Seeschwalben	16 (9–20)	2,0 (0,6–2,5)	25 (20–32)	3,7 (2,4–4,9)	5 (4–7)

Zeichen

Ruheplatz von Mittelmeermöwen an einer flach abfallenden Felsküste. Durch die Annäherung des Fotografen sind die Vögel etwas in Richtung Meer ausgewichen. Der Rastplatz befindet sich im Vordergrund, markiert durch die zahlreichen weißen Exkremente.

Ruhe- und Schlafplätze

Auch außerhalb der Brutzeit sind Möwen wie Seeschwalben gesellig und nutzen gemeinsame Ruheplätze. Diese befinden sich oft an der Küste, wie etwa Hochwasserrastplätze, wo sie auch gemeinsam schlafen. Während Schlafplätze auf Wasserflächen kaum Spuren hinterlassen, sind Landrastplätze vor allem durch weiße **Exkrementauflagen** und gelegentlich auch Federn leicht erkennbar. Möwen bevorzugen dabei Flachufer, offene Landschaften mit guter Fernsicht oder auch synanthrope Orte wie Hafenmauern, Schleusen und Flachdächer. Seeschwalben dagegen wählen eher deckungsreiche Bereiche und ruhen gelegentlich auch unter dichterer Vegetation.

Nahrungserwerb/spurenrelevante Beispiele

Auch wenn viele Arten des Nahrungserwerbs keine deutlichen Spuren hinterlassen, gibt es dennoch auffindbare charakteristische Zeichen einiger Verhaltensweisen.

- **Trampelwannen.** G. v. Blotzheim & Bauer beschreiben das Trampeln als *„rasche Gewichtsverlagerung von einem Bein auf das andere, Trampelfolgen von etwa*

Trampelwanne einer Großmöwe. Der Durchmesser beträgt etwa 35 cm. Das Schlickwasser am Wannenboden ist abgelaufen und die darin aufgeschlämmten Beutetiere wurden gefressen. Am oberen Rand kann man, etwas erhöht, die Auftritte der Füße erkennen.

Ansammlung zerbrochener Schalen von Weichtieren. Möwen haben hier wiederholt Muscheln und Schnecken aus dem Flug abgeworfen, um leichter an den nahrhaften Inhalt zu gelangen.

50 Schritten, Frequenz 7–9 Schritte/sec, Zurücktreten, Boden-Betrachten im Schlick ...". Dadurch werden bei der Lachmöwe kleine Wirbellose aufgescheucht oder zur Oberfläche gebracht. Großmöwen legen durch diese Technik Weichtiere frei. Die Vertiefungen durch die Beinbewegungen, vor allem von Lach-, Silber- und Mittelmeermöwen, werden als Trampelwannen bezeichnet und können besonders im Watt zahlreich sein. Auch die Sturmmöwe nutzt diese Technik, allerdings eher auf feuchtem Grünland.

- **Abwerfen** von Beute auf harte Oberflächen. Beute sind hier Muscheln, Krabben, Vogeleier, aber gelegentlich auch (Jung-)Vögel oder kleine Säugetiere. Verursacher können Schwarzkopf-, Sturm-, Silber- und Mittelmeermöwen sein. Zurück bleiben oft große Mengen zerbrochener Schalen, zum Beispiel von Miesmuscheln. Elborch & Marks bezeichnen diese Zeichen als „shelling area". Ähnliche Zeichen können allerdings auch Rabenvögel hinterlassen.
- Nahrungssuche durch **Patrouillieren** an der Küste oder auf Äckern zeigen Lach-, Sturm-, Silber-, Mittelmeer- und Steppenmöwen, kurzzeitig auch die Zwergmöwe. Möwen sind optisch orientiert und erbeuten nur oberflächlich sichtbare Nahrung. An geeigneten Stellen kann man dann Spurgruppen der Vögel finden.
- Ein weiteres Zeichen und eine Ausnahme stellen durch den Schnabel erweiterte Wattwurmlöcher dar. Die Silbermöwe scheint als Einzige diese zusätzliche Technik zu beherrschen, um auch versteckte Beute aufzuspüren.

Ernährung und Fraßspuren

Möwen, Seeschwalben und Raubmöwen fressen vor allem tierische Nahrung und sind dabei flexibel. Je nach Vogelgröße und Jahreszeit überwiegen Insekten, Fische, Amphibien, Weich- und Krebstiere oder Würmer. Größere Möwenarten überwältigen auch andere Vögel oder kleine Säugetiere. Möwen und vor allem Raubmöwen sind Meisterinnen darin, anderen Vögeln ihre Beute abzujagen – dieses Verhalten wird Kleptoparasitismus genannt. Pflanzliche Kost wie Beeren und Kirschen können bei einigen Arten kurzfristige Zusatznahrung sein. Viele Möwen sind wenig scheu und nutzen auch vom Menschen geschaffene Nahrungsquellen. Das sind Fischerei- und Schlachtabfälle, Vogelfütterungen in Städten und, besonders im Winter, Mülldeponien. Dabei aufgenommene Kunststoffteile können gesundheitliche Probleme verursachen.

Fraßspuren von Mittelmeermöwen an einem Karpfenfisch. Typisch ist das Öffnen an weichen Stellen wie seitlich am Bauch.

Die allermeiste Beute wir in toto verschluckt, nur wenige Arten der Nahrungsbehandlung sind als Zeichen nachvollziehbar. So werden Vogeleier von Sturm-, Silber und Mittelmeermöwen durch Hacken mit dem Schnabel eröffnet und konsumiert. Auch größere (bereits tote) Fische werden im Bereich der Augen und des Bauches angehackt, vor allem durch die größeren Möwenarten.

Nur wenige Menschen können sich für Exkremente von Möwen wie hier an einem Auto begeistern.

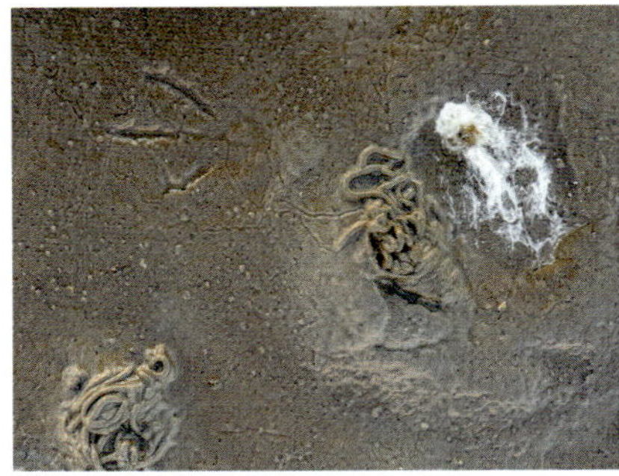

Spuren und Zeichen einer Lachmöwe im Watt. Trittsiegel und Exkrement der Möwe sowie die typischen Sandauswürfe von Wattwürmern.

Exkremente und Speiballen

Durch den großen Eiweißanteil der Möwennahrung haben diese **Exkremente** generell einen hohen Uratanteil (weiß) und sind ziemlich flüssig. Darüber hinaus passieren nur jene Materialien den Verdauungstrakt, die nicht mittels Speiballen wieder durch die Speiseröhre ausgeschieden wurden. Im Kotanteil finden sich, abhängig von der Kost, Reste von Fischen, Insekten, Würmern, Krebstieren, Pflanzenteile oder Weichtierschalen. Größen und Formen schwanken beträchtlich auch innerhalb einzelner Arten. So zeigen sich rundliche Kleckse ebenso, wie längliche Streifen. Durchschnittsgrößen liegen bei 10 × 5 cm. Bereits im Freiland kann man auch ohne eingehendere Analyse Zuordnungen treffen:

- **Uratanteil.** Ein hoher oder nahezu ausschließlicher Weißanteil im Exkrement deutet auf eine eiweißreiche Ernährung hin. Besonders proteinreich und ballaststoffarm war die Nahrung der Möwe in **Abb. a** – vermutlich bestehend aus Fischen, wie das

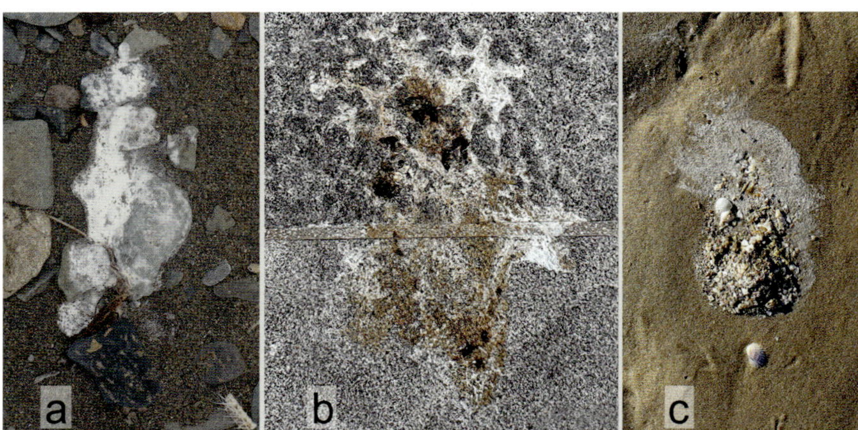

Exkremente von Möwen: Hoher Uratanteil bei Fischnahrung (a), hoher Kotanteil bei menschlicher Fütterung (b), fein zermahlene Fragmente von Muschelschalen (die intakte Schalenhälfte ist nicht Teil des Exkrements) (c).

Wirbelfragment rechts unten zeigt, das aus einem Speiballenfragment stammt.

- **Kotanteil.** Hier betrachten wir das Ausmaß, den Inhalt und die Farbe des Kotanteiles im Verhältnis zum Urat. **In Abb. b auf der vorangehenden Seite** ist der Weißanteil relativ gering, was auf eine proteinärmere, aber kohlenhydratreichere Nahrung hinweist. Tatsächlich wurde diese Möwe im Park mit Brot und Pommes frites gefüttert. Die Möwe rechts (**Abb. c, S. 200**) hatte eine ballaststoffreichere Nahrung, was sich durch die feinen Fragmente von Muschelschalen im Kot zeigt. Schalen von Weich- und Krebstieren können auch über Speiballen ausgeschieden werden, wobei die Fragmente dann gröber sind und der Uratüberguss fehlt. Ein hoher Erdanteil im Kot verweist auf eine Ernährung mit Würmern.

Speiballen spielen neben den Exkrementen bei Möwen, Seeschwalben und Raubmöwen eine wesentliche Rolle in der Verdauung. Untersuchungen von Möwenkot und Gewöllen wurden auch mehrfach für wissenschaftliche Nahrungsanalysen herangezogen, beispielweise von Ulrike Kubetzki oder Horst Thies. Diese Ergebnisse sind auch für Spurenlesende interessant. So erfährt man, dass die Bildung von Speiballen und Gewöllen jahreszeitlichen Schwankungen unterliegt. Zur

Speiballen und Gewölle von Möwen: Miesmuscheln bei einer Mittelmeermöwe (a), Krabben bei einer Mittelmeermöwe (b). Käfer bei einer Steppenmöwe (c), Säugetierhaare bei einer Sturmmöwe (d). Plastikfragmente bei einer Sturmmöwe (e), Fischreste und Angelschnur bei einer Silbermöwe (f).

Zeit der Jungenbetreuung werden besonders viele Speiballen gebildet. Es gibt solche mit verschiedenen Inhalten oder monotypische und in manchen Fällen kann man auf Flüge zu weit entfernten Nahrungsgründen schließen. Horst Thies schlägt auch eine Typologie von Speiballen aufgrund des Inhalts vor.
Speiballen und Gewölle von Möwen sind ungemein formenreich. Die Abb. (S. 201) zeigen einige der häufigen Typen.

- Grob zerbrochene Schalen von **Muscheln und Schnecken**. Diese bilden meist leicht zerfallende, längliche Massen (**a**), in anderen Fällen (**b**) auch runde Kügelchen aus Resten von Krustentieren.
- Möwenarten in trockeneren Gebieten ernähren sich auch von **Käfern**, dann sind ihre Speiballen brüchig (**c**).
- Sehr kompakt hingegen sind Gewölle aus **Tierhaaren (d)**, die produziert werden, wenn Möwen Kleinsäuger erbeutet haben oder an Kadavern fressen.
- Müll und Abfall stellen ein zunehmendes Problem dar. Nicht immer gelingt es den Vögeln, diese Teile wieder auszuscheiden. **Plastikteile** wie im Speiballen einer Sturmmöwe (**e**) findet man vor allem im Siedlungsbereich. Fischereiabfälle wie **Angelschnüre (f)** oder Netzteile betreffen meist fischfressende Arten am Meer.
- Hier nicht abgebildet sind Ballen aus Pflanzenmaterial wie Gräser oder Fruchtkerne. Auch erbeutete Kleinsäuger oder Jungvögel können halbverdaut wieder ausgewürgt werden.

Dimensionen von Speiballen (nach Thies und eigenen Daten).

Art	**Länge (cm)**	**Durchmesser (cm)**
Großmöwen	6,0 (4,0–13)	2,6 (1,9–2,9)
Kleine Möwenarten	4,0 (2,1–5,6)	1,7 (1,4–2,1)
Seeschwalben	1,5 (3,1–1,0)	1,0 (0,7–1,1)

Längen von Speiballen sind eher von der aufgenommenen Nahrung abhängig und weniger von der Vogelart. Hinweise auf die Arten geben eher die Durchmesser.

Greifvögel

Greifvögel sind eine heterogene Vogelfamilie vom kleinen Sperber bis zum „riesigen“ Seeadler. Viele sind aktive Jäger, andere fressen bevorzugt Aas, manche sieht man lange am Himmel kreisen, wieder andere leben versteckt und sind kaum einmal zu entdecken. Eine ähnliche Vielfalt erwartet uns auch bei den Spuren – herausfordernd und spannend zugleich.

Fußmorphologie und Trittsiegel

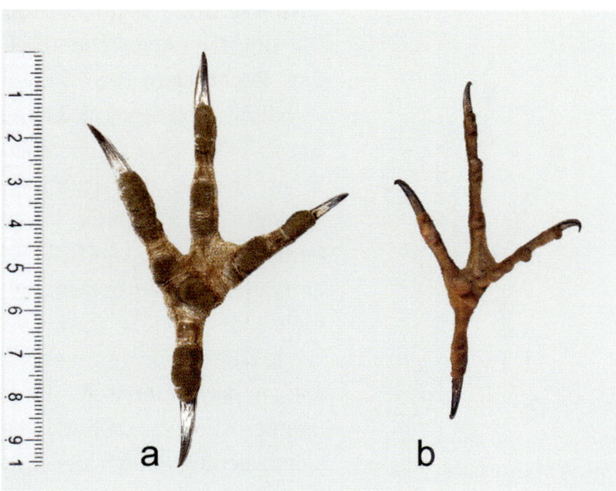

Mäusebussard (a) und Sperber ♀ (b):
links: linke Füße Unterseite.
unten: Füße seitlich.

Die unterschiedlichen Lebensweisen und Jagdtechniken führen zu einer großen Variationsbreite bezüglich der Fußanatomie, dennoch lassen sich einige gemeinsame Merkmale erkennen.

- Grundtypus: Klassischer Vogelfuß.
- Dimension: TSL knapp 6 cm beim Sperber ♂ bis etwas über 20 cm bei großen Geier- und Adlerarten.
- Die **Zehenballen** sind **stark ausgeprägt** und bilden hohe Kissen, welche die Zehenkonturen überragen. Die Breite ist allerdings variabel – schmal beim Sperber und breit beim Bussard (ebenso bei Geiern und Adlern). Das trifft auch auf den Metatarsalballen zu.
- Die **Krallen** sind lang, kräftig, spitz und meist **stark gekrümmt**.

Folgende Beschreibungen beziehen sich zuerst auf Mäusebussard und Sperber, typische Vertreter dieser Familie. Zwecks besserer Vergleichbarkeit betrachten wir hier einen weiblichen Sperber, dessen Trittsiegel um ca. 15% größer sind als beim männlichen Vogel.

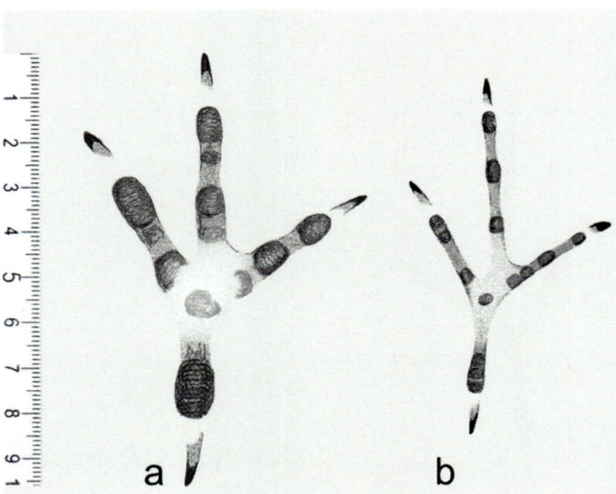

Mäusebussard (a) und Sperber ♀ (b): rechte Trittsiegel (idealisierte Zeichnung).

Umrisse und Proportionen

Die Umrisse entsprechen breiten **Rechtecken** im Seitenverhältnis von etwa **3:2**. Die Ansatzlinien der Vorderzehen liegen hinter der Fußmitte, bedingt durch **relativ kurze Hinterzehen**. Die Umrisslinien entlang der Zehenspitzen sind mehr oder minder stark verzerrte **Deltoide** (rote Linie) und wirken **asymmetrisch**. Beim Sperber ist dieses Deltoid länglicher, bedingt durch die sehr lange Mittelzehe.

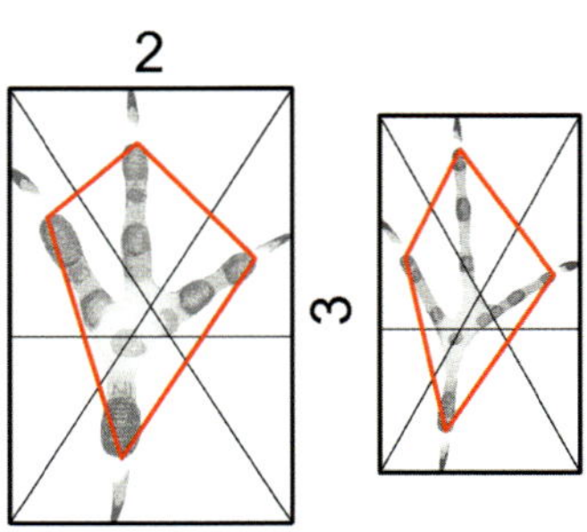

Mäusebussard und Sperber ♀: Umrisslinien, geometrische Mitte (Diagonalenschnittpunkt), Ansatzlinie der Vorderzehen.

Mäusebussard und Sperber ♀: Schablonen.

Schablonen

Trittsiegel von Greifvögeln zeigen subtile Merkmalskombinationen, die deutlicher werden, betrachtet man deren funktionelle Anpassungen. Bereits der Name dieser Vogelfamilie verdeutlicht eine spezifische Eigenschaft ihrer Füße, nämlich das „Greifen" (nach Beute). Dabei kommt der **Innenfußspange**, das ist die Funktionseinheit von Hinter- und Innenzehe, besondere Bedeutung zu. Diese Zehen sind zumeist besonders kräftig und bilden eine **gemeinsame Achse** mit **gleich langen Schenkeln** (die Mitte ist durch rote Pfeile markiert). Mittel- und Außenzehe wiederum dienen eher zur Stabilisierung des Vogels beim Sitzen sowohl im Geäst, aber auch am Boden. Diese Zehen sind meist schlanker.

Achsen und Winkel

Die Gradangaben in der Abbildung geben Durchschnittswerte an. Die **Winkel zwischen Innen- und Mittelzehe sind deutlich kleiner** als die Außenwinkel. Auf unebenem Boden oder beim Halten von Beute können die Zehen deutlich abweichend gewinkelt werden. Das betrifft zum einen die Hinterzehe, die sowohl stark einwärts geknickt sein kann, manchmal aber auch zur Außenseite – verwirrend für Spurenlesende. Dasselbe trifft für die **Mittelzehe** zu, wobei diese aber meist **gemeinsam mit der Außenzehe knickt**, sodass deren Winkel oft unverändert bleiben. Abbildungen dazu finden sich im Abschnitt zur Artengarnitur.

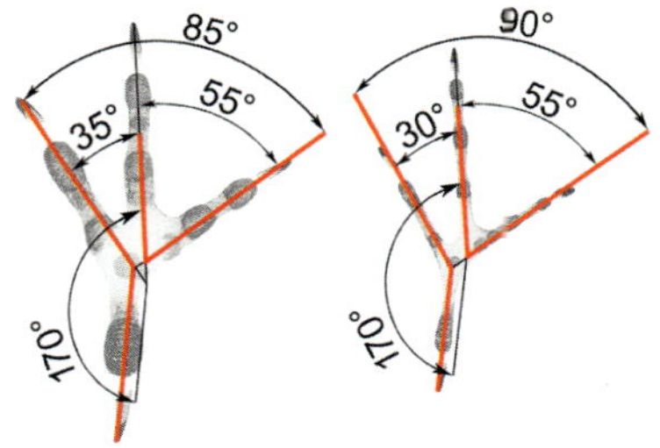

Mäusebussard und Sperber ♀: Öffnungswinkel. Zehenachsen (rot), Gradangaben der Winkel.

Ballenmuster, Negativräume und Krallen

Der Fuß drückt entweder **ganzflächig** auf (oft beim Sperber) **oder** der **kräftige Metatarsalbereich** ist im Sitzen abgehoben und **nur leicht** abgedrückt (bei Bussarden und Adlern).

Hinter- und **Innenzehe** sind etwa **gleich lang.**

Die **Zehenkonturen** drücken nur in **weichem Substrat** ab, sonst sind nur die **Zehenballen** als isoliert stehende Ovale sichtbar. Zwischen den Ballen zeigen sich dann breite **Negativräume**, besonders im Bereich der Fußmitte.

Bei Bussarden besteht eine breitere **Spannhaut** auf der **Außenseite** und eine schmale innen. Letztere fehlt beim Sperber. Spannhäute drücken im Trittsiegel jedoch **selten** ab.

Die **Krallen** sind lang, spitz und **stark gekrümmt**. Zumeist sind sie **tiefer abgedrückt** als die jeweiligen Zehenendballen und erscheinen als von diesen **abgesetzte Punkte.**

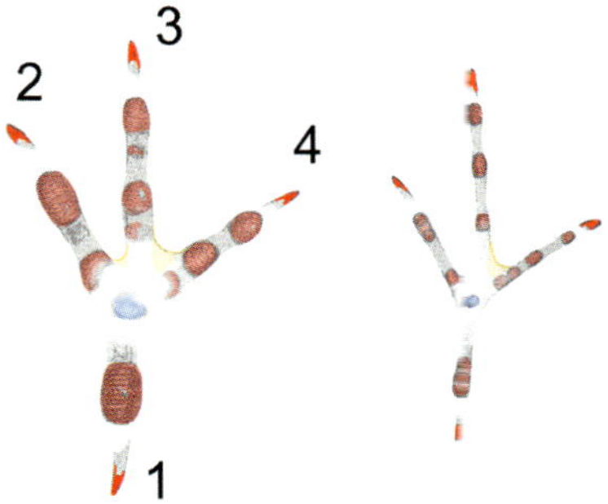

Mäusebussard und Sperber ♀: Ballenmuster (Zehenballen rosa, Metatarsalballen blau, Spannhaut gelb und Krallen rot).

Die Krallen der **Innenzehe** (2) **und vom Hallux** (1) sind **besonders lang und kräftig – deutlich länger als jene der Mittel- und Außenzehe** (3 und 4). Die Kralle der Hinterzehe ist zudem manchmal nach innen geknickt und kann dann hakenförmige Schleifspuren hinterlassen.

Realitätsprüfung

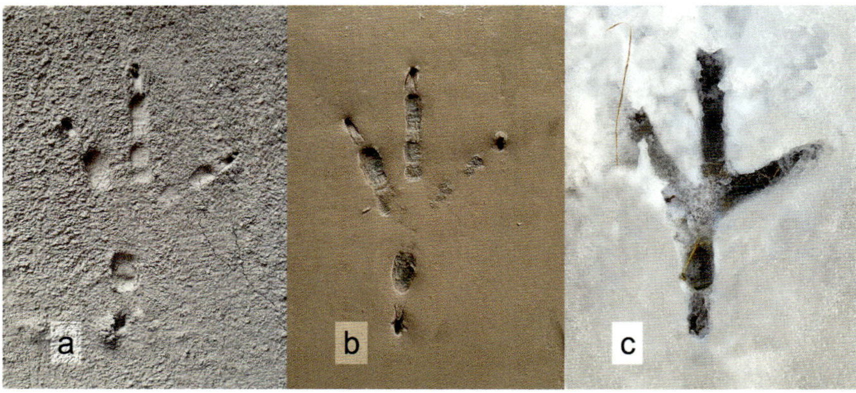

Mäusebussard: Drei rechte Trittsiegel in unterschiedlichen Substraten.

Alle drei Trittsiegel vom **Mäusebussard** sind ähnlich und zeigen folgende Merkmale:

- Die Gesamtform der **Trittsiegel** ist **breit** und etwas **asymmetrisch**. Die angenäherte Position von Innen- und Mittezehe kann an den „hugging toe" von Rabenvögeln erinnern.
- Die **Zehen** sind sehr **kräftig** und das **Ballenmuster deutlich**. Besonders ausgeprägt sind die Endballen der Hinter- und Innenzehe.
- Die **Hinter- und Innenzehe** sind etwa **gleich lang (= Innenfußspange).**
- Die **Zehenkonturen** sind nur im **Schnee** (Abb. c) ausgeprägt, im feinen Sand (a) und Lehm (b) nur angedeutet.
- Auf härterem Boden (a und b) zeigen sich ausgedehnte **Negativräume**, besonders in der Fußmitte, die dem Trittsiegel eine unterbrochene Gesamtform verleihen.
- Der **Metatarsalballen** ist nur im Schnee (Abb. c) erkennbar.
- Die **Krallen** sind lang (besonders jene der **Hinter- und Innenzehe**) und aufgrund der starken Krümmung zumeist als abgesetzte Punkte vor den Endgliedern der Zehen sichtbar. Nur auf weichem Grund (zum Beispiel Schnee) verschmelzen diese.

Trittsiegel von **Sperbern** unterscheiden sich deutlich von denen der Mäusebussarde:

- Die Gesamtform der **Trittsiegel** ist **breit** und **stärker asymmetrisch**, da die Außenzehe meist stärker abgespreizt wird.
- Die **Zehen** sind dünn**,** die **Ballenmuster** jedoch **deutlich.** Sie erinnern an eine **„Perlenkette"**.

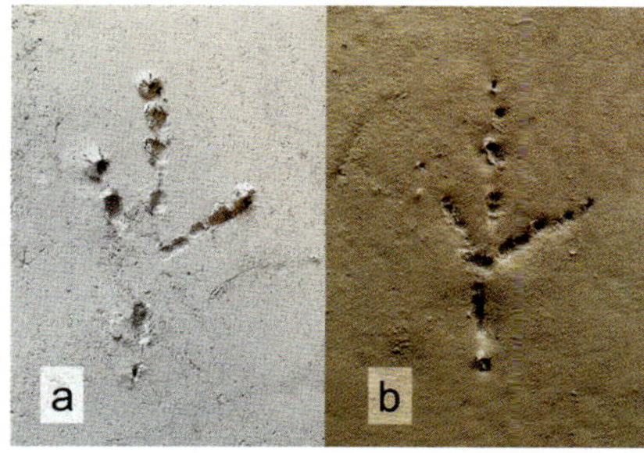

Sperber: Zwei rechte Trittsiegel in Feinsand (a) und Schlamm (b).

- Die **Hinter- und Innenzehe** sind etwa **gleich lang (= Innenfußspange).**
- Ein **Alleinstellungsmerkmal** beim Sperber ist die **besonders lange** Mittelzehe (ca. 60 % der TSL).
- Die **Zehenkonturen** sind im feuchten Schlamm (b) angedeutet, sonst nicht abgedrückt.
- Der **Metatarsalballen** ist im Schlamm (b) deutlich, kann aber auch fehlen (a). Im Feinsand (a) ist die Fußmitte abgehoben und hier entsteht ein breiter **Negativraum**.
- Die **Krallen** sind lang und spitz (besonders jene der Hinter- und Innenzehe). Sie erscheinen als abgesetzte Punkte vor den Endgliedern der Zehen.

Verwechslungsmöglichkeiten

Trittsiegel von Geiern und Adlern sind allein von der Größe her auffällig und nur mit wenigen anderen Vogelfamilien zu verwechseln:

- **Reiher, Schreitvögel** (bei schwierigen Spurgründen oder alten Trittsiegeln). Generell sind TS von Greifvögeln durch deren ausgeprägte Ballen nicht parallelrandig, sondern knotig. Bei Reihern achte man auf die Mittelversetzung der Hinterzehe.
- **Hühnervögel**. Auf harten Böden weisen Trittsiegel von Greifvögeln breite Negativräume auf. Fehlt auch noch der Abdruck des Hallux aufgrund von Vegetation oder Steinen vollständig, könnte irrtümlich der Grundtypus „Fuß mit reduziertem Hallux“ angenommen werden, wie er bei Hühnervögeln vorkommt. Diese unterscheiden sich jedoch durch ein anderes Ballenmuster und kürzere, stumpfe Krallen.

Kleine Greifvögel können jedoch auch mit anderen Vogelfamilien verwechselt werden:

- **Rabenvögel.** Kolkraben und Bussarde haben ähnliche Dimensionen, treten im gleichen Lebensraum auf und die Mittelzehe ist der Innenzehe angenähert. Rabenvögel zeigen allerdings relativ längere Hinterzehen und abweichende Ballenmuster.
- **Falken**. Trittsiegel von Falken können jenen von Habicht oder Sperber ähneln. Falken sind aber kleiner als der Habicht und haben andere Zehenproportionen als ein Sperber (kürzere Hinter- und Mittelzehe).

Artengarnitur

Die meisten Greifvogelspuren stammen vom Mäusebussard und dem Sperber. Darüber hinaus umfasst diese artenreiche Familie 21 weitere spurenrelevante Arten (und es wären noch mehr), von denen viele selten und nur unter bestimmten Bedingungen (wie an Fütterungsplätzen für Geier) zu finden sind. Diese Greifvögel entdeckt man nur bei gezielter Suche. Der Seeadler hinterlässt zum Beispiel relativ häufig Spuren an Gewässerrändern, ebenso wie Milane oder Rohrweihen. Im Winter findet man in der Agrarlandschaft manchmal auch Trittsiegel des Raufußbussards in der Nähe von Sitzwarten, und an den auffälligen Rupfungsplätzen von Sperber und Habicht lohnt es sich, nach Trittsiegeln Ausschau zu halten.

Spurenrelevante Angaben zu Greifvögeln.

Art	Wann?	Wo?
Geier	Ganzjährig (Bart-, Gänse- und Mönchsgeier), Zugvögel (Schmutzgeier) oder Irrgäste	(Hoch-)Gebirge und Südeuropa, Irrgäste bis an die Nordsee; Spuren an Futter- und Badeplätzen
Seeadler	Ganzjährig, Zuzug durch Wintergäste aus Nordosten	In (weiterer) Nähe größerer Gewässer. Spuren an sandig-schlammigen Uferzonen.
Fischadler	Zugvogel (März bis Oktober), Durchzügler	Brütet in Nordost-Deutschland und Teilen Frankreichs
Schlangenadler	Zugvogel	Süd- und Osteuropa, andernorts Durchzügler
Schwarzmilan	Zugvogel (März bis Oktober)	Oft in Gewässernähe. Spuren eventuell an Müllplätzen.
Rotmilan	Ganzjährig, Zuzug durch Wintergäste aus Nordosten	Halboffenes, bewaldetes Tief- und Hügelland. Spuren eventuell an Müllplätzen.
Rohrweihe	Zugvogel, überwintert auch	Brütet auch in kleineren Röhrichtflächen, Spuren an Gewässerrändern
Kornweihe	Wintergast, lokaler Brutvogel im Sommer	Brut in offenen Moorlandschaften und Heiden, im Winter im Agrarland
Wiesenweihe	Zugvogel (April bis September)	Offenes Wiesen- und Brachland, auch Getreidefelder
Wespenbussard	Zugvogel (Mai bis September)	Strukturreiche Laub- und Mischwälder bis zur höheren kollinen Stufe. Spuren beim Ausgraben von Wespennestern.
Mäusebussard	Ganzjährig, Zuzug durch Wintergäste aus Nordosten	Häufig in vielen Lebensräumen. Spuren in der Nähe von Sitzwarten.
Raufußbussard	Wintergast und Durchzügler	Im Winter vor allem auf Agrarflächen im Tiefland
Adlerbussard	Seltener Durchzügler aus Südost-Europa	In Europa in wärmegetönten Tiefländern

Fortsetzung: Spurenrelevante Angaben zu Greifvögeln.

Art	Wann?	Wo?
Zwergadler	Zugvogel (April bis September), Durchzügler	Brütet in Südfrankreich, sonst in Zentraleuropa nur mehr Durchzügler; am Rande von Waldgebieten
Schreiadler	Zugvogel (April bis September), Durchzügler	Seltener Brutvogel am Balkan, in Norddeutschland und östlich davon, oft auf großen Feuchtwiesen
Schelladler	Durchzügler (Oktober bis Mai), (Überwinterer)	Brutvogel in Nordost-Europa, im Bereich größerer Feuchtgebiete
Kaiseradler	Ganzjährig, streift weit umher	Seltener östlicher Steppenbewohner (Ungarn, Slowakei bis Ostösterreich)
Steinadler	Ganzjährig	Weitgehend auf Gebirgsregionen beschränkt
Sperber	Ganzjährig	Wälder, auch siedlungsnah. Spuren an Rupfungen und Badestellen.
Habicht	Ganzjährig	Waldgebiete (oft Nadelwälder), wandert in Städte (zum Beispiel Berlin) ein. Spuren an Rupfungen und Badestellen.

Maße, Variationsbreite und Unterscheidungen

Trittsiegelmaße von Greifvögeln (siehe auch Abkürzungsverzeichnis).

Fußnoten: Große Geier[1], das sind Bart-, Gänse- und Mönchsgeier. Bussarde[2] sind Wespen– Mäuse- und Raufußbussard.

Art	TSL (cm)	TSL^{oK} (cm)	TSB (cm)	Z1 (cm)	$Z1^{oK}$ (cm)	Z3 (cm)	$Z3^{oK}$ (cm)
Große Geier[1]	18,7 (16,7–20,6)	14,4 (12,4–16,6)	11,7 (10,4–13,7)	6,2 (5,4–6,9)	3,8 (3,2–4,3)	10,8 (9,0–12,5)	8,8 (7,0–10,6)
Schmutzgeier	12,2 (11,3–13,1)	9,9 (9,4–10,4)	7,8 (7,4–8,6)	3,6 (3,2–4,1)	2,5 (2,2–2,8)	7,4 (6,4–8,5)	6,0 (5,3–6,7)
Seeadler	19,5 (18,0–20,8)	14,3 (13,1–15,3)	13,9 (11,5–15,9)	6,7 (6,1–7,4)	4,0 (3,6–4,6)	10,7 (9,7–11,6)	8,4 (7,5–9,4)
Fischadler	11,1 (10,9–11,5)	7,9 (7,3–8,5)	8,2 (7,6–8,7)	4,3 (4,0–4,9)	2,6 (2,0–3,4)	5,6 (4,2–6,3)	4,2 (3,0–4,9)
Schlangenadler	11,5 (10,2–12,3)	8,9 (8,2–9,4)	8,3 (6,7–9,4)	4,1 (3,7–4,3)	2,6 (2,5–2,9)	6,6 (5,8–6,9)	5,3 (4,7–5,5)
Milane	9,6 (8,9–10,4)	7,3 (6,8–7,9)	7,0 (6,3–7,6)	3,5 (2,9–3,9)	2,4 (2,1–2,7)	5,4 (4,9–5,8)	4,3 (3,9–4,6)

Fortsetzung: Trittsiegelmaße von Greifvögeln (siehe auch Abkürzungsverzeichnis).

Art	TSL (cm)	TSL^{oK} (cm)	TSB (cm)	Z1 (cm)	Z1^{oK} (cm)	Z3 (cm)	Z3^{oK} (cm)
Rohr-weihe	9,8 (8,8–10,9)	7,7 (6,9–8,5)	8,1 (7,9–8,3)	3,5 (3,2–3,9)	2,3 (2,0–2,6)	5,6 (5,0–6,2)	4,5 (4,1–5,0)
Korn-weihe	8,5 (7,4–9,5)	6,2 (5,4–7,3)	6,7 (6,2–7,3)	3,2 (2,7–3,5)	2,0 (1,6–2,6)	4,4 (3,8–5,2)	3,5 (3,0–4,2)
Wiesen-weihe	7,0 (6,8–7,4)	5,2 (5,0–5,5)	5,5 (5,1–5,9)	2,4 (2,3–2,4)	1,6 (1,4–1,6)	3,9 (3,7–4,4)	3,0 (2,8–3,4)
Bussarde[2]	9,6 (9,1–10,5)	7,1 (6,5–7,8)	6,4 (6,2–6,9)	3,5 (2,7–3,9)	2,2 (1,8–2,6)	5,2 (4,8–5,7)	3,9 (3,6–4,2)
Adler-bussard	10,8 (10,0–11,6)	8,5 (7,7–9,3)	7,1	4,0 (3,4–4,3)	2,8 (2,3–3,4)	5,5 (4,5–6,1)	4,5 (3,6–4,8)
Zwerg-adler	11,5 (10,9–12,1)	8,5 (8,1–8,9)	6,8 (6,5–7,1)	4,6 (4,4–4,8)	2,8 (2,7–2,9)	5,9 (5,6–6,2)	4,5 (4,3–4,7)
Schrei-adler	12,9 (12,7–13,0)	10,1 (9,7–10,3)	8,6 (8,0–9,5)	4,7 (4,4–4,9)	3,2 (2,9–3,3)	7,2 (7,1–7,3)	5,9 (5,5–6,2)
Schell-adler	14,0 (12,4–15,3)	11,0 (10,0–12,2)	9,3 (8,7–10,3)	5,0 (4,6–5,3)	3,3 (3,2–3,5)	7,4 (6,5–7,8)	6,0 (5,2–6,5)
Kaiser-adler	15,4 (14,5–16,1)	11,4 (11,2–11,6)	11,2 (10,8–11,5)	5,2 (4,3–6,1)	3,3 (3,1–3,5)	8,9 (8,8–9,0)	7,0 (6,8–7,2)
Steinadler	18,1 (16,7–19,0)	13,3 (12,1–14,0)	12,7 (10,3–14,0)	6,6 (5,3–7,5)	3,5 (2,5–4,3)	9,8 (9,5–10,4)	7,8 (7,6–8,4)
Sperber ♀	7,8 (7,5–8,5)	6,2 (6,0–6,5)	4,8 (4,5–5,0)	2,6 (2,4–2,9)	1,7 (1,5–1,9)	4,6 (4,3–4,9)	3,9 (3,8–4,1)
Sperber ♂	6,6 (5,7–8,1)	5,2 (4,2–6,4)	3,5 (2,2–4,4)	2,3 (1,8–2,9)	1,5 (1,2–1,9)	3,9 (3,0–4,8)	3,3 (2,3–4,1)
Habicht ♀	12,0 (11,2–13,0)	9,2 (8,6–10,0)	7,4 (6,8–7,9)	4,9 (4,6–5,3)	2,9 (2,7–3,2)	6,4 (6,0–6,9)	5,2 (4,9–5,7)
Habicht ♂	11,1 (10,4–11,9)	8,3 (7,8–9,0)	6,6 (6,1–7,2)	4,2 (3,9–4,5)	2,7 (2,5–2,9)	6,0 (5,6–6,4)	4,7 (4,5–5,1)

Es sind drei Größenklassen erkennbar:

- **Kleine Arten (TSL kleiner als 8,5 cm):** Das sind Korn- und Wiesenweihe sowie der Sperber.
- **Mittelgroße Arten (TSL 9 bis 12 cm):** In diese Klasse fallen die meisten Arten, der Schmutzgeier, Fisch- und Schlangenadler, Schwarz- und Rotmilan, die Rohrweihe, alle Bussarde (inklusive des Wespenbussards, der taxonomisch mit den anderen Bussarden nicht näher verwandt ist), der Zwergadler und der Habicht.

- **Große Arten (TSL größer als 13 cm):** Das sind alle Geier, mit Ausnahme des kleineren Schmutzgeiers, der Seeadler und Schrei-, Schell-, Kaiser- und Steinadler. Der größte der „heimischen" Geier ist der Mönchsgeier, während der ansonsten große Bartgeier relativ kleine Füße hat.

Krallen

Ein charakteristisches Merkmal der Greifvögel sind die langen Krallen. Besonders die Längen der Krallen der Hinterzehe sind öfter publizierte Messstrecken (zum Beispiel Demongin, G. v. Blotzheim & Bauer), die auch als Unterscheidungsmerkmal zwischen ähnlich großen Adlerarten angeführt werden. Beispielsweise wird die beträchtliche Länge von über 5 cm nur von Steinadlern erreicht. Spurenlesende müssen jedoch zwischen der anatomischen Länge der Kralle und jener Länge, die im Trittsiegel erscheint, unterscheiden. Aufgrund der starken Krallenkrümmung ist letztere deutlich kürzer. Diese Verkürzung verringert die Unterschiede zwischen den Arten und mindert die Nutzbarkeit dieses Merkmales für das Spurenlesen.

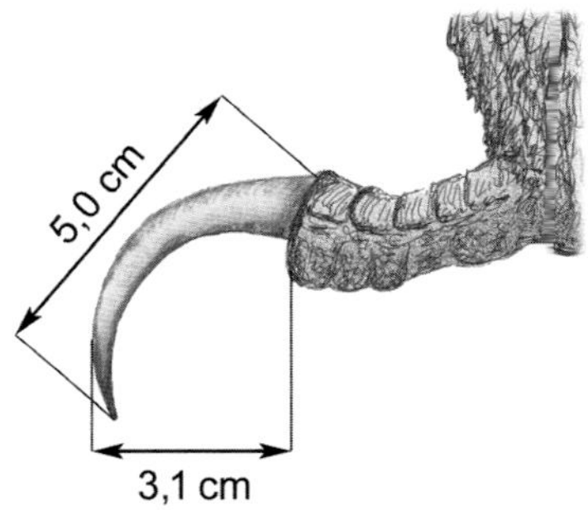

Hinterkralle beim Steinadler: Unterschiede zwischen anatomischer Länge und jener im TS.

Geschlechtsdimorphismus

Bei Greifvögeln besteht ein Geschlechtsdimorphismus, wobei die weiblichen Vögel meist deutlich größer sind. Besonders eindrücklich werden die Unterschiede anhand des Gewichtes: Die Weibchen von Adlern oder Bussarden sind bis zu 50 % schwerer als die Männchen. Bei Längenmaßen wie der TSL ist dieser Unterschied nicht so stark ausgeprägt und beträgt durchschnittlich etwa 10 %. Misst man also im Freiland ein Greifvogel-Trittsiegel im Maximalbereich für die jeweilige Art, so handelt es sich mit großer Wahrscheinlichkeit um ein Weibchen. Entgegen vielfacher Annahmen spielt das Alter der Vögel eine geringe Rolle und ein kleiner Abdruck stammt eher von einem Männchen als von einem Jungvogel.

Am stärksten ausgeprägt ist der Geschlechtsdimorphismus bei Habichten und insbesondere beim Sperber. Bei Letzterem liegt das Gewicht der Weibchen bis zu 60 % höher und die TS sind durchschnittlich 18 % länger. Deshalb werden für diese beiden Arten die Längenmaße gesondert angegeben.

Geographische Variationen

Arten mit weiter Verbreitung können, abhängig von der geographischen Breite, beträchtliche Größenunterschiede zeigen. Bewohner des Nordens sind durchschnittlich größer als jene im warmen Süden (= Bergmannsche Regel). Für Spurenlesende ist das für den

Mäusebussard relevant, wobei hier auch ein West-Ost-Gefälle besteht. Bereits in Ostösterreich sind viele Trittsiegel von Mäusebussarden kleiner als in Westeuropa, auch wenn hier noch nicht die ohnehin kleinere Unterart, der Falkenbussard (*Buteo b. vulpinus*), vorkommt.

Morphologische Unterschiede

Die bereits erwähnte hohe Beweglichkeit der Zehen führt zu einer beträchtlichen Variabilität der Trittsiegel innerhalb einer Art. Dennoch zeigen viele Arten bestimmte Merkmale, die über einen bloßen Größenvergleich hinausgehen und eine genauere Identifizierung ermöglichen.

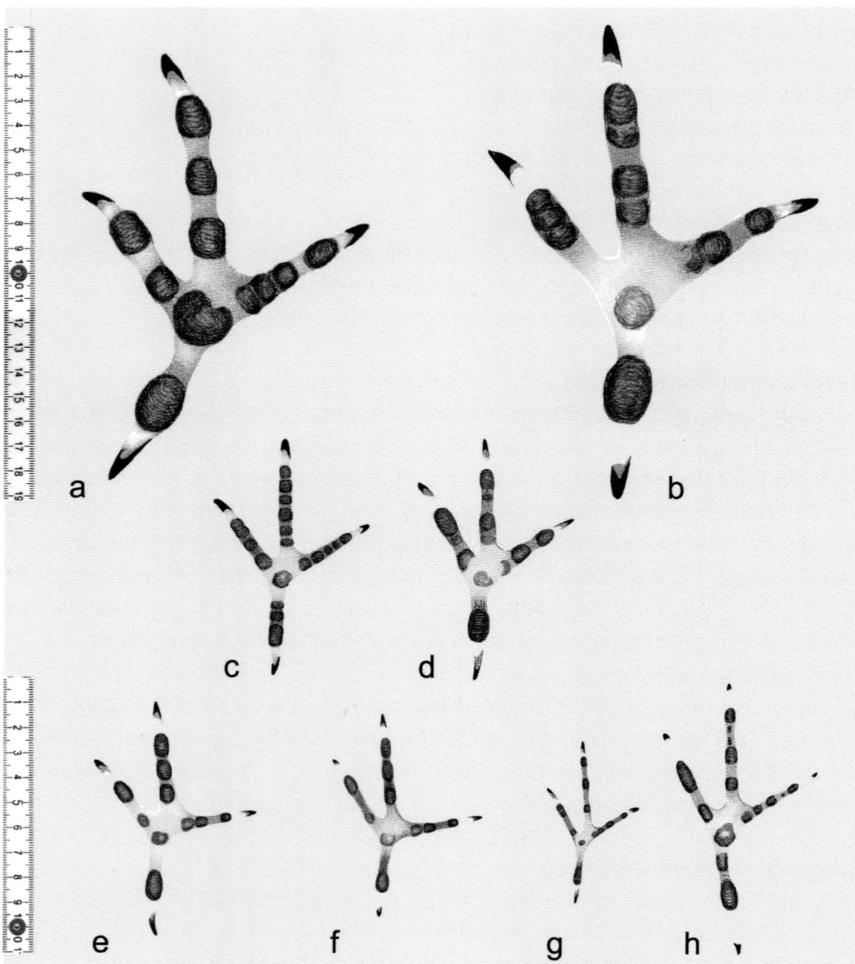

Verschiedene Trittsiegel-Typen von Greifvögeln: Bartgeier (a), Seeadler (b), Wespenbussard (c), Mäusebussard (d), Schwarzmilan (e), Kornweihe (f), Sperber ♂ (g) und Habicht ♂ (h).

Eigentlich wäre für jede einzelne Art eine eigene Monographie nötig, für dieses Buch werden die Merkmale tabellarisch zusammengefasst.

Morphologische Unterschiede von Greifvogel-Trittsiegeln.

Fußnoten: Adler[1]. Unter „Adlern" werden hier verschiedene Gattungen wie Seeadler (*Haliaetus*) und die *Aquila*-Arten zusammengefasst. „Echte" Bussarde[2] sind die Arten der Gattung *Buteo* in Abgrenzung zum Wespenbussard (Gattung *Pernis*), der zwar namensgleich ist, sich jedoch sowohl taxonomisch als auch seitens der TS unterscheidet. (Kennungen a bis h wie in voriger Abbildung.)

Art	Typische Merkmale
Geier (a)	TS durch Knickungen von Hinter- und Mittelzehe oft stark asymmetrisch. Die Innenzehe ist relativ kurz, während die Mittelzehe lang ist, was einen auffällig großen Abstand zwischen deren Zehenspitzen bedingt. Besonders wuchtige Zehenballen und auch der Metatarsalballen drücken meist ab. Die Krallen sind stumpfer als bei Adlern und weniger gekrümmt – ihre Abdrücke sind deshalb häufig mit den Endballen der jeweiligen Zehen verbunden. Darüber hinaus können Krallen (besonders an Innen- und Mittelzehe) gegenüber der Zehenachsen zusätzlich nach innen geknickt sein.
Adler[1] (b)	Durch stärkere Abspreizung der Außenzehe sind die TS meist stark asymmetrisch. Die Zehenballen sind breit und wuchtig. Der Metatarsalballen drückt nicht immer ab. Dadurch zeigt sich in Fußmitte häufig ein großer Negativraum. Die Krallen sind lang, kräftig und stark gekrümmt. Im TS erscheinen diese als von den Endballen der Zehen abgesetzte Punkte, die auch tiefer eindrücken als die Zehen. Die Hinterkralle knickt manchmal zur Mitte ab und hinterlässt dann eine hakenförmige Schleifspur.
Fischadler (keine Abb.)	Die Außenzehe kann als Wendezehe nach hinten weisen. Auch die Innenzehe ist mobil. Bei sehr detailreichen TS ist ein dorniges Schuppenmuster im Bereich der Ballen erkennbar. Keine Spannhäute.
Wespenbussard (c)	Besonders im Vergleich mit anderen Greifvögeln (zum Beispiel dem Mäusebussard) lässt sich ein ziemlich symmetrisches TS erkennen. Das Ballenmuster ist kontinuierlich, wodurch die Zehen parallelrandig erscheinen. (Diese Morphologie entspricht dem „Scharrfuß" der Hühner.) Die Krallen sind relativ stumpf und wenig gekrümmt, wodurch deren Abdrücke häufig mit den Endballen der jeweiligen Zehen verbunden sind.

Fortsetzung: Morphologische Unterschiede von Greifvogel-Trittsiegeln.

Art	Typische Merkmale
„Echte" Bussarde[2] (d)	Die TS ähneln verkleinerten Abbildern von Adlern. Durch stärkere Abspreizung der Außenzehe sind die TS mehr oder minder asymmetrisch. Bei gleichzeitiger Innenknickung der Mittelzehe kann das TS an den „hugging toe" bei Rabenvögeln erinnern. Die Ballen sind ausgeprägt und rundlich. Wenn die Zehenränder nicht abdrücken, erinnern sie im Gesamtbild an eine „Perlenkette". Der Metatarsalballen drückt unstet ab, was häufig einen größeren Negativraum in der Fußmitte bedingt. Die Krallen sind lang, kräftig und stark gekrümmt. Im TS erscheinen diese meist als von den Endballen der Zehen abgesetzte Punkte, die auch tiefer eindrücken als die Zehen.
Milane (e)	Das typische Merkmal ist der große Winkel zwischen Mittel- und Außenzehe (~ 90°). Die Ballen können recht kräftig wirken. Luisa Abenza weist darauf hin, dass beim Rotmilan die Hinterzehe manchmal nach außen weisen kann.
Weihen (f)	Morphologisch sehr ähnlich den Milanen. Wiesen- und Kornweihe haben kleinere TSL, die gleich große Rohrweihe ist schwer zu unterscheiden..

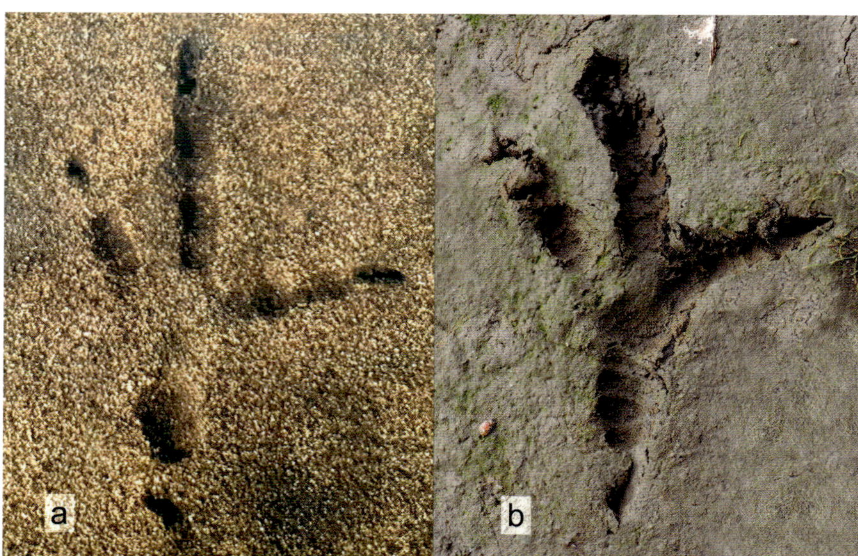

Seeadler, zwei rechte Trittsiegel in unterschiedlichen Spurgründen (linkes Foto J. Kaufhold): Auf hartem Sand (a) wirkt das TS zarter und es zeigt sich ein breiter Negativraum in der Fußmitte. Im feuchten Schlamm (b) sinkt der Vogel stärker ein, wodurch auch der Metatarsalballen deutlich wird.

Fortsetzung: Morphologische Unterschiede von Greifvogel-Trittsiegeln.

Art	Typische Merkmale
Sperber (g)	Zierliches Gesamtbild. Die Zartheit der Ballen und die Asymmetrie (Außenzehe stärker abgespreizt) erinnern an Kleinfalken. Das charakteristische Merkmal ist die überlange Mittelzehe, welche die Seitenzehen auffällig überragt.
Habicht (h)	Kräftigeres TS als beim Sperber, sowohl was Zehenbreite als auch die Ballen betrifft. Winkel und Proportionen sind ähnlich wie beim Sperber, allerdings ist die Mittelzehe nicht verlängert. Die Innenzehe kann auch nach außen geknickt sein (siehe Rotmilan).

oben links: Bartgeier, rechtes Trittsiegel an einem Fütterungsplatz (Foto: G. Rotheneder): Auffällig sind die starke Knickung der Fußachse und die dicken Zehen mit wuchtigen Ballen.

oben rechts: Habicht ♀, rechtes Trittsiegel (künstlicher Abdruck eines frischtoten Tieres in Lehmmasse). Das TS wirkt relativ zart, auch die Ballen sind nicht besonders wuchtig. Im Gegensatz zum Sperber ist die Mittelzehe nicht überlang. Auffällig ist die „falsche" Knickung der Hinterzehe – sie steht nach außen. Nach Luisa Abenza findet sich dieses Merkmal auch bei lebenden Habichten, stellt hier also kein Artefakt dar.

unten links: Schwarzmilan, rechtes Trittsiegel: Kennzeichnend ist der 90°-Winkel zwischen Mittel- und Außenzehe. Die Zehenballen wirken auf diesem Bild recht zart und erinnern an Weihen, die ähnliche Abdrücke hinterlassen.

Gangarten und Spurbilder

Einige Greifvogelarten halten sich länger am Boden auf. Das sind Geier bei der Nahrungsaufnahme, an Wasserstellen und bei schwerfälligen Anläufen vor dem Abflug. Zu schwere Beute muss von Adlern und Bussarden am Boden „vorbehandelt“ werden. Bei Wespen-, Mäuse- und Adlerbussard, Schwarzmilan sowie Schreiadler kann man sogar regelmäßig Jagdzüge zu Fuß beobachten. Bei diesen Verhaltensweisen nutzen die Vögel unterschiedliche Gangarten.

- **Sitzen, Einzelspur**. Von vielen Greifvögeln findet man nur einzelne TS oder zwei parallele Abdrücke einer Sitzspur.
- **Gehen (c)** ist eine entspannte Fortbewegungsart vor allem für Geier, Adler, Bussarde und Milane.
- **Laufen (d)**. Bei der Verfolgung von Beute oder Konflikten können Adler, Bussarde sowie Milane auch laufen. Selten zeigt das auch der Habicht.
- **Hüpfen (a)** ist eher eine Zwischengangart vor allem bei Geiern, bei kurzen Stellungswechseln am Kadaver oder bei innerartlichen Konflikten. Der Wespenbussard verwendet diese Gangart allerdings bei der Bodenjagd auf Heuschrecken und Amphibien (G. v. Blotzheim & Bauer).
- **Hüpflauf (b)** zeigen ebenfalls die großen Geierarten, wenn sie sich Kadavern nähern oder beim Abflug von ebener Erde. Besonders lange Sprünge sind zu beobachten, wenn sie nach ausgiebiger Mahlzeit mühsam vom Boden abheben. Auch Seeadler sieht man gelegentlich in dieser Gangart starten.

Spurbilder von Greifvögeln: Hüpfen beim Mönchsgeier (a), Hüpflauf beim Gänsegeier (b), Gehen beim Seeadler (c) und Laufen beim Mäusebussard (d).

Dimensionen

Maße von Gangarten bei Greifvögeln (siehe auch Abkürzungsverzeichnis).

Fußnote: Große Geierarten[1] sind Bart-, Gänse- und Mönchsgeier.

Art	Gangart	SB (cm)	SL (cm)	GL (cm)	ZGL (cm)
Große Geierarten[1]	Gehen	19–26	35–75		
	Laufen		74–180		
	Hüpfen	29–34	68–209	29–35	39–45
	Hüpflauf		98–380	49–60	49–340
Seeadler	Gehen	22–29	35–90		
	Laufen		85–138		
Milane	Gehen	11–16	16–40		
	Laufen		39–93		
Mäusebussard	Gehen	11–16	17–55		
	Laufen		54–99		
Habicht	Gehen	12–18	20–65		
	Laufen		63–99		

Überraschend sind die großen SL, die Greifvögel erreichen können, wenn sie rasch gehen oder laufen. Darauf hat auch Frank Jeremis (mündl. Mitt.) hingewiesen.
Hat man das große Glück, eine Spurgruppe vom Schreiadler zu finden – er jagt häufig auch zu Fuß – so sind SL bis 74 cm zu erwarten. Rohrweihen erreichen SL wie die Milane. Der Wespenbussard und der Adlerbussard jagen häufiger am Boden und deren SL entsprechen jenen des Mäusebussards.

Zeichen

Die klassischen Zeichen für Greifvögel sind **Rupfungen**, wobei die Identifizierung der Beute anhand der Federn oft gelingt, die Zuordnung zum Beutegreifer jedoch herausfordernd sein kann. Gewölle und Exkremente sind seltener zu finden als bei Eulen.

Ernährung

Greifvögel haben ein breiteres Beutespektrum als Falken und Eulen. Einerseits gibt es Generalisten wie den Mäusebussard, der von der Wühlmaus bis zum Regenwurm alles nutzt und sich lokalen Gegebenheiten gut anpassen kann. Spezialisten wie der Fischadler sind dazu nur im geringen Ausmaß fähig. Milane, ausgeprägter der Schwarzmilan, sind als „Rabenvögel unter den Greifen" Allesfresser. Geier fressen überwiegend tote Tiere, in Zeiten der Nahrungsknappheit machen das auch Adler, Bussarde und Milane. Wichtige Nahrungsquellen für einzelne Greifvogelarten sind folgende, wobei in Ausnahmefällen auch das bekannte Spektrum überschritten wird, ungewöhnliche Beute gemacht und sich bietende Gelegenheiten genutzt werden.

- **Kleinsäuger**, besonders Wühlmäuse, für Bussarde, Weihen und kleine Adlerarten.
- **Säugetiere** bis zur Größe von Feldhase und Rotfuchs können von größere Adlern und weiblichen Habichten geschlagen werden. Kranke oder Jungtiere werden auch von kleineren Greifvögeln erbeutet.
- **Vögel** werden bevorzugt vom Sperber (bis zu 90 % seiner Nahrung), vom Habicht und regional vom Steinadler erbeutet. Artabhängig reicht die Beute von Raufußhühnern über Tauben und Rabenvögel bis zu kleinen Singvögeln. Für viele andere Greifvögel stellen Vögel eine Zusatznahrung dar.
- Plünderungen von **Vogelnestern**, wobei sowohl die Jungvögel als auch Eier betroffen sein können, zeigen Milane, Weihen, Bussarde, Sperber und der Schmutzgeier. Adler können lebende Nesthocker kleinerer Greife in ihren Horst eintragen.
- Experten für **Reptilien** sind der Schlangenadler und regional auch der Zwergadler. Als Zusatznahrung dienen sie für Bussarde und Weihen.
- Ein Spezialist für **Amphibien** ist der Schreiadler, weniger häufig jagen diese Wespenbussard, andere Bussarde, Kaiseradler und Rohrweihen.
- **Fische** sind fast ausschließliche Beute für den Fischadler sowie wichtiger Nahrungsbestandteil für den Seeadler und teilweise für die Rohrweihe.
- **Insekten** sind Hauptbestandteil der Kost des Wespenbussards (hier tatsächlich Wespenarten). Milane, Bussarde und auch Habichte jagen zusätzlich beispielsweise Heuschrecken oder Käfer.
- Andere tierische Kost wie **Würmer, Krebstiere und Muscheln** stehen auf dem Speiseplan von Bussarden und Milanen.
- Besonders größere Greifvögel wie See-, Kaiser- und Steinadler fressen regelmäßig **tote Tiere** oder tierische Abfälle. Diese sind auch bevorzugte Nahrung von Milanen, die in den Tropen die Müllhalden belagern. Viele Mäusebussarde säumen im Winter stark befahrene Straßen und ernähren sich dort von überfahrenen Hasen, Fasanen und anderen Tieren. Die eigentlichen Spezialisten für **Aas** sind die Geier, die vor allem nach größeren Kadavern (Schafe, Rinder, Pferde, ...) Ausschau halten. Der Bartgeier verdaut auch Knochen und nutzt das nahrhafte Mark. Extreme Vorlieben entwickelt auch der Schmutzgeier, der als einziger (?) Vogel auch tierischen (menschlichen) Kot frisst (nach G. v. Blotzheim & Bauer).
- **Pflanzliche Nahrung** stellt eine Ausnahme dar und ist beim Wespenbussard (Kirschen) und beim Schmutzgeier (faulende Früchte) beobachtet worden. Die Aufnahme von Gras und anderen faserigen Pflanzen ist von Geiern bekannt und soll die Gewöllebildung unterstützen. Auch in Gewöllen anderer Greifvogelarten kann sich neben Haaren zusätzlich Pflanzenmaterial finden.
- **Trinken** (und Baden). Hier zeigt sich ein uneinheitliches Bild. Geier baden und trinken regelmäßig, was auch beim Wespen- und Adlerbussard sowie dem Habicht beobachtet wird. Mäusebussarde und andere Greife zeigen das kaum, die Rohrweihe badet zwar, aber trinkt nicht(?).

Fraßspuren, Rupfungen

Relevante Fraßspuren sind in erster Linie Reste von Vögeln und Säugetieren, während andere Komponenten wie Fischschuppen, Reptilienhäute und Insektenteile selten und unspezifisch bleiben.

Unter **Rupfungen** versteht man Anhäufungen von Federn, seltener von Tierhaaren oder Fellstreifen. **Risse** hingegen stammen von beutegreifenden Säugetieren. Diese Unterscheidung ist für Spurenlesende wichtig und theoretisch einfach.

- Bei **Rupfungen** werden die Federn einzeln aus ihren Betten (Follikeln) gezogen und die Kiele bleiben unversehrt (weisen allenfalls Schnabelkerben auf).
- Fleischfressende Säuger hinterlassen **Risse** und beißen ganze Flügel- oder Schwanzteile ab, wobei die Federkiele zerteilt werden. Auch haftet auf den Beuteresten häufig Blut und Speichel.

Rupfschneise vom Sperber: In dieser Waldschneise liegt eine ganze Reihe unterschiedlicher Rupfungen. Der Jungwald bietet Deckung gegen überfliegende Konkurrenten und die Schneise ist eine ideale Einflugpforte. Solche Strukturen nutzen Sperber während der Brutzeit und auch im Winter für längere Zeit.

In der Realität im Freiland sind diese Unterscheidungen oft nicht so klar, weil Katzen und Marderartige Federn auch einzeln und unversehrt extrahieren können und Beute recht häufig von mehreren Arten (nach)genutzt wird. Beispielsweise schlägt ein Sperber eine Taube, schleppt sie sofort in eine Deckung und beginnt dort zu rupfen. Für den Greifvogel bedauerlicherweise, stürmt der Hund eines Spaziergängers um die Ecke und nötigt ihn zum Abflug. Bis zum Abend bleibt die Taube in der Hecke liegen, wo sie schließlich nächtens vom Fuchs oder vom Steinmarder weiter zerteilt und konsumiert wird. Die dort zurückbleibenden Reste bilden am nächsten Tag eine kontroverse Diskussionsgrundlage für eine Gruppe zufällig vorbeikommender Spurenleser. Untypische Rupfbilder entstehen auch, wenn sich die Beute befreien kann und nur wenige Federn zurückbleiben. Im Ein-

Rupfplatz vom Sperber: Gerne werden leicht erhöhte Strukturen wie dieser Baumstumpf genutzt. Hier hat der Sperber aber am Boden (links Mitte) das Kleingefieder und die Schwingen einer Taube gerupft. Offensichtlich herrschte dabei ein leichter Wind von links, sodass die Federnansammlung nicht ganz rund ist, sondern in Windrichtung ausfächert. Das betrifft vor allem die kleinen, leichten Federn.

zelfall kann auch die Unterscheidung zu Falken oder Eulen schwierig sein.
Hilfreich ist es, beim Auffinden von Rupfungen einige Punkte systematisch abzuarbeiten (nach G. v. Blotzheim & Bauer, Busching, März und eigenen Daten):

Rupfung vom Sperber (Detail): Betrachtet man Rupfungen genauer, so findet man neben Handschwingen und Körperfedern auch Schnäbel, Beine, Knochenteile und auch ganze Köpfe. Von diesem Buntspecht hat der Sperber den Schnabel abgetrennt. Größere Schnäbel von Krähen oder dickschnabeligen Finken (vor allem Kernbeißer) werden von kleineren Beutegreifern wie dem Sperber meist zurückgelassen.

- **Phänologie („wann im Jahr“)**. Zur Brutzeit wird oft in Horstnähe (Sperber, Habicht) gerupft. Unter den Horsten selbst finden sich manchmal reiche Beutereste, unter anderen Horsten jedoch kaum Material. Dieses Phänomen ist nicht schlüssig geklärt, allenfalls ein individuelles Vogelverhalten. Beute, die zum Verzehr der Jungvögel dient, wird vollständiger gerupft als jene außerhalb der Brutzeit. „Verschwendete“ Beute mit Resten von Muskelfleisch, Beinen und (kleinen) Schnäbeln deutet auf Jungvögel hin. Rupfplätze im Winter legen nur (?) Sperber an.
- **Rupforte (wo?)**. Viele Greifvögel rupfen ihre Beute dort, wo sie diese geschlagen haben (Weihen, Bussarde, Adler). Andere präparieren diese erst, indem sie Köpfe, Flügel oder Gedärme abtrennen, um zu schwere Beute transportfähig zu machen (Adler, Habicht). Leichtere Beute wird häufig gleich zu bevorzugten Rupf- und Fresswarten getragen (Milane, Adler, Sperber). Adler, Bussarde, Weihen, Habichte und Sperber fressen oft am Boden (Waldwege, erhöhte Stellen, Baumstümpfe). Sperber rupfen fast nur in Deckung (Hecken, Jungwald ...) während größere Arten offenere Stellen nutzen. Hier besteht eine Unterscheidungsmöglichkeit zu Falken, da Wanderfalken besonders wenig deckungsabhängig sind und deren Rupfungen (vor allem im Winter) auf freiem Feld zu finden sind. Milane fliegen zum Fressen meist auf freistehende Äste höherer Bäume. Grundsätzlich sind Fraßspuren von „Baumrupfern“ schwerer zu finden, da diese weiter verstreut liegen. An „festen“ Rupfplätzen, die mehrfach genutzt werden, halten vor allem Sperber fest, auch in Form von „Rupfschneisen“ an Waldwegen oder Durchschlägen.
- **Rupfbilder** (ausgeprägter bei Sperber und Habicht, die vollständig rupfen). Die Form dieser Fraßbilder ist manchmal charakteristisch und gibt Hinweise auf die Greifvogelart, deren Sitzposition und die Windrichtung. (Halb-)Scheiben aus einzeln gerupften Vogelfedern am Waldboden zeigen an, dass der Vogel nicht erhöht gesessen hat. Meist hält er seine Position nicht dauerhaft, sondern dreht sich etwas, wodurch recht perfekte **kreisförmige Scheiben** entstehen können. In Abhängigkeit von der Beutegröße betragen deren Durchmesser 20 bis 30 cm, wenn Singvögel die Beute waren, bis über einen Meter bei Tauben oder Krähen. Bei Wind

Baumrupfung vom Habicht: Habichte schlagen regelmäßig andere Greifvögel wie hier einen Mäusebussard, dessen Handschwinge so auffällig auf einem Ast liegt. Erst dieser Blickfang macht auf weitere Zeichen aufmerksam, und man findet auch Kleingefieder in Zweigen und Spinnweben, ein Bild, das an Lametta erinnert. Teile vom Kotstreifen des Greifvogels komplettieren dieses Rupfungsbild.

Bodenrupfung vom Habicht: In diesem Stangenforst ist die Rupfung eines Eichhörnchens zuerst kaum zu erkennen (im linken Bild rechts unten). Die Sichtachsen und die fehlende Strauchschicht machen diese Plantage zu einem idealen Jagdrevier für den wendigen Habicht. Das Rupfungsbild besteht aus Haarteilen, die im Halbkreis angeordnet sind, und aus einem weißen Streifen harnsäurehaltigen Exkrements (rechtes Bild unten). Im Gegensatz zu anderen Greifvögeln rupfen Habichte (und Sperber) Haare ihrer Beute. Größere, nahrungstechnisch wenig ergiebige Teile wie der Schwanz werden abgebissen (Bild oben).

fächern die Rupfbilder in Windrichtung aus. Rupfen Greife aus etwas höherer Position, zum Beispiel ein Baumstumpf , so bildet sich in der Mitte ein federfreier Hof, und die Scheibe verwandelt sich in einen „**Feenring**", der mit zunehmender Sitzhöhe breiter (und weniger dicht) wird. Sitzt der Vogel hoch im Baum, löst sich das Rupfbild auf und besteht aus einzelnen Federn ohne erkennbare Anordnung. Manchmal kann man allerdings höher im Geäst einzelne Federn oder Federbüschel finden, die an Ästen kleben oder sich in Spinnennetzen verfangen haben.

- **Beutereste:**
  - » **Federn** aus Rupfungen lassen sich häufig auf Artniveau bestimmen, manchmal finden sich auch einzelne Federn vom Beutegreifer. Das Rupfen ist kraftaufwändig, trotzdem schaffen Habichte Federn bis zur Größe von Stockenten und Mäusebussarden, Sperber rupfen Federn bis Taubengröße.
  - » **Vogelköpfe, Beine, Darm- und Magenanteile** lassen viele Arten zurück, besonders wenn schwere Beute zugerichtet wird. Vollständige (Enten-)**Flügel** reißt der Seeadler ab.

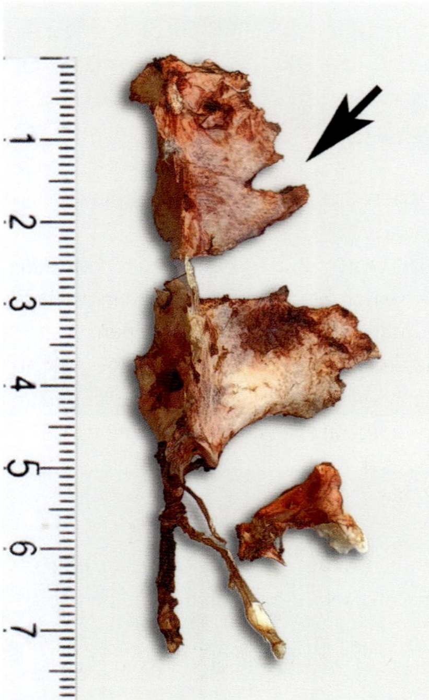

Nahrungsrest vom Habicht: Das Brustbein einer Taube wurde mit dem kräftigen Schnabel bearbeitet. Es ist zerbrochen und als typische Fraßspur sind die Schnabelmarken am Brustbeinkamm (Pfeil) deutlich erkennbar.

Beuterest vom Seeadler: Kleinere Beute wie diese Krickente wird meist fortgetragen und an anderer Stelle gefressen. Hier hat der Adler die Ente zuvor zugerichtet und den Schwanzteil abgetrennt.

Rupfungsmarken an einer Feder: In diesem Fall hat ein Sperber die Handschwinge einer Wacholderdrossel gerupft. Im unteren Bereich des Federkiels sieht man die Quetschmarken, die der Schnabel hinterlassen hat (Pfeil). Die Verletzungen der Innenfahne können sowohl vom Schnabel als auch von den Krallen stammen.

Rupfung vom Seeadler: Der Adler hat eine Graugans erbeutet. Diese ist zum Wegtragen zu schwer und wird an Ort und Stelle konsumiert. Das Muskelfleisch wurde gefressen, Teile des knöchernen Brustkorbs dabei zerbissen. Bei dieser großen Beute scheint der Adler das Großgefieder stärker zu rupfen und lässt dabei die Federkiele intakt. Zur Extraktion dieser Federn ist erhebliche Kraft nötig – bei Gänsen schaffen das nur Adler.

  - » Aus zurückgelassenen **Vogelschnäbeln** kann man schließen, ob man vor einer Rupfung vom Sperber oder vom Habicht steht. Sperber verschmähen oft Schnäbel von Drosseln, Staren, Kernbeißern und Kreuzschnäbeln. Habichte fressen diese mit und hinterlassen nur Schnäbel größerer Beute wie jene von Waldohreulen und Rabenvögeln.
  - » **Schnabelmarken an Brustbeinkämmen** erbeuteter Vögeln (Hühnervögel, Tauben) sind kennzeichnend für Habichte.
  - » **Haare kleiner Säugetiere** werden von Habicht und Sperber gerupft („*sind das von Vogelfedern gewöhnt*"). Bussarde reißen Hautstreifen bis zu einer Länge von 10 cm ab und häuten Maulwürfe, indem sie deren Fell umstülpen.
  - » **Köpfe** und andere Körperteile von kleinen bis mittelgroßen Säugetieren stammen meist vom Steinadler oder Habicht. Beeindruckend sind Bilder, wie sie im Buch von Armin Landmann zu sehen sind, auf denen die Krallen eines Steinadlers die Schädelkapsel eines Rehkitzes durchbohren und es auf diese Weise töten. Im Freiland könnten sich Säugetierschädel, wohl von Jungtieren, finden, die ähnliche Spuren aufweisen.
  - » **Blank geputzte Skelette** von Großtieren (Rindern), wie sie Geier bei ihrer Kadavermahlzeit hinterlassen, sind in Europa kaum mehr zu finden (allenfalls in Spanien und am Balkan).
  - » **Fischschuppen** streifen Fischadler und Seeadler nach dem Fressen von ihren Schnäbeln ab.
  - » Abgetrennte **Schlangenköpfe** können Fraßbilder von Schlangenadlern sein, wenn sie diese Beute nicht nach deren Genickbruch im Ganzen verschlucken.
- **Beutegrößen**. Die Analyse zurückgelassener Reste ermöglicht eine Bestimmung der erbeuteten Tiere und erlaubt zugleich Rückschlüsse auf den jeweiligen Greifvogel. Jede Art weist ein charakteristisches Nahrungsspektrum auf, das in erster Linie durch das Verhältnis des eigenen Körpergewichts zum Gewicht der Beute bestimmt wird. Die „kraftvollen Jäger" unter den Greifvögeln wie Steinadler und Habicht können Tiere erlegen, die bis zu 150 % ihres eigenen Körpergewichts erreichen. Um jedoch mit der Beute wegzufliegen, darf deren Gewicht das eigene Körpergewicht nicht wesentlich überschreiten. In den meisten Fällen, und bei den anderen Greifvogelarten generell, wird deutlich leichtere Beute genommen.
- **Sonderfälle**. Über die beschriebenen Themen hinaus zeigen bestimmte Greifvögel weitere Zeichen:
  - » **Grabestellen** am Boden nach **Erdwespen** durch den **Wespenbussard**. Diese gleichen Grabe- und Scharrstellen von Säugetieren (zum Beispiel Dachs, Fuchs, Waschbär) und können bis zu 40 cm tief sein. Die Waben sind dabei allerdings weniger zerstört als bei anderen Nutzern und es wurde lediglich die Wespenbrut gefressen.
  - » **Knochenabwurfstellen vom Bartgeier**. Beispielweise im Bereich von Auswilderungen dieses Geiers in den Alpen lassen sich auf Geröllhalden große Ansammlungen von zerbrochenen Röhrenknochen finden. Diese haben die Vögel aus dem Flug auf Felsen abgeworfen, um sie zu zerbrechen und an das

Knochenmark zu gelangen. In Südeuropa verfahren Bartgeier auf ähnliche Weise mit Landschildkröten.

» **Werkzeuggebrauch bei Schmutzgeiern**. Diese Geierart besitzt recht schwache Schnäbel und hat eine Technik entwickelt, große Vogeleier mithilfe von Steinen zu öffnen. Dieses Kuriosum lässt sich in den Tropen und in Tierparks beobachten, im europäischen Freiland wohl kaum mehr.

Schnabelputzen: Nach der Mahlzeit kleben an den Schnäbeln der Greifvögel Beutereste wie Federn, Fleischklümpchen oder Fischschuppen. Diese werden nach dem Fressen an Ästen, anderen Holzteilen oder Grashorsten abgestreift. Hier hat sich wahrscheinlich ein Seeadler nach einer Karpfenmahlzeit gereinigt und an diesem morschen Baumstamm die Fischschuppen hinterlassen.

Wespennest am Waldboden: Die Waben sind leer – vermutlich wurde die Wespenbrut herausgefressen. Die Wabenschicht selbst ist dabei weitgehend unbeschädigt geblieben und die einzelnen Waben sind nicht zerbrochen. Das deutet auf einen Wespenbussard hin. Dieser Vogel gräbt Wespennester aus der Erde und frisst im Gegensatz zu einem Dachs nur die Insekten und Larven, während er die Waben größtenteils unversehrt lässt.

Vereinfachte Rupfungskunde

Für eine erste Einschätzung kann man die Vielzahl der angeführten Kriterien einmal hintanstellen und folgenden Weg beschreiten:

- Die große Mehrzahl von Rupfungen, die im Freiland gefunden werden, stammt vom **Sperber**. Diese bestehen oft aus einem gesamten Federnsatz der Beute, aus dem sich neben Kleingefieder auch komplette Flügel und Stöße (Schwänze) rekonstruieren lassen. Die Auffindungsorte können im Wald liegen – an Waldwegen, am Rande dichter Jungpflanzungen – oder im Siedlungsbereich unter Hecken. Die Rupfbilder liegen in kreis- bis halbkreisförmigen Scheiben. Manchmal finden sich weitere Rupfungen in unmittelbarer Nähe.
- Gewisse abweichende Faktoren lassen an andere Greifvögel denken:
  » **Habicht:** Einzelne, weit verstreut liegende Rupfungen größerer Beute (Stock-

ente, Jagdfasan, Bussarde, Krähen), auch am Waldrand mit geringer Deckung. Schnabelmarken auf einem aufgefunden Brustbeinkamm sind bezeichnend. Habichte erbeuten auch mittelgroße Säugetiere und hinterlassen deren wie abgeschnitten erscheinenden Köpfe, Schwänze oder Beine.

» **Wanderfalke** (zur Abgrenzung gegenüber der Falkenfamilie): Diese rupfen unvollständig, häufig nur Kleingefieder. Oft wird nur das Brustfleisch gefressen, jedoch **ohne Schnabelmarken am Brustbeinkamm** zu hinterlassen, wobei die übrige Beute unversehrt bleibt. Insbesondere der Schultergürtel mit beiden Flügeln bleibt intakt.

- Größere erbeutete Vögel (Stockenten, Schwäne), die nur wenig gerupft sind, bei denen jedoch der Kopf oder die Flügel abgerissen wurden, deuten auf einen **Seeadler** hin. Dessen Rupfungsplätze liegen meist leicht erhöht an Gewässerrändern. Scharf abgetrennte Körperteile von mittelgroßen Säugetieren (Hasen, Murmeltiere...) weisen in entsprechenden Lebensräumen (meist Bergland) auf **Steinadler** hin.
- Andere Zeichen, auch solche vom häufigen Mäusebussard, sind selten zu finden und allenfalls aufgrund des Lebensraumes einzuordnen. Federansammlungen auf Offenstellen in Schilfzonen lassen eine **Rohrweihe** wahrscheinlich erscheinen. Verstreute, kleinteilige Nahrungs- und Müllreste unter einem abgestorbenen Baum am Flussufer können vom **Schwarzmilan** stammen.

Ausscheidungen

Die Ausscheidung von Greifvögeln besteht aus weißer Harnsäure (Urat), einer geringen, dunklen Kotfraktion und aus Speiballen.

Der **Uratanteil** ist relativ flüssig und wird druckvoll mit gehobenem Schwanz **ausgeschleudert**. Greifvögel hinterlassen somit im Gegensatz zu Falken und Eulen lange **Kotstreifen**. Artabhängig können diese unterschiedlich lang sein und in der Breite variieren. Eine Ausnahme bildet hier der Bartgeier, wenn er viele Knochen gefressen hatte. Seine Exkremente sind dann harte, weiße Zylinder, die an alten Hundekot erinnern.

Kotstreifen von Greifvögeln: Dimensionen.

Art	Durchschnittliche Länge – Maximalwert (cm)	Breite (cm)
Adler	66 (80)	1,8–4,4
Bussarde	37 (58)	1,4–2,5
Sperber	29 (36)	0,6–1,7
Habicht	30 (50)	1,5–2,6

Diese Angaben orientieren sich an Exkrementen, die im Freiland gefunden wurden und sicher zu einer bestimmten Art zuordenbar waren. Im Einzelfall können vor allem die Längen davon abweichen. Die Breite der Streifen ist aussagekräftiger als die Länge. Die schmalen Kotstreifen des Sperbers fallen nur bei genauer Betrachtung am Waldboden auf, sind dann aber typisch.

Kotstreifen von Greifvögeln: Seeadler (a), Mäusebussard (b), Habicht (c), Sperber (d).

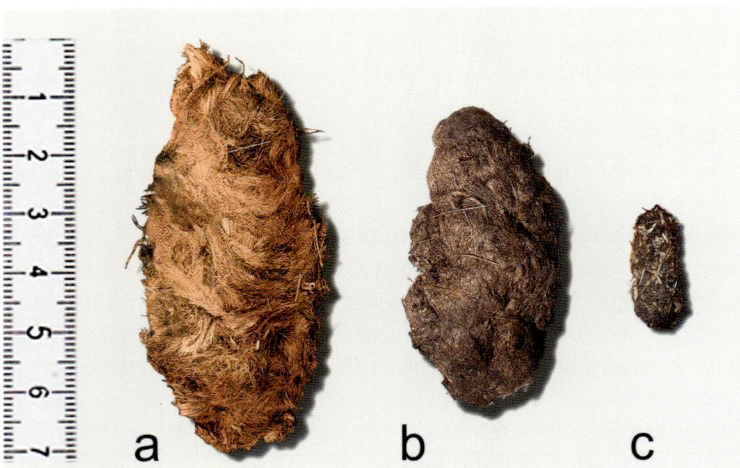

Gewölle von Greifvögeln: Kaiseradler (a), Mäusebussard (b), Sperber (c).

Gewölle von Greifvögeln sind seltener zu finden als jene von Eulen oder Turmfalken. Wahrscheinlich werden diese vor allem bei bestimmter, ballaststoffreicher Kost im größeren Ausmaß gebildet. Der Verdauungstrakt der Greifvögel ist leistungsfähig und kann Knochen im viel höheren Ausmaß auflösen als bei Eulen oder Falken. Am wahrscheinlichsten findet man Gewölle an Horsten und unter bevorzugten Sitz- oder Verdauungswarten. Form, Textur und Inhalt sind weniger aussagekräftig als bei anderen Vogelfamilien. In den Kapiteln über Falken und Eulen wird detailliert auf einzelne Merkmale eingegangen.

Gewölle oder Exkremente

Eine häufig auftretende Frage ist, wie **Gewölle** von **Exkrementen** fleischfressender Säugetiere unterschieden werden können. Dies ist im Einzelfall durchaus kompliziert, speziell bei älteren Hinterlassenschaften.

Unterscheidung von Gewöllen und Exkrementen fleischfressender Säugetiere.

Fußnote: Geruch*. Riechproben an Ausscheidungen von Tieren beinhalten die Gefahr, mit Parasiten oder Krankheitskeimen in Kontakt zu kommen.

Merkmal	Gewölle	Exkrement
Form	Rundlich, ei- bis birnenförmig, Achtung! Auch Gewölle können zipfelig ausgezogene Pole haben.	Länglich, zylindrisch, oft lang ausgezogene Spitze
Geruch*	Geruchsarm	Meist beißend, überriechend. Achtung! Alte Exkremente können völlig geruchslos sein.
Inhalt	Haare, Federn, unterschiedlicher Knochenanteil (am größten bei Eulen, am geringsten bei Greifvögeln). Wenig Füllmaterial.	Neben Haaren relativ voluminöse, erdig-schleimige Massen. Geringe Knochenanteile.
Feinstruktur	Haarlagen ungeordnet; mehrere Schichten in unterschiedlichen Ausrichtungen. 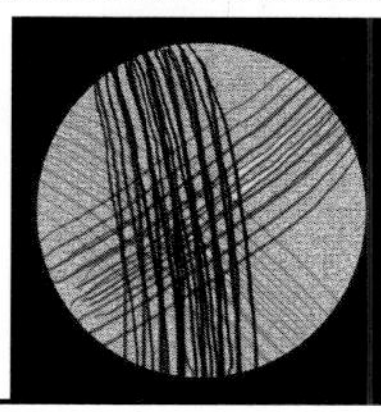	Die Haarlagen sind längs angeordnet, oft leicht spiralig gedreht. 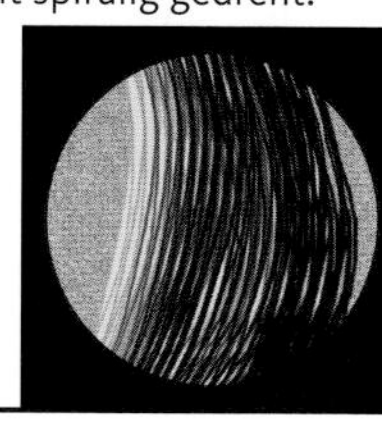

Gewölle von **Mäusebussarden (b in Abb. auf S. 226)** bestehen zumeist fast ausschließlich aus Haaren von Wühlmäusen, sind deshalb grau und haben einen geringen Knochenanteil. Adlergewölle sind deutlich größer. Jenes vom **Kaiseradler (a)** ist in diesem Beispiel rötlichgelb, da dieser Vogel Ziesel und Feldhasen gefressen hat, die als Verkehrsopfer am Straßenrand aufgesammelt wurden. Gewölle vom **Sperber (c)** findet man selten, sie sind klein und bestehen oft aus zerbrochenen Singvogelknochen und Federn.

Gewölle von Greifvögeln: Dimensionen. (Milane und Weihen bilden Gewölle in der Dimension von Bussarden. Abweichende Maße sind möglich.)

Art	Durchschnittliche Länge Maximalwert (cm)	Dicke (cm)
Adler	7,1 (9,6)	2,0–5,6
Bussarde	4,9 (6,7)	1,8–3,0
Habicht	4,0 (7,0)	1,5–2,5
Sperber	2,5 (3,0)	0,9–1,6

Falken

Falken sind enger mit Papageien verwandt als mit Greifvögeln. Trotz ihrer unterschiedlichen Vorfahren haben sie aufgrund ähnlicher Lebensweisen vergleichbare Merkmale entwickelt – ein Phänomen, das Evolutionsbiologen als Konvergenz bezeichnen. Spurenlesende haben in diesem Zusammenhang die Fußmorphologie im Blick, und tatsächlich zeigen sich große Ähnlichkeiten zwischen Falken und Greifvögeln.

Fußmorphologie und Trittsiegel

Turmfalke: linker Fuß, Unterseite.

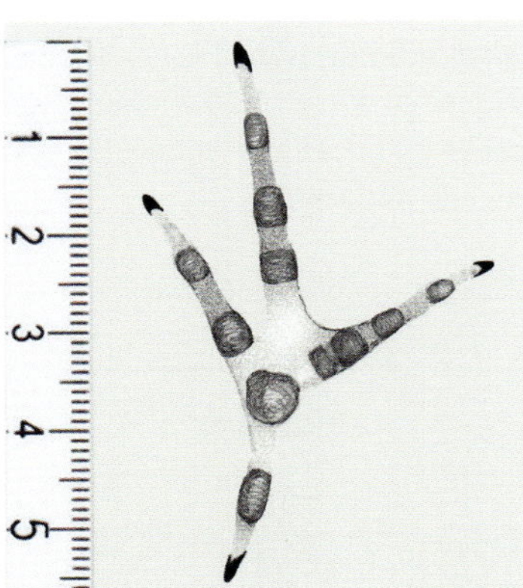

Turmfalke: rechtes Trittsiegel (idealisierte Zeichnung).

Turmfalke: Fuß seitlich.

Füße von Falken zeigen folgende Merkmale:

- Grundtypus: Klassischer Vogelfuß.
- Dimension: TSL knapp 5 cm bis etwas über 10 cm (für alle hier vorgestellten Arten).
- Die **Zehen** sind **kräftig,** die **Hinterzehe** ziemlich **kurz.** Die **Innenzehe** ist **dicker** als die Außenzehe.
- Die **Zehenballen** sind **ausgeprägt** und überragen die Zehen kissenartig.
- Ebenso **kräftig** ist der **Metatarsalballen.**
- Die **Krallen** sind lang, kräftig, spitz und **stark gekrümmt**.

Folgende Beschreibungen beziehen sich zuerst auf den Turmfalken, einen häufigen Vertreter dieser Familie.

Umrisse und Proportionen

Der Umriss entspricht einem breiten **Rechteck** im Seitenverhältnis von etwa **3:2**. Die Ansatzlinie der Vorderzehen liegt relativ weit hinter der Fußmitte (= lange Mittelzehe bei kurzer Hinterzehe). Die Umrisslinie entlang der Zehenspitzen entspricht einem stark verzerrten Deltoid (rote Linie) und ist **asymmetrisch**.

Schablone

Oft fällt ein gemeinsames Merkmal auf, das die Falken mit Greifvögeln teilen. Während bei den meisten Vogelarten die Fußachse von Hinter- und Mittelzehe gebildet wird, ist bei diesen Familien die sogenannte **Innenfußspange** prominent. Die Greiffunktion von Hinter- und Innenzehe wird durch die gemeinsame Linie verdeutlicht. Diese Region ist auch meist ausgeprägter als die seitlich versetzten, zarteren Mittel- und Außenzehen. Insgesamt wirken die Trittsiegel im Vergleich mit anderen „klassischen Vogelfüßen" eigenartig disproportioniert.

Achsen und Winkel

Generell sind die Zehen von Falken sehr beweglich und die Winkel können stark variieren. Bei typischen Trittsiegeln beträgt der Öffnungswinkel zwischen Innen- und Außenzehe etwa 80° (65 bis 90°). Die Teilwinkel sind unterschiedlich – der **Außenwinkel** ist fast immer deutlich **größer**. Die Achse zwischen Hinter- und Mittelzehe ist durchschnittlich um 150° nach innen gewinkelt.

Turmfalke:
links: Umrisslinien, geometrische Mitte (Diagonalenschnittpunkt), Ansatzlinie der Vorderzehen.
Mitte: Schablone.
rechts: Öffnungswinkel. Zehenachsen (rot), Gradangaben der Winkel.

Ballenmuster, Negativräume und Krallen

Der Fuß drückt zumeist **ganzflächig** auf, Falken stehen plattfüßig auf der Erde.
Die **Hinterzehe** ist auffällig **kurz**.
Die **Zehen** sind nicht besonders dick. **Kräftig** hingegen ist das **Ballenmuster**, das im Bereich der **Fußmitte** besonders ausgeprägt ist. Zwischen den Ballen zeigen sich oft breitere **Negativräume**.
Der **Metatarsalballen** ist ebenso **prominent** wie die Zehenballen und (fast) immer abgedrückt.
Die seitliche Spannhaut ist meist unauffällig oder gar nicht sichtbar.
Die **Krallen** sind lang, spitz und stark gekrümmt. Zumeist sind sie **tiefer abgedrückt** als die jeweiligen Zehenendballen und erscheinen als von diesen **abgesetzte Punkte.**

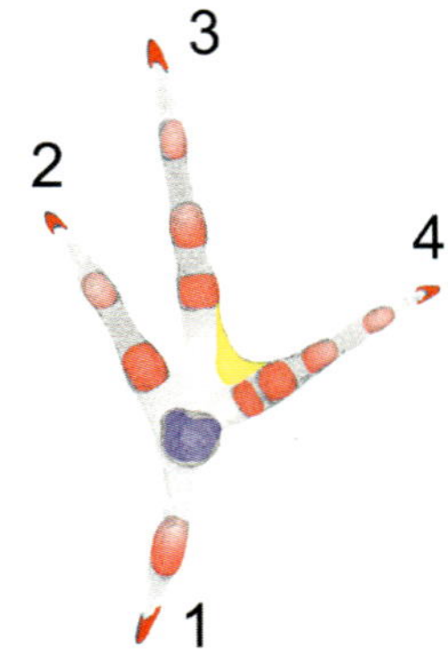

Turmfalke: Ballenmuster (Zehenballen rosa, Metatarsalballen blau, Spannhaut gelb und Krallen rot).

Realitätsprüfung

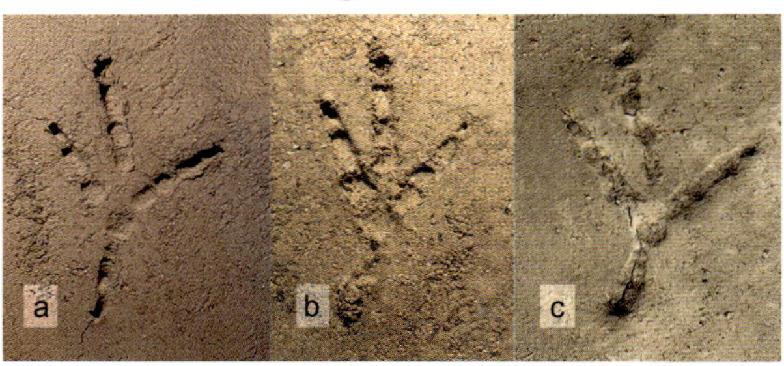

Turmfalke: drei rechte Trittsiegel in unterschiedlichen Substraten.

Auch auf verschiedenen Böden bleibt das Grundschema dieser Trittsiegel erkennbar:

- Die Gesamtform der **Trittsiegel** ist **breit** und stark **asymmetrisch**. Die Nähe von Innen- und Mittezehe kann an den „hugging toe“ von Rabenvögeln erinnern.
- Die **Zehen** sind **kräftig** und das **Ballenmuster deutlich** (jedoch weniger ausgeprägt als bei vielen Greifvögeln). Die Ballen in Fußmitte sind manchmal (besonders in Abb. b) auffälliger als jene der Zehenspitzen.
- Die **Hinterzehe** ist **kurz**.
- Der **Metatarsalballen** ist **wuchtig**, teilweise prominenter als die Zehenballen und **stetig** abgedrückt.
- **Negativräume** finden sich vor allem zwischen den kräftigen Ballen der Fußmitte.
- Die **Krallen** sind lang (besonders jene der Innenzehe). In härteren Böden sieht man, dass diese tiefer einsinken als die Zehenballen.

Verwechslungsmöglichkeiten

Trittsiegel von Falken sind manchmal uncharakteristisch und geben durchaus Anlass zu Verwechslungen.

- Greifvögel (**Habicht**, **Sperber**). Verwechslungen mit diesen Arten sind naheliegend. Unterschiede liegen in abweichenden Proportionen (Längen von Hinter- und Mittelzehe).
- **Andere Greifvögel** haben meist stärker ausgeprägte Ballen und längere Hinterzehen.
- **Rabenvögel** verfügen ebenfalls über kräftige Ballen und „hugging toes", ein Erkennungsmerkmal, das bei den Rabenvögeln primär beschrieben wurde. Allerdings unterscheiden sich ihre Ballen durch parallele Ränder, einen meist nicht abgedrückten Metatarsalballen und eine deutlich längere Hinterzehe.
- **Tauben zeigen überraschend ähnliche TS** und können auch ausgeprägte Krallenmuster hinterlassen. Ringeltauben und Turmfalken weisen zudem dieselbe Dimension auf. Allerdings zeigen Tauben andere Zehenstellungen (Biegung, Winkel) und ein durchgängiges, parallelrandiges Ballenmuster.

Artengarnitur

Hier werden sieben Falkenarten beschrieben und neben den lokal häufigeren Arten ist es spannend, auch die Möglichkeit weiterer Arten zu bedenken.

Spurenrelevante Angaben zu Falken.

Art	Wann?	Wo?
Baumfalke	Zugvogel (April bis Oktober)	Strukturreiche planare bis kolline Landschaften, gerne in Gewässernähe
Turmfalke	Jahresvogel, im Nordosten zieht er	Häufig von Städten und Feldfluren bis ins Hochgebirge (nicht in geschlossenen Wäldern)
Rötelfalke	Zugvogel (April bis September)	Kolonienbrüter in Süd- und Südost Europa, oft synanthrop, stark abnehmend
Merlin	Wintergast (November bis Mai)	Offene Agrarlandschaften
Rotfußfalke	Zugvogel (April bis September)	Flachländer in Osteuropa bis Slowakei/Ungarn. gerne in Saatkrähenkolonien
Wanderfalke	Jahresvogel, auch Wintergäste	Selten in verschiedenen Lebensräumen (Städte, Bergland, Küste), Wintergäste auch im offenen Flachland und der Küste
Würgfalke, Saker	Jahresvogel	Seltener östlicher Steppenbewohner, sekundär in Agrarsteppen (bis Ostösterreich)

Maße, Variationsbreite und Unterscheidungen

Trittsiegelmaße von Falken (siehe auch Abkürzungsverzeichnis).

Art	TSL (cm)	TSL^oK^ (cm)	TSB (cm)	Z1 (cm)	Z1^oK^ (cm)	Z3 (cm)	Z3^oK^ (cm)
Baumfalke	6,1 (5,8–6,4)	5,1 (4,8–5,4)	3,8 (3,4–4,2)	1,6 (1,5–1,8)	1,1 (0,9–1,2)	4,1 (3,7–4,3)	3,5 (3,2–3,6)
Turmfalke	5,7 (5,2–6,0)	4,5 (4,2–5,1)	3,8 (3,4–4,2)	1,7 (1,6–2,1)	1,1 (0,9–1,2)	3,5 (2,8–3,9)	2,8 (2,5–3,1)
Rötelfalke	5,2 (4,8–5,4)	4,2 (3,9–4,4)	2,6 (2,5–2,7)	1,6 (1,4–1,7)	1,0 (0,9–1,1)	3,1 (2,9–3,3)	2,5 (2,4–2,7)
Merlin	5,9 (5,5–6,3)	4,9 (4,6–5,2)	3,3 (3,0–3,7)	1,7 (1,5–1,8)	1,1 (1,0–1,3)	3,7 (3,4–3,9)	3,2 (3,0–3,4)
Rotfußfalke	4,9 (4,6–5,1)	3,9 (3,7–4,1)	3,2 (2,9–3,6)	1,3 (1,2–1,4)	0,8 (0,8–0,9)	3,1 (2,9–3,2)	2,6 (2,5–2,7)
Wanderfalke	9,7 (8,0–10,5)	7,5 (6,4–8,0)	6,4 (5,8–7,3)	3,0 (2,7–3,4)	1,9 (1,7–2,2)	6,1 (5,6–6,4)	5,0 (4,4–5,3)
Würgfalke	9,8 (8,9–10,7)	7,9 (7,3–8,1)	6,7 (6,0–7,5)	2,9 (2,6–3,2)	2,0 (1,8–2,2)	5,8 (5,5–6,2)	4,9 (4,5–5,2)

Es sind zwei Größenklassen erkennbar:

- **Kleinfalken** (TSL ca. 5 bis 6 cm): Am kleinsten ist der Rotfußfalke. Auffällig ist, dass die TSL nicht mit Körperlänge oder Gewicht korreliert, sondern mit der bevorzugten Beute. So haben kleine und leichte Arten wie Merlin und Baumfalke relativ große Füße – vor allem lange Mittelzehen (Z3). Das scheint eine Anpassung an die Vogeljagd zu sein.
- **Großfalken** (TSL um 10 cm): Auch hier hat der Wanderfalke, als spezialisierter Luftjäger auf fliegende Vögel, längere Mittelzehen als der Würgfalke als stärkerer Bodenjäger.

Morphologische Unterschiede

Wie bereits erwähnt, hat die Falkenfamilie zwei Grundtypen herausgebildet, die sich hinsichtlich der Jagdweise und damit auch der Fußmorphologie unterscheiden:

- **Luftjäger auf fliegende Beute (b)** (Vögel, Fledermäuse): Baumfalke, Merlin und Wanderfalke mit relativ langen Mittelzehen und längeren Außenzehen im Verhältnis zur Innenzehe.
- **Boden**- (Säugetiere, Bodenvögel) und **Insektenjäger (a)**: Turm-, Rötel-, Rotfuß- und Würgfalke mit relativ kurzen Mittelzehen (Z3) und etwa gleich langen Innen- und Außenzehen (D2 ~ D4).

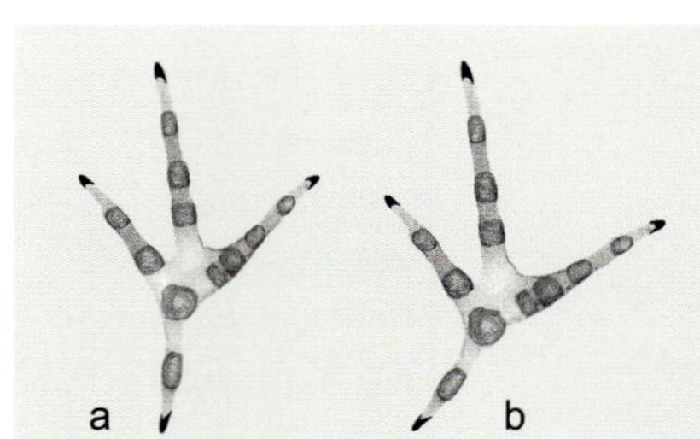

Morphologische Unterschiede von Falkenfüßen (nicht maßstäblich): Boden- und Insektenjäger (a), Luftjäger auf fliegende Beute (b).

Morphologische Unterschiede bei Falken: Relative Länge der Mittelzehe (Z3) und Verhältnis von Innen- zu Außenzehe (Z2/Z4).

Art	Z3 (rel. Länge)	Z2 (cm)	Z2^{oK} (cm)	Z4 (cm)	Z4^{oK} (cm)	Z2 / Z4
Turmfalke	kurz	2,4 (2,2–2,5)	1,9 (1,6–2,2)	2,4 (2,2–2,6)	1,9 (1,7–2,2)	D2 ~ D4
Rötelfalke	kurz					D2 ~ D4
Rotfußfalke	kurz					D2 ~ D4
Würgfalke	kurz					D2 ~ D4
Baumfalke	lang					D2 < D4
Merlin	lang	2,3 (2,2–2,4)	1,8 (1,7–1,9)	2,8 (2,7–2,9)	1,2 (1,1–1,3)	D2 < D4
Wander-falke	lang	4,1 (3,7–4,6)	3,1 (2,6–3,5)	4,8 (4,4–5,4)	3,8 (3,4–4,4)	D2 < D4

Gangarten und Spurbilder

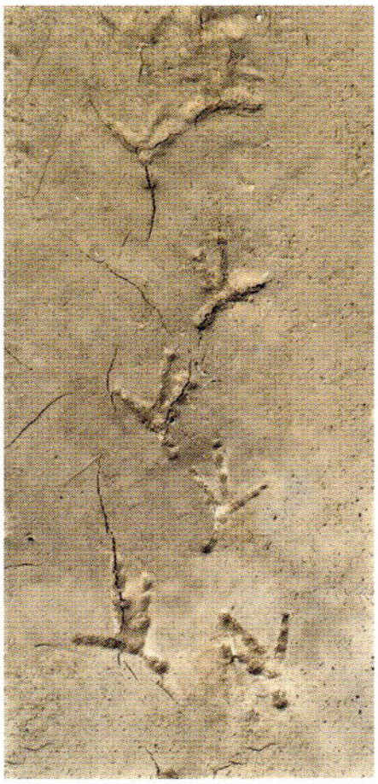

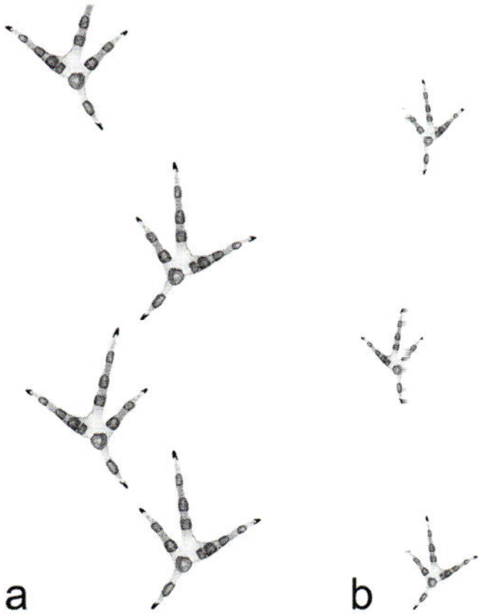

links: Spurbild vom Turmfalken (Foto: Renate Samwald): Wahrscheinlich hat der Falke in dieser Pfütze an einem Feldweg gebadet, bevor diese in der Sommerhitze rasch ausgetrocknet ist.

Mitte: Spurbild vom Wanderfalken: Gehen im Schnee.

rechts: Spurbilder von Falken: Gehen beim Wanderfalken (a), Laufen beim Turmfalken (b).

Die meisten Falken halten sich nur kurz am Boden auf, längere Spurgruppen sind selten zu finden. Möglichkeiten bestehen, wenn Falken am Boden ruhen, nach Beute Ausschau halten (Merlin, Rotfuß- und Würgfalke) oder am Boden fressen (selten Baum- und Rötelfalke, manchmal Wander- und Würgfalke). Zudem baden Falken gerne im Wasser oder im Sand.

- **Gehen (a)** ist die bevorzugte Gangart bei Falken. Meist sind nur kurze Sequenzen aufzufinden, dabei ist die SL recht kurz bei großer SB. Wenn Hinter- und Mittelzehe stark nach innen geknickt sind, wird man an ein undulierendes Gangbild erinnert.

- **Laufen (b)** bleibt abgesehen vom Rotfußfalken eine seltene Ausnahme. Wenn sich dabei die Fußstellung verengt, können typische Merkmale der Trittsiegel undeutlich werden. Dann ist man manchmal im Zweifel, ob es sich bei dieser Spurgruppe tatsächlich um einen Falken handelt.

Maße von Gangarten der Falken (siehe auch Abkürzungsverzeichnis).

Art	Gangart	SB (cm)	SL (cm)
Kleinfalken	Gehen	8–10	9–20
	Laufen		19–39
Großfalken	Gehen	12–16	15–31
	Laufen		ab 30

Zeichen

Zeichen, welche die Anwesenheit von Falken verraten, sind zumeist weiße Kotansammlungen im Bereich von Ruhe- und Brutplätzen sowie Beutereste.

Ernährung

Die tierische Ernährung der Falken besteht aus einer ganzen Reihe verschiedener Beutetiere, wobei einzelne Arten recht unterschiedliche Strategien entwickelt haben.

- **Insektenjäger** sind vor allem kleinere Arten wie Baum-, Rötel- und Rotfußfalke. Für andere Falken stellen Insekten eine Zusatznahrung dar.
- **Kleine Säugetiere** (Wühl- und Langschwanzmäuse, Spitzmäuse und Maulwürfe) jagen vor allem Turmfalken. Als Ausweichnahrung dienen sie dem Merlin und Rotfußfalken.
- **Größere Säugetiere** (zum Beispiel Kaninchen, Junghasen, Ziesel, Hamster) erjagt der Würgfalke.
- **Kleine Singvögel** werden Beute vom Baumfalken und Merlin. Turmfalken können Jungvögel erbeuten oder Singvogelnester plündern.
- **Größere freifliegende Vögel** wie Tauben, Stare, Drosseln und kleinere Rabenvögel sind bevorzugte Beute vom Wanderfalken. In Waldgebieten zählen dazu auch Spechte und an Gewässern Enten, Möwen und Watvögel. Auch der Würgfalke schlägt oft Tauben, aber auch stärker bodengebundene Beute wie Hühnervögel.
- **Andere Wirbeltiere** wie Reptilien und Amphibien dienen gelegentlich als Ausweichnahrung.

Beutereste, Rupfungen

Die Insekten jagenden Arten entfernen oft schon im Flug **Flügeldecken** von erbeuteten Käfern oder Insektenköpfe. Auch Großfalken trennen manchmal bereits in der Luft die **Köpfe** ihrer Vogelbeute ab. Beide Zeichen sind kaum zu finden und nicht spezifisch.

Beim Merlin sind **Nahrungsdepots** bekannt, die aus kaum gerupften Kleinvögeln bestehen. Dieses Verhalten dürfte im Brutgebiet häufiger sein.

Rupfplatz vom Wanderfalken: An einer exponierten Felskanzel gelegen, findet sich hier nur etwas Kleingefieder. Der Falke hat wenig Zeit zum Rupfen verwendet und kaum Großgefieder ausgerissen.

Beuterest eines Wanderfalken (Foto: Aaron Ofner): Im Winterquartier und während des Zuges machen Limikolen wie hier eine Waldschnepfe oft einen großen Teil der Beute aus. Der hohe Verwertungsgrad dieser Schnepfe deutet darauf hin, dass der Falke hungrig war. Bei guter Nahrungsverfügbarkeit wird normalerweise nur das Brustfleisch gefressen. Typisch für Großfalken sind ein ungeschützter Rupfplatz auf offener Schneefläche, ein intakter Schultergürtel der Beute sowie unversehrtes Großgefieder an Flügeln und Schwanz.

Falkenrupfungen unterscheiden sich im Idealfall deutlich von jenen vieler Greifvögel. Dabei ist zu bedenken, dass Falken die erbeuteten Vögel sehr effektiv töten. Das passiert durch Aufreißen des Brustkorbs mit der Hinterkralle bereits im Flug oder durch Genickbiss unter Nutzung einer besonderen Ausformung des Oberschnabels – des sogenannten Falkenzahns. Dadurch **entfällt die Notwenigkeit, das Großgefieder der Flügel zu rupfen**, mit dem sich die Beute sonst heftig wehrt. Besonders der Wanderfalke verwendet dafür wenig Zeit und entfernt vor allem etwas vom Kleingefieder aus dem Kopf- und Brustbereich. Einige Experten vermuten, dass der vergleichsweise zarte Falkenschnabel zudem nicht gut zum Ausreißen dickerer Federkiele geeignet ist. Bei reichem Beuteangebot werden häufig nur das Gehirn und das Brustfleisch verzehrt. Auffällig an den zurückgelassenen Kadaverresten ist, dass der **Schultergürtel der Beute intakt** bleibt. Im Gegensatz zu Greifvögeln lassen Falken die Bandverbindungen unversehrt und reißen die Flügel nicht ab. Der Kopf wird allerdings häufig abgetrennt. Aufschlussreich ist die Lage solcher Rupfungsplätze. Großfalken stehen in der Nahrungspyramide weit oben. Sie sind nicht auf Deckung angewiesen und **fressen auf offenem Feld oder exponierten Warten**.

Fressplatz vom Turmfalken: Auf diesem Aussichtsturm hat ein Turmfalke eine Maus gefressen. Der Darm und andere Kleinteile wurden verschmäht.

Kleinfalken wie der Merlin rupfen nach Robert März Vogelbeute sorgfältig. Derlei Rupfungen erinnern an jene des Sperbers, sind aber meist unvollständiger, da Merline meist auf Bäumen fressen, von wo aus Beutereste weit verstreut zu Boden fallen. Das trifft im verstärkten Maß auch für den Baumfalken zu.

Mäusejäger wie der Turmfalke fressen in kleinen Portionen, anderes die im Ganzen verschlingenden Eulen. Häufig wird dabei der Darmtrakt verschmäht, der dann als Zeichen für Spurenlesende dienen kann.

Ausscheidungen

Die Ausscheidung von Falken besteht aus weißer Harnsäure (Urat) mit einem geringen, dunklen Kotanteil und aus Speiballen.

Der **Uratanteil** ist relativ flüssig und wird mit etwas größerem Druck als bei Eulen ausgeschieden (vor allem von Jungvögeln im Nest). Greifvögel hingegen schleudern ihre Exkremente noch kraftvoller aus und produzieren damit weiße Streifen, während Falken am Boden eher **Kleckse** hinterlassen, die an erhöhten Sitzwarten als **Abrinnspuren** zu sehen sind. Diese weißen Marken an Felsen, Gebäuden oder Strommasten sind wichtige Zeichen für die Anwesenheit von Falken, seien es Brutplätze oder häufig benutzte Sitzwarten.

Gewölle können nicht ohne Weiteres einer bestimmten Vogelart zugeordnet werden. Für eine zuverlässige Bestimmung sind mehrere Merkmale heranzuziehen. Die Unterscheidung zu Säugetierexkrementen wird im Kapitel „Greifvögel“ behandelt, während Eulengewölle im entsprechenden Artkapitel beschrieben werden.

Ruheplatz vom Wanderfalken: Diese Nische nahe der Felskrone dient dem Falken als häufiger Ruhe- und Fressplatz. Die eigentlich als Kleckse abgegebenen Exkremente rinnen streifenförmig über die Felswand ab.

- **Fundort und Wahrscheinlichkeit der Auffindung:** Am häufigsten findet man in Mitteleuropa Gewölle von Turmfalken, die verbreitet auch synanthrop leben. Andere sind unwahrscheinlicher, einerseits wegen der Seltenheit bestimmter Falkenarten, andererseits wegen unstet wechselnder Sitzwarten (Baumfalke).
- **Dimension**: Seitens der Dimension lassen sich Großfalken von Kleinfalken unterscheiden. Dabei korreliert die Länge eher mit der aufgenommenen Beute. Aussagekräftiger sind Gewölledurchmesser, wobei Maße von über 1,8 cm in der Regel auf Großfalken hindeuten.
- Andere Merkmale spiegeln vorwiegend die Ernährung wider und können mehreren Arten zugeordnet werden: Bei der **Farbe** ist besonders der Feuchtigkeitsgrad zu bedenken, da nasse Gewölle schwarz erscheinen. Mäusehaare in Turmfalken-Gewöllen wirken meist grau, ebenso solche mit Federn. Hat ein Großfalke Hasen, Ziesel oder Hamster gefressen, ist der Haaranteil meist gelbbraun bis rötlich. Chitinteile schillern in bunten Farben. Seitens der **Konsistenz** und **Textur** (Oberflächenbeschaffenheit) sind Gewölle mit hohem Haaranteil kompakt mit glatter Oberfläche, solche mit Federn brüchig und zerfasert. Chitingewölle zerfallen besonders leicht. Gewölle mit Insektenresten sind oft eiförmig, andere zylindrisch oder birnenförmig, wobei zumindest ein Pol rund ist, der andere häufig ausgezipfelt erscheint.

Ruheplatz vom Turmfalken: Diese Art lebt oft menschennah. Aufmerksamen Beobachtern fallen sofort die Zeichen an diesem Gebäude auf (links). Am Boden unter der Fallrinne und unter den Dachsparren finden sich massenhaft Exkrement-Kleckse und Gewölle (unten). An anderen Fassadenteilen zeigen sich Abrinnspuren (rechts).

- **Inhalt:** Gewölle von Falken können aus Insektenteilen (vor allem Baum-, Rötel- und Rotfußfalke), Haaren (vor allem Turm- und Würgfalke) oder Federn (vor allem Baumfalke, Merlin, Wanderfalke) bestehen. Dabei gibt es erhebliche regionale und auch jahreszeitliche Variationen. Turmfalken aus dem Mittelmeerraum fressen einen höheren Anteil an Singvögeln und Fledermäusen, sodass sich dortige Gewölle stark von jenen in Mitteleuropa unterscheiden können. Nicht ganz geklärt ist ein bisweilen hoher Anteil von groben Pflanzenfasern in den Gewöllen. Gelegentliches Fressen von Gras beschreiben nur G. v. Blotzheim & Bauer für den Turmfalken. Dies soll die Gewöllbildung unterstützen.

Gewölle von Falken: Maushaare beim Turmfalken (a), Insektenreste beim Rotfußfalken (b), Federn beim Wanderfalken (c) und Haare vom Ziesel (?) beim Würgfalken (d).

Gewölle und Speiballen von Falken: Fundorte, Dimension und Inhalt.

Art	Fundorte, Häufigkeit	Länge und Durchmesser (cm)	Inhalt
Baumfalke	Selten unter Bäumen	Wie Turmfalke	Insektenreste oder Federn
Turmfalke	Häufig zu finden (unter Felsnischen, an Gebäuden)	3,3 (2,0–4,5) 1,5 (1,3–1,7)	Graue Mäusehaare, relativ hoher Knochenanteil (weniger als bei Eulen); seltener Insekten, Federn oder Reptilienschuppen
Rötelfalke	An Brutkolonien in Südeuropa	Etwas kleiner als beim Turmfalken	Meist Insektenreste
Rotfußfalke	Selten unter Brutkolonien, eventuell an Rastplätzen während des Zugs	Etwas kleiner als beim Turmfalken	Meist Insektenreste
Merlin	Im Winterquartier, selten	Wie Turmfalke	Vor allem Federn von Kleinvögeln mit einem Anteil feiner Knochenreste
Würgfalke	Unter Rast- und Brutplätzen (zum Beispiel Strommasten)	4,9 (3,5–6,5) 2,3 (1,5–2,8)	Haare von Hasen, Hamstern oder Zieseln, auch Vogelfedern
Wanderfalke	Unter Brut- und Rupfungsplätzen (am Fuß von Felsen oder hohen Gebäuden)	Wie Würgfalke	Vor allem Federn, auch dickere Kiele. Ob die häufig zu findenden Taubenringe aus zerfallenden Gewöllen stammen, ist unklar.

Eulen

Eulen, diesen lautlosen Jägern der Nacht, haftet etwas Geheimnisvolles an. Spurenlesen ist eine probate Methode, einige dieser Geheimnisse zu lüften und diesen „Geistern" der Dunkelheit näher zu kommen. Charakteristisch sind ihre Trittsiegel, die jedoch nur selten entdeckt werden. Häufiger stößt man auf Exkremente und Gewölle, vor allem an Winterschlafplätzen von Waldohreulen, oder auf diskrete Überreste erfolgreicher Jagden.

Fußmorphologie und Trittsiegel

Eulen besitzen kräftige Zehen mit einem markanten Ballenmuster. Ihre Mittelzehe ist nur geringfügig länger als die Innen- und Außenzehe. Die Krallen sind lang, stark, spitz und stark gekrümmt. Aufgrund dieser Krümmung erscheint die tatsächliche Länge der Krallen im Trittsiegel verkürzt und ist nicht in voller Länge sichtbar.

- Grundtypus: Zygodactyler Vogelfuß.
- Dimension: TSL 3,1 bis 13,0 cm (für alle Arten).

Steinkauz: linker Fuß, Unterseite.

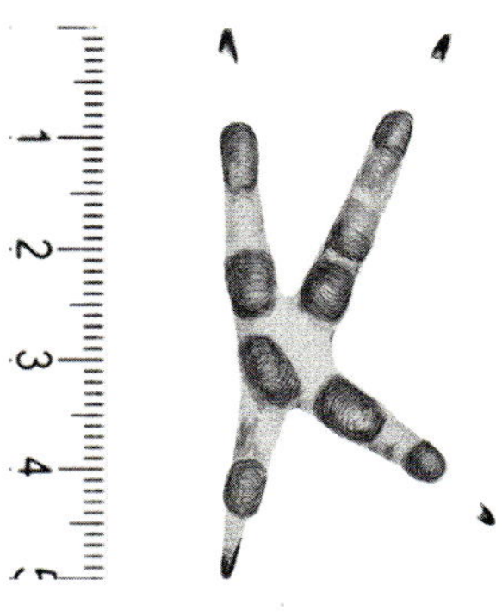

Steinkauz: rechtes Trittsiegel (idealisierte Zeichnung).

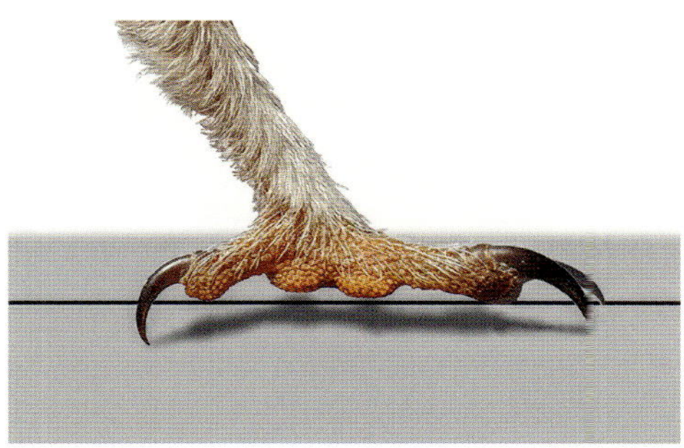

Steinkauz: Fuß, seitlich.

Umrisse und Proportionen

Der Umriss entspricht einem **Rechteck** mit einem Seitenverhältnis von 2:1. Bei abweichenden Fußstellungen wird dieser Umriss breiter und erreicht ein Verhältnis von etwa 3:2. Die Linie entlang der Zehenspitzen (rote Linie) bildet ein verzerrtes **Rechteck**, im Gegensatz zu den meisten anderen Vogelarten, bei denen sie einem Deltoid ähnelt. Dies ist ein weiterer Hinweis auf den zygodactylen Grundtypus.

Schablone

Typisch für Eulen ist die sogenannte **„K"-Schablone**. Im Gegensatz zu anderen Zygodactylen bildet hier die Hinter- und Innenzehe eine relativ gerade Linie.

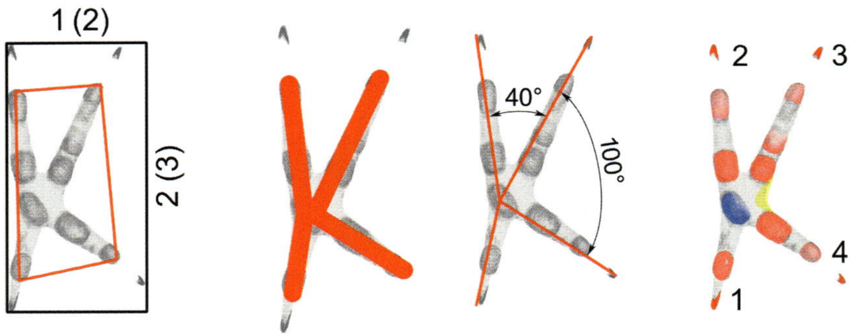

Steinkauz:
links: Umrisslinien.
links Mitte: Schablone.
rechts Mitte: Öffnungswinkel. Zehenachsen (rot), Gradangaben der Winkel.
rechts: Ballenmuster und Krallen. Zehenballen (rosa), Krallen (rot), Metatarsalballen (blau), Spannhaut (gelb).

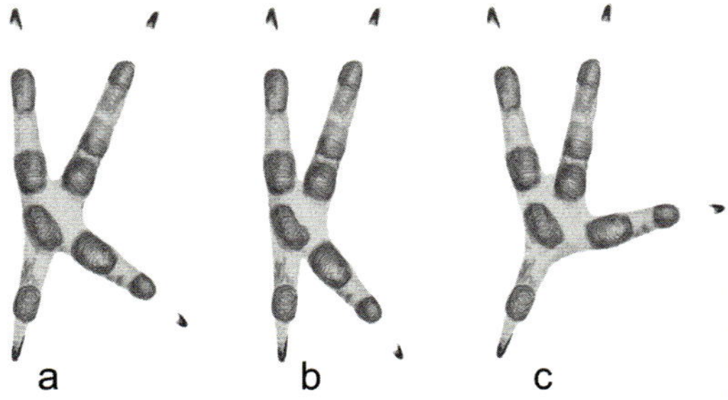

Steinkauz: Positionen der Wendezehe (= Außenzehe). Mittelstellung (a), maximal nach hinten (b), Vorwärtsposition (c).

Achsen und Winkel

Bei zygodactylen Trittsiegeln unterscheiden sich Achsenstellung und Winkel deutlich von denen „klassischer" Vogelfüße. Die **Fußachse** wird hier durch die **Hinter- und Innenzehe** gebildet, nicht von Hinter- und Mittelzehe. Der Winkel zwischen Innen- und Mittelzehe ist in der Regel schmal, meist zwischen 30 und 40°. Die hohe **Variabilität** der **Außenzehe**, die auch als **Wendezehe** bezeichnet wird, zeigt sich in der Abb. „Positionen der Wendezehe": Bei einem durchschnittlichen Winkel von 100° weist die Außenzehe nach hinten **(a),** bei 90° zur Seite **(b)** und bei 60° nach vorne **(c).** Letztere Stellung kann zu Verwirrung führen, da dadurch die typische Struktur des zygodactylen Fußes aufgehoben wird.

Ballenmuster und Krallen

Alle **Zehen** sind **kräftig** und stehen **gerade**. Die Hinterzehe (1) ist deutlich kürzer als die anderen Zehen.

Die **Ballen** sind **wuchtig** und **rund.** Auf hartem Grund zeigen sich isolierte, **kreisförmige Abdrücke**, getrennt durch **Negativräume.** Die Hinterzehe trägt einen Ballen, Innen- und Außenzehe je zwei Ballen und die Mittelzehe drei Ballen. Die **Ballen in Fußmitte** drücken **stärker** ab als jene an den Zehenspitzen.

Der **Metatarsalballen** ist **längsoval** und ebenso **wuchtig** wie die angrenzenden Zehenballen. Er drückt fast immer deutlich ab.

Die **Krallen** sind lang, spitz und **stark gekrümmt**. Sie zeigen sich, außer in sehr weichen Böden, als **isolierte Punkte** vor den jeweiligen Zehenspitzen.

Zwischen Mittel- und Außenzehe liegt eine schmale **Spannhaut**, die besonders dann sichtbar wird, wenn die Wendezehe ganz nach hinten gewinkelt wird.

Realitätsprüfung

Im rechten Bild ist der Grundtypus des zygodactylen Fußes nicht mehr klar erkennbar, als stetige Merkmale bleiben jedoch:

- Die **Zehen** sind **kräftig** und stehen **gerade**.
- Die **„K"-Schablone** ist links klar einschreibbar, im rechten Bild verzerrt.
- Die **Zehenballen** sind sehr **kräftig** und **rundlich**. Die typische Anzahl pro Zehe ist ablesbar. Die Ballen in der

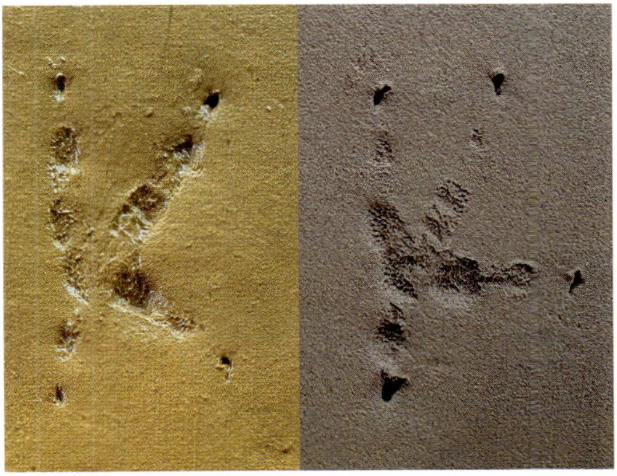

Steinkauz: Zwei rechte Trittsiegel mit unterschiedlichen Positionen der Wendezehe (= Außenzehe).

Fußmitte sind **kräftiger**. Während im tiefen Substrat (links) die Zehen noch als Kontinuum erscheinen, sind die Endballen der Zehen 1 bis 3 bereits durch einen **Negativraum** getrennt. Die kräftigen Ballen der Fußmitte bilden eine gemeinsame Haftfläche.
- Der **Metatarsalballen** hinterlässt stets einen Abdruck in gleicher Tiefe wie die Zehenballen.
- Die langen **Krallen** erscheinen als **abgesetzte Punkte**.
- Bei stark gewinkelter Wendezehe (links) kann man die **Spannhaut** als runde Kontur erkennen.

Verwechslungsmöglichkeiten

Folgende Trittsiegel können mit denen der Eulen verwechselt werden:
- **Spechte** sind die zweite, häufigere Vogelfamilie mit zygodactylen Füßen. Ihre Trittsiegel sind in der Regel kleiner und zeichnen sich durch dünnere Zehen mit weniger ausgeprägten Ballen aus. Zudem verlaufen die Zehenachsen anders als bei Eulen: Die gerade Kante wird hier von der Mittel- und Außenzehe gebildet, im Gegensatz zu Eulen, bei denen die Hinter- und Innenzehe diese Linie formen.
- **Papageien** und **Kuckucke** zeigen ebenfalls eine zygodactyle Zehenstellung. Trittsiegel dieser Arten zählen in Zentraleuropa zu den Raritäten.
- **Greifvögel** (**Falken**). Besonders der Fischadler, aber auch Milane und Weihen spreizen häufig die Außenzehen ab. Derlei Trittsiegel sind durchaus mit Eulen zu verwechseln, auch wegen ähnlich langer Krallen und der Ballenanordnungen. Allerdings sind die Zehenproportionen unterschiedlich – vor allem ist die Hinterzehe bei Greifvögeln länger.

Artengarnitur

Eulen sind ganzjährig im Gebiet und oft standorttreu. Nur die Zwergohreule ist ein Zugvogel und die nördlichen Populationen der Sumpfohreule weichen nach Süden aus. Manche Jungeulen können sich allerdings über 100 km vom Brutplatz entfernt ansiedeln und an besonders günstigen Nahrungsplätzen erscheinen Eulen des Bergwaldes (Raufuß- und Sperlingskauz) auch in untypischen Regionen wie dem Flachland. Auch wenn hier gelegentliche Vorstöße nordischer Arten (Schneeeule, Sperbereule) nicht berücksichtigt werden, so bleiben immer noch zehn Arten, deren Unterscheidung für Spurenlesende interessant ist.

Eulen: Arten und spurenrelevante Fakten (nach G. v. Blotzheim & Bauer, Mebs & Scherzinger).

Art	Verbreitung, Häufigkeit	Lebensraum
Schleiereule	Vielerorts seltener als Waldohreule und Waldkauz; starke Bestandsschwankungen	Im Tiefland (wärmeliebend), oft siedlungsnah in halboffenen, strukturreichen Landschaften (hohe Mausdichten)
Zwergohreule	Im Mittelmeerraum häufig, nördlich davon selten und lückig verbreitet	Trocken-warme Landschaften im Süden (Südwesten) mit altem Baumbestand, lichte Wälder (Insektenreichtum)
Waldohreule	Flächendeckend häufig	Waldränder und halboffene Agrarlandschaften mit Windschutzgürtel und Einzelbäumen (hohe Mausdichten)
Sumpfohreule	Lückige Verbreitung, im Nordosten Zugvogel	Offenland (Wiesen, Niedermoore, Dünenlandschaften)
Uhu	Fehlt in Westeuropa, sonst weite Verbreitung, aber nur lokal häufiger	Sehr anpassungsfähig, von bergiger Waldgebieten bis Offenland; gerne in Gewässernähe
Waldkauz	Flächendeckend häufig	Anpassungsfähige Art der Wälder und Parklandschaften; Selten auch im Offenland (Küstendünen)
Habichtskauz	Seltene Reliktart in den Karpaten, im Bayerischen Wald, auf dem Balkan; Wiederansiedlungsmaßnahmen im Alpenraum	„Urwald-Art“, vor allem in Buchenwäldern mit Altbäumen und angrenzenden Freiflächen
Raufußkauz	Selten mit starken Schwankungen (Mausgradationen)	„Boreoalpine“ Nadelwaldart; meist im Bergland, seltener in Tieflandwäldern
Steinkauz	im Süden und Osten häufig; Lebensraumverluste durch Intensivierung der Landnutzung	Wärmeliebender Kulturfolger; meidet geschlossenen Wald
Sperlingskauz	Selten und lückig verbreitet	„Boreoalpine“ Nadelwaldart, aber auch in Laubwäldern; meist im Bergland, seltener in Tieflandwäldern

Trittsiegel oder sogar Spurgruppen sind vor allem von den stärker bodengebunden Arten Sumpfohreule und Steinkauz zu erwarten, wobei die Sumpfohreule eher Wechsel im Grasland hinterlässt.

Maße, Variationsbreite und Unterscheidungen

Maßtabellen

Trittsiegelmaße von Eulen (siehe auch Abkürzungsverzeichnis).

Art	TSL (cm)	TSL^{oK} (cm)	TSB (cm)	Z1 (cm)	$Z1^{oK}$ (cm)	Z3 (cm)	$Z3^{oK}$ (cm)
Schleiereule	6,7 (6,1–7,2)	5,2 (4,8–5,5)	3,9 (3,5–4,2)	1,9 (1,7–2,2)	1,2 (1,0–1,4)	4,4 (4,0–4,5)	3,4 (3,0–3,7)
Zwergohr-eule	4,0 (3,7–4,2)	3,2 (2,8–3,5)	2,5 (2,1–2,8)	1,2 (1,1–1,4)	0,9 (0,8–1,1)	2,9 (2,6–3,1)	2,4 (2,0–2,4)
Waldohr-eule	6,0 (5,7–6,3)	4,4 (4,2–4,6)	3,1 (2,9–3,5)	2,1 (1,8–2,2)	1,3 (1,2–1,4)	4,0 (3,5–4,3)	3,1 (2,6–3,2)
Sumpfohr-eule	6,4 (6,1–6,7)	4,7 (4,5–4,9)	3,3 (3,1–3,7)	2,2 (1,9–2,4)	1,4 (1,3–1,5)	4,2 (3,7–4,6)	3,3 (2,8–3,4)
Uhu	12,0 (10,5–13,0)	9,0 (7,5–9,5)	8,4 (7,2–9,0)	3,5 (2,9–3,7)	2,3 (1,6–2,6)	8,6 (7,4–9,6)	6,2 (5,8–6,9)
Waldkauz	6,9 (6,0–7,9)	5,2 (4,1–5,9)	3,9 (3,1–6,2)	2,1 (1,8–2,7)	1,3 (1,1–1,8)	4,5 (3,8–5,1)	3,4 (2,9–3,9)
Raufußkauz	4,0 (3,8–4,2)	3,0 (2,8–3,1)	2,4 (1,9–3,2)	1,1 (1,0–1,2)	0,7 (0,6–0,8)	2,5 (2,2–2,6)	1,9 (1,8–2,0)
Steinkauz	4,9 (4,7–5,3)	3,7 (3,5–3,9)	3,0 (2,4–4,0)	1,4 (1,2–1,5)	0,9 (0,7–1,0)	3,1 (2,8–3,2)	2,4 (2,2–2,5)
Sperlings-kauz	3,3 (3,1–3,4)	2,4 (2,3–2,5)	2,0 (1,6–2,6)	0,9 (0,8–1,0)	0,6 (0,5–0,7)	2,0 (1,8–2,1)	1,6 (1,4–1,6)

Für den seltenen Habichtskauz liegen keine Daten vor, dessen Dimensionen sollten zwischen jenen von Waldkauz und Uhu liegen. Auffallend ist die große Streuung bei der TSL beim Waldkauz. Dabei ist ungeklärt, ob das tatsächlich arttypisch ist. Bei den meisten Eulenarten besteht ein Geschlechtsdimorphismus mit größeren Weibchen. Spurentechnisch dürfte der Unterschied unter 10 % liegen.

Von den beschriebenen Arten lassen sich 3 Größenklassen trennen:

- **TSL über 10 cm**. Das betrifft den Uhu, der damit größenmäßig klar abgetrennt werden kann.
- **TSL 6 bis 8 cm**. Dazu zählen die beiden häufigen Arten Waldohreule und Waldkauz. Die seltenere Schleiereule lässt sich größenmäßig davon nicht unterscheiden, auch nicht die Sumpfohreule, deren Lebensraum jedoch unterschiedlich ist.
- **TSL unter 5,5 cm**. Von den kleinen Arten ist in geeigneten Habitaten vor allem der Steinkauz zu erwarten.

Jungeulen/„Ästlinge“

Jungeulen baumbrütender Arten verlassen das Nest bereits vor der Flugfähigkeit. Sie können dann am Boden sitzen oder auch erstaunlich behände auf Bäume klettern und werden als „Ästlinge" bezeichnet. Diese Phase kann je nach Art bis zu zwei Monate dauern. In dieser Zeit sind auch die Füße noch nicht ausgewachsen, was bei aufgefundenen Trittsiegeln zu bedenken ist.

Morphologische Unterschiede

Anatomisch sind Eulenfüße anhand verschiedener Merkmale an die unterschiedlichen Lebensweisen angepasst. Erstaunlicherweise – und Bestimmungen abträglich – sind die Trittsiegel aber recht uniform.

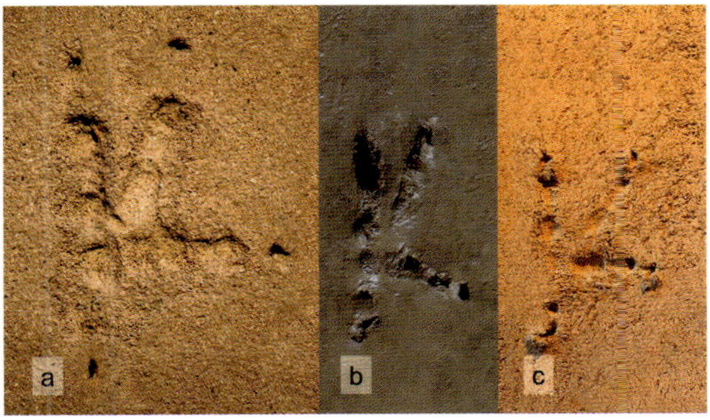

Eulen, morphologische Unterschiede von Trittsiegeln: Uhu (a), Waldkauz (b), Waldohreule (c). Die Position der Wendezehe variiert zufällig und kann nicht als Unterscheidungsmerkmal zwischen den Arten herangezogen werden.

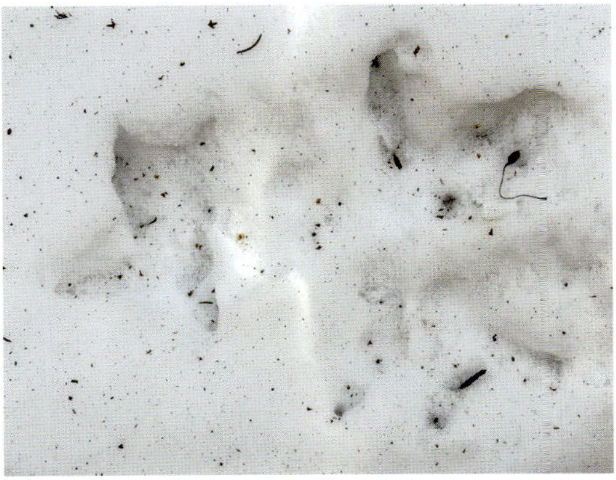

Uhu im Schnee: Durch die Befiederung an Lauf und Zehen sind die Trittsiegel flächig verschmolzen. Typisch in diesem Substrat ist die bogige Gefiederkante zwischen den Vorderzehen.

- Die pelzige **Befiederung** von Lauf und Zehen beim Raufußkauz (namensgebend!) kann in Fußabdrücken erkennbar sein, ebenso bei ähnlich ausgestatteten Arten wie Uhu und Waldkauz.
- Die Zehen aller Eulen erscheinen kräftig. Besonders **wuchtig** sind jene vom **Uhu**, dessen proximale Ballen so breit sind, dass die Zehenumrisse **keilförmig** erscheinen. Das ist eingeschränkt auch beim Waldkauz so, besonders an der Wendezehe. Bei **Schleiereule, Wald- und Sumpfohreule** sind die Zehen **schlanker** und **parallelrandig**.
- G. v. Blotzheim & Bauer stellen einen Bestimmungsschlüssel vor, wobei die Krallen der **Schleiereule** innen gezähnt sind – ein Alleinstellungsmerkmal, das sich jedoch spurentechnisch kaum verwerten lässt. Praktikabler ist die **relativ lange Innenzehe**, die nur geringfügig kürzer ist als die Mittelzehe. Das zeigt sich tatsächlich bei vielen Trittsiegeln im Freiland, allerdings haben auch viele Waldkäuze lange Innenzehen.

Gangarten und Spurbilder

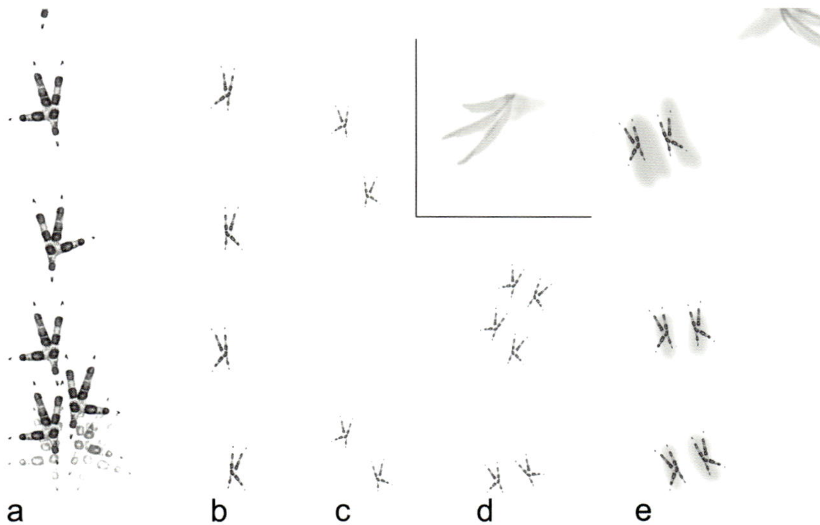

Spurbilder von Eulen: Uhu „trippelnd“ (= sehr kurze SL) und im Gehen (a), Waldkauz laufend (b), Steinkauz Hüpflauf (c), Steinkauz Hüpfen (d), Waldkauz im Schnee mit Flügelunterstützung hüpfend (= Flattersprung) (e).

Viele Vogelbeobachter fasziniert an Eulen deren lautloser, eleganter Flug. Weniger bekannt ist die Tatsache, dass sich Eulen auch oft am Boden aufhalten und dort eine erstaunliche Breite verschiedener Gangarten nutzen.

- **Gehen (a):** Rasche, alternierende Beinbewegungen mit geringem Raumgewinn werden als „Trippeln“ bezeichnet. In der Terminologie des Spurenlesens ist das ein Gehen mit sehr kurzen SL. Eulen zeigen dieses Verhalten im Zusammenhang mit sozialer Interaktion, beim Baden oder manchmal auch vor dem Beutefang. Abweichend davon gehen Eulen auch mit großen SL, beispielsweise Steinkäuze, wenn sie Deckung aufsuchen.
- **Laufen (b):** Überraschenderweise können viele Arten am Boden mit weit ausgreifenden Schritten laufen. Häufig zu sehen bei Schleiereule, Sumpfohreule, Uhu und Steinkauz, wird diese Gangart meist zum Beutefang genutzt. Steinkäuze laufen auch bei Gefahr.
- **Hüpflauf (c)** wird manchmal als „Hoppeln“ bezeichnet. Es handelt sich um eine Gangart mit großen SL und dient oft als Beschleunigung aus dem Laufen heraus. Uhu, Habichts-, Raufuß-, Stein- und Sperlingskauz holen damit fliehende Beute am Boden ein.
- **Hüpfen (d, e):** Beidbeiniges Hüpfen sieht man bei Richtungswechsel (d) oder bei der Verfolgung von Beute am Boden, wenn der erste Beutestoß nicht erfolgreich war. Bei längeren Verfolgungsjagden werden auch die Flügel zu Hilfe genommen (= **Flattersprung** (e)). Im Schnee sind die Flügelmarken oft erkennbar.

- **Ruhepositionen**: Viele Arten ruhen stehend auf einem Bein. Schleiereulen und Uhus schlafen auch auf dem Bauch oder seitlich auf einem Flügel ruhend.
- **Weitere Bewegungsmuster:** Im Gegensatz zu anderen Vögeln unterstützen Eulen Bewegungen am Boden auch mittels ihrer Fersen, Schnäbel und Flügelkanten. Das kann eine Reihe verwirrender Spurbilder hinterlassen. Schleiereule und Uhu bewegen sich in Nestnähe auf den Fersen rutschend oder sich mit den Flügeln abstoßend. Waldohreulen und Waldkäuze sind Kletterspezialisten und erklimmen Baumstämme oder Höhlen auch mittels Schnabeleinsatz.

Maße für die Gangarten

Maße von Gangarten von Eulen (siehe auch Abkürzungsverzeichnis).

Art	Gangart	SB (cm)	SL (cm)	GL (cm)	ZGL (cm)
Mittelgroße Eulen	Gehen	5–9	8–39		
	Laufen		34–60		
	Hüpflauf	8–13	24–70	9-24	24–49
Uhu	Gehen	10–16	16–67		
	Laufen		66–99		
	Hüpflauf	20–27	43–140	17–44	44–90
Steinkauz	Gehen	4–7	7–28		
	Laufen		27–41		
	Hüpfen	8–11	18–35	5–7	13–28
	Hüpflauf	8–11	18–53	7–18	18–37

Unter „mittelgroße Eulen“ fallen Schleiereule, Wald- und Sumpfohreule sowie der Waldkauz. Ähnliche Maße wie für den Steinkauz sind auch für andere kleinere Eulenarten wie Zwergohreule, Raufuß- und Sperlingskauz anzunehmen.

Zeichen

Häufiger als die beschriebenen Trittsiegel und Spurbilder werden Spurenlesende durch bestimmte Zeichen auf die Anwesenheit von Eulen aufmerksam.

Verschiedene Zeichen am Boden

- **Wasserbäder**: Schleiereule, Uhu, Wald-, Raufuß- und Sperlingskauz nehmen häufig Wasserbäder. Geeignete Areale, meist Seichtstellen mit wenig Strömung und flachen Steinen als Sitzwarten, sind mit etwas Glück aufzufinden. Für Spurenlesende ist die Suche nach Badestellen eine Kombination aus dem Lesen von Lebensraumqualitäten und bestimmten Zeichen in unmittelbarer Nähe. Somit suchen wir in diesem Bereich zuerst nach weißen Exkrement-Klecksen, wie sie für Eulen typisch sind.

Badestelle vom Waldkauz: Eine Furt an diesem kleinen Bach bricht die Strömung und bietet randliche Sitzwarten. Hinweise auf die tatsächliche Nutzung liefern die weißen Exkrement-Kleckse am flachen Stein rechts (vergrößert im Bildabschnitt rechts).

- „**Grastunnel**“: Nester von Sumpfohreulen liegen meist in hohem Gras. Wenn sich die Jungeulen hier am Boden bewegen, legen sie tunnelartige Gänge an. Ähnliche Strukturen entstehen, wenn die adulten Eulen ihre Beute am Boden verfolgen und mit ihren großen Köpfen die Vegetation zur Seite schieben.
- **Huderpfannen**: Uhu und Steinkauz nehmen gerne Sand- oder Staubbäder. Dabei hinterlassen sie flache Mulden in Körpergröße in diesem lockeren Substrat.

Winterlicher Schlafplatz von Waldohreulen: Diese Eulen schlafen gemeinschaftlich meist in Nadelbäumen, die gute Deckung bieten. Weiße Exkrementauflagen in den unteren Astbereichen kennzeichnen solche Bäume. Am Boden finden sich weitere Kleckse und zahlreiche Gewölle.

Schlafplätze

Außerhalb der Brutzeit sind die meisten Eulen unduldsame Einzelgänger. Gemeinschaftliche Schlafplätze finden sich nur während der Jungenaufzucht, wenn die Jungeulen gemeinsam in Bäumen sitzen („Ästlinge“). Ein unter vielen Vogelbeobachtern beliebtes Ritual ist das Aufsuchen der Winterschlafplätze von Waldohreulen. Neben der Sumpfohreule zeigt nur diese Eule ein derartiges Verhalten. 30 Individuen und mehr versammeln sich bei Einsetzen der kalten Jahreszeit auf traditionellen Plätzen – regional besonders beliebt sind Friedhöfe mit alten „Lebensbäumen“. Effektiver als die gut getarnten Eulen in den Zweigen zu suchen ist es, am Boden nach den Gewöllen oder den weißen Klecksen Ausschau zu halten.

Ernährung

Eulen ernähren sich von tierischer Kost, wobei der Schwerpunkt auf Mäusen liegt. Wald- und Sperlingskauz erbeuten in höherem Ausmaß auch Vögel. Insekten und Regenwürmer sind für kleine Arten wie Zwergohreule und Steinkauz wichtig. Der Uhu ist ein Generalist, der auch größere Beute wie Mäusebussarde oder Feldhasen schlägt – bekannt ist seine regionale Vorliebe für Igel. Die meisten Eulenarten – am wenigsten die Schleiereule – sind flexibel in der Nahrungswahl und weichen bei Bestandstiefs von Mäusen auf Vögel, Reptilien, Amphibien, Fische und andere tierische Kost aus.

Nahrungserwerb

Eulen sind Wartenjäger, setzen aber auch den Suchflug ein und gehen gelegentlich am Boden auf Beutefang.

Diese Verhalten sind am besten bei Schneelage nachvollziehen:

- **Plötzliches Ende einer Mausspur (a):** Manchmal sieht man auf einem Schneefeld eine Fährte (von Mäusen oder Hasen), die plötzlich endet. Auch können sich hier plötzliche Richtungswechsel, Beschleunigungsversuche oder diskrete Schleifspuren zeigen. Zumeist hat dann eine Eule (allenfalls auch ein Greifvogel oder Falke) die Maus von der **Schneeoberfläche abgegriffen** oder bei größerer Beute auch ein Uhu (nach Ralph Müller).
- **Fangstellung, „Manteln" (b):** Charakteristisch sind mehr oder minder vollständige Abdrücke der Schwungfedern und von Teilen des Schwanzes. Im Bereich der Fänge kann die Schneedecke rundliche Einbrüche aufweisen. Das sind typische Jagdzeichen für Eulen, wenn die unter dem Schnee tunnelnde Beute (vor allem Wühlmäuse) akustisch lokalisiert wurde und der Vogel dann gezielt durch die Schneedecke bricht. Die gespreizten Flügel dienen dem Abbremsen und verhindern weiteres Einsinken. Die dabei entstehenden Spurbilder sehen **recht unterschiedlich** aus, sind oft auch überlagert, verwischt oder unklar, da sich die Eulen beim Beutefang häufig drehen und wenden. Diese Jagdmethode beherrschen Schleier- und Waldohreule, Uhu, Wald- und Habichtskauz. Die größeren Arten nutzen die Fangstellung auch bei der Überwältigung wehrhafter Beute.

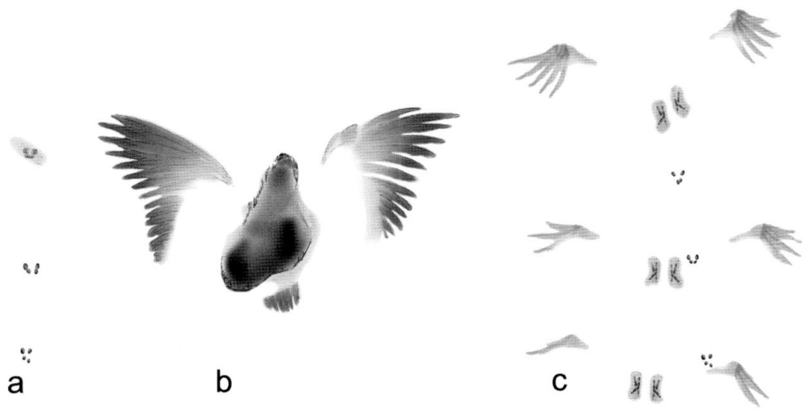

Beutefang von Eulen im Schnee: Abgreifen einer Maus (a), Fangstellung (= „Manteln") (b), Verfolgung einer Maus mittels Flattersprüngen (c).

Ähnliche Bilder können beim Schneebaden durch Raufuß- oder Sperlingskäuze entstehen.

- **Verfolgung mit Flattersprüngen (c):** Entkommt die Beute beim Erstversuch, so verfolgen sie Sumpfohreule, Uhu, Wald-, Habichts- Raufuß- und Steinkauz mit langen Sprüngen unter Zuhilfenahme der Flügel (= Flattersprünge). Oft sind diese Sprünge ein beidbeiniges Hüpfen, manchmal auch eine versetzte Bewegung im Sinne eines Hüpflaufes.

Fraßspuren

Eulen verschlingen, wenn anatomisch möglich, ihre Nahrung im Ganzen. Die Obergrenze liegt bei den meisten Arten in der Dimension von Feldmäusen. Größere Beute muss jedoch zuerst zerteilt werden, wobei Eulen immer am Kopf beginnen. Zwergohreule und Steinkauz entfernen bei Insekten zusätzlich Flügeldecken und andere harte Chitinteile, bevor sie diese fressen.

Nahrungsreste vom Uhu: Ein ausgehöhlter Igelbalg an einer „Rupfkanzel“ als regional typischer Beuterest für diese große Eule.

Kleinere Beute wird an Ort und Stelle konsumiert, sonst wird sie weggetragen und auf Ästen, in Höhlen oder an anderen geschützten Plätzen verzehrt. Nur Uhus nutzen dazu erhöhte Freiplätze, die als **„Rupfkanzeln“** (nach Mebs & Scherzinger) be-

Uhu schlägt Mäusebussard: Die große Beute wird nicht sofort weggetragen. An einer übersichtlichen, erhöhten Stelle wird der Bussard getötet und zugerichtet (links). Aufgrund des Tötungsbisses wehrt sich die Beute nicht, sodass kaum Großgefieder gerupft wird, lediglich kleine Federn. Der Bauchraum wird eröffnet und die Eingeweide verworfen. Sie verbleiben als „Girlande“ zurück (rechts).

zeichnet werden. Ein weiteres Spezifikum von Eulen ist das Anlegen von **Nahrungsdepots**, die bei Höhlenbrütern meist im Bereich der Höhlen liegen. Andere Arten deponieren auch am Boden, in Astgabeln oder Zweigen.
Größere Beutetiere werden von Eulen gerupft, wobei das Großgefieder oft nur teilweise entfernt wird. Häufig wird lediglich das Brustfleisch verzehrt, während Flügel und Brustkorb zurückgelassen werden — ein Verhalten, das allerdings auch beim Wanderfalken beobachtet wird. Zudem verschmähen Eulen häufig Innereien wie Darm und Magen sowie Köpfe, Schnäbel und Füße der Beute.
Für Spurenlesende verwertbare Fraßspuren sind:

- Beutereste an „Rupfkanzeln" oder anderen Fraßstellen. Das sind bei Uhus häufig **ausgeschälte Igelbälge**, bei kleineren Arten **Vogelköpfe** und vom Kopf **angeschnittene Kleinsäuger.** Typisch für größere Eulen sollen auch **„Girlanden"** (nach Mebs & Scherzinger) ausgerissener Eingeweidestränge sein. Auch Sperlings- und Steinkauz lassen meist den Darmtrakt zurück. Ansammlungen von Flügeldecken, Insektenbeinen und anderen **Chitinteilen** können auf Zwergohreulen oder Steinkäuze hindeuten. Allerdings zeigen das auch Kleinfalken, Rabenvögel und Würger.
- Nahrungsdepots von Eulen sind oft recht umfangreich, im Winter auch gefrorene Pakete. Doch sind diese außerhalb von Höhlen schwer zu finden. Auffällig sind allerdings die „Hygienemaßnahmen" vom **Sperlingskauz**, wenn dieser von Zeit zu Zeit seine Depots leert, die dann vor allem am Stammfuß seines Brutbaumes liegen. Tomas Hochebner berichtet, dass sowohl diese kleine Eule, aber auch der Steinkauz ihre Nahrungsdepots auch in Nistkästen anlegen.

Ausscheidungen

Betrachtet man die Ernährung, ist nicht verwunderlich, dass Ausscheidungen von Eulen einerseits aus weißen Harnsäuremassen mit geringem, dunklem Kotanteil, andererseits aus Gewöllen bestehen.

- **Urat (weiße Kleckse):** Diese Fraktion ist recht umfangreich und wird in Form von Klecksen (im Unterschied zu den länglichen Streifen der Greifvögel) ausgeschieden. Sitzen Eulen auf exponierten Warten, so rinnen allerdings die Kleckse streifenförmig ab. Das ist besonders bei Felsbrütern zu berücksichtigen. Ein oft zu beobachtender Unterschied zu anderen Vogelfamilien, die ebenfalls Uratkleckse ausscheiden (zum Beispiel Rabenvögel, Würger), ist die **Mehrlagigkeit** der Harnsäuremassen bei Eulen. Der

Exkremente der Waldohreule: Unter den Tageseinständen von Ästlingen finden sich große Ansammlungen weißer Kleckse. Viele davon liegen in mehreren Schichten.

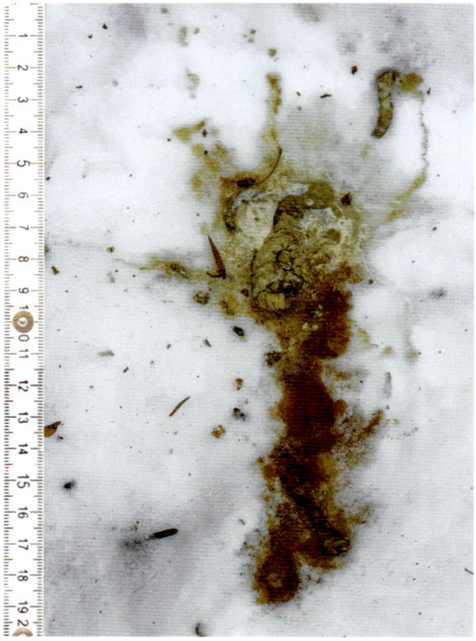

Blinddarmkot vom Waldkauz: Dieses senfartig gelbliche Exkrement ist überriechend. Es stammt aus den Blinddärmen und wird zumeist bei Beunruhigung ausgestoßen.

Speiballen und Exkremente einer Schleiereule: Gut zu sehen ist die typische Mehrlagigkeit der Uratschichten. Das Gewölle war längere Zeit dem Regen ausgesetzt. Die kennzeichnende Schleimschicht ist aufgelöst und die ursprünglich glatte, lackartige Oberfläche erscheint nun rau. Dadurch sind die sonst abgedeckten Knochenreste sichtbar. Erhalten geblieben ist die schwärzliche Farbe und die bauchig-plumpe Form, wobei der eine Pol rund ist, der andere (untere) zugespitzt.

dunkler gefärbte Kotanteil ist recht gering, da die überwiegende Menge an Unverdaulichem über Speiballen ausgeschieden wird.

- **Blinddarmkot**: Interessanterweise haben Eulen ausgeprägte Blinddärme. Dieser Umstand ist ein Atavismus, der darauf hinweist, dass in der Stammesgeschichte einstmalig Pflanzenfraß vorherrschte. Rezente (= „moderne") Eulen nutzen diese Kotfraktion zur Feindabwehr. Es handelt sich dabei um gelblichen übelriechenden „Senf".
- **Speiballen/Gewölle:** Eulengewölle stehen seit Langem im Interesse von Wissenschaft und Forschung, nicht zuletzt, weil die Knochenreste auch Aufschluss über die lokale Kleinsäuger-Fauna geben. Der Anspruch für Spurenlesende wäre, anhand der Gewölle die entsprechende Eulenart zu bestimmen. Dazu eingangs die Einschätzung von Mebs & Scherzinger, der sich viele erfahrene Freilandbeobachter anschließen werden: *„Die täglich ausgewürgten Gewölle variieren in Größe und Stückzahl, je nach Beutedichte, Beuteart, Hungerniveau und Jahreszeit. Für die Artbestimmung sind die Gewöllemaße daher nur innerhalb einer bestimmten, arttypischen Variationsbreite geeignet."* In diesem Zusammenhang ist auch zu bemerken, dass Gewölle von Käfigvögeln nur bedingt aussagekräftig sind. Besonders bei der (häufigen) Fütterung mit Stubenküken sind Farbe, Konsistenz und Oberfläche derart verändert, dass derlei Gewölle nur mehr wenige Ähnlichkeiten mit jenen aus dem Freiland aufweisen.

Beschäftigt man sich spurentechnisch mit Gewöllen, so sind folgende Kriterien zu beachten:

- **Fundort**: Wo wurde das Gewölle gefunden? Lag es einzeln oder zusammen mit vielen anderen? Gab es dort auch Uratkleckse? Massenfundorte deuten häufig auf Waldohreulen hin. In geschlossenen Waldgebieten sind Gewölle von Offenlandarten wie Schleier- und Sumpfohreule sowie Steinkauz nicht zu erwarten.
- **Dimension**: Wie bereits erwähnt, sind Längenangaben lediglich eine grobe Orientierung. Gewölle, die über 8 cm lang sind, stammen meist vom Uhu, nur selten erreichen auch solche vom Waldkauz diese Dimensionen. Ansonsten liegen beträchtliche Überschneidungen vor und der kleine Steinkauz kann unter Umständen größere Gewölle auswerfen als die deutlich schwerere Waldohreule.
- **Form**: Hier unterscheidet man schlanke Zylinder wie von der Waldohreule von plump-bauchigen Formen, wie sie die Schleiereule produziert . Bei geringen Beuteresten bleiben diese auch kugelig. Viele Gewölle sind an einem Ende rund, am anderen zipfelig ausgezogen. Besonders Waldkauz und Uhu können auch bizarre Formen produzieren, wenn an einem Ende ganze Vogelflügel oder Hasenbeine hervor ugen. Es ist zu bedenken, dass sich durch Wettereinflüsse Formen verändern können. Nach Starkregen oder Schneelage können sich ursprünglich zylindrische Gewölle zu unförmigen Klumpen verformen. Das kann auch die Dimension (besonders den Durchmesser) verändern.
- **Oberfläche, Farbe, Textur:** Die Beschaffenheit der Oberfläche bietet eine gute Unterscheidungsmöglichkeit zwischen Schleiereulen und den „Ohreulen und Käuzen". Die Schleimauflage der Schleiereulen verleiht deren Gewöllen eine glänzendschwarze, lackartige Oberfläche, die den anderen Eulen fehlt. Dadurch sind auch nur wenige Knochen bereits oberflächlich erkennbar. Einschränkungen liefert der Alterungsprozess. Sind diese Gewölle lange Sonne und Regen ausgesetzt, zersetzt sich die Schleimschicht und die Farbe wird heller, die Oberfläche weniger glatt. Eine besonders starke Veränderung passiert durch Pelzmotten, welche die Haare fressen und die Gewölle erst flauschig erscheinen lassen, bis sie schließlich ganz zerfallen. Farben sind einerseits von der Ernährung abhängig, aber ganz stark vom Feuchtigkeitsgehalt. So sehen im Regen auch die eigentlich grauen Gewölle von Waldohreulen glänzend schwarz aus. Es ist daher empfehlenswert, die Farbe nur im trockenen Zustand zu beurteilen. Auch die Textur – hier im Sine einer glatten oder rauen Oberfläche – unterliegt ähnlichen Einflüssen.
- **Inhalt:** Hier kann man die Knochentypen und deren Beschaffenheit betrachten. Sehr große Arten wie Eichhörnchen, Kaninchen, aber auch schon Wanderratten werden in der Regel nur von großen Eulen (Uhu, Habichtskauz) erbeutet. Der Uhu kann auch stärkere Knochen brechen, Waldkäuze eher nicht. Bei vielen Eulen bleiben Mausknochen unversehrt, während Zwergohreule und Sperlingskauz diese bereits bei der Aufnahme zu kleinen Fragmenten zerbeißen. Federn finden sich vermehrt bei Uhu, Wald- und Sperlingskauz. Insektenteile sind bei Zwergohreule und Steinkauz, nicht hingegen beim Raufußkauz zu erwarten. Erdanteile, Steinchen

und Pflanzenfasern können nach dem Fressen von Regenwürmern bei Wald- und Steinkauz auftreten. Und schließlich noch ein Alleinstellungsmerkmal: Igelstacheln finden sich nur in Gewöllen von Uhus.

Eulengewölle: Fundorte, Dimensionen, Form, Oberfläche und Inhalt (nach G. v. Blotzheim & Bauer, Mebs & Scherzinger und eigenen Daten).

Art	Fundort	Länge und Durchmesser (cm)	Form	Oberfläche	Inhalt
Schleiereule	Am Nest und Ruheplatz, siedlungsnah (Kirchtürme, Scheunen ...)	5,1 (3,5–6,9) 2,5 (1,7–3,5)	Plump-bauchig bis birnenförmig, ein Pol rund, der andere oft zipfelig	Schwarz glänzend, mit Schleimüberzug, wenige Knochen oberflächlich sichtbar	Haare, ganze Röhrenknochen, höherer Knochenanteil als bei anderen Eulen
Zwergohreule	Am Tageseinstand	2,8 (2,0–3,7) 1,3 (1,0–1,7)	Kugelig	Leicht zerfallend	Insektenreste, Haare, kleine Knochenteile
Waldohreule	Massenfunde unter Brutbäumen und an Winterschlafplätzen	4,1 (2,0–7,3) 2,1 (1,7–2,7)	Zylindrisch bis rundlich, ein Pol stumpf, der andere zugespitzt	Grau, weniger kompakt als bei Schleiereule, viele Knochenstücke oberflächlich sichtbar	Haare, ganze Schädel und Mäuseknochen.
Sumpfohreule	An Neststandorten oder einzeln im Jagdgebiet	4,7 (3,0–7,5) 2,2 (1,8–2,8)	Zylindrisch, ein Pol stumpf, der andere zugespitzt		Haare, Schädel und Knochen (Kleinnager)
Uhu	An „Rupfungskanzeln“, unter Einstandbäumen	9,5 (4,4–20) 3,6 (1,9–4,6)	Zylindrisch bis unregelmäßig	Kompakt bis raue Oberfläche	Haare, große Knochenfragmente, Flügel, Beine, Igelstacheln
Waldkauz	Einzelfunde im Wald, Parkanlagen, Gebäuden	5,3 (3,0–8,0 (11,5)) 2,2 (1,5–3,0)	Zylindrisch bis bauchig, Pole stumpf oder leicht spitz	Grau, kompakt bis pulvrig zerbröselnd, Haare oft filzig verwoben	Haare, kleinere Knochenteile Federn, Pflanzenreste und Erde (Regenwürmer)
Habichtskauz	Verstreut, schwer zu finden	Größer als beim Waldkauz?	Ähnlich Waldkauz		Ähnlich Waldkauz

Fortsetzung: Eulengewölle: Fundorte, Dimensionen, Form, Oberfläche und Inhalt (nach G. v. Blotzheim & Bauer, Mebs & Scherzinger und eigenen Daten).

Art	Fundort	Länge und Durchmesser (cm)	Form	Oberfläche	Inhalt
Raufußkauz	Außerhalb der Höhle, verstreut im Nadelwald	2,7 (1,8–4,0) 1,4 (1,1–2,1)	Rundlich bis eiförmig, Pole abgerundet	Kompakt, hellgrau	Haare und Knochen von Kleinsäugern, keine Insektenreste
Steinkauz	Im Bereich der Bruthöhle, auch gehäuft, im Winter auch in Gebäuden	3,6 (2,1–5,2) 1,7 (1,0–1,9)	Zylindrisch, runde Pole (selten zugespitzt)	Grau, kompakt bis zerfallend (Chitin)	Haare und unzerbrochene Knochen von Kleinsäugern, Insektenteile
Sperlingskauz	Im Bereich der Bruthöhle	2,9 (1,1–4,5) 1,3 (0,8–1,8)	Zylindrisch, Pole rund		Haare, fein zerbissene Knochenteile, Federn

Findet man Gewölle im Freiland so sehen diese, jenseits aller theoretischen Betrachtungen, frustrierend ähnlich aus (s. Abbildung S. 256).

- Das große Uhu-Gewölle **(d)** fällt natürlich auf, nicht nur wegen der absoluten Dimension, sondern auch wegen der dicken Röhrenknochen, die teilweise zerbissen sind.
- Die Längen der anderen Arten schwanken beträchtlich und Gewölle vom Steinkauz **(b)** sind meist nicht wesentlich kleiner als jene von Schleier- und Waldohreule **(c).**
- Bei Formenbetrachtung fällt die bauchige Birnenform der Schleiereule **(a)** auf, im Gegensatz zu den Zylindern der anderen Arten, wobei diese bei Nahrungsmangel auch kugelförmige Gebilde abgeben können.
- Bei Farben und Texturen sind immer Alterungsprozesse zu berücksichtigen. Während die beiden linken Gewölle der Schleiereule **(a)** noch schwarz glänzen, hat beim rechten eine Zersetzung durch Pelzmotten bereits begonnen. Die oberflächliche Haarschicht wird durch den Raupenfraß filzig-aufgelockert und heller.
- Bereits oberflächlich kann man meist auf Inhalte schließen. Oft sind es Knochen oder Insektenteile wie beim eiförmigen Gewöll vom Steinkauz **(b, unten rechts).**
- Gewölle von Steinkauz und Waldohreule haben bereits primär eine rauere Oberfläche als jene der Schleiereule. Das erleichtert das Eindringen von Regenwasser und somit löst sich mit der Zeit die Form auf und es verbleiben Haarbüschel und einzelne Knochen wie bei **(c)** im rechten Bildbereich.

Gewölle von Eulen: Schleiereule (a), Steinkauz, leg. Thomas Hochebner (b), Waldohreule (c), Uhu (d).

Tauben

Die Trittsiegel von Tauben lassen sich mit etwas Übung leicht entdecken und identifizieren. Diese Vögel suchen regelmäßig Pfützenränder oder kleine Gewässer zum Trinken auf. Besonders häufig stößt man auf die Spuren von Stadt- und Türkentauben, die beide in menschlicher Umgebung leben. Auch die Ringeltaube, einst ein scheuer Waldvogel, entwickelt sich zunehmend zu einer selbstbewussten Kulturfolgerin.

Fußmorphologie und Trittsiegel

Ringeltaube:

oben: Fuß seitlich.

rechts: linker Fuß, Unterseite.

rechts unten: rechtes Trittsiegel (idealisierte Zeichnung).

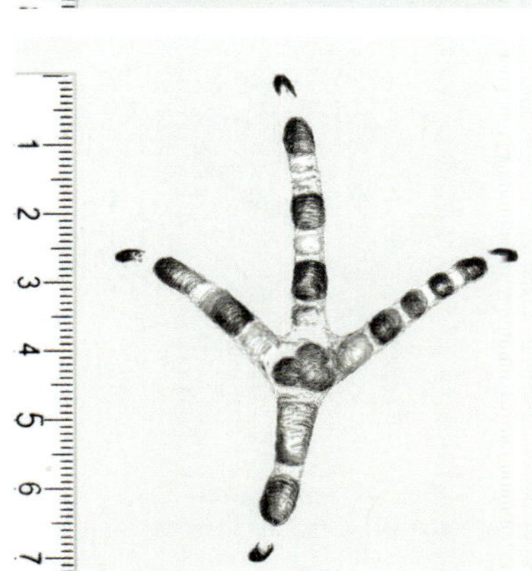

Taubenfüße zeigen auffallende Merkmale:

- Grundtypus: Klassischer Vogelfuß.
- Die Zehen sind kräftig und **„in alle Richtungen“** gebogen. Die **Hinterzehe ist kurz**.
- Dimension: TSL 7,0 (6,4 bis 7,4) cm für die Ringeltaube, die zuerst vorgestellt wird.
- Dimensionen für alle Tauben: TSL von 4,1 cm bei kleinen Turteltauben bis 7,4 cm bei der Ringeltaube.

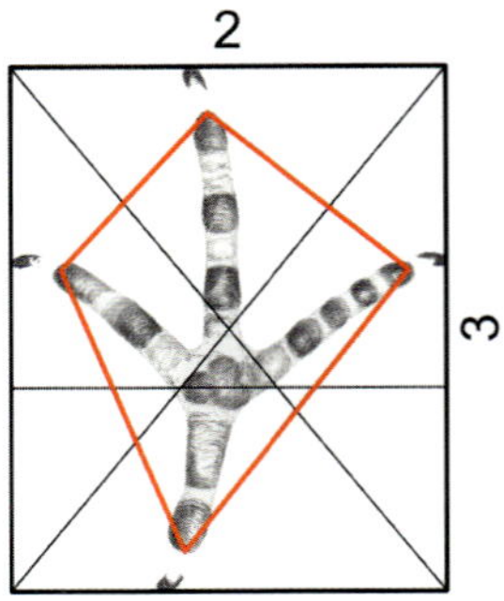

Ringeltaube: Umrisslinien, geometrische Mitte (Diagonalenschnittpunkt) und Ansatzlinie der Vorderzehen.

Ringeltaube: Schablone.

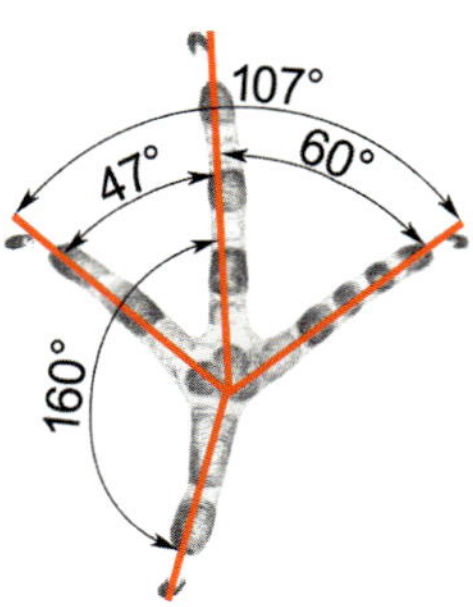

Ringeltaube: Öffnungswinkel. Zehenachsen (rot), Gradangaben der Winkel.

Umrisse und Proportionen

Der Umriss entspricht einem **breiten Rechteck** (Seitenverhältnis 3:2). Das Deltoid (rote Linie) entlang der Zehenspitzen ist fast symmetrisch (vgl. Achsen und Winkel). Die **Ansatzlinie der Vorderzehen** liegt **deutlich hinter der geometrischen Mitte,** bedingt durch die kurze Hinterzehe.

Schablone

Joscha Grolms beschreibt die Ringeltaube in seinen Kursen als einen „wankelmütigen" Vogel, bei dem *„jede Zehe in eine andere Richtung zeigt"*. Diese treffende Beschreibung bringt es auf den Punkt: Die charakteristische Zehenstellung, kombiniert mit den kräftigen Abdrücken, schafft eine markante Schablone, die sich deutlich von allen anderen Vogelfamilien abhebt.

Achsen und Winkel

Der **Öffnungswinkel** der Vorderzehen ist **groß** und beträgt zumeist **über 100°**. Von den Teilwinkeln ist der Winkel zwischen Innenzehe und Mittelzehe meist etwas kleiner als jener zwischen Mittel- und Außenzehe. Die Unterschiede sind jedoch gering und insgesamt wirkt das Trittsiegel **symmetrisch**.
Der **Hallux** (Hinterzehe) ist durchschnittlich 160° gegenüber der Fußachse nach **innen gewinkelt**.

Ballenmuster und Krallen.

Alle Zehen sind **kräftig** und **gebogen**. Die **Hinterzehe** (1) ist **auffällig kurz** und deren Länge beträgt durchschnittlich nur ein Drittel der TSL. Die Mittelzehe ist am längsten, dann folgen die Außen- und Innenzehe. Die Längendifferenzen sind allerdings gering.
Die **Ballenmuster** sind **auffällig** und bilden meist eine fortlaufende **Reihe würfelförmiger Abdrücke** innerhalb parallelrandiger Zehenkonturen. Dabei sind jene Ballen am deutlichsten (rosa unterlegt), die unter den Zehengelenken (bei Zehe 2 und 3) oder an den Zehengliedern (Zehen 1 und 4) liegen).
Da die **Hinterzehe** (1) relativ hoch am Lauf ansetzt, hinterlässt das proximale Zehenglied manchmal keinen Abdruck.

Die **Krallen** sind relativ lang, stumpf und schwach gekrümmt. In Trittsiegeln erscheinen sie meist als **abgesetzte Punkte**, die etwas tiefer eindrücken als die Fußebene.
Tauben drücken „plattfüßig" am Boden ab. Deshalb ist auch der **großflächige Metatarsalballen fast immer** zu sehen. Bei detaillierten Abdrücken erscheint dieser dreikugelig.

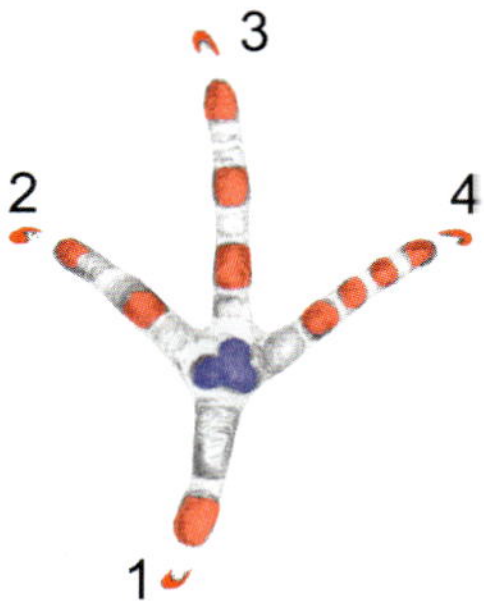

Ringeltaube: Ballenmuster und Krallen. Zehenballen (rosa), Krallen (rot), Metatarsalballen (blau).

Realitätsprüfung

Die drei Bilder unten zeigen unverkennbar Trittsiegel von Tauben:

- In allen Abbildungen erkennt man ein breites Trittsiegel mit den kräftigen Zehen.
- Die meisten **Zehen sind in verschiedene Richtungen gebogen**, am wenigsten noch die Außenzehe.
- Der **Hallux ist relativ kurz**.
- Im Sand und Schnee (b und c) sind die Ballenmuster gut erkennbar, weniger im Schlamm (a).
- Besonders im Sand (b) zeigen sich die abgesetzten, stumpfen Krallen.
- Die Füße drücken ganzflächig ab, selbst im härteren Sand besteht keine Lücke (Negativraum) im Bereich des Metatarsalballens.

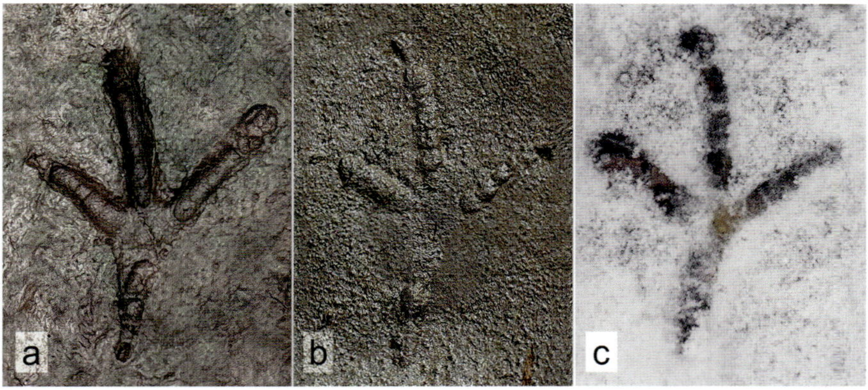

Ringeltaube: Drei rechte Trittsiegel aus dem Freiland, im Schlamm (a), Sand (b) und im Schnee (c).

Verwechslungsmöglichkeiten

Deutlich abgedrückte Trittsiegel sind in der Regel eindeutig zuzuordnen. Doch bei unscharfen oder unvollständigen Spuren kommt es immer wieder zu Fehleinschätzungen.

- **Falken**. Trittsiegel von Turmfalken und Ringeltauben können überraschend ähnlich aussehen, da auch die Zehen von Falken sehr biegsam sind. Allerdings haben sie längere Krallen, geradere Zehen und ein knotiges Ballenmuster, wobei die Innen- und Mittelzehen oft angenähert und parallel stehen („hugging toe").
- **Rabenvögel** haben ebenfalls dicke Zehen und deutliche Ballenmuster. Unvollständige Abdrücke, beispielsweise im Schnee, können verwechselt werden, insbesondere wenn der deutlich längere Hallux von Rabenvögeln nicht auffällt.
- **Hühnervögel, große Watvögel.** Wenn der Hallux unscharf abgebildet ist, kann dies zu Verwechslungen mit einem anderen Grundtypus führen, den „Füßen mit reduziertem Hallux".

Artengarnitur

Tauben bilden in den gemäßigten Breiten Europas eine artenarme Familie, aus der einige Mitglieder jedoch überaus zahlreich sein können. Am sichtbarsten ist die sogenannte Stadttaube, eine verwilderte Zuchtform der Felsentaube. Diese brütet meist nur mehr an Küstenfelsen im Süden, während ihre Abkömmlinge vor allem in Städten große Kolonien bilden. Auch Brieftauben und andere Haustauben gehen größtenteils auf die Felsentaube zurück. Weitere menschennah lebende Taubenarten sind die Türkentaube sowie zunehmend die Ringeltaube, deren Verbreitungsgebiet sich aktuell erweitert.
Im Winter können Stadttauben – die in diesem Zusammenhang als „Feldflüchter" bezeichnet werden – zusammen mit Ringel- und Hohltauben große Schwärme bilden, die im Agrarland auf Nahrungssuche sind. Die meisten Taubenarten sind das ganze Jahr über bei uns anzutreffen, mit Ausnahme der Turteltaube, die in Afrika überwintert.

Tauben: Arten und spurenrelevante Informationen.

Art	Wann?	Wo?
Felsentaube	Ganzjährig	Im Süden an Felswänden (oft an Steilküsten)
Stadt-, Brief- und Haustaube	Ganzjährig	Synanthrop
Hohltaube	Ganzjährig, im Nordosten Zugvogel	Brütet in höhlenreichen Altbaumbeständen, im Winter in der Feldflur
Ringeltaube	Ganzjährig	Wälder, zunehmend auch im Siedlungsbereich; Nahrungssuche auf Feldern in großen Trupps
Türkentaube	Ganzjährig	Überwiegend im Siedlungsbereich
Turteltaube	April bis September	Seltener werdend, an Waldrändern, in Offenlandschaften mit Hecken und Baumgruppen

Maße, Variationsbreite und Unterscheidungen

Maßtabellen

Trittsiegelmaße von Tauben (siehe auch Abkürzungsverzeichnis).

Art	TSL (cm)	TSB (cm)	Z1 (cm)	Z1^{oK} (cm)	Z3 (cm)	Z3^{oK} (cm)
Felsentaube	5,7 (5,0–6,2)	4,3 (2,9–5,8)	1,9 (1,5–2,1)	1,4 (1,1–1,5)	3,3 (2,9–3,7)	2,9 (2,6–3,1)
Stadt-, Brief- und Haustaube	Erreichen Maße wie die Felsentaube (als Stammform). Bestimmte Haustauben-Rassen können deutlich größer sein (zum Beispiel TSL über 8 cm).					
Hohltaube	5,4 (5,2–5,5)	4,4 (4,1–4,6)	1,8 (1,1–1,9)	1,4 (1,1–1,7)	3,0 (2,9–3,1)	2,5 (2,3–2,3)
Ringeltaube	7,0 (6,4–7,4)	5,6 (4,4–6,3)	2,3 (2,0–2,6)	1,8 (1,4–2,2)	3,9 (3,5–4,2)	3,3 (2,8–3,7)
Türkentaube	5,0 (4,5–5,4)	3,6 (2,5–4,9)	1,8 (1,5–1,9)	1,3 (1,0–1,5)	2,7 (2,5–3,0)	2,3 (2,0–2,5)
Turteltaube	4,4 (4,1–4,6)	3,5 (3,4–3,7)	1,5 (1,4–1,5)	1,1 (1,0–1,1)	2,5 (2,4–2,6)	2,1 (2,0–2,3)

Die kleine Turteltaube kann aufgrund der Maße recht zuverlässig abgegrenzt werden. Am anderen Ende des Größenspektrums trifft das auch für die Ringeltaube zu, die höchstens mit großen Haustauben verwechselt werden kann. Hohltauben und feldflüchtende Stadttauben sind größenmäßig nicht zu trennen.

Morphologische Unterschiede

Eindeutige morphologische Unterschiede, die zur Artbestimmung herangezogen werden könnten, sind nicht erkennbar. Bei einigen Freilandbeobachtungen von **Türken- und Turteltauben** hat man jedoch den Eindruck, dass deren **Zehen weniger stark gebogen** sind und ihre Zehenstellung etwas **enger** erscheint als bei der Ringeltaube. Bei domestizierten Tauben sind manchmal Deformationen der Zehen oder verbogene Krallen zu beobachten.

Gangarten und Spurbilder

Tauben sind häufig am Boden anzutreffen und hinterlassen dabei oft längere Spurensequenzen mit kleinen SL und gewundenem Verlauf. Gehen ist die (nahezu) ausschließliche Gangart bei Tauben, allerdings zeigen sich dabei einige Variationen:

- **Undulierendes Gehen (a):** Charakteristisch für diese Gangart sind kurze Schrittlängen (SL) bei gleichzeitig großen Spurbreiten (SB), wobei die Vorwärtsbewegung in einer Schlangenlinie verläuft. Dieses Muster wird zusätzlich durch die stark nach innen gebogenen Fußachsen betont. Vor allem Ringeltauben nutzen

Diese längere Spurensequenz einer Ringeltaube lässt sich nur schwer interpretieren. Der Grund für die Streckenführung ist nicht immer nachvollziehbar. Die kurzen Schritte und die schlangenförmigen Linien wirken, aus menschlicher Sicht, wie ein zielloses Schlendern.

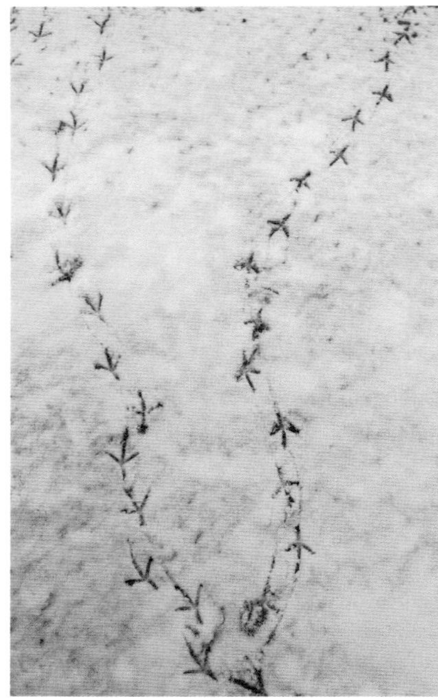

diese Gangart.

- **Geradliniges Gehen (b):** Oft sind es die kleineren Arten, die sich mit größeren SL zielgerichtet bewegen. Dabei wird die SB schmal und auch die Form der TS verändert sich. Meist sind diese weniger breit und die Zehen stehen gerader.
- **Schleifmarken (c):** Aufgrund ihrer kurzen Tarsen bewegen sich Taubenfüße sehr bodennah. In weichen Böden hinterlassen sie daher oft sichtbare Schleifmarken. Besonders bei kurzen Schrittlängen (SL) kann die gesamte Spurgruppe wie ein durchgehendes Band wirken.
- **Hüpfen:** Diese Gangart wird bei der Überwindung kleiner Hindernisse oder Hö-

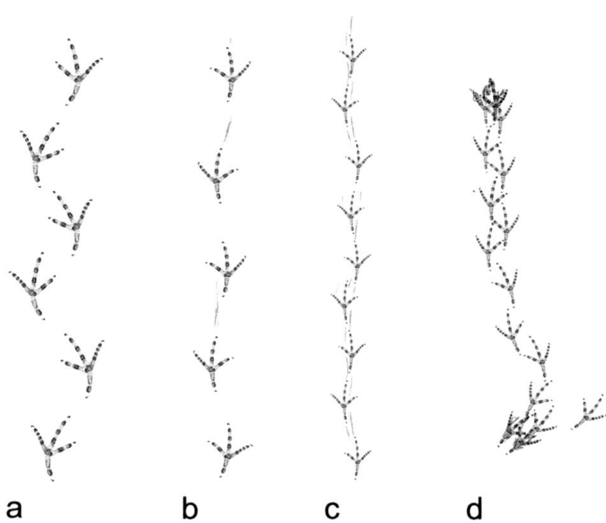

Typische Spurbilder von gehenden Tauben. Ringeltaube undulierend, mit kleinen SL (a), Straßentaube geradlinig, zielgerichtet (b), Turteltaube mit kleinen SL und Schleifmarken (c), Spursequenz einer Türkentaube mit Landung und Abflug (d).

hendifferenzen genutzt. Eine andere Gelegenheit für diese Art der Fortbewegung besteht während der Balz.

- **Landung, Stopps und Abflug:** Trittsiegel bei der Landung und auch beim **Abflug (d)** sind meist deutlicher abgedrückt und auffälliger. Immer wieder kann man beobachten, dass viele Vögel nach der Landung nicht geradlinig weitergehen, sondern einen scharfen Knick beschreiben.

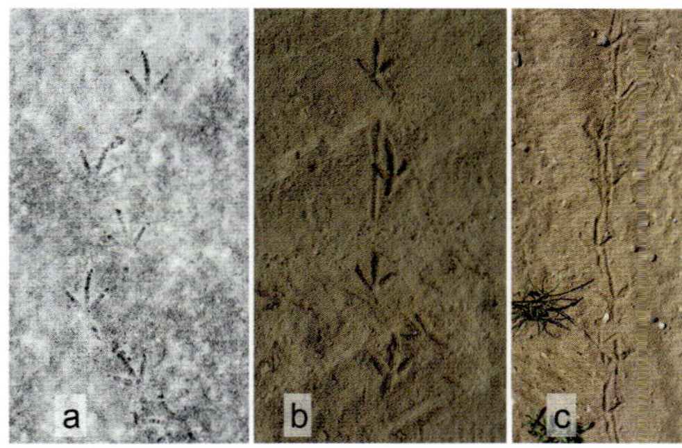

Spurbilder von Tauben aus dem Freiland: Undulierendes Gehen bei einer Ringeltaube (a), geradliniges Gehen bei einer Straßentaube (b), geradliniges Gehen und Schleifmarken bei einer Turteltaube (c).

Das Spurbild der **Ringeltaube (a)** auf einer dünnen Pulverschneeschicht wirkt leicht unscharf, dennoch sind die charakteristische Schlangenlinie, die kurzen Schrittlängen (SL), die große Spurbreite (SB) sowie die Einwärtsbiegung der Fußachse gut erkennbar.

Die TS der **Straßentaube (b)** sehen aufgrund der Schmalheit und der geradlinigen Zehen etwas untypisch aus. Kennzeichnend bleibt jedoch der kurze Hallux. Die SL ist bei dieser Gangart relativ lang und die SB schmaler.

Von der Fußmorphologie her ähnlich ist auch die **Turteltaube (c).** Die kurzen Schritte und die dazwischen liegenden Schleifmarken formen eine ununterbrochene Linie, ein Spurbild, das typisch für diese Art ist (selten zeigen das aber auch Türkentauben).

Maße für die Gangarten

Maße von Gangarten der Tauben (siehe auch Abkürzungsverzeichnis).

Art	SL (cm)	SB (cm)
Stadt-, Brief- und Haustaube	15 (9–31)	6 (5–8)
Ringeltaube	19 (6–35)	8 6–9)
Türkentaube	13 (4–24)	5 (3–7)
Turteltaube	11 (7–23)	4 (3–6)

Die Längen für die einzelnen Arten unterscheiden sich unwesentlich, zumal die kleineren Arten öfter relativ längere Schritte machen.

Zeichen

Ruhe- und Schlafplätze

Ruheplätze befinden sich meist erhöht in Bäumen oder an Gebäuden, wo Tauben außerhalb der Brutzeit gemeinschaftlich schlafen oder zwischen Fressphasen ruhen und verdauen.

Schlafplatz von Stadttauben über einem Gehweg. Exkremente und Federn kennzeichnen dieses Areal. Durch die veränderte Ernährung in Städten werden die Exkremente flüssig, ungeformt und zeigen einen hohen Weißanteil.

Die Vögel sind standorttreu und bilden im Winter große Gruppen. Typische Merkmale sind die oft umfangreichen Kotansammlungen, insbesondere von Stadttauben.

Nahrungserwerb, Grit und Trinken

Alle Taubenarten suchen ihre Nahrung überwiegend am Boden und kehren dabei immer wieder zu bevorzugten Stellen zurück, die sie langfristig nutzen. Gemischte Schwärme nahrungssuchender Tauben hinterlassen besonders bei flacher Schneedecke ausgedehnte Spurenteppiche. Eine genauere Analyse dieser Spurgruppen lässt weitere Rückschlüsse zu: Kurze Schrittlängen zeigen ein reichhaltiges Nahrungsangebot, während größere Schrittlängen darauf hindeuten, dass die Nahrungspartikel weiter verstreut sind und die Vögel längere Distanzen zurücklegen müssen.

Auch auf offenen Sand- und Erdflächen finden sich häufig Spuren. Tauben nehmen regelmäßig Steinchen (**Grit**) auf, die im Muskelmagen als „Zahnersatz“ dienen. Welchen Nutzen das Fressen kleiner Schneckenhäuser und von Erde bringt, wird diskutiert.

Tauben trinken regelmäßig, meist öfters am Tag, ein typisches Verhalten aller Körnerfresser. Tränken sollen flachrandig sein und freie Sicht ermöglichen. Die Vögel landen dabei etwas entfernt vom Wasser und trippeln dann einige Meter, um schließlich zu trinken. Dieses Verhalten lässt sich häufig anhand der Spurbilder nachvollziehen.

Ernährung und Fraßspuren

Tauben sind überwiegend Vegetarier und fressen Samen von Gräsern und Kräutern, auch grüne Pflanzenteile und im Winter zusätzlich Diasporen („Samen“) von Bäumen. Zur Beerenreife werden diese besonders von der Ringeltaube intensiv genutzt. Im unterschiedlichen Ausmaß fressen Tauben Getreide und Feldfrüchte, vor allem die Reste nach der Ernte. Bei Haus-, Ringel- und Türkentauben stellen menschliche Abfälle oder Fütterungen einen wesentlichen Anteil der Ernährung. Reichlich Nahrung bietet auch die Umgebung von Getreidesilos.

Tauben schlucken auch größere Nahrungsteile überwiegend im Ganzen. Fraßspuren sind daher selten. In der Literatur (zum Beispiel G. v. Blotzheim & Bauer) finden sich trotzdem zwei Beispiele:

- Ringeltauben können mit ihren Flügeln Getreidehalme niederdrücken, um die Ähren besser zu erreichen. Auf derlei Zeichen könnte man im Freiland achten.

- *„Unter der Oberfläche (Erde, Laub) liegende Objekte werden von allen westpaläarktischen Columbiden* (Anm. des Autors: Taubenfamilie) *durch seitliche Schnabelwischbewegungen freigelegt. Dabei können tiefere Gruben entstehen“.* Diese Beobachtungen warten noch auf spurentechnische Bestätigung und es stellt sich die Frage, inwieweit sich diese von ähnlichen Aktivitäten der Drosseln oder Rabenvögel unterscheiden lassen.

Ausscheidungen

Die Exkremente von Körnerfressern sind in der Regel voluminöser als die von Vögeln mit überwiegend tierischer Ernährung und wirken manchmal größer, als man es für die Vogelart erwarten würde. Klassische Taubenexkremente bestehen aus langen, dünnen Zylindern, die ringförmig angeordnet sind und als **„Kringel“** beschrieben werden können. Dieser Typus ist meist relativ trocken und enthält nur einen geringen Anteil an weißer Harnsäure (Urat).

Mit der zunehmenden Verstädterung bestimmter Taubenarten ändern sich deren Ernährungsgewohnheiten, was zu flüssigeren, formloseren Exkrementen mit einem höheren Uratanteil führt.

Tauben haben verkümmerte Blinddärme. Bilddarmlosung wie bei anderen Vegetariern (zum Beispiel Hühner und Gänsevögel) ist dadurch auszuschließen. Auch Speiballen werden nicht gebildet.

Die Dimensionen der Exkremente hängen stark von der Ernährung der Tauben ab, sodass Größenunterschiede nicht zur Unterscheidung von Taubenarten geeignet sind. Stattdessen geben Farbe, Form und der Weißanteil des Kots Hinweise auf die zuvor konsumierte Nahrung. So lassen sich beispielsweise **Pflanzenreste (b)**, unverdautes **Getreide (a)** oder Beerenhäute in den Kotanteilen erkennen. Besonders auffällig sind **violette oder blaue Verfärbungen**, die auf den Verzehr bestimmter Beeren wie Efeu, Holunder oder Liguster hinweisen **(c).** Exkremente von **brütenden Taubendamen** können zudem besonders groß ausfallen **(d).**

Vielgestaltigkeit von Taubenexkrementen. Die beiden oberen Reihen zeigen Variationen der „Kringel“-Form, unten amorphe Beispiele.

Exkremente von Tauben aus dem Freiland. Typische Form nach (eiweißreicher) Körnernahrung (a), eiweißarmer Grünkost (b), Beerennahrung (c). „Brutlosung“ nach Beerenernährung ist massig (d).

Spechte

Viele Vogelbeobachter sind von Spechten begeistert. Groß, bunt, laut und meist gut zu beobachten – welch eine Freude. Auch Spuren dieser Baumbewohner sind häufig zu finden, vor allem in Form von Fraßspuren und Höhlen, und es ist faszinierend, wie viel davon wir bei jedem Waldspaziergang entdecken können. Deutlich seltener stößt man hingegen auf Trittsiegel.

Fußmorphologie und Trittsiegel

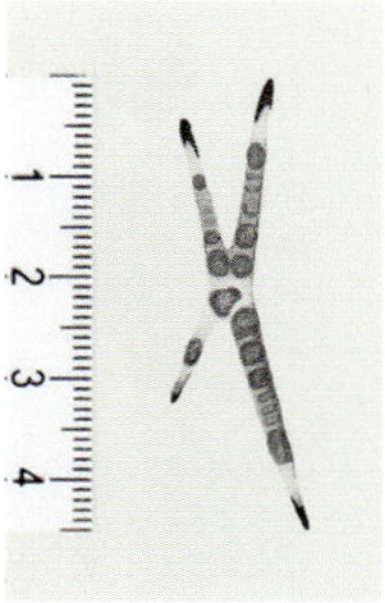

Buntspecht:
oben: Fuß seitlich.
links: linker Fuß, Unterseite.
rechts: rechtes Trittsiegel (idealisierte Zeichnung).

Füße von Spechten zeigen folgende Merkmale:

- Grundtypus: Zygomorpher Fuß.
- Dimension: TSL 3,3 cm bis 7,6 cm (für alle hier vorgestellten Arten).
- Bei Bodenkontakt ist der Fuß **länglich und schmal.**
- Die **Mittelzehe** und die meist nach hinten gerichteten **Außenzehe** sind **deutlich länger** als die **Innenzehe**. Die **Hinterzehe** ist sehr **kurz**.
- Die **Zehenballen im Bereich der Fußmitte** sind **ausgeprägt**.
- Die ersten Glieder von Mittel- und Innenzehe sind verwachsen, die **beiden proximalen Ballen** stehen somit im **engen Kontakt.** Das ist ein **kennzeichnendes Merkmal** von Spechtfüßen.
- Der **Metatarsalballen** ist **dreieckig**.
- Die **Krallen** sind lang, kräftig, spitz und **stark gekrümmt**. Sie überragen die Ebene der Zehenballen deutlich.

Folgende Beschreibungen beziehen sich zuerst auf den Buntspecht, einen typischen Vertreter dieser Familie.

Umrisse und Proportionen

Der Umriss entspricht einem schmalen **Rechteck** im Seitenverhältnis von etwa **3:1**. Die Ansatzlinie der Vorderzehen liegt knapp vor der Fußmitte. Bei zygomorphen Füßen entspricht die Umrisslinie entlang der Zehenspitzen nicht einem Deltoid, sondern einem **Trapez**, das stark verzerrt ist.

Schablone

Während die ebenfalls zygomorphen Füße von Eulen eine „K"-Form bilden, haben Spechte eine **„X"-förmige** Schablone. Die **dominierende Achse** verläuft entlang der **Außenkante** mit Mittel- und Außenzehe – ein wesentlicher Unterschied zu Eulen.

Achsen und Winkel

Die hier beschriebenen Winkel beziehen sich auf die Trittsiegel, die am Boden hinterlassen werden. Spuren an Bäumen weisen in der Regel unterschiedliche Zehenstellungen auf, die später noch erläutert werden. Die Winkel zwischen Innen- und Mittelzehe sowie zwischen Hinter- und Außenzehe sind relativ eng (30 bis 45°), wobei letzterer etwas breiter ist. Weit geöffnete Winkel finden sich zwischen Hinter- und Innenzehe sowie zwischen Mittel- und Außenzehe (135 bis 150°). Dabei ist der äußere Winkel größer und diese beiden Zehen können fast in einer Linie stehen mit einem Winkel von nahezu 180°.

Ballenmuster, Negativräume und Krallen

Der Fuß drückt zumeist **ganzflächig** auf. Da die stark vorspringenden Krallen meist in den Untergrund drücken, kommen auch die Zehenballen mit dem Boden in Kontakt.
Mittel- und Außenzehe sind kräftiger und meist **vollflächig** abgedrückt. Bereits bei der Innenzehe zeigen sich Negativräume, während die **Hinterzehe** oft **unvollständig** abdrückt, manchmal fehlt.
Die **Ballenmuster** sind annähernd quadratisch und bilden insbesondere an der Mittel-

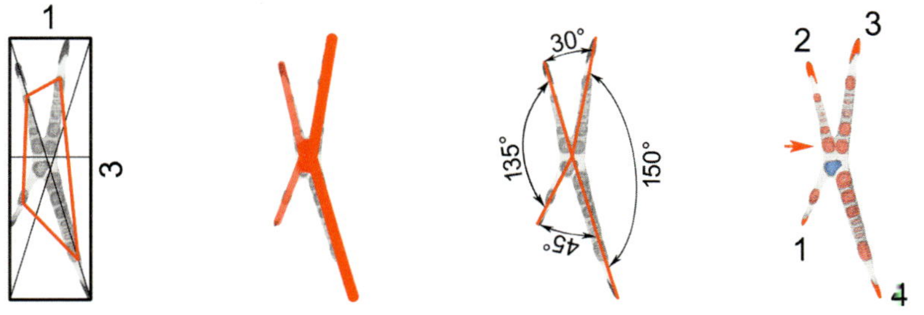

Buntspecht:
links: Umrisslinien, geometrische Mitte (Diagonalenschnittpunkt), Ansatzlinie der Vorderzehen
Mitte links: Schablone.
Mitte rechts: Öffnungswinkel. Zehenachsen (rot), Gradangaben der Winkel.
rechts: Ballenmuster (Zehenballen rosa, parallele Ballen roter Pfeil, Metatarsalballen blau und Krallen rot).

und Außenzehe eine durchgehende Reihe. Die Zehenkanten sind parallelrandig.
Ein auffälliges Merkmal für Spechte sind die beiden **verbundenen, proximalen Ballen** der Innen- und Mittelzehe (roter Pfeil).
Der **Metatarsalballen** ist dreieckig und häufig abgedrückt.
Die **Krallen** sind lang, spitz und stark gekrümmt. Sie sind deutlich **tiefer abgedrückt** als die jeweiligen Zehenendballen.

Realitätsprüfung

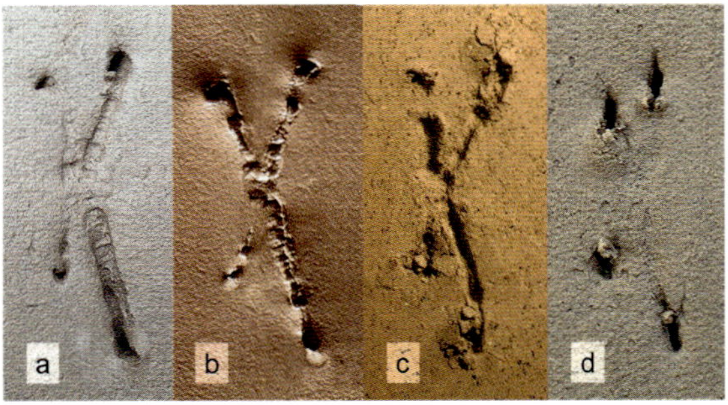

Buntspecht: Vier rechte Trittsiegel in verschiedenen Untergründen. Feuchter Lehm (a und b), Lockersubstrat (c) und harter Boden (d).

Trittsiegel von Spechten sind leicht zu erkennen, da fast immer die charakteristische „X"-Form erhalten bleibt, selbst wenn sich die Spurgründe ändern.

- Trittsiegel von Spechten sind **schmal und länglich**.
- Die **Ballenreihe** ist in weichen Böden (a und b) gut erkennbar, auffällig besonders an den Mittel- und Außenzehen. Im Lockersubstrat (c) verwischen diese Strukturen.
- Die typischen, proximalen **Doppelballen** im Bereich der Innen- und Mittelzehen sind in Abb. a, b und c zu erkennen.
- Der **Metatarsalballen** ist in Abb. b deutlich, in a und c angedeutet.
- Die **Krallen** sind lang und deutlich tiefer eingedrückt als die Zehen. In härteren Böden (d) reduziert sich das Trittsiegel auf ein Krallenmuster, dessen Form jedoch typisch bleibt.

Verwechslungsmöglichkeiten

Trittsiegel von Spechten sind charakteristisch und nur in Einzelfällen zu verwechseln.

- **Größere Singvögel** wie **Drosseln**. Wenn die Hinterzehe eines Spechts nicht abdrückt (was durchaus vorkommen kann) und unklar bleibt, ob im vorderen Bereich zwei oder drei Zehen zu sehen sind, könnte man dieses Trittsiegel fälschlicherweise für einen „klassischen", anisodactylen Fußabdruck halten und vor allem an Drosseln denken.
- **Eulen** zeigen ebenso zygomorphe Fußstellungen. Generell sind deren Trittsiegel größer, wuchtiger und „K"-förmig, wobei die dominante Achse innen liegt, im Gegensatz zu Spechten, bei denen sie außen verläuft.

- Auch **Kuckucke** und **Papageien** zeigen zygomorphe Trittsiegel, die sehr selten sind. Sollte man sie tatsächlich finden, erscheinen sie breiter und kräftiger.

Artengarnitur

Zehn Spechtarten sind relevant, davon ist nur der Wendehals ein Zugvogel, während die anderen ganzjährig anzutreffen sind. Manche Arten sind weit verbreitet und kommen mit vielen Lebensräumen zurecht, einige sind Spezialisten und selten. Trittsiegel sind eher von den „Bodenspechten" und von Schwarz-, Bunt- und Blutspecht zu erwarten.

Spechte: Ökologie und Lebensräume.

Art	Typus	Wo?
Wendehals	„Bodenspecht"	Halboffene Landschaften, lichte Wälder, Streuobstwiesen
Grünspecht	„Bodenspecht"	Flächendeckend und häufig; selten in Höhenlagen; lichte Wälder, Parks
Grauspecht	„Bodenspecht" („Baumspecht")	Eher im Hügel- und Bergland; lichte Wälder, Auen, Parks
Schwarzspecht	„Baumspecht"	Flächendeckend, nicht im Süden; ausgedehntere, gern ältere Wälder
Buntspecht	„Baumspecht"	Flächendeckend und häufig; Wälder, Kulturland, Siedlungen
Blutspecht	„Baumspecht"	Nur in Ostösterreich, Slowakei, Ungarn, Polen, östliches Deutschland(?); Kulturland, Siedlungen
Mittelspecht	„Baumspecht"	Seltener als Buntspecht; Wärmegetönte Laubwälder (grobborkige Rinde, gerne Eichen)
Kleinspecht	„Baumspecht"	Weichholzreiche Auen und Obstgärten in tiefen Lagen
Weißrücken-specht	„Baumspecht"	Seltener und lückig verbreiteter Totholzspezialist (gerne Rotbuchen); Bergwälder
Dreizehen-specht	„Baumspecht"	Nadel- und Mischwälder des Berglandes; Spezialist für Borkenkäferkalamitäten in Fichtenwäldern

Maße, Variationsbreite und Unterscheidungen

Trittsiegelmaße von Spechten (siehe auch Abkürzungsverzeichnis).

Art	TSL (cm)	TSL^{oK} (cm)	TSB (cm)	Z3 (cm)	$Z3^{oK}$ (cm)	Z4 (cm)	$Z4^{oK}$ (cm)
Wendehals	3,8 (3,6–4,2)	2,9 (2,8–3,4)	1,2 (0,6–1,7)	1,7 (1,5–1,9)	1,2 (1,0–1,5)	1,9 (1,7–2,1)	1,4 (1,3–1,7)
Grünspecht	6,4 (5,7–6,6)	4,7 (4,2–5,1)	1,9 (1,0–2,7)	3,3 (2,8–3,5)	2,3 (1,9–2,4)	2,9 (2,6–3,1)	2,1 (1,7–2,4)

Fortsetzung: Trittsiegelmaße von Spechten (siehe auch Abkürzungsverzeichnis).

Art	TSL (cm)	TSL^{oK}(cm)	TSB (cm)	Z3 (cm)	$Z3^{oK}$(cm)	Z4 (cm)	$Z4^{oK}$(cm)
Grauspecht	5,3 (4,7–5,8)	4,0 (3,3–4,3)	1,6 (0,8–2,4)	2,6 (2,3–2,9)	1,8 (1,5–2,0)	2,5 (2,4–2,8)	1,9 (1,6–2,1)
Schwarz-specht	7,2 (6,5–7,6)	4,8 (4,0–5,1)	2,2 (1,2–3,1)	3,7 (3,3–4,0)	2,4 (2,0–2,6)	3,3 (2,8–3,4)	2,0 (1,6–2,4)
Bunt- und Blutspecht	4,6 (4,0–4,8)	3,2 (2,8–3,6)	1,4 (0,7–2,0)	2,0 (1,7–2,2)	1,4 (1,0–1,5)	2,2 (2–2,4)	1,6 (1,4–1,7)
Mittel-specht	4,4 (3,9–4,6)	3,1 (2,7–3,5)	1,3 (0,7–1,9)	1,9 (1,6–2,0)	1,3 (0,9–1,4)	2,1 (1,9–2,2)	1,5 (1,3–1,6)
Kleinspecht	3,6 (3,3–3,9)	2,5 (2,3–2,7)	1,1 (0,6–1,6)	1,6 (1,5–1,7)	1,1 (1,0–1,2)	1,8 (1,7–1,9)	1,3 (1,2–1,4)
Weißrücken-specht	4,8 (4,5–5,4)	3,3 (3,0–3,6)	1,4 (1,3–1,5)	2,2 (2,1–2,4)	1,4 (1,3–1,6)	2,3 (2,2–2,6)	1,7 (1,6–1,9)
Dreizehen-specht	3,8 (3,5–4,2)	2,5 (2,3–2,7)	1,2 (0,6–1,7)	1,8 (1,6–2,0)	1,1 (1,0–1,4)	1,9 (1,7–2,1)	1,2 (1,0–1,4)

Die Größenunterschiede zwischen den einzelnen Spechtarten sind gering und bieten nur begrenzt Hilfe bei der Bestimmung. Es lassen sich drei Größenklassen abgrenzen, die jedoch in Abhängigkeit zur TSB beurteilt werden müssen und daher kritisch zu beurteilen sind (siehe Abb. unten).

- **TSL zwischen 4 und 6 cm** zeigen die meisten Buntspechte und der Grauspecht.
- **TSL über 6 cm** erreichen nur Grün- und Schwarzspecht.
- **TSL unter 4 cm** finden sich bei Wendehals, Klein- und Dreizehenspecht (allenfalls als Untergrenze beim Mittelspecht).

TSL in Abhängigkeit zur TSB

Wie in der Abbildung unten ersichtlich, ist die TSL auch innerhalb einer Art keine konstante Größe. Die zygomorphe Fußhaltung und die ausgeprägte Variabilität in der Abspreizung der langen Hinterzehe wirken sich erheblich auf die TSL aus. Obwohl dies in gewissem Maße bei allen Vogelfamilien zutrifft, ist der Effekt bei den Spechten besonders stark ausgeprägt.

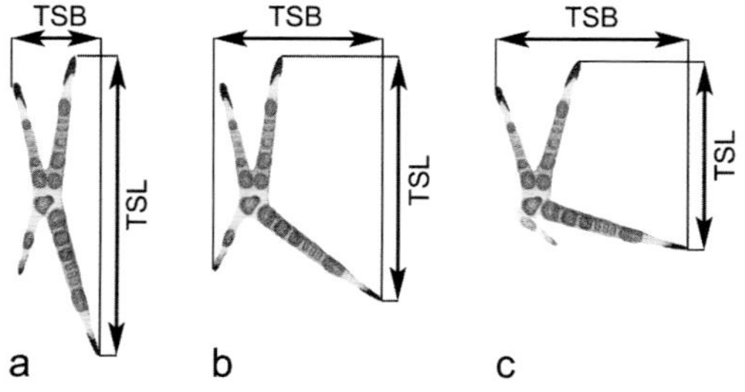

Variabilität von TSL und TSB in Abhängigkeit von der Fußstellung (am Beispiel des Buntspechts): Enge, zygomorphe Stellung, häufig bei Bewegung am Boden (a). Breite zygomorphe Stellung, beispielsweise auf steilem, unebenem Gelände (b). Ectropodactyle Stellung beim Klettern (c).

Die häufigste Fußstellung bei der Bewegung auf dem Boden, entspricht der **„engen, zygomorphen Stellung“** mit einem Seitenverhältnis von 3:1 **(Abb. a).** Auf diese beziehen sich die Angaben zur TSL in der Tabelle. Abweichende TS findet man beispielsweise auf steilem Gelände neben einem Ameisenhaufen. Diese sind **breiter** (**wie in Abb. b**) und in diesem Fall sind die TSL um etwa 10 % (im Extremfall bis 20 %) kürzer. Dann erreicht ein Schwarzspecht nur mehr die Dimensionen vom Grünspecht oder ein Buntspecht täuscht eine der kleineren Arten vor. Somit ist die TSL immer unter Berücksichtigung der TSB zu beurteilen.

Scheinbare Krallenabdrücke auf Baumrinden

Unterscheidung von Schnabelmarken (a) und Abdrücken von Krallen (b). Schnabelmarken sind länglich und oft ausgefranst. Krallen haben einen halbrunden Querschnitt und diese Marken sind deshalb halbmondförmig. Die Ausrichtung des Halbmondes (in b) verweist auf eine Kralle von Innen- oder Mittelzehe.

Spechtmarken an der Borke einer Rotföhre. Die Anordnung lässt an Krallenmarken von Innen- und Mittelzehe denken. Tatsächlich handelt es sich aber um diskrete Schnabelmarken.

Wenn Spechte auf vertikalen Baumstämmen klettern, ändern sie ihre Fußstellung. Dabei wird die Außenzehe zur Seite abgespreizt **(Abb. c, S. 270).** Diese Stellung heißt **ectropodactyl**. Zudem wird die Hinterzehe abgehoben oder eingeklappt und bleibt weitgehend funktionslos. Erstaunlicherweise finden sich an Baumrinden kaum Krallenmarken. Die meisten vermeintlichen Marken stammen nämlich von Schnabelhieben, die sich gut unterscheiden lassen. Krallenmarken sind halbmondförmig, während Schnabelhiebe länglich und oft ausgefasert sind.

Morphologische Unterschiede

Nur bei deutlichen Trittsiegeln lassen sich die Längen der einzelnen Zehen genau bestimmen. Dann ist es aber möglich, auf interessante Proportionsunterschiede zu achten. Folgende morphologische Unterschiede lassen sich beurteilen:

- **Längenverhältnis von Mittel- zu Außenzehe.** Bei Buntspechten (a) ist die Außenzehe länger als die Mittelzehe. Beim Schwarzspecht (c) ist das umgekehrt, eingeschränkt auch bei den Erdspechten (Grün- und Grauspecht).
- **Relative Länge der Hinterzehe.** Bei Baumspechten ist die Hinterzehe aufgrund ihrer ectropodactylen Fußstellung beim Klettern nahezu funktionslos. Daher ist sie bei Buntspechten (a) und dem Schwarzspecht (c) verkürzt und fehlt beim Dreizehenspecht sogar vollständig. Im Gegensatz dazu ist der Hallux bei Bodenspechten wie dem Grünspecht (b) relativ lang.

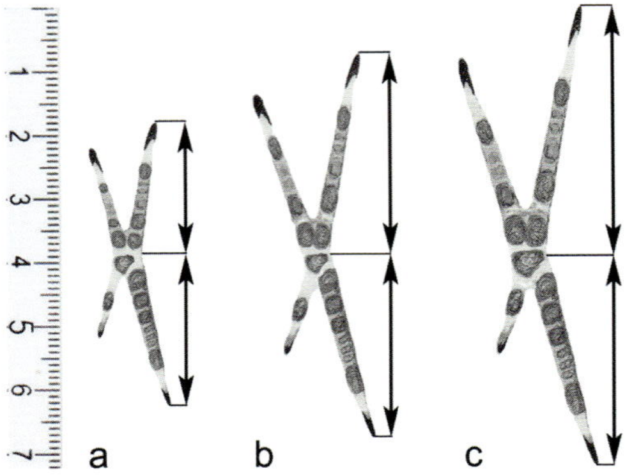

Morphologische Unterschiede: Unterschiedliche Zehenproportionen bei Buntspecht (a), Grünspecht (b) und Schwarzspecht (c). Verhältnis von Mittel- zu Außenzehe (schwarze Pfeile).

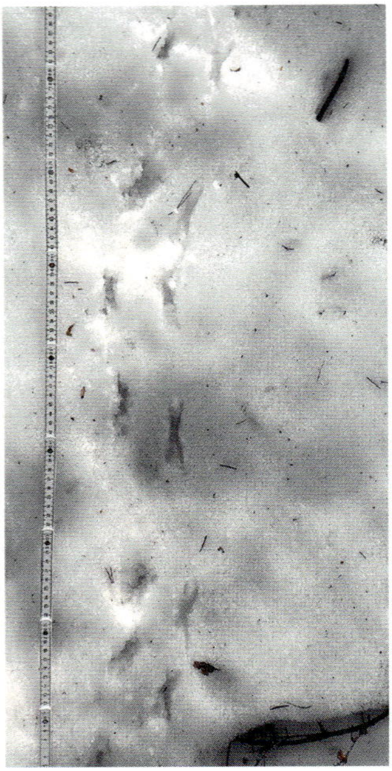

Spurbild vom Grünspecht: Zum Ende des Winters bewegt sich der Vogel hüpfend zu verschiedenen schneefreien Stellen, um Ameisen zu fressen.

Gangarten und Spurbilder

Obwohl Erdspechte sich oft am Boden aufhalten, sind ihre Spurgruppen nur selten zu finden. Am ehesten beim Grünspecht bietet der Winter gute Chancen, solche Spuren im Schnee zu entdecken. In dieser Jahreszeit hüpfen diese Vögel bei der Nahrungssuche mehrere Meter von einer erreichbaren Futterquelle zur nächsten. Schwarz-, Grau-, Bunt- und Blutspechte zeigen ein solches Verhalten nur gelegentlich. Auch in der Nähe von Wasserstellen, die insbesondere von Grün- und Buntspechten frequentiert werden, können Spuren zu finden sein.
Hüpfen ist die ausschließliche Fortbewegungsart am Boden. Die ZGL sind meist kürzer als die GL und die SB ist relativ hoch. Spechtbeine sind kurz und in tiefen Böden sind im Bereich der GL oft auch Abdrücke vom Vogelbauch zu erkennen.

Dimensionen

Maße von Gangarten beim Grünspecht. (siehe auch Abkürzungsverzeichnis). Maße für andere Spechtarten haben ähnliche Dimensionen.

Art	Gangart	SB (cm)	SL (cm)	GL (cm)	ZGL (cm)
Grünspecht	Hüpfen	8–10	9–14 (24)	8–10	1–10 (15)

Zeichen (Grundlagen)

Zeichen von Spechten wie Höhlen und Fraßspuren sind viel auffälliger und wesentlich häufiger zu finden als ihre Trittsiegel. Daher ist es für Spurenlesende wichtig, diese zu erkennen, sie gezielt zu suchen und nach Möglichkeit zu unterscheiden.

Ernährung

Spechte ernähren sich von Insekten und deren Larven, seltener von fettreichen Nüssen und Samen. Zusätzlich werden von bestimmten Arten auch weitere Quellen genutzt. Bei Buntspechten kommt es zu großen saisonalen Unterschieden, sie ernähren sich im Winter überwiegend pflanzlich.

- **Ameisen** und deren Puppen sind für die „Bodenspechte" (Wendehals, Grau- und Grünspecht) eine wichtige, oft überwiegende Nahrungsquelle. Der Schwarzspecht ist auf Rossameisen (*Camponotus* spp.) spezialisiert, die kernfaule Bäume besiedeln. Für die meisten anderen Spechtarten bilden Ameisen eine Zusatznahrung.
- **Xylophage (holzfressende) Käferarten.** Für Spechte sind insbesondere Borken-, Bock- und Prachtkäfer von Bedeutung. Diese Käferarten besiedeln verschiedene Tiefen des Holzes. Während die Larven der Borkenkäfer in der Rindenschicht (Bast und Kambium) leben, verpuppen sich andere Arten tiefer im Holz. Daher hängt die Zugänglichkeit dieser Nahrung auch von der Schnabellänge, dem Hackvermögen und der Zunge der jeweiligen Spechtart ab. Der Dreizehenspecht als kleine Art ist Spezialist für Borkenkäfer. Tiefere Schichten erschließt bereits der Buntspecht, während die Puppen bestimmter Bockkäfer, die sich am Ende eines sogenannten „Hakengangs" tief ins Holz zurückgezogen haben, nur mehr von Schwarz- und Weißrückenspecht erreicht werden können.
- **Totholzfressende Käferarten.** Auch das Holz bereits länger abgestorbener Bäume wird unter anderem von Nagekäfern (*Anobiidae*) und Schrötern (*Lucanidae*) wie dem Hirschkäfer genutzt. Schwarz- und Weißrückenspechte nutzen diese Nahrungsquellen häufig und tragen das Totholz schichtweise ab, um die Käferlarven zu erbeuten.
- **„Freilebende" Gliederfüßer.** Besonders Spechte mit kurzen Schnäbeln (Mittel-, Klein-, Dreizehenspecht) ernähren sich von Insekten, Spinnen, Schmetterlingsraupen und Blattläusen, die in oberflächlichen Rindenschichten und Blättern (Nadeln) von Bäumen leben.
- **Jungvögel**. Buntspechte (möglicherweise in Einzelfällen der Schwarzspecht) können Jungvögel von anderen Höhlenbrütern (zum Beispiel Kleinspecht, Meisen) erbeuten.
- **Eiweiß- und fettreiche Pflanzensamen.** Vor allem Buntspechte ernähren sich im Winter überwiegend von Fichtensamen sowie von Nüssen, Bucheckern, Kernen von Steinfrüchten und Samen von Hainbuchen. Um hartschalige Nahrung zu öffnen, fixieren sie diese in speziellen Nischen – den Spechtschmieden – und hacken sie dort auf.
- **Früchte**. Kirschen sind als Aufzuchtnahrung von Blut- und Mittelspechten (Mitt. Thomas Hochebner) bekannt. Eine Vielzahl von anderen Früchten und Beeren fressen darüber hinaus der Buntspecht und eingeschränkt die meisten anderen Spechtarten. Der Blutspecht ernährt sich ganzjährig zu einem erheblichen Teil von Früchten, Beeren und Kernen, während der Mittelspecht pflanzliche Nahrung verstärkt im Winter nutzt.
- **Bestimmte Baumsäfte** sind reich an Zuckern und Aminosäuren. Sie können

wichtige Nahrungsquellen vor allem für Bunt- und Dreizehenspechte sein, besonders im Frühling. Der Nutzungsgrad ist regional unterschiedlich.

Erschließen von Nahrungsquellen

Die einzelnen Nahrungsquellen sind mit recht unterschiedlichem Aufwand zu erschließen und Spechte bedienen sich einer Reihe von Strategien, um diese nutzbar zu machen:

- **„Ernten“**. Fichtenzapfen und andere Zapfen von Nadelbäumen werden von Buntspechten gelockert, abgedreht und weggetragen. Beeren, Früchte und andere Baumsamen fressen viele Spechtarten meist als saisonale Ergänzung.
- **Nahrungssuche an Oberflächen**. Besonders Bodenspechte suchen im Sommer Ameisenstraßen auf, wo sie ihre Beute direkt vom Boden auflesen. Baumspechte mit kurzen Schnäbeln (Mittel- und Kleinspecht) picken Gliedertiere aus Rindenspalten – „**Klaubspechte**“.
- **Durchwühlen der Bodenstreu.** In der kühleren Jahreszeit erschließen Grau- und Grünspecht tiefere Bodenschichten und schleudern mit dem Schnabel Moosstücke oder die Bodenstreu zur Seite. Dieses Verhalten können auch Schwarz-, Bunt- und Blutspechte zeigen. Solche Zeichen erinnern an Scharrspuren von Drosseln oder Hühnervögeln.
- **Hacken** ist eine Kernkompetenz von Spechten, die ein speziell geformter Meißelschnabel ermöglicht. Hacken dient vor allem dem Eindringen in mehr oder minder harte Holzschichten, wobei jene Arten mit kräftigen Schnäbeln wie Schwarz-, Bunt-, Blut- und Weißrückenspecht besonders effektiv sind. Auch der kleine Dreizehenspecht ist ein Hackspecht, weniger Grau-, Grün- und Mittelspecht.

Spezifische Zeichen

Das Wissen über die artspezifische und saisonale Ernährung sowie die verschiedenen Methoden, diese zu erschließen, ist nützlich, führt jedoch nicht immer zu eindeutigen Bestimmungen. Häufig ist es erforderlich, verschiedene Zeichen zu kombinieren und die Lebensraumansprüche der einzelnen Spechte zu berücksichtigen, um klare Aussagen treffen oder zumindest die Anzahl der in Frage kommenden Arten einzugrenzen.

Bodentrichter

Grün- und auch Grauspechte öffnen die Gangsysteme von Erdameisen, indem sie oberflächliche Moosschichten abtragen oder bis zu 10 cm tief in den Boden stochern. Dabei hinterlassen sie trichterförmige Schnabelspuren, die am Eingang einen Durchmesser von 2 bis 3 cm aufweisen. **Grünspechte** verweilen oft längere Zeit an ergiebigen Nahrungsquellen und hinterlassen dort **zahlreiche Stocherlöcher, heben handtellergroße Vegetationsdecken ab und können so ein Areal von mehreren Quadratmetern erodieren.** Solch großflächige Zeichen sind bei Grauspechten selten, da sie eher die Oberfläche absuchen, als zu graben. Typische Exkremente der Spechte (siehe am Abschluss dieses Kapitels) dienen als Zusatzmerkmal, um ihre Fraßspuren gegen jene von Säugetieren abzugrenzen. Es sind nämlich durchaus Verwechslungen mit Aktivitäten vom Dachs möglich. Dieser gräbt jedoch etwas tiefere Höhlungen und hinterlässt Krallenspuren. Schwieriger ist die Unterscheidung von trichterförmigen „Stechmarken", die vom Igel stammen, der auf ähnliche Weise nach Regenwürmern sucht.

Fraßspuren vom Grünspecht: Mit dem Schnabel hat der Specht bis zu 10 cm in die Tiefe gestochert. Dass es sich tatsächlich um einen Grünspecht handelt, beweist das typische, j-förmige Exkrement.

Fraßspuren an Ameisenbauten

Kavernen in den Hügeln der Roten Waldameisen sind eindrucksvolle Strukturen, die im Winter entstehen und bis zu 60 cm tief reichen können. Die Öffnungen sind im Durchschnitt etwa 10 cm breit, können jedoch variieren – von kleinen Stocherspuren mit rund 5 cm Breite bis über 20 cm bei intensiveren Grabungen. Diese Spuren stammen in der Regel von Grünspechten, wobei oft mehrere solcher Kavernen das Nest durchziehen. Ähnliche Grabspuren findet man auch an den Nestern von Rasenameisen.

Fraßspuren vom Grünspecht: Bei Schneelage können Grün- und Schwarzspecht über 50 cm tief graben, um an Nahrungsquellen zu gelangen. Hier war die Schneedecke dünn und die Suche nach Rasenameisen weniger herausfordernd. An solch günstigen Stellen verweilt der Grünspecht oft über eine Stunde, was auf engem Raum zu einer größeren Ansammlung seiner Fraßspuren führt.

Bei höheren Schneelagen, wenn der Zugang zur Nahrung schwierig wird, zeigen diese Vögel ein beeindruckendes Verhalten. Sie graben Tunnel, die teils mehr als 50 cm in die Tiefe reichen, um an die unterirdisch ruhenden Ameisen zu gelangen.

Auch Schwarzspechte können derlei Fraßspuren hinterlassen. Die Unterscheidung ist schwierig, da kaum Dimensionsunterschiede erkennbar sind. Am besten gelingt eine Differenzierung durch zusätzliche Hinweise. Grünspechte meiden zumeist geschlossene Waldgebiete, sodass dort der Schwarzspecht wahrscheinlich wird. Zusätzlich kann man

Fraßspuren vom Grünspecht: Hügel der Roten Waldameise sind in den Wintermonaten bevorzugte Nahrungsquellen. Dieser Bau wurde mehrfach aufgesucht, wodurch zahlreiche Kavernen entstanden sind, die hier bis zu 30 cm tief sind und etwa 10 cm im Durchmesser messen. Auch Schwarzspechte hinterlassen ähnliche Zeichen. Allerdings liegen diese meist in geschlossenen Waldgebieten, die von Grünspechten gemieden werden. Klarheit herrscht, wenn man auch die typischen Exkremente vom Grünspecht findet.

auf Exkremente oder Trittsiegel achten.
Inwieweit auch der Grauspecht im Bergwald derlei Fraßspuren hinterlässt. ist noch zu klären.

Fraßspuren an Bäumen

Die unterschiedlichen Hackspuren an Bäumen geben deutliche Hinweise auf die Aktivitäten von Spechten. Deren unterschiedliche Bearbeitungsweisen sind seit Langem ein zentrales Forschungsthema. Das Ziel besteht darin, Spechte anhand ihrer charakteristischen Marken zu unterscheiden. Dies ist jedoch nur teilweise möglich, da in vielen Fällen Hackspuren von mehreren Spechtarten stammen können, was die Bestimmung erschwert. Um dennoch eine Zuordnung vorzunehmen, werden zusätzliche Kriterien wie die Wahrscheinlichkeit des Vorkommens, der Lebensraum oder die Verbreitungsgrenzen der Arten herangezogen.
Die einzelnen Spurenmuster reichen von unauffälligen Rindenabschlägen bis zu riesigen Höhlungen, die den gesamten Stamm durchsieben.

- Wenn Spechte gezielt Rindenspalten absuchen, hinterlässt das oft nur wenige oder kaum sichtbare Spuren. Obwohl die zarten Schnäbel der kleineren Spechtarten besonders gut für diese subtile Suche geeignet sind, nutzen auch größere Spechte wie der Buntspecht und auch andere Vertreter diese Technik. Oft werden bei dieser Suche zusätzlich kleine **Rindenschuppen** abgestreift. Dieses Zeichen ist leicht zu übersehen, jedoch häufig an Nadelbäumen zu finden, wo sich die oberflächliche Borke leicht ablöst, wenn Spechte darunter versteckte Insekten oder Spinnen aufpicken.

Rindenabschläge wahrscheinlich vom Buntspecht: Nicht alle Bockkäfer verpuppen sich tief im Holz. Diese runden Konstruktionen nennt man Puppenwiegen, wie sie beispielsweise der Schrotbock anlegt. Sie wurden vom Specht freigelegt und konsumiert.

Allerdings können solche feinen, oberflächlichen Fraßspuren auch von anderen Vogelarten stammen wie etwa vom Kleiber oder von verschiedenen Meisenarten, die ebenfalls auf ähnliche Weise nach Nahrung suchen. Daher ist die genaue Zuordnung der Spuren oft schwierig und erfordert die Berücksichtigung weiterer Hinweise.

- **Abschlagen von Rindenstreifen.** Diese Spuren entstehen, wenn Spechte nach Borkenkäfern oder anderen Rindenbewohnern suchen. Im frischen Zustand entstehen dabei auffällige, „nackte" Flächen an Baumstämmen, die sich im dunklen Wald deutlich abzeichnen. Mit Ausnahme vom Wendehals hacken alle Spechtarten Rinde ab, nur im geringen Ausmaß der Mittelspecht. Besonders großflächige Bereiche soll hingegen der Weißrückenspecht entrinden. Dieses Merkmal ist jedoch nur in

Fraßspuren von „Baumspechten": Oberflächlich gelöste Borkenschuppen sind ein oft übersehenes Zeichen. In der Borke verstecken sich Insekten oder Spinnen, die Spechte beim Absuchen freilegen, wodurch sich kleine Rindenteile lösen. Diese Nahrungssuche wird häufig von Spechten mit kurzen Schnäbeln wie dem Mittelspecht genutzt, doch auch größere Arten bis zum Schwarzspecht beherrschen diese Technik. Solche Zeichen sind daher unspezifisch und können darüber hinaus auch von Kleibern oder Meisen stammen.

Rindenabschläge wahrscheinlich vom Buntspecht: An dieser Fichte wurden gezielt Fraßgänge von Borkenkäfern freigelegt.

Rindenabschläge vom Weißrückenspecht: Typisch sind großflächige Abschläge, hier auf Eschen, die am Rand sauber abgegrenzt erscheinen (Bild rechts) wie *„mit einem Stemmeisen"*. In diesem Bergwald wurde der Specht direkt beobachtet, sonst wäre die Zuordnung nicht so eindeutig.

bestimmten Lebensräumen wie in montanen Altholzbeständen aussagekräftig. Der Dreizehenspecht gilt als Spezialist für Borkenkäfer. Er schafft es oft, die Rindenstücke so zu lockern, dass sie die Larven freigeben, ohne dass das Teil zu Boden fällt. So kann er diese energiesparend direkt am Baum absammeln. Der Kleinspecht hingegen konzentriert sich hauptsächlich auf dünnere Zweige. Betrachtet man von Spechten abgeschlagene Rindenstücke unter dem Baum, so fallen an der Innenseite meist die Fraßgänge holzfressender Käferlarven auf und oft auch Hackspuren der Spechtschnäbel.

Fraßspuren von Bunt und Kleinspecht: Ein Buntspecht hat an dieser Weide Rindenstreifen abgeschlagen. Ziel waren die Larven der Weidenholzgallmücke. Etwas später hat auch ein Kleinspecht diese Nahrungsquelle genutzt.

- **Trichterförmige Hackspuren.** Tiefer ins Holz dringen nur Spechte mit stärkeren Schnäbeln vor. Ziele sind beispielsweise Puppen von Bock- oder Prachtkäfern, die sich durch ihre Position tiefer im Holz eigentlich vor Spechtattacken schützen wollen. Solche Zeichen stammen von Schwarz-, Bunt- und Weißrückenspecht sowie interessanterweise auch von dem eher kleinen Dreizehenspecht. Im Unterschied zu Höhlen finden sich derlei Hackspuren auch in Bodennähe und sie weisen keine typische Form oder Größe auf.

Fraßspuren vom Buntspecht: Einige Bock- und Prachtkäfer verpuppen sich tiefer im Holz. Um an diese Larven zu gelangen, hacken Spechte trichterförmige Vertiefungen in die Stämme. In diesem Fall waren vermutlich Kirschenprachtkäfer im Fokus. Ähnliche Fraßspuren hinterlassen auch Schwarz- und Dreizehenspechte.

- **Große rechteckige Höhlungen in kernfaulen Baumstämmen.** Dieses Zeichen ist ein sicherer Nachweis für Aktivitäten des Schwarzspechtes. Kein anderer Specht schafft diesen großflächigen Holzabtrag. Ziel sind die Nester von Rossameisen in rotfaulen Bäumen – meist sind es Fichten. Die Spechte starten mit rechteckigen, etwa 20 cm breiten Löchern, die sie dann zu senkrechten Schlitzen von bis zu 1 m Länge verbinden. Damit erschließen sie das wabenartige Nestsystem der Ameisen im Inneren des Stammes. An-

Fraßspuren vom Schwarzspecht: Kolonien holzbewohnender Rossameisen gehören zur bevorzugten Beute dieses Spechts. Um an diese Beute zu gelangen, hacken sie eine vertikale Reihe rechteckiger Löcher in den Baum (im Bild links hinten) und verbinden diese anschließend zu langen Schlitzen (im Vordergrund). So wird die Ameisenkolonie freigelegt, die sich im rotfaulen Kernholz angesiedelt hat.

dere Spechtarten wie der Grauspecht, können diese Aufschlüsse sekundär nutzen.

- **Flächige Abtragung von Totholz.** Werden sie nicht früher entfernt, bleiben abgestorbene Bäume oft einige Jahrzehnte lang stehen. Erst in der Folge stürzen sie und vermodern am Boden weiter. Stehendes und liegendes Totholz sind entscheidende Strukturen naturnaher Waldsysteme, die im Gegensatz zu ihrem Namen voller Leben sind. Für Schwarz- und Weißrückenspecht sind Totholzinsekten wichtige Nahrungsquellen. Im **stehenden Totholz** sind das vor allem **Nagekäfer** (*Anobiidae*). Stammruinen von Rot- oder Hainbuchen erinnern an weiße Elefantenstoßzähne, die jemand im Wald aufgerichtet hat. Besieht man diese näher, erkennt man Reihen horizontaler Linien, die gestuft den Stamm hoch verlaufen. Der Baum sieht wie großflächig angenagt aus. Bei näherer Betrachtung ist die gesamte Fläche mit kleinen Löchern durchsiebt, das sind die Fraßgänge der kleinen „Holzwürmer".

Schwarz- oder Weißrückenspecht? Die flächigen Holzabtragungen, die schichtweise in die Tiefe führen, können das Werk von zwei Spechtarten sein. Der **Weißrückenspecht**, eine Zielart im Naturschutz zur Erhaltung naturnaher Waldsysteme, ist selten, lebt verborgen und lässt sich nur schwer direkt beobachten – ein wahrer „Geist des Waldes". Daher sind indirekte Nachweise wie Höhlenbäume oder die typischen Fraßspuren von besonderer Bedeutung. „Leider" legt auch der **Schwarzspecht** solche horizontalen Stemmlinien an (siehe Abb. S. 280 oben), die in den Holzkörper eindringen. Mehrere Autoren, darunter Wolfgang Scherzinger und Martin Muth, haben versucht, klare Unterscheidungskriterien zu erarbeiten. Beispielsweise sollte der zartere Schnabel des Weißrückenspechts feinere Querrillen hinterlassen oder gleichmäßigere, „saubere" Hackspuren erzeugen. In der Praxis im Freiland bleibt die Differenzierung trotzdem schwierig und oft nicht eindeutig.

- Modernde **Baumstümpfe** im Wirtschaftswald sind bevorzugte Hackplätze vom Schwarzspecht. Diese Stöcke werden über mehrere Tage hinweg immer wieder aufgesucht. Dann häufen sich dort große Mengen von Spänen und Holzmulm an. Schwarzspechte bearbeiten bereits jüngere und härtere Stümpfe, während Buntspechte einen höheren Vermoderungsgrad bevorzugen.
  Liegendes **Totholz**, das bereits stark verwittert ist, „durchwühlen" Grünspechte und in entsprechenden Lebensräumen auch Weißrückenspechte.

Fraßspuren vom Schwarzspecht an stehendem Totholz: Häufige Beute sind hier die Larven von Nagekäfern (*Anobiidae*), die in großen Dichten abgestorbenes Holz besiedeln. Um sie zu erbeuten, tragen die Spechte den Holzkörper schichtweise ab. Solche bearbeiteten Baumruinen, oft Rot- oder Hainbuchen, fallen im Wald auf und erinnern in ihrer Form an aufgerichtete Elefantenstoßzähne (großes Bild). Die Schnabelspuren hinterlassen horizontale, treppenartige Muster (rechts oben). Ähnliche Spuren des Weißrückenspechts können schmalere Schnabelmarken aufweisen. Bei genauer Betrachtung erkennt man die runden Fraßgänge der „Holzwürmer", die etwa 2 mm breit sind (rechts unten).

- **Holzspäne und Rindenabschläge.** Die Dimension von Hackspänen und Rindenabschlägen können Hinweise auf die jeweilige Spechtart geben. Vergleicht man die **längsten Späne** einer Fraßstelle, so messen diese beim Buntspecht rund 4,5 cm, beim Schwarzspecht hingegen 11,5 cm, die längsten über 20 cm. Ähnliches gilt auch für Rindenabschläge, die beim Schwarzspecht über 50 cm lang sein können. Beim Höhlenbau fallen ebenfalls Späne an, diese sind meist kürzer und schmaler als jene beim hackenden Nahrungserwerb.
- **Ringeln.** Spechte erschließen Baumsäfte, indem sie horizontale Reihen von Löchern in gesunde Baumstämme hacken und anschließend aus diesen „Quellen" trinken. Dieses Verhalten wird als Ringeln bezeichnet, obwohl viele dieser Lochreihen nicht vollständig ringförmig, sondern eher halbkreisförmig an der Lichtseite des Baumes verlaufen. Ringelbäume können über Jahre hinweg genutzt werden, wobei die Spechte die Saftlöcher regelmäßig anfrischen. Gesicherte Urheber dieser Lochreihen sind **Bunt- und Dreizehenspecht**, von manchen Autoren wird auch der Mittelspecht genannt. Grün- und Grauspecht sind wahrscheinlich Nachnutzer. Buntspechte bevorzugen beim Ringeln Laubbäume mit glatter Rinde wie Linde oder Ahorn. Die einzelnen Löcher sind rund bis oval und haben dabei einen Durchmesser von etwa 6 mm. Der Seitabstand zwischen den Löchern beträgt durchschnittlich gut 2 cm. Häufig sind mehrere (bis zu 30) Reihen übereinander angeordnet, wodurch der Baumstamm ein charakteristisches Muster erhält. Der Dreizehen-

Fraßspuren vom Schwarzspecht: In sonst totholzarmen Wirtschaftswäldern sind vermodernde Baumstümpfe wichtige Nahrungsquellen für Spechte. Charakteristisch für den Schwarzspecht sind die langen Hackspäne, die ihn vom Buntspecht unterscheiden.

specht hingegen ringelt überwiegend Koniferen, oft an exponierten Standorten in Sonnenlagen. Die horizontalen Abstände der Löcher sind mit etwa 1,6 cm enger als beim Buntspecht, jedoch ist dieses Merkmal zur Unterscheidung der beiden Arten wenig zuverlässig. Wenn Buntspechte Nadelbäume ringeln, verringern sie ebenfalls die Abstände zwischen den Löchern. Ein besseres Unterscheidungsmerkmal könnte sein, dass der **Dreizehenspecht** vor dem Ringeln meist die Borke in diesem Bereich abschlägt. Dadurch fehlen die Rindenbrücken zwischen den Löchern, sodass die Reihen wie **geschlossene Ringe** wirken. Im Gegensatz dazu hinterlässt der **Buntspecht** eher ein (halb)ringförmiges **Punktmuster**.

Ringelspuren vom Buntspecht: Im Auwald wurde eine Linde geringelt (linkes Bild). Die verschiedenen Ringelbänder überziehen zwar den ganzen Stammbereich, fallen aber nur bei genauerem Hinsehen auf. Die Saftlöcher sind nämlich vom Vorjahr und wurden diesen Frühling vom Specht nicht angefrischt. Anders im Bild rechts oben, in dem sich die frischen Hackmarken klar abheben. Das Bild rechts unten zeigt eine angefrischte Stelle. Der Saftfluss, der von den Spechten als Nahrungsquelle genutzt wird, ist gut zu erkennen.

Ringelspuren vom Dreizehenspecht: Abgebildet sind drei Beispiele an unterschiedlichen Bäumen. Das Bild links zeigt alte Ringelspuren an einer Rotföhre. Die einzelnen Saftlöcher sind zu einem durchgehenden Ringelband verschmolzen. Die langjährige Nutzung hat im Stamm tiefe Rillen hinterlassen. Rechts oben ist ein ähnliches Muster an einer Tanne zu erkennen. Frisch hingegen sind die Ringelspuren im Bild rechts unten. Hier ist gut zu sehen, wie der Specht vor der Anlage der Saftlöcher die Rinde abgemeißelt hat.

Spechthöhlen

Ein besonders charakteristisches Zeichen für Spechte sind Höhlen. Bruthöhlen, die eine spezifische Form und Größe aufweisen und oft in bestimmten Baumarten zu finden sind, sind eigentlich nicht Thema dieses Buches. Doch außerhalb der Brutzeit übernachten die Vögel auch dort oder nutzen andere **Schlafhöhlen**. Die Wahl der Höhlenbäume und die typischen Dimensionen der Eingangsöffnungen unterscheiden sich kaum von denen der Bruthöhlen. Zusätzlich erweitern Spechte auch die Einfluglöcher von Nistkästen, um sie als Schlafplätze zu nutzen.

Die in der Tabelle aufgeführten Angaben beziehen sich auf natürliche Bruthöhlen, wobei die Standortangaben typische Beispiele darstellen.

Brut- und Schlafhöhlen von Spechten (nach G. v. Blotzheim & Bauer, Gorman und eigenen Daten)

Art	Durchmesser (cm, H × B)	Form	Typischer Standort
Grünspecht	6,0–7,0	Rund (oval)	Alte Laub- und Obstbäume mit Moderstellen
Grauspecht	5,5–6,0	Rund (oval)	Absterbende Laubbäume
Schwarzspecht	9,0–17,5 × 7,0–12,0	Hochoval (spitzbogig)	Altbäume mit glatter Rinde (Rotbuchen) und hohem Kronenansatz (oft mehrere Höhlen an einem Stamm); selten auch in Föhren
Buntspecht	4,5–5,5	Rund (oval)	Laub-, Nadel- und Obstbäume
Blutspecht	3,5–5,0	Rund	Siedlungsnahe Bäume, oft Seitenast
Mittelspecht	3,2–4,5	(Hoch)oval	Oft an der Unterseite geschädigter Seitenäste von Eichen oder Obstbäumen
Kleinspecht	3,2	Rund (oval)	Dünne, modrige Seitenäste von Obstbäumen oder Weiden
Weißrückenspecht	4,7–6,0	Rund/hochoval	Meist hoch, in weißfaulen Stämmen oder Stammteilen; oft unter einem Baumschwamm
Dreizehenspecht	4,2–4,5	Rund bis eckig	Am Stamm von geschädigten Fichten im Bereich von Borkenkäferkalamitäten

Schlafhöhle vom Buntspecht: Neben natürlichen Höhlen nutzen Spechte auch künstliche Strukturen. Besonders der Buntspecht vergrößert Fluglöcher von Nistkästen, um darin zu übernachten. Der Durchmesser des aufgeweiteten Fluglochs im Bild beträgt 4,8 cm, was charakteristisch für diese Art ist. Ähnliche Spuren lassen sich beobachten, wenn der Buntspecht Nistkästen aufhackt, um die Jungvögel brütender Meisen zu erbeuten.

Eine weitere Höhlenform ist die sogenannte **Initiale**. Der Höhlenbau im harten Holz ist kräftezehrend und wird oft über mehrere Jahre vorbereitet. So erweitern Spechte kleine Faulstellen am Stamm und warten schrittweise weitere Abbauvorgänge ab, um letztendlich eine Höhle im weicheren, zersetzten Holz anzulegen. Beim Schwarzspecht kann dies bis zu fünf Jahre dauern (Zahner & Wimmer).

Schließlich sollte ein Höhlentyp erwähnt werden, der Spechte nicht gerade beliebt macht: Besonders Buntspechte haben herausgefunden, dass sich in den **Dämmfassaden** von Häusern leicht Höhlen anlegen lassen, die ihnen als bequeme Ruheplätze dienen.

Schmiede vom Buntspecht: Die halbreifen Haselnüsse wurden in einer nahegelegenen Hecke geerntet. Die Schmiede, die sich unscheinbar an einer Faulstelle des Hauptstamms befindet (Bild links), ist leicht zu übersehen. Ein genauerer Blick auf die geöffnete Nuss (rechts oben) zeigt, dass sie nur geringfügig genutzt wurde. Möglicherweise war die Larve eines Haselnussbohrers das eigentliche Ziel. Unter dem Baum (rechts unten) liegen weitere Haselnüsse, die auf ähnliche Weise bearbeitet wurden.

Schmiede vom Buntspecht: Der abgebrochene Baumstumpf bietet mehrere Möglichkeiten, die Fichtenzapfen zu fixieren. Am mittleren Zapfen sind die Bearbeitungsspuren des Spechts deutlich zu erkennen, da viele Schuppen abgelöst wurden. In der optimalen Bearbeitungsposition, mit der Basis nach unten, befindet sich nur noch der unterste Zapfen. Die beiden anderen Zapfen sind bereits abgekippt und werden bei Bedarf vom Specht entfernt.

Spechtschmieden

Die wissenschaftliche Definition von Werkzeuggebrauch ist zwar nicht eindeutig, doch Spechtschmieden deuten zumindest in diese Richtung. Besonders der Buntspecht zeigt hierbei ein bemerkenswertes Verhalten. Er schafft gezielt Nischen, in die er Fichtenzapfen oder Nüsse einklemmt, um die Samen systematisch zu entfernen. Diese Nischen sind genau auf die Größe und Form der Zapfen abgestimmt. Die ausgebeuteten Zapfen verbleiben in den Schmieden und werden erst dann entfernt, wenn der Specht mit einem neuen Zapfen zurückkehrt. Auch andere Spechtarten wie der Blut-, Mittel- und Weißrückenspecht nutzen Schmieden, allerdings auf weniger ausgeklügelte Weise. Sie greifen oft auf natürliche Gegebenheiten wie Baumritzen oder Risse in der Borke zurück, um Zapfen oder harte Schalen zu knacken. Blutspechte verwenden auch Mauerritzen als Schmieden.

Für Spurensuchende ist es einfacher, sich auf die zahlreichen Überreste von zerkleinerten Zapfen oder Nussschalen unter den Schmieden zu konzentrieren. Diese Spuren sind oft auffälliger als die Schmieden selbst. Dabei sollte jedoch berücksichtigt werden, dass auch Rabenvögel, Meisen, Kleiber, Finken sowie bestimmte Säugetiere ähnliche Nahrungsquellen nutzen. Die Unterscheidung der verschiedenen Fraßspuren ist eine anspruchsvolle Aufgabe. Im Folgenden werden die Fraßreste der wichtigsten pflanzlichen Nahrungsquellen vorgestellt, wobei Merkmale aufgezeigt werden, die Spechte, andere Vögel oder Säugetiere hinterlassen und wie sich diese voneinander unterscheiden. Die Analyse von Nussschalen und die detaillierte Betrachtung ihrer Ränder kann erstaunlich detaillierte Ergebnisse liefern. Bei Säugetieren lässt sich bereits unterscheiden, ob Nüsse von Mäusen, Wühlmäusen oder Bilchen (= Schlafmäusen) angenagt wurden.

- **Walnüsse** nutzen vor allem Bunt- und Blutspecht, selten der Mittelspecht. Solange die Außenhülle grün und die Schalen noch weich sind, behacken Spechte die Nüsse meist direkt am Baum, oft auf einem schrägen Ast, der als Gelegenheitsschmiede dient. Später pflücken sie die reifen Nüsse und tragen sie zu einer entfernteren Schmiede, die so beschaffen ist, dass die Nuss fixiert werden kann. Mit gezielten Schnabelhieben auf die Nahtstelle gelingt es ihnen idealerweise, die Nuss in zwei „saubere" Hälften zu spalten. Misslingt dies, entsteht eine unregelmäßig gezackte Öffnung oder die Schale zerspringt in mehrere Teile. Ähnliches Verhalten zeigen Rabenvögel, vor allem Saatkrähen, aber auch Dohlen, Raben- und Nebelkrähen. Besonders Saatkrähen nutzen dazu harte Unterlagen als „Krähenschmieden", wo sich, genauso wie bei Spechten, beträchtliche Schalenansammlungen anhäufen. Die Schnabelmarken sind ähnlich, doch saubere Spaltungen sind bei Rabenvögeln seltener. Stattdessen zerschmettern sie die Nüsse auch an Dächern oder auf Straßen, wo die zerbrochenen Nussschalen zurückbleiben. Die **Unterscheidung zwischen den Fraßspuren von Spechten und Rabenvögeln ist daher schwierig.** Eichhörnchen und Wanderratten fressen ebenfalls Walnüsse. Geübte Eichhörnchen können reife Nüsse entlang der Naht spalten. Im Gegensatz zu Spechten hinterlassen sie an der Öffnungsstelle Eindrücke der Schneidekanten ihrer Nagezähne, keine

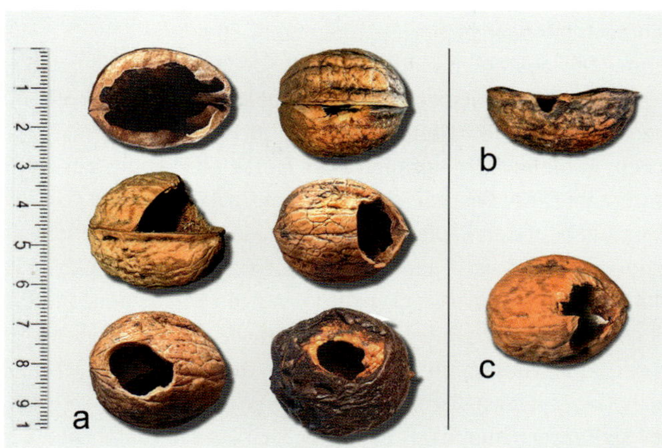

Fraßspuren an Walnüssen: Buntspecht (a), Saatkrähe (b) und Wanderratte (c). Im Idealfall spalten Spechte die Nuss in zwei Hälften, wobei an den Nahtstellen manchmal Schnabelmarken zu erkennen sind (a obere Reihe rechts). Wenn dies misslingt, brechen Teile der Schalenhälfte ab (a mittlere Reihe). Spechte können die Nuss auch von der Seite öffnen (a untere Reihe) und die Kerne durch eine relativ kleine Öffnung mit der Zunge „harpunieren". Auch grüne Nüsse werden auf diese Weise geöffnet (a unten rechts). Die Schwarzfärbung der abgebildeten Hülle entsteht durch den Befall der Walnussfruchtfliege.

Fraßspuren von Rabenvögeln können sehr ähnlich aussehen, und es gibt keine eindeutigen Unterscheidungsmerkmale. In Abb. (b) ist jedoch die markante Spur eines kräftigen Krähenschnabels zu erkennen, die sich vom meißelartigen Schnabel eines Spechts unterscheidet.

Nagetiere hinterlassen hingegen Nagekanten mit parallelen Zahnspuren (siehe Schalenhälfte c, rechts unten). Die Gesamtformen der benagten Nüsse sind jedoch ebenso vielfältig wie bei Spechten.

Schnabelmarken. Wanderratten hingegen nagen in der Regel ein größeres Loch in einen Pol der Nuss, an dessen Kanten 3 bis 4 mm breite Nagemarken zu erkennen sind.

- **Haselnüsse** werden von Bunt- und Blutspechten sowie seltener von Mittel- und Weißrückenspechten bearbeitet. Auch Nüsse, die noch nicht vollständig ausgereift sind, werden bereits geerntet und in Schmieden geöffnet. Im Gegensatz zum Eichelhäher können Spechte jedoch auch die ausgehärteten Schalen vollreifer Haselnüsse sprengen. Ihre Schnabelhiebe hinterlassen auf den Nüssen gezackte Öffnungen; selten springen sie in zwei Hälften. „Klassische" Nutzer von Haselnüssen sind Eichelhäher. Diese können allerdings lediglich die weichen Schalen grüner Nüsse mit teils hackenden, teils beißenden Schnabelbewegungen öffnen. Die Schalen wirken dadurch eher gequetscht. Unter reifenden Haselnusssträuchern finden sich im Spätsommer oft ausgedehnte Teppiche aus abgerissener und konsumierten Haselnüssen. Diese Ansammlungen ähneln denen unter Spechtschmieden, sind jedoch großflächiger verteilt und nicht um einen Punkt herum konzentriert. Tannenhäher schaffen es gelegentlich, Haselnüsse in zwei Teile zu spalten. Auch Saatkrähen können diese Nüsse knacken. Unter den anderen Singvögeln gelingt es dem Kleiber, mit vielen kleineren Schnabelhieben Haselnüsse zu öffnen, und in seltenen Fällen schafft dies auch die Kohlmeise bei grünen Nüssen. Eichhörnchen spalten Haselnüsse meist sauber in zwei Hälften. Kleine Nagetiere wie die Rötelmaus nagen rundliche Löcher in die Schalen, wobei auffällige Nagespuren entstehen.
- **Steinobstkerne** (Mandeln, Aprikosen, Pflaumen, Kirschen) fressen Bunt-, Blut- und seltener der Mittelspecht. Sie werden ähnlich wie Nüsse bearbeitet, wobei Spaltungen in Hälften vor allem bei Kirschkernen vorkommen. Das Spalten von Kirschkernen ist auch beim Tannenhäher beschrieben, wobei der Kernbeißer dies noch häufiger zeigt. Mäuse öffnen Kirschkerne in der Regel an einem Pol und hinterlassen dabei charakteristische Nagespuren.

Fraßspuren an Haselnüssen: Buntspecht (a), Waldmaus (b) und Eichelhäher (c). Spechte und Nagetiere können reife Nüsse öffnen, während Eichelhäher nur unreife, noch grüne Nüsse knacken können. Wenn Spechte (a) die Nüsse bearbeiten, springen meist unregelmäßige bis dreieckige Splitter ab. Nur selten gelingt es ihnen, die Haselnuss zu spalten, wie es Eichhörnchen regelmäßig zeigen. Bei Mäusen (b) sind die Nagekanten mit feinen Zahnmarken deutlich erkennbar. Eichelhäher (c) hingegen fressen an grünen Nüssen, die eher tangential abgebissen oder gequetscht wirken.

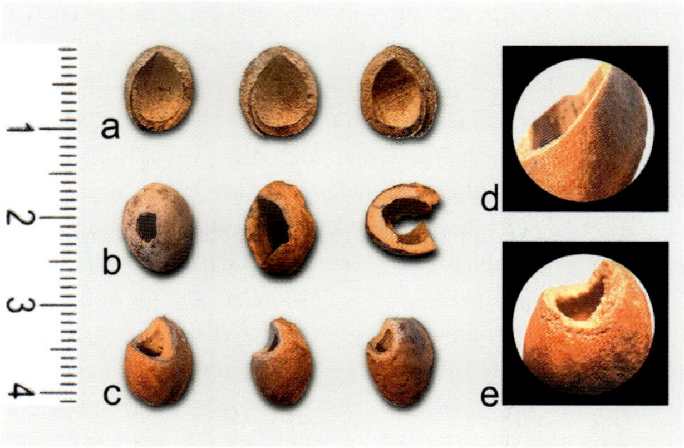

Fraßspuren an Kirschkernen: Kernbeißer (a), Spechte, Kleiber, Kohlmeise (b) und Mäuse (c). Vergrößerte Abbildungen von Bruchkanten (d) und Nagespuren (e).

Kernbeißer spalten Kirschkerne meist in zwei Hälften (a), was auch Tannenhäher sowie selten Bunt- und Blutspecht können. Häufigere Fraßspuren von Spechten sind in den Abbildungen (b Mitte und rechts) zu sehen, während ältere Kerne (b links) auch von Kohlmeisen angepickt werden. Mäuse (c) benagen die Kerne meist an einem Pol, wobei die Gesamtform manchmal schwer von den Hackspuren der Spechte zu unterscheiden ist. Ein genauerer Blick auf die Bruchkanten schafft jedoch Klarheit, wenn wir den Außenrand betrachten: Bei Hackspuren bleibt dieser unversehrt (d), während bei Nagespuren viele kleine Marken der Nagezähne sichtbar sind (e).

Fraßspuren an Zapfen: Buntspecht an Fichtenzapfen (a), Buntspecht an Zapfen der Rotföhre (b), Fichtenkreuzschnabel (c) und Eichhörnchen (d).

Der Zapfen (a links) steckt noch in der Schmiede, typischerweise an der Basis eingeklemmt. Der Specht hat Schuppen abgelöst, um die Samen freizulegen. Die geleerten Zapfen (a rechts) werden aus der Schmiede entfernt und landen am Boden. Dabei sind einige Schuppen abgehackt, andere gelockert, sodass der Zapfen insgesamt „struppig“ wirkt. Föhrenzapfen (b) sind widerstandsfähiger und weniger stark beschädigt. Fehlen die typischen Längsspalten an den Zapfenschuppen (c), ähneln die Fraßspuren von Fichtenkreuzschnäbeln denen von Spechten. Allerdings sind die Zapfen nur einseitig bearbeitet, und die Schuppen sind geringer abgehoben. Typische Nagespuren von Säugetieren zeigt Abbildung d: Ein Eichhörnchen hat hier ganze Schuppenreihen abgenagt und einen Teil der Zapfenspindel freigelegt. Mäuse hinterlassen ähnliche Spuren, wobei an der Spindel feinere Reste verbleiben.

- **Eicheln** spielen in der Ernährung von Spechten eine untergeordnete Rolle, eher noch die Larven des Eichelbohrers.
- **Zapfen** (von Koniferen). Viele Vögel wie Mittelspechte, Meisen, Kleiber und einige Finken fressen die Samen von Nadelbäumen, sobald diese reif sind und aus den sich öffnenden Zapfen fallen. Einige spezialisierte Arten versuchen jedoch, dieser Konkurrenz zuvorzukommen und die energiereichen Samen bereits vorzeitig zu nutzen. Einer davon ist der Buntspecht, der Zapfen von Fichten, Föhren und Lärchen im unreifen Zustand von den Bäumen erntet und sie zu einer Schmiede trägt. Diese bietet eine geeignete Nische („Nischenschmiede"), um die Zapfen mit der Basis nach unten festzuklemmen. Mit gezielten Schnabelhieben öffnet er die Zapfenschuppen oder hackt sie vollständig ab, um an die Samen zu gelangen. Oft dreht er den bearbeiteten Zapfen, um ihn gründlich auszubeuten. Der übriggebliebene Rest mit seinen abstehenden Schuppen wird verworfen und sieht danach „struppig" aus. Weitere, auf unreife Zapfen spezialisierte Vögel sind die Häher. Der Tannenhäher bearbeitet bevorzugt Zirbenzapfen, deren Nüsschen besonders groß und nahrhaft sind. Der Fichtenkreuzschnabel hat eine eigene Technik entwickelt, um an Fichtensamen zu gelangen, bei der unter anderem längsgespaltene Zapfenschuppen zurückbleiben. Von den Säugetieren sind es vor allem Eichhörnchen und verschiedene Mäuse, die Zapfen benagen. Anders als bei Spechten entfernen die Nagetiere ganze Schuppenreihen und hinterlassen manchmal nur die Zapfenspindel.

Trommel- und Wetzbäume

Weitere wichtige Strukturen in Spechtrevieren sind **Trommelbäume**. Meist sind das abgestorbene Baumteile oder Kronenäste, die hoch oben liegen und gute Resonanzmöglichkeiten bieten. „**Wetzbäume**" sollen nach G. v. Blotzheim & Bauer besondere Zeichen von Grünspechten sein: Wenn diese Spechte im Winter an Ameisenhaufen fressen zeigen sie *„vor dem Anfliegen des Haufens Übersprunghacken und wetzen hinterher den Schnabel, wodurch die Rinde auffällig beschädigt ist"*.

Ausscheidungen

Die **Exkremente** von Spechten sind charakteristisch und werden von Gerard Gorman mit Zigarettenkippen verglichen. Eine dunkle, bröselige Füllung ist von einer feinen, weißen Hülle umgeben. Der Kot enthält häufig Chitinteile von Ameisen. Beim Schwarzspecht ist dieser Anteil oft schwarz gefärbt, während er beim Grünspecht eher rötlich-braun ist. Die Skelettteile der Ameisen bleiben gut erhalten, sodass Experten Rückschlüsse auf die Ameisenarten ziehen könnten, ähnlich wie bei der Analyse von Eulengewöllen zur Bestimmung der Kleinsäugerfauna. Die dunklen Chitinteile im Kot des Schwarzspechts stammen überwiegend von Schwarzen Rossameisen (*Camponotus* spp.), während die rötlich-braunen Überreste im Kot des Grünspechts hauptsächlich von der Roten Waldameise (*Formica rufa*) oder Wiesenameisen (*Lasius* spp.) stammen. Im Winter, wenn Bunt- und Blutspecht verstärkt Nüsse oder Samen fressen, besteht deren Kot aus verholztem, feinem Material. Der weiße Überzug ist Harnsäure, ein Abbauprodukt des Eiweißstoffwechsels.

Die Form der Ausscheidungen ist walzenförmig. Diese sind selten gerade, meist jedoch gebogen oder eingerollt. Bezeichnend sind jene vom Grünspecht, die fast immer eine markante „Spazierstock-Form“ (= j-förmig) zeigen. Die Dimension wird stärker durch die Menge der verdauten Nahrung beeinflusst als durch die Vogelart. Dennoch lassen sich bestimmte Tendenzen erkennen, die eine Eingrenzung ermöglichen.

Exkremente von Spechten: Typische Maße und Formen.

Art	Durchmesser (cm)	Länge (cm)	Form
Grünspecht	0,5	3,0	„Spazierstock“
Grauspecht	0,5	3,0	Gebogene Walze
Schwarzspecht	0,6	6,0	Vielgestaltig: gerade, gebogen, eingerollt
Buntspecht	0,45	4,5	Gebogene Walze, eingerollt

Das Thema der **Speiballen** scheint nicht eindeutig geklärt. Während Gerard Gorman angibt, dass der Grünspecht Speiballen produziert, die Ameisenreste enthalten, findet sich bei G. v. Blotzheim & Bauer nur ein kurzer Hinweis auf Speiballen beim Wendehals.

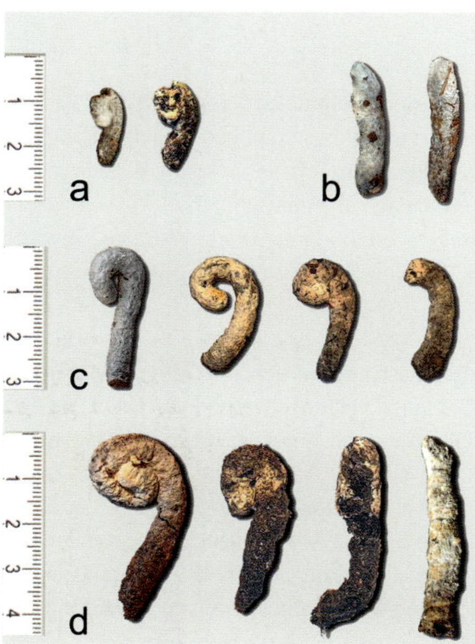

Exkremente von Spechten: Buntspecht (a), Grauspecht (b), Grünspecht (c) und Schwarzspecht (d). Neben den typischen Formen gibt es auch Abweichungen wie beispielweise beim Grünspecht (c rechts).

Einführung in die Bestimmung von Singvogel-Trittsiegeln

Singvögel bilden die weitaus artenreichste Gruppierung unter den Vögeln. Dennoch sind sie in der Spurenliteratur oft unterrepräsentiert und werden häufig nur exemplarisch behandelt. In englischsprachigen Schriften fasst man sie häufig unter dem Begriff „small perching birds“ zusammen. Die Zuordnung ihrer Trittsiegel ist besonders anspruchsvoll, da diese oft nur schwer zu unterscheiden sind. Dieses Buch zeigt jedoch anhand von über 20 Singvogelfamilien, wie eine präzise Bestimmung gelingen kann. Es werden charakteristische Merkmale vorgestellt, die durch die kombinierte Betrachtung von Trittsiegellängen, Proportionen, morphologischen Besonderheiten und ökologischen Zusammenhängen erarbeitet werden können.
Dieses einleitende Kapitel bietet eine Orientierungshilfe und Einführung in die komplexe Materie der Trittsiegelbestimmung bei Singvögeln.

Unterscheidung von Singvogel-Trittsiegeln

Grundtypus

Alle Singvögel teilen den Grundtypus des „klassischen Vogelfußes“. Verwechslungen können dennoch auftreten, insbesondere mit Trittsiegeln von Tauben und Falken. Größere Rabenvögel oder kleinere Greifvögel können ebenfalls ähnliche Spuren hinterlassen, da ihre Fußproportionen und die Zehenstellung teils mit denen bestimmter Singvögel übereinstimmen.

Dimensionen und Proportionen

Erhebt man einen kompletten Datensatz aus Längen und Winkeln (siehe Einleitung), dann lässt sich ein Algorithmus entwickeln, nach dem sich die meisten Trittsiegel auf Familienniveau – häufig auch auf Artniveau – bestimmen lassen. Dieser kann in die Entwicklung einer zukünftigen Bestimmungs-App einfließen. Das vorliegende Buch versteht sich jedoch in erster Linie als Feldführer. Daher beschränken wir mathematische Analysen auf ein Mindestmaß und fokussieren uns auf die Merkmale, die sich bereits im Freiland ohne größere Hilfsmittel zuordnen lassen.

Trittsiegellängen (TSL)

- Die meisten Trittsiegel von Singvögeln wirken klein und zart. Die **durchschnittliche TSL** misst **3,5 cm** und **drei Viertel aller Arten** gruppieren sich um diesen Mittelwert. „Ausreißer“ wie besonders große oder kleine Abdrücke fallen jedoch bereits bei oberflächlicher Betrachtung auf.
- Deutlich **größer** sind die **Rabenvögel**, deren TSL 6 cm meist deutlich übertreffen. Das ist im Freiland noch auffälliger als in der auf der folgenden Doppelseite gezeigten Abbildung, die lediglich die kleineren Arten (Eichelhäher und Dohle) darstellt. Ein Krähenabdruck oder gar der eines Kolkraben, der über 10 cm messen kann, sind

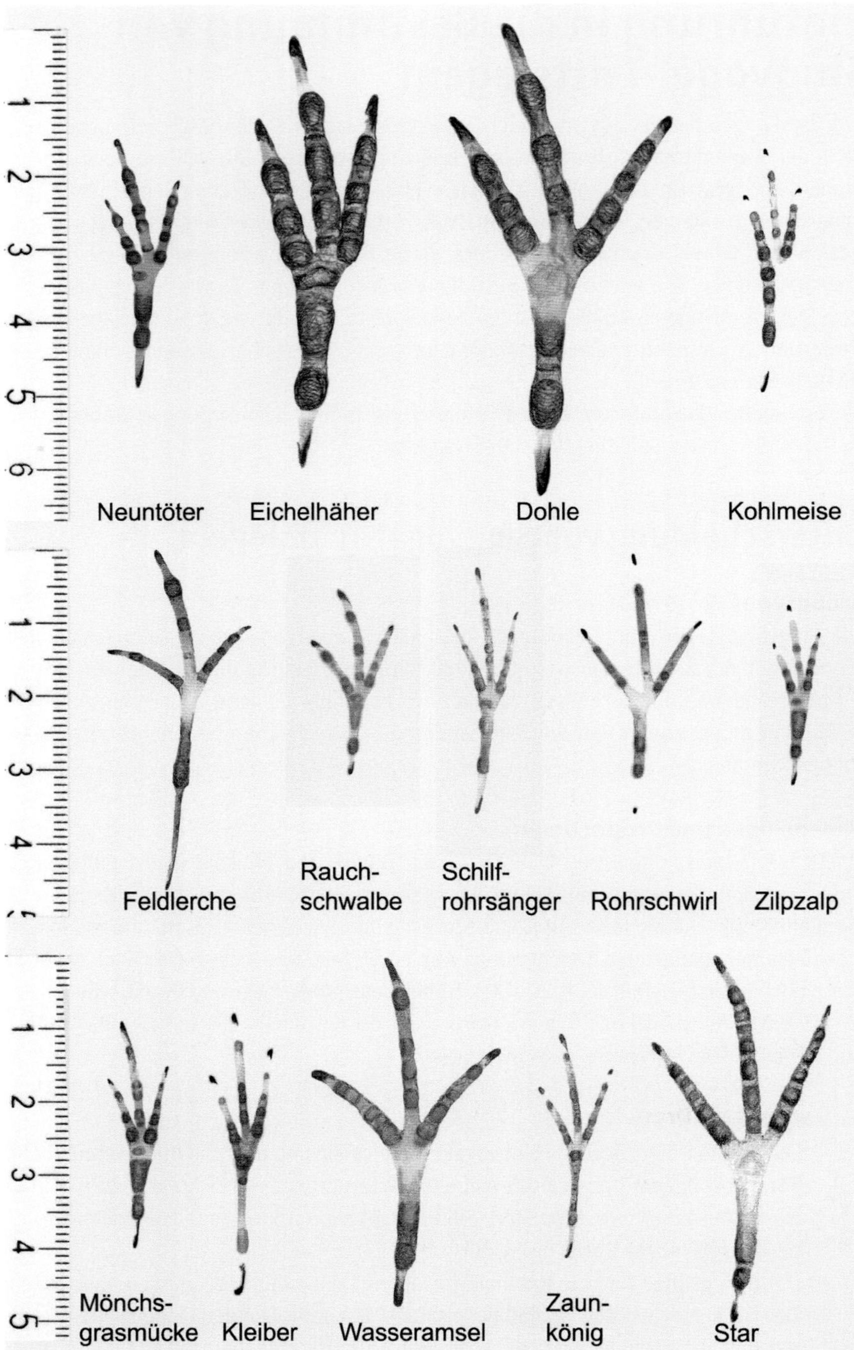

Trittsiegel der Singvögel. Typische Vertreter der einzelnen Familien in taxonomischer Reihenfolge.

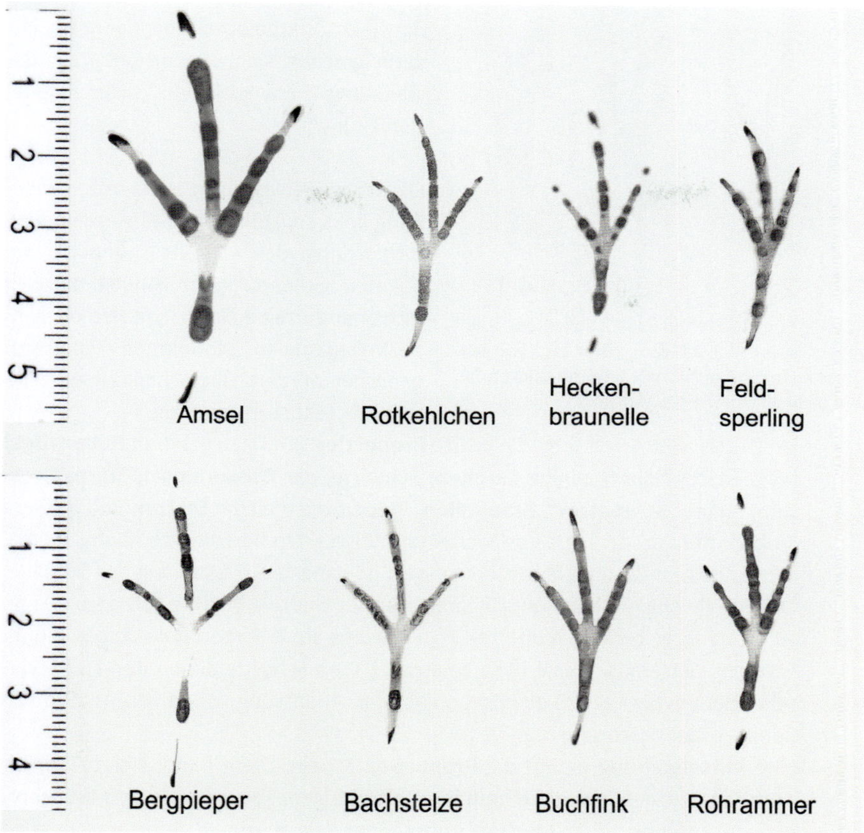

Fortsetzung: Trittsiegel der Singvögel. Typische Vertreter der einzelnen Familien in taxonomischer Reihenfolge.

eindeutig und nur in Ausnahmefällen mit einem Greifvogel-Trittsiegel zu verwechseln.

- Am anderen Ende des Spektrums rangieren besonders **kleine** Trittsiegel. Unter 2,7 cm messen nur die der **Goldhähnchen, Schwalben, Laubsänger, Klappergrasmücke** und einiger **kleiner Finkenarten.**
- Eine letzte, gut unterscheidbare Größenklasse liegt bei etwa **5 cm**. Hier finden sich vorwiegend **Drosselvögel** und **Stare**.

Die beschriebenen Größenklassen beziehen sich auf TSL inklusive der Krallen. Wenn die Hinterkralle im Freiland schlecht sichtbar ist, kann das insbesondre bei Lerchen oder Piepern zu gravierenden Fehleinschätzungen führen.

Umriss (Verhältnis TSL / TSB). Ein weiterer, einfacher Schritt zur Bestimmung ist die Beurteilung des Verhältnisses von Trittsiegellänge (TSL) und Trittsiegelbreite (TSB), wozu ein gedachtes Umrissrechteck als Hilfsmittel dienen kann. Dies ist auch im Freiland möglich,

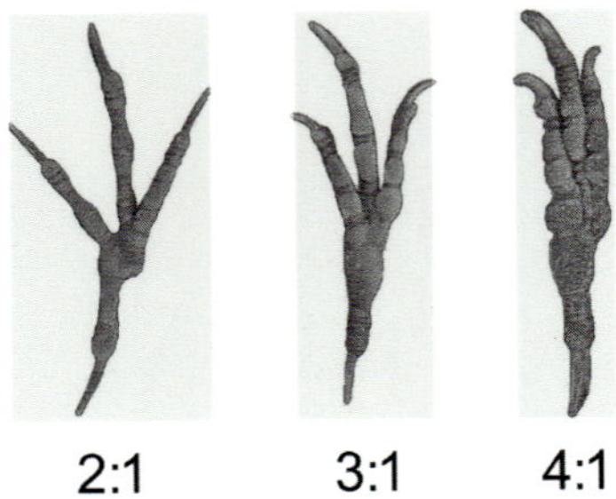

Häufige Längen-Breiten-Proportionen bei Singvögeln (nicht maßstäblich): „Breit“ 2:1 wie bei Drosseln (a), „mittel“ 3:1 wie bei Grasmücken (b) und „schmal“ 4:1 wie bei Meisen (c).

da viele Ornithologen und Spurensucher darin geschult sind, Proportionen zur Bestimmung heranzuziehen (siehe Kapitel „Einleitung“).

Die Trittsiegel lassen sich, wie in der Abbildung links ersichtlich, in drei verschiedene Proportionstypen einteilen. Ähnlich wie bei den Größenklassen können dadurch nicht nur einzelne Arten, sondern oft ganze Vogelfamilien bestimmten Typen zugeordnet werden. Überschneidungen sind möglich, jedoch eher selten.

- Ein Drittel aller Arten zeigt die **breite Proportion 2:1**. Dazu gehören **Rabenvögel** (außer Eichelhäher), einige **Lerchen**, **Schwirle,** die **Wasseramsel, Stare, Drosseln,** einige **„Schmätzer“, Braunellen, Pieper**, die meisten **Stelzen** und größere **Finken**arten. Breite Trittsiegel weisen auf Vogelarten hin, die sich häufig am Boden aufhalten. Besonders bemerkenswert ist dabei die Fußstellung der Schwirle. Obwohl sie eng mit den Rohrsängern verwandt sind, weicht ihre Fußmorphologie aufgrund ihrer bodenorientierten Lebensweise ab: Während Rohrsänger, die im Röhricht klettern, schmale Füße besitzen, haben Schwirle die breiten Füße typischer Bodenvögel. Diese ökomorphologische Anpassung wurde bereits 1975 von Bernd Leisler beschrieben.
- Eine **Mittelstellung** nimmt die **Proportion 3:1** ein. Diese findet sich bei einem weiteren Drittel mit dem **Eichelhäher** (als einzigem Rabenvogel), den **Würgern**, einigen **Lerchen**, dem **Mariskenrohrsänger** (als einzigem Rohrsänger), allen **Laubsängern** und **Grasmücken,** dem **Zaunkönig,** den **Sperlingen,** den **kleinen Finken** und den **Ammern.** In dieser Gruppe finden wir erneut einen ökomorphologischen Hinweis: Alle Rohrsänger gehören zur nächsten Kategorie der schmalen Trittsiegel. Eine Ausnahme bildet jedoch der Mariskenrohrsänger, der in dieser Kategorie aufgeführt ist. Im Gegensatz zu seinen Verwandten, die vorwiegend im Röhricht klettern, bewegt er sich häufiger am Boden.
- Besonders **schmal,** mit einer Proportion von **4:1,** sind vor allem die Trittsiegel der Vögel, die klettern oder auch kopfüber im Gezweig turnen. Dazu gehören **Meisen**, **Rohrsänger** (außer Mariskenrohrsänger), **Kleiber** und **Mauer**- und **Baumläufer**. Viele dieser Arten haben auch besonders lange Krallen.

Zur Beurteilung der Längen-Breiten-Proportion sind idealerweise mehrere Trittsiegel aus einer Spurengruppe heranzuziehen. Bestimmtes Verhalten oder Unregelmäßigkeiten im Boden können die hier vorgestellten Relationen verändern. Besonders **Finken** *zeigen eine beträchtliche Variationsbreite.*

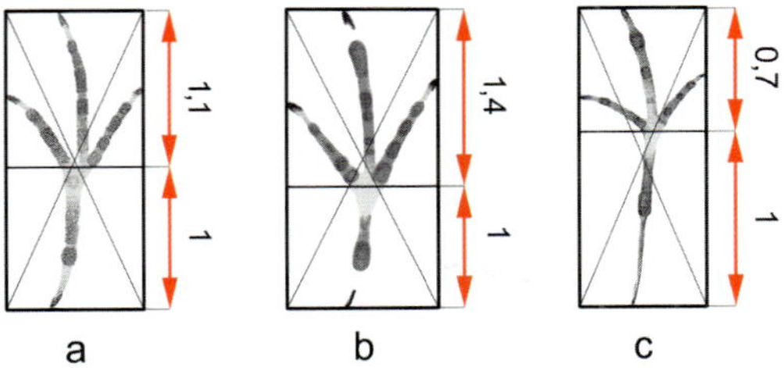

Proportion von Mittel- zur Hinterzehe (nicht maßstäblich). Umriss mit Fußmitte (Diagonalenschnittpunkt) und Ansatzlinien der Vorderzehen. Verhältnis der Zehen (rote Pfeile) bei einem „Schmätzer" (a), einer Drossel (b) und einer Lerche (c).

Proportion von Mittel- und Hinterzehe anhand der Ansatzlinie der Vorderzehen. Als weitere Proportion, die sich bereits im Feld gut einzuschätzen lässt, betrachten wir das Längenverhältnis von der Mittel- zur Hinterzehe.

Verglichen wird hier die geometrische Fußmitte, definiert als Schnittpunkt der Diagonalen, mit der Ansatzlinie der Vorderzehen. Aufmerksame Leser werden bemerkt haben, dass in dieser Betrachtung auch Teile der Metatarsalregion in die Länge der Hinterzehe einbezogen werden. Dies ist anatomisch zwar nicht ganz korrekt, aber praktisch sinnvoll, da die Fußmitte bei vielen Trittsiegeln nur unvollständig sichtbar ist und der proximale Ansatz der Hinterzehe oft unklar bleibt.

- Beim „typischen" Singvogelfuß (**a**) liegt die Ansatzlinie der Vorderzehen etwa **im Bereich** der geometrischen **Fußmitte**. Diese Proportion findet sich bei mehr als der Hälfte aller Singvogelarten. Typische Vertreter sind **Würger**, **Rabenvögel**, etwa 50 % der **„Schmätzer"**, die meisten **Pieper**, die Mehrheit der **Finken** sowie einige **Ammern**.
- Bei einem Viertel der Singvogelarten liegt die Ansatzlinie der Vorderzehen deutlich **hinter der Fußmitte** (**b**), was vor allem auf **lange Mittelzehen** zurückzuführen ist. Diese Proportion zeigen vor allem **Schwalben**, **Drosseln**, die andere Hälfte der **„Schmätzer"**, die **Stelzen** sowie einige **Finken** und **Ammern**.
- Der verbleibende, kleinere Teil der Arten zeigt eine Ansatzlinie, die **vor der Fußmitte** (**c**) liegt. Dies ist vor allem durch lange Hinterzehen bedingt. Typische Vertreter dieser Gruppe sind **Meisen**, **Lerchen** sowie einige **Pieper**.

Die angegebenen Proportionen beziehen sich auf Trittsiegel mit Krallen. Besonders bei Arten mit langen Hinterkrallen (Lerchen, Pieper) drohen Fehlinterpretationen, wenn die exakte Länge dieser Krallen unklar ist.

Schablonen. Zusätzlich zu Unterschieden in Größen und Proportionen weisen mehrere Singvogelfamilien charakteristische Merkmalskombinationen auf, die es erlauben, das Trittsiegel „auf einen Blick" zuzuordnen.

Von den vorgestellten Typen sind „Umarmung" und „Gabel" spezifisch für jeweils eine bestimmte Vogelfamilie, während die übrigen auf mehrere Familien zutreffen können. Da Schablonen subjektive Konstrukte sind, mögen die hier dargestellten Beispiele für manche nachvollziehbar sein, während sie anderen weniger überzeugend erscheinen. Die Leserschaft ist eingeladen, eigene Ansätze in diese Richtung zu entwickeln und ein persönliches Schablonensystem zu entwickeln.

Schablonen für einzelne Singvögel (nicht maßstäblich). „Umarmung“ (a), „Gabel“ (b), „Pfeil“ (c), „Ausrufezeichen“ (d), „Rune“ (e) und „Segge“ (f).

- **„Umarmung“ (a).** Der „hugging toe“ wurde bereits im Kapitel „Einleitung“ erläutert und beschreibt die Parallelstellung – eine „Umarmung“ – von Innen- und Mittelzehe. Diese Schablone gilt als (mehr oder weniger) verlässliches Merkmal für **Rabenvögel**. Eine Ausnahme bildet der Eichelhäher, bei dem aufgrund seiner engen Zehenstellung dieses Merkmal nicht zutrifft. Auch bei Elstern ist es oft weniger deutlich ausgeprägt. In bestimmten Situationen kann zudem bei Drosseln die Mittelzehe zur Fußmitte verschoben sein, wodurch ein ähnlicher Eindruck entsteht.
- **„Gabel“ (b).** Eine weitere charakteristische Schablone ist die „Gabel“. Dabei bilden Innen- und Hinterzehe eine Linie, während Mittel- und Außenzehe seitlich versetzt sind und beinahe parallel wirken. Auffällig ist, dass die Basis der Außenzehe auskragt. Diese markante Merkmalskombination findet sich bei allen **Meisen** und ihren Verwandten am wenigsten deutlich bei der Bartmeise.
- **„Pfeil“ (c).** Besonders ausgeprägt zeigt sich der „Pfeil“ bei Arten mit breiten Trittsiegeln, wenn Innen- und Außenzehe weit gespreizt und etwas nach hinten gebogen sind. Die Druckpunkte liegen dabei im Bereich der Zehenspitzen. Diese Merkmale sind typisch für bodenbewohnende Vögel wie **Lerchen**, **Pieper** und **Stelzen**, eingeschränkt auch für die **Wasseramsel**. Eine Lücke im Bereich der Fußmitte – im Metatarsalbereich und im proximalen Abschnitt der Hinterzehe – verstärkt die charakteristische Pfeilform zusätzlich.
- **„Ausrufezeichen – !“ (d).** Im Gegensatz zur Pfeilform liegen hier die Druckpunkte nahe der Fußmitte, die stärker am Boden abdrückt, besonders im Bereich des **Sitzkissens** – das ist der proximale Anteil der Hinterzehe. Im Idealfall sieht man diesen Bereich als langgezogenes Trapez, das man in Verbindung mit der Hinterkralle als Ausrufezeichen interpretieren kann. Diese Merkmale zeigen **Würger**, **Laubsänger** und **Grasmücken**. Die meisten dieser Arten sind selten am Boden und bewegen sich bevorzugt in der Vegetation.
- **„Rune“** – spitz/stumpf **(e).** Auffällig ist hier eine gewisse Diskontinuität der Fußachse. Mittel- und Außenzehe stehen in einem spitzen Winkel zueinander, wirken seitlich versetzt und haben nur wenig Kontakt zu Hinter- und Innenzehe, die einen stumpfen Winkel bilden. Diese Schablone ist charakteristisch für **Drosseln** und **„Schmätzer“**. Weniger deutlich lässt sich diese „Rune“ im Trittsiegel von Schwirlen erkennen.

- **„Segge“ (f).** Trittsiegel, die relativ schmal sind und ausgeprägte Zehenbiegungen aufweisen. Sie lassen sich mit Halmen dieser Sauergräser vergleichen, da die Vorderzehen in eleganten Schwüngen aus der Fußmitte „sprießen“. Diese Schablone ist typisch für **Sperlinge** und einige **Finken**.

Weitere morphologische Merkmale. Nach diesen Überlegungen sollte es möglich sein, ein zu bestimmendes Trittsiegel bereits grob einzugrenzen. Erfahrene Spurenlesende entwickeln dabei im Geiste einen Dreiervorschlag möglicher Arten oder Familien, den es anschließend zu bestätigen oder zu widerlegen gilt. Hierbei können einige zusätzliche Merkmale hilfreich sein:

- **Krallenlängen** (besonders aussagekräftig sind die Hinterkrallen) (**a** & **b**). Recht kurze Krallen können manche Finkenarten zeigen, dann beträgt die relative Länge nur etwa 20 % der Hinterzehe. Besonders lange Krallen haben **Pieper**, wo die Kralle ebenso lang sein kann wie die Hinterzehe. Ebenfalls lange Krallen zeigen **Lerchen, Baumläufer** und die **Spornammer**.

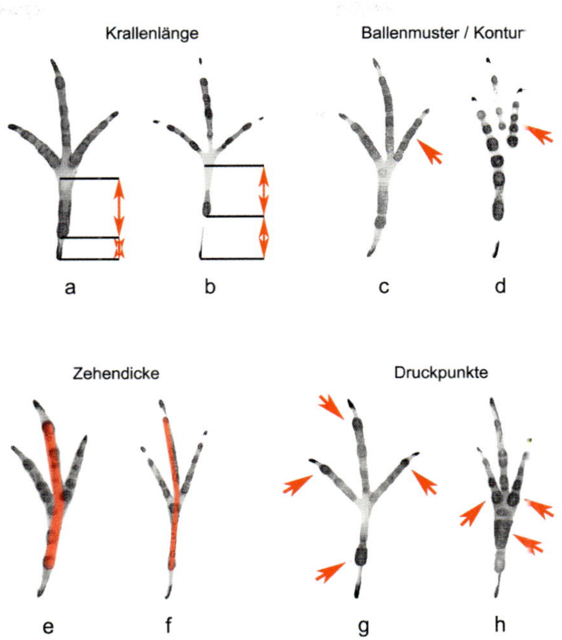

Weitere morphologische Merkmale von Singvogel-Trittsiegeln (nicht maßstäblich). Wasseramsel (a), Pieper (b), Rotkehlchen (c), Meise (d), Sperling (e), Zaunkönig (f), Bachstelze (g) und Grasmücke (h).

Krallen sind dynamische Körperteile, die sich abstoßen und wieder nachwachsen, auch sind sie manchmal durch Verletzungen verändert. Jungvögel haben oft längere Krallen, die noch wenig abgenutzt sind. Dies erschwert in Einzelfällen die Beurteilung. Ein weiteres Kriterium ist die Krallenkrümmung. Wirklich lang im Trittsiegel erscheinen nur schwach gekrümmte Krallen. Manche Krallen von Piepern, die in der Literatur (zum Beispiel Demongin) als sehr lang beschrieben werden, sind im Trittsiegel weniger prominent, da sie stärker gekrümmt sind und somit kürzer abdrücken.

- **Ballenmuster (c & d)**. Trittsiegel können entweder **flächig** wirken oder am anderen Ende des Spektrums einer „**Perlenkette**“ aus Punkten ähneln. Diese Unterschiede beruhen auf der anatomischen Ausprägung der Zehenballen. Flache Ballen erzeugen flächige Zehenabdrücke mit einer durchgängigen Außenkontur, während das Ballenmuster allenfalls im Hintergrund bleibt. Hohe, „fleischige“ Ballen hingegen führen zur „Perlenkette“, bei der die Außenkontur der Zehen meist unterbrochen ist oder gänzlich fehlt. Deutlich ausgeprägte Ballenmuster sind charakteristisch für **Würger**, **Rabenvögel**, **Meisen**, **Laubsänger**, **Grasmücken**, **Kleiber** und **Drosseln** sowie in abgeschwächter Form auch für Sperlinge, Pieper, Finken und Ammern. Flächige Trittsiegel hingegen finden sich bei **Schwirlen**, der **Wasseramsel**, dem **Zaunkönig** und den „**Schmätzern**“.
- **Zehendicke (e & f)** Dieses Merkmal kann bei Trittsiegeln mit ähnlicher Länge ein hilfreiches Unterscheidungskriterium sein. So wirken beispielsweise die Abdrücke eines Feldsperlings wuchtiger als die eines gleich großen Zaunkönigs.

Die Ausprägung dieses Merkmals hängt jedoch stark vom Untergrund ab. Auf sehr hartem Boden können selbst anatomisch dicke Zehen nur als feine Linien erscheinen, während in weichem Schlamm auch dünne Zehen voluminös wirken können.

- **Druckpunkte (g & h).** Auf dieses Merkmal hat bereits 1959 Tilo Rüggeberg hingewiesen. Er untersuchte die funktionelle Fußanatomie von Singvögeln und unterschied zwischen zwei Typen, die er als „**Sitzfuß**“ und „**Lauffuß**“ bezeichnete. Laut Rüggeberg sind Vögel mit „Sitzfüßen“ primär Baumbewohner, die sich hüpfend fortbewegen, während Arten mit „Lauffüßen“ am Boden gehen oder laufen. Diese Unterschiede spiegeln sich auch im Ballenmuster wider: Bei hüpfenden Vögeln sind die Ballen in der Fußmitte besonders ausgeprägt. Bei laufenden Bodenvögeln hingegen ist der Metatarsalbereich wenig markant, während die stärksten Ballen an den Zehenspitzen sitzen, wodurch in der Fußmitte ein relativ großer Negativraum entsteht. Diese Erkenntnisse lassen sich unmittelbar auf die Spurenkunde anwenden: Vögel mit „**Lauffüßen**“ wie **Lerchen**, **Schwirle**, **Pieper** und **Stelzen** – eingeschränkt auch Drosseln und einige „Schmätzer“ (zum Beispiel Blaukehlchen) – hinterlassen die markantesten Abdrücke an den **Zehenspitzen**. Im Gegensatz dazu liegen die Druckpunkte bei Vögeln mit „**Sitzfüßen**“ in der **Fußmitte**, auffällig meist im Bereich des Sitzkissens (der proximale Ballen der Hinterzehe), siehe Schablone „**Ausrufezeichen !**“. Das zeigt sich besonders deutlich bei **Würgern**, **Rohrsängern, Laubsängern** und **Grasmücken**.

Zusammenfassung (Dimension und Morphologie)

Um Trittsiegel von Singvögeln „auf einen Blick“ einordnen zu können, bietet die folgende Tabelle eine Zusammenschau der beschriebenen Längen, Proportionen und morphologischen Merkmale.

Dimension und Morphologie von Singvogel-Trittsiegeln. Die Trittsiegellängen (TSL) verdeutlichen die Größenunterschiede innerhalb der jeweiligen Familie von der kleinsten bis zur größten Art. Z1/Z3 Proportion von Hinter- und Mittelzehe, Typologie wie in der Abb. auf S. 293.

Art	TSL (cm)	TSL/TSB	Anmerkungen	Z1/Z3	Schablone
Würger	3,1–4,5	3:1		(a), (b)	! (d)
Rabenvögel	5,7–11,6	2:1	Eichelhäher 3:1	(a, b)	Umarmung (a)
Meisen & Verwandte	2,0–3,5	4:1	Bartmeise und, Goldhähnchen 3:1	(c), (a)	Gabel (b)
Lerchen	3,8–5,0	2:1, 3:1	Durch „Sporn" schmaler wirkend.	(c)	Pfeil (c)
Schwalben	2,0–2,9	2:1		(a), (b)	
Rohrsänger	2,7–4,3	4:1	Marisken-rohrsänger 3:1	(a)	
Schwirle	3,0–3,8	2:1		(b)	Rune (e)
Laubsänger	2,3–2,6	3:1		(a)	! (d)
Grasmücken	2,3 –3,3	3:1		(a), (b)	! (d)
Kleiber, Baum- und Mauerläufer	2,8–4,7	4:1	Baumläufer 5:1	(a), (c)	
Wasseramsel	4,5–4,9	2:1		(b)	Pfeil (c)
Zaunkönig	2,7–3,3	3:1		(a)	
Star	4,7–5,2	2:1		(a)	
Drosseln	4,3–5,8	2:1		(b)	Rune (e)
„Schmätzer"	2,6–4,4	2:1	Nachtigall 3:1	(a), (b)	Rune (e)
Braunellen	3,1–4,1	2:1 (3:1)		(b)	
Sperlinge	2,7 –3,8	3:1		(a), (b)	Segge (f)
Pieper	3,6–5,4	2:1		(a), Spornpieper (c)	Pfeil (c)
Stelzen	2,6–3,7	2:1		(a), (b)	Pfeil (c)
Finken	2,2–4,4	2:1, 3:1	Kleinere Arten sind schmaler.	(a), (b)	Segge (f)
Ammern	3,1–4,3	3:1, (2:1)		(a), (b), Spornammer (c)	

Gangarten und Spurbilder

Wenn ein längeres Spurbild statt nur eines isolierten Trittsiegels vorliegt, wird die Bestimmung deutlich einfacher. Selbst wenn der bekannte Ausspruch von Joscha Grolms, *„Alle können alles"*, auch auf Vögel zutrifft, lassen sich grundsätzlich **laufende Boden-**

vögel von **hüpfenden Baumarten** unterscheiden (siehe auch Kunkel). Die Gangarten werden hier vereinfacht dargestellt, mit Fokus auf drei leicht unterscheidbare Typen: fortlaufende Spurbilder (**Gehen und Laufen**), gruppenbildende Spurbilder (**Hüpfen und Hüpflauf**) sowie den **Polkaschritt** (typisch vor allem für Finken). Detaillierte Beschreibungen finden sich in der Einleitung und in den jeweiligen Artkapiteln.

Gangarten von Singvögeln: Hü Hüpfen/Hüpflauf, GL Gehen/Laufen, Po Polkaschritt (nach Kunkel und eigenen Daten).

Art	Spurbild	Bemerkungen
Würger	Hü	Selten auch Trippeln (GL)
Rabenvögel	GL, Hü	Kleine Arten wie Häher hüpfen öfter.
Meisen & Verwandte	Hü	Nur die Bartmeise kann auch am Boden laufen (GL).
Lerchen	GL	
Schwalben	GL	Kurze, trippelnde Schritte
Rohrsänger	Hü	Können bei der Bodenjagd auch laufen (GL)
Schwirle	GL (Hü)	Laufen mit großen SL, der Rohrschwirl kann auch hüpfen.
Laubsänger	Hü	
Grasmücken	Hü	Können bei der Bodenjagd auch laufen (GL)
Kleiber, Baum- und Mauerläufer	Hü	
Wasseramsel	GL	
Zaunkönig	Hü	
Star	GL (Hü)	
Drosseln	GL, Hü	Die Häufigkeit der einzelnen Gangarten variiert bei den einzelnen Arten und ist auch vom Substrat und Verhalten abhängig.
„Schmätzer"	Hü (GL)	Blaukehlchen und Steinrötel können auch laufen. Nachtigallen hüpfen ausschließlich.
Braunellen	GL, Hü (Po)	Beim Gehen kurze SL.
Sperlinge	Hü	Schneesperlinge können auch laufen.
Pieper	GL	
Stelzen	GL	
Finken	Hü, GL, Po	Der Buchfink zeigt die größte Variationsbreite, ist ein Spezialist für den Polkaschritt und läuft auch. Kleinere Arten hüpfen bevorzugt.
Ammern	Hü, GL (Po)	Rohr-, Gold- und Grauammer hüpfen bevorzugt (gehen aber manchmal oder bewegen sich im Polkaschritt). Sporn- und Schneeammer laufen ausschließlich.

Abschließende Betrachtungen

Wenn die Bestimmung bis zu diesem Punkt fortgeschritten ist, gilt es, einige abschließende Überlegungen anzustellen. Diese können dazu beitragen, unsere Einschätzung zu untermauern oder gegebenenfalls zu revidieren:

Häufig oder selten (wahrscheinlich oder unwahrscheinlich)?

Natürlich ist es besonders spannend, einer vermeintlichen Seltenheit auf der Spur zu sein. Doch bevor wir vorschnell urteilen, erhebt sich die Frage, ob es nicht „einfachere" Lösungen gibt. Das Häufige ist eben doch wahrscheinlicher.
Häufig finden sich Trittsiegel folgender Sinvögel: **Rabenvögel** (Eichelhäher, Dohle, Elster, Raben-, Nebel- und Saatkrähe), **Kohl-** und **Blaumeise, Star, Amsel und Singdrossel, Rotkehlchen, Haus- und Feldsperling, Bachstelze** und **Buchfink**.

Wann und wo?

Wie bereits in der Einleitung erwähnt, spielt die **Phänologie**, also die jahreszeitliche An- oder Abwesenheit, eine wichtige Rolle bei der Bestimmung von Trittsiegeln. Es ist offensichtlich, dass Spuren eines insektenfressenden Zugvogels wie einer Schwalbe oder eines Rohrsängers im Hochwinter (weitgehend) ausgeschlossen sind. Während dieser Jahreszeit ist das Artenspektrum stark eingeschränkt.
Der **Auffindungsort** liefert ebenfalls wertvolle Hinweise: Generalisten können nahezu überall auftreten und hinterlassen Spuren flächendeckend. Spezialisierte Vögel hingegen bevorzugen bestimmte Lebensräume, wo sie dann mit höherer Wahrscheinlichkeit anzutreffen sind. Einige Beispiele:

- Austrocknende Pfützen an Wald- und Feldwegen: **Amseln, Singdrosseln** (bei der Nahrungssuche nach Regenwürmern), **Finken** (Buch- und Grünfink, Stieglitz, Kernbeißer) müssen regelmäßig trinken und fressen gelegentlich Erde und Steinchen, **Rabenvögel**.
- Feuchte Feldränder nach der Erntezeit: **Rabenvögel, Feldlerchen, Goldammern**.
- Boden, verschlammter Röhrichtzonen: **Rohrschwirle, Mariskenrohrsänger,** (Schilfrohrsänger), **Rohrammern**.
- An Vogelfutterstellen: **Kohl- und Blaumeisen, Kleiber, Haus-** und **Feldsperlinge, Buchfinken**.
- Uferzonen von Fließgewässern: **Bach-** und **Gebirgsstelzen, Wasseramseln**. Die letzten beiden Arten suchen „tosende" Wasser.
- Flachküsten (zur Zugzeit): **Ohrenlerchen, Stare, Strandpieper, Bergfinken.**
- Höhere Berglagen / Almtümpel: **Ring-** und **Misteldrosseln, Schneesperlinge, Bergpieper**.

Die Berücksichtigung dieser Faktoren kann die Eingrenzung des möglichen Spurverursachers erheblich erleichtern.

Würger

Würger tragen einen wenig schmeichelhaften Namen für eine Singvogelfamilie, die sich auf den Beutefang spezialisiert hat. Auch der lateinische Gattungsname „*Lanius*“ ist nicht freundlicher, denn er bedeutet „Schlachter“ oder „Metzger“. Würger sind eher seltene Vögel, wobei man in Mitteleuropa am ehesten dem Neuntöter begegnet, während ein größerer Vertreter, der Raubwürger, vor allem als Wintergast auftritt. Dann sitzt er häufig auf exponierten Warten und kann auch durch spezifische Verhaltensweisen die Annäherung von Greifvögeln anzeigen. Sein wissenschaftlicher Name *Lanius excubitor* – „der Schlächter als Wächter“ – spiegelt diese Eigenheit treffend wider.

Fußmorphologie und Trittsiegel

Neuntöter:
links: Fuß seitlich.
Mitte: linker Fuß, Unterseite.
rechts: rechtes Trittsiegel (idealisierte Zeichnung).

Würger haben kräftige Zehen mit ausgeprägten Ballen. Die Außenzehe ist kaum länger als die Innenzehe. Die Krallen sind lang, kräftig, spitz und stark gekrümmt. Der Metatarsalballen ist klein.

- Grundtypus: Klassischer Vogelfuß.
- Dimension: TSL 3,1 bis 4,5 cm (für alle Arten).

Als charakteristischer Vertreter wird zuerst der Neuntöter besprochen.

Umrisse und Proportionen

Der Umriss entspricht einem **Rechteck** von 3:1. Die Ansatzlinie der Vorderzehen liegt etwa in Fußmitte. Die Umrisslinie entlang der Zehenspitzen (rote Linie) entspricht einem ziemlich **symmetrischen Deltoid**.

Schablone

Würger sind Vogelarten mit ausgeprägtem Sitzkissen – das entspricht einer **„Ausrufezeichen"-Schablone.**

Achsen und Winkel

Die **Öffnungswinkel** der Vorderzehen sind **schmal** und betragen nur etwa 40° (30 bis 60°). Der innere Teilwinkel ist meist kleiner. Die Fußachse ist ca. 170° nach innen gewinkelt.

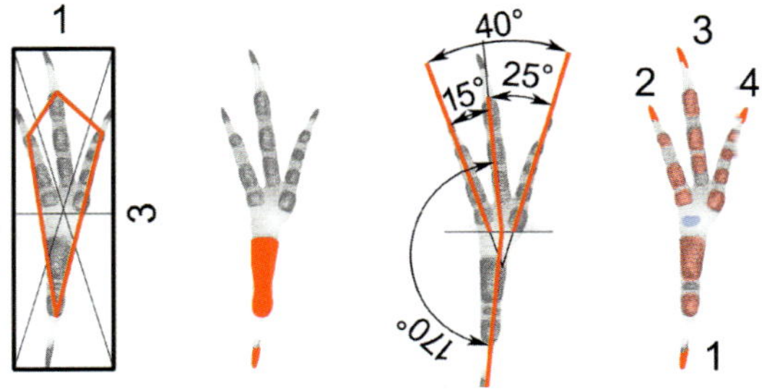

Neuntöter:

links : Umrisslinien, Ansatzlinie der Vorderzehen.

links Mitte: Schablone – Ausrufezeichen.

rechts Mitte: Öffnungswinkel. Zehenachsen (rot), Gradangaben der Winkel.

rechts: Ballenmuster und Krallen. Zehenballen (rosa), Krallen (rot), Metatarsalballen (blau).

Ballenmuster und Krallen

Alle **Zehen** sind **kräftig** und stehen meist **gerade**. In bestimmten Situationen bilden Hinter- und Mittelzehe auch einen leichten Bogen. Die Hinterzehe (1) ist relativ lang, die Innen- (2) und Außenzehe (4) sind fast gleich lang.

Die **Ballen** sind **ausgeprägt** und besonders auffällig ist der proximale Zehenballen der Hinterzehe **(= Sitzkissen).**

Der **Metatarsalballen** ist **zart** und drückt selten ab – meist befindet sich hier ein schmaler **Negativraum.**

Die **Krallen** sind lang, kräftig, spitz und stark gekrümmt. Sie drücken oft als **isolierte Punkte** vor den jeweiligen Zehenspitzen ab. Besonders lang wirkt die Kralle der Hinterzehe.

Realitätsprüfung

Findet man derlei Trittsiegel im Freiland, so denkt man primär nicht an Würger. Erst bei genauerer Analyse finden sich Anhaltspunkte, die eine Bestimmung ermöglichen:

- Die **Gesamtform** der Trittsiegel ist **schmal**, am wenigsten noch beim Raubwürger (c), und **symmetrisch**.
- Die **kräftigen Ballen** drücken am Boden überraschend **zart** ab (besonders in Abb. b).

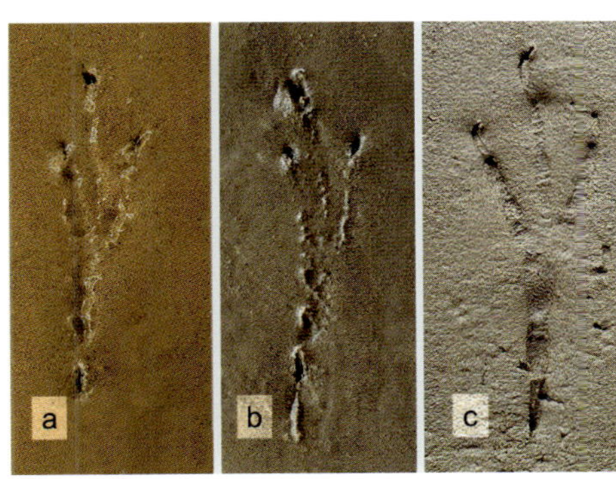

Rechte Trittsiegel von Würgern: Neuntöter (a & b), Raubwürger (c).

Trotzdem erkennt man eine Betonung der Ballen im Sinne einer **„Perlenkette"**.

- Die **„Ausrufezeichen"-Schablone** ist bei den Abb. a und c gut nachvollziehbar.
- Im Bereich des Metatasalballens zeigt sich ein **schmaler Negativraum**. Beim Raubwürger (c) ist dieser Ballen angedeutet.
- Die langen **Krallen** erscheinen meist als **abgesetzte Punkte** und sind am **tiefsten** eingedrückt.
- Kennzeichnend ist eine Merkmalskombination aus
  - » schmalem Umriss, symmetrisch,
  - » ausgeprägtem Sitzkissen,
  - » angedeutetem Ballenmuster einer Perlenkette und
  - » langen Krallen.

Verwechslungsmöglichkeiten

Trittsiegel von Würgern werden selten gefunden und sind oft recht uncharakteristisch. Sie werden sicherlich auch häufig übersehen und falsch zugeordnet – ein schwieriges Thema. Prinzipiell sind Verwechslungen mit den meisten anderen Singvögeln gleicher Größenordnung möglich.

- **Drosseln und „Schmätzer"** haben breitere TS mit größeren Öffnungswinkeln. **Amseln** mit ihren langen Hinterkrallen und den knotigen Ballen sind allerdings morphologisch ähnlich, jedoch deutlich größer.
- Die meisten anderen Singvögel haben deutlich dünnere Zehen und zarte Ballen. Ausgeprägte Sitzkissen zeigen jedoch auch **Rohrsänger** und **Grasmücken**, wobei Rohrsänger noch schmalere TS mit eher zarten Ballen aufweisen. Grasmücken haben kürzere Krallen.

Artengarnitur

Neben dem Neuntöter, einem seltener werdenden Sommervogel der Heckenlandschaften, und dem Raubwürger, der oft nur mehr als Wintergast auftritt, sind noch zwei andere Arten zu bedenken. Der Schwarzstirnwürger im Südosten (Italien, Balkan, Ungarn) und der Rotkopfwürger eher im Südwesten.

Maße und Variationsbreite

Maßtabellen

Bemerkenswert sind die kleinen Dimensionen der Füße. So besitzt der Raubwürger, der im Extremfall Beutetiere bis zur Größe von Drosseln überwältigt, Füße, die kleiner sind als die seiner Beute. Die Maße für Schwarzstirn- und Rotkopfwürger liegen zwischen jenen von Neuntöter und Raubwürger. Morphologische Unterschiede sind nicht bekannt.

Trittsiegelmaße von Würgern (siehe auch Abkürzungsverzeichnis).

Art	TSL (cm)	TSL^{oK} (cm)	TSB (cm)	Z1 (cm)	Z1^{oK} (cm)	Z3 (cm)	Z3^{oK} (cm)
Neuntöter	3,4 (3,1–3,7)	2,5 (2,3–2,6)	1,0 (0,8–1,2)	1,4 (1,2–1,6)	0,9 (0,8–1,2)	1,9 (1,7–2,0)	1,5 (1,2–1,6)
Raubwürger	4,2 (3,9–4,5)	2,9 (2,8–3,4)	1,5 (1,5–1,6)	1,8 (1,6–1,9)	1,1 (1,0–1,4)	2,2 (2,1–2,4)	1,7 (1,6–1,9)

Gangarten und Spurbilder

Noch seltener als Trittsiegel findet man ganze Spurengruppen. Generell bewegen sich Würger am Boden hüpfend, so beispielsweise bei der Insektenjagd während schlechtem Wetter im Sommer. Bei der winterlichen Mäusejagd landet der Raubwürger oft neben seiner Beute, umspringt sie und tötet diese mit gezielten Schnabelhieben. Derlei Sequenzen könnten bei optimaler Schneelage zu finden sein.

Zeichen

„Dorndreher“ – dieser volkstümliche Name für den Neuntöter zeigt, dass das Aufspießen von Beute weit über die Kreise von Spurenkundigen hinaus bekannt ist oder früher bekannt war. Dieses Verhalten ist zweifellos das markanteste Merkmal dieser Vogelfamilie, doch ist es in freier Natur oft schwer zu entdecken – abhängig von Jahreszeit, Wetterbedingungen und regionalen Gegebenheiten.

Ernährung

Würger ernähren sich vor allem von tierischer Kost, die kleineren Arten vor allem von Insekten (wie Käfer, Hautflügler, Heuschrecken), der Raubwürger verstärkt von Mäusen, Kleinvögeln und anderen Wirbeltieren. Nur gelegentlich werden auch Beeren und Früchte gefressen.

Beutebehandlung

Im Unterschied zu Eulen fressen Würger kleine Portionen und verschlingen die Beute nicht im Ganzen. Nur kleinere Gliederfüßer werden am Fangplatz ohne weiter Behandlung verschluckt. Andere werden durch Schnabelhiebe getötet, und bereits Insekten in Wespengröße werden zu einem Fressplatz getragen, ebenso Kleinsäuger und Singvögel, die oft größere Strecken im Schnabel oder mit den Beinen transportiert werden. Nur Beute, die beim Neuntöter schwerer als etwa 25 g ist (das sind bereits erwachsene Feldmäuse) oder beim Raubwürger 80 g übersteigt (Schermäuse, junge Ratten, Drosseln), kann nicht mehr weggetragen werden. Sie wird am Fangplatz gefressen. Vögel werden dabei teilweise gerupft, und meist werden nur das Gehirn und kleinere Musekelteile genutzt. Kleinnager werden ebenso vom Kopf beginnend gefressen, wobei der Unterkörper – besonders die Eingeweide – meist liegen bleibt.

Sitz- und Fressplatz vom Neuntöter: Typische Warte an einem exponierten Ast über einem Feldweg (links) mit weiteren charakteristischen Zeichen. Ansammlungen von Exkrementen unter der Warte (rechts unten), zerfallende Speiballen und Beutereste (rechts Mitte) sowie einzelne abgerissene Flügeldecken (rechts oben).

Fraßplätze und Nahrungsspeicher

Letztere liegen oft gut versteckt in Hecken und anderen Gehölzen mit Dornen und strukturreichem Totholz, von Bodennähe bis etwa 2 m Höhe. Nur kleinere Insekten werden auch offen, beispielweise auf Stacheldraht, gespießt. Würger fressen auch, indem sie die Beute mit einem Fuß festhalten, ihre besondere Anpassung besteht jedoch in einer Art von Werkzeuggebrauch. Größere Beutestücke werden nämlich auf Dorne oder andere Holzstücke gespießt, in Astgabeln geklemmt oder seltener auch in Hohlräume gestopft. Dieses Verhalten dient einerseits der Beuteaufschließung, wenn der Würger seine ganze Körperkraft aufbieten muss, um eine Maus zu häuten oder Fleischstücke herauszureißen, andererseits der Vorratshaltung.

Beutereste

Streufunde von Beuteresten am Boden betreffen Kleinsäuger oder Vögel, die zu schwer für den Wegtransport waren. Wie beschrieben sind diese meist nur teilweise, vom Kopf

links: Nahrungsdepot vom Raubwürger: Überschüssige Beute deponiert dieser Vogel, meist gut gedeckt, in Gehölzen. Diese Waldmaus wurde in eine Astgabel geklemmt.

rechts: Fressplatz vom Raubwürger (Foto: Otto Samwald): Die Beute, eine Spitzmaus, wurde aufgespießt und vom Kopf beginnend angefressen.

beginnend, angefressen. Oft finden sich unter Fraßplätzen Ansammlungen von Beuteresten. Dabei kann es sich um abgerissene Flügeldecken oder Insektenbeine handeln, ebenso wie um gerupfte Vogelfedern, Darmteile oder Hinterleiber kleiner Nagetiere. Verwirrend ist eine Anmerkung in G. v. Blotzheim & Bauer, wonach auch Neuntöter Gehäuseschnecken auf einem Stein zertrümmern. Somit sind „Drosselschmieden" offensichtlich kein Alleinstellungsmerkmal für Singdrosseln.

Ausscheidungen

Ausscheidungen von Würgern bestehen aus **Exkrementen** mit zumeist hohem Harnsäureanteil und aus **Speiballen**. Unter bevorzugten Sitzwarten, wie Zaunpfählen oder dürren Zweigspitzen, lässt sich beides finden.

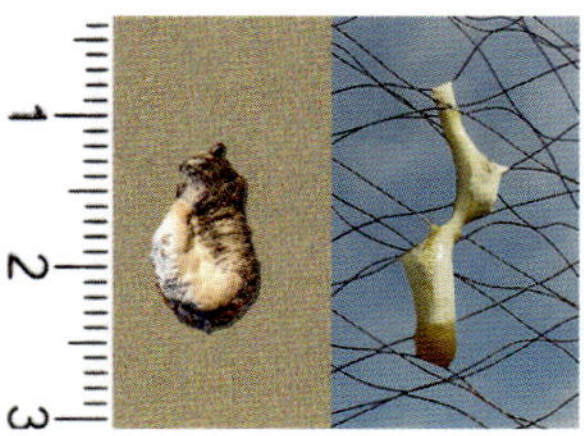

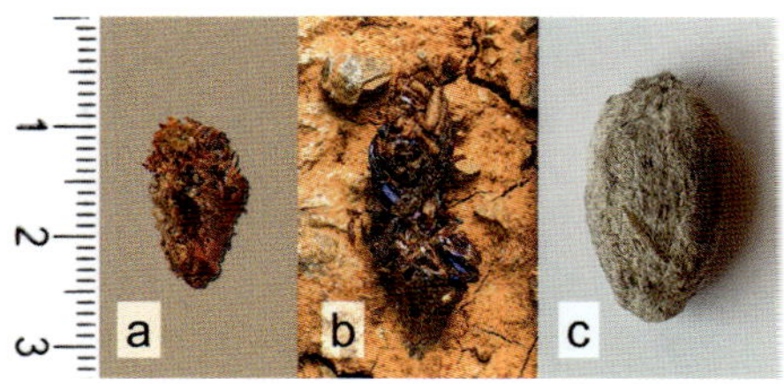

links: Exkremente vom Neuntöter: Trockener Kot mit hohem Insektenanteil und Uratkappe. Die Blaufärbung im unteren Pol verweist auf zusätzliche Beerenkost (links). Typisch ist das fast nur aus Harnsäure bestehende, dickflüssige Exkrement (rechtes Bild), hier an einem Beringungsnetz.

rechts: Speiballen von Würgern: Neuntöter mit Chitinteilen von Hautflüglern (a), Neuntöter mit Flügeldecken von Käfern (b) und Wintergewölle vom Raubwürger mit Haaren und Knochenfragmenten (c).

- **Kot und Uratanteil.** Abhängig von der Ernährungslage, können Exkremente recht unterschiedlich aussehen:
  - » Häufiger sind weiße Kleckse am Boden oder verstreut auf niedriger Vegetation, wobei sich nur wenig dunkler Kotanteil zeigt.
  - » In anderen Fällen – allenfalls auch bei sehr heißer Witterung – ist das Exkrement nicht so flüssig und wird als Zylinder ausgeschieden. Dann kann auch der Uratanteil geringer und als Kappe ausgebildet sein.
- **Speiballen/Gewölle.** Diese variieren erheblich, je nachdem, ob es sich um Insektenteile oder Haare handelt:
  - » Insekten-Speiballen haben eine raue Oberfläche, schillern oft in bunten Farben und zerfallen sehr leicht. Sie sind meist eiförmig mit runden Polen.
  - » Solche mit Haaren sind kompakter, glatter und an einem Pol oft zipfelig ausgezogen. Häufig finden sich darin Knochenfragmente.
  - » Speiballen mit Federn sind seltener.
  - » **Dimensionen** (Länge mal Ø in cm):
    Neuntöter: 2,3 (1,8–2,5) × 0,9
    Raubwürger: 2,6 (2,0–3,0) × 1,2 (1,0–1,3)

Rabenvögel

Jede Landschaft und jede Jahreszeit bietet die Möglichkeit, zumindest einem Vertreter dieser faszinierenden Vogelfamilie zu begegnen – man muss nur vor die Tür treten. Selbst vom Fenster aus lassen sich oft „vorwitzige" Elstern beobachten, die das Futterhaus für sich beanspruchen, was nicht selten auch Ärger auslöst. Rabenvögel verstehen es wie kaum eine andere Tiergruppe, menschliches Interesse zu wecken und Emotionen hervorzurufen. Einst als sprechende Haustiere beliebt, dienten sie Forschern wie Konrad Lorenz, Bernd Heinrich und aktuell der Arbeitsgruppe um Thomas Bugnyar als spannende Studienobjekte.

Für Spurensucher sind Rabenvögel zweifellos eine Bereicherung und hervorragende Lehrmeister. Ihre Trittsiegel zeigen charakteristische Merkmale und oft findet man auch längere Spurgruppen. Diese ermöglichen dann spannende Einblicke in Verhaltensmuster – von ausgeklügelten Fressgewohnheiten über soziale Interaktionen bis hin zu ihrem ausgeprägten Spielverhalten.

Fußmorphologie und Trittsiegel

Füße von Rabenvögeln zeigen folgende Merkmale:

- Grundtypus: Klassischer Vogelfuß.
- Dimension: TSL 5,7 bis 11,6 cm (Daten für alle der hier dargestellten Arten).
- Die Zehen wirken robust mit wuchtigen/ausgeprägten Ballen.
- Die Krallen sind kräftig und relativ stumpf.

Die Beschreibung bezieht sich zuerst auf die Raben-/Nebelkrähe, als typische Vertreter dieser Vogelfamilie. Diese beiden Arten sind nunmehr taxonomisch getrennt,

Rabenkrähe: links: linker Fuß, Unterseite. **rechts:** Fuß seitlich.

wobei sich zwar das Federkleid unterscheidet, alle anderen Merkmale jedoch (nahezu) identisch sind, was auch auf die Fußmorphologie zutrifft.

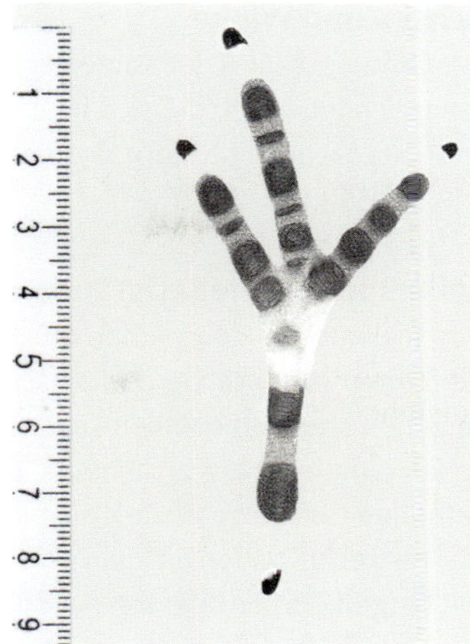

Raben-/Nebelkrähe: rechtes Trittsiegel (idealisierte Zeichnung).

Umrisse und Proportionen

Der Umriss entspricht einem **breiten Rechteck** von etwa 2:1. Die Ansatzlinie der Vorderzehen (horizontale Linie) liegt im Bereich der geometrischen Mitte des Trittsiegels. Die Umrisslinie entlang der Zehenspitzen entspricht einem **verzerrten Deltoid** (rote Linie) und zeigt die für Rabenvögel typische **Asymmetrie**.

Schablone

In der Spurenleserszene ist die englische Bezeichnung „hugging toe" geläufig, weil die Mittelzehe nach innen geknickt ist und fast parallel zur Innenzehe verläuft. Somit umarmen sich gleichsam diese beiden Zehen. Die Schablone dieser **„Umarmung"** ist kennzeichnend für die meisten Vertreter dieser Vogelfamilie. Zudem wirkt das gesamte Trittsiegel eckig und asymmetrisch, wobei die Basis der Mittelzehe nicht aus der Fußmitte, sondern aus der Außenzehe zu entspringen scheint. Stetig lässt sich die Schablone bei Raben, Krähen und Dohlen nachvollziehen, bei anderen Arten ist sie manchmal undeutlich. Bei den Hähern fehlt sie.

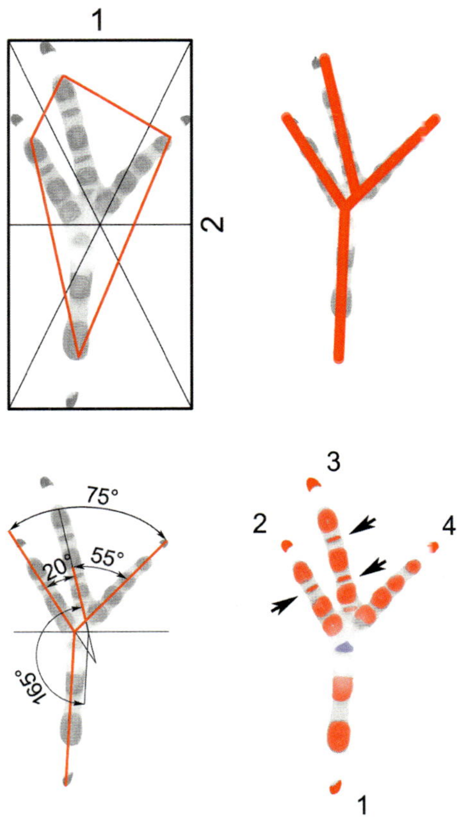

Raben-/Nebelkrähe:

links oben: Umrisslinien, geometrische Mitte (Diagonalenschnittpunkt), Ansatzlinie der Vorderzehen.

rechts oben: Schablone: „Umarmung" („hugging toe").

links unten: Öffnungswinkel. Zehenachsen (rot), Gradangaben der Winkel.

rechts unten: Ballenmuster: Zehenballen rosa, Interphalangealballen schwarze Pfeile, Metatarsalballen blau und Krallen rot.

Achsen und Winkel

Der Öffnungswinkel der Vorderzehen beträgt 75° (50 bis 90°). Dieser relativ **große Winkel** kennzeichnet Vögel, die sich häufig am Boden aufhalten. Die Teilwinkel zwischen Mittel- und Seitenzehen sind stark **asymmetrisch**. Die **Fußachse** ist deutlich nach innen gewinkelt (170 bis 155°).

Ballenmuster, Negativräume und Krallen

Durch ein hohes Fußgewölbe drückt die Fußmitte meist schwächer ab als die Spitzen. Die **Zehen sind kräftig** und die **Zehenballen stark ausgeprägt**. Besonders an den Vorderzehen stehen die Ballen sehr dicht und wirken eckig, sodass die Außenkanten dieser Zehen parallelrandig erscheinen. Ein Spezifikum für Rabenvögel sind die **Interphalangealballen** (schwarze Pfeile), die unter den kleinen Zehengelenken sitzen.
Der **Mittelfußballen** ist klein und dreieckig. Er drückt nur leicht oder gar nicht ab.
Die **langen** Krallen sind sehr kräftig und stumpf. Besonders bei Arten, die sich häufig am Boden aufhalten, sind diese mehr oder minder stark abgenutzt. Diese Abnutzung beeinflusst auch den Krümmungsgrad und somit das Abdruckverhalten. Bei vielen Raben-/Nebelkrähen sind die Krallen stark gekrümmt und der Abdruck ist daher ein vom Endballen der jeweiligen Zehe **abgesetzter Punkt**.

Realitätsprüfung

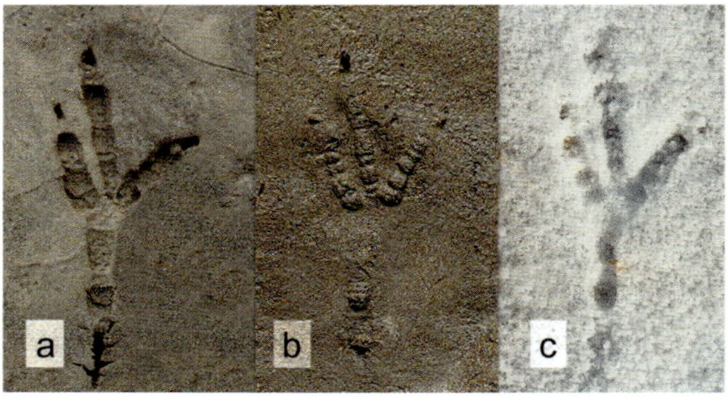

Rabenkrähe: Drei rechte Trittsiegel aus dem Freiland in unterschiedlichen Substraten.

Nach der anatomischen Analyse wollen wir testen, wie gut sich die erarbeiteten Merkmale auf Trittsiegel aus dem Freiland anwenden lassen:

- Die Umrisse entsprechen einem Rechteck im Seitenverhältnis von etwa 2:1, manchmal wirken sie auch etwas schmaler. Die gedachte **Ansatzlinie** der Vorderzehen teilt die Trittsiegel in etwa **gleich lange Strecken**. Durch die ungleichen Öffnungswinkel der Vorderzehen entsteht ein **asymmetrischer** Gesamteindruck.
- Die **„Umarmungs"-Schablone** ist gut nachvollziehbar. Mittel- und Innenzehe stehen nahezu parallel und die Mittelzehe scheint aus der Außenzehe zu entspringen.
- Die **Zehen** stehen insgesamt **gerade**, die Fußachse ist nach innen geknickt.
- Die **Ballenmuster** sind in allen Substraten gut erkennbar. Infolge der würfeligen Ballenkonturen sind die Zehenränder trotzdem parallelrandig. Als Spezifikum für Rabenvögel erkennt man besonders in Abb. b die **Interphalangealballen**.
- Der Metatarsalbereich ist meist nur undeutlich abgedrückt. Nur im tiefen Boden

(Abb. a) kann man ihn erahnen, während auf härterem Sand **(Abb. b)** in diesem Bereich eine Lücke **(= Negativraum)** entsteht.

- Die Krallen sind lang, aber stumpf und erscheinen als abgesetzte Punkte. Besonders an der Hinterkralle **(Abb. b und c)** können diese Punkte so breit werden, dass sie an zusätzliche Ballen erinnern.

Verwechslungsmöglichkeiten

Trittsiegel von Rabenvögeln – besonders solche von Kolkraben, den Krähen und den Dohlen – weisen viele typische Merkmale auf und sind zumeist eindeutig. Bei unvollständigen oder gealterten Abdrücken sind allenfalls Verwechslungen mit **Greifvögeln** möglich, die allerdings längere Krallen (vor allem an Zehe 2), ein knotiges Ballenmuster und einen kürzeren Hallux zeigen. Die kleineren Arten, besonders die Elster, weisen Ähnlichkeiten mit **Drosseln** (Amsel, Ring- und Misteldrossel) auf, insbesondere wenn diese Arten Zehenstellungen zeigen, die an einen „hugging toe" erinnern.

Artengarnitur

Als typische Vertreter der Rabenvögel wurden Raben- und Nebelkrähe vorgestellt. Weitere sieben Arten dieser Familie sind in Zentraleuropa zu erwarten. Der **Kolkrabe** als größter Vertreter hat sich in den letzten Jahrzehnten wieder bis ins Flachland ausgebreitet. **Saatkrähen** sind sehr sozial, sowohl in ihren lärmenden Brutkolonien als auch in den Überwinterungsgebieten, wo manchmal Tausende auf ihren Schlafplatzflügen den Himmel verdunkeln. Viele **Dohlen und Elstern** haben sich eng den Menschen angeschlossen und leben an Siedlungsrändern. **Eichelhäher** finden sich flächendeckend in Waldgebieten, während **Alpendohlen und Tannenhäher** Vögel höherer Gebirgslagen sind.

Maße, Variationsbreite und Unterscheidungen

Anhand der Dimension in der nachfolgenden Tabelle lassen sich 3 Klassen unterscheiden:

- Der Kolkrabe ist deutlich größer als alle andere Vertreter dieser Familie. Als untere Trennmarke zu den Krähen kann man eine **TSL über 9,5 cm** ansetzen.
- Raben-, Nebel- und Saatkrähe mit **TSL etwa zwischen 8 und 9 cm**. Die einzelnen Arten lassen sich größenmäßig nicht unterscheiden.
- Die kleinen Arten (Alpendohle, Dohle, Elster und die Häher) mit **TSL zwischen knapp 6 und 7 cm**, Häher am unteren Rand.
- Die Schwankungsbreiten innerhalb der einzelnen Maße sind relativ hoch. Bei den größeren Arten besteht auch ein Geschlechtsdimorphismus, wobei die Männchen knapp 10 % größer sind als die weiblichen Vögel.

Trittsiegelmaße der Rabenvögel (siehe auch Abkürzungsverzeichnis).

Art	TSL (cm)	TSL^{oK} (cm)	TSB (cm)	Z1 (cm)	$Z1^{oK}$ (cm)	Z3 (cm)	$Z3^{oK}$ (cm)
Kolkrabe	10,6 (9,6–11,6)	8,0 (7,0–8,7)	4,6 (3,6–5,1)	4,5 (3,9–4,8)	2,9 (2,2–3,4)	5,6 (4,8–6,3)	4,5 (4,1–4,9)
Raben-/ Nebelkrähe	8,6 (7,9–9,2)	6,4 (5,8–6,9)	4,0 (3,3–5,0)	3,6 (3,2–3,9)	2,4 (2,0–2,8)	4,5 (4,1–4,9)	3,4 (3,1–3,9)
Saatkrähe	8,4 (8,0–8,9)	6,2 (5,7–6,6)	4,0 (3,3–4,9)	3,3 (3,1–3,7)	2,1 (1,8–2,4)	4,6 (4,2–4,8)	3,4 (3,2–3,9)
Alpendohle	6,5 (6,3–6,9)	4,9 (4,6–5,5)	3,5 (3,1–3,9)	2,6 (2,2–3,0)	1,7 (1,5–1,9)	3,6 (3,3–3,8)	2,8 (2,6–3,1)
Dohle	6,6 (5,9–7,0)	4,9 (4,3–5,5)	3,2 (2,2–3,8)	2,8 (2,4–3,2)	1,9 (1,3–2,5)	3,4 (3,0–3,8)	2,8 (2,2–3,2)
Elster	6,3 (5,9–6,7)	4,8 (4,3–5,3)	2,8 (2,4–3,2)	2,5 (2,2–2,8)	1,7 (1,4–2,0)	3,5 (3,2–3,8)	2,7 (2,4–3,2)
Eichelhäher	6,1 (5,7–6,4)	4,5 (4,3–4,8)	1,8 (1,4–2,2)	2,5 (2,1–3,0)	1,6 (1,2–1,9)	3,2 (2,9–3,5)	2,5 (2,2–2,9)
Tannen-häher	6,0 (5,7–6,2)	4,2 (4,0–4,5)	1,9 (1,5–2,4)	2,6 (2,4–2,7)	1,7 (1,6–1,9)	3,2 (3,1–3,3)	2,3 (2,0–2,4)

Morphologische Unterschiede

Neben den Größenunterschieden zeigen einzelne Arten mehr oder weniger deutliche Abweichungen von der charakteristischen Grundform, was weitere Unterscheidungsmöglichkeiten eröffnet.

- Trittsiegel vom **Kolkraben (Abb. a)** sind nicht nur größer als jene von Krähen, sondern zeigen auch bauchigere bis keilförmige Zehenballen. Besonders auffällig ist dies an der Hinterzehe.
- **Raben- und Nebelkrähe (Abb. b)** sind morphologisch identisch.
- Auch im Vergleich zur **Saatkrähe (Abb. c)** fehlen eindeutige Unterscheidungsmerkmale. Allerdings könnte die Betrachtung der Hinterkralle Hinweise liefern: Bei

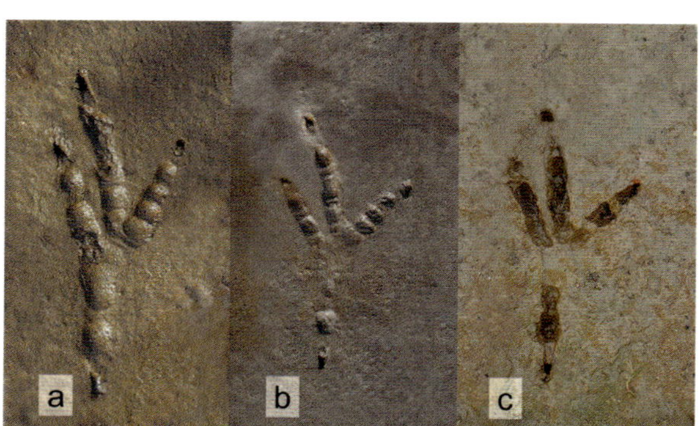

Morphologische Unterschiede bei Rabenvögeln (rechte TS, maßstäblich): Kolkrabe (a), Raben-/Nebelkrähe (b) und Saatkrähe (c). (Die Bezeichnung der einzelnen Arten wird für diesen Abschnitt beibehalten.)

der Saatkrähe **(Abb. Hinterzehen c)** scheint diese weniger stark gekrümmt zu sein. Dieser Eindruck wird möglicherweise auch dadurch verstärkt, dass die Krallen durch die stärkere Bodenbindung dieser Art auch stärker abnutzen. Die spurentechnischen Unterschiede äußern sich darin, dass stark gekrümmte Krallen – wie sie vor allem bei Raben- und Nebelkrähen **(Abb. Hinterzehen b)** vorkommen – im Trittsiegel als abgesetzte Punkte erscheinen. Weniger stark gekrümmte Krallen, wie sie eher bei Saatkrähen auftreten, hinterlassen häufig auch eine Verbindungszone zwischen dem Krallenabdruck und dem Endballen der jeweiligen Zehe **(Abb. c)**.

Morphologische Unterschiede der Hinterzehen von Rabenvögeln: Raben-/Nebelkrähe (b), Saatkrähe (c). (Die Bezeichnung der einzelnen Arten wird für diesen Abschnitt beibehalten.)

- **Alpendohle (Abb. d).** Ihre Trittsiegel wirken eher schlank, zeichnen sich durch deutliche Zehenbiegungen sowie eine vergleichsweise lange Mittelzehe aus und erinnern in ihrer Form an Elstern.
- **Dohle (Abb. e).** Trittsiegel der Dohle entsprechen morphologisch jenen der Krähen. Sie zeigen alle typischen Merkmale der Rabenvögel wie Asymmetrie, dicke gerade Zehen, kräftige Ballen und die „Umarmungs“-Schablone.

Morphologische Unterschiede von Rabenvögeln (rechte TS, maßstäblich): Alpendohle (d), Dohle (e) und Elster (f). (Die Bezeichnung der einzelnen Arten wird für diesen Abschnitt beibehalten.)

- **Elster (Abb. f).** In der Praxis stellt die **Unterscheidung** zwischen den Trittsiegeln von **Elstern und Dohlen** eine häufige Herausforderung dar, da beide Arten sich denselben Lebensraum teilen und auch vergleichbare Trittsiegellängen (TSL) aufweisen. Eine Reihe charakteristischer Merkmale kann jedoch zur Differenzierung herangezogen werden und anhand der Abbildungen auf der nächsten Seite überprüft werden:
  - Insgesamt wirken Elstern leichter und **eleganter** und erinnern an Drosseln. Die Zehen sind dünner, die Ballen nicht so wuchtig und die Fußmitte (Metatarsalbereich) ist weniger abgedrückt.
  - Die **Mittelzehe der Elster** ist in Relation **länger** als jene der Dohle, dadurch liegt die Ansatzlinie der Vorderzehen etwas hinter der TS-Mitte (siehe Abb. auf der nächsten Seite).

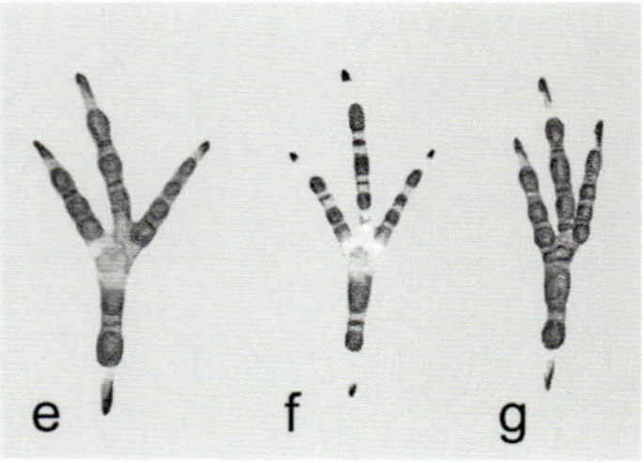

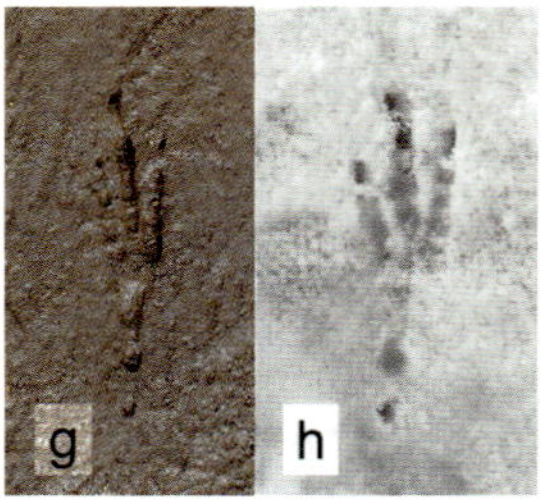

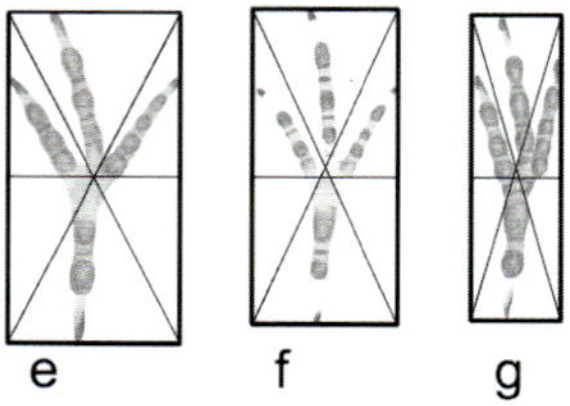

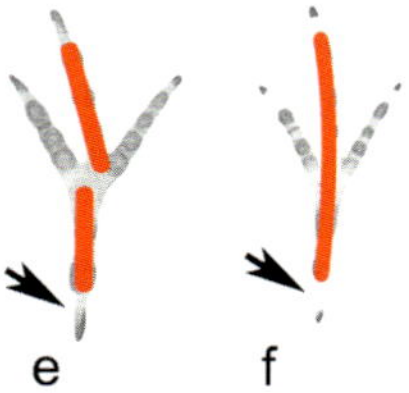

Die Bezeichnung der einzelnen Arten wird für diesen Abschnitt beibehalten.

links oben: Morphologische Unterschiede von Rabenvögeln (idealisierte Zeichnungen von rechten TS, maßstäblich): Dohle (e), Elster (f) und Eichelhäher (g).

rechts oben: Morphologische Unterschiede von Rabenvögeln (rechte TS, maßstäblich): Eichelhäher (g) und Tannenhäher (h).

links unten: Morphologische Unterschiede von Rabenvögeln, Umrisslinien und Proportionen: Dohle (e) , Elster (f) und Eichelhäher (g). Die Trittsiegel werden schmaler, die Mittelzehe ist bei Elster und Eichelhäher relativ länger als bei „klassischen" Rabenvögeln (a bis c).

rechts unten: Morphologische Unterschiede zwischen Dohle und Elster – Fußachsen und Krallen (schwarze Pfeile): Dohle (e), Elster (f).

- » Der **Öffnungswinkel** der Vorderzehen ist bei der Elster tendenziell **schmaler** als bei der Dohle. Auch ist die Asymmetrie geringer, manchmal sogar aufgehoben.
- » Die **Zehen** der Elster sind eher **gebogen**, die Fußachse (von der Hinterzehe zur Mittelzehe) erscheint **geschwungen** und nicht so eckig wie bei der Dohle. Auch zeigt die Elster kaum die Seitversetzung der Mittelzehe und diese entspringt aus der Mitte und nicht (scheinbar) an der Basis der Außenzehe, wie es bei der Dohle der Fall ist.
- » Die letzten beiden Punkte machen klar, dass für der Elster die „Umarmungs"-Schablone nicht ideal zutrifft.
- » Was die **Krallen** betrifft, so sind diese bei vielen Elstern **stark gekrümmt** und werden als abgesetzte Punkte abgedrückt. Dohlen, die wie Saatkrähen, vermehrt am Boden nach Nahrung suchen, neigen zu geringerer Krümmung (verstärkte Krallenabnutzung) und in der Tendenz zu breiteren Abdrücken, die oft mit den Zehenendballen in Verbindung stehen (siehe schwarze Pfeile rechts unten in der Abb.).

- **Eichelhäher (Abb. g).** Die deutlichsten morphologischen Abweichungen aller Rabenvögeln zeigen Trittsiegel von Hähern:
  - » An typischen Krähenmerkmalen bleiben nur die dicken Zehen und das kräftige Ballenmuster.
  - » Das TS ist deutlich **schmaler**, da die Zehen sehr eng stehen (kleine Winkel). Die Proportionen sind nunmehr 3:1.

» Der **Metatarsalballen drückt fast immer ab.**
» Wie bei der Elster ist die **Mittelzehe relativ länger** als bei Raben, Krähen und Dohlen.

- **Tannenhäher (Abb. h).** Trittsiegel dieser Art findet man vor allem im Bergland, besonders im Bereich von Zirbenwäldern (*Pinus cembra*). Die Zehen sind schlanker als jene vom Eichelhäher und die Vorderzehen sind etwas stärker gespreizt.

Gangarten und Spurbilder

„*Hans Huckebein*", so bezeichnet Wilhelm Busch seinen „Unglücksraben" in der gleichnamigen Erzählung. Die Benennung leitet sich wohl aus einer spezifischen Fortbewegungsart dieser Vogelfamilie ab – der Hüpflauf kann von interessierten Beobachtern durchaus als hinkend wahrgenommen werden. Die häufigste Gangart ist allerdings das Gehen, in manchen Beschreibungen als „*gemessenes Schreiten*" bezeichnet. Andere Gangarten werden seltener genutzt, nur Häher hüpfen überwiegend.

Gangarten der Rabenvögel.

Art	Bevorzugte Gangart	Weitere Gangarten
Kolkrabe	Gehen	Hüpflauf, (Hüpfen)
Raben-/Nebelkrähe	Gehen	Hüpflauf, (selten Laufen)
Saatkrähe	Gehen	Hüpflauf, Laufen, (Hüpfen)
Alpendohle	Gehen	Laufen, Hüpflauf
Dohle	Gehen	Hüpflauf (vor allem bei der Landung), Hüpfen (zum Beispiel bei Nahrungssuche)
Elster	Gehen, Laufen, Hüpflauf	Hüpflauf, auch bei der Landung
Eichelhäher	Hüpfen (eher parallelbeinig)	Selten kurze Schrittfolgen (= Gehen)
Tannenhäher	Hüpfen (mit versetzten Beinen)	Auch kurze Schrittfolgen (= Gehen) oder Laufen

Viele Rabenvögel verbringen viel Zeit am Boden, vor allem zur Nahrungssuche, aber auch zum Baden und zu anderen Komforthandlungen. Besonders bei Schneelage und in Uferbereichen lassen sich längere Spurverläufe finden, die faszinierende Einblicke in das Vogelverhalten bereithalten.
Auch bei undeutlichen Einzelabdrücken sind allein die Spurbilder von Rabenvögel charakteristisch, besonders was die Schleifmarken und den undulierenden Verlauf der Fährten betrifft.

- **Gehen (a)** (das häufigste Spurbild): Typisch sind eine Einwärtsdrehung der Fußachse (10 bis 20°), ein gewundener Verlauf des Spurbildes und Schleifmarken. Bei langsamer Bewegung werden die Füße nur geringfügig angehoben, sodass alle

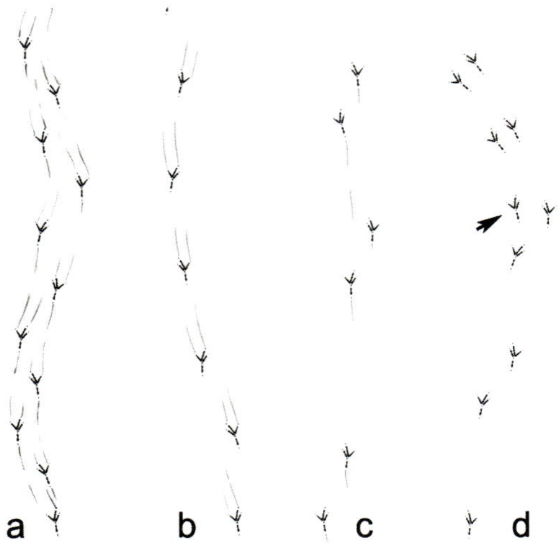

Gangarten der Rabenvögel: Gehen a, Laufen b, Hüpflauf c, Hüpflauf und Hüpfen d (Zwischenschritt oder Stopp – schwarzer Pfeil).

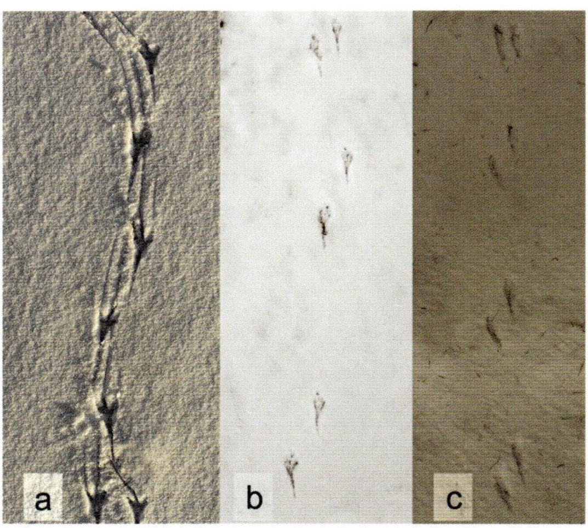

Spurbilder von Rabenvögeln aus dem Freiland: a Gehen bei der Rabenkrähe, b Hüpflauf bei einer Elster, c Versetztes Hüpfen beim Tannenhäher.

Zehen (am wenigsten die Innenzehe) **Schleifmarken** hinterlassen. Deren graphische Muster sind nicht nur ästhetisch ansprechend, sondern auch zuverlässige Bestimmungsmerkmale.

- **Laufen (b)** (selten, meist nur als Übergang, denn die bevorzugte Gangart für schnelle Bewegung ist der Hüpflauf): Die Abgrenzung zum Gehen ist nicht ganz eindeutig und es gibt Überschneidungen seitens der SL. Die Schleifspuren sind weniger ausgeprägt als beim Gehen, vor allem jene der Hinterzehe.
- **Hüpflauf (c, d unten)** (die typische Bewegung bei Eile oder zum Abfangen des Schwungs bei der Landung): Diese Gangart teilen Rabenvögel mit den Drosseln.
- **Hüpfen (d, oben)** (die typische Gangart bei Hähern): Eichelhäher hüpfen zumeist mit paralleler Beinhaltung. Bei Tannenhähern sind die Beine oft versetzt. Das hinterlässt Spurbilder ähnlich dem Hüpflauf, jedoch mit kurzen GL. Ursache ist eine schräggestellte Körperachse gegenüber der Bewegungsrichtung.
- **Andere Spurbilder:** Rabenvögel hinterlassen häufig Flügel- oder Schwanzmarken, besonders im Schnee. Dazu kommen noch recht rätselhafte Kompositionen, wenn beispielsweise Kolkraben spielerisch rutschen oder Krähen Schnee fressen.

Ungeklärtes Spurbild eines Kolkraben: Spielverhalten, Schneebaden oder -fressen?

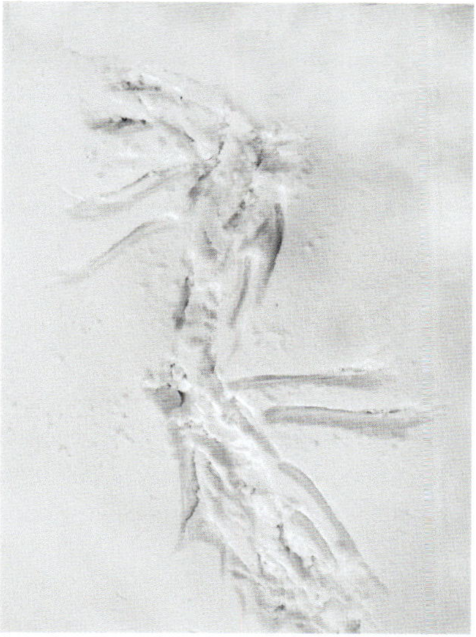

Die in der nachfolgenden Tabelle aufgeführten Maße beruhen auf Freilanddaten und dienen als Richtwerte. Die Grenzwerte zwischen Gehen und Laufen können dabei helfen, das Verhalten der Vögel genauer zu interpretieren – etwa, ob sie in Eile waren oder entspannt nach Nahrung suchten.
Bei den meisten Rabenvögeln kommt das Hüpfen nur über kurze Distanzen zum Einsatz, was darauf hinweist, dass diese Gangart nur als Übergang genutzt wird. Anders ist das bei Hähern, bei denen das Hüpfen die bevorzugte Fortbewegungsart am Boden ist.

Maße von Gangarten der Rabenvögel (siehe auch Abkürzungsverzeichnis).

Art	Gangart	SB (cm)	SL (cm)	GL (cm)	ZGL (cm)
Kolkrabe	Gehen	13 (12–15)	39 (32–59)		
Raben-/ Nebelkrähe	Gehen	7 (4–12)	35 (24–47)		
	Laufen	9 (6–14)	54 (49–62)		
	Hüpflauf	11 (9–13)	75 (75–76)	24	52
Saatkrähe	Gehen	7 (4–11)	31 (18–45)		
	Laufen	10 (7–13)	53 (48–61)		
	Hüpflauf	11 (8–14)	52 (41–62)	28 (17–33)	25 (23–26)
	Hüpfen	9 (7–10)	15 (18–11)	9 (8–9)	6 (10–2)
Alpendohle	Gehen	7 (5–9)	23 (19–32)		
Dohle	Gehen	6 (4–8)	22 (15–35)		
	Laufen	7 (6–7)	38 (37–40)		
Elster	Gehen	6 (3–8)	27 (18–34)		
	Laufen	6 (5–8)	36 (29–42)		
	Hüpflauf	7 (5–10)	41 (21–63)	20 (9–24)	25 (16–38)
	Hüpfen	7 (6–8)	13 (6–17)	7 (7–10)	5 (-1–7)
Eichelhäher	Hüpfen	9 (5–9)	24 (11–29)	8 (6–11)	16 (5–20)
Tannenhäher	Hüpfen	7 (5–9)	30 (24–38)	13 (11–14)	18 (13–24)
	Laufen	7 (6–8)	26 (22–28)		

Vergesellschaftung

Rabenvögel sind sehr sozial und einige Arten treten in großen, teilweise gemischten Schwärmen (Raben-/Nebelkrähen, Saatkrähen, Dohlen) auf. Für Spurenlesende bedeutet das zum einen, dass sich Spurbilder überlagern und schwerer interpretierbar werden, andererseits, dass man in einem Areal durchaus (bis zu) vier verschiedene Arten von Rabenvögeln nebeneinander finden kann.

Zeichen

Vorweg sei gesagt, dass die Zeichen von Rabenvögeln äußerst vielfältig sind und das hohe Anpassungspotential – um nicht von Intelligenz zu sprechen – dieser Vogelfamilie widerspiegeln. Eine detaillierte Darstellung würde den Rahmen dieses Buches sprengen, weshalb hier nur ein Überblick gegeben werden kann.

Ernährung

Rabenvögel sind omnivor (**Allesfresser**), wobei jahreszeitlich und regional beträchtliche Unterschiede bestehen. Bestimmte Arten wie Saatkrähen und Dohlen ernähren sich im Herbst und Winter überwiegend von pflanzlicher Kost, während zur Zeit der Jungenaufzucht eiweißreiche, tierische Ernährung überwiegt. Dabei reicht die Bandbreite von Insekten bis hin zu Fallwild. Der frühere Name „Aaskrähe“ bezieht sich auf dieses Verhalten. Im Herbst dienen auch Beeren und Früchte der Ernährung. Walnüsse nehmen regional eine wichtige Rolle ein. An Küsten konkurrieren Krähen mit den Möwen um Strandgut. Am auffälligsten sind Rabenvögel, die sich den Menschen angeschlossen haben und Parks, Ortsränder oder Mülldeponien bevölkern.
Eine besondere Bindung zu bestimmten Baumarten zeigen Häher, eine Beziehung zwischen Vogel- und Pflanzenart, die man als Koevolution bezeichnen kann. Eichelhäher, Eiche und Eichel sind ein bekanntes Beispiel, ebenso die Vorliebe des Tannenhähers für Zirbelnüsse (Samen von Zirbe = Arve, *Pinus cembra*), was diesem Vogel regional den Namen „Zirbenhäher“ eingetragen hat.
Rabenvögel **trinken** und **baden.** Neben Nahrung nehmen sie auch Steinchen (**Grit**) auf.

Nahrungserwerb, Verstecken und Fraßspuren

Hat man erst einmal den Blick auf dieses Thema gerichtet, so trifft man in der Landschaft auf unzählige Beispiele.
Bei der Nahrungssuche am Boden werden vegetationsfreie (zum Beispiel abgeerntete Feldfluren) oder kurzrasige Grünflächen bevorzugt. Dort finden sich folgende Zeichen des Nahrungserwerbs:

- Oberflächliches Absuchen, vor allem durch Arten mit kurzen Schnäbeln (Dohle), ist wenig auffällig.
- Freilegen tieferer Bodenschichten (Saatkrähe, Elster und andere): Das passiert durch seitliche Schnabelbewegungen und hinterlässt oft großflächige Areale mit **umgebrochenem, losem Substrat.** Diese Zeichen sind jenen von Amseln sehr

links oben: Oberflächliches Absuchen von Maiskörnern durch Saatkrähen.

rechts oben: Freilegen tieferer Bodenschichten durch seitliches Schnabelschleudern (Elster).

links unten: Flächiges „Durchpflügen“ der oberen Bodenstreu durch Saatkrähen.

rechts oben: Stochermarke eines Saatkrähenschnabels (hier Durchmesser 2 cm, Tiefe 5 cm). Diese Zeichen ähneln jenen des Grünspechts.

ähnlich und ohne zusätzliche Hinweise (Trittsiegel, Exkremente) kaum zu unterscheiden.

- **Stocherspuren** (vor allem Raben-, Nebel- und Saatkrähe; Kolkrabe?): Diese zeigen sich als runde Löcher mit 2 cm Durchmesser und 5 – 7 cm Tiefe. Sie sind mit jenen vom Grünspecht zu verwechseln. Saatkrähen und Dohlen können auch **Zirkeln**. Das bedeutet, das Probeloch drehend mit leicht geöffnetem Schnabel zu erweitern. Spezialisten für dieses Verhalten sind allerdings nicht die Rabenvögel, sondern Stare.

Weitere auffällige Zeichen des Nahrungserwerbs sind:

- **„Krähenschmieden“** (Nebel-, Raben- und Saatkrähe; auch Dohle). Es sind meist Walnüsse, die anders als bei Spechten an einem horizontalen Ast aufgehackt oder gespalten werden. Saatkrähen nutzen auch Unterlagen am Boden. Manchmal werden auch Eicheln derart behandelt. Tannenhäher legen Schmieden zum Aufhacken von Zirbenzapfen auf Felsbrocken an. Auf Verwechslungsmöglichkeiten mit Aktivitäten von Spechten oder anderen Tieren wird im **Kapitel „Spechte“** näher eingegangen.
- **Abwerfen**. Eine Spezialität von Dohlen und Saatkrähen ist das Öffnen hartschaliger Nüsse durch Fallenlassen auf eine harte Unterlage. Manche Hausbesitzer erschre-

„Krähenschmiede". Die Bodenmulde bietet ein ideales Widerlager für diese Dohle, um eine Nuss zu öffnen.

Schmiede eines Tannenhähers – der Zirbenzapfen wird auf dieser harten Unterlage festgehalten. Die Nüsschen werden entnommen, um sie anderswo zu verstecken.

cken, wenn es winters am Dach laut knallt. Doch es war nur eine Nuss, die eine gewitzte Krähe abgeworfen hatte. Man sieht dann an Straßen oder gepflasterten Innenhöfen Nussschalen liegen, auch wenn kein entsprechender Baum in der Nähe ist. An Küsten und in Uferbereichen größerer Binnengewässer stößt man häufig auf Bereiche mit zerbrochenen Muscheln, die sich beispielsweise an Blockwürfen von Uferbefestigungen oder an den Sockeln von Hochspannungsmasten konzentrieren. Derartige Zeichen sind oft das Werk von Raben- oder Nebelkrähen, die hier ihre Nahrung zugänglich gemacht haben. Diese Zonen sind den „shelling areas" der Möwen ähnlich bis identisch.

- **Aas, Fallwild** und Kleptoparasitismus. Mehr auf vegetarische Nahrung ausgerichtete Arten wie Saatkrähen oder Dohlen nehmen nur in geringem Umfang kleinere Stücke toter Tiere. Kolkrabe, Raben-/Nebelkrähe und Elster sind im höheren Ausmaß fleischfressend. Sie finden sich zuverlässig an Opfern des Straßenverkehrs ein oder sie versuchen, an Rissen von Beutegreifern und Greifvögeln teilzuhaben. Sie können allerdings Kadaver nicht selbst öffnen und nutzen vorhandene Schwachstellen. Eine typische Fraßspur sind daher ausgehackte Augen. Rabenvögel machen anderen Prädatoren mitunter recht aktiv deren Beute streitig, ein Verhalten, das als Kleptoparasitismus bezeichnet wird.
- **Vögel und Vogelnester.** Rabenvögel (aber auch der Buntspecht oder Eichhörnchen) decken einen Teil ihrer Nahrung durch das Plündern von Vogelnestern ab, hier werden Eier, aber auch Jungvögel genommen. Bei G. v. Blotzheim & Bauer kann man nachlesen, dass Eichelhäher und Dohlen Kleinvögel (Sperlinge, Finken) im Fokus haben und nur das Gehirn und innere Organe verzehren. Elstern bevorzugen Amseln und Türkentauben. Raben- und Nebelkrähen sind spezialisiert auf Bodenbrüter (zum Beispiel Enten, Hühnervögel) oder suchen Kolonien von Wacholderdrosseln, Saatkrähen, Graureihern oder Seevögeln auf. Spurenlesende können durch die Auswahl der geplünderten Nester Rückschlüsse auf die jeweiligen Verursacher ziehen. Raben-/Nebelkrähen und Kolkraben können auch **aktiv jagen**, wobei von Kolkraben beschrieben wird, dass diese Tauben vollständig rupfen. Spurentechnisch sollten wir hier

Unterscheidungsmöglichkeiten zu den **Rupfungen** von Greifvögeln bedenken.

- **Nahrungsdepots,** verstecken und wiederfinden. Dieses Verhalten ist charakteristisch für Rabenvögel, obwohl dies auch andere Vogelfamilien wie Meisen oder Kleiber zeigen. Typische Objekte sind Nüsse oder Fleischbrocken, die in Baumritzen, aber auch in der Bodenstreu versteckt werden. Diese Verstecke sind getarnt und kaum aufzufinden, eher schon jene, die von den Vögeln wiedergefunden und aufgegraben wurden. Besonders bekannt ist das Versteckverhalten der Häher. Während **Eichhäher die Eicheln einzeln** vergraben, verstecken **Tannenhäher** ganze **Depots** der Zirbennüsschen. Die Vermehrungsleistung dieser Vögel für die einzelnen Bäume ist Gegenstand vieler Untersuchungen. Spurenlesende können sich bei Waldspaziergängen überlegen, ob ein junger Eichenhain im Wirtschaftswald gepflanzt wurde oder auf „**Hähersaat**" zurückgeht. Mancher Gartenbesitzer hat sich schon gewundert, warum alljährlich junge Walnussbäume in der Pflanzzeile sprießen. Wer denkt da schon an vergessene Winterverstecke von Saatkrähen? Zuletzt noch ein Blick auf die „diebische Elster": Elstern, aber auch Raben- und Nebelkrähen fühlen sich durch glänzende Gegenstände angezogen, die auch gehortet werden können.

Fallwild. Kolkraben haben dieses tote Mufflon gefunden und ihm die Augen ausgehackt.

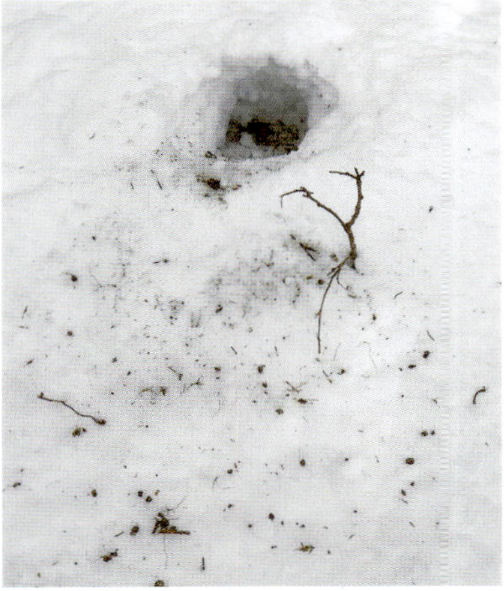

Nahrungsdepot vom Tannenhäher: Der Vogel hat im Herbst bis zu 20 Zirbennüsschen hier versteckt, sie im Winter wiedergefunden, ausgegraben und verzehrt.

Darüber hinaus lassen sich auch isolierte Fraßspuren an einzelnen Objekten finden:

- **Vogeleier.** Zerbrochene Eierschalen am Boden sind oft ein Hinweis auf Fraßspuren von Rabenvögeln. Davon zu unterscheiden sind Eierschalen, die von den Küken beim Schlupf auf natürliche Art gesprengt wurden. Letztere haben einen etwa zirkulären Verlauf und die Eischalenmembran ist nach innen gebogen.
- **Walnüsse.** Halbierte Walnussschalen können auf Saatkrähen oder Dohlen hinweisen, die diese entweder durch Fallenlassen oder mithilfe einer sogenannten „Schmiede" gespalten haben. Seitliches Anhacken von Walnüssen schaffen meist nur die größeren Saatkrähen, die dabei oft lediglich ein gezacktes Loch anlegen.

Zeichen an Vogeleiern: Das Hühnerei (links) wurde von einer Rabenkrähe geöffnet. Man erkennt die dreieckige Schnabelmarke und die unregelmäßigen Bruchkanten. Aus dem Taubenei (rechts) ist ein Jungvogel geschlüpft. Die Bruchlinie ist zirkulär, deutlich sieht man das Zackenmuster des Eizahnes und dass die Eischalenmembran nach innen ragt.

Fraßspur eines Eichelhähers: Die Marken an den Eicheln sind eher Bisse und keine Hackspuren.

Reste eines Hirschkäfers: Raben- und Nebelkrähen sowie Dohlen erbeuten häufig größere Insekten wie diesen Hirschkäfer. Harte Chitinteile wie Flügeldecken oder Kieferzangen werden vor dem Verzehr meist abgerissen.

Ähnliche Spuren, die von Spechten stammen, sind schwer zu unterscheiden (siehe auch Abbildungen im Kapitel Spechte).

- **Eicheln.** Während Krähen diese wie Nüsse behandeln, öffnen sie Eichelhäher durch Beißen und Hebeln.
- **Zirbennüsse.** Halbierte Schalen von Zirbennüssen stammen meist von Tannenhähern, allenfalls aber auch von Kleibern.
- **Chitinteile von Großinsekten** (Käfern). Besonders Raben-/Nebelkrähen, Dohlen und Eichelhäher fressen zur Brutzeit häufig größere Insekten und verfüttern diese auch an die Jungvögel. Größere Chitinteile wie Flügeldecken, Beine oder Kieferzangen werden meist abgetrennt und fallen zu Boden.
- **Früchte.** Am Boden liegende Früchte (zum Beispiel Äpfel, Birnen) werden von Krähen und Dohlen genutzt und zeigen entsprechende Schnabelmarken. Derlei Pickspuren an Früchten, die noch am Baum hängen, stammen von den leichteren Dohlen.

Auch Früchte verschmähen Rabenvögel nicht. Dohlen haben hier an Marillen (Aprikosen) gefressen, wie die Schnabelmarken verraten.

Ausscheidungen

Es ist klar, dass Ausscheidungen von Arten, die sich so vielschichtig ernähren, auch unterschiedlich in Aussehen, Inhalt und Volumen sind. Das bezieht sich sowohl auf den **Urat- und Kotanteil** als auch auf die **Speiballen**.

Folgende Formen von **Exkrementen** lassen sich im Freiland finden:

- Rein weiße Urat–Kleckse oder Auflagen, wenn die Nahrung überwiegend aus Eiweiß (Fleisch, Fisch, Aas) bestand.
- Weiße Kleckse mit unterschiedlich gefärbtem Kotanteil bei gemischter Kost, besonders auch nach Genuss von menschlichem Bioabfall.
- Kleckse mit überwiegend braunen Faseranteil, vor allem von Saatkrähen und Dohlen nach pflanzlicher Nahrung.
- Geformte Zylinder mit Uratkappe oder Uratüberzug, bei Trockenkost, beispielweise Nüsse oder Getreide im Winter. Diese Zylinder können gedreht oder j-förmig gefaltet sein. Letztere können Anlass zu Verwechslungen mit Grünspecht-Exkrementen geben. Ein Blick auf den Inhalt bringt jedoch Klarheit, bei Krähen finden sich hier Zellulosefasern und keine Ameisenreste wie bei Spechten.

Exkrement vom Kolkraben. Urat-Auflagen an einem Ruheplatz.

Exkremente der Saatkrähe. Unter Schlafplätzen oder Brutkolonien finden sich ausgedehnte Areale mit Kotspritzern. Hier gedeiht bevorzugt stickstoffreiche Vegetation (Brennnesseln und Holunder).

Kotkleckse von Rabenkrähen. Weiß bei Eiweißkost (links). Mit gefärbtem Kotanteil nach Fressen von menschlichem Biomüll (rechts).

Kotklecks einer Saatkrähe: Bei bestimmter pflanzlicher Kost überwiegen unverdauliche Faserreste (Zellulose). Derartige Kleckse sind im Gegensatz zu eiweißreicher Ernährung überraschend großflächig (über 10 cm Durchmesser).

Geformte Kotzylinder von Saatkrähen und Dohlen: Diese Exkremente, nach Fressen von Walnüssen, sind klein (Längen zwischen 2 und 5 cm). Die Uratkappen/-auflagen zeigen den hohen Eiweißanteil dieser Ernährung. Eine Unterscheidung der Arten ist oft aufgrund des Durchmessers der Kotzylinder möglich. Die der Dohlen messen hier meist unter 0,6 cm.

Die Exkremente von Rabenvögeln wirken im Verhältnis zu ihrer Körpergröße manchmal überraschend klein. Sie sind zwischen 2 und 8 (bis zu 12) cm lang, wobei die Länge weniger von der Vogelart als von der gefressenen Menge abhängt. Hinweise auf die Art liefert eher der Durchmesser: Häher bleiben meist bei 0,5 cm oder darunter, Dohlen liegen bei etwa 0,6 cm, während Exkremente von Krähen und Kolkraben meist dicker sind.

Speiballen eines Kolkraben. Dieser häufige Typus ist eiförmig und kompakt. Inhalt sind Pflanzenfasern, Insektenreste, Steinchen, kleine Schneckenhäuser und winzige Knochenfragmente.

Speiballen sind in Größe und Form jenen von Greifvögeln und Eulen ähnlich. Zwei Unterscheidungsmerkmale können helfen. **Magensteinchen** finden sich in diesem Zusammenhang nur bei Rabenvögeln, und für olfaktorisch Begabte empfiehlt sich eine Geruchsprobe. Der eher unangenehm empfundene, muffig-tranige „**Corviden–Duft**", der Federnsammlern sicherlich bekannt ist, haftet auch den Speiballen an. Bei hohem Pflanzenanteil zerfallen Speiballen leicht und sind hell. Kompakter und dunkler sind jene mit überwiegendem tierischen Anteil.

Wie beschrieben, finden sich meist Steinchen in den Speiballen von Rabenvögeln. Ein weiteres Charakteristikum sind Bestandteile, die nicht zur regulären Ernährung zählen. Insbesondere Saatkrähen nehmen **Plastik- und Papierstreifen**, auch **Gummiringe** auf und geben dieses Material wieder mit den Speiballen ab.

Speiballen von Rabenvögeln, nach eigenen Daten und Literaturvergleich (Abenza, G. v. Blotzhe m & Bauer, Müller & Müller).

Art	Durchmesser (cm)	Länge (cm)	Form, Inhalt
Kolkrabe	(1,4) 2,4–2,5	3,5–6,1	Eiförmig, kompakt; unverdaute Pflanzenreste und Getreidekörner, Insekten-Chitin, Fragmente von Schneckenhäusern und Knochen, Haare, Federn; Steinchen.
Raben-/Nebelkrähe	1,4–2,4	2,5–4,4	Eiförmig, kompakt; ähnlich Kolkrabe.
Saatkrähe	1,4–2,2	3,2–6,4	Lockerer, leicht zerfallend; vor allem Pflanzenreste und Insekten-Chitin.
Alpendohle	0,9–1,1	2,7	Insekten, Pflanzenreste, Steinchen.
Dohle	1,1–1,2	1,7–2,1	Hoher Pflanzenanteil, Insekten-Chitin.
Elster	0,9–1,7	1,7–3,6	Ähnlich Dohle, höherer animalischer Anteil.
Eichelhäher	0,9–1,3	1,6–3,0	Zerfallend; Beerenkerne und Reste von Nüssen, Chitin, Kleinvogelfedern.
Tannenhäher	0,9–1,3	1,6–3,0	Zerfallend; Reste von Nüssen, Chitin, Kleinvogelfedern

Meisen und „Verwandte“

Taxonomische Befunde zeigen, dass die Verwandtschaft der Schwanz-, Bart- und Beutelmeisen mit den anderen Meisenarten gar nicht so eng ist. Stammesgeschichtlich noch weiter entfernt sind die Goldhähnchen. Spurentechnisch gesehen macht es dennoch Sinn, all diese Arten gemeinsam zu betrachten. Meisen präsentieren sich meist als gesellige Vögel, die agil durchs Gezweig turnen und auch einmal mühelos kopfüber an einem Zweig hängen. Sie zählen zu den bekannten Arten, die auch häufig in Menschennähe brüten und regelmäßig Futterstellen besuchen. Am Boden halten sie sich nicht so häufig auf. Doch findet man deren Trittsiegel, so sind sie leicht zu bestimmen – meist sogar unverwechselbar.

Fußmorphologie und Trittsiegel

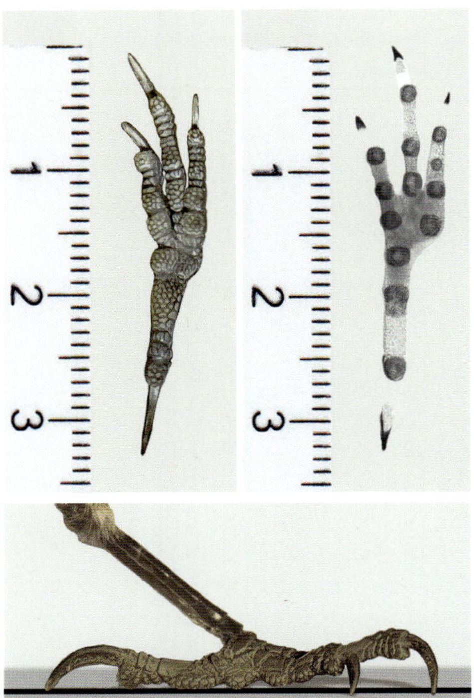

Kohlmeise:
links: linker Fuß (Unterseite).
rechts: rechtes Trittsiegel (idealisierte Zeichnung).
unten: Fuß seitlich. Die Krallen sind stark gekrümmt.

Meisenfüße zeigen folgende Merkmale:

- Grundtypus: Klassischer Vogelfuß.
- Dimension: TSL 2,5 bis 3,5 cm (Daten für alle der hier dargestellten Arten, nur Goldhähnchen sind noch etwas kleiner).
- Die **Hinterzehe ist lang**.
- Die Zehen sind, gemessen an der Kleinheit der Vögel, recht dick und tragen **kräftige Ballen**.
- Die Krallen, besonders die **Hinterkralle**, **sind kräftig und lang.**

Die Beschreibung bezieht sich zuerst auf die Kohlmeise als typischen Vertreter dieser Vogelfamilie.

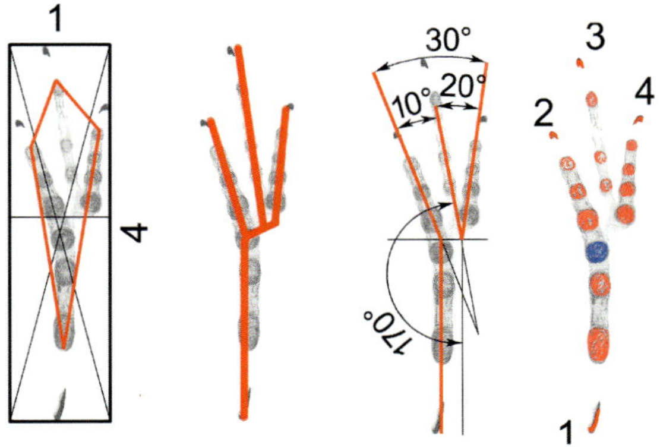

Kohlmeise:

links: Umrisslinien, geometrische Mitte (Diagonalenschnittpunkt), Ansatzlinie der Vorderzehen.

links Mitte: „Gabel“-Schablone.

rechte Mitte: Öffnungswinkel. Zehenachsen (rot), Gradangaben der Winkel.

rechts: Ballenmuster: Zehenballen rosa, Metatarsalballen blau und Krallen rot.

Umrisse und Proportionen

Der Umriss entspricht einem **schmalen Rechteck** in einem Verhältnis von etwa 4:1. Die **Ansatzlinie** der Vorderzehen (horizontale Linie) liegt **vor der geometrischen Mitte** des Trittsiegels, bedingt durch die lange Hinterzehe. Die Umrisslinie entlang der Zehenspitzen entspricht einem schmalen, kaum verzerrten Deltoid (rote Linie).

Schablone

Bei vielen Vogelarten ist die **Innenfußspange** funktionell relevant, eine Klammer, die durch die Hinter- und die Innenzehe gebildet wird. Das spiegelt sich auch im Trittsiegel. So liegen diese beiden Zehen auf einer Achse. Die **Außenzehe kragt zur Seite aus** und bildet eine (meist) auffällige Ecke. Alle drei Vorderzehen erscheinen fast parallel. Aus diesen Merkmalen lässt sich eine Schablone bilden, die einer „**Gabel**“ gleicht.

Achsen und Winkel

Der **Öffnungswinkel** der Vorderzehen ist **schmal** und beträgt 30° (25 bis 40°). Der Teilwinkel zwischen Innen- und Mittelzehe ist etwas geringer.
Die Fußachse ist zumeist leicht nach innen geknickt (ca. 170°).

Ballenmuster, Negativräume und Krallen

Der Fuß setzt meist **vollflächig** auf, wobei die kräftigsten Ballenabdrücke in der Fußmitte liegen. „Plattfüße“ und große Zehenballen weisen auf Griffsicherheit im Gezweig hin, was das Klettern und Kopfüberhängen unterstützt.
Die kräftigen Zehenballen geben dem Trittsiegel den Eindruck einer „**Perlenkette**“. Die Hinterzehe zeigt zwei, die Innenzehe drei und die Außenzehe vier Ballen. Die Ballen der Mittelzehe drücken oft unvollständig ab.
Der **Mittelfußballen** ist genauso **groß** wie die umliegenden Zehenballen und drückt **stetig** ab.
Die relativ **langen** Krallen sind spitz und **gekrümmt.** Fast immer sind die Krallenabdrücke vom Endballen der jeweiligen Zehe getrennt und erscheinen als **abgesetzter Punkt**.

Realitätsprüfung

Wie weit passen die vorgestellten Merkmale zu Trittsiegeln aus dem Freiland?

- Alle Umrisse entsprechen einem schmalen Rechteck im Seitenverhältnis von etwa 4:1. Die Ansatzlinie der Vorderzehen liegt vor der geometrischen Mitte – im Vergleich zu anderen Singvögeln haben Meisen lange Hinterzehen.
- Die „Gabel"-Schablone ist gut nachvollziehbar. **Hinter- und Innenzehe bilden eine durchgängige Achse**, die Außenzehe kragt zur Seite aus (deutlich in **Abb. b und c**).
- Das **„Perlenketten-Muster“** ist besonders in **Abb. b und c** deutlich. Einzelne Zehenballen, speziell der Mittelzehe, werden allerdings nicht abgedrückt. Nur in ganz weichen Spurgründen entsteht eine durchgängige Kontur (**Abb. a**).
- Der **Metatarsalbereich** ist **stetig abgedrückt** und ebenso tief und kräftig wie die umliegenden Zehenballen.
- Die Krallen sind lang und als isolierte, punktförmige Abdrücke vor den Endballen der jeweiligen Zehen zu erkennen.

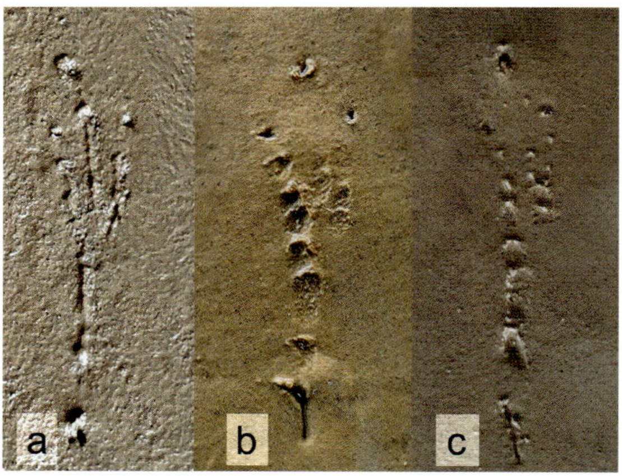

Kohlmeise: Drei rechte Trittsiegel aus dem Freiland in unterschiedlichen Substraten.

Verwechslungsmöglichkeiten

Erkennt man die typischen Ballenmuster, so sind Trittsiegel von Meisen meist eindeutig. Unklare oder in weichem Schlamm verronnene Spuren sind mit anderen Singvögel zu verwechseln, die ebenfalls schmale Umrisse und lange Hinterzehen zeigen wie der Zaunkönig. Öfter werden die etwas längeren TS des **Kleibers** mit jenen der Kohlmeise verwechselt. Die Hinterkralle ist beim Kleiber zwar geringfügig länger als bei Meisen, was aber durch die starke Krümmung im Bodenkontakt nicht auffällt. Eine scheinbar überlange Kralle im Trittsiegel von Kleibern wird nur vorgetäuscht – der Endballen der Hinterzehe ist nämlich meist abgehoben und drückt nicht ab, sodass der proximale Ansatz der Kralle nicht erkennbar ist (siehe Kapitel „Kleiber“).

Artengarnitur

Aufgrund ihrer ähnlichen Fußanatomie werden in diesem Kapitel die „echten“ Meisen,

Bartmeisen und Goldhähnchen behandelt. Aus spurenkundlicher Sicht sind vor allem Arten von Interesse, die sich zumindest zeitweise am Boden aufhalten oder auffällige Zeichen hinterlassen. Nicht weiter berücksichtigt werden daher Schwanz- und Beutelmeisen, die kaum am Boden anzutreffen sind und auch keine Nahrungsdepots anlegen.

Spurenrelevante Angaben zu Meisen und „Verwandte“ (nach G. v. Blotzheim & Bauer und eigenen Daten).

Art	Bodenaufenthalt	Nahrungsdepots	Zeichen
Sumpfmeise	Regelmäßig, ganzjährig, vor allem im Winter	Auch am Boden und in bodennahen Ästen	Wendet Bodenstreu um
Weidenmeise	Sehr selten	Nie am Boden, aber in bodennahen Ästen und am Stamm	Schmieden (wie Kleiber)
Kohlmeise	Häufig, ganzjährig, vor allem im Spätwinter	Keine Depots	Pickt Moos von Baumstämmen. Von Raupen werden Kopf und Darm entfernt.
Blaumeise	Selten	Keine Depots	Pickspuren im Röhricht, an Gallen und Knospen
Haubenmeise	Häufig, vor allem im Spätwinter	Im mittleren Kronenbereich, weniger am Stamm	Wendet Bodenstreu um (Schnabelschleudern). Von Raupen werden Kopf und Darm entfernt.
Tannenmeise	Manchmal im Winter	Hoch auf Bäumen	
Bartmeise	Regelmäßig zur Nahrungssuche	Keine Depots	Scharren mit den Beinen
Wintergoldhähnchen	Manchmal im Winter	Keine Depots	

Trittsiegel von Meisen findet man am häufigsten im Spätwinter, wenn sie Samen vom Boden auflesen. Besonders beliebt sind sonnige, schneefreie Flächen. Sumpfmeisen bevorzugen deckungsnahe Gebiete an Gehölzen, während die Kohlmeise „mutiger“ ist und auch offenes Gelände aufsucht. Spuren der Kohlmeise sind deshalb auch am häufigsten, gefolgt von denen der Haubenmeise an Rändern von Nadelwäldern. Seltener sind Trittsiegel von Sumpf-, Blau- und Tannenmeisen sowie von den Goldhähnchen.

Maße, Variationsbreite und Unterscheidungen

Die TSL aller hier beschriebenen Meisenarten liegen bei etwa 3 cm. Eine Differenzierung anhand der Größe ist aufgrund von Überschneidungen schwer möglich, obwohl Längen von über 3 cm fast immer der Kohlmeise zuzuordnen sind. Deutlich kleiner ist nur die TSL der Goldhähnchen. Auffällig ist zudem die größere TSB bei der Bartmeise (siehe auch Morphologie).

Trittsiegelmaße der Meisen (siehe auch Abkürzungsverzeichnis).

Art	TSL (cm)	TSL^{oK} (cm)	TSB (cm)	Z1 (cm)	$Z1^{oK}$ (cm)	Z3 (cm)	$Z3^{oK}$ (cm)
Sumpf-/Weiden-meise	2,7 (2,6–3,0)	1,9 (1,8–2,1)	0,7 (0,5–1,0)	1,3 (1,2–1,4)	0,8 (0,7–0,9)	1,3 (1,2–1,5)	1,0 (1,0–1,1)
Kohl-meise	3,3 (3,0–3,5)	2,3 (2,1–2,6)	0,9 (0,6–1,3)	1,5 (1,4–1,7)	0,9 (0,8–1,0)	1,6 (1,4–1,8)	1,3 (1,0–1,4)
Blau-meise	2,7 (2,5–2,8)	2,0 (1,8–2,1)	0,7 (0,5–1,0)	1,2 (1,0–1,3)	0,7 (0,7–0,8)	1,3 (1,1–1,5)	1,0 (0,8–1,2)
Hauben-meise	2,8 (2,6–3,0)	2,2 (2,0–2,4)	0,7 (0,5–1,0)	1,2 (1,0–1,3)	0,8 (0,7–0,8)	1,5 (1,3–1,6)	1,1 (0,8–1,2)
Tannen-meise	2,6 (2,5–2,7)	2,0 (1,8–2,1)	0,7	1,2	0,8	1,3	1,1
Bart-meise	3,2 (3,0–3,4)	2,2 (2,1–2,3)	1,0 (0,8–1,4)	1,4 (1,3–1,5)	0,8 (0,8–0,9)	1,6 (1,5–1,7)	1,3 (1,2–1,3)
Winter-gold-hähnchen	2,2 (2,0–2,3)	1,6	0,8	1,1 (1,0–1,1)	0,6	1,0	0,8

Bartmeise: linker Fuß, Unterseite.

Morphologische Unterschiede

Von den vorgestellten Arten zeigt nur die **Bartmeise** eine etwas **abweichende Fußmorphologie**. Das spiegelt die unterschiedliche taxonomische Stellung, aber auch das abweichende Verhalten wider – Bartmeisen halten sich auch am Boden von Schilfbeständen auf, wo sie laufend nach Insekten jagen.

Die durchgehende Achse von Hinter- und Innenzehe ist auch bei der Bartmeise erkennbar, ebenso wie die an der Basis auskragende Außenzehe. Insgesamt wirkt der Fuß jedoch filigraner als bei den „echten“ Meisen, da die Ballen weniger ausgeprägt sind. Die Hinterzehe ist etwas kürzer, sodass die Ansatzlinie der Vorderzehen im Bereich der Fußmitte liegt und nicht davor. Zudem sind die Vorderzehen stärker gespreizt, was im Trittsiegel eine größere TSB zur Folge hat.

Gangarten und Spurbilder

Am Boden bewegen sich Meisen hüpfend. Oft sind das relativ kurze Sequenzen, da die Vögel nach erfolgreicher Nahrungssuche zum Fressen oder Verstecken von Nahrung ins

Gehölz fliegen. Am Fressplatz werden oft kurze Korrektur-Sprünge ausgeführt, manchmal auch ein Ausgleichsschritt. Anders verhält sich die Bartmeise, die im Laufen (Gehen) Insekten jagt.

Maße von Gangarten ausgewählter Meisen (siehe auch Abkürzungsverzeichnis).

Art	Gangart	SB (cm)	SL (cm)	GL (cm)	ZGL (cm)
Kohlmeise	Hüpfen	3–5	8–21	4–6	-1–16
Blau-, Hauben-, Tannenmeise	Hüpfen	3–4	2–15	3–5	-1–9

Die obige Tabelle basiert auf Maßen von Spurbildern, die im Freiland erfasst wurden. Angaben zu Mittelwerten sind wenig sinnvoll, da Meisen sich zunächst mit weniger, weiten Sprüngen annähern und sich am Futterplatz kaum mehr raumgreifend bewegen. In solchen Fällen können die ZGL sogar negativ werden, wenn die Vögel gleichsam auf der Stelle die Richtung wechseln. Auffällig ist zudem die relativ hohe SB, die sich dadurch ergibt, dass Meisen recht breitbeinig hüpfen.
Wieder zeigt die Kohlmeise die größten SL, eine Abgrenzung zu den kleineren Arten ist allenfalls im Maximalbereich möglich.
Auch wenn die Trittsiegel im Schnee undeutlich erscheinen, weisen die Spurgruppen charakteristische Merkmale auf – eine **gerade Innenkante**, die durch die Achse von Hinter- und Innenzehe gebildet wird, ist ein eindeutiges Kennzeichen der Meisen (siehe „Schablone“). Während Kohlmeisen auch offenes Gelände für die Nahrungssuche nutzen, halten sich kleinere Arten bevorzugt in deckungsnahen Bereichen auf. Meisen sind gesellige Vögel und schaffen an geeigneten Orten, wie Futterstellen, oft dichte „Spurenteppiche“.

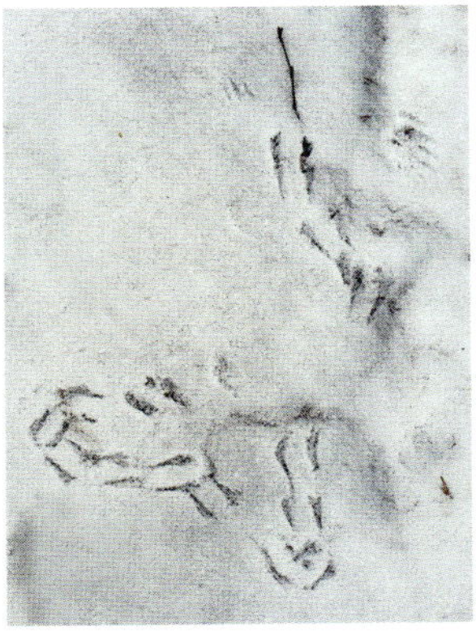

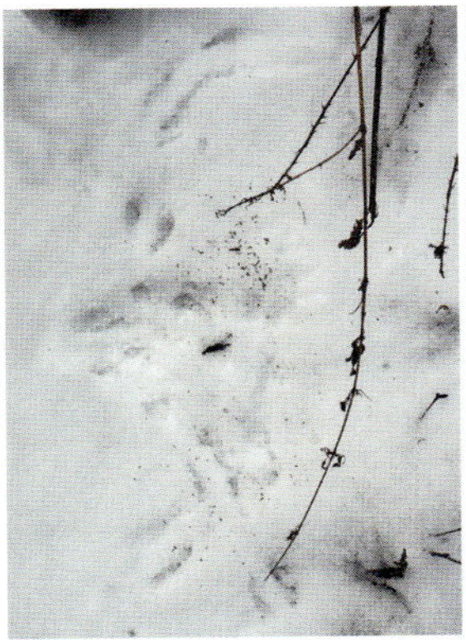

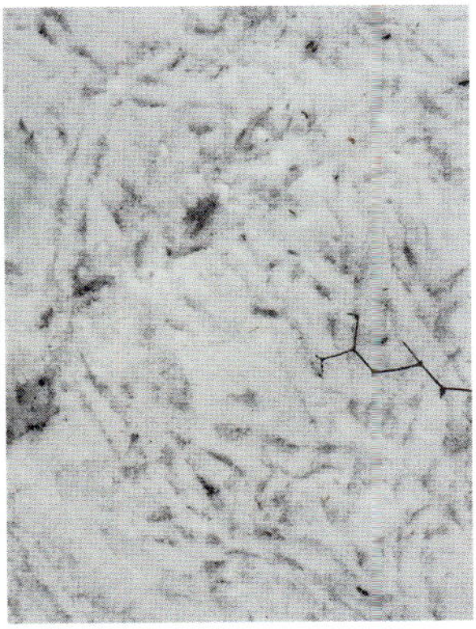

links: Spurbild einer Kohlmeise: Nach der Landung (links unten) folgt eine kleinräumige Erkundung mittels kurzer Sprünge. Nach einem längeren Hüpfer und einer weiteren Serie von Kurzsprüngen erfolgt der Abflug, gekennzeichnet durch Flügelmarken.

Mitte: Spurbild von Haubenmeisen: Im Spätwinter wird auch am Boden nach Nahrung gesucht – hier sind es Samen der Brennnessel.

Rechts: Spurenteppich (überwiegend) von Meisen unter einer Winterfütterung. Einzelheiten sind nicht zu sehen, trotzdem erkennt man die typischen „Gabel“-Schablonen und die Hüpfspuren.

Zeichen

Fraßspuren eines gemischten Meisenschwarms: Rindenstückchen und Flechten wurden abgeschlagen, um Nahrungsquellen an der von Borkenkäfern befallenen Fichte aufzuschließen. Ähnliche Zeichen hinterlassen allerdings auch Kleiber und Spechte.

Moosabtragungen durch eine Kohlmeise. Der Vogel hat versucht, unter dem Moospolster überwinternde Insekten und Spinnen freizulegen (oben rechts im Bild).

Meisen hinterlassen bestimmte Zeichen bei der Nahrungssuche sowie beim Anlegen und Leeren ihrer Nahrungsverstecke. Diese sind allerdings recht unauffällig und nicht immer spezifisch für diese Familie. Bei gezielter Suche findet man sie jedoch überraschend häufig und sie bieten Spurenlesenden interessante Einblicke in das Leben der Meisen, besonders in ihre Winterökologie.

Ernährung

Die Ernährung der Meisen fußt auf zwei Säulen. Zur Brutzeit ist es vor allem tierische Nahrung, wobei manche Arten auf **Raupen** bestimmter Schmetterlinge (zum Beispiel Eichenwickler) spezialisiert sind. Im Winter werden verstärkt **Pflanzensamen** gefressen. Meisen nutzen, in unterschiedlichem Ausmaß, auch Futterstellen. Zusätzlich gibt es vielerlei spezielle Anpassungen. Beispielsweise kommt die Kohlmeise regelmäßig an Risse großer Beutegreifer. Sie tötet manchmal sogar andere Vögel und frisst dann nur das Gehirn. Manche Arten konsumieren auch Früchte und Beeren oder trinken Baumsäfte.
Von den meisten Meisen ist bekannt, dass sie auch Steinchen (**Grit**) aufnehmen sowie Teile von **Schneckenhäusern** und **Knochen**. Letzteres dient angeblich der Kalziumversorgung im Wachstum und bei der Eiablage.

Nahrungserwerb, Verstecken und Fraßspuren

Speziell im Winter lassen sich viele Hinweise finden, hat man sich erst einmal in die vielschichtigen Spezialisierungen der einzelnen Arten eingelesen (zum Beispiel bei G. v. Blotzheim & Bauer). Besonders interessant sind **Nahrungsdepots**. Welche Arten solche anlegen und ob sich diese am Stamm oder in den Ästen, in Bodennähe oder in luftigen Höhen befinden, was dort versteckt wird und anderes lässt sich erkunden (siehe auch Tabelle: Spurenrelevante Angaben zu Meisen und „Verwandte“). Am häufigsten finden Spurenlesende derlei Zeichen von der Sumpfmeise, weil diese bodennahe Verstecke anlegt. Verwechslungen sind dann mit dem Kleiber möglich, der jedoch eher den Stamm bevorzugt.
Als spezifische Zeichen, die für Meisen (teilweise) charakteristisch sind, können folgende Beispiele genannt werden:

- Feine **Abschläge** von Borken und Flechtenstückchen. Diese sind sowohl am Baum direkt, bei Schneelage auch darunter gut erkennbar. Am häufigsten sieht man dieses Zeichen unter „kranken“ Nadelbäumen (zum Beispiel durch Borkenkäferbefall). Verursacher sind gemischte Winterschwärme von Kohl-, Blau-, Weiden-, Sumpf-, Hauben- und Tannenmeisen, aber auch Kleiber oder Spechte.
- Großflächige **Moosabtragungen** an Stämmen oder stärkeren Seitästen hinterlassen Kohlmeisen bei der Suche nach überwinternden Insekten und Spinnen, vor allem bei kalter Witterung.
- Geleerte **Nahrungsdepots**. Intakte Nahrungsspeicher sind meist gut getarnt und schwer zu finden. Wenn die Vögel diese Verstecke wieder leeren, bleiben sie geöffnet und man kann diskrete Pickspuren im Moos am Fuß von Bäumen erkennen. Diese Spuren stammen häufig von der Sumpfmeise, deren Verstecke überwiegend in Bodennähe liegen.
- Blaumeisen picken im Winter an Röhricht, Gallen und Knospen.
- **Dislozierte Samenhüllen**. Diese sperrige Überschrift beschreibt folgendes Verhalten: Meisen sind agile Wesen, die an der Vogelfütterung rasch einen Sonnenblumenkern erhaschen, ihn zur nächsten Deckung tragen, dort mit dem Fuß an der Unterlage fixieren und aufhacken. Anders die „trägen“ Finken und Sperlinge, die am Vogelhaus ein Korn nach dem anderen aufnehmen, enthülsen und schlucken. Betrachtet man die Fraßreste, so findet man Samenhüllen von Meisen gehäuft an Stellen, die (fast) immer **abseits der ursprünglichen Nahrungsquelle** liegen.
- Freilegen von im Boden verborgener Nahrung durch **„Schnabelschleudern“** von Tannen-, Hauben- und Kohlmeise oder durch Scharren von der Bartmeise. Viele andere Vogelarten wie Drosseln können das allerdings auch.
- Abgestreifte **Insektenreste,** meist Darm- und Kopfteile von Schmetterlingsraupen, sind von Kohl-, Blau- und Tannenmeise sowie beim Wintergoldhähnchen beschrieben.

Geleerte Nahrungsdepots einer Sumpfmeise: Am bemoosten Stammfuß sind mehrere Löcher erkennbar. Hier hat der Vogel die einzeln versteckten Samen geborgen und anschließend verzehrt. Anders als beim Verstecken erfolgt bei der Nutzung des Depots keine Verblendung (Tarnung).

Dislozierte Samenhüllen an einem Fraßplatz einer (vermutlichen) Sumpfmeise. Im Gegensatz zum Kleiber können Meisen diese harten Nüsschen erst öffnen, wenn sie durch die Bodenfeuchte gequollen sind.

Ausscheidungen

Je nach Jahreszeit und Ernährung variieren die **Exkremente** von Meisen in Flüssigkeitsgehalt, Inhalt und Uratanteil (Weißanteil). Häufig findet man unregelmäßig geformte oder gebogene Zylinder mit einem Harnsäureüberzug, deren Länge etwa 0,9 cm und Durchmesser 0,2 cm (bis zu 0,3 cm im Kappenbereich) beträgt. Zusätzlich sind auch weiße Kleckse mit einem Durchmesser von etwa 1 cm zu finden, die einen dunkleren Kotanteil aus Chitin, Lignin oder Zellulose enthalten.

Darüber hinaus produzieren Meisen auch **Speiballen**, die Chitin oder unverdauliches Pflanzenmaterial (Samenschalen) enthalten. Deren Dimensionen entsprechen jenen der Exkremente.

Exkremente der Kohlmeise: Kleine, unregelmäßig geformte Zylinder mit Uratüberzug und verdickter Kappe. Der zerbröselte Inhalt besteht aus Chitinteilen von verzehrten Insekten.

Lerchen

Lerchen sind nicht nur jubilierende Frühlingsboten, kleine Punkte am hohen Himmel, sondern auch typische Bodenvögel. Ihre Spuren sind trotzdem schwierig zu finden: In lockerem Sand hinterlässt die Heidelerche selten Abdrücke, und auch Wiesen prägen kaum einmal Trittsiegel von Feldlerchen. Am ehesten entdeckt man sie auf abgeernteten Feldern oder auf seichten Schneeflächen, wenn Letztere in großen Schwärmen in Mitteleuropa überwintern An den Küsten lohnt es sich in dieser Zeit, nach Ohrenlerchen Ausschau zu halten, die im Watt Nahrung suchen.

Fußmorphologie und Trittsiegel

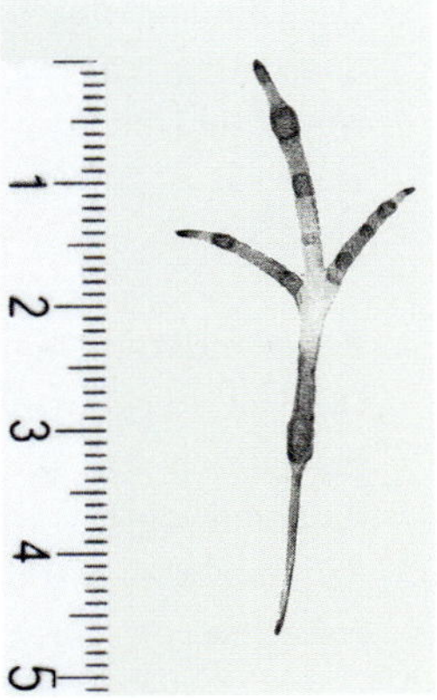

Feldlerche:

links: linker Fuß (Unterseite).

rechts: rechtes Trittsiegel (idealisierte Zeichnung).

unten: Fuß seitlich. Man beachte die Form der Hinterkralle.

Lerchenfüße zeigen folgende Merkmale:

- Grundtypus: Klassischer Vogelfuß.
- Dimension: TSL 3,8 bis 5,0 cm (Daten für alle der hier dargestellten Arten).
- Die **Zehen sind schlank**, die deutlichsten Ballen sitzen an den Zehenspitzen.
- Die Vorderzehen sind relativ stark gespreizt.
- Das Fußgewölbe ist hoch und der Metatarsalballen drückt in der Regel nicht ab.
- Die **Hinterkralle** ist **auffällig lang** aber nur schwach gekrümmt („**Lerchensporn**“).

Die Beschreibung bezieht sich zuerst auf die Feldlerche als typischen Vertreter dieser Vogelfamilie.

Umrisse und Proportionen

Der Umriss gleicht einem Rechteck mit einem Seitenverhältnis von etwa 2:1, wobei er knapp an der Grenze zur schlankeren Proportion von

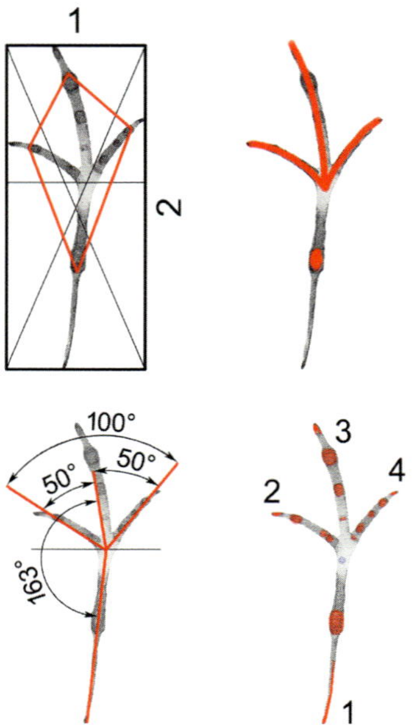

Feldlerche:

links oben: Umrisslinien, geometrische Mitte (Diagonalenschnittpunkt), Ansatzlinie der Vorderzehen.

rechts oben: „Pfeil"-Schablone.

links unten: Öffnungswinkel. Zehenachsen (rot), Gradangaben der Winkel.

rechts unten: Ballenmuster (Zehenballen rosa, Metatarsalballen blau und Krallen rot).

3:1 liegt. Die **Ansatzlinie** der Vorderzehen (horizontale Linie) liegt **deutlich vor der geometrischen Mitte** des Trittsiegels. Dies ist auf die lange Hinterzehe zurückzuführen, ein Merkmal, das im Freiland jedoch nur erkennbar ist, wenn die Hinterkralle tatsächlich einbezogen wird. Die Umrisslinie entlang der Zehenspitzen bildet ein **leicht verzerrtes Deltoid** (rote Linie).

Schablone

Die Biegungen der Vorderzehen vermitteln etwas „elegant Beschwingtes". Teilt man diesen (subjektiven) Eindruck, so lässt sich ein **geschwungener Pfeil** als Schablone einschreiben, der auf einen **Punkt** zeigt.

Achsen und Winkel

Der Öffnungswinkel der Vorderzehen ist breit und beträgt ca. 100° (70 bis 105 °). Die Teilwinkel sind mit etwa 50° nahezu identisch. Die Fußachse ist zumeist nach innen geknickt (170 bis 160°).

Ballenmuster, Negativräume und Krallen

Der Fuß drückt meist nur im Bereich der **Zehenspitzen** auf, das ist ein Charakteristikum für Bodenvögel.
Ein markantes Merkmal ist die **Knickung der Fußachse**, die durch den langen Hallux noch stärker betont wird. Dabei scheinen sich die drei Vorderzehen in eine andere Richtung zu orientieren als die Hinterzehe. Gelegentlich stehen die Hinterzehe und die Außenzehe sogar auf einer Linie – eine Besonderheit, die sonst nur bei Spechten zu beobachten ist.
Die Zehenform ist schlank und parallelrandig, wenn auch gelegentlich einzelne Zehenballen (besonders der Endballen der Hinterzehe) erkennbar sind.
Der **Mittelfußballen** steht **sehr hoch** und drückt nur in sehr tiefen Untergründen ab. Auf jeden Fall ist diese Region seichter markiert als die Zehenspitzen.
Besonders auffällig ist die **Hinterkralle**, sie ist länger als die restliche Hinterzehe.

Realitätsprüfung

Sand und Schnee sind zwei ganz verschiedene Spurgründe, trotzdem zeigen beide Trittsiegel die typischen Lerchen-Merkmale:

- Die Umrisse sind breit und die Öffnungswinkel betragen mehr als 90°.
- Die **Knickung der Fußachse** ist besonders beim rechten Bild augenscheinlich – hier bilden Hinter- und Außenzehe eine gemeinsame Linie.
- Markant sind die langen **Hinterzehen** mit ihren **überlangen Krallen**. Diese drücken auch auf langer Strecke ab, da sie nur schwach gekrümmt sind.
- Die „**Pfeil"-Schablone** ist gut nachvollziehbar. Sie zeigt gegen die Laufrichtung.
- Die Zehen sind schlank und parallelrandig. Auch dort, wo Zehenballen erkennbar sind, zeigen sich keine auffälligen bulbösen Ausbuchtungen (= keine „Perlenkette").
- Der Metatarsalbereich ist schwächer sichtbar als die Zehenspitzen oder er fehlt ganz.

Feldlerche: Zwei rechte Trittsiegel aus dem Freiland in unterschiedlichen Substraten.

Verwechslungsmöglichkeiten

Pieper und **Stelzen** können ähnliche Trittsiegel zeigen. Viele dieser Arten haben etwas kleinere Füße und anders geformte Hinterkrallen.

Artengarnitur

Spurenrelevante Angaben zur Lerchenfamilie.

Art	Wann? Status	Wo?
Feldlerche	ganzjährig, Brutvogel, Durchzügler, Wintergast	Strukturreiche, offene Grünländer (Ackerflächen), Im Winter in Feldfluren
Heidelerche	Brutvogel (Februar bis November)	Sandgebiete (Föhren), Waldränder
Haubenlerche	ganzjährig, Brutvogel	Im Südosten, Kulturfolger, Trockengebiete
Ohrenlerche	Durchzügler, Wintergast (Oktober bis Februar)	Meeresküsten, Flachland

Für dieses Buch wurden vier Lerchenarten ausgewählt, deren Trittsiegel mit einiger Wahrscheinlichkeit gefunden werden können.
Spuren der Feldlerche findet man am ehesten im Winter auf Feldern (zum Beispiel Raps), jene der Heidelerche sind selten. Haubenlerchen leben oft an Straßenrändern oder Parkplätzen. Hier kann man in Randstreifen fündig werden. Die Küsten der Nordsee sind zur Zugzeit im Herbst lohnende Reiseziele, um (unter anderem) den Ohrenlerchen nachzuspüren.

Maße, Variationsbreite und Unterscheidungen

Trittsiegelmaße der Lerchen (siehe auch Abkürzungsverzeichnis).

Art	TSL (cm)	TSL^{oK}(cm)	TSB (cm)	Z1 (cm)	$Z1^{oK}$ (cm)	Z3 (cm)	$Z3^{oK}$ (cm)
Feldlerche	4,6 (4,2–5,0)	2,9 (2,5–3,3)	2,0 (1,5–2,4)	2,5 (1,9–3,0)	1,1 (0,7–1,4)	2,1 (1,9–2,3)	1,7 (1,4–2,0)
Heidelerche	4,4 (4,1–4,8)	2,7 (2,6–2,9)	1,9 (1,4–2,3)	2,3 (2,0–2,7)	1,0 (0,8–1,3)	1,9 (1,8–2,0)	1,4 (1,2–1,7)
Haubenlerche	4,5 (4,0–4,8)	3,0 (2,6–3,4)	1,8 (1,6–1,9)	2,1 (1,6–2,4)	1,0 (0,8–1,2)	2,2 (1,9–2,4)	1,7 (1,4–1,9)
Ohrenlerche	4,2 (3,8–4,5)	2,6 (2,3–2,9)	1,7 (1,4–2,7)	2,1 (1,7–2,4)	1,0 (0,7–1,2)	1,9 (1,7–2,3)	1,5 (1,3–1,8)

Die Dimensionen aller hier dargestellten Arten sind so ähnlich, dass Unterscheidungen unmöglich scheinen. Auch geringfügige morphologische Unterschiede in Länge und Krümmung der Hinterkralle sind spurentechnisch kaum verwertbar.

Gangarten und Spurbilder

Lerchen suchen ihre Nahrung am Boden und bewegen sich dort gehend oder laufend fort. In bestimmten Situationen (Hindernisse, Balz) können sie auch kurz hüpfen.

- **Gehen** (zum Beispiel bei der Nahrungsaufnahme) **(Abb. a).** Hier zeigt sich oft ein undulierender Spurverlauf mit kurzen Schrittlängen und größerer Spurbreite. Während die Hinterzehe etwa in Laufrichtung zeigt, ist die Mittelzehe (mitsamt den anderen Vorderzehen) deutlich zur Mitte geknickt, was ein typisches Gesamtbild ergibt – **„wie auf Schienen“**. Dieser Eindruck wird durch die Schleifmarken (im Schnee) verstärkt. Manchmal „kreiseln“ die Vögel.
- **Laufen** (zum Beispiel beim Ortswechsel zwischen Nahrungsgründen) **(Abb. b).** Hier ist der Spurverlauf gerichteter und die SL größer. Die SB ist allerdings kaum schmaler als beim Gehen. Der Innenspin fällt bei dieser Gangart weniger auf. Auch hier zeigen sich in entsprechenden Spurgründen „elegant“ geschwungene Schleifmarken. Diese entstehen durch die Hinterkralle („Lerchensporn“) und zeigen auch, dass die Füße beim Laufen nur wenig Luftstand haben.

- **T-Stopp (Abb. a).** Vor allem zur Nahrungsaufnahme werden die kurzen Schritte oft durch einen T-Stopp unterbrochen.

Maße

Maße von Gangarten von Lerchen (siehe auch Abkürzungsverzeichnis).

Art	Gangart	SB (cm)	SL (cm)
Feldlerche	Gehen	4–5	12 (5–14)
	Laufen	4–5	18 (15–32)

Die hier angegebenen Maße für die Feldlerche sind auch auf die anderen Lerchenarten anwendbar. Die Grenze zwischen Gehen und Laufen liegt bei einer SL von etwa 14 cm.

Vermehrt überwintern Feldlerchen auch in Mitteleuropa. Sie schließen sich zu größeren Trupps zusammen und suchen Nahrung bevorzugt auf Äckern wie Rapsfeldern (siehe Abb. unten). Bei seichter Schneeauflage kann man hier eine Reihe von Gangarten und Verhaltensweisen studieren.

Spurbilder der Feldlerche: Gehen mit T-Stopp (a), Laufen (b).

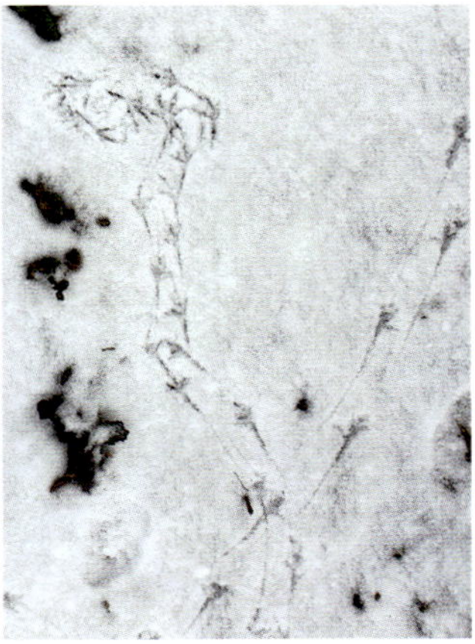

links: Spurbilder von Feldlerchen in einem winterlichen Rapsfeld. Gehen und Laufen.

rechts: Spurbilder von Feldlerchen in einem winterlichen Rapsfeld. Gehen und „Kreiseln“ (links), Laufen (rechts).

Zeichen

Zeichen von Lerchen sind sehr diskret und nur bei gezielter Nachsuche und günstigen Spurbedingungen zu finden.

Ernährung

Lerchen ernähren sich in der Brutzeit bevorzugt von Insekten, während sie im Herbst und Winter vor allem Getreide und andere Pflanzensamen fressen. Wenige Singvögel nutzen wie die Lerchen im Winter und Frühling auch grüne Pflanzenteile wie zum Beispiel zarte Blattspitzen. Mit zunehmender Körnerernährung in der kalten Jahreszeit werden verstärkt Magensteinchen (Grit) aufgenommen. Lerchen trinken selten.

Nahrungserwerb

Diese Zeichen sind unspezifisch, in Verbindung mit Trittsiegeln jedoch auffindbar.

- Freilegen von Nahrung in der Bodenstreu: Durch Umwenden mit dem Schnabel, allenfalls auch Scharren mit den Beinen. Haubenlerchen können auch Trichter von bis zu 2 cm Tiefe in den Boden hacken (nach G. v. Blotzheim & Bauer).
- Samenfraß, zum Beispiel von Gänsefußgewächsen (Melden), deren Stängel teilweise umgeknickt werden.

Schlafmulden und Sandbadestellen

Lerchen sind überwiegend „Vögel der Steppe“ und die meisten Arten schlafen am Boden, wobei die Heidelerche auch auf Bäumen übernachten kann. In kühleren Perioden „mulden“ sie sich durch Drehbewegungen in den lockeren Untergrund ein, manchmal auch in den Schnee. Ähnliche Vertiefungen entstehen durch häufige Staubbäder.

Ausscheidungen

Beispiele für **Exkremente** sind zylindrische Gebilde von etwa 1 cm Länge und 0,3 cm Durchmesser. Der Uratüberzug variiert in seiner Dicke je nach Eiweißgehalt der Nahrung. Im Winter, bei überwiegend pflanzlicher Kost, ist er meist dünn und lückenhaft. Die Inhalte bestehen aus unverdaulichen Resten wie Chitin oder Samenschalen. Eine Besonderheit sind grüne Chlorophyllanteile, die auftreten, wenn Triebspitzen gefressen werden. Dies ist ansonsten nur bei wenigen Finkenarten sowie Nichtsingvögeln wie Gänsevögeln, Hühnervögeln, Rallen und Tauben bekannt.
Lerchen produzieren auch **Speiballen**, vor allem nach Aufnahme von Getreidespelzen.

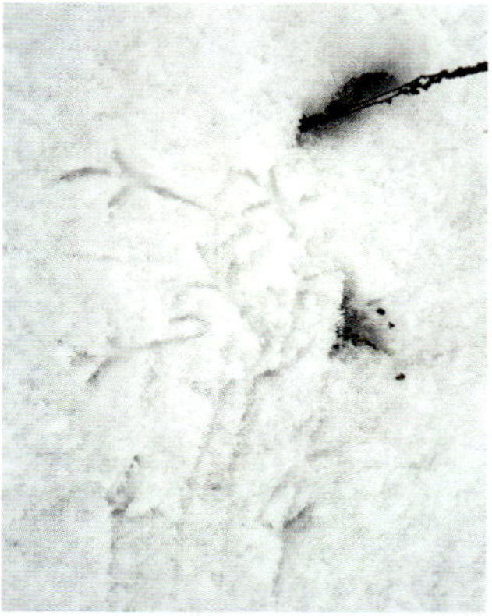

links: Fraßspuren von Feldlerchen an Gänsefußgewächsen. Der Stängel (rechts oben) wurde zwecks leichterer Erreichbarkeit umgeknickt.

rechts: Exkrement und Trittsiegel einer Feldlerche. Grünanteile (Pflanzen-Chlorophyll) sind seltene Inhalte von Singvogel-Exkrementen. Lerchen fressen auch zarte Blattspitzen.

Schwalben

Diese „Kinder der Lüfte“ werden kaum mit Bodenkontakt in Verbindung gebracht, da sie sich an vertikale Flächen klammern und nur äußerst selten den Boden berühren. Daher sind Trittsiegel rar, und die hinterlassenen Spuren beschränken sich meist auf – von Menschen oft wenig geschätzte – verschmutzte Hauswände unter ihren Nestern. Ein Anblick, der so gar nicht zu den anmutigen Flugkünstlern passt. Entsprechend erwartet uns ein kurzes Kapitel.

Fußmorphologie und Trittsiegel

Rauchschwalbe:

links: linker Fuß, Unterseite.

rechts: rechtes Trittsiegel (idealisierte Zeichnung).

unten: Fuß, seitlich. Der kurze Tarsometatarsus (Lauf) erleichtert zwar ein Anklammern an der Vertikalen, nicht jedoch die Fortbewegung am Boden.

Schwalbenfüße zeigen folgende Merkmale:

- Grundtypus: Klassischer Vogelfuß.
- Dimension: TSL 2,0 bis 2,9 cm (Daten für alle der hier dargestellten Arten). Schwalbenfüße sind demnach **sehr klein**.
- Die Zehen sind schlank und die **Hinterzehe kurz**.
- Die Krallen sind zart und kurz.

Die Beschreibung bezieht sich zuerst auf die Rauchschwalbe, als typischen Vertreter dieser Vogelfamilie.

Umrisse und Proportionen

Der Umriss entspricht einem Rechteck in einem Verhältnis von etwa 2:1, das ist für Singvögel relativ breit und somit untypisch für Vögel der Lüfte. Die **Ansatzlinie** der Vorderzehen (horizontale Linie) liegt **hinter der geometrischen Mitte** des Trittsiegels, was durch die kurze Hinterzehe bedingt ist. Die Umrisslinie entlang der Zehenspitzen entspricht einem leicht **asymmetrischen Deltoid** (rote Linie), da die Innenzehe kürzer ist als die Außenzehe.

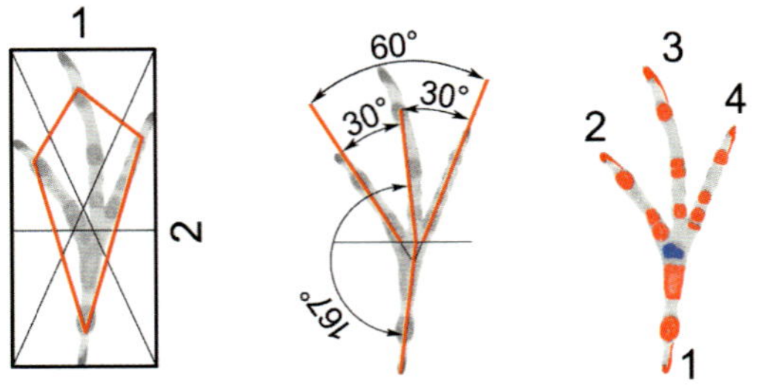

Rauchschwalbe:

links: Umrisslinien, geometrische Mitte (Diagonalenschnittpunkt), Ansatzlinie der Vorderzehen.

Mitte: Öffnungswinkel. Zehenachsen (rot), Gradangaben der Winkel.

rechts: Ballenmuster (Zehenballen rosa, Metatarsalballen blau und Krallen rot).

Schablone

Eine prägnante Schablone mit Wiedererkennungswert bietet sich nicht an. In gewisser Weise erinnern Schwalben-Trittsiegel an verkleinerte **Tauben**abdrücke, da sie eine kurze Hinterzehe und einen großen Öffnungswinkel aufweisen.

Achsen und Winkel

Der Öffnungswinkel der Vorderzehen ist vergleichsweise groß und liegt bei etwa 60° (40 bis 70°). Die Teilwinkel sind dabei symmetrisch und betragen jeweils rund 30°. Diese Werte basieren auf den seltenen Trittsiegeln, die bei Bodenkontakt entstehen. Beim Klammern an steile Fels- oder Lehmwände sind diese Winkel schmaler. Die Fußachse ist zwischen 175 und 160° nach innen geknickt.

Ballenmuster, Negativräume und Krallen

Der Fuß drückt **ganzflächig** auf. Häufig steht der Vogel nach vorne geneigt (zum Beispiel beim Sammeln von Lehm an Wasserpfützen), dann ist die Hinterzehe im Trittsiegel oft kaum erkennbar.

Die Zehen sind schlank und parallelrandig (gilt nicht für die Mehlschwalbe). Einzelne Zehenballen sind nicht (kaum) erkennbar.

Obwohl die Krallen kurz sind, drücken sie stetig ab. Auf harten Böden kann das Trittsiegel auf das **Krallenmuster** reduziert sein.

Realitätsprüfung

Es ist erstaunlich schwierig, „brauchbare“ Trittsiegel von Schwalben in Freiland zu finden. Oft sind diese unklar oder nicht vollständig abgedrückt. Auffällig bleibt Folgendes:

- Die **Kleinheit** der TS (um 2,5 cm). Diese liegen unter der Wahrnehmungserwartung von Spurenlesenden und werden leicht übersehen.
- Große Öffnungswinkel der Vorderzehen und **kurze Hinterzehe.**
- Bei klar erkennbaren Abdrücken fallen die ganzflächigen, „plattfüßigen“ Eindrücke auf. Die Zehen sind dünn und verlaufen parallelrandig.
- Die **Krallen** hinterlassen **markante Abdrücke** und auf hartem Untergrund (siehe

rechtes Bild) ist oft lediglich das Krallenmuster sichtbar – ein Spurbild, das häufig nicht einem Trittsiegel zugeordnet wird.

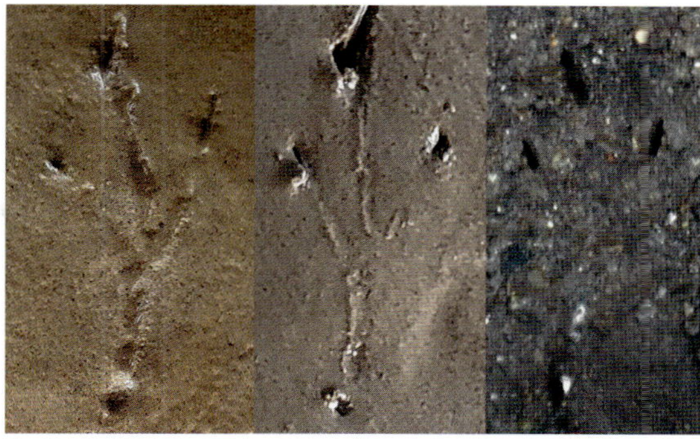

Rauchschwalbe: Drei rechte Trittsiegel aus dem Freiland in unterschiedlichen Substraten.

Verwechslungsmöglichkeiten

Nur **Goldhähnchen**, kleine **Meisen- und Finkenarten** sowie **Laubsänger** haben ähnlich kleine TSL. Die meisten davon haben schmalere Füße mit gebogener Fußachse oder die für Meisen typische „Gabel"-Schablone.
Hat man sich in der Länge deutlich verschätzt, so denkt man möglicherweise an **Tauben**. Deren TSL sind allerdings mit etwa 5 cm erheblich länger und die Zehen sind deutlich dicker.

Artengarnitur

Dieses Buch stellt vier Schwalbenarten vor. Diese sind Zugvögel, die etwa von März bis Oktober in Mitteleuropa anzutreffen sind.

Spurenrelevante Angaben zur Schwalbenfamilie.

Art	Wo?	Brutverhalten
Uferschwalbe	Flachland mit Gewässern, Sand- und Schottergruben; auch am Meer	Kolonienbrüter in Erdhöhlen an Steilwänden (auch Abbaugebiete), meist gewässernah
Felsenschwalbe	Alpenraum und andere Berggebiete in Südeuropa	Nischen an Felswänden (Gebäuden)
Mehlschwalbe	Synanthrop, gerne in „Bauerndörfern" mit Viehbestand	Kolonien von Lehmnestern unter Dachvorsprüngen (ortstreu), seltener unter Brücken oder im Freiland.
Rauchschwalbe	Synanthrop, gerne in „Bauerndörfern" mit Viehbestand, Reitställe.	Brütet einzeln; napfförmiges Lehmnest, auch innerhalb von Gebäuden

Trittsiegel von Mehl- und Rauchschwalben findet man am ehesten im Frühling, wenn die Vögel an Wasserpfützen landen, um feuchtes Erdmaterial für ihren Nestbau zu sammeln. Uferschwalben können außerhalb der Brutzeit am Boden (zum Beispiel auf Sandbänken) schlafen oder Sonnenbaden.

Maße, Variationsbreite und Unterscheidungen

Trittsiegelmaße der Schwalben (siehe auch Abkürzungsverzeichnis).

Art	TSL (cm)	TSL^{oK} (cm)	TSB (cm)	Z1 (cm)	Z1^{oK} (cm)	Z3 (cm)	Z3^{oK} (cm)
Uferschwalbe	2,7 (2,5–2,9)	1,8 (1,6–1,9)	0,9	1,0 (0,8–1,1)	0,6 (0,5–0,8)	1,5 (1,3–1,6)	1,1
Felsen-schwalbe	2,7	2,2	0,8	1,0	0,7	1,6	1,3
Mehlschwalbe	2,3 (2,0–2,5)	1,9 (1,7–2,1)	0,7 (0,5–0,7)	0,9 (0,7–0,9)	0,6 (0,5–0,8)	1,4 (1,2–1,5)	1,1 (1,0–1,2)
Rauch-schwalbe	2,5 (2,3–2,8)	2,0 (1,7–2,2)	1,0 (0,7–1,5)	1,0 (0,8–1,1)	0,7 (0,6–0,8)	1,5 (1,3–1,7)	1,1 (1,0–1,3)

Die Dimensionen aller hier dargestellten Arten sind so ähnlich, dass Unterscheidungen kaum möglich sind.

Morphologische Unterschiede

Die **Mehlschwalbe** weist eine morphologisch abweichende Fußanatomie auf, da ihre Läufe und Zehen befiedert sind. Spurentechnisch führt dies zu einer Verbreiterung der Auflagefläche. Infolgedessen hinterlassen die Füße dieses ohnehin leichten Vogels am Boden kaum noch lesbare Abdrücke.

Mehlschwalbe: linker Fuß, Unterseite (man beachte die Befiederung von Lauf und Zehen).

Gangarten und Spurbilder

Wenn sich Schwalben am Boden fortbewegen, dann geschieht das mit kurzen, „trippelnden“ Schritten (= Gehen). Solche Spurbilder sind im Freiland selten aufzufinden.

Zeichen

Viel häufiger als Trittsiegeln begegnet man Zeichen von Schwalben. Das sind vor allem Exkremente, Nester oder Bruthöhlen. Letztere sind allerdings nicht Inhalt dieses Buches.

Ernährung und Nahrungserwerb

Schwalben sind Flugjäger und ernähren sich von kleineren, meist fliegenden Insekten, die manchmal als „Luftplankton“ bezeichnet werden. Dieses Verhalten ist spurentechnisch nicht fassbar. Bei Regenwetter können Insekten auch am Boden gejagt werden.

Von oben nach unten:

Schlammsammeln bei der Rauchschwalbe: An dieser austrocknenden Wasserpfütze erkennt man parallele Schnabelmarken (oben) sowie zwei Trittsiegel (unten), die auf Krallenmuster reduziert sind.

Rauchschwalben-Exkremente: verschiedene Typen.

Mehlschwalben Brutplatz: Unter den Nestern haften zahlreiche der klebrigen Exkremente an der Mauer.

Felsenschwalbe: Exkrementansammlung unter einer Brutnische.

Sammelstellen von Nistmaterial

Ein lohnendes Ziel für Spurensuchende sind lehmige Uferzonen oder austrocknende Pfützen entlang von Feldwegen. Dort können sich zu Beginn der Brutzeit große Gruppen von Mehl- und Rauchschwalben einfinden, um Material für den Nestbau zu sammeln. Doch bei näherer Betrachtung des Bodens stellt sich häufig Enttäuschung ein: Die Schnabelspuren sind äußerst dezent und die entstehenden Muster wenig charakteristisch. Noch seltener lassen sich Trittsiegel erkennen, auch wenn kurz zuvor viele Vögel an der jeweiligen Stelle am Boden saßen. Schlammpfützen sind in der heutigen Kulturlandschaft rar geworden, sodass manche Schwalbenkolonien Mühe haben, geeignetes Material für den Bau oder die Ausbesserung ihrer Nester zu finden. Naturschutzfachlich wertvoll und für Spurensuchende interessant ist das Anlegen von nassen Lehmbetten, etwa in Vorgärten.

Ausscheidungen

Exkremente von Schwalben haben einen unterschiedlichen Flüssigkeitsanteil und erscheinen als Kleckse oder unregelmäßige, teils gefaltete Zylinder. Sie haben einen hohen Uratanteil, der als Überzug und Kappe erscheint. Inhalte sind Insektenreste. **Schwalbenexkremente sind klebrig** und haften fest an Mauern und am Boden. Unter Nestern bilden sich große Ansammlungen verklebter Einzelexkremente. Intensiv schleimig-klebrige Ausscheidungen werden als Hungerdurchfälle interpretiert. Kleckse messen 1 bis 3 cm im Durchmesser, Zylinder sind 2 bis 3 cm lang und 0,5 bis 0,7 cm dick. Zumindest von Rauchschwalben ist auch die Bildung von **Speiballen** bekannt. Diese sollten vor allem Chitinteile enthalten.

Rohrsänger

Vögel, die geschickt im Röhricht klettern, dort Nahrung suchen, singen und ihre Nester bauen, stehen nicht an erster Stelle, wenn es um Fußspuren am Boden geht. Dennoch ist es faszinierend zu beobachten, wie sich Vogelfüße an ihre Lebensweise anpassen. Die Form folgt dabei der Funktion – „form follows function" –, ein Prinzip aus Design und Architektur, das auch in der Biologie und Spurenkunde Anwendung findet. Ein Vergleich der Füße verschiedener Vogelfamilien zeigt, wie stark dieses Prinzip in der Natur verwirklicht ist.

Fußmorphologie und Trittsiegel

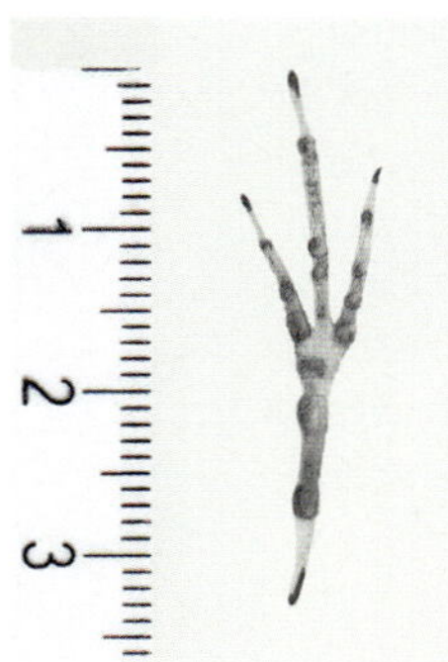

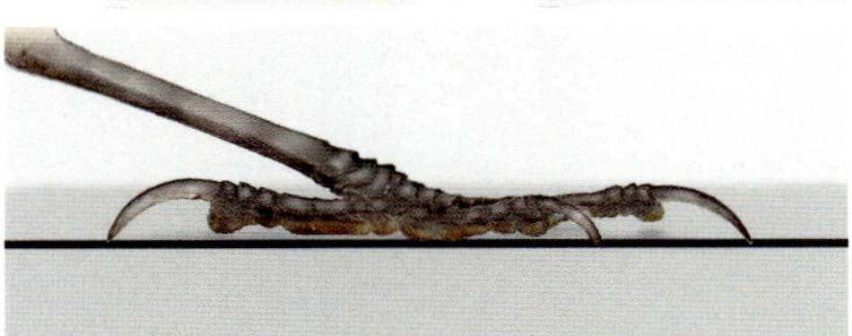

Schilfrohrsänger:
links: linker Fuß, Unterseite.
rechts: rechtes Trittsiegel (idealisierte Zeichnung).
unten: Fuß, seitlich.

Füße von Rohrsängern zeigen folgende Merkmale:

- Grundtypus: Klassischer Vogelfuß.
- Dimension: TSL 2,7 bis 4,3 cm (Daten für alle der hier dargestellten Arten).
- Der **Fuß wirkt schmal**, die Zehen schlank, die **Ballen** jedoch relativ kräftig.
- Die Krallen sind lang, spitz und wenig gekrümmt.

Die Beschreibung bezieht sich zuerst auf den Schilfrohrsänger als typischen Vertreter dieser Vogelfamilie.

Umrisse und Proportionen

Der Umriss entspricht einem **schmalen Rechteck** in einem Verhältnis von etwa 4:1. Die **Ansatzlinie** der Vorderzehen (horizontale Linie) liegt **nur knapp hinter der geometrischen Mitte** des Trittsiegels. Die Umrisslinie entlang der Zehenspitzen entspricht einem leicht **asymmetrischen Deltoid** (rote Linie), da die Innenzehe kürzer ist als die Außenzehe.

Achsen und Winkel

Der Öffnungswinkel der Vorderzehen ist mit etwa 30° sehr schmal und zeigt symmetrische Teilwinkel von jeweils etwa 15°. Die Fußachse ist durchschnittlich auf 170° nach innen gewinkelt. Durch die Biegung der Zehen wirkt dieser Winkel optisch wie ein **Bogen**.

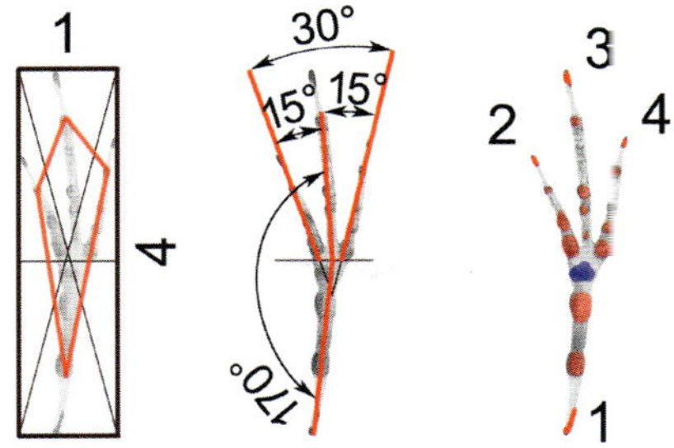

Schilfrohrsänger:

links: Umrisslinien, geometrische Mitte (Diagonalenschnittpunkt), Ansatzlinie der Vorderzehen.

Mitte: Öffnungswinkel. Zehenachsen (rot), Gradangaben der Winkel.

rechts: Ballenmuster (Zehenballen rosa, Metatarsalballen blau und Krallen rot).

Ballenmuster, Negativräume und Krallen

Der Fuß drückt **ganzflächig** auf, ein Merkmal, das Baumvögel und Halmkletterer teilen.

Die Zehen sind schlank und parallelrandig. Einzelne **Zehenballen** sind oft erkennbar. Diese Ballen sind um die **Fußmitte** am deutlichsten ausgeprägt. Die **Fußachse** aus Hinter- und Mittelzehe beschreibt einen **Bogen**. Der Metatarsalballen ist ebenso tief eingedrückt wie die Zehenspitzen. Die **Krallen** drücken stetig ab.

Realitätsprüfung

Trittsiegel von Rohrsängern, die im Freiland selten zu finden sind, besitzen charakteristische Merkmale:

- Die Trittsiegel sind sehr **schmal.**
- Der **Öffnungswinkel** der Vorderzehen ist **gering** und die **Fußachse** weist eine deutliche **Innenbiegung** auf.
- Die Zehen sind schmal und einzelne Zehenballen angedeutet.
- Die Fußmitte ist ebenso tief abgedrückt wie die Zehenspitzen.
- Die Abdrücke der Krallen sind deutlich.

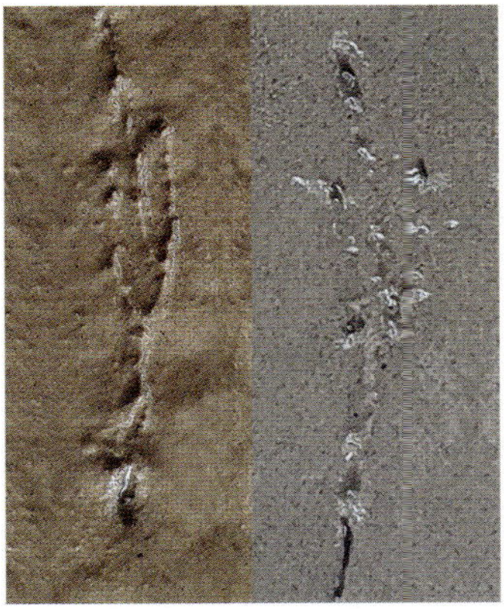

Schilfrohrsänger: zwei rechte Trittsiegel.

Verwechslungsmöglichkeiten

Diese bestehen mit größenmäßig ähnlichen Singvögeln, vor allem mit Arten, die ebenso schmale Trittsiegel hinterlassen, wie **Laubsänger, Grasmücken** und der **Zaunkönig**. Man achte hier auf spezifische Ballenmuster (speziell auf das Sitzkissen) und unterschiedliche Proportionen der Zehenlängen.

Artengarnitur

Rohrsänger sind Zugvögel, die in Mitteleuropa zwischen März und April erscheinen und spätestens im Oktober wieder abziehen.

Spurenrelevante Angaben für die Rohrsänger.

Art	Wo?	Bodenkontakt
Mariskenrohrsänger	Röhrichte mit Knickschicht; in Süd- und Südosteuropa	An Gewässerkanten, allerdings eher auf bodennahem Pflanzenmaterial
Schilfrohrsänger	Feuchtgebietsränder, Verlandungszonen mit Einzelbüschen	Kaum am Boden
Sumpfrohrsänger	Hochstaudenfluren, nicht nur in Gewässernähe	Kaum am Boden, auch in trockenen Krautschichten
Teichrohrsänger	Schilfgebiete über Wasser	Selten am Boden
Drosselrohrsänger	Überflutete, auch kleinflächige Schilfgebiete	Selten am Boden

Bei dem geringen Bodenkontakt dieser Arten wird klar, dass ein Auffinden ihrer Trittsiegel selten bleibt.

Maße, Variationsbreite und Unterscheidungen

Trittsiegelmaße von Rohrsängern (siehe auch Abkürzungsverzeichnis).

Art	TSL (cm)	TSL^{oK} (cm)	TSB (cm)	Z1 (cm)	$Z1^{oK}$ (cm)	Z3 (cm)	$Z3^{oK}$ (cm)
Mariskenrohrsänger	3,3 (3,1–3,4)	2,4 (2,3–2,4)	1,2 (1,0–1,4)	1,5 (1,4–1,6)	1,0 (0,9–1,1)	1,7 (1,6–1,7)	1,3 (1,2–1,4)
Schilfrohrsänger	3,3 (3,0–3,5)	2,3 (2,1–2,7)	0,8 (0,6–1,1)	1,4 (1,1–1,5)	0,8 (0,7–0,9)	1,8 (1,6–2,0)	1,4 (1,1–1,7)
Sumpfrohrsänger	3,0 (2,7–3,2)	2,2 (2,0–2,3)	0,7 (0,5–1,0)	1,3 (1,2–1,4)	0,8 (0,7–0,9)	1,6 (1,4–1,8)	1,3 (1,1–1,4)
Teichrohrsänger	3,2 (3,0–3,4)	2,2 (2,1–2,3)	0,7 (0,5–0,8)	1,5 (1,3–1,6)	0,9 (0,8–1,1)	1,6 (1,4–1,8)	1,2 (1,1–1,3)
Drosselrohrsänger	4,1 (3,8–4,3)	3,3 (3,2–3,3)	0,9 (0,9–0,9)	1,7 (1,6–1,8)	1,3 (1,2–1,4)	2,2 (2,0–2,3)	1,8 (1,7–1,8)

Die Dimensionen aller hier dargestellten Arten sind ähnlich, nur der Drosselrohrsänger ist deutlich größer. Auffällig ist die größere TSB beim Mariskenrohrsänger – ein Hinweis auf die stärkere Bodengebundenheit dieser Art.

Gangarten und Spurbilder

Die Gangart bei Rohrsängern ist das Hüpfen.

Zeichen

Ebenso selten wie Trittsiegel ist auch das Auffinden spezifischer Zeichen.

Ernährung und Nahrungserwerb

Rohrsänger jagen Insekten im Röhricht, im Gebüsch, auch in der Krautschicht, über der Wasseroberfläche und selten am Boden. Blattläuse können jahreszeitlich wichtig werden, dazu kommen Spinnen, kleine Muscheln und Schnecken. Die zusätzliche Nutzung von Beeren und Samen wird für den Drosselrohrsänger beschrieben. Diese Formen des Nahrungserwerbs hinterlassen kaum verwertbare Zeichen.

Ausscheidungen

Exkremente von Rohrsängern sind meist Kleckse mit hohen Uratanteil von etwa 1 cm Durchmesser. Der Kotanteil besteht vor allem aus unverdauten Insektenteilen.
Rohrsänger bilden auch **Speiballen**.

Schilfrohrsänger-Exkremente: Verschiedene Typen.

Schwirle

Schwirle sind die „Mäuse unter den Vögeln“. Mit etwas Glück oder Geduld kann man beobachten, wie einer dieser Vögel am Boden geschickt durch dichtes Pflanzengewirr schlüpft – eine Bewegung, die stark an eine Maus erinnert. Bernd Leisler hat eingehend zu Schwirlen und Rohrsängern geforscht und gezeigt, dass die unterschiedlichen ökologischen Nischen dieser nah verwandten Vogelfamilien – Schwirle sind stärker an den Boden gebunden, Rohrsänger hingegen sind Kletterer – zu markanten Veränderungen ihrer Fußmorphologie geführt haben. Diese Erkenntnisse sind auch für Spurenlesende von Bedeutung.

Fußmorphologie und Trittsiegel

Rohrschwirl:
links: linker Fuß, Unterseite.
rechts: rechtes Trittsiegel (idealisierte Zeichnung).
unten: Fuß, seitlich.

Füße von Schwirlen zeigen folgende Merkmale:

- Grundtypus: Klassischer Vogelfuß.
- Dimension: TSL 3,0 bis 3,8 cm (Daten für alle der hier dargestellten Arten).
- Die Füße sind recht breit, die Zehen schlank, die Ballen nicht prominent.
- Die Krallen sind mittellang und wenig gekrümmt.

Die Beschreibung bezieht sich zuerst auf den Rohrschwirl als typischen Vertreter dieser Vogelfamilie.

Umrisse und Proportionen

Der Umriss entspricht einem breiten Rechteck in einem Verhältnis von etwa 2:1. Die **Ansatzlinie** der Vorderzehen (horizontale Linie) liegt **etwas hinter der geometrischen Mitte** des Trittsiegels, bedingt durch eine relativ lange Mittelzehe. Die Umrisslinie entlang der Zehenspitzen entspricht einem fast **symmetrischen Deltoid** (rote Linie), da die Innenzehe fast so lang ist wie die Außenzehe.

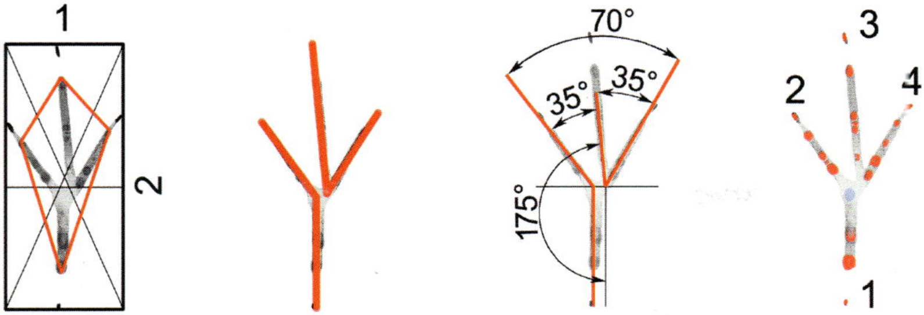

Rohrschwirl:
links: Umrisslinien, geometrische Mitte (Diagonalenschnittpunkt), Ansatzlinie der Vorderzehen.
links Mitte: Runen"-Schablone.
rechts Mitte: Öffnungswinkel. Zehenachsen (rot), Gradangaben der Winkel.
rechts: Ballenmuster (Zehenballen rosa, Metatarsalballen blau und Krallen rot).

Schablone

Die „Runen"-Schablone, die an der Außenseite einen spitzen und an der Innenseite einen stumpfen Winkel aufweist, ähnelt weitgehend der Form bei den Drosseln.

Achsen und Winkel

Der Öffnungswinkel der Vorderzehen ist recht breit und beträgt circa 70° (50 bis 80°). Beide Teilwinkel liegen meist bei etwa 35°. Die Fußachse ist leicht nach innen gewinkelt (165 bis 175°) oder gerade. Die Mittelzehe ist nach außen versetzt.

Ballenmuster, Negativräume und Krallen

Die Zehenspitzen drücken stärker auf als die Fußmitte.
Die Zehen sind **schlank und parallelrandig** und weisen **keine Biegungen** auf. Einzelne **Zehenballen** sind häufig erkennbar, am deutlichsten meist am Ende der Hinterzehe und an der Basis der Außenzehe.
Der **Metatarsalballen** drückt **selten** ab, oft besteht eine Lücke (Negativraum) im Bereich der Fußmitte.
Die **Krallen** drücken stetig ab, meist in Verbindung mit den Endballen der jeweiligen Zehen.

Realitätsprüfung

Trittsiegel von Schwirlen aus dem Freiland sind nicht häufig, folgende Merkmale sind allerdings charakteristisch:

- Die Trittsiegel sind **breit,** die **Zehen** wirken **gerade.**
- Die **„Runen"-Schablone** ist besonders im mittleren Bild nachzuvollziehen.
- Der **Öffnungswinkel** der Vorderzehen ist relativ **breit** und die **Mittelzehe** ist **zur Seite** verschoben.

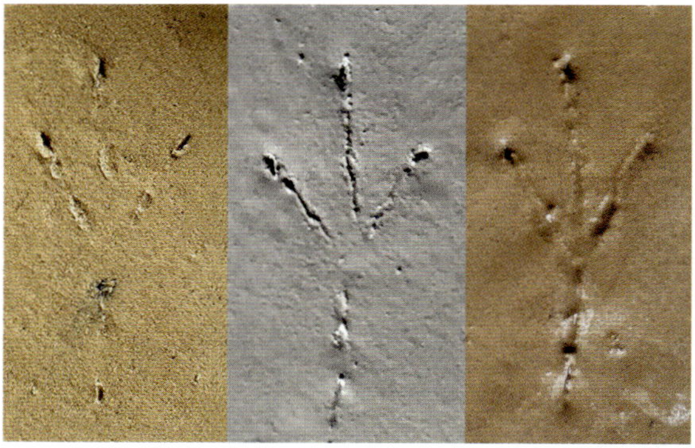

Rohrschwirl: drei rechte Trittsiegel.

- Die Zehen sind **schmal**, einzelne Zehenballen angedeutet.
- Die Fußmitte ist schwächer abgedrückt als die Zehenspitzen. Manchmal (Bild links und Mitte) besteht hier eine **Lücke/Negativraum**.
- Die Abdrücke der **Krallen** sind deutlich.

Verwechslungsmöglichkeiten

Die geraden Zehen ohne Biegungstendenzen und die großen Öffnungswinkel trennen Schwirle deutlich von den nahverwandten Familien Rohr-, Laubsänger und Grasmücken. Allerdings besteht eine verwirrende **Ähnlichkeit mit „Schmätzern".** In der Praxis sind vor allem Unterscheidungen zwischen **Rohrschwirl** und **Rotkehlchen** relevant. Diesbezüglich bieten sich folgende Unterscheidungsmerkmale:

- Schwirle haben eine etwas größere TSL (durchschnittlich 3,5 statt 3,3 cm).
- Zehen von Rotkehlchen sind dicker und meist gebogen.
- Die „Runen"-Schablone ist beim Schwirl kantig-geometrisch, beim Rotkehlchen geschwungen, „elegant".
- Schwirle haben etwas längere Krallen.
- Die Mittel- und Innenzehe (deutlicher ohne Krallen) sind bei Rotkehlchen etwas kürzer.
- Sieht man ganze Spurbilder, klärt sich die Frage: Rotkehlchen hüpfen mit versetzten Füßen, Schwirle gehen (laufen) fast immer.

Artengarnitur

Spurenrelevante Angaben zu den Schwirlen.

Art	Wo?	Bodenkontakt
Rohrschwirl	Seicht überflutete Schilfzonen mit Knickschicht	Läuft und geht am Boden, gerne auf seicht überschwemmten Zonen
Feldschwirl	Hochstauden mit Einzelgehölzen und dichter Krautschicht	Läuft und geht am Boden, allerdings eher auf geknicktem Pflanzenmaterial
Schlagschwirl	Oft in Au- und Bruchwäldern, Schlagflächen (im Osten)	Läuft und geht am Boden, nützt auch Wechsel

Am wahrscheinlichsten sind somit Spuren des Rohrschwirls. Solche Areale laden auch ein, sich nach den Trittsiegeln anderer Röhrichtbewohner umzusehen, dazu gehören Teichhühner, Wasserrallen, Bekassinen oder Rohrammern.
Zwischen April und September erscheinen Schwirle in Mitteleuropa. Sie sind Zugvögel.

Maße, Variationsbreite und Unterscheidungen

Trittsiegelmaße von Schwirlen (siehe auch Abkürzungsverzeichnis).

Art	TSL (cm)	TSL^{oK} (cm)	TSB (cm)	Z1 (cm)	$Z1^{oK}$ (cm)	Z3 (cm)	$Z3^{oK}$ (cm)
Rohr-, Feld-, Schlagschwirl	3,5 (3,0–3,8)	2,6 (2,2–2,9)	1,6 (1,2–2,0)	1,4 (1,2–1,5)	0,8 (0,6–1,1)	2,0 (1,7–2,2)	1,6 (1,4–1,9)

Die Dimensionen der hier dargestellten Arten unterscheiden sich nur minimal. TSL von Feldschwirlen liegen an der Untergrenze.

Gangarten und Spurbilder

Die bevorzugten Gangarten bei Schwirlen sind **Laufen** und **Gehen**. Hindernisse werden auch im Hüpfen überwunden, am wenigsten vom Schlagschwirl. Es werden auch Polkaschritte beschrieben. Rohrschwirle haben nach Bernd Leisler eine größere SB als die anderen Arten. Schwirle schlafen teilweise auf dem Bauch liegend.

Zeichen

Zeichen von Schwirlen sind diskret.

Ernährung und Nahrungserwerb

Schwirle jagen nach kleinen Insekten und Spinnen in der dichten, bodennahen Krautschicht und singen von Vertikalstrukturen aus.

Ausscheidungen

Exkremente von Schwirlen sind jenen der Rohrsänger ähnlich. Sie sind manchmal überraschend massig (bis zu 2 cm Durchmesser), recht flüssig und haben einen hohen Uratanteil. Der Kot besteht aus unverdaulichen Insektenteilen. Auch **Speiballen** sind beschrieben.

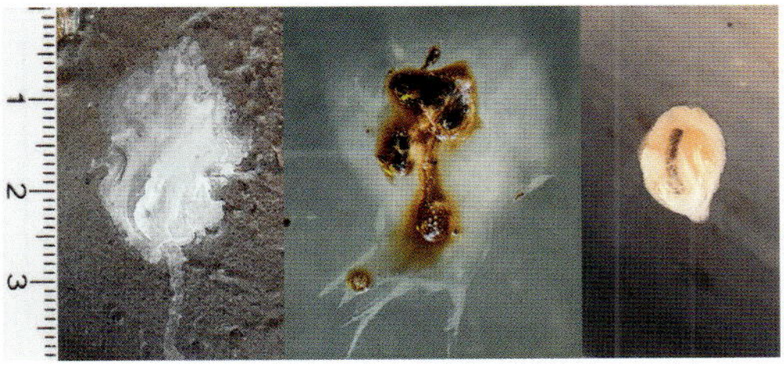

Exkremente vom Rohrschwirl: Verschiedene Typen.

Laubsänger

Die Suche nach Spuren von Laubsängern schien lange Zeit wenig erfolgversprechend. Doch an einem jener nasskalten Frühlingstage wurde klar, dass diese Vögel nicht nur hoch in den Bäumen leben, sondern auch am Boden umherhüpfen und dort intensiv nach Nahrung suchen. Für Spurenlesende ist es daher durchaus lohnend, sich zumindest mit den grundlegenden Merkmalen ihrer Trittsiegel vertraut zu machen.

Fußmorphologie und Trittsiegel

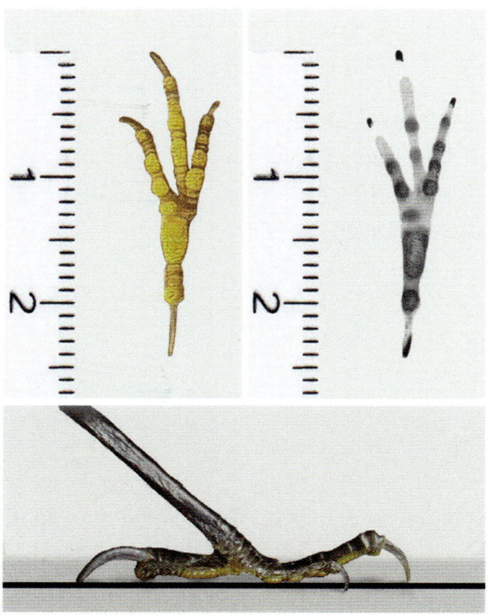

Zilpzalp:

links: linker Fuß, Unterseite. Auffällig sind die „fleischigen" Ballen.

rechts: rechtes Trittsiegel (idealisierte Zeichnung).

unten: Fuß seitlich. Das Abheben von Zehenendgliedern (hier Mittelzehe) ist ein häufiges Verhalten kleiner Singvögel.

Füße von Laubsängern zeigen folgende Merkmale:

- Grundtypus: Klassischer Vogelfuß.
- Dimension: TSL 2,3 bis 2,6 cm.
- Die **Füße sind schmal**, die Zehen jedoch relativ kräftig.
- Die **Zehenballen** sind „**fleischig**", besonders jener an der Basis der Hinterzehe (= **Sitzkissen**).
- Die Krallen sind kurz.

Umrisse und Proportionen

Der Umriss entspricht einem Rechteck in einem Verhältnis von etwa 3:1. Das ist etwas breiter als bei den Rohrsängern. Die **Ansatzlinie** der Vorderzehen (horizontale Linie) liegt im Bereich **der geometrischen Mitte** des Trittsiegels, was auf eine relativ lange Hinterzehe deutet. Die Umrisslinie entlang der Zehenspitzen entspricht einem etwas **asymmetrischen Deltoid** (rote Linie), die Innenzehe ist deutlich kürzer als die Außenzehe.

Schablone

Die **„Ausrufezeichen !"-Schablone** weist auf ein ausgeprägtes Sitzkissen (an der Basis der Hinterzehe) hin. Dies teilen Laubsänger mit Würgern und Grasmücken.

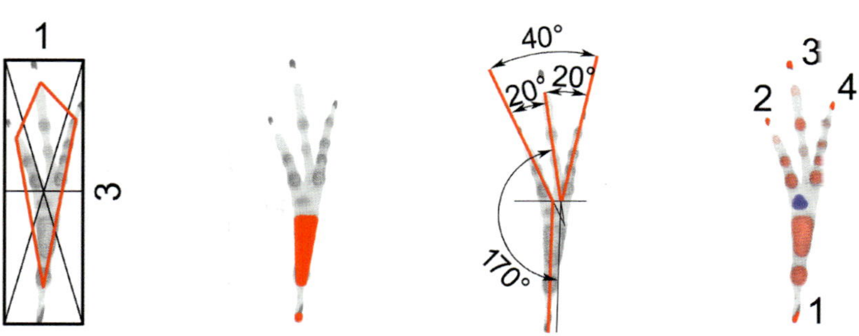

Zilpzalp:
links: Umrisslinien, geometrische Mitte (Diagonalenschnittpunkt), Ansatzlinie der Vorderzehen.
links Mitte: Schablone – Ausrufezeichen „!"
rechts Mitte: Öffnungswinkel. Zehenachsen (rot), Gradangaben der Winkel.
rechts: Ballenmuster (Zehenballen rosa, Metatarsalballen blau und Krallen rot).

Achsen und Winkel

Der Öffnungswinkel der Vorderzehen ist schmal (circa 40°), jedoch breiter als bei Rohrsängern. Beide Teilwinkel liegen meist bei etwa 20°. Die Fußachse ist etwas nach innen gewinkelt (175 bis 160°) oder gerade.

Ballenmuster, Negativräume und Krallen

Laubsänger sind „plattfüßig", die **Fußmitte drückt stetig auf**, wobei die Mittelzehe öfters abgehoben wird. Dies kann zu unklaren Bildern im TS führen.
Die **Zehen** sind recht **dick,** leicht **gebogen** und die **Ballen** sind **prominent („Perlenkette").** Dieses Muster ist allerdings häufig unterbrochen, besonders im Bereich der Vorderzehen. Der **Metatarsalballen** drückt **meist** ab. Die **Krallen** drücken stetig ab.

Realitätsprüfung

Trittsiegel von Laubsängern aus dem Freiland sind nicht häufig. Folgende Merkmale sind bezeichnend:

- Die Trittsiegel sind **relativ schmal,** die **Mittelzehe leicht nach innen gebogen.**
- Die **„!"-Schablone** ist jeweils erkennbar.
- Die **Öffnungswinkel** sind schmal.
- Die ausgeprägten **Zehenballen** formen ein Muster, das an eine **„Perlenkette"** erinnert. Besonders deutlich ist das **Sitzkissen** (proximaler Ballen der Hinterzehe).
- Die **Metatarsalballen** sind deutlich und ebenso tief abgedrückt wie die Zehenspitzen.
- Die Abdrücke der **Krallen** sind deutlich.

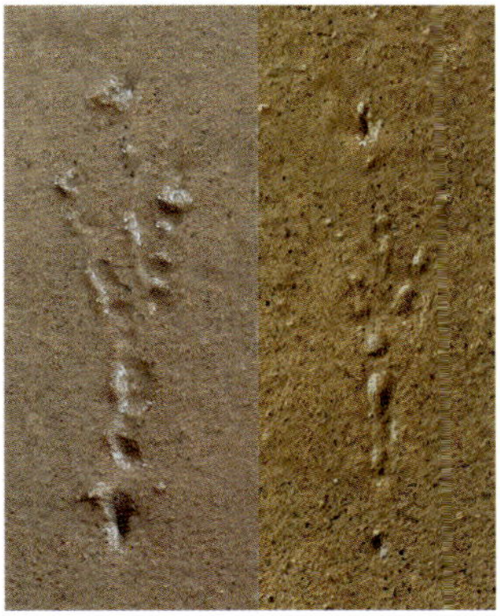

Zilpzalp: zwei rechte Trittsiegel.

Verwechslungsmöglichkeiten

Derart kleine TS teilen nur bestimmte Meisenarten, kleine Finken oder die Klappergrasmücke.

- **Meisen** unterscheiden sich deutlich durch die gerade Achse der Hinter- und Innenzehe und die auskragende Basis der Außenzehe (siehe „Gabel"-Schablone).
- **Kleine Finken** haben breitere Öffnungswinkel und zumeist kein ausgeprägtes Sitzkissen.
- **Klappergrasmücken** sind sehr ähnlich, weisen jedoch leicht abweichende Zehenproportionen auf. Bei Grasmücken liegt die Ansatzlinie der Vorderzehen etwas hinter der geometrischen Mitte, was auf tendenziell längere Mittelzehen zurückzuführen ist.

Artengarnitur

Von den Laubsängern sind für dieses Buch nur Zilpzalp und Fitis relevant. Beide Arten sind Zugvögel, Zilpzalpe überwintern aber in zunehmenden Maße bereits in West- (Mittel-) Europa.

Maße, Variationsbreite und Unterscheidungen

Trittsiegelmaße von Laubsängern (siehe auch Abkürzungsverzeichnis).

Art	TSL (cm)	TSL^{oK} (cm)	TSB (cm)	Z1 (cm)	$Z1^{oK}$ (cm)	Z3 (cm)	$Z3^{oK}$ (cm)
Zilpzalp, Fitis	2,4 (2,3–2,6)	1,8 (1,6–1,9)	0,8 (0,5–1,0)	1,0 (0,9–1,1)	0,7 (0,5–0,8)	1,3 (1,1–1,4)	1,0 (0,9–1,2)

Gangarten und Spurbilder

Laubsänger bewegen sich am Boden **hüpfend**.

Zeichen

Zeichen von Laubsängern sind diskret.

Ernährung

Laubsänger fressen vor allem kleine Insekten. Beeren werden nur in geringem Umfang im Herbst genutzt.

Ausscheidungen

Exkremente von Laubsängern ähneln jenen anderer Insektenfresser. Es sind Kleckse mit ca. 1 cm Durchmesser. Sie sind recht flüssig und mit hohem Uratanteil. Der Kot besteht aus unverdaulichen Insektenteilen. Die Bildung von **Speiballen** ist zu erwarten, aber nicht gesichert.

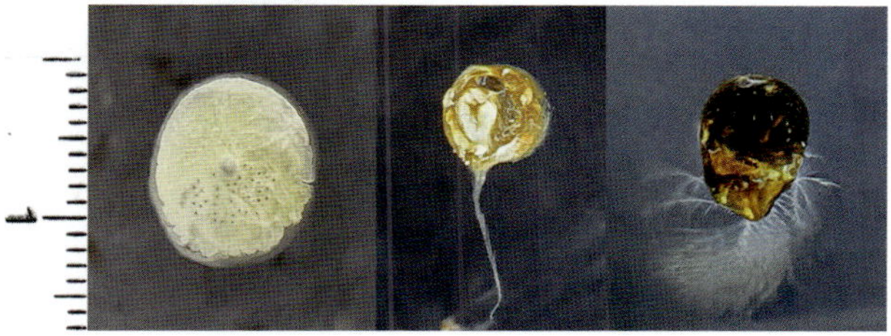

Exkremente vom Zilpzalp: Verschiedene Typen.

Grasmücken

Zumindest Garten- und Mönchsgrasmücke verlassen gelegentlich die schützende Strauchschicht und wagen sich auf den Boden, um Nahrung oder Nistmaterial zu suchen. Ihre Trittsiegel ähneln jenen der Laubsänger und sind etwas häufiger zu finden, jedoch immer noch selten genug.

Fußmorphologie und Trittsiegel

Mönchsgrasmücke:

links: linker Fuß, Unterseite. Man beachte die „fleischigen" Ballen.

rechts: rechtes Trittsiegel (idealisierte Zeichnung).

unten: Fuß, seitlich.

Füße von Grasmücken zeigen folgende Merkmale:

- Grundtypus: Klassischer Vogelfuß.
- Dimension: TSL 2,3 bis 3,3 cm (für alle hier vorgestellten Arten).
- Die Füße sind schmal, die Zehen jedoch relativ dick.
- Die **Zehenballen** sind **„fleischig"**, besonders jener an der Basis der Hinterzehe (= **Sitzkissen**).
- Die Krallen sind kurz.

Die Beschreibung bezieht sich zuerst auf die Mönchsgrasmücke, als typischen Vertreter dieser Vogelfamilie.

Umrisse und Proportionen

Der Umriss entspricht einem Rechteck in einem Verhältnis von etwa 3:1. Das ist die gleiche Proportion wie bei Laubsängern. Die **Ansatzlinie** der Vorderzehen (horizontale Linie) liegt allerdings etwas **hinter der geometrischen Mitte** des Trittsiegels, was auf eine relativ lange Mittelzehe deutet. Die Umrisslinie entlang der Zehenspitzen entspricht einem etwas **asymmetrischen Deltoid** (rote Linie), die Innenzehe ist deutlich kürzer als die Außenzehe.

Schablone

Die **„Ausrufezeichen !"-Schablone** weist auf ein ausgeprägtes Sitzkissen (an der Basis der Hinterzehe) hin. Dies teilen Grasmücken mit Würgern und Laubsängern.

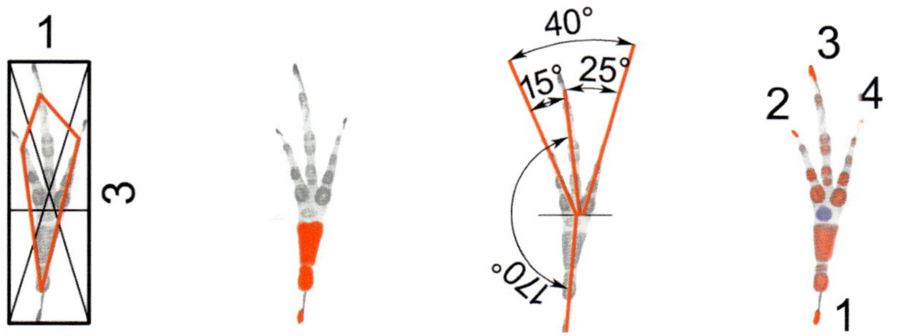

Mönchsgrasmücke:
links: Umrisslinien, geometrische Mitte (Diagonalenschnittpunkt), Ansatzlinie der Vorderzehen.
links Mitte: Schablone – Ausrufezeichen „!"
rechts Mitte: Öffnungswinkel. Zehenachsen (rot), Gradangaben der Winkel.
rechts: Ballenmuster (Zehenballen rosa, Metatarsalballen blau und Krallen rot).

Achsen und Winkel

Der Öffnungswinkel der Vorderzehen ist ebenso schmal (circa 40°) wie bei Laubsängern. Der Winkel zwischen Mittel- und Innenzehe ist etwas kleiner als der Außenwinkel. Die Fußachse ist nach innen gewinkelt (175 bis 160°).

Ballenmuster, Negativräume und Krallen

Grasmücken sind „plattfüßig", die **Fußmitte drückt stetig auf**, wobei die Mittelzehe öfters abgehoben wird. Dies kann zu unklaren Bildern im TS führen.
Die **Zehen** sind recht **dick,** leicht **gebogen** und die **Ballen** sind **prominent („Perlenkette").** Dieses Muster kann allerdings im Bereich der vorderen Zehen unterbrochen sein. Der **Metatarsalballen** drückt **meistens** ab, die **Krallen stetig**.

Realitätsprüfung

Trittsiegel von Grasmücken aus dem Freiland sind nicht häufig. Folgende Merkmale sind bezeichnend:

- Die Trittsiegel sind **relativ schmal,** die **Mittelzehe ist nur leicht nach innen gebogen.**
- Die **„Ausrufezeichen !"-Schablone** ist am linken Bild und in der Mitte nachzuvollziehen.
- Die **Öffnungswinkel** sind schmal.
- Die kräftigen Zehenballen bilden ein Muster, das an eine

Mönchsgrasmücke: Drei rechte Trittsiegel.

„**Perlenkette**“ erinnert. Besonders deutlich ist das **Sitzkissen** am mittleren Bild (proximaler Ballen der Hinterzehe).

- Die **Metatarsalballen** sind relativ klein, aber meist erkennbar.
- Die Abdrücke der **Krallen** sind deutlich, manchmal als isolierte Punkte zu den Endballen der jeweiligen Zehen.

Verwechslungsmöglichkeiten

Derart kleine TS teilen nur bestimmte Meisenarten, Laubsänger und kleine Finken.

- **Meisen** unterscheiden sich deutlich durch die gerade Achse der Hinter- und Innenzehe und die auskragende Basis der Außenzehe (siehe „Gabel“-Schablone).
- **Laubsänger** sind ähnlich, haben aber tendenziell kürzere Mittelzehen. Die Ansatzlinie der Vorderzehen liegt bei dieser Vogelfamilie im Bereich der Fußmitte.
- **Kleine Finken** haben breitere Öffnungswinkel und ein schwächer ausgeprägtes Sitzkissen.

Artengarnitur

Die fünf hier angeführten Grasmücken-Arten sind Zugvögel. Nur die Mönchsgrasmücke überwintert zunehmend in Westeuropa.

Spurenrelevante Angaben zu den Grasmücken.

Art	Wo?	Bodenkontakt
Mönchsgrasmücke	Am stärksten an Baum- und Strauchschicht gebunden	Manchmal am Boden, besonders im Frühling und Herbst
Gartengrasmücke	Lichte Laubwälder, Waldränder	Relativ oft Boden
Sperbergrasmücke	Thermophile Dornhecken (im Osten)	Kaum am Boden
Klappergrasmücke	Oft synanthrop (Thujenhecken!), auch im Krüppelholz an der Baumgrenze	Selten am Boden
Dorngrasmücke	Zwischenstrukturen in Offenlandschaften	Selten am Boden

Maße, Variationsbreite und Unterscheidungen

Die Klappergrasmücke, zumindest die in Mitteleuropa vorkommende Unterart, ist deutlich kleiner. Die anderen Arten lassen sich größenmäßig kaum unterscheiden. Dorn- und Sperbergrasmücke weisen durchschnittlich eine etwas größere TSL auf, wobei die Datenlage spärlich ist.

Trittsiegelmaße von Grasmücken (siehe auch Abkürzungsverzeichnis).

Art	TSL (cm)	TSL^{oK} (cm)	TSB (cm)	Z1 (cm)	$Z1^{oK}$ (cm)	Z3 (cm)	$Z3^{oK}$ (cm)
Mönchs-, Gartengrasmücke	3,0 (2,7–3,3)	2,3 (2,1–2,6)	0,9 (0,6–1,2)	1,2 (1,1–1,3)	0,9 (0,7–1,0)	1,7 (1,4–1,9)	1,4 (1,2–1,6)
Klappergrasmücke	2,4 (2,3–2,5)	1,8 (1,8–1,8)	0,7 (0,5–0,9)	1,0	0,7	1,3	1,1
Dorn-, Sperbergrasmücke	3,2 (3,0–3,3)	2,4 (2,3–2,6)	1,0 (0,9–1,2)	1,2 (1,1–1,3)	0,9 (0,7–1,0)	1,8 (1,7–1,9)	1,5 (1,4–1,6)

Gangarten und Spurbilder

Grasmücken bewegen sich am Boden **hüpfend**, SL werden bis zu 20 cm beschrieben.

Zeichen

Ernährung

Grasmücken ernähren sich hauptsächlich von Insekten. Im Sommer und Herbst ergänzen sie ihre Nahrung jedoch mit Beeren, beispielsweise von Holunder, Hartriegel und Eibe. Der Anteil dieser pflanzlichen Kost variiert je nach Art, wobei Mönchs- und Gartengrasmücken am stärksten auf Beeren zurückgreifen. Die Bedeutung dieser Nahrung für den Fettaufbau während der Zugzeit wird unterschiedlich bewertet. Mönchsgrasmücken, die teilweise überwintern, nutzen in der kalten Jahreszeit auch die Beeren von Efeu, Mistel und Sanddorn sowie verschiedene Sämereien.

Ausscheidungen

Exkremente von Grasmücken ähneln im Frühling denen anderer insektenfressender Vögel. Es sind Kleckse mit einem Durchmesser von 1 bis 2 cm. Diese sind recht flüssig und enthalten einen hohen Anteil an Urat sowie unverdauliche Insektenteile. **Charakteristisch werden diese Exkremente zur Zeit der Beerenreife**: Sie färben sich, enthalten Beerenhäute und unverdaute Samen, während der Weißanteil aufgrund des geringeren Eiweißgehalts in der Nahrung deutlich abnimmt. Ergänzend ließe sich überlegen, welche Beerenreste im Kot nachweisbar sind. Dabei spielt die **Größe der Beeren** eine entscheidende Rolle, da sie mit der **Schlundweite** der Vögel zusammenhängt. Klappergrasmücken können beispielsweise nur kleinere Beeren schlucken als Mönchsgrasmücken. **Speiballen** sind beschrieben und können **Chitinreste** ebenso enthalten wie **Samenkerne** von Beeren.

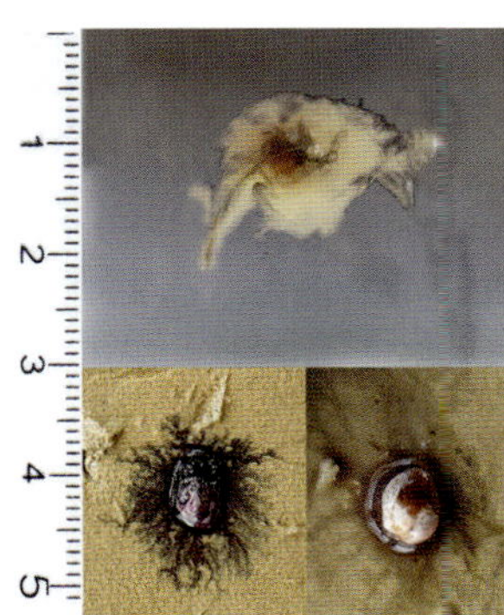

Exkremente von Mönchsgrasmücken: nach Insektennahrung im Juni (oben), nach Beerennahrung im Oktober (unten).

Kleiber (Baum- und Mauerläufer)

Vielleicht wird in Zukunft das „Klieben“, also das Spalten von Holz, wieder an Bedeutung gewinnen. Dann wird auch die Namensgebung der hier beschriebenen Vogelart verständlicher. Schon unseren Vorfahren fiel auf, wie geschickt der Kleiber Nüsse und andere Samen zu spalten vermag. Waldbesuchern ist er, als agiler und stimmfreudiger Vogel, oft vertraut. Für Spurenlesende stehen weniger seine beeindruckenden Kletterkünste im Vordergrund, sondern vielmehr die zahlreichen Hinweise auf seine Nahrungssuche und das Verstecken von Vorräten. Baum- und Mauerläufer sind taxonomisch nicht näher verwandt, zeigen allerdings eine ähnliche Fußmorphologie. Diese Arten werden in diesem Kapitel ebenfalls kurz erwähnt.

Fußmorphologie und Trittsiegel

Kleiber:
links: linker Fuß, Unterseite.
rechts: rechtes Trittsiegel (idealisierte Zeichnung).
unten: Fuß seitlich. Die Krallen sind stark gekrümmt.

Kleiberfüße zeigen folgende Merkmale:

- Grundtypus: Klassischer Vogelfuß.
- Dimension: TSL 3,6 bis 4,0 cm.
- Die **Zehenballen** sind besonders um die **Fußmitte stark ausgeprägt**.
- Die Krallen, besonders die **Hinterkralle, sind spitz, lang und stark gekrümmt**.

Umrisse und Proportionen

Das Trittsiegel ist **sehr schmal**, der Umriss entspricht einem Rechteck in einem Verhältnis von etwa **4:1**. Die Ansatzlinie der Vorderzehen (horizontale Linie) liegt etwa in der geometrischen Mitte des Trittsiegels. Die Umrisslinie entlang der Zehenspitzen entspricht einem schmalen, deutlich verzerrten Deltoid (rote Linie). Die Innenzehe ist erkennbar kürzer als die Außenzehe.

Achsen und Winkel

Der Öffnungswinkel der Vorderzehen ist schmal und beträgt nur etwa 30°. Die Teilwinkel sind ca. gleich groß. Die Fußachse ist leicht nach innen geknickt (ca. 170°).

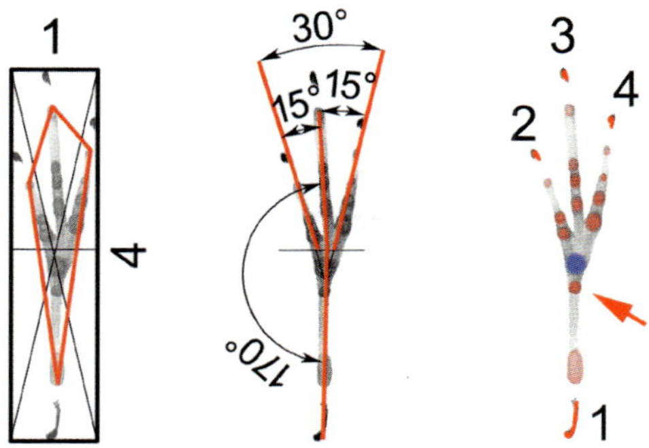

Kleiber:

links: Umrisslinien, geometrische Mitte (Diagonalenschnittpunkt), Ansatzlinie der Vorderzehen.

Mitte: Öffnungswinkel. Zehenachsen (rot), Gradangaben der Winkel.

rechts: Ballenmuster (Zehenballen rosa, zusätzlicher Ballen am Hallux (roter Pfeil), Metatarsalballen blau und Krallen rot).

Ballenmuster, Negativräume und Krallen

Der Fuß des Kleibers übt vor allem in der **Fußmitte kräftigen Druck** aus, was ihm zusammen mit den ausgeprägten Krallen sicheren Halt beim Klettern an Baumstämmen verleiht. Die kräftigen **Zehenballen** erzeugen im Trittsiegel den Eindruck einer „**Perlenkette**", die jedoch meist lückig und unvollständig ist. Die **Zehenspitzen** hinterlassen oft nur **schwache Abdrücke** oder fehlen gelegentlich vollständig, was besonders bei der **Hinterzehe** auffällig ist. Hier entsteht ein charakteristisches Muster mit einer markanten langen **Negativzone**. Aufgrund der langen, stark gekrümmten Hinterkralle berührt meist nur der proximale (körpernahe) Teil der Hinterzehe den Boden. An dieser Stelle hat sich ein kleiner **Ballen** (markiert durch einen roten Pfeil) **zusätzlich** gebildet, der öfters im Trittsiegel erkennbar ist.
Der **Mittelfußballen** ist in der Regel etwas **größer** als die umliegenden Zehenballen und hinterlässt einen konstanten Abdruck.
Die relativ langen, spitz zulaufenden und stark gekrümmten **Krallen** sind fast immer deutlich vom Abdruck der Endballen **abgesetzt**. Auf sehr hartem Untergrund besteht das Trittsiegel häufig nur aus dem **Krallenmuster**.

Realitätsprüfung

Deutliche Trittsiegel von Kleibern sind im Freiland nicht oft zu finden, im Idealfall sind sie aber klar zu bestimmen:

- Die Umrisse sind **sehr schmal** (4:1). Die Ansatzlinie der Vorderzehen liegt in der geometrischen Mitte. Im Vergleich mit anderen Singvögeln, aber ähnlich den Meisen, besitzen Kleiber **lange Hinterzehen**.
- Im linken Bild (nächste Seite) ist im Bereich der **Hinterzehe** eine **große Lücke** zu sehen. Diese entsteht, weil die stark gekrümmte Hinterkralle den Bodenkontakt verhindert (siehe auch die Fußhaltung in der Abbildung „Fuß seitlich", S. 360). Manchmal wurde dies dahingehend interpretiert, dass Kleiber „unglaublich lange" Krallen hätten. Das trifft jedoch nicht zu.
- Das „Perlenketten-Muster" ist in der rechten Abb. (nächste Seite) angedeutet. Auf

härteren Böden (Abb. links) sieht man nur Krallen und einzelne Ballen.

- Der **Metatarsalbereich** ist stetig abgedrückt und **kräftiger** als die angrenzenden Zehenballen. Dieses Merkmal wird von keinem anderen Singvogel geteilt.
- Die Krallen sind lang und als isolierte, punktförmige Abdrücke vor den Endballen der jeweiligen Zehen zu erkennen. Infolge von **Schleifmarken** (Kleiber sind auch am Boden sehr agil) ist eine exakte Abgrenzung manchmal schwierig.

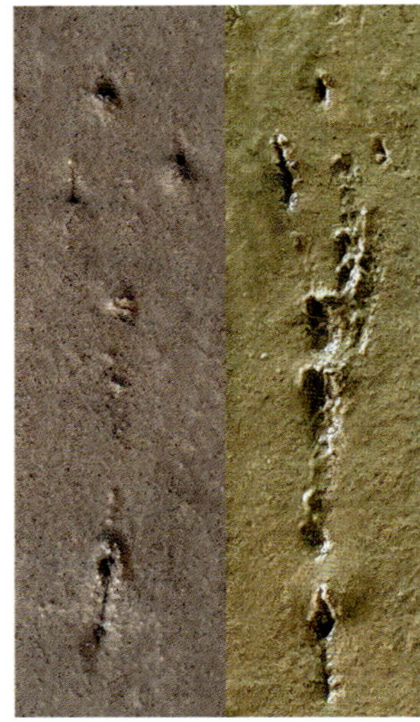

Kleiber: Zwei rechte Trittsiegel

Verwechslungsmöglichkeiten

Die „klassische" Verwechslungsgefahr besteht mit Meisen oder bei undeutlichen Abdrücken mit allen anderen Singvögeln, die ähnlich schmale Füße haben.

- **Meisen.** TS des Kleibers sind etwas länger, als jene von Meisen, seine Ballen sind weniger prominent und die Basis der Außenzehe kragt nicht aus. Die Hinterkralle ist tatsächlich etwas länger als bei Meisen, was sich aber durch die starke Krümmung im Bodenkontakt nicht abbildet. Die scheinbar überlange Kralle im Trittsiegel wird dadurch vorgetäuscht, dass der Endballen der Hinterzehe abgehoben ist und der Ansatz der Kralle daher falsch eingeschätzt wird (siehe Abb. unten).
- **Andere Singvögel** (zum Beispiel Zaunkönig). Nur Kleiber und Meisen zeigen eine ziemlich gerade Achse zwischen Hinter- und Innenzehe. Bei anderen Arten ist fast immer eine abgewinkelte Innenzehe erkennbar.

Morphologische Unterschiede der Hinterzehe zwischen Kohlmeise (a) und Kleiber (b): Die längeren Krallen des Kleibers stellen sich aufgrund ihrer stärkeren Krümmung im Trittsiegel nicht dar (schwarze Linien und Strecke). Ein weiteres Unterscheidungsmerkmal ist der zusätzliche kleine Ballen an der Basis der Hinterzehe des Kleibers (schwarzer Pfeil), den kein anderer Singvogel aufweist. Die Anhebung der Hinterzehe täuscht eine überlange Kralle vor, wenn der Endballen des Hallux nicht abdrückt.

Artengarnitur

Andere Kleiberarten, die in Südeuropa oder in der Türkei auftreten, werden hier nicht beschrieben. Es besteht allerdings eine morphologische Ähnlichkeit mit Trittsiegeln von Baum- und Mauerläufern. Spuren dieser Arten sind allerdings aufgrund deren Lebensweise kaum zu erwarten. Mauerläufer bewegen sich überwiegend auf steilen Felswänden, während Baumläufer an Baumstämmen klettern.

Maße

Trittsiegelmaße vom Kleiber und Baum- und Mauerläufern (siehe auch Abkürzungsverzeichnis).

Art	TSL (cm)	TSL^{oK}(cm)	TSB (cm)	Z1 (cm)	Z1^{oK} (cm)	Z3 (cm)	Z3^{oK} (cm)
Kleiber	3,8 (3,6–4,0)	2,8 (2,7–2,9)	1,0 (0,7–1,1)	1,7 (1,6–1,8)	1,1 (1,0–1,2)	1,9 (1,8–2,0)	1,5 (1,4–1,6)
Baumläufer	3,0 (2,8–3,1)	2,1 (1,8–2,3	0,6 (0,4–0,7)	1,4 (1,3–1,5)	0,7 (0,6–0,9)	1,5 (1,2–1,6)	1,2 (0,9–1,3)
Mauerläufer	4,4 (4,0–4,7)	3,0 (2,8–3,2)		2,1 (1,7–2,5)	1,3 1,2–1,4)	2,1 (1,9–2,2)	1,5 (1,4–1,7)

Seitens der Dimensionen sind die Arten klar getrennt. Zu den Baumläufern zählen Garten- und Waldbaumläufer, die sich längenmäßig kaum unterscheiden, auch wenn der Waldbaumläufer anatomisch eine längere Hinterkralle besitzt.

Gangarten und Spurbilder

Am Boden bewegen sich Kleiber **hüpfend**, fast immer zum Zweck des Nahrungserwerbs. Dabei nähert sich der Vogel mit einigen raumgreifenden Sprüngen an, um dann nur mehr kurze Hüpfbewegungen oder Drehungen auszuführen. Die SL in der Tabelle bewegen sich somit entweder im Maximum- oder im Minimumbereich.

Maße von Gangarten ausgewählter Kleiber (siehe auch Abkürzungsverzeichnis).

Art	Gangart	SB (cm)	SL (cm)	GL (cm)	ZGL (cm)
Kleiber	Hüpfen	3–5	9–15	5–7	-3–8

Negative ZGL kommen zustande, wenn die Vögel bei der Nahrungsaufnahme seitlich oder die Richtung wechselnd nur kurz abspringen.

Zeichen

Häufiger als Trittsiegeln begegnet man Spuren, die Kleiber bei ihrer Nahrungssuche, dem Verstecken von Vorräten oder beim Spalten von Nüsschen, dem „Klieben", hinterlassen.

Ernährung

Ähnlich wie Meisen ernähren sich Kleiber während der Brutzeit hauptsächlich von Insekten und Spinnen. Im Winter stellen Nüsse, Eicheln und andere Sämereien die wichtigste

Nahrungsquelle dar. Ein Teil dieser Winterernährung stammt aus **Nahrungsdepots**, die die Vögel im Herbst angelegt haben. Kleiber besuchen auch gerne Futterstellen und bevorzugen dort Sonnenblumenkerne. Außerdem trinken sie regelmäßig und nehmen Magensteinchen auf.

Nahrungserwerb, Verstecken und Fraßspuren

Unter den vielen Zeichen, die Kleiber hinterlassen, sind folgende spurentechnisch relevant:

- **Feine Abschläge von Borken und Flechtenstückchen.** Diese sind sowohl am Baum direkt und bei Schneelage auch darunter gut erkennbar. Am häufigsten sieht man dieses Zeichen unter „kranken" Nadelbäumen (zum Beispiel durch Borkenkäferbefall). Dieses Zeichen wurde bereits im Kapitel über die Meisen besprochen. Eine Unterscheidung scheint nicht möglich.
- **Nahrungsdepots**. Hainbuchen-Nüsschen verstecken Kleiber gerne im unteren Stammbereich grobborkiger Rinden (zum Beispiel Eichen). Sie sind dort kaum getarnt und leicht zu finden, sucht man gezielt nach diesen Zeichen.
- **„Schmieden"**. Kleiber behämmern Samen und auch Insekten kopfüber in kleinen Rindenspalten. Die Fraßreste kennzeichnen dann diese Stellen.
- **Freilegen von im Boden verborgener Nahrung**, wie bei den Meisen durch seitliches „Schnabelschleudern". Ein Spezifikum von Kleibern ist das Ausgraben von Eichenkeimlingen im Frühling, wenn neben der kleinen Pfahlwurzel noch eine fressbare Eichel lockt. Dieses Verhalten ist ansonsten nur vom Eichelhäher bekannt.

Nahrungsdepot und „Schmieden" vom Kleiber: In der Borke dieser Stieleiche hat ein Kleiber im Herbst zahlreiche Hainbuchensamen versteckt. Jetzt im Frühling sind die meisten bereits geöffnet.

Ausscheidungen

Exkremente von Kleibern ähneln jenen von Meisen. Es sind meist unregelmäßige Zylinder von etwa 0,8 cm Länge und einem Durchmesser von 0,2 cm. Diese sind mit Urat (Weißanteil) überzogen und an einem Ende verdickt. Inhalt sind entweder feine Chitinteile oder Reste von Samenschalen. Kleiber sollten auch **Speiballen** bilden.

Fraßspur und Exkrement eines Kleibers.

Wasseramsel

Die Wasseramsel ist ein einzigartiger Singvogel, der für seine Tauchfähigkeiten bekannt ist. Sie bewohnt bevorzugt „brüllende Wasser", das sind rauschende Stromschnellen klarer Fließgewässer, meist in Bergregionen. Hier teilt sie ihren Lebensraum mit der Gebirgsstelze. Die Unterscheidung zwischen den beiden Arten ist spurentechnisch relevant.

Fußmorphologie und Trittsiegel

Die Füße der Wasseramsel zeigen folgende Merkmale:

- Grundtypus: Klassischer Vogelfuß.
- Dimension: TSL um 4,7 cm.
- Die **Mittelzehe** ist im Vergleich mit den anderen Vorderzehen **ziemlich lang**.

Umrisse und Proportionen

Der Umriss entspricht einem **Rechteck** in einem Verhältnis von etwa 2:1, manchmal ist es auch etwas breiter (3:2). Die **Ansatzlinie** der Vorderzehen (horizontale Linie) liegt hinter der **geometrischen Mitte** des Trittsiegels, was auf eine **lange Mittelzehe** hindeutet.

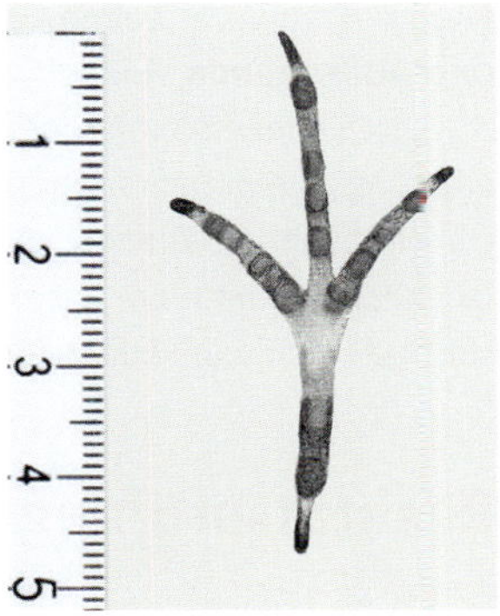

Wasseramsel: rechtes Trittsiegel (idealisierte Zeichnung).

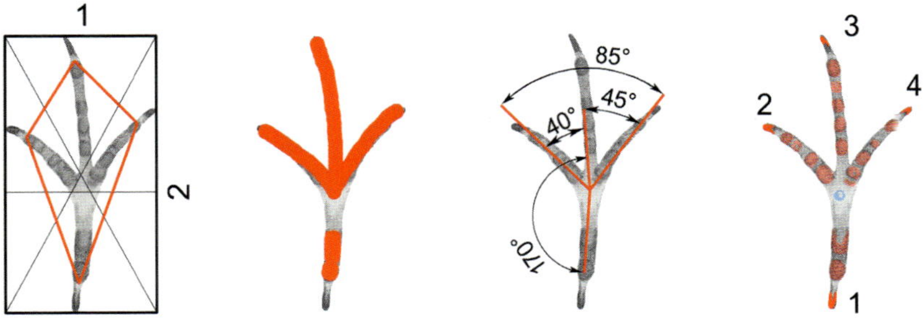

Wasseramsel:

links: Umrisslinien, geometrische Mitte (Diagonalenschnittpunkt), Ansatzlinie der Vorderzehen.

links Mitte: „Pfeilschablone".

rechts Mitte: Öffnungswinkel. Zehenachsen (rot), Gradangaben der Winkel.

rechts: Ballenmuster (Zehenballen rosa, Metatarsalballen blau und Krallen rot).

Die Umrisslinie entlang der Zehenspitzen entspricht einem ziemlich **symmetrischen Deltoid** (rote Linie).

Schablone
Die relativ große Spreizung der Seitenzehen und die lange Mittelzehe bilden eine **Pfeilschablone**, ähnlich jener von Lerchen, Piepern und Stelzen.

Achsen und Winkel
Die Öffnungswinkel der Vorderzehen sind relativ groß und betragen zwischen 80° und knapp 90°. Der innere Teilwinkel ist zumeist etwas kleiner. Die Fußachse ist leicht nach innen gewinkelt (ca. 170°).

Ballenmuster, Negativräume und Krallen
Wasseramseln stehen mit hohem Fußgewölbe, im Bereich der Fußmitte besteht oft ein **Negativraum**. Die **Zehen** sind kräftig. Mittel- und Hinterzehe stehen gerade, die **Innen- und Außenzehen** sind leicht nach hinten **gebogen**. Die Kanten sind parallelrandig. Es zeigt sich aber ein mehr oder minder durchgängiges **Ballenmuster**. Die Ballen überragen allerdings die Zehenränder nicht, sodass die Konturen **parallel** erscheinen.
Der **Metatarsalballen** drückt **kaum ab.**
Die **Krallen** sind nicht besonders lang, eher stumpf und wenig gekrümmt. Im Trittsiegel sind sie kaum von Endballen der jeweiligen Zehen abgesetzt.

Realitätsprüfung

Wasseramsel: Zwei rechte Trittsiegel.

Wasseramseln sitzen oft auf Steinen und selten auf spurfähigen Untergründen. Trittsiegel sind daher schwer zu finden und oft unvollständig. Auch sind die entsprechenden Stellen meist schwer zu erreichen. Ist man trotzdem fündig geworden, so kann man auf folgende Merkmale achten:

- Die Trittsiegel sind relativ breit. Im Bereich der Fußmitte besteht ein Negativraum (a), zumindest drückt diese Region schwächer ab (b).

- Die **Mittelzehe überragt** die Seitenzehen deutlich. Während Mittel- und Hinterzehe gerade stehen, sind die anderen Zehen oft nach hinten gebogen (deutlich in b).
- Die Zehen sind **kräftig, parallelrandig** und zeigen ein **durchgängiges Ballenmuster.**
- Die Abdrücke der **Krallen** sind undeutlich und unmittelbar vor den Zehenballen.

Verwechslungsmöglichkeiten

Die beschriebene Pfeilschablone weisen nur wenige Singvogelarten auf. Ein weiteres Alleinstellungsmerkmal ist der spezifische Lebensraum.

- **Piepern** und **Stelzen** (besonders Gebirgsstelze). Die meisten Arten sind kleiner, haben schlankere Zehen und eine weniger prominente Mittelzehe. Besonders die Hinterkrallen sind länger und stärker gekrümmt. Anders als bei der Wasseramsel drücken diese Krallen als abgesetzter Punkt auf.
- **Lerchen**. Auch Lerchen kann man eine Pfeilschablone zuschreiben. Allerdings sind die Krallen deutlich länger und die Fußachse ist stark gewinkelt. Lerchen halten sich kaum an Stromschnellen auf.

Maße

Trittsiegelmaße der Wasseramsel (siehe auch Abkürzungsverzeichnis).

Art	**TSL** (cm)	**TSL**^{oK} (cm)	**TSB** (cm)	**Z1** (cm)	**Z1**^{oK} (cm)	**Z3** (cm)	**Z3**^{oK} (cm)
Wasseramsel	4,7 (4,5–4,9)	3,8 (3,5–4,0)	2,6 (2,3–2,8)	1,7 (1,5–1,9)	1,2 (1,1–1,3)	2,7 (2,4–2,9)	2 2 (2,0–2,5)

Gangarten und Spurbilder

Die kurzen Strecken, die Wasseramseln sich an Land fortbewegen, werden im Gehen oder im Laufen mit trippelnden Schrittchen überwunden.

- **Gehen**. Die SL sind kurz und oft nur Halbschritte bei Positionswechsel am Wasserrand.
- **Laufen**. Schon kurze Strecken werden laufend zurückgelegt, wobei auch hier recht kurze SL erreicht werden.
- **„Knicksen"** ist eine wippende Körperbewegung aus dem Fersengelenk heraus. Dabei kann auch der Körper gedreht werden. Spurentechnisch erwarten wir hier überlagernde parallele TS.
- G. v. Blotzheim & Bauer beschreiben zusätzlich kurze Hüpfbewegungen beim Überwinden von Bodenunebenheiten und auch den Polkaschritt.

Maße von Gangarten der Wasseramsel (siehe auch Abkürzungsverzeichnis).

Gangart	SB (cm)	SL (cm)
Gehen	4,2 (3,1–5,2)	13 (4,5–19)
Laufen		18–25

Zeichen

Wasseramseln verraten ihre Anwesenheit weniger durch Trittsiegel oder Spurgruppen, sondern durch Zeichen. Besonders typisch sind ihre **Exkremente, die sich auf Sitzsteinen inmitten des Flusses** finden, oft umgeben von wirbelnden Strömungen.

Ernährung und Fraßspuren

Wasseramseln fressen überwiegend Insekten und deren Larven, die im oder am Wasser vorkommen. Besondere Bedeutung haben dabei Köcherfliegen, Eintags- und Steinfliegen, sowie Bachflohkrebse. Selten werden auch kleine Fischchen erbeutet.
Köcherfliegenlarven, die in schnell fließenden Gewässern leben, schützen sich durch eine Hülle aus kleinen Steinchen. Tauchende Wasseramseln ziehen die Larven aus ihren Köchern und fressen sie entweder direkt unter Wasser oder später an einem Sitzstein. In letzterem Fall lassen sich dort die **Überreste zerbrochener Köcher** finden, die jedoch meist nur kurz sichtbar sind, bevor sie von der Strömung weggespült werden.

Ausscheidungen

Exkremente von Wasseramseln sind an bevorzugten Sitzplätzen recht auffällig. Sie sind voluminöse Kleckse, die teilweise in Streifen abrinnen. Der dunkle Kotanteil ist mit reichlich, weißer Harnsäure übergossen. Untersucht man den Kot genauer, so finden sich neben fein zerriebenen Steinchen oft Reste von Fühlern und Beinen der erbeuteten Wasserinsekten.
Die vergleichsweise flüssigen Exkremente der Wasseramseln verlaufen in unregelmäßigen Mustern über die Sitzsteine und erreichen häufig eine Länge von 15 bis 20 cm. Größe und Form unterscheiden sich deutlich von den Exkrementen der im gleichen Lebensraum vorkommenden Gebirgsstelzen. Deren Hinterlassenschaften sind ebenfalls weißlich übergossen, jedoch deutlich kleiner (etwa 1 cm) und meist rund.
Die **Speiballen** enthalten zahlreiche Steinchen und Chitinreste ihrer Insektenbeute. Die Farbe lässt auf die Ernährung rückschließen. Im Sommer, wenn vor allem Köcherfliegenlarven gefressen werden, sind sie dunkel, während sie im Winter, bei einer Ernährung mit Bachflohkrebsen, heller erscheinen. Ihre durchschnittliche Größe beträgt etwa 1,5 x 0,7 cm.

links: Exkremente von Wasseramseln: Die voluminösen Exkremente rinnen in unregelmäßigen Formen von den Sitzsteinen ab (a, c) oder bilden Streifen (b).

rechts: Speiballen der Wasseramsel: Im Sommer enthalten diese viele Steinchen und sind eher dunkel, da vermehrt Köcherfliegenlarven gefressen werden.

Zaunkönig

Zaunkönige schlüpfen rastlos durch bodennahe Vegetation, gerne auch an Gewässerrändern. Selbst am Boden verlassen sie nie weit die Deckung und überqueren allenfalls kurze Freiflächen zwischen zwei Büschen. Dort wird man fündig, sucht man nach Spuren dieser „selbstbewussten" Zeitgenossen.

Fußmorphologie und Trittsiegel

Zaunkönig:
links: linker Fuß, Unterseite.
rechts: rechtes Trittsiegel (idealisierte Zeichnung).
unten: Fuß seitlich.

Füße vom Zaunkönig zeigen folgende Merkmale:

- Grundtypus: Klassischer Vogelfuß.
- Dimension: TSL 2,7 bis 3,3 cm.
- Die **Füße** sind relativ **schmal**, die Zehen parallelrandig.
- Der Metatarsalballen ist prominent.
- Ein auffälliges Merkmal ist die **lange Hinterzehe**.
- Die Krallen sind schwach gekrümmt.

Umrisse und Proportionen

Der Umriss entspricht einem **Rechteck** in einem Verhältnis von etwa 3:1. Die **Ansatzlinie** der Vorderzehen (horizontale Linie) liegt im Bereich der **geometrischen Mitte** des Trittsiegels, was auf eine **lange Hinterzehe** deutet. Die Umrisslinie entlang der Zehenspitzen entspricht einem etwas **asymmetrischen Deltoid** (rote Linie), die Innenzehe ist kürzer als die Außenzehe.

Achsen und Winkel

Die Öffnungswinkel der Vorderzehen betragen zwischen 30 und 50°. Die Teilwinkel sind manchmal etwas unterschiedlich. Die Fußachse ist zwischen 175 und 165° nach innen gewinkelt.

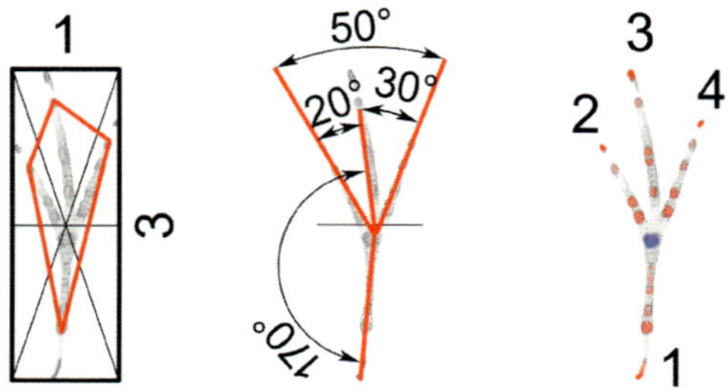

Zaunkönig:

links: Umrisslinien, geometrische Mitte (Diagonalenschnittpunkt), Ansatzlinie der Vorderzehen.

Mitte: Öffnungswinkel. Zehenachsen (rot), Gradangaben der Winkel.

rechts: Ballenmuster (Zehenballen rosa, Metatarsalballen blau und Krallen rot).

Ballenmuster, Negativräume und Krallen

Trittsiegel von Zaunkönigen drücken auch im Bereich der Fußmitte auf („**Plattfuß**“). Die **Zehen** sind schlank, parallelrandig und **leicht gebogen**. Sind einzelne Zehenballen zu erkennen, so wirken sie nicht bulbös (= beulen die Ränder nicht aus). Der **Metatarsalballen** drückt **meist ab** und kann sehr groß wirken. Die **Krallen** drücken stetig ab und wirken lang, was aber auf die geringe Krümmung zurückzuführen ist.

Realitätsprüfung

Bei Trittsiegeln aus dem Freiland lassen sich folgende Merkmale bestätigen:

- Die Trittsiegel drücken **ganzflächig** auf, die Fußmitte ist ebenso stark abgedrückt wie die Zehenspitzen.
- Die TS wirken **schmal**, ebenso die Öffnungswinkel**.**
- Die Zehen sind **dünn** und **parallelrandig**. Mittel- und Hinterzehe bilden eine geschwungene Linie.
- Die **Metatarsalballen** sind abgedrückt und können **wuchtig** wirken (mittleres Bild).
- Die Abdrücke der **Krallen** sind deutlich.

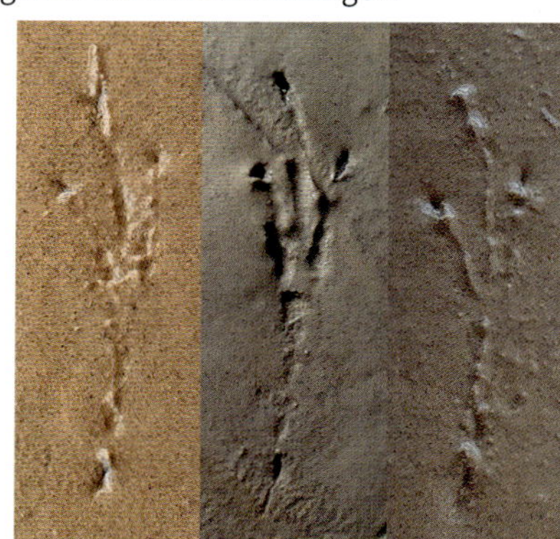

Zaunkönig: drei rechte Trittsiegel.

Verwechslungsmöglichkeiten

Von der Dimension her liegt der Zaunkönig im Bereich vieler anderer kleiner Singvögel.

- **Meisen** unterscheiden sich deutlich durch die gerade Achse der Hinter- und Innenzehe und die auskragende Basis der Außenzehe (siehe „Gabel“-Schablone).

- **Rohrsänger, Schwirle, Laubsänger und Grasmücken.** Schwirle haben breitere TS, Rohrsänger schmalere. Laubsänger und Grasmücken zeigen stärker ausgeprägte Sitzkissen („Ausrufezeichen **!**"-Schablone).
- **Finken** haben breitere Öffnungswinkel, kürzere Hinterzehen und Krallen.

Maße

Trittsiegelmaße vom Zaunkönig (siehe auch Abkürzungsverzeichnis).

Art	TSL (cm)	TSL^{oK} (cm)	TSB (cm)	Z1 (cm)	Z1^{oK} (cm)	Z3 (cm)	Z3^{oK} (cm)
Zaunkönig	3,0 (2,7–3,3)	2,4 (2,1–2,6)	1,0 (0,7–1,3)	1,3 (1,1–1,5)	0,9 (0,7–1,0)	1,5 (1,5–1,9)	1,4 (1,2–1,6)

Gangarten und Spurbilder

Maße von Gangarten beim Zaunkönig (siehe auch Abkürzungsverzeichnis).

Gangart	SB (cm)	SL (cm)	GL (cm)	ZGL (cm)
Hüpfen	3,0 (1,6–3,5)	14 (3,0–29)	4,2 (3,5–6,7)	7,7 (-1,0–24)

Zaunkönige hüpfen am Boden. Typisch sind ein bis drei längere Hüpfer bei der Überwindung von Freiflächen. Nahe der Deckung, beim Baden und Trinken wird dann die SL sehr klein.

Spurgruppe vom Zaunkönig: Nur kurz verlässt der Vogel das deckungsreiche Ufer und hüpft über die Schneefläche.

Zeichen

Zaunkönige **baden** häufig im **Wasser**, aber auch im **Staub.** Staubbadestellen sind allenfalls durch die Lokalisation (deckungsnahe) von jenen der Sperlinge und Finken zu unterschieden. Zaunkönige bauen Schlaf- und **Winternester** und während Kälteperioden schlafen sie auch in kleineren Gruppen.

Ernährung und Fraßspuren

Zaunkönige ernähren sich das ganze Jahr hauptsächlich von Insekten. Im Herbst nehmen sie gelegentlich auch kleine Beeren (zum Beispiel Holunder) oder Samen zu sich. Sie trinken nur selten. Bei der Nahrungssuche stochern sie auch im Boden und entfernen Chitinteile von größeren Insekten.

Ausscheidungen

Exkremente von Zaunkönigen sind von jenen anderer Insektenfresser (zum Beispiel Rohr- und Laubsänger, Schwirle) schwer zu unterscheiden. **Speiballen** können Reste unverdauter Insekten enthalten.

links: Badestelle: Ein Zaunkönig hat im seichten Wasser gebadet und diese flüchtige Spurgruppe hinterlassen. Die langen Hinterzehen sind typische Merkmale für diesen Vogel.

rechts: Winterschlafplatz vom Zaunkönig: Vor der Nachtruhe hat der Vogel einmal den Eisenpfahl umrundet und dann in dessen Schutz geruht. Typisch für Schlafplätze sind größere Ansammlungen von Exkrementen.

Stare

Angesichts der Häufigkeit dieser Vögel ist es bemerkenswert, wie selten verwertbare Spuren gefunden werden. Erst auf einer herbstlichen Reise ins norddeutsche Watt bot sich ein reich gedeckter „Tisch“: Der Schwarm konnte zunächst beobachtet werden und anschließend war es möglich, Trittsiegel, Spurbilder sowie Fraßspuren zu finden und mit dem Verhalten zu vergleichen. Doch die Aufgabe erwies sich als anspruchsvoll, da die Vielzahl an Individuen die Spuren schnell in ein unentzifferbares Gewirr verwandelte.
Bei optisch auffälligen Vögeln wie den Staren sind indirekte Nachweise mittels Spuren weniger bedeutsam. Dennoch ist die Kenntnis ihrer Trittsiegel hilfreich, auch um sie von Drosseln und kleinen Rabenvögeln zu unterscheiden. Zudem weist die Art charakteristische Verhaltensmuster auf.

Fußmorphologie und Trittsiegel

Star: linker Fuß, Unterseite.

Starenfüße vereinen Merkmale von Drosseln und kleinen Rabenvögeln.

- Grundtypus: Klassischer Vogelfuß.
- Dimension: TSL 4,7 bis 5,2 cm.
- Die Zehen sind **kräftig** und tragen eine **dichte Reihe von Ballen**.
- Die Krallen sind relativ kurz und wenig gekrümmt.

Umrisse und Proportionen

Der Umriss entspricht einem Rechteck im Verhältnis von etwa **2:1** und ist somit **relativ breit**. Manche Trittsiegel im Freiland können allerdings schmaler wirken. Die Ansatzlinie der Vorderzehen liegt etwa in Fußmitte. Die Umrisslinie entlang der Zehenspitzen entspricht einem **verzerrten Deltoid**, da die Innenzehe kürzer ist als die Außenzehe.

Star: Fuß seitlich.

Achsen und Winkel

Der große Öffnungswinkel von 62° (60 bis 75°) ist typisch für Vögel, die sich

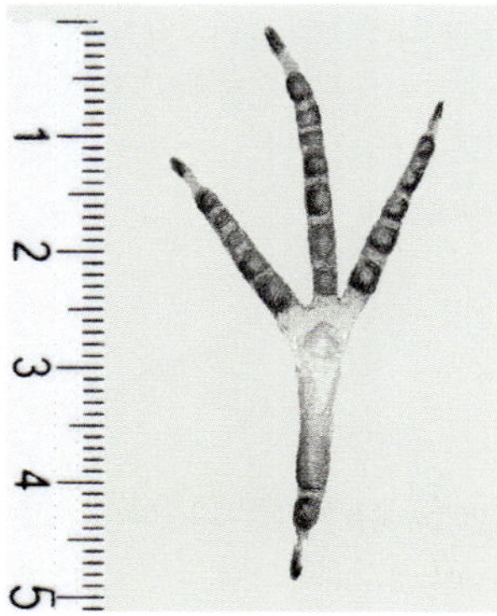

Star: rechtes Trittsiegel (idealisierte Zeichnung).

oft am Boden aufhalten. Die Teilwinkel zwischen Mittel- und Seitenzehen sind beim Star nahezu **symmetrisch**. Die **Fußachse** ist meist nach innen gewinkelt, maximal bis etwa 160°.

Ballenmuster, Negativräume und Krallen

Die **Druckverteilung** ist relativ gleichmäßig, und die Trittsiegel sind oft auch in der **Mitte abgedrückt**, dann ist der Negativraum klein. Eine auffällige Gewichtsverlagerung zu den Zehenspitzen ist nicht erkennbar.
Die **Zehen** sind **parallelrandig** und die Ballen überragen die Ränder kaum. Die Hinterzehe zeigt zwei Ballen, von denen der proximale (körpernahe) meist über eine längere Strecke abdrückt. Die anderen Zehen besitzen ein **durchgehendes Ballenmuster**, das nicht immer klar abgegrenzt ist.
Der **Mittelfußballen** ist queroval und hinterlässt meist einen leichten Abdruck.
Die **Krallen** sind relativ kurz und schwach gekrümmt, wobei nur die Hinterkralle im Trittsiegel oft als abgesetzter Punkt erscheint.

Charakteristische Merkmale

Die folgenden Merkmale können dabei helfen, die Trittsiegel von Staren von denen der Drosseln zu unterscheiden. Charakteristisch sind dabei vor allem die beiden erstgenannten:

- **Endglied der Mittelzehe:** Die Zehenspitze der Mittelzehe neigt dazu, nach innen zu knicken (schwarzer Pfeil).
- **Proportionen an der Hinterzehe:** Die Abstände zwischen der Kralle und den

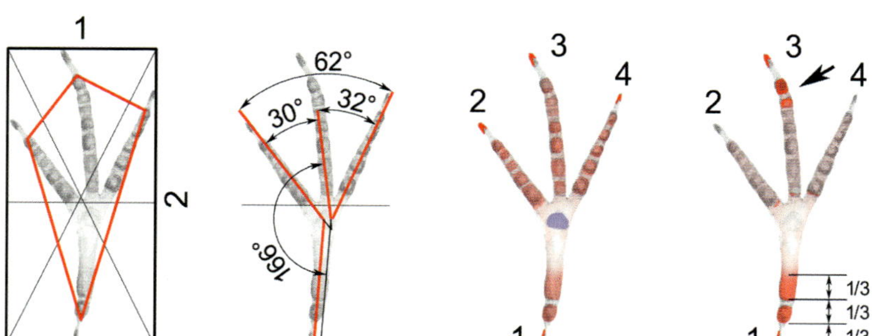

Star:

links: Umrisslinien, geometrische Mitte (Diagonalenschnittpunkt), Ansatzlinie der Vorderzehen.

links Mitte: Öffnungswinkel. Zehenachsen (rot), Gradangaben der Winkel.

rechts Mitte: Ballenmuster und Krallen, Krallen (rot), Zehenballen (rosa), Metatarsalballen (blau).

rechts: Charakteristische Merkmale: Innenknickung des Endgliedes der Mittelzehe (schwarzer Pfeil), Proportionen an der Hinterzehe (Dreimal 1/3–Distanzen).

beiden Ballen am Hallux betragen jeweils etwa 1/3 der Gesamtdistanz (markierte Strecken), was vor allem auf die relativ kurze Hinterkralle zurückzuführen ist.

- **Mittversetzung der Hinterzehe**: Dieses Merkmal wird gelegentlich als typisch für Stare genannt, ist jedoch im Freiland selten zu sehen.

Realitätsprüfung

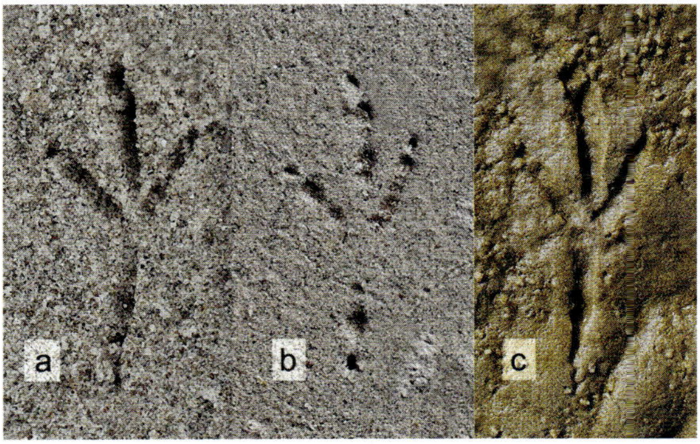

Star: drei rechte Trittsiegel aus dem Freiland, in feuchtem Sand (a), auf härterem Grund (b) und im Schlamm (c).

Trittsiegel von Staren können recht unterschiedlich aussehen. Typische Abdrücke sind die Bilder **a und c** auf Sand und Schlamm.

- Die Öffnungswinkel sind durchweg größer als 60° und die Teilwinkel sind relativ symmetrisch.
- Die Fußachsen sind nach innen geknickt und besonders in **Abb. a und b** zeigt sich der typische, zusätzliche Knick am Endglied der Mittelzehe. Eine Mittelversetzung der Hinterzehe besteht kaum und ist allenfalls in **Abb. c** angedeutet.
- Der Fuß ist auf großer Fläche abgedrückt und nur auf hartem Boden (**Abb. b**) zeigt sich eine Lücke im Metatarsalbereich. Die Endglieder sind nicht stärker belastet als die proximalen Zehenanteile.
- Die Zehen stehen gerade (außer Endglieder der Mittelzehe) und sind parallelrandig. Einzelne Ballen sind nur in seltenen Fällen abgrenzbar. Ein **ausgeprägtes Ballenmuster**, wie bei der Amsel, **fehlt**.
- Die Krallen sind relativ kurz und zumeist nicht deutlich von der Zehe abgesetzt.
- Ein eher **untypisches** Beispiel zeigt **Abb. b**. Das auffällige Ballenmuster und die Lücke im Metatarsalbereich sind durch den harten Boden bedingt. Dieses Trittsiegel könnte auch an eine Amsel erinnern. Ein gutes Unterscheidungskriterium ist jedoch die Proportion der Hinterzehe: Die Hinterkralle ist nicht weiter vom Endballen entfernt als der proximale Zehenballen, was ein deutlicher Hinweis auf einen Star ist.

Verwechslungsmöglichkeiten

Verwechslungen mit **Drosseln** sind am häufigsten. Ähnlich können auch TS kleiner Rabenvögel, vor allem der **Elster** aussehen. Diese zeigen jedoch kräftigere Ballen, längere Hinterzehen sowie Krallen und sind gut 1 cm länger.

Artengarnitur

Neben dem **Europäischen Star**, der hier beschrieben wird, kommen zwei weitere Arten in Betracht. Der **Einfarbstar** bewohnt die Iberische Halbinsel und Inseln im westlichen Mittelmeer bis Sizilien. Aus östlichen Steppen reichen manchmal Invasionen des **Rosenstars** bis ins östliche Zentraleuropa. Beide Arten sind so groß wie „unser" Star und sollten sich auch morphologisch kaum unterscheiden.

Maße

Maße von Staren-Trittsiegeln (siehe auch Abkürzungsverzeichnis).

Art	TSL (cm)	TSL^{oK} (cm)	TSB (cm)	Z1 (cm)	$Z1^{oK}$ (cm)	Z3 (cm)	$Z3^{oK}$ (cm)
Star	4,9 (4,7–5,2)	3,9 (3,7–4,2)	2,5 (2,2–2,7)	1,8 (1,7–1,9)	1,3 (1,1–1,4)	2,7 (2,5–2,8)	2,2 (2,0–2,3)

Dimensionsunterschiede sind vor allem im Vergleich zu den morphologisch ähnlichen Drosseln interessant. Dabei weist der Star etwas kürzere TSL auf als die häufige Amsel.

Gangarten und Spurbilder

Spurbilder bei Staren. Gehen (a) mit Stopps (schwarze Pfeile), sich kreuzende Spurbilder im Gehen (b) und Laufen (c).

Auch auf weitere Entfernung sind Stare mit ihren geschäftigen, nickenden Schrittfolgen leicht von Drosseln zu unterscheiden. Bei letzteren gleichen die meisten Bewegungen einem Hüpfen, auch wenn sich das spurentechnisch dann differenziert darstellt. Stare bewegen sich recht unstet und wechseln häufig die Richtung sowie Schrittfolgen. Diese werden oft durch Stopps unterbrochen.

- **Gehen (a und b).** Meist sind es nur zwei bis drei Schritte mit recht konstanten Schrittlängen bis zum nächsten Stopp. Die Fußachse ist gegenüber der Laufrichtung nach innen gedreht (Spin). Die SB ist relativ groß.

- **Stopps (Pfeile in Abb. a).** Oft stoppen Stare unmittelbar aus der Bewegung mit versetzten Beinen. Diese Stopps sind manchmal im Spurbild nicht eindeutig von den dynamischen Schrittfolgen zu unterscheiden.
- **Laufen (c).** Wenn Nahrungsquellen weiter entfernt sind, können Stare auch laufen. Dabei ist die Fußachse weniger stark nach innen gedreht (geringerer Spin) als beim Gehen. Sind im Freiland nur Fragmente eines Spurbildes erkennbar, kann die **Zwischenlänge** (nähere Erklärungen im Kapitel „Gänsevögel“) Hinweise liefern: Liegt der Abstand zwischen zwei aufeinanderfolgenden Trittsiegeln bei mehr als dem 1,4-fachen einer Trittsiegellänge, ist der Vogel gelaufen.
- **Hüpfen.** Diese Gangart wir nur in Ausnahmefällen auf kurzer Strecke genutzt.

Spurbild von einem Star: Gehen (oben) und Stopps (unten).

Maße von Gangarten bei Staren (siehe auch Abkürzungsverzeichnis).

Gangart	SB (cm)	SL (cm)
Gehen	4 (3–6)	15 (6–24)
Laufen	5 (4–6)	28 (24–30)

Zeichen

Ernährung und Fraßspuren

Stare sind äußerst anpassungsfähig und nutzen auch vom Menschen erschlossene Nahrungsquellen wie Misthaufen, Müllplätze oder Äcker, aber auch kurzrasige Areale wie Viehweiden, Sportstätten oder ausgedehnte Schlammflächen. Ihre tierische Nahrung besteht vor allem aus großen Mengen an Entwicklungsstadien von Schnaken, Schmetterlingen und Käfern. Ergänzt wird die Kost durch Früchte und Beeren, abhängig von deren Reifezeit. Aufgrund ihres Schwarmverhaltens und der intensiven Nutzung ergiebiger Futterquellen sind Stare in Weinbergen oder Kirschenplantagen meist unerwünscht. Kleinere Beeren werden vollständig gefressen, während größere Früchte ausreichend weich sein müssen, um angepickt zu werden. Die Fraßspuren sind dabei von denen der Drosseln schwer zu unterscheiden. Stare baden gerne im Wasser, der Sonne, manchmal auch im Schnee oder in Ameisenhaufen (= „Einemsen“).

Nahrungserwerb

Klar erkennbare und ausgedehnte Spurbilder sind selten. Dafür müssen großflächige Spurgründe vorhanden sein. Zudem sind viele Spurbilder schlecht lesbar, weil sie von den Abdrücken der Artgenossen überlagert werden, wenn diese in Schwärmen auftre-

Nahrungserwerb bei Staren: Bewegungsmuster bei der Nahrungssuche und Fraßspuren (rot).

ten und auf engem Raum, ständig kreuzend, nach Nahrung suchen. Aus der Abbildung lässt sich gut auf das Fressverhalten schließen. Das Auffinden der Nahrung erfolgt optisch durch „Sichern“, dann bewegt sich der Vogel rasch zu dieser Quelle und stoppt abrupt. Stare zeigen hier keinen klassischen T-Stopp (wie Drosseln), sondern verharren kurz mit versetzter Beinstellung. Anschließend erfolgt die Aufnahme der Nahrung (rote Punkte). **Reiche Nahrungsgründe werden intensiv genutzt**, was durch kurze Schrittlängen (SL) und gehäufte Fraßspuren deutlich wird.

Ein charakteristisches Verhalten der Stare ist das sogenannte **„Zirkeln“**. Dabei wird der Schnabel nach dem Einstechen in die Bodenschicht leicht geöffnet und gedreht. Dadurch entstehen kegelförmige Vertiefungen, die bis zu 3 cm tief sind und einen Eingangsdurchmesser von etwa 2,5 cm aufweisen. Solche Spuren können in großer Zahl an Sandstränden, auf Schlamm- oder Rasenflächen auftreten und werden auf den ersten Blick oft nicht mit Staren in Verbindung gebracht.

Fraßspuren bei Staren: „Zirkeln“. Oft findet man solche Zeichen gehäuft an nahrungsreichen Arealen.

Ausscheidungen

Viele **Exkremente** sind stark flüssig, sowohl was den weißen Harnsäureanteil als auch den Kot betrifft. Das zeigt sich auch an Neststandorten, wo die Ausscheidungen größerer Nestlinge weiße Abrinnspuren am Baumstamm unterhalb der Höhlen hinterlassen.

linsk: Exkrement vom Star: Der hohe Flüssigkeitsanteil zieht rasch in die Unterlage ein. Zurück bleiben Beerenhäute und der Harnsäureanteil. **rechts:** Exkrement und Trittsiegel vom Star.

Drosseln

Wer das Leben von Vögeln intensiver kennenlernen möchte, sollte in Erwägung ziehen, eine bestimmte Art über den gesamten Jahresverlauf zu beobachten. Dabei empfiehlt es sich, einen Vogel zu wählen, der bestimmte Merkmale erfüllt: Er sollte gut identifizierbar und nicht zu klein sein, häufig vorkommen, nicht übermäßig scheu und bevorzugt in Bodennähe aktiv sein. Idealerweise bleibt er auch im Winter in seinem Lebensraum, hat eine weite Verbreitung und zeigt ein breites Spektrum an Verhaltensweisen. Ähnliche Kriterien formuliert Jon Young in seinem Buch über Vogelsprache. Viele Leserinnen und Leser werden dabei vermutlich sofort an die Amsel denken. In wildnispädagogischen Seminaren werden solche Arten oft als „Lehrmeister" bezeichnet, ein Begriff der die Wertschätzung gegenüber diesen Mitgeschöpfen unterstreicht.

Die Amsel als erfahrene Kennerin ihres Lebensraums nimmt weit mehr wahr, als wir Menschen es könnten. Wer aufmerksam beobachtet, kann von ihr viel lernen. Besonders im Hinblick auf Spuren und Zeichen erweist sich die Amsel als exzellente Lehrmeisterin. Ihre Trittsiegel sind häufig zu entdecken, oft auch in Form kurzer Spurbilder. Darüber hinaus zeigt sie verschiedene Gangarten und hinterlässt charakteristische Fraßspuren, die spannende Einblicke in ihr Verhalten bieten.

Fußmorphologie und Trittsiegel

Amsel: linker Fuß, Unterseite.

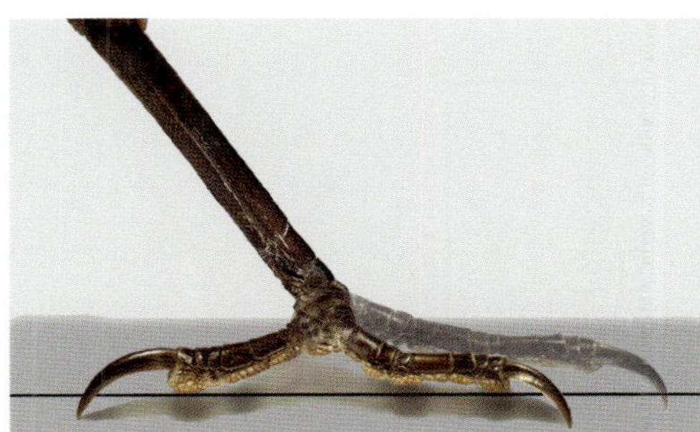

Amsel: Fuß seitlich.

Füße von Drosseln zeichnen sich durch charakteristische Merkmale aus, deren genaue Kenntnis eine wertvolle Grundlage für weitere Bestimmungen bietet.

- Grundtypus: Klassischer Vogelfuß.
- Dimension: TSL 4,3 bis 5,8 cm (Daten für alle der hier dargestellten Arten).
- Die **Ballen sind ausgeprägt und knotig**.
- Die Krallen sind lang und relativ stark gekrümmt.

Die Beschreibungen beziehen sich zuerst auf die Amsel als typischen Vertreter dieser Vogelfamilie.

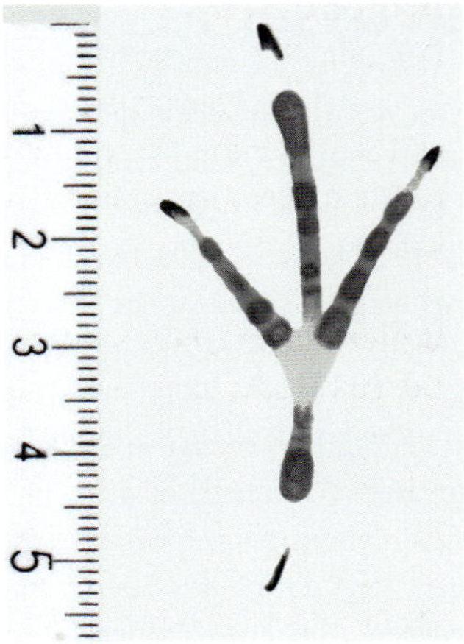

Amsel: rechtes Trittsiegel (idealisierte Zeichnung).

Umrisse und Proportionen

Der Umriss entspricht einem **breiten Rechteck** in einem Verhältnis von etwa 2:1. Die **Ansatzlinie der Vorderzehen** (horizontale Linie) liegt **deutlich hinter der geometrischen Mitte** des Trittsiegels, bedingt durch eine relativ **lange Mittelzehe**. Die Umrisslinie entlang der Zehenspitzen entspricht einem leicht verzerrten **Deltoid** (rote Linie).

Schablone

Bei vielen Vogelarten spielt die **Innenfußspange** eine funktionell wichtige Rolle. Sie wird durch die Hinterzehe und die Innenzehe gebildet und findet ihren Ausdruck auch im Trittsiegel. In diesem liegen **Hinter- und Innenzehe** auf einer gemeinsamen Achse und formen einen **stumpfen Winkel.** Die beiden **äußeren Zehen** bilden hingegen eine separate Funktionseinheit und stehen in einem **spitzen Winkel** zueinander. Aus dieser anatomischen Konstellation und der typischen Ausrichtung der Zehen lässt sich eine Schablone ableiten, die an eine (bislang unbekannte) „Rune" erinnert.

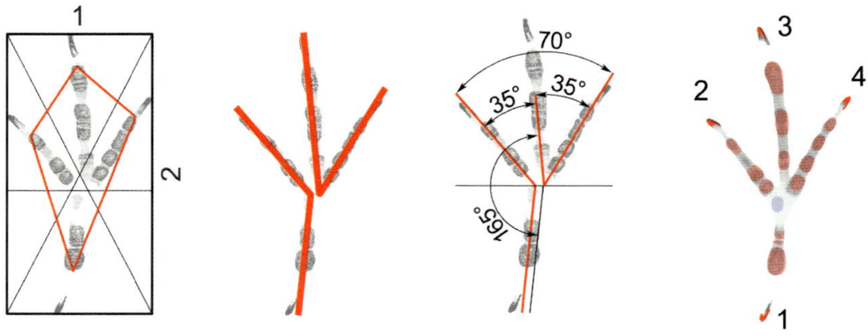

Amsel:

links: Umrisslinien, geometrische Mitte (Diagonalenschnittpunkt), Ansatzlinie der Vorderzehen.

links Mitte: „Runen"-Schablone.

rechts Mitte: Öffnungswinkel. Zehenachsen (rot), Gradangaben der Winkel.

rechts: Ballenmuster (Zehenballen rosa, Metatarsalballen blau) und Krallen (rot).

Achsen und Winkel

Der Öffnungswinkel der Vorderzehen beträgt 70° (60 – 90 °). Dieser relativ **große Winkel** kennzeichnet Vögel, die sich häufig am Boden aufhalten. Die Teilwinkel zwischen Mittel- und Seitenzehen sind **symmetrisch**. Die **Fußachse** verläuft seltener in einer geraden Linie (180°), sondern ist häufiger nach innen gewinkelt, wobei der Winkel bis zu 160° betragen kann.

Ballenmuster, Negativräume und Krallen

Der Fuß drückt zumeist nicht ganzflächig auf, sondern zeigt eine **Lücke** in der Fußmitte. Zudem ist die Druckverteilung **spitzenlastig**. Das heißt, die Zehenspitzen treten im Trittsiegel deutlicher hervor als die Fußmitte.

Insgesamt sind die **Zehenballen** bei Drosseln **stark ausgeprägt** und geben den Trittsiegeln häufig ein knotiges Erscheinungsbild („**Perlenkette**"), besonders an der **Hinterzehe**. Die Hinterzehe zeigt zwei Ballen, von denen der **Endballen besonders deutlich** ausgeprägt ist. Die Innen- und Mittelzehe weisen je drei Ballen auf. Die Außenzehe trägt vier Ballen, die nach distal etwas schmaler werden.

Der **Metatarsalballen** ist klein und **drückt kaum ab**, außer in ganz tiefen Substraten. Anatomisch ist dies durch ein hohes Fußgewölbe bedingt, was als gemeinsames Merkmal für „Bodenvögel" gelten kann.

Die **langen** Krallen sind spitz und **stark gekrümmt.** Im Trittsiegel können die Krallen in Richtung der Zehen stehen oder zusätzlich über die Zehenbiegung hinaus genickt sein. Viele Krallenabdrücke sind vom Endballen der jeweiligen Zehe getrennt und erscheinen als **abgesetzter Punkt**.

Charakteristische Merkmale

Zwei weitere Merkmale sind beachtenswert und können auch eine Unterscheidung zu anderen Vogelfamilien, wie den Staren, ermöglichen:

- **Biegungstendenz der Zehen.** Häufig stehen die Zehen gerade, doch bei bestimmten Verhaltensweisen oder auf speziellem Untergrund kann eine charakteristische Biegung auftreten. Dabei neigen sich Hinter- und Mittelzehe zur Körpermitte, während sich Innen- und Außenzehe leicht nach hinten krümmen. Diese Zehenstellung erinnert in ihrer Form an eine halbgeschälte Banane – auch bekannt als **„banana sign"**.
- **Proportion an der Hinterzehe.** Auffällig sind der prominente Endballen und die lange Kralle. Beson-

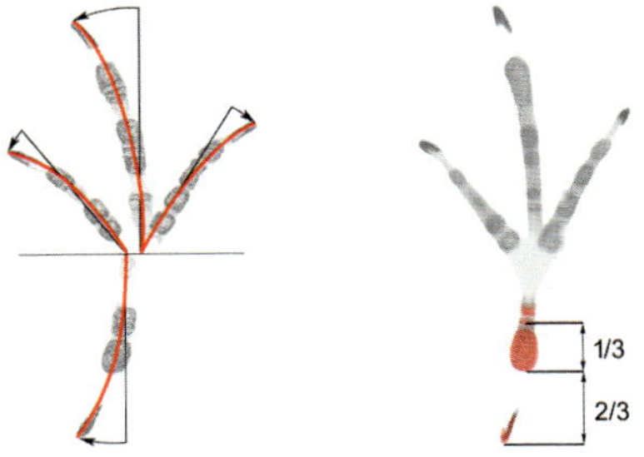

Amsel:

links: Zehenachsen und Biegungstendenz („Banane"). Zehenachsen ohne Biegung (schwarz), Zehenbiegungen (rot), Biegungsrichtung (schwarze Pfeile).

rechts: Proportionen im Bereich der Hinterzehe. Die Kralle ist deutlich länger als der Endballen.

ders markant ist, dass der Abstand der **Kralle** zum Endballen **doppelt so groß** ist wie die Länge des Ballens selbst. Diese Proportion ist insbesondere bei der Amsel ausgeprägt, während sie bei anderen Drosselarten weniger deutlich ausfällt. Im Vergleich dazu weisen die ansonsten morphologisch ähnlichen Stare deutlich abweichende Proportionen auf.

Realitätsprüfung

Im Freiland können Trittsiegel von Amseln recht unterschiedlich aussehen. Als stetige Merkmale bleiben:

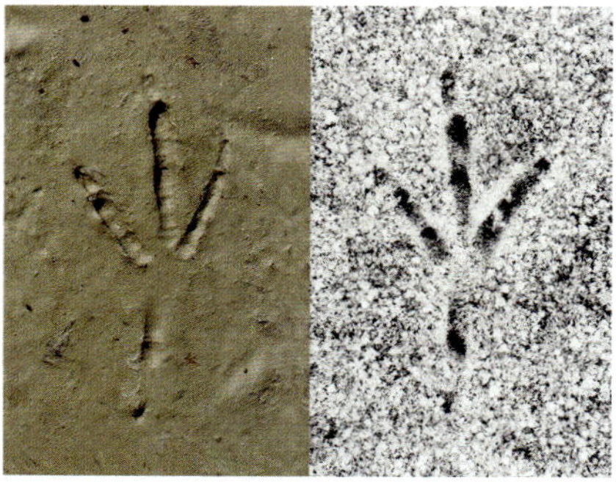

Amsel: Zwei rechte Trittsiegel aus dem Freiland in unterschiedlichen Substraten.

- Die **Gesamtform** der Trittsiegel wirkt **breit**.
- Die **„Runen"-Schablone** ist in vielen Fällen nachvollziehbar, wenn der Negativraum in der Fußmitte (zum Beispiel linke Abb.) groß wird, auch weniger deutlich.
- Die großen Öffnungswinkel, deren Symmetrie und die leichte Innenknickung der Fußachse sind erkennbar.
- Die meisten Zehen stehen **gerade**, in der rechten Abb. (im Schnee) zeigt die Außenzehe die beschriebene **Biegungstendenz** nach hinten (angedeutete „Banane").
- Ausgeprägte **Ballenmuster** sind an beiden Trittsiegeln erkennbar, besonders dominant ist der **Endballen der Hinterzehe**.
- In der Fußmitte (Metatarsalbereich) besteht ein mehr oder minder breiter **Negativraum**.
- Die **Krallen** sind **lang** und meist deutlich von den Endballen der jeweiligen Zehen abgesetzt. Besonders auffällig ist die **Hinterkralle**, bei der der Abstand zwischen der Kralle und dem distalen Zehenballen etwa doppelt so groß ist wie die Länge des Ballens selbst.

Verwechslungsmöglichkeiten

Trittsiegel von Amseln sind häufig zu finden. Hinterfragt man Bestimmungen allerdings nicht kritisch, so bleiben ähnliche Arten wie **Stare** unentdeckt. Auch kleine Rabenvögel, vor allem **Elstern**, können sehr ähnlich wirken, sind jedoch größer.

Artengarnitur

Als typischer Vertreter der Drosseln wurde die Amsel vorgestellt. Für unseren Raum sind fünf weitere Arten relevant. Trotz ähnlicher Trittsiegel ist eine Bestimmung häufig möglich, wenn man zusätzliche Faktoren berücksichtigt. Zugvögel sind im Hochwinter kaum anzutreffen. Im Flachland sind Gebirgsvögel unwahrscheinlich und Spurenteppiche stammen vor allem von Wacholderdrosseln.

Spurenrelevante Angaben für Drosseln.

Art	Wann?	Wo?	Wie viele?	Bemerkungen
Misteldrossel	ganzjährig	Lückige Hochstammwälder (Schlagflächen), Nahrungssuche auch auf Offenflächen	Einzeln oder kleinere Trupps	Mistel-Exkremente im Winter
Wacholderdrossel	ganzjährig	Halboffene Landschaften, zum Beispiel Bachbegleitgehölze	Koloniebrüter, im Winter große Trupps	Spurenteppiche
Ringdrossel	April bis Oktober	Bergwälder bis zur Baumgrenze, Nahrungssuche auch auf Offenflächen	Einzeln oder im Familienverband	Habitat: alpin oder montan
Amsel	ganzjährig	Vom scheuen Waldvogel zum anpassungsfähigen Kulturfolger	Einzeln oder im Familienverband (selten Trupps)	Häufig und weit verbreitet
Singdrossel	März bis Oktober (ganzjährig)	Deckungsreiche Wälder, Nahrungssuche auch im Offenland	Einzeln oder im Familienverband	„Drosselschmieden“
Rotdrossel	März bis April und Oktober bis November	Brütet kaum in Mitteleuropa, während des Zuges Nahrungssuche auf Wiesen	Einzeln oder in Trupps (oft mit anderen Drosseln und Staren)	Nur kurz im Gebiet

Maße, Variationsbreite und Unterscheidungen

Maße von Drossel-Trittsiegeln (siehe auch Abkürzungsverzeichnis).

Art	TSL (cm)	TSL^{oK} (cm)	TSB (cm)	Z1 (cm)	$Z1^{oK}$ (cm)	Z3 (cm)	$Z3^{oK}$ (cm)
Misteldrossel	5,3 (4,9–5,4)	4,1 (3,5–4,3)	2,7 (2,3–3,0)	2,0 (1,8–2,1)	1,4 (1,2–1,5)	3,0 (2,9–3,2)	2,4 (2,3–2,7)
Wacholderdrossel	5,0 (4,9–5,1)	3,9 (3,7–4,1)	2,6 (2,2–3,0)	1,8 (1,7–2,0)	1,2 (1,1–1,3)	2,9 (2,8–3,1)	2,4 (2,2–2,6)

Fortsetzung: Maße von Drossel-Trittsiegeln (siehe auch Abkürzungsverzeichnis).

Art	TSL (cm)	TSL^{oK} (cm)	TSB (cm)	Z1 (cm)	$Z1^{oK}$ (cm)	Z3 (cm)	$Z3^{oK}$ (cm)
Ringdrossel	5,5 (5,1–5,6)	4,1 (3,9–4,2)	2,4 (2,2–2,6)	2,0 (1,8–2,1)	1,2 (1,1–1,3)	3,2 (3,0–3,2)	2,5 (2,4–2,7)
Amsel	5,3 (5,0–5,8)	3,9 (3,7–4,1)	2,7 (2,3–3,3)	2,0 (1,9–2,3)	1,2 (1,1–1,4)	3,0 (2,6–3,2)	2,4 (2,0–2,5)
Singdrossel	4,7 (4,3–5,1)	3,7 (3,4–4,0)	2,1 (1,8–2,3)	1,7 (1,6–1,9)	1,1 (1,0–1,3)	2,7 (2,4–3,0)	2,2 (2,0–2,5)
Rotdrossel	4,6 (4,3–4,8)	3,4 (3,2–3,6)	2,4 (2,3–2,6)	1,6 (1,5–1,8)	1,0 (0,9–1,1)	2,7 (2,5–2,9)	2,1 (1,7–2,4)

Die Dimensionen der einzelnen Drosselarten sind ähnlich, lediglich die kleinen Arten (Sing- und Rotdrossel) lassen sich meist anhand der Trittsiegellängen abgrenzen. **Fünf Zentimeter** sind hier die **Scheidemarke**. Darüber hinaus sind Trittsiegel der verschiedenen Drosselarten schwer zu unterscheiden. Gewisse Details müssen sich erst in der Praxis bewähren. So besitzt die Amsel die längste Hinterkralle, wodurch eine Abgrenzung zur gleich großen Misteldrossel möglich sein könnte, deren Hinterkralle kürzer ist.
Eine zusätzliche Möglichkeit einer Bestimmung auf Artniveau bieten die Betrachtung der Gangarten und die Kenntnis von Verbreitung, Phänologie, Habitatnutzung und Vergesellschaftung. Zudem ergeben sich Hinweise durch bestimmte Zeichen.

Gangarten und Spurbilder

Drosseln halten sich zur Nahrungssuche häufig am Boden auf. Auch beim sogenannten Komfortverhalten, wie bei Wasser- oder Sandbädern, kann man sie beobachten. Dabei nutzt diese Vogelfamilie eine Vielzahl von Bewegungsmustern und beherrscht nahezu alle bekannten Gangarten.
Die einzelnen Spurgruppen sind meist recht kurz, da Drosseln häufig anhalten, um bewegungslos zu verharren. Zudem können sie innerhalb eines Spurbildes ihre Gangart wechseln, zum Beispiel vom Laufen über eine kurze Hüpfphase zum Hüpflauf.

Spurgruppe einer Amsel. Hier sieht man das typische Dreiermuster, das Drosseln bei ihren häufigen Stopps hinterlassen. Man könnte es als *„ein Leben im Dreivierteltakt"* bezeichnen.

- **Gehen (a)** bei der Nahrungssuche auf engerem Raum. Nicht immer sind die Schrittlängen so konstant wie in der Abbildung, vielmehr neigen Vögel ganz allgemein zu unregelmäßigen Schrittfolgen. Typisch ist eine leichte Innendrehung der Fußachse (Spin).
- **T-Stopp** (in **Abb. a oben**). Häufig zeigen Drosseln diese typische Dreierkombination In anderen Situationen stoppen die Vögel mit versetzten Beinen (**Abb. b oben**).
- **Laufen (b)** bei großräumiger Nahrungssuche oder „milder" Störung. Dabei entstehen häufig Schleifspuren, die meist von der Mittelzehe ausgehen.
- **Hüpfen** (in **Abb. a oben**) zeigt sich gelegentlich bei der Landung oder als Zwischengangart, die häufig in einen Hüpflauf übergeht. Die Beine werden meist nicht exakt parallel aufgesetzt, sodass die Gruppenlängen variieren.

Spurbilder von Drosseln. Gehen mit T-Stopp, anschließend ein Hüpfer (a), Laufen und Stopp (b), Hüpflauf vom Typ 1 (c) und Hüpflauf vom Typ 2 (d).

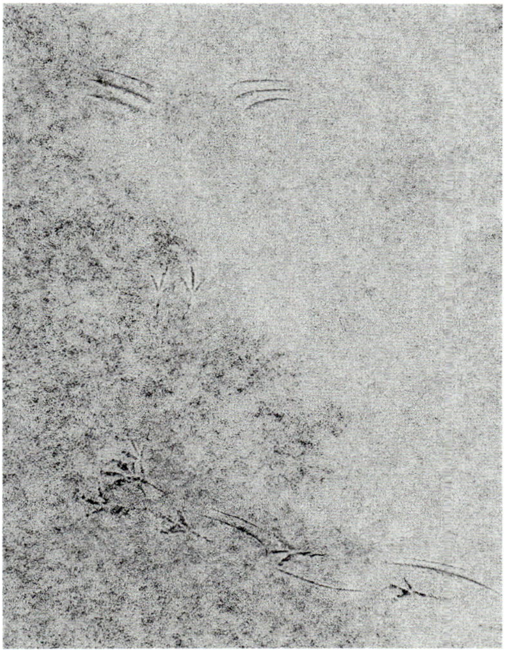

Spurenfolge einer Amsel auf einer Eisfläche: Hier lässt sich eine geschlossene Aktionskette nachverfolgen. Der Vogel nähert sich schnell (Laufen mit Schleifmarken am unteren Bildrand) und stoppt plötzlich. Was hat ihn erschreckt? Jedenfalls führt er einen Ausfallschritt nach rechts aus und macht eine Hüpfbewegung, bevor er abfliegt, wobei die Flügelspitzen beidseits abdrücken.

- Beim **Hüpflauf** lassen sich zwei Typen unterscheiden:
  - » **Hüpflauf (Typ 1) (c).** Bei der Freilandbeobachtung wirkt diese Bewegung eigentümlich, da die Vögel mit geringem Luftstand wie *„auf schnell drehenden Rädern vorwärtsrollen"*. Das Spurbild kommt dem des Laufens nahe, da hier die Gruppen- und Zwischengruppenlängen ähnlich lang sind.
  - » **Hüpflauf Typ 2 (d).** Diese raumgreifende Gangart weist deutlich größere Maße auf. Die Vögel springen weiter und höher, dabei sind die ZGL deutlich länger als jene der GL. Zudem finden sich häufig Schleifmarken.

Spurbilder von Amseln im Schnee: Hüpflauf Typ 1 und Stopps (a). Die GL und die ZGL sind nahezu gleich lang. Hüpflauf Typ 2 (b). Die GL ist deutlich kürzer als die ZGL. (Der Garten des Autors belegt, dass ein Zusammenleben von Wildvögeln und Hauskatzen doch möglich scheint.)

Längere Spurfolgen (siehe Abb. S.385 unten) bieten eine hervorragende Möglichkeit, sich mit Gangarten und Bewegungsmustern der Vögel vertraut zu machen. Im Idealfall lassen sich bestimmte Verhaltensweisen nachvollziehen, woraus man ganze Handlungsabläufe ablesen kann.

Die Tabelle listet Richtwerte für häufige Gangarten auf, die für alle vorgestellten Drosselarten gelten. Spezifische Längenunterschiede zwischen den Arten fehlen, wobei die Schrittlängen von Sing- und Rotdrosseln tendenziell etwas kürzer ausfallen. Letztere neigen dazu, häufiger zu hüpfen, während die größeren Arten eher den Hüpflauf nutzen.
Obwohl Fragen zu Hüpflauftypen oder Laufspuren zunächst als weniger relevant erscheinen mögen, gewinnen sie an Bedeutung, wenn man das Verhalten des Vogels nachvollziehen möchte. In diesem Kontext sind auch diese feinen Unterschiede von Interesse.

Maße von Gangarten der Drosseln (siehe auch Abkürzungsverzeichnis).

Gangart	SB (cm)	SL (cm)	GL (cm)	ZGL (cm)
Gehen	5 (4–7)	14 (8–21)		
Laufen	5 (4–7)	28 (21–38)		
Hüpfen	6 (5–8)	16 (13–22)	7 (6–8)	9 (7–13)
Hüpflauf	5 (4–8)	28 (14–43)	13 (7–22)	15 (4–24)

Vergesellschaftung

Einen Hinweis zur Artbestimmung kann die Anzahl der gefundenen Spuren geben. Die in der Abbildung rechts zu sehende Spurendichte deutet auf einen großen Trupp von Vögeln hin, die keine Berührungsängste zeigen und sich in einem dichten Pulk bewegen. Diese Merkmale sprechen für Wacholderdrosseln.

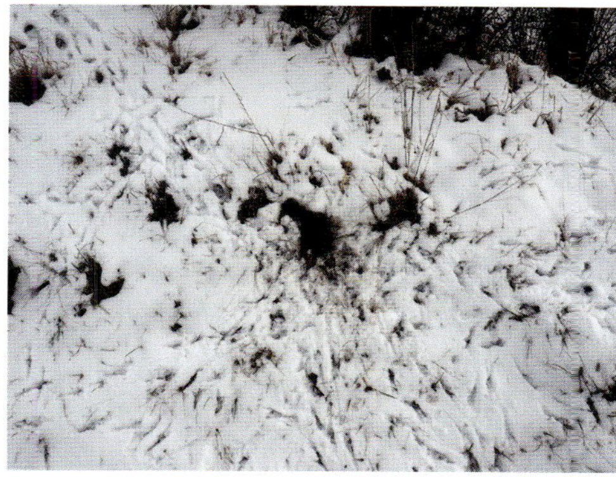

Wacholderdrosseln: „Spurenteppich" einer größeren Gruppe und deren Fraßspuren.

Zeichen

Ernährung, Nahrungserwerb und Fraßspuren

Die **Ernährung** von Drosseln basiert einerseits auf eiweißreicher **tierischer Kost**, andererseits auf zuckerhaltigen **Beeren und Früchten**. Das Beutespektrum der einzelnen Arten ist unterschiedlich, bevorzugt werden Regenwürmer, Insekten (Käfer in allen Entwicklungsstadien, Schmetterlingsraupen) und Schnecken. Die Dauer der Früchteverfügbarkeit wird häufig unterschätzt. Dabei reifen erste Kirschen doch bereits Ende Mai, während Mistelbeeren im Winter und jene vom Efeu bis in den März genutzt werden können. An

Nahrungserwerb bei der Singdrossel. „Drosselschmiede" (a). Auf dem kleinen Stein in der Bildmitte wurden die Schnecken geöffnet. Dabei brechen die Gehäuse meist an der Spitze auf (b) und das Schneckenfleisch kann verzehrt werden. Detail von bearbeiteten Schnirkelschnecken (c).

Fraßspuren der Amsel: Diese mehrere Quadratmeter großen Wühlspuren in der Bodenstreu werden häufig Säugetieren zugeordnet. Tatsächlich sind es jedoch Amseln, die durch seitliche Schleuderbewegungen des Schnabels diese Zeichen verursachen. Besonders im Frühling sind diese großflächigen Bodenfreilegungen auffällig, wenn die Vögel hier intensiv Würmern und Insekten nachstellen.

Fraßspuren von Amseln: In den Wintermonaten dient Fallobst als wichtige Nahrungsquelle. Selbst faulige Früchte sind aufgrund ihres hohen Kohlenhydratgehalts attraktiv. An der Form und Dicke der Schnabelmarken lassen sich Drosseln gut von anderen Nutzern wie Rabenvögeln unterscheiden.

Fraßspuren an Kirschen: Amseln (aber auch Stare) fressen gerne Kirschen direkt am Baum, wobei Amseln auch verstärkt abgefallene Früchte am Boden nutzen.

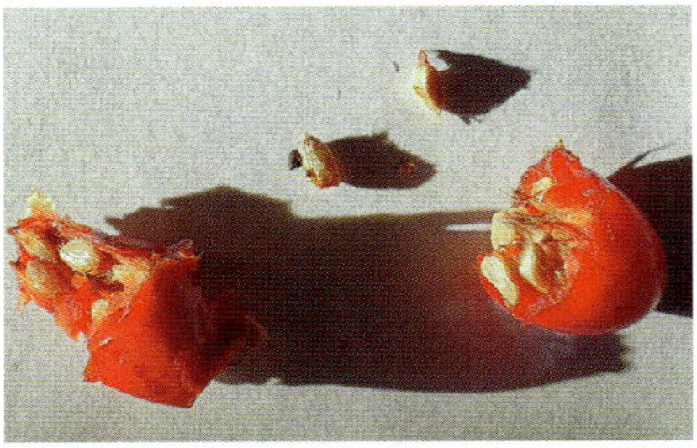

Fraßspuren von Wacholderdrosseln: Hagebutten von Wildrosen sind wichtige Nahrungsquellen für Drosseln im Herbst und Winter. Die Beliebtheit ist jedoch regional unterschiedlich. In manchen Gegenden dienen Hagebutten nur als Ersatznahrung, wenn andere Früchte wie Mehlbeeren und Ebereschen fehlen. Anderswo bevorzugen Amseln ganz kleine Hagebutten, die in toto verschluckt werden.

Wildfrüchten haben Mehlbeere, Eberesche, Weißdorn, Schlehe, Eibe und Hagebutte große Bedeutung. Die Samen der gefressenen Früchte werden unverdaut ausgeschieden, wodurch Drosseln zur Verbreitung ihrer Nahrungslieferanten beitragen (**Zoochorie**).

Die Komposition der Ernährung folgt einem **Jahresrhythmus**, wobei die tierische Komponente im Frühling überwiegt und mit zunehmender Reife einzelner Beeren und Früchte

Fraßspuren von Amseln: Die ersten Kirschen des Jahres sind ein begehrtes Ziel für viele Vogelarten. Größere Arten wie Dohlen können die Früchte im Ganzen verschlucken, während Amseln dies nur bis zu einer Größe von etwa 12 mm gelingt. Bei größeren Kirschen müssen sie das Fruchtfleisch mehrfach abpicken, was charakteristische Zeichen hinterlässt.

Kahlfraß: Besonders beliebte Nahrungsquellen – hier eine kleinbeerige Weintraube – können von Amseln fast vollständig ausgebeutet werden.

diese an Bedeutung gewinnen. Zu bestimmten Zeiten im Herbst können Beeren und Früchte dann fast ausschließliche Nahrungsquelle sein.
Drosseln trinken kaum, da die wasserreichen Früchte zur Versorgung ausreichen. Allerdings baden sie gerne.
Ein charakteristisches Zeichen der Nahrungssuche von **Singdrosseln** sind die sogenannten **„Drosselschmieden"**. Dabei greift der Vogel das Schneckenhaus an der Spindelwand und schlägt es seitlich gegen eine harte Oberfläche, etwa einen Stein oder ein Stück Holz. Durch diesen Vorgang bricht das Gehäuse in der Regel an der Spitze auf, wodurch die Schnecke zugänglich wird und gefressen werden kann. Solche Stellen sind meist auffällig, da sich dort zahlreiche zerbrochene Schneckenhäuser am Boden ansammeln.
Die meisten Drosseln suchen ihre Nahrung am Boden oft an der Oberfläche, aber auch in tieferen Schichten der Streu. Dabei entstehen vor allem von Amseln großflächige „Scharrflächen", die man eher Säugetieren zuordnen würde. Allerdings erfolgt diese Bodenbearbeitung meist nicht durch Scharren mit den Beinen, sondern durch ruckartige Seitbewegungen mit dem Schnabel, die als **„Schnabelschleudern"** bezeichnet werden. Zusätzliche Hinweise bietet die Position dieser Fraßspuren: Amseln und Singdrosseln suchen bevorzugt in der Nähe von Deckung nach Nahrung, während Mistel- und Wacholderdrosseln auch im Offenland fressen und dabei größere Abstände zu schützenden Gehölzen tolerieren. Kleinere Beeren werden im Ganzen verschluckt, die Obergrenze bei Amseln liegt bei etwa 12 mm. Größere Früchte hingegen werden angepickt, und die Dicke der Schnabelmarken ermöglicht eine Unterscheidung zu anderen Nutzern wie Rabenvögeln. Ähnlich wie Stare können Drosseln bevorzugte Nahrungsquellen nahezu vollständig ausbeuten.

Drosselarten im Vergleich: Zeichen, Präferenzen und Besonderheiten

Obwohl Drosseln ähnliche Ernährungsstrategien verfolgen, gibt es subtile Unterschiede und teils einzigartige Merkmale, wie die „Drosselschmieden" der Singdrossel. Die Tabelle zeigt die Ernährungspräferenzen der einzelnen Arten, erkennbar an der Reihenfolge ihrer Auflistung, sowie spezifische Besonderheiten. Diese Übersicht dient als Hilfsmittel, um Drosselspuren im Feld besser zu interpretieren und eine Artbestimmung zu erleichtern.

Ernährung und Zeichen: Subtile Unterschiede zwischen den Drosselarten (nach G. v. Blotzheim & Bauer sowie eigenen Beobachtungen).

<table>
<tr><th>Art</th><th>Tierische Ernährung</th><th>Pflanzliche Ernährung</th></tr>
<tr><td rowspan="2">Misteldrossel</td><td>Würmer, Käfer, Schmetterlingsraupen, Schnaken, Spinnen, Schnecken, Vogelnestlinge</td><td>Misteln;
Eibe, Stechpalme, Weißdorn, Efeu;
Fallobst (Äpfel, Birnen)</td></tr>
<tr><td colspan="2">Speiballen (Beerenhäute von Misteln);
Mistelexkremente (Samen mit zäh-fadenziehendem Fruchtfleisch)</td></tr>
<tr><td rowspan="2">Wacholder-drossel</td><td>Regenwürmer, Käfer, Schmetterlings-raupen, Spinnen, Schnecken</td><td>Eberesche, Elsbeere, Schlehe, Hage-butten, Äpfel, Weintrauben, Mistel</td></tr>
<tr><td colspan="2">Mistelernährung nur in strengen Wintern, wenn andere Früchte nicht erreichbar sind</td></tr>
</table>

Fortsetzung: Ernährung und Zeichen: Subtile Unterschiede zwischen den Drosselarten (nach G. v. Blotzheim & Bauer sowie eigenen Beobachtungen).

Art	Tierische Ernährung	Pflanzliche Ernährung
Ringdrossel	Schmetterlingsraupen, Regenwürmer, Käfer	Wachholder, Heidel- und Preiselbeeren, Mehlbeeren, Eberesche, Holunder, Hagebutten
Amsel	Über 200 verschiedene Beutetiere: Insekten (Käfer, Schmetterlingsraupen, Ameisen), Regenwürmer, Schnecken. Plündert auch Vogelnester.	Fast alle Kultur-, Zier- und Wildsträucher, bevorzugt Weißdorn, Schlehe und Efeu
	Sehr vielseitige Ernährung, frisst aber keine Misteln. Speiballen aus größeren Samen (Weißdorn, Efeu, Schlehe); kleinere Samen (Holunder, Brombeere, Hagebutte) werden mit dem Kot ausgeschieden.	
Singdrossel	Regenwürmer, Gehäuseschnecken; Insekten (Käfer, Schmetterlingsraupen)	Nutzt weniger Arten als Amsel oder Misteldrossel
	Kann als einzige Drossel Gehäuseschnecken mittels „Drosselschmieden“ öffnen	
Rotdrossel	Regenwürmer, Insekten (Käfer, Schnaken, Schmetterlingspuppen), Schnecken	Große Bandbreite: Weißdorn, Traubenkirsche, Holunder, Hartriegel, Efeu, Eibe, Mistel
	Oft gemeinsam mit Wacholderdrosseln	

Ausscheidungen

Exkremente von Drosseln variieren stark in Abhängigkeit von der aktuellen Ernährung. Bei einer Kost, die überwiegend aus Insekten besteht, dominieren weiße Harnsäurekleckse. Regenwürmer führen zu einem größeren, dunklen Kotanteil, der oft Erdmaterial enthält. Der Verzehr von Früchten und Beeren macht die Exkremente flüssig, wobei die Häute der Beeren meist eine charakteristische Färbung verleihen. Bei trockeneren Früchten werden Beerenhäute und Samen oft unverändert ausgeschieden, die dabei dichte Walzen bilden können – ein typisches Beispiel sind Hagebutten-Exkremente. Größere Samen, wie die des Weißdorns, werden hingegen als **Speiballen** ausgewürgt.

Drosselexkremente sind in Form, Farbe und Konsistenz sehr variabel: Klecks mit hohem Flüssigkeitsanteil und intensiver Färbung (a) nach Verzehr von Traubenkirschen. Trockener Zylinder (b) nach Konsum von Efeubeeren im Spätwinter. Klecks mit hohem Weißanteil (= Harnsäure) (c), was auf eiweißreiche, tierische Kost hinweist. Der dunkle Bereich entspricht wahrscheinlich Erdmaterial – ein Hinweis auf die Erbeutung eines Regenwurms.

Die Bedeutung der Misteln für Drosseln

Misteln spielen eine besondere Rolle in der Ernährung von Drosseln, das sind die weiß-beerige Mistel (*Viscum album*) und die gelb-beerige Eichenmistel (*Loranthus europaeus*). Beide Arten reifen zwischen November und März, einer Zeit, in der andere Früchte knapp sind. Mistelbeeren – es sind botanisch Scheinbeeren, deren Samen eigentlich Embryonen sind – gelten als proteinreich. Auffällig ist jedoch, dass nur ein geringer Teil dieser Nahrung tatsächlich verdaut wird. Ein Großteil passiert den Darmtrakt sehr schnell.

Die Häute werden teils als Speiballen ausgewürgt, während die Samen (Embryonen) gemeinsam mit dem Fruchtfleisch in klebrigen Strängen als Exkrement ausgeschieden werden. Bleiben diese an Ästen haften, können sich daraus neue Mistelpflanzen entwickeln.

Der Umgang mit Misteln variiert zwischen den Drosselarten. Die **Misteldrossel** – der Name ist treffend – ist ein Spezialist und kann sich über längere Zeit ausschließlich von Misteln ernähren, ohne Gewicht zu verlieren. **Wacholderdrosseln** greifen auf Misteln zurück, wenn Schnee und Frost den Zugang zu anderen Nahrungsquellen erschweren. **Amseln** hingegen **meiden Misteln** in der Regel.

Für Spurenlesende bieten Speiballen und klebrige Exkremente von Misteln wichtige Hinweise. Im Zusammenhang mit Umweltbedingungen, etwa einem harten Winter, lassen sich daraus Rückschlüsse auf die Verursacher ziehen.

Ausscheidungsformen von Misteldrosseln nach Verzehr von Eichenmisteln: Klebrig-schleimiges, fadenförmiges Exkrement bestehend aus Fruchtfleisch und Samen (Embryonen) (a). Diese Form haftet häufig auf möglichen Wirtsbäumen an und bildet die Grundlage zu einer Vermehrung durch die Misteldrossel (Zoochorie). Flüssigkeitsreiches Exkrement (b). Häufige Diskussionen unter Spurenlesenden kreisen um die Frage, ob ein Mistelexkrement vom Baummarder oder von Vögeln stammt. Dies ist nicht immer eindeutig zu beantworten, in diesem Fall ist es aber klar. Einen Weißanteil, bestehend aus Harnsäure, zeigen ausschließlich Vögel. Speiballen (c). Ein Teil der Beerenhäute wird innerhalb von Minuten, nach dem Verschlucken wieder ausgewürgt.

Fliegenschnäpperverwandte („Schmätzer“)

Phylogenetische Untersuchungen haben zu einer Neuordnung dieser Familie geführt. Dabei wurden die „klassischen“ Fliegenschnäpper mit Arten zusammengeführt, die früher als Drosselverwandte oder „Schmätzer“ bekannt waren. Diese Schmätzer sind für Spurensuchende von besonderem Interesse und werden in diesem Kapitel näher betrachtet. Es handelt sich um agile Singvögel, die oft in aufrechter Haltung stehen, knicksen und charakteristische Schwanzbewegungen zeigen.

Ihre Artnamen beziehen sich häufig auf Gefiedermerkmale wie bei „Kehlchen“ oder „Rotschwänzen“, während Bezeichnungen wie „Steinschmätzer“ auf typische Lebensräume hinweisen. Viele dieser Arten halten sich häufig am Boden auf, darunter das Rotkehlchen, das als typischer Vertreter hier zuerst vorgestellt wird. Seine Spuren begegnen uns regelmäßig, und zahlreiche Menschen – insbesondere Beobachterinnen – berichten von berührenden Begegnungen mit einzelnen Individuen, die eine bemerkenswerte Vertrautheit gegenüber dem Menschen entwickelt haben.

Fußmorphologie und Trittsiegel

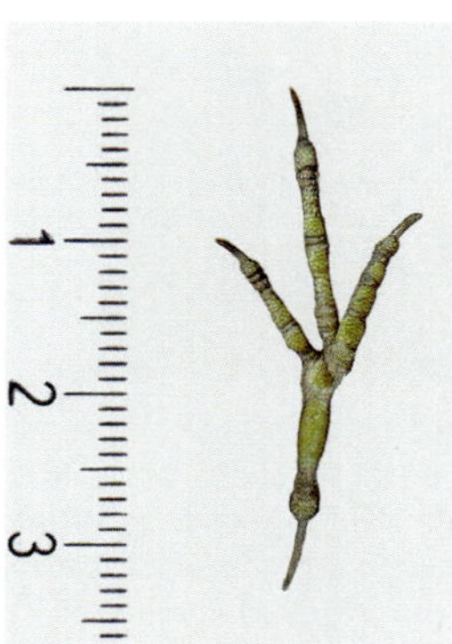

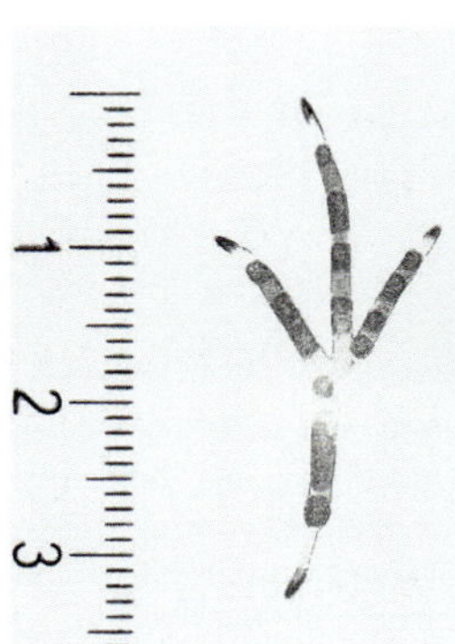

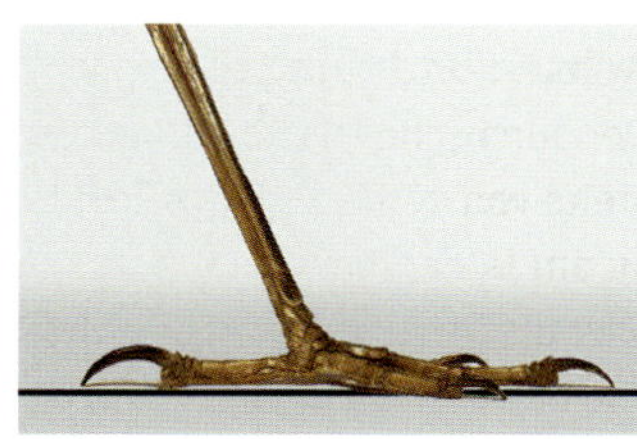

Rotkehlchen:

links: linker Fuß, Unterseite.

Mitte: rechtes Trittsiegel (idealisierte Zeichnung).

rechts: Fuß seitlich.

Trittsiegel von „Schmätzern“ erinnern an **verkleinerte Ausgaben von Drosseln**, allerdings sind die Seitenzehen in Relation kürzer.

- Grundtypus: Klassischer Vogelfuß.
- Dimension: TSL 2,6 bis 4,4 cm (Daten für alle der hier dargestellten Arten).
- Die Hinterzehe ist zur Mitte versetzt.
- Die Ballen sind ausgeprägt.
- Krallen sind relativ lang, aber wenig gekrümmt.

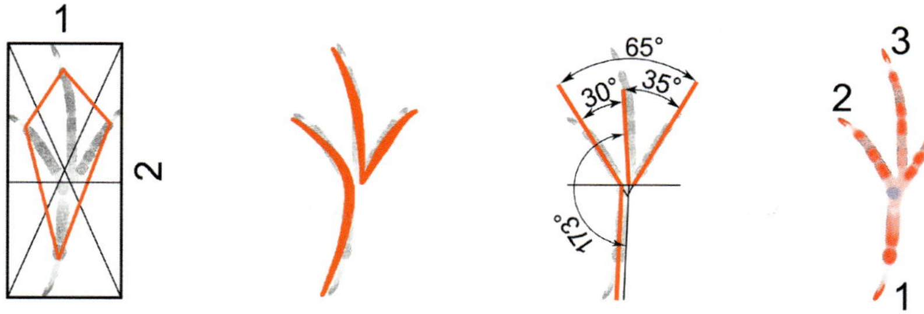

Rotkehlchen:

links: Umrisslinien, geometrische Mitte (Diagonalenschnittpunkt), Ansatzlinie der Vorderzehen.

links Mitte: „Runen“-Schablone.

rechts Mitte: Öffnungswinkel. Zehenachsen (rot), Gradangaben der Winkel.

rechts: Ballenmuster und Krallen, Krallen (rot), Zehenballen (rosa), Metatarsalballen (blau).

Umrisse und Proportionen

Der Umriss entspricht einem **breiten Rechteck** in einem Verhältnis von etwa **2:1**. Die **Ansatzlinie der Vorderzehen** (horizontale Linie) liegt **hinter der geometrischen Mitte** des Trittsiegels. Das Deltoid (rote Linie) entlang der Zehenspitzen ist nahezu symmetrisch.

Schablone

Die Schablone integriert Zehenproportionen, Winkel, Biegungen sowie die Mittversetzung der Hinterzehe. Sie ähnelt der **„Rune“** bei den Drosseln, ist jedoch nicht so geometrisch gerade, sondern zeigt **geschwungene Linien**.

Achsen und Winkel

Der durchschnittliche Öffnungswinkel beträgt 65°, zeigt jedoch eine erhebliche Variationsbreite von 40 bis 90°. **Große Öffnungswinkel** sind charakteristisch für Vögel, die sich häufig am Boden bewegen. Die hohe Variabilität lässt sich auf spezifische Verhaltensweisen oder die Beschaffenheit des Untergrunds zurückführen. Die Teilwinkel zwischen der Mittel- und den Seitenzehen sind beim Rotkehlchen nahezu **symmetrisch**.

Die **Fußachse** ist meist nach innen gewinkelt, maximal bis etwa 160°. In bestimmten Fällen steht sie aber auch gerade.

Ballenmuster, Negativräume und Krallen

„Schmätzer“ haben ein weniger hohes Fußgewölbe als Drosseln. Somit ist der Negativraum im Bereich der Fußmitte kleiner, wobei die Hinterzehe häufig auf längerer Strecke abdrückt. In manchen Fällen ist auch der **Metatarsalballen als kleiner Punkt** sichtbar.

Einzelne Ballen sind selten abzugrenzen und die Zehen erscheinen als **parallelrandige Linien**. Auffälliger ist nur der **Endballen der Hinterzehe.**

Es besteht eine stärkere **Biegungstendenz** der Zehen als bei Drosseln (siehe Abb. S. 381 links unten im Kapitel „Drosseln“). Die Hinterzehe ist etwas zur Mitte versetzt.

Die **Krallen** sind lang und spitz, aber nur schwach gekrümmt. Auf härteren Böden drücken sich diese als abgesetzte Punkte vor den Zehen ab.

Realitätsprüfung

An drei Trittsiegeln von Rotkehlchen aus dem Freiland kann man stetige Merkmale, aber auch die Variationsbreiten ablesen. Am tiefsten sinken die Vögel im Schnee (**a**) ein, gefolgt von Schlamm (**b**) und feuchtem Feinsand (**c**).

- Die geschwungene „Runen“-Schablone ist einschreibbar und bei allen drei Trittsiegeln nachvollziehbar.
- Die Öffnungswinkel sind durchweg größer als 60° und die Teilwinkel sind etwa symmetrisch.
- Die Mittelzehe ist relativ lang und überragt die Seitenzehen deutlich. Ihre Mittversetzung ist nur im Schneebild (Abb. a) klar ersichtlich.

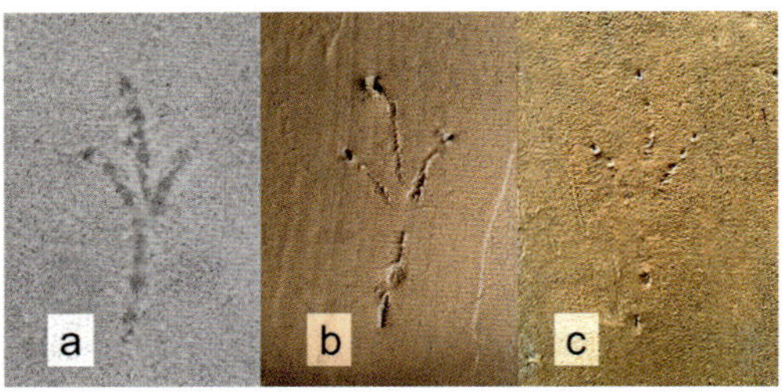

Rotkehlchen, drei rechte Trittsiegel aus dem Freiland: Im Schnee (a), Schlamm (b) und feuchten Sand (c).

- Die Zehen sind parallelrandig und die Ballenmuster meist nur angedeutet (mit Ausnahme von Abb. c). Regelmäßig drückt allerdings der Endballen der Hinterzehe auf.
- Die Biegungstendenz der Zehen ist meist deutlich, am wenigsten ausgeprägt in Abb. c.
- Während im Schnee (Abb. a) die Fußmitte abdrückt und auch der Metatarsalballen sichtbar wird, öffnen sich hier auf härteren Böden (ausgeprägt in Abb. c) größere Negativräume.
- Die Krallen sind lang und zumeist von den Zehenendgliedern abgesetzt. Manchmal sind die Krallen gegenüber der Zehenachse geknickt (zum Beispiel Mittelzehe in Abb. b).

Verwechslungsmöglichkeiten

Trotz der beschriebenen morphologischen Merkmale bleiben **Trittsiegel von Schmätzern relativ uncharakteristisch** und sind auch hinsichtlich ihrer Dimension mit vielen anderen Singvogelfamilien zu verwechseln.

- Ausschließen kann man allerdings die ansonsten morphologisch ähnlichen **Drosseln** und **Stare**, die durchweg längere Trittsiegellängen aufweisen.
- Vogelarten, die selten am Boden anzutreffen sind, hinterlassen schmalere Trittsiegel, was die Abgrenzung erleichtert. Dazu zählen Meisen, Rohrsänger und Kleiber, die sich deutlich unterscheiden lassen. Schwieriger wird die Abgrenzung bei Würgern, Laubsängern, Grasmücken, dem Zaunkönig und Sperlingen.
- Weitere Arten haben ebenso breite Trittsiegel wie Schmätzer und auch große Öffnungswinkel. Von diesen zeigen Lerchen, die Wasseramsel, Pieper und Stelzen eine deutlich abweichende Fußmorphologie, charakterisiert durch die „Pfeil-Schablone“,

und lassen sich somit gut abgrenzen. Finken besitzen in der Regel wuchtigere Zehen und Ammern zeigen ein stärker ausgeprägtes Ballenmuster. Bleiben **Schwirle** und **Braunellen**, zu denen eine Unterscheidung allein aufgrund der Trittsiegel schwierig ist (weitere Informationen dazu in den jeweiligen Artkapiteln). Auch Spurgruppen können hier weiterhelfen, da diese Arten auch gehen oder laufen, während sich „Schmätzer“ überwiegend hüpfend fortbewegen.

Artengarnitur

Die meisten Trittsiegel dieser Vogelfamilie stammen vom Rotkehlchen, das weit verbreitet ist und keine spezifischen Lebensraumansprüche stellt. Spuren anderer Arten sind selten und stammen allenfalls vom Hausrotschwanz, dem Weißsternigen Blaukehlchen oder von Steinschmätzern. Insgesamt kommen jedoch neun Arten infrage – oder sogar elf, wenn man den Sprosser und das Rotsternige Blaukehlchen einbezieht.

Spurenrelevante Angaben für „Schmätzer“.

Art	Wann?	Wo?	Bemerkungen
Nachtigall (Sprosser)	April bis September	Strukturreiche Laubwälder, Auen, Parks	Nahrungssuche hüpfend in Deckung. Der Sprosser ersetzt die Nachtigall im Nordosten.
Blaukehlchen (Weißsterniges)	März bis September	Strukturreiche Gewässerränder	Nahrungssuche am Boden, in verkrauteten Uferbereichen Läuft auch. Bodenbalz.
Rotkehlchen	ganzjährig	Weit verbreitet, wenig spezialisiert	„Amsel unter den Schmätzern“. Badet oft und gern.
Hausrotschwanz	März bis November (ganzjährig)	Kulturfolger, primär Gebirgsvogel	Brütet häufig an Häusern, hier sind Spuren wahrscheinlich.
Gartenrotschwanz	April bis September	Lichte Laubwälder, Parks	Spuren seltener als beim Hausrotschwanz
Braunkehlchen	April bis September	„Wiesenschmätzer“, feuchtes Grünland	Wartenjäger; Spuren selten beim Beutestoß („diving“)
Schwarzkehlchen	März bis September	Trockenere Habitate als Braunkehlchen	Wartenjäger; Spuren selten beim Beutestoß („diving“)
Steinschmätzer	April bis Oktober	Offenland, vor allem im Gebirge, auf dem Zug auf Äckern	Hüpfspuren zwischen erhöhten Warten, dort auch Exkrementansammlungen. Bodenbalz „Imponiertanz“.
Steinrötel	März bis September	Seltener Gebirgsvogel; felsige Habitate	Bodenbalz; Spuren im Felsgelände aber unwahrscheinlich.

Maße, Variationsbreite und Unterscheidungen

Maße von „Schmätzer"-Trittsiegeln (siehe auch Abkürzungsverzeichnis).

Art	TS L (cm)	TS L^{oK} (cm)	TS B (cm)	Z1 (cm)	Z1^{oK} (cm)	Z3 (cm)	Z3^{oK} (cm)
Nachtigall	3,6 (3,5–3,8)	2,8 (2,6–2,9)		1,5 (1,4–1,5)	1,0 (0,9–1,0)	2,0 (1,8–2,1)	1,6 (1,4–1,8)
Blau-kehlchen	3,5 (3,7–3,3)	2,6 (2,3–2,7)	1,7 (1,6–1,9)	1,4 (1,2–1,4)	0,8 (0,7–0,9)	1,8 (1,6–2,0)	1,6 (1,5–1,7)
Rot-kehlchen	3,3 (2,9–3,5)	2,5 (2,2–2,7)	1,5 (0,9–2,0)	1,3 (1,2–1,4)	0,8 (0,6–0,9)	1,8 (1,5–2,0)	1,5 (1,3–1,6)
Haus-rotschwanz	3,0 (2,9–3,2)	2,3 (2,1–2,4)	1,3 (1,2–1,5)	1,2 (1,1–1,2)	0,7 (0,6–0,8)	1,7 (1,6–1,8)	1,4 (1,3–1,5)
Garten-rotschwanz	2,9 (2,6–3,2)	2,2 (2,1–2,4)	1,3 (1,1–1,4)	1,1 (1,1–1,2)	0,8 (0,7–0,8)	1,7 (1,6–1,7)	1,4 (1,3–1,4)
Braun-kehlchen	3,1 (3,1–3,2)	2,4 (2,3–2,5)		1,2 (1,1–1,2)	0,8 (0,7–0,8)	1,8 (1,8–1,8)	1,5 (1,3–1,6)
Schwarz-kehlchen	3,1 (2,9–3,3)	2,3 (2,1–2,4)		1,3 (1,1–1,4)	0,8 (0,7–0,8)	1,7 (1,7–1,8)	1,3 (1,2–1,4)
Stein-schmätzer	3,5 (3,0–3,8)	2,6 (2,3–3,1)		1,3 (1,1–1,4)	0,8 (0,7–0,9)	2,0 (1,6–2,1)	1,6 (1,3–1,8)
Steinrötel	4,1 (3,7–4,4)	3,2 (2,8–3,5)		1,6 (1,4–1,8)	1,2 (1,0–1,3)	2,4 (2,3–2,5)	2,1 (1,9–2,1)

Die Dimensionen der einzelnen „Schmätzer" sind sehr ähnlich und bieten kaum Möglichkeiten, einzelne Trittsiegel zu unterscheiden. Lediglich der Steinrötel liegt an der Obergrenze und erreicht knapp die Längen von kleineren Drosseln.
Differenzierungen können sich vor allem auf Verhalten und den Lebensraum stützen.

Gangarten und Spurbilder

Unter den vorgestellten Arten verbringen Rotkehlchen, Steinschmätzer und Steinrötel die meiste Zeit am Boden, während die anderen Arten höhere Sitzwarten bevorzugen. Viele dieser Vögel baden regelmäßig – das Rotkehlchen bevorzugt dafür Wasserstellen mit einer Tiefe von 4 bis 6 cm.
Nachtigall, Blaukehlchen, Steinschmätzer und Steinrötel zeichnen sich durch eine ausgeprägte Bodenbalz aus, die trippelnde Schritte und Seitwärtsbewegungen umfasst. Einige „Schmätzer" stehen zudem, insbesondere bei niedrigen Temperaturen, längere Zeit auf einem Bein.
Die häufigste Gangart ist das **Hüpfen**, vor allem bei der Nahrungssuche. Es bestehen artspezifische Unterschiede, ob längere Hüpfsequenzen am Boden gezeigt werden oder die Distanz lieber im Flug überwunden wird. Ausdauernde Hüpfer sind Nachtigall, Blau-

kehlchen, Rotkehlchen und vor allem Steinschmätzer. Spurgruppen aus dem Freiland zeigen unterschiedliche Typen dieser Gangart:

- **Hüpfen mit paralleler Fußstellung** (**Abb. b, c oben**), wobei beide Beine parallel und gleichzeitig aufsetzen, was dem „klassischen Typus“ entspricht. In der Natur kommt dies seltener, eher bei kurzen SL, vor.
- **Hüpfen mit versetzter Fußstellung** (**Abb. a**). Das Spurbild gleicht einem Hüpflauf, doch Zeitlupenstudien zeigen, dass beide Füße gleichzeitig auftreten, es sich somit tatsächlich um ein Hüpfen handelt. Dieser Typ zeigt große SL, wenn sich die Vögel an Beute annähern oder Deckung suchen.
- **Schleifmarken** (meist der Zehen 1 und 3) (**Abb. b, c**) entstehen, wenn der Vogel nur wenig Bodenfreiheit hat oder bei Lockersubstrat wie Schnee.

Spurbilder von „Schmätzern“ am Beispiel des Rotkehlchens: Hüpfen mit versetzter Beinstellung und großen Schrittlängen (a unten) bei Annäherung an ein Objekt. Hüpfen mit kurzen SL (a oben). Hüpfen mit paralleler Beinstellung und Schleifmarken (b). T-Stopp (b unten). Gehen (c unten) mit Übergang zum Hüpfen (c oben). Seitliches Hüpfen (d).

Seltener und meist nur auf kurzer Strecke können sich auch weitere Gangarten zeigen:

- **Gehen** und Laufen (**Abb. c unten**). Längere Laufstrecken sind für Blaukehlchen bei der Nahrungssuche charakteristisch, kurze Schrittfolgen kann auch das Rotkehlchen zeigen.
- **Trippeln** ist ein Bewegungsmuster, das bei der Bodenbalz bei Nachtigall, Blaukehlchen, Steinschmätzer und Steinrötel beschrieben wird. Es kommt aber auch in anderen Situationen vor, beispielsweise wenn es ein Rotkehlchen am Ruheplatz *„nicht schafft, still zu stehen“*.
- **Seitwärtsbewegungen** (**Abb. d**). Hüpfbewegungen erfolgen gelegentlich auch in seitlicher Richtung.
- **Stopps** (**Abb. a oben & b unten**). Diese sind spurentechnisch nicht markant, wenn sie lediglich als Unterbrechungen der Hüpfbewegung auftreten. Erfolgt hier allerdings ein Ausgleichsschritt, entsteht die bekannte Dreierkombination aus Trittsiegeln in Form eines T-Stopps wie auch nach Anhalten aus einer Gehbewegung.

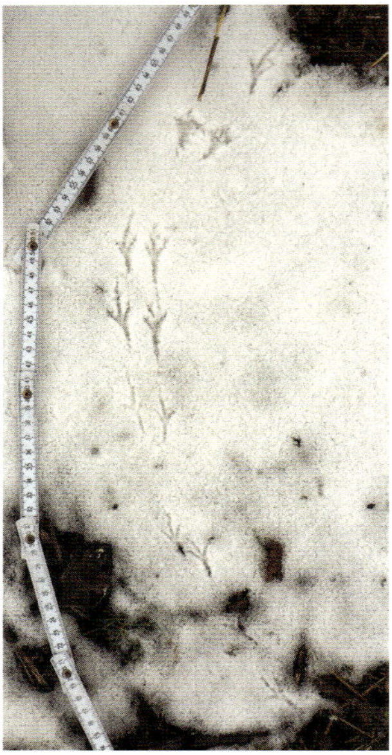

Maße von Gangarten der „Schmätzer“ (siehe auch Abkürzungsverzeichnis).

Gangart	SB (cm)	SL (cm)	GL (cm)	ZGL (cm)
Hüpfen	4 (3–6)	13 (4–26)	5 (3–10)	8 (0–18)
Gehen	3	3–4		
Laufen	2	10		

Die Maße zum Hüpfen sind für alle der hier vorgestellten Arten ähnlich. Auffällig sind die großen Variationsbreiten, beispielsweise kann die Zwischengruppenlänge (ZGL) auf Null sinken, wenn der Vogel nahezu „am Stand“ hüpft. Die Angaben zum Gehen und Laufen stützen sich auf nur wenige Beispiele.

Spurbild eines Rotkehlchens im Schnee: Es zeigt Hüpfen mit unregelmäßigen SL.

Zeichen

Ernährung und Fraßspuren

Die Ernährung der „Schmätzer“ ähnelt jener von Drosseln: Sie besteht überwiegend aus Insekten, die im Spätsommer und Herbst durch Beeren ergänzt werden. Dabei ist die Beute insgesamt kleiner, und Rotkehlchen können nur Beeren mit einem Durchmesser von maximal 7 mm verschlucken. Der Steinrötel, eine deutlich größere Art, schafft bereits ganze Kirschen.

Eine Besonderheit zeigt der Steinschmätzer, der in seltenen Fällen mit dem Schnabel gräbt. Dabei könnten Fraßspuren entstehen, die in verkleinerter Form jenen der Stare ähneln.

Nahrungserwerb

Die Bodenvögel unter den „Schmätzern“ wie Rotkehlchen, Steinschmätzer und Steinrötel suchen den Boden großflächig in hüpfenden Bewegungen nach Nahrung ab. Im Gegensatz dazu agieren Arten wie Braun- und Schwarzkehlchen sowie die Rotschwänze überwiegend als **Wartenjäger**. Bei ihnen kommt die **Hüpfjagd** seltener vor und erfolgt dann auch nur über kurze Distanzen.

Interessant ist das Verhalten des Rotkehlchens, das gezielt die Aktivitäten anderer Tiere und des Menschen nutzt. So wartet es beispielsweise darauf, dass wühlende Schweine oder scharrende Hühner Nahrung aus dem Boden freilegen, die es dann aufnimmt. Auch die vertrauten Begegnungen von Rotkehlchen mit Gärtnerinnen lassen sich in diesem Zusammenhang deuten.

Es lohnt sich, die Fundorte von Spuren genauer zu betrachten, da diese zusätzliche Hinweise auf die jeweilige Art liefern können. Das Blaukehlchen bevorzugt dichte Krautschichten, während die Nachtigall ihre Beute vor allem in deckungsnahen Bereichen jagt, etwa entlang von Waldwegen. Steinschmätzer hingegen halten sich in offenen Landschaften auf, während des Zugs auch an Küsten oder auf frisch gepflügten Feldern.
„Schmätzer“ trinken selten und decken ihren Flüssigkeitsbedarf hauptsächlich über die Nahrung wie zum Beispiel saftige Beeren.

Ausscheidungen

Die **Exkremente** der „Schmätzer“ ähneln denen anderer Singvögel, die sich vergleichbar ernähren, und zeigen jahreszeitliche Variationen. Im Frühling und Sommer, wenn der Insektenanteil hoch ist, bestehen sie überwiegend aus weißen Klecksen. Mit zunehmender Beerenernährung im Herbst steigt der Anteil dunklerer Kotbestandteile (siehe Abb. unten rechts).
Speiballen sind vor allem vom Rotkehlchen bekannt. Auch sie weisen jahreszeitliche Unterschiede auf und bestehen hauptsächlich aus Chitinresten. Im Herbst beinhalten sie häufig auch Samen von Beeren (siehe Abb. unten links).

Rotkehlchen: Speiballen im Herbst.

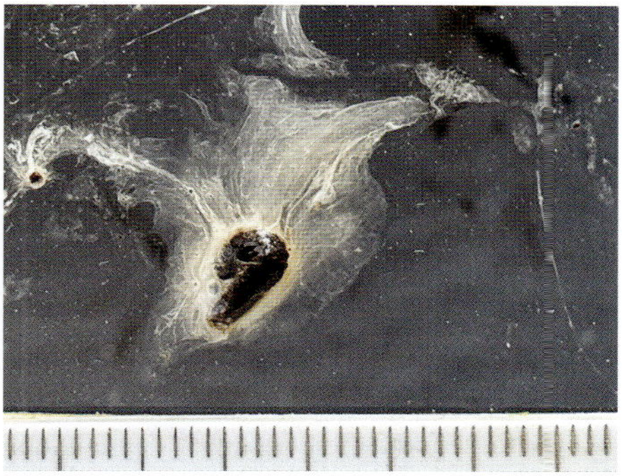

Rotkehlchen: Exkrement im Herbst.

Braunellen

Wer ornithologisch nicht intensiv genug „infiziert“ ist, könnte lange durch Braunellenreviere streifen, ohne diese Vögel bewusst wahrzunehmen. Heckenbraunellen sind ausgesprochen unauffällig und zurückhaltend. Selbst im Winter, wenn sie gemeinsam mit anderen Vögeln an Futterstellen erscheinen, bleiben sie stets im Hintergrund. Auch während der Brutzeit fügt sich ihr eiliger, zwitschernder Gesang so unauffällig ins Frühlingskonzert ein, dass er leicht überhört wird.
Für jene, die die „Vogelsprache“ nach Jon Young erlernen möchten, bieten Heckenbraunellen eine spannende Herausforderung. Es lohnt sich, zu testen, wie lange man ruhig verweilen muss, bis diese Vögel wieder zu ihrem natürlichen Verhalten zurückfinden. Ein paar Minuten genügen dafür nicht, so viel sei verraten. Doch dann, fast unmerklich, zeigen sie sich – *„zumeist anwesend, aber immer sehr diskret“*.

Fußmorphologie und Trittsiegel

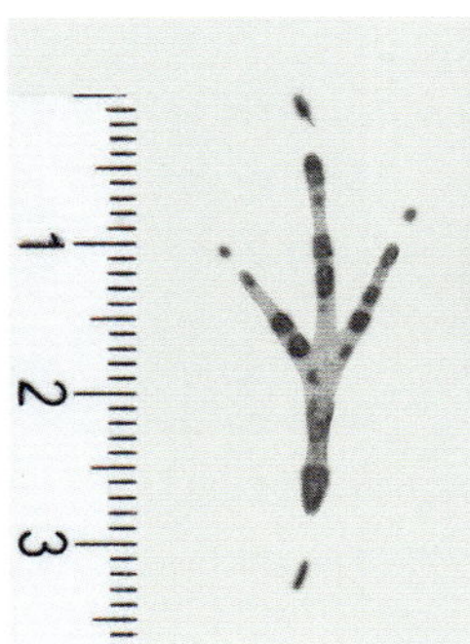

Heckenbraunelle:
links: linker Fuß, Unterseite.
Mitte: rechtes Trittsiegel (idealisierte Zeichnung).
rechts: Fuß seitlich.

Füße der Heckenbraunelle zeigen folgende Merkmale:

- Grundtypus: Klassischer Vogelfuß.
- Dimension: TSL 3,1 bis 4,1 cm (für alle, hier vorgestellten Arten).
- Die **Füße sind relativ breit** und die Zehenballen kräftig.
- Das Fußgewölbe ist hoch.
- Alle anderen Zehen sind in Relation zur Mittelzehe kurz.
- Die Krallen sind mittellang und relativ stark gekrümmt.

Umrisse und Proportionen

Der Umriss entspricht einem recht **breiten Rechteck** in einem Verhältnis von etwa 2:1. Das kennzeichnet einen Bodenbewohner. Die **Ansatzlinie** der Vorderzehen (horizontale Linie)

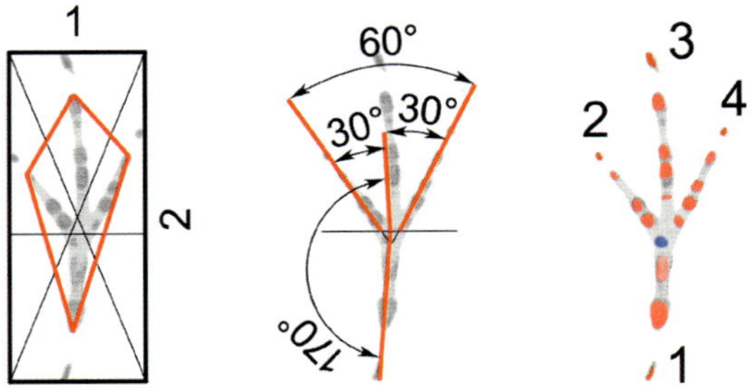

Heckenbraunelle:
links: Umrisslinien, geometrische Mitte (Diagonalenschnittpunkt), Ansatzlinie der Vorderzehen.
Mitte: Öffnungswinkel. Zehenachsen (rot), Gradangaben der Winkel.
rechts: Ballenmuster (Zehenballen rosa, Metatarsalballen blau und Krallen rot).

liegt **hinter der geometrischen Mitte** des Trittsiegels, was auf die relativ **kurze Hinterzehe** hindeutet. Die Umrisslinie entlang der Zehenspitzen entspricht einem etwas **asymmetrischen Deltoid** (rote Linie), die Innenzehe ist kürzer als die Außenzehe.

Achsen und Winkel

Der **Öffnungswinkel der Vorderzehen** liegt durchschnittlich bei 60° (45 bis 80 °) und ist damit vergleichsweise **groß**. Die Teilwinkel sind nahezu gleich. Die Fußachse ist etwa 170° nach innen gewinkelt.

Ballenmuster, Negativräume und Krallen

Trittsiegel von Heckenbraunellen zeigen Merkmale von Bodenvögeln. Beispielsweise ist die **Fußmitte abgehoben** und die **Zehenspitzen drücken stärker ab**.
Die **Zehen** sind relativ **dick und gerade**. Sie haben **kräftige Ballen**, besonders ausgeprägt an der Spitze der Hinterzehe.
Der **Metatarsalballen** drückt **kaum ab.**
Krallenabdrücke sind meist vom jeweiligen Zehenendglied **abgesetzte Punkte**, bedingt durch die relativ ausgeprägte Krümmung.

Realitätsprüfung

Trittsiegel aus dem Freiland bestätigen in der Regel die meisten Merkmale, die aufgrund der Fußanatomie beschrieben wurden:

- Die Trittsiegel sind **breit** und der **Metatarsalballen** in der Fußmitte drückt **nicht** ab.
- Die **Mittelzehe** ist auffällig **lang**, während die anderen Zehen kurz wirken.
- Die **Zehen** stehen **gerade**.

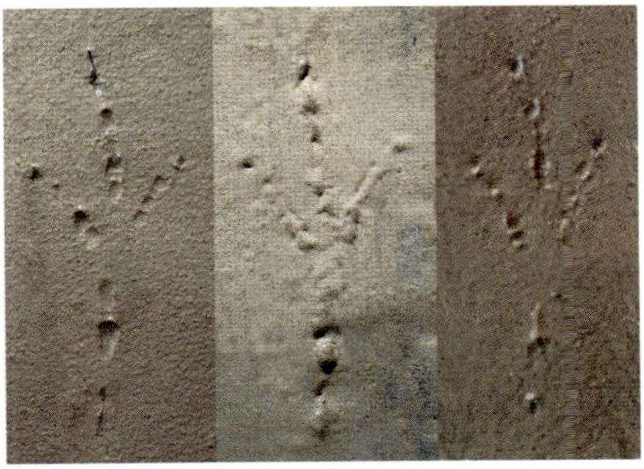

Heckenbraunelle: drei rechte Trittsiegel.

- Die Fußachse ist leicht nach innen geknickt, weist jedoch **keine Biegung** auf.
- Die **Zehenballen** sind kräftig und bilden das Muster einer „**Perlenkette**".
- Die Abdrücke der **Krallen** sind deutlich, stehen weit und getrennt vor den jeweiligen Zehenendgliedern.

Verwechslungsmöglichkeiten

Die TSL von Heckenbraunellen liegen zwar im Bereich vieler anderer kleiner Singvögel, das breite TS mit dem großen Öffnungswinkel schränkt die Möglichkeiten zur Verwechslung jedoch stark ein.

- **Schwirle** haben dünnere Zehen ohne ausgeprägtes Ballenmuster. Deren Mittelzehe ist zur Seite versetzt.
- „**Schmätzer**" wie das Rotkehlchen haben gebogene Zehen und deren Mittelzehe ist zur Seite versetzt.
- **Finken** haben gebogene Zehen und kürzere Krallen.
- **Ammern** zeigen zumeist schlankere Zehen.

Artengarnitur

Spurenrelevante Angaben für Braunellen. Es werden zwei Arten präsentiert.

Art	Wann?	Wo?
Heckenbraunelle	Teilzieher, überwintert auch	Unterholzreiches, dunkles Dickicht (Nadelwald, Auen)
Alpenbraunelle	Ganzjährig; im Winter auch in tieferen Lagen	In Gebirgslagen nahe und über der Baumgrenze

Maße, Variationsbreite und Unterscheidungen

Trittsiegelmaße der Braunellen (siehe auch Abkürzungsverzeichnis).

Art	TSL (cm)	TSL^{oK} (cm)	TSB (cm)	Z1 (cm)	$Z1^{oK}$ (cm)	Z3 (cm)	$Z3^{oK}$ (cm)
Hecken-braunelle	3,3 (3,1–3,5)	2,4 (2,2–2,7)	1,4 (1,0–1,8)	1,2 (1,2–1,4)	0,8 (0,7–0,9)	1,8 (1,6–2,1)	1,5 (1,3–1,7)
Alpen-braunelle	4,0 (3,8–4,1)	3,1 (2,8–3,3)	1,7 (1,2–2,1)	1,5 (1,4–1,6)	1,0 (0,9–1,1)	2,2 (2,1–2,3)	1,8 (1,7–2,0)

Die Alpenbraunelle zeichnet sich durch deutlich längere Trittsiegel aus und kann, abgesehen von ihren deutlich abweichenden Lebensraumansprüchen, allein anhand ihrer Maße klar unterschieden werden.

Gangarten und Spurbilder

Die Gangarten der Braunellen sind vielschichtig:

- **Hüpfen** ist die bevorzugte Gangart der Braunellen, wobei die Vögel nach Ambros Aichhorn (in G. v. Blotzheim & Bauer) *„erhebliche Sprungkraft"* einsetzen und eine Heckenbraunelle damit eine SL von 17 cm erreichen kann. Die Alpenbraunelle soll sich mit „kleinen" Sprüngen fortbewegen.
- **Gehen** mit kurzen SL. *„Trippelschritte"* bei der Nahrungssuche am Boden.
- **Laufen**. Nach Aichhorn laufen junge Alpenbraunellen.
- **„Polkaschritt".** Diese Fortbewegungsart, eine Mischung aus kurzen Schritten und Hüpfern, wird oft bei der Nahrungssuche beobachtet. Auch wenn die genauen Bewegungsabläufe nicht immer rekonstruiert werden können, bleibt das Spurbild dennoch charakteristisch: Es zeigt eine Doppelreihe mit sehr kurzen Schrittfolgen (bei sehr kleiner SL), bei denen die einzelnen Trittsiegel mehr oder weniger längsversetzt erscheinen. Bei Hüpfbewegungen stehen die Trittsiegel eher parallel, während sie bei kurzen Schritten versetzt angeordnet sind. Bei stärker gewundenem Spurverlauf ist das Bild noch verwirrender. Sind die Trittsiegel zudem schlecht erkennbar, könnten diese Spuren leicht mit denen kleiner Säugetiere wie Wühl- oder Spitzmäuse verwechselt werden. „Polkaschritte" sind zudem vor allem bei Finken zu beobachten und seltener bei Ammern.

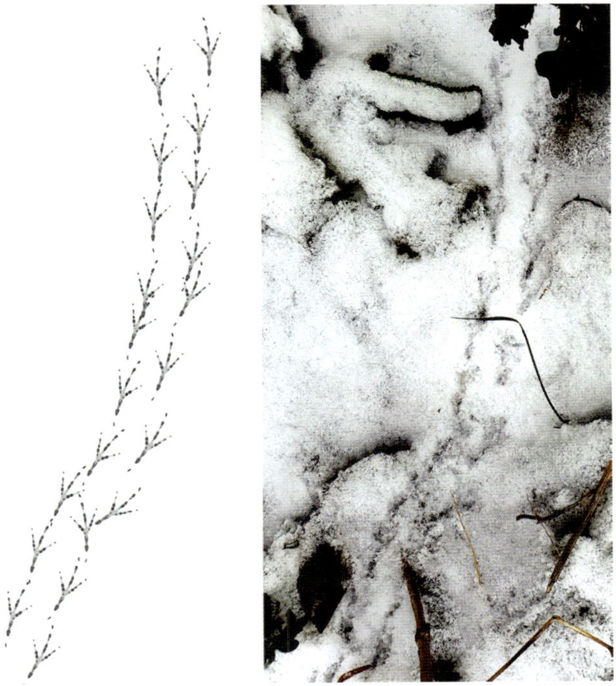

Heckenbraunelle: „Polkaschritt". Spurgruppe Zeichnung (links), Originalbild (rechts).

Zeichen

Wie bei vielen kleinen Singvögeln sind Zeichen von Braunellen unauffällig.

Ernährung und Fraßspuren

Braunellen fressen zur Brutzeit bis in den Sommer hinein kleine Wirbellose, sonst Samen von Kräutern, Gräsern und Gehölzen. Beeren werden von der Alpenbraunelle im geringen Umfang aufgenommen.

Der **Nahrungserwerb** erfolgt **ausschließlich am Boden**. Heckenbraunellen wenden dabei auch oberflächliche Bodenschichten um, Alpenbraunellen reißen Moose oder Flechten von Steinen ab. Nach dem Fressen wischen Heckenbraunellen ihre Schnäbel am Boden oder im Geäst ab. Akribische Spurensuchende könnten solche Stellen auffinden.

Beide Braunellenarten baden gerne.

Kommensalismus

Besonders außerhalb der Brutzeit schließen sich Heckenbraunellen gemischten Vogelschwärmen an. Dort nützen sie jene Nahrungsanteile, die beispielweise Meisen aus höheren Vegetationsschichten (Baumsamen, Samenkörner aus kniehoher Ruderalvegetation, Vogelfütterungen) freigelegt und fallengelassen hatten.

Ausscheidungen

Exkremente von Braunellen ähneln jenen anderer kleiner Singvögel. Es sind Kleckse mit ca. 1 bis 2 cm Durchmesser. Sie sind recht flüssig und mit hohem Uratanteil. Der Kot besteht aus unverdaulichen Insektenteilen oder Pflanzenfasern. Da Beeren im Speiseplan von Heckenbraunellen fehlen, sollten Exkremente dieser Vogelart nicht gefärbt sein und auch keine Beerenhäute enthalten. **Speiballen** sind **nicht** beschrieben.

Sperlinge

Früher waren sie ein selbstverständlicher Teil des Alltags an Imbissbuden, in Gastgärten und auf Dorfplätzen – die „Spatzen“. In China führte Mao Zedong eine groß angelegte Ausrottungskampagne gegen die vermeintlichen Ernteschädlinge, während in Europa bis Anfang des 20. Jahrhunderts ähnliche, wenngleich weniger drastische Maßnahmen ergriffen wurden. Doch es waren vor allem Strukturveränderungen in der Landschaft, die den Bestand der „gewöhnlichsten aller Vögel“ erheblich reduzierten. Dennoch sind Sperlinge in manchen Regionen weiterhin recht häufig zu beobachten. Spurenliebhaber unter den Gastgartenbesuchern können sich daran erfreuen, wenn ein Spatzentrupp zunächst nach Futter sucht, anschließend in einer Pfütze badet und danach auf dem trocknenden Pflaster die typischen paarigen Hüpfspuren hinterlässt.

Fußmorphologie und Trittsiegel

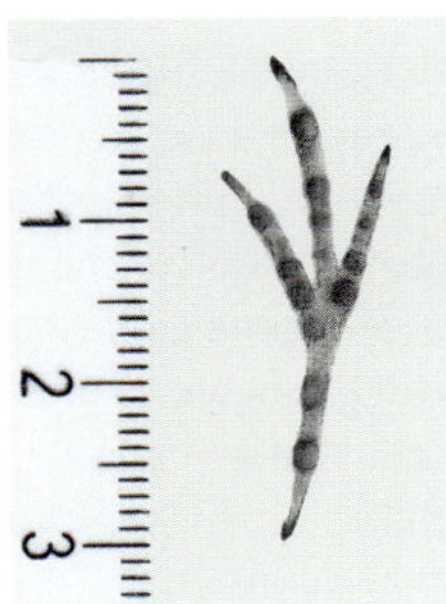

Haussperling:
links: linker Fuß, Unterseite.
Mitte: rechtes Trittsiegel (idealisierte Zeichnung).
rechts: Fuß seitlich.

Füße vom Haussperling zeigen folgende Merkmale:

- Grundtypus: Klassischer Vogelfuß.
- Dimension: TSL 2,7 bis 3,8 cm (für alle hier vorgestellten Arten).
- Die **Füße sind relativ schmal** und der Öffnungswinkel der Vorderzehen liegt meist um 50°.
- Das **Fußgewölbe** ist relativ **niedrig**.
- Die **Zehen und deren Ballen sind kräftig.**
- Die Krallen sind durchschnittlich lang.

Die Beschreibung bezieht sich zuerst auf den Haussperling, als typischen Vertreter dieser Familie.

Umrisse und Proportionen

Der Umriss entspricht einem **Rechteck** in einem Verhältnis von etwa 3:1. Die **Ansatzlinie**

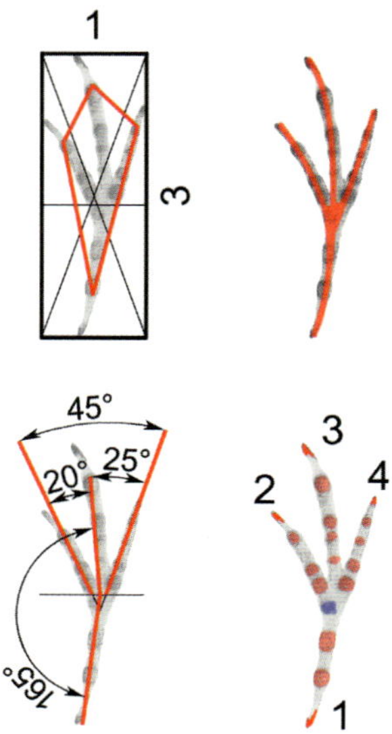

Haussperling:

links oben: Umrisslinien, geometrische Mitte (Diagonalenschnittpunkt), Ansatzlinie der Vorderzehen.

rechts oben: „Seggen"-Schablone.

links unten: Öffnungswinkel. Zehenachsen (rot), Gradangaben der Winkel.

rechts: Ballenmuster (Zehenballen rosa, Metatarsalballen blau und Krallen rot).

der Vorderzehen (horizontale Linie) liegt knapp **hinter der geometrischen Mitte** des Trittsiegels. Die Umrisslinie entlang der Zehenspitzen entspricht einem **asymmetrischen Deltoid** (rote Linie), weil die Innenzehe deutlich kürzer als die Außenzehe ist.

Schablone

Alle Zehen formen einen ähnlichen Bogen und scheinen aus der Hinterzehe hervorzuwachsen wie Halme einer „**Segge**".

Achsen und Winkel

Die Öffnungswinkel der Vorderzehen betragen 40 bis 60°. Die Teilwinkel sind ähnlich, der Winkel zwischen Mittel- und Innenzehe meist etwas kleiner. Die Fußachse ist bis 165° nach innen gewinkelt.

Ballenmuster, Negativräume und Krallen

Das Fußgewölbe ist flach und der Fuß drückt **meist ganzflächig** auf.
Die **Zehen** sind relativ **kräftig** und die Zehenballen können ein „**Perlenketten"-Muster** zeigen.
Hinter- und Mittelzehe bilden meist eine nach **innen gebogene Linie.** Auch die **Innenzehe** ist oft **leicht gebogen.** Der **Metatarsalballen** drückt oft **ab. Krallen** erscheinen häufig als **abgesetzte Punkte** vor den jeweiligen Zehenballen.

Realitätsprüfung

Bei Trittsiegeln aus dem Freiland lassen sich folgende Merkmale bestätigen:

- Die Trittsiegel sind **schmal** und die **Fußmitte** drückt **ebenso stark** ab wie die Zehen.
- Die **„Seggen"-Schablone** lässt sich anwenden.
- Die **Hinter- und Mittelzehe** bilden einen nach **innen gekehrten Schwung**. Auch die anderen Zehen sind leicht gebogen.
- Die **Zehen** sind **relativ dick** und die **Ballenanordnung** gleicht einer **„Perlenkette"**

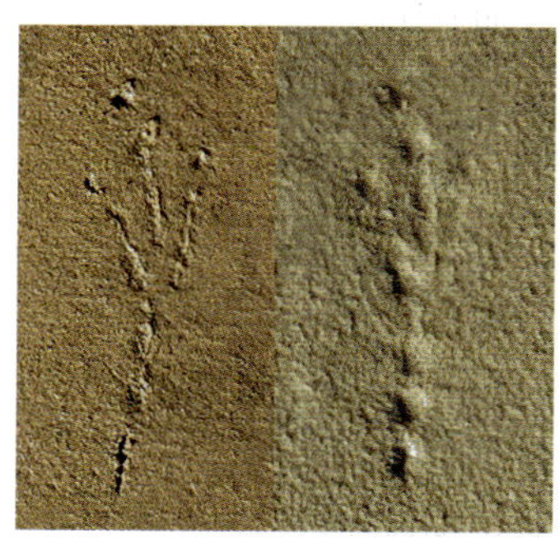

Haussperling: zwei rechte Trittsiegel.

(Abb. rechts). Auf sehr harten Böden (Abb. links) wirken die Zehen jedoch schlank.
- Der Metatarsalballen ist stetig abgedrückt, aber kleiner als die Zehenballen.
- Die **Krallen** sind als isolierte Punkte zu erkennen.

Verwechslungsmöglichkeiten

Trittsiegel von Sperlingen sind relativ häufig und im Vergleich zu anderen Singvögeln eher anzutreffen. Trotzdem ist es wichtig, Arten mit ähnlicher Größe und Morphologie auszuschließen:
- **Laubsänger und Grasmücken** haben in der Regel **kräftigere Sitzkissen** und leben nicht synanthrop.
- **Zaunkönige** zeigen in vergleichbaren Substraten **deutlich schmalere Zehen** und ein weniger deutliches Ballenmuster.
- **Braunellen** haben **gerade Zehen** ohne Biegung und eine längere Mittelzehe.
- **Finken,** besonders Arten vergleichbarer Größe, sind sehr ähnlich, zeigen aber **größere Öffnungswinkel**.
- **Ammern** haben gerade Zehen und weisen im Trittsiegel häufig einen Negativraum im Bereich der Fußmitte auf, bedingt durch ein höheres Fußgewölbe.

Artengarnitur

Drei Sperlingsarten sind für dieses Buch relevant, zwei weitere werden erwähnt. Alle sind ganzjährig im Gebiet. Spuren von Haussperlingen sind auf Staub- und Sandflächen im Siedlungsbereich und am Rande landwirtschaftlicher Flächen zu finden. Feldsperlinge halten sich oft am Boden nahe von Feldgehölzen auf. Trittsiegel von Schneesperlingen finden eher Wintersportler an den Bergstationen der Lifte oder beim „Einkehrschwung".

Spurenrelevante Angaben für Sperlinge.

Art	Wo?
Haussperling	synanthrop
Feldsperling	Eher in Feldflur und Kulturland, weniger menschengebunden als Haussperling
Schneesperling	Hochgebirge (Alpen), Im Winter im Bereich von Aufstiegshilfen und Einkehrhütten

Maße, Variationsbreite und Unterscheidungen

Schneesperlinge haben relativ große Füße. Haus- und Feldsperling sind größenmäßig kaum zu unterscheiden. Die TS der südlichen Arten, Italien- und Weidensperling, sind in der Dimension von Haussperlingen zu erwarten.

Trittsiegelmaße der Stelzen (siehe auch Abkürzungsverzeichnis).

Art	TSL (cm)	TSL^{oK} (cm)	TSB (cm)	Z1 (cm)	Z1^{oK} (cm)	Z3 (cm)	Z3^{oK} (cm)
Haussperling	3,3 (3,1–3,5)	2,4 (2,1–2,7)	1,1 (0,7–1,5)	1,3 (1,2–1,4)	0,8 (0,7–1,0)	1,8 (1,6–2,0)	1,5 (1,3–1,6)
Feldsperling	3,0 (2,7–3,2)	2,2 (1,9–2,5)	0,9 (0,7–1,4)	1,1 (1,0–1,3)	0,7 (0,6–0,9)	1,7 (1,4–1,9)	1,3 (1,1–1,5)
Schneesperling	3,6 (3,3–3,8)	2,6 (2,4–2,7)	1,2 (0,8–1,7)	1,6 (1,3–1,7)	1,0 (1,0–1,1)	1,8 (1,6–1,9)	1,4 (1,2–1,5)

Gangarten und Spurbilder

Haus- und Feldsperlinge hüpfen, während **Schneesperlinge gehen** und gelegentlich laufen.

Maße von Gangarten bei Stelzen (siehe auch Abkürzungsverzeichnis).

Art	Gangart	SB (cm)	SL (cm)	GL (cm)	ZGL (cm)
Haus-,Feldsperling	Hüpfen	3–5	4–22	3–7	1–16

Links: Spurgruppen vom Haussperling: Hüpfen mit kleiner SL im weichen Sand.

Mitte: Spurgruppen beim Haussperling. Hüpfen mit großen SL. Diese langen, gleichmäßigen Sprünge sind charakteristisch für Sperlinge.

Rechts: „Spurenteppich" von Haussperlingen. An günstigen Nahrungsgründen (hier an einem Mülleimer) sammeln sich oft große Trupps.

Typisch, besonders für Haussperlinge, sind lange, geradlinige Spurverläufe, die aus einer Abfolge weiter Sprünge mit konstanter, großer SL bestehen. Andere hüpfende Vogelarten, wie etwa Meisen, hinterlassen selten so ausgedehnte Spurgruppen und bei kleinen Finken sind sie unregelmäßiger. Kurze Sprünge zeigen Sperlinge dann direkt an der Nahrungsquelle.

Haus- und Feldsperlinge sind gesellige Tiere, die auch beim Nahrungserwerb am Boden in Trupps auftreten. Im Gegensatz zu Finken sind diese Trupps sehr dicht und zahlreich – ein Umstand, der sich auch spurentechnisch verwerten lässt.

Zeichen

Auffällige Zeichen hinterlassen Sperlinge im Bereich ihrer Schlaf- und Sandbadeplätze.

Schlafplatz und Sandbadestellen beim Haussperling: Dieser dichte Zierstrauch ist Schlafplatz eines Trupps von Haussperlingen. Der Erdboden darunter ist durch Sandbadeaktivitäten freigelegt. Einzelne Mulden sind erkennbar. Unter den Schlafplätzen finden sich größere Exkrement-Ansammlungen (rechtes Bild).

Ernährung

Die „natürliche" Nahrung von Sperlingen besteht außerhalb der Brutzeit überwiegend aus (kleineren) Samenkörnern. Insekten gewinnen vor allem als Nestlingsnahrung an Bedeutung. Auch reife Beeren, Knospen und Blüten werden genutzt. Im Siedlungsbereich haben sich vor allem die Haussperlinge zu Allerfressern entwickelt.

Nahrungserwerb und Fraßspuren

Einen Großteil der Nahrung suchen Sperlinge am Boden, wo auch tiefere Schichten durch „Schnabelschleudern" freigelegt werden. Beine und Flügel von Insekten werden oft abgebissen. Sperlinge baden zudem gerne im Wasser und nehmen regelmäßig Staubbäder. Die **Mulden** dieser Aktivitäten finden sich beispielsweise in frischen Gartenbeeten.

Schlafen

Nicht nur akustisch auffällig sind Schlafgemeinschaften, die im Siedlungsbereich oft in Hecken (Thujen), in der Feldflur in dichten Gehölzen (zum Beispiel Weißdorn) liegen.

Ausscheidungen

Die typischen **Exkremente** von Sperlingen sind etwa 1 cm lange und 0,2 bis 0,3 cm dicke Zylinder, die mit einem dünnen Urathäutchen überzogen sind. Inhalte sind zumeist Pflanzenfasern und Reste von Samenschalen. Abweichende Formen finden sich nach Aufnahme von menschlichen Abfällen (missfarbige Kleckse) oder nach Beerenfraß (bunte Beerenhäute). Speiballen sind zu erwarten.

Exkremente von Haus- und Feldsperlingen. Typische Zylinder (oben), abweichende Formen (Klecks unten mittig, Beerenhäute unten rechts).

Pieper

Pieper sind typische Bodenvögel, die sich bevorzugt in offenem Gelände wie Sandflächen oder niedrigem Grasland aufhalten. Während der Reviergründung zeigen sie oft eindrucksvolle Schauflüge wie die „Fallschirme" der Baumpieper. Im restlichen Jahr sind sie recht unscheinbar, wobei ihr Tarnkleid eine kurze Fluchtdistanz erlaubt. Doch selbst dann verraten ihr zögerlicher, ruckartiger Flug und die markanten „*ist ist ist*"-Rufe beispielsweise einen Wiesenpieper. Ähnliche Aha-Momente können Spurensuchende erleben. Wenn man sich die entscheidenden Merkmale einmal eingeprägt hat, so ist die Zuordnung von Trittsiegeln der Pieper gar nicht so herausfordernd.

Fußmorphologie und Trittsiegel

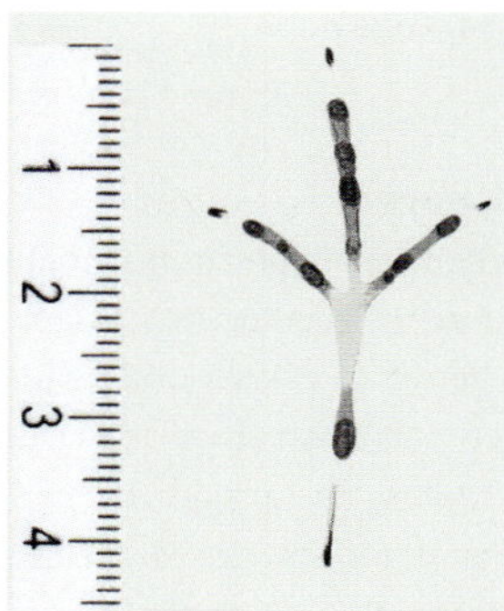

Bergpieper:

links oben: linker Fuß, Unterseite.

rechts oben: rechtes Trittsiegel (idealisierte Zeichnung).

unten: Fuß seitlich.

Als typischer Vertreter dieser Familie wird vorerst der Bergpieper vorgestellt, dessen Füße folgende Merkmale aufweisen:

- Grundtypus: Klassischer Vogelfuß.
- Dimension: TSL 3,6 bis 5,4 cm (für alle hier vorgestellten Arten).
- Die **Füße sind sehr breit** und der **Öffnungswinkel** der Vorderzehen liegt **meist bei über 90°.**
- Das Fußgewölbe ist hoch.
- Die Zehen sind dünn, die Ballen wenig ausgeprägt.
- Die **Kralle der Hinterzehe ist sehr lang** und nur **wenig gekrümmt**.

Umrisse und Proportionen

Der Umriss entspricht einem **breiten Rechteck** in einem Verhältnis von etwa **2:1**. Das ist typisch für Bodenbewoh-

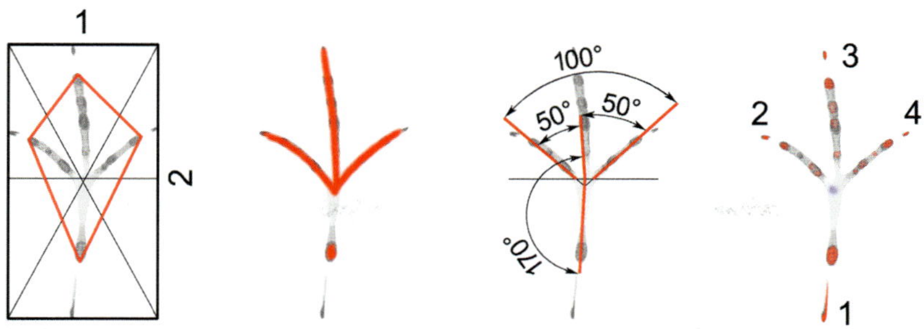

Bergpieper:
links: Umrisslinien, geometrische Mitte (Diagonalenschnittpunkt), Ansatzlinie der Vorderzehen.
links Mitte: „Pfeil"-Schablone.
rechts Mitte: Öffnungswinkel. Zehenachsen (rot), Gradangaben der Winkel.
rechts: Ballenmuster (Zehenballen rosa, Metatarsalballen blau und Krallen rot).

ner. Die **Ansatzlinie** der Vorderzehen (horizontale Linie) liegt im Bereich **der geometrischen Mitte** des Trittsiegels, was auf eine **lange Mittelzehe** deutet. Die Umrisslinie entlang der Zehenspitzen entspricht einem nahezu **symmetrischen Deltoid** (rote Linie), die Innenzehe wirkt ebenso lang wie die Außenzehe.

Schablone

Die **Pfeil**-Schablone haben wir bereits bei den Lerchen kennengelernt. Bei Piepern sind die Zehen, insbesondere die Mittelzehe, weniger stark gebogen. Außerdem fehlt der ausgeprägte Knick in der Fußachse, der für Lerchen charakteristisch ist.

Achsen und Winkel

Der **Öffnungswinkel der Vorderzehen** beträgt durchschnittlich 95° (80 bis 110°) und ist damit **sehr breit.** Die Teilwinkel sind mit etwa je 50° gleich groß. Die Fußachse ist gering, etwa 170° nach innen gewinkelt.

Ballenmuster, Negativräume und Krallen

Aufgrund des hohen Fußgewölbes drückt die Fußmitte kaum auf. In diesem Bereich besteht meistens ein **großer Negativraum** (= Lücke). Die **Zehen** sind dünn. Entweder sind sie parallelrandig oder sie zeigen ein diskretes Ballenmuster. Mittel- und Hinterzehe stehen **gerade**, Innen- und Außenzehe sind zumeist **etwas nach hinten gebogen**. Der **Metatarsalballen** drückt **nicht ab. Krallen**abdrücke sind **abgesetzte Punkte** vor den jeweiligen Zehenendgliedern. Besonders auffällig ist die **lange Hinterkralle**.

Realitätsprüfung

Bei Trittsiegeln aus dem Freiland lassen sich folgende Merkmale bestätigen:

- Die Trittsiegel sind **breit** und die Fußmitte (**Metatarsalballen**) drückt **nicht** ab.

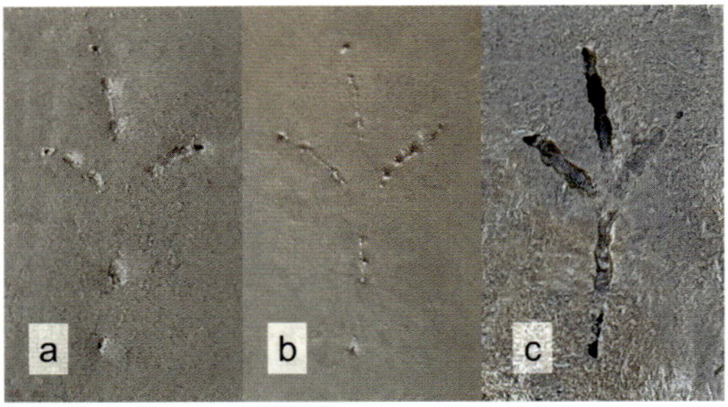

Bergpieper, drei rechte Trittsiegel in unterschiedlichen Substraten: Charakteristischer Abdruck auf Tonhäutchen (a), auf hartem Boden (b) und im feuchten Substrat (c).

Abweichend erscheint das TS in **Abb. c**, wenn im feuchten Substrat der Fuß tief einsinkt. Dann wird der Negativraum sehr klein. Noch immer drücken jedoch die Zehenspitzen tiefer ab als der Rest.

- Die „**Pfeil**“-**Schablone** ist einschreibbar.
- Die **Hinter- und Mittelzehe** stehen **gerade**, Innen- und Außenzehen sind mehr oder weniger **gebogen**.
- Die **Zehen** wirken **dünn**, besonders auf hartem Boden in **Abb. b,** und zeigen dabei ein deutliches **Ballenmuster**. Auf weichem Untergrund (**Abb. c**) werden die Zehenabdrücke breiter und **parallelrandig**, während sich das Ballenmuster auflöst.
- Die Abdrücke der **Krallen** sind von den jeweiligen Endgliedern getrennte **Punkte**. Nur im tiefen Substrat (**Abb. c**) wird das undeutlich. Die **Hinterkralle** ist ungewöhnlich **lang**.

Verwechslungsmöglichkeiten

TS mit „Pfeil“-Schablonen zeigen neben den Piepern auch Lerchen und Stelzen.

- **Lerchen** haben stärker gewinkelte Fußachsen und deren Mittelzehe ist nicht gerade, sondern gebogen.
- **Stelzen** haben kürzere TSL. Die Mittelzehe ist gebogen und die Hinterzehe kürzer – vor allem durch die kürzere Kralle.

Artengarnitur

Im Gebiet, das in diesem Buch behandelt wird, lassen sich sieben verschiedenen Arten von Piepern entdecken.

Spurenrelevante Angaben für Pieper.

Art	Wann?	Wo?
Brachpieper	April bis September	Wärmegetöntes, sandiges Offenland
Spornpieper	Brütet in Sibirien; in Mitteleuropa nur zur Zugzeit, eher im Herbst.	Durchzügler an Meeresküsten, im Binnenland seltener (auf Wiesen und Schotterflächen)

Fortsetzung: Spurenrelevante Angaben für Pieper.

Art	Wann?	Wo?
Bergpieper	Ganzjährig	Zur Brutzeit auf Almmatten, im Winter an (größeren) Gewässern im Tiefland
Strandpieper	Brütet in Nordeuropa, überwintert vor allem an der Nordsee.	An Küsten
Rotkehlpieper	Brütet im hohen Norden, in Mitteleuropa nur zur Zugzeit	Vegetationsarmes Offenland
Wiesenpieper	Ganzjährig	Brütet in Wiesen und Heiden. Überwintert teilweise im Flachland
Baumpieper	April bis Oktober	Waldränder und Wiesen mit Einzelbäumen, häufiger in höheren Lagen

Maße, Variationsbreite und Unterscheidungen

Trittsiegelmaße der Pieper (siehe auch Abkürzungsverzeichnis).

Art	TSL (cm)	TSL^{oK} (cm)	TSB (cm)	Z1 (cm)	Z1^{oK} (cm)	Z3 (cm)	Z3^{oK} (cm)
Pieper (kleinere Arten)	4,1 (3,6–4,6)	2,9 (2,5–3,2)	2,3 (2,0–2,5)	1,8 (1,4–2,2)	0,9 (0,8–1,2)	2,1 (1,7–2,3)	1,7 (1,5–2,0)
Spornpieper	4,8 (4,3–5,4)	3,2 (2,8–3,4)	2,7 (2,5–3,1)	2,9 (2,2–3,1)	1,3 (1,1–1,3)	2,3 (2,1–2,5)	1,8 (1,5–1,9)

Alle hier genannten Pieperarten sind von ähnlicher Dimension, deutlich größer ist allerdings der Spornpieper. Dies spiegelt sich auch in der abweichenden TSL wider, die bei dieser Art knapp Drosselgröße erreicht. Spornpieper sind Zielarten für „Twitchers“ und werden sicherlich auch gelegentlich übersehen. Ihre Präsenz könnte durch Spurennachweise bestätigt werden. Mit der Fußanatomie der Pieper haben sich auch Vogelberinger beschäftigt (zum Beispiel Demongin), wobei die Hinterzehe und deren Kralle im Fokus stehen.

Hinterzehen der Pieper (siehe auch Abkürzungsverzeichnis) (nach G. v. Blotzheim & Bauer, Demongin und eigenen Daten).

Art	K1 (cm)	Z1^{oK} (cm)	K1/Z1^{ok}
Brachpieper	0,9 (0,6–1,2)	0,9 (0,8–1,0)	K1 wie Z1^{oK}
Spornpieper	1,8 (1,3–2,4)	1,3 (1,1–1,4)	K1 größer als Z1^{oK}
Bergpieper	1,0 (0,9–1,3)	1,0 (0,8–1,1)	K1 wie Z1^{oK}
Wiesenpieper	0,9 (1,0–1,3)	1,1 (0,9–1,2)	K1 größer als Z1^{oK}
Baumpieper	0,8 (0,7–1,0)	0,9 (0,8–1,1)	K1 kleiner als Z1^{oK}

Für Spurenlesende bieten diese Unterschiede, insbesondere der Proportionsvergleich zwischen der Krallenlänge und dem restlichen Abschnitt der Hinterzehe **(K1/Z1^{ok})**, die

Möglichkeit, Trittsiegel von Piepern auf **Artniveau** zu bestimmen.

- Auffällig sind beispielsweise Trittsiegel vom **Baumpieper**. Nur bei dieser Art ist die **Hinterkralle kürzer** als die restliche Hinterzehe. Zudem ist diese Kralle stärker gekrümmt als bei den anderen Piepern, was im TS den verkürzten Eindruck noch verstärkt.
- Besonders **lange Krallen** haben der **Spornpieper**, der sich aber bereits größenmäßig abhebt, sowie der **Wiesenpieper**.
- Etwa **gleich** ist die Relation der Kralle zum restlichen Hallux bei **Brach-** und **Bergpieper**.

Bei der Beurteilung dieser subtilen Merkmale ist jedoch Vorsicht geboten. Im Freiland können Schleifmarken die exakte Länge der Hinterkralle verfälschen oder ein Negativraum im Bereich der Fußmitte erschwert es, den Zehenansatz korrekt festzulegen. Unter solchen Bedingungen können diese feinen Unterschiede schnell an Aussagekraft verlieren.

Gangarten und Spurbilder

Die Gangarten der Pieper sind **Gehen** und **Laufen**. Bei der Jagd nach Insekten kommen selten auch kurze Sprünge (= **Hüpfen**) vor.

Maße von Gangarten beim Bergpieper (siehe auch Abkürzungsverzeichnis).

Art	Gangart	SB (cm)	SL (cm)
Bergpieper	Gehen	4	6–9
	Laufen	4	10–16

Die Maße stammen von Freilandbeobachtungen beim Bergpieper. Von den anderen Arten (außer beim größeren Spornpieper) sind ähnliche Dimensionen zu erwarten. Größere SL zeigt möglicherweise auch der Brachpieper, der auf Offenflächen im „Stop-and-Go"-Modus agiert und dessen Bewegungsmuster an Regenpfeifer erinnert.

Spurgruppen beim Bergpieper. Gehen und Stopp (a), Laufen (b).

Zeichen

Wie bei vielen kleinen Singvögeln sind Zeichen von Piepern unauffällig.

Ernährung; Nahrungserwerb und Fraßspuren

Der Nahrungserwerb findet überwiegend am Boden statt, nur Baumpieper nutzen auch höhere Lagen im Gehölz. Pieper fressen überwiegend **Insekten** – Heuschrecken können einen bedeutenden Anteil ausmachen. **Samen** gewinnen im Herbst, allenfalls im zeitigen Frühling **mäßige Bedeutung**. In Zeiten mit vegetabiler Ernährung werden auch Magensteinchen (**Grit**) aufgenommen.
Der Nahrungserwerb hinterlässt kaum Zeichen, allenfalls werden zur Brutzeit Chitinteile von größeren Insekten abgetrennt.
In der Nähe von Wasserstellen lohnt es, nach Trittsiegeln oder Exkrementen zu suchen, da diese Vögel gerne **baden** und auch **trinken**.

Mulden

Viele Pieper nehmen gerne Staub- und Sandbäder und hinterlassen entsprechende Mulden im Lockersubstrat. Ähnlich sehen auch Schlafmulden aus.

Ausscheidungen

Exkremente von Piepern bestehen aus hellem Urat und dunklerem Kot. Aufgrund eines recht hohen Flüssigkeitsanteils sind das meist Kleckse von etwa 1 cm Durchmesser. Ein Merkmal für Pieper könnte sein, dass der dunkle Kotanteil häufig dem weißen Uratklecks aufsitzt. Bei anderen Singvögeln (zum Beispiel Bachstelzen) ist das umgekehrt, da übergießt der Weißanteil den Kot. **Speiballen** sind als „trocken und leicht zerfallend" beschrieben.

Exkremente vom Bergpieper.

Stelzen

Endlich eine Vogelfamilie, deren Spuren regelmäßig im Freiland zu finden sind! Kaum ein Gewässerrand, an dem sich nicht, bei etwas Aufmerksamkeit, die Fährten von Bach- oder Gebirgsstelzen entdecken lassen. Auch auf vielen Feldwegen und in Pfützen im Agrarland fallen ihre gewundenen Spurgruppen auf.
Die Häufigkeit bietet uns eine ideale Gelegenheit, die Trittsiegel der Stelzen genauer zu studieren, ein Gefühl für das Gesamtbild sowie die Details zu entwickeln und Unterschiede herauszuarbeiten. Mit etwas Übung wird es schließlich möglich sein, auch ohne aufwändige Analyse zu sagen: *„Es ist die Stelze, nicht die Lerche ...“*.

Fußmorphologie und Trittsiegel

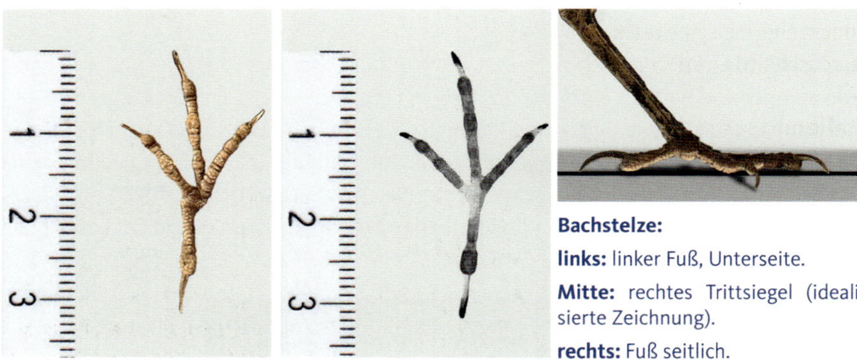

Bachstelze:
links: linker Fuß, Unterseite.
Mitte: rechtes Trittsiegel (idealisierte Zeichnung).
rechts: Fuß seitlich.

Füße von Stelzen zeigen folgende Merkmale:

- Grundtypus: Klassischer Vogelfuß.
- Dimension: TSL 2,6 bis 3,7 cm (für alle hier vorgestellten Arten).
- Die **Füße sind breit** und der Öffnungswinkel der Vorderzehen meist um 90°.
- Das Fußgewölbe ist hoch.
- Die Zehen sind kräftig und die **Ballen im distalen Zehenbereich ausgeprägt**.
- Die Krallen sind relativ kurz und stärker gekrümmt als bei Piepern.

Die Beschreibung bezieht sich zuerst auf die Bachstelze als typischen Vertreter dieser Familie.

Umrisse und Proportionen

Der Umriss entspricht einem **breiten Rechteck** in einem Verhältnis von etwa **2:1**. Das ist typisch für Bodenbewohner. Die **Ansatzlinie** der Vorderzehen (horizontale Linie) liegt etwas **hinter der geometrischen Mitte** des Trittsiegels. Die Umrisslinie entlang der Zehenspitzen entspricht einem nahezu **symmetrischen Deltoid** (rote Linie), weil die Innenzehe fast ebenso lang ist wie die Außenzehe.

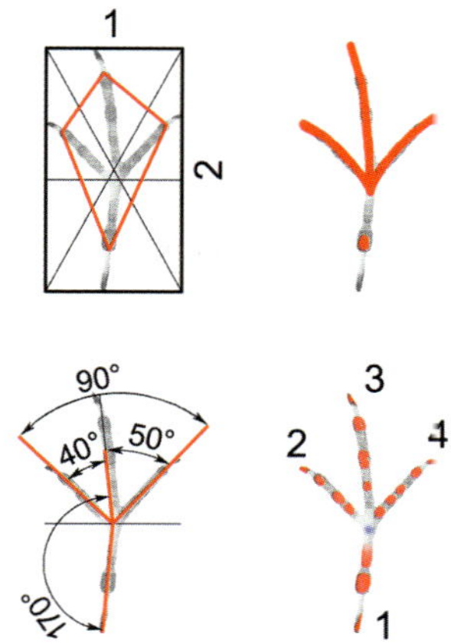

Bachstelze:

links oben: Umrisslinien, geometrische Mitte (Diagonalenschnittpunkt), Ansatzlinie der Vorderzehen.

rechts oben: „Pfeil"-Schablone.

links unten: Öffnungswinkel. Zehenachsen (rot), Gradangaben der Winkel.

rechts: Ballenmuster (Zehenballen rosa, Metatarsalballen blau und Krallen rot).

Schablone

Die **Pfeil**-Schablone ist uns bereits von den Lerchen und Piepern bekannt. Stelzen weisen ähnliche Zehenbiegungen wie Lerchen auf, unterscheiden sich jedoch durch andere Proportionen, kürzere Hinterzehen und das Fehlen der markanten Knickung der Fußachse.

Achsen und Winkel

Der **Öffnungswinkel der Vorderzehen** beträgt knapp 90° (60 bis 100°) und ist **breit**. Die Teilwinkel sind ähnlich, der Winkel zwischen Mittel- und Innenzehe meist etwas kleiner. Die Fußachse ist durchschnittlich 170° nach innen gewinkelt.

Ballenmuster, Negativräume und Krallen

Das Fußgewölbe ist weniger hoch als bei Piepern, trotzdem ist die **Fußmitte schwächer abgedrückt** als die Zehenspitzen.

Die **Zehen** sind relativ **kräftig** und parallelrandig. Zehenballen können angedeutet sein.

Die Hinterzehe steht **gerade**, die anderen Zehen sind oft **leicht nach hinten gebogen**.

Der **Metatarsalballen** drückt manchmal **leicht ab.**

Obwohl die Krallen recht stark gekrümmt sind, verschmelzen deren Abdrücke oft mit den Endballen der jeweiligen Zehen. Die **Hinterkralle ist relativ kurz**.

Realitätsprüfung

Bei Trittsiegeln aus dem Freiland lassen sich folgende Merkmale bestätigen:

- Die Trittsiegel sind **breit** und die **Fußmitte** drückt **schwächer ab** als die Zehen.
- Die „**Pfeil**"-**Schablone** ist gut nachvollziehbar.
- Die **Hinterzehe** steht **gerade**. Besonders in **Abb. b** sieht man die leichte Überbiegung von Innen- und Außen-

Bachstelze: Drei rechte Trittsiegel in verschiedenen Spurgründen. Weicher (a & b) und härterer (c) Boden.

zehe und auch einen Innenschwung der Mittelzehe. Neben dem leichten Schwung fällt eine gewisse **Seitverschiebung der Mittelzehe** auf.

- Die **Zehen** sind **relativ dick** und **parallelrandig**. Zehenballen sind in **Abb. b** angedeutet.
- Der Metatarsalballen ist zu erahnen, auf jeden Fall ist er aber schwach abgedrückt.
- Die Abdrücke der **Krallen sind kurz** und wenig vom Endballen abgesetzt. Nur auf hartem Boden wie in **Abb. c** erscheint die die Hinterkralle als isolierter Punktabdruck. Schleifmarken (**Abb. a und b**) können gelegentlich die tatsächliche Länge der Kralle am Hallux verfälschen.

Verwechslungsmöglichkeiten

Trittsiegel mit „Pfeil“-Schablonen zeigen neben den Stelzen auch Lerchen und Pieper.

- **Lerchen** haben eine längere Hinterzehe, meist größere Öffnungswinkel und eine auffällige Knickung der Fußachse.
- **Pieper** haben zartere Zehen, einen längeren Hallux und – das ist bezeichnend – eine deutlich längere Hinterkralle.

Artengarnitur

Für das im Buch behandelte Gebiet werden vier Arten beschrieben.
An größeren Gewässern im Winter begegnet man der Gebirgsstelze deutlich häufiger als der hier nur gelegentlich überwinternden Bachstelze. Spuren von Schafstelzen sind selten zu finden, da Wiesengelände keine idealen Spurgründe sind. Die Zitronenstelze ist noch unwahrscheinlicher, stößt allerdings während des Vogelzugs, und ganz selten als Brutvogel, weiter nach Westen vor und sollte daher zumindest als Möglichkeit in Betracht gezogen werden.

Spurenrelevante Angaben für Stelzen.

Art	Auftreten und Status	Wo?
Bachstelze	März bis November, überwintert auch in Westeuropa und zunehmend anderswo	Offenland, Schotterflächen, auch synanthrop
Gebirgsstelze	Ganzjährig	An schnell fließenden (auch schmalen) Gewässern, Im Winter an Uferzonen im Tiefland
Schafstelze	März bis Oktober	Feuchte Wiesenlandschaften
Zitronenstelze	Brütet vor allem in Nordost-Europa und weiten Teilen Asiens, sonst während des Durchzugs Durchzug (April bis Mai und August); einzelne Bruten auch in Mitteleuropa!	Uferzonen, Feuchtwiesen

Maße, Variationsbreite und Unterscheidungen

Trittsiegelmaße der Stelzen (siehe auch Abkürzungsverzeichnis).

Art	TSL (cm)	TSL^oK (cm)	TSB (cm)	Z1 (cm)	Z1^oK (cm)	Z3 (cm)	Z3^oK (cm)
Bachstelze	3,2 (2,9–3,4)	2,4 (2,1–2,6)	1,8 (1,4–2,2)	1,3 (1,0–1,4)	0,8 (0,5–0,9)	1,7 (1,5–1,9)	1,4 (1,2–1,6)
Gebirgsstelze	3,0 (2,6–3,3)	2,2 (1,8–2,4)	1,7 (1,2–2,2)	1,3 (1,0–1,5)	0,8 (0,5–0,9)	1,6 (1,3–1,9)	1,3 (1,1–1,5)
Schafstelze	3,3 (3,1–3,6)	2,4 (2,3–2,8)	1,9 (1,4–2,3)	1,6 (1,4–1,7)	0,8 (0,7–1,0)	1,7 (1,6–1,8)	1,5 (1,4–1,7)
Zitronenstelze	3,5 (3,6–3,7)	2,6 (2,5–2,8)	2,0 (1,7–2,4)	1,6 (1,3–1,7)	0,9 (0,7–1,0)	1,8 (1,8–2,2)	1,6 (1,5–1,8)

Obwohl die Bachstelze etwas längere TS hinterlässt als die Gebirgsstelze, ist eine Unterscheidung aufgrund der Maße kaum möglich, weil die Unterschiede zu gering sind. Morphologisch fällt auf, dass die „Wiesenstelzen“, das sind Schaf- und Zitronenstelze, relativ längere Halluxkrallen zeigen.

Gangarten und Spurbilder

Typische Gangarten von Stelzen sind **Gehen** und **Laufen**. Letzteres kann auch zur Unterstützung des Abfluges genutzt werden. Beim Fang von Fluginsekten können Stelzen auch kurz hüpfen oder Hindernisse im Stil einer einzelnen Hüpflauf-Bewegung (mit versetzter Beinstellung) überwinden.

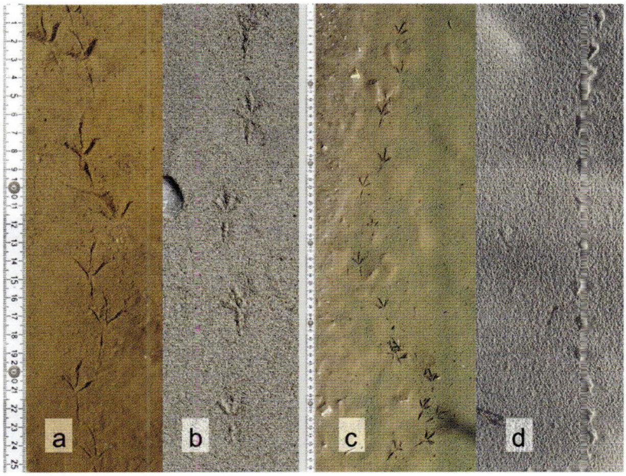

Spurgruppen der Bachstelze (Abb. a und b im gleichen Maßstab, Abb. c und d stärkerer verkleinert): Gehen mit kleiner SL in einer Wasserpfütze (a) und Laufen im Dünengelände (b). Undulierendes Gehen (c) und zielgerichtetes Laufen (d).

Die Spurbilder der einzelnen Gangarten unterscheiden sich nicht von denen anderer kleiner Singvögel. Ein **Charakteristikum**, besonders für **Bachstelzen,** ist allerdings der **gewundene Spurverlauf** (**Abb. c**) beim langsamen Gehen, der mit steigender Geschwindigkeit zunehmend geradliniger wird (**Abb. d**).

Die Maße basieren auf Freilandbeobachtungen von Bach- und Gebirgsstelzen, wobei zwischen den beiden Arten keine Unterschiede festgestellt wurden.

Maße von Gangarten bei Stelzen (siehe auch Abkürzungsverzeichnis).

Art	Gangart	SB (cm)	SL (cm)
Bachstelze	Gehen	2–3	(3) 5–10
	Laufen	2–3	11–14 (17)

Zeichen

oben: Nahrungserwerb bei der Bachstelze: Hinrennen und Aufscheuchen eines Insekts, das mit einem Sprung unter Zuhilfenahme der Flügel erbeutet wird (siehe die tiefen Abdrücke beim Absprung und die Flügelmarken).

Mitte: Fraßspuren der Gebirgsstelze: An einem schnell fließenden Bach hat der Vogel eine Blauflügel-Prachtlibelle (*Calopteryx virgo*) erbeutet und vor dem Verzehr die Flügel abgeschlagen. Libellenflügel in Großaufnahme (unten).

rechts: Exkremente von Bachstelzen an einem Brückengeländer.

Stelzen können beim Nahrungserwerb diskrete, aber eindeutige Zeichen hinterlassen.

Ernährung; Nahrungserwerb und Fraßspuren

Die Nahrung von Stelzen besteht überwiegend aus Insekten. Spurenrelevant dabei sind die Bodenjagd und das Aufscheuchen mit nachfolgendem **Beutesprung**. Gerne genutzt werden dazu vegetationsarme Areale wie Spülsäume oder Sandflächen. Besonders die Schafstelze hält sich oft nahe von Weidevieh auf und frisst dort beispielweise Dungfliegen. Werden größere Insekten erbeutet, so entfernen Stelzen Flügel oder Beine durch Aufschlagen auf den Boden.

Am Boden schlafen nur Schafstelzen, Wasserbäder nehmen alle Arten.

Ausscheidungen

Die **Exkremente** von Stelzen bestehen aus weißer Harnsäure (Urat) und einem dunkleren Kotanteil, der meist vom Urat übergossen ist. Je nach Flüssigkeitsgehalt können Kleckse mit einem Durchmesser von etwa 1 cm auftreten, aber auch längliche Zylinder oder Kringel.

Speiballen sind zwar beschrieben, jedoch selten anzutreffen.

Finken

Nun warten fortgeschrittene Aufgaben. Diese bestehen in der Beobachtung eines Buchfinken am Boden. Schon fliegt er heran und lässt sich auf dem Waldweg nieder. Ein paar Schritte mit wackelndem Kopf – Biologen sprechen hier von Nystagmus. Dann folgen eine Schleife, eine Wendung hin zum krautbewachsenen Wegesrand und gleich darauf die Rückkehr in die entgegengesetzte Richtung. Alles geschieht mit kurzen Schrittchen – doch sind es tatsächlich Schritte? Oder hebt der Vogel für einen kurzen Moment komplett vom Boden ab? Vielleicht handelt es sich gar nicht um Schritte, sondern um kleine Sprünge – und wie könnten solche Spurgruppen wohl aussehen?

Dieses Bewegungsmuster wollen wir in der Folge näher besprechen. Dabei ist der Buchfink lediglich ein Vertreter dieser vielfältigen Vogelfamilie, in der jede Art ihre eigenen Anpassungen und Verhaltensweisen entwickelt hat. Dieses Kapitel bietet einen Einblick in die faszinierende Vielfalt der Spuren und Zeichen von Finken.

Fußmorphologie und Trittsiegel

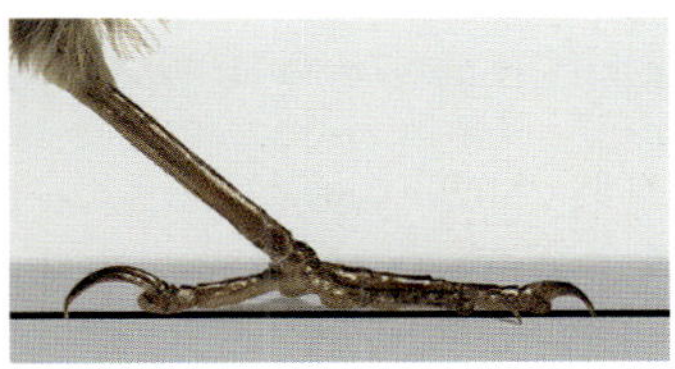

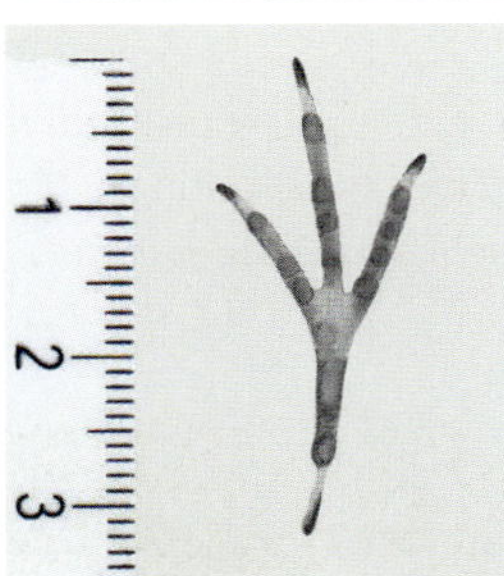

Buchfink:

links oben: linker Fuß, Unterseite.

links unten: rechtes Trittsiegel (idealisierte Zeichnung).

rechts: Fuß seitlich.

Füße von Finken zeigen folgende Merkmale:

- Grundtypus: Klassischer Vogelfuß.
- Dimension: TSL 2,2 bis 4,4 cm (für alle hier vorgestellten Arten).
- Die Füße sind recht breit, bei den kleineren Arten werden sie allerdings schmaler.
- Das Fußgewölbe ist relativ niedrig.
- Die **Zehen** sind **meist gebogen** und deren Ballen sind kräftig.
- Die Krallen sind kurz.

Die Beschreibung bezieht sich zuerst auf den Buchfink als typischen Vertreter dieser Familie.

Umrisse und Proportionen

Der Umriss entspricht einem breiten **Rechteck** in einem Verhältnis von etwa 2:1. Die **An-**

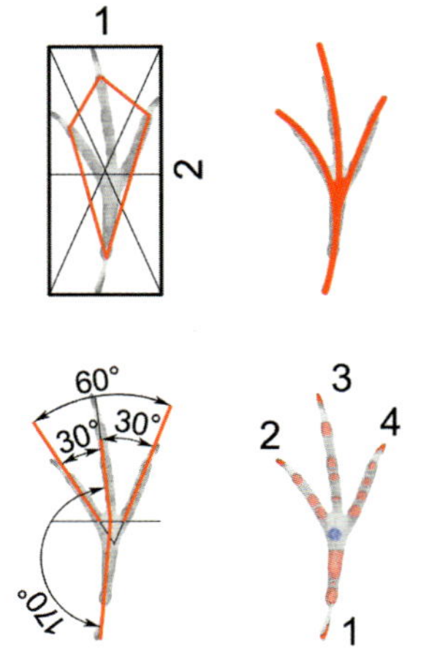

Buchfink:

links oben: Umrisslinien, geometrische Mitte (Diagonalenschnittpunkt), Ansatzlinie der Vorderzehen.

rechts oben: „Seggen“-Schablone.

links unten: Öffnungswinkel. Zehenachsen (rot), Gradangaben der Winkel.

rechts: Ballenmuster (Zehenballen rosa, Metatarsalballen blau und Krallen rot).

satzlinie der Vorderzehen (horizontale Linie) liegt knapp **hinter der geometrischen Mitte** des Trittsiegels. Die Umrisslinie entlang der Zehenspitzen entspricht einem **asymmetrischen Deltoid** (rote Linie), da die Innenzehe deutlich kürzer als die Außenzehe ist.

Schablone

Alle Zehen formen einen ähnlichen Bogen und scheinen aus der Hinterzehe hervorzuwachsen wie Halme einer „**Segge**“, die sich sanft im Wind neigen. Dieselbe Schablone, allerdings in etwas engerer Stellung, zeigen auch Sperlinge.

Achsen und Winkel

Die Öffnungswinkel der Vorderzehen betragen 60 bis 90°. Die Teilwinkel sind etwa gleich. Die Fußachse ist circa 170° nach innen gewinkelt.

Ballenmuster, Negativräume und Krallen

Das Fußgewölbe ist flach und der Fuß drückt **meist ganzflächig** auf.

Die **Zehen** sind relativ **kräftig** und parallelrandig. Ballenmuster sind nur schwach ausgeprägt, manchmal sieht man auch den proximalen Ballen am Hallux, das **Sitzkissen.** Dieses sollte genauso breit sein wie der Endballen dieser Zehe. Hinter- und Mittelzehe bilden meist eine nach **innen gebogene Linie.** Auch die **Innen- und Außenzehe** sind oft **leicht gebogen.** Der **Metatarsalballen** drückt häufig **ab.** Die Abdrücke der **Krallen** sind meist mit den **Endballen** der jeweiligen Zehen **verbunden** und nur selten abgesetzte Punkte.

Realitätsprüfung

Bei Trittsiegeln aus dem Freiland lassen sich folgende Merkmale bestätigen:

- Die Trittsiegel sind **breit** und die **Fußmitte** drückt fast so **stark** ab wie die Zehen**.**
- Die **„Seggen“-Schablone** lässt sich nachvollziehen.
- Die **Hinter und Mittelzehe** bilden einen nach **innen gekehrten Schwung**. Auch die anderen Zehen sind leicht gebogen.

Buchfink: Drei rechte Trittsiegel in verschiedenen Substraten.

- Die **Zehen** sind **relativ dick** und die **Ränder parallel**. Einzelne **Zehenballen** sind nur undeutlich abzugrenzen. In Abb. a und b ist auch das **Sitzkissen** erkennbar. Das Sitzkissen bei Finken ist **genauso breit wie der Endballen** – das ist ein **wichtiges Merkmal** zur Abgrenzung gegenüber anderen Arten, vor allen von Ammern.
- Der **Metatarsalballen** ist teilweise **gut** erkennbar (links und Mitte).
- Die **Krallen sind kurz** und zumeist mit den Zehenendballen verbunden.

Verwechslungsmöglichkeiten

Finkenspuren sind relativ häufig zu finden. Die großen Arten mit breiten Trittsiegeln und stark gespreizten Vorderzehen sind recht typisch, trotzdem bleiben oft Unklarheiten. Man sollte daher an folgende Familien denken:

- **„Schmätzer“** haben dünnere Zehen und eine zur Seite verschobene Mittelzehe, was sich auch in einer abweichenden Schablone („Rune“) ausdrückt. In vielen Trittsiegeln ist der Endballen am Hallux deutlicher und breiter als das Sitzkissen.
- **Braunellen** haben schmalere Füße, deren Zehen stehen gerade, sind dünner und die Mittelzehe ist zur Seite versetzt.
- **Sperlinge** zeigen schmalere Füße, dünnere Zehen und ein schwächer ausgeprägtes Sitzkissen.
- **Ammern** haben schmalere Füße, dünnere Zehen, längere Krallen, ein höheres Fußgewölbe und zumeist einen prominenten Endballen am Hallux.
- Kleine Finkenarten, die an sich bereits weniger breite Füße haben, ähneln **Laubsängern** und **Grasmücken**. Diese haben in Relation dickere Zehen und ein stärker ausgeprägtes Ballenmuster (besonders das Sitzkissen).

Artengarnitur

Für dieses Buch werden zwölf Finkenarten angeführt.
Anhand der Tabelle auf der nächsten Seite lassen sich im Freiland entdeckte Spuren besser einzuordnen. Während Arten wie der Kernbeißer das ganze Jahr in einem Gebiet anzutreffen sind, bleiben andere nur für kurze Zeit. Der Karmingimpel beispielsweise zählt zu den wenigen Vögeln, die bis nach Indien ziehen und erst spät im Jahr in ihre europäischen Brutgebiete zurückkehren, die sie bereits im Sommer wieder verlassen.
Weitere wichtige Kriterien sind die bevorzugten Lebensräume und jahreszeitliche Wanderungen. Zeisige brüten vor allem in höheren Lagen in Nadelwäldern, ziehen jedoch im Winter ins Tiefland. Ebenso variieren die Gründe, weshalb Finkenarten den Boden aufsuchen. So sucht der Girlitz den Großteil seiner Nahrung ganzjährig am Boden, während andere Arten wie Buchfink, Bergfink, Bluthänfling und Kernbeißer dies vor allem im Winterhalbjahr zeigen. Viele Finken sammeln Pflanzensamen direkt von den Stängeln. Der Erlenzeisig hingegen ist nur selten in Bodennähe anzutreffen und verlässt die Bäume erst, wenn dort sämtliche Samen abgeerntet sind.

Spurenrelevante Angaben zu Finken (Quellen: G. v. Blotzheim & Bauer, eigene Beobachtungen).

Art	Wann?	Wo?	Bodenkontakt
Buchfink	Ganzjährig. Überwintern teilweise gemeinsam mit nördlichen Finken	Häufig in Wäldern und Landschaften mit Einzelbäumen	Regelmäßig von Herbst bis Mitte April
Bergfink	Wintergast (Oktober bis April) aus N(O). Manchmal Masseneinflüge.	Auch an Futterstellen	Herbst bis Frühling
Girlitz	März bis November	Wärmegetönte Landschaften mit lockerem Baumbestand	Ganzjährig
Erlenzeisig	Ganzjährig, auch Wintergäste aus dem Norden	In Bergwäldern; im Winter auch im Tiefland	Nur am Boden, wenn an Bäumen Samen fehlen
Birkenzeisig	Ganzjährig. auch Wintergäste aus dem Norden	In Bergwäldern; Wintergäste auch im Tiefland	Nordische Wintergäste sind häufiger am Boden.
Grünfink	Ganzjährig	Lichte Laubwälder, Landschaften mit Einzelbäumen	Teilweise, ganzjährig
Stieglitz	Ganzjährig	Kulturland, lichte Laubwälder	Teilweise, ganzjährig
Bluthänfling	Ganzjährig	Kulturland, auch Heiden und Bergregionen	Vor allem im Frühling an vorjährigen Samen
Fichtenkreuzschnabel	Ganzjährig	Unstet, folgt fruchtenden Fichtenbeständen	Im Frühling auf abgefallenen Zapfen, sonst zum Trinken und zur Steinchenaufnahme
Karmingimpel	Mai bis August	Verbuschte Feuchtgebiete	Vor allem im Frühling
Gimpel	Ganzjährig, auch Wintergäste aus dem Norden	Misch- und Nadelwälder	Teilweise
Kernbeißer	Ganzjährig	Misch- und Nadelwälder, Auen	Im Winter häufig

Maße, Variationsbreite und Unterscheidungen

Seitens der TSL lassen sich drei Kategorien (mit nur geringen Überschneidungen) unterscheiden:

- **Die „typischen“ Finken (TSL 3,0 bis 3,5 cm):** Buch-, Berg- und Grünfink, Bluthänfling, Karmingimpel und Gimpel. Auffällig dabei ist, dass der körperlich so bullig wirkende Gimpel relativ kleine Füße hat.

- **Die kleinen Arten (TSL unter 3,0 cm):** Girlitz, Erlen- und Birkenzeisig, Stieglitz.
- **Die großen Arten (TSL über 3,5 cm):** Fichtenkreuzschnabel und Kernbeißer.

Trittsiegelmaße der Finken (siehe auch Abkürzungsverzeichnis).

Art	TSL (cm)	TSL^{oK} (cm)	TSB (cm)	Z1 (cm)	$Z1^{oK}$ (cm)	Z3 (cm)	$Z3^{oK}$ (cm)
Buchfink	3,2 (3,0–3,4)	2,4 (2,0–2,7)	1,6 (1,2–2,0)	1,2 (1,1–1,3)	0,8 (0,6–1,0)	1,7 (1,5–1,9)	1,4 (1,4–1,4)
Bergfink	3,1 (2,8–3,5)	2,3 (2,1–2,5)	1,8 (1,3–2,6)	1,2 (1,1–1,3)	0,9 (0,7–0,9)	1,7 (1,7–1,9)	1,4 (1,2–1,6)
Girlitz	2,6 (2,5–2,8)	1,9 (1,8–2,0)	0,9 (0,7–1,2)	1,0 (0,9–1,1)	0,7 (0,6–0,8)	1,4 (1,3–1,5)	1,[illegible] (1,0–1,2)
Erlenzeisig	2,6 (2,2–2,8)	1,9 (1,6–2,2)	1,0 (0,7–1,2)	1,1 (0,9–1,2)	0,7 (0,6–0,8)	1,4 (1,1–1,5)	1,0 (0,9–1,1)
Birkenzeisig	2,8 (2,3–3,0)	1,9 (1,6–2,5)	1,1 (0,8–1,4)	1,2 (0,9–1,2)	0,8 (0,6–0,9)	1,5 (1,1–1,6)	1,0 (0,8–1,1)
Grünfink	3,3 (2,8–3,5)	2,4 (2,0–2,6)	1,3 (0,8–1,7)	1,3 (1,1–1,5)	0,8 (0,7–1,0)	1,9 (1,6–2,1)	1,5 (1,2–1,7)
Stieglitz	2,8 (2,6–3,1)	2,0 (1,8–2,2)	1,0 (0,7–1,2)	1,2 (1,1–1,4)	0,8 (0,7–0,9)	1,5 (1,3–1,7)	1,1 (0,9–1,2)
Bluthänfling	3,0 (2,8–3,3)	2,2 (2,1–2,3)	1,2 (0,9–1,6)	1,1 (0,9–1,3)	0,9 (0,7–0,8)	1,7 (1,6–1,8)	1,3 (1,2–1,4)
Fichtenkreuzschnabel	3,9 (3,6–4,3)	2,9 (2,7–3,2)	1,8 (1,3–2,8)	1,6 (1,4–1,8)	1,1 (0,8–1,2)	2,3 (2,1–2,5)	1,3 (1,6–2,0)
Karmingimpel	3,1 (3,1–3,3)	2,4 (2,4–2,5)	1,4 (1,0–2,2)	1,2 (1,1–1,3)	0,8 (0,7–0,9)	1,8 (1,7–1,8)	1,5 (1,4–1,5)
Gimpel	3,2 (2,8–3,4)	2,4 (2,1–2,6)	1,5 (0,9–2,3)	1,2 (1,0–1,5)	0,9 (0,7–1,0)	1,9 (1,7–2,0)	1,3 (1,2–1,4)
Kernbeißer	4,0 (3,8–4,4)	3,0 (2,7–3,6)	2,0 (1,5–2,2)	1,6 (1,4–1,8)	1,0 (0,9–1,4)	2,3 (1,9–2,6)	1,8 (1,5–2,2)

Morphologische Unterschiede

Neben den beschriebenen Größenklassen zeigen die einzelnen Arten auch subtile morphologische Unterschiede, die sich auch bei idealen Trittsiegeln im Freiland nachvollziehen lassen.

- **TSL/TSB und Öffnungswinkel.** Die **großen Arten** (Fichtenkreuzschnabel, Gimpel, Kernbeißer) zeigen fast immer **breite Trittsiegel** mit Öffnungswinkeln bis 80°. Im Gegensatz dazu haben **kleine Arten** (Girlitz, Zeisige, Stieglitz) recht **schmale Füße.** Damit verschieben sich auch die Relationen des Umriss-Rechtecks (siehe Abb. S. 422 links oben), von 2:1 auf 3:1.

Morphologische Unterschiede einzelner Finkenarten. Fußanatomie (oben) und Trittsiegel (unten).

- **Zehendicke**. Natürlich ist die Zehendicke im Trittsiegel auch vom Untergrund abhängig. In vergleichbaren Substraten fällt trotzdem auf, dass manche Arten **auffällig dicke Zehen** haben (Erlenzeisig, Gimpel, Kernbeißer). Das zeigt sich am deutlichsten im Bereich des Sitzkissens. Stieglitze hingegen haben schlanke Zehen.
- **Ansatzlinien der Vorderzehen**. Bei den meisten Arten liegt diese Ansatzlinie im Bereich der geometrischen Mitte des Trittsiegels (siehe Abb. S. 422 links oben). Bei Grünfink und Gimpel rückt diese Linie nach hinten – hier ist die Mittelzehe in Relation etwas länger. Diese Feinheiten sind zahlenmäßig kaum darstellbar, erschließen sich aber einem auf Proportionen geschulten Auge.

Die beschriebenen Merkmale bieten einen ersten Ansatz, um Unterscheidungsmöglichkeiten zu entwickeln. In Einzelfällen kann dies durchaus gelingen, doch ist generell Vorsicht geboten. Besonders bei den Finken kommt es unter bestimmten Bedingungen häufig zu **„verzerrten" Trittsiegeln**. Auf harten Böden können beispielsweise die Krallen der Seitenzehen stark nach außen winkeln oder einzelne Endglieder der Zehen leicht angehoben sein, sodass sie keinen Abdruck hinterlassen. Derartige Trittsiegel sind bestimmungstechnisch verwirrend.

Gangarten und Spurbilder

Finkenvögel verwenden eine Vielzahl verschiedener Gangarten mit diversen Übergängen und teils unklaren Bewegungsmustern. Das macht es nicht einfach, Spurbilder zu bestimmen – andererseits kann man derlei „Kauderwelsche“ auch wieder als Charakteristikum für diese Familie betrachten.

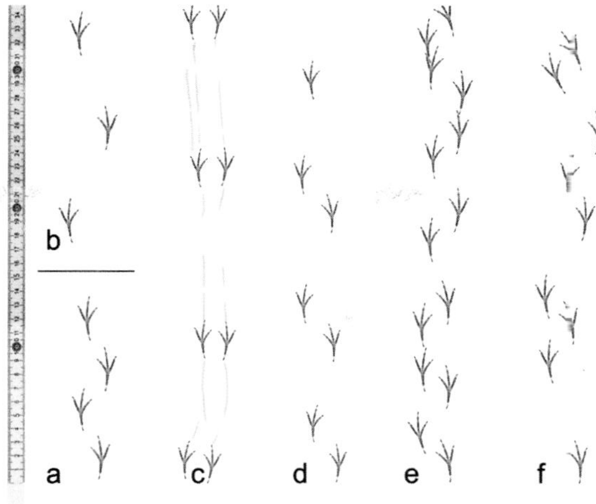

Spurbilder von Finken: Gehen (a), Laufen (b), „klassisches‘ Hüpfen (c), Hüpfen mit versetzten Beinen (d), Polkaschritt Typ 1 (e), Polkaschritt Typ 2 (f).

- **Gehen und Laufen (a, b).** Diese Gangarten nutzen Finken meist nur als Übergänge, beispielsweise vom Polkaschritt Typ 1 zum Hüpfen.
- **„Klassisches“ Hüpfen (c),** wobei beide Beine parallel abheben und landen. Oft sieht man eine Gangart mit sehr kurzen SL im Bereich von Futterquellen und eine mit langen ZGL, die zur Überwindung längerer Bodendistanzen dient.
- **Hüpfen mit versetzten Beinen (d).** Diese Gangart ist spurentechnisch nicht vom Hüpflauf zu unterscheiden, hier setzten die Füße jedoch gleichzeitig auf. Das ist wahrscheinlich die schnellste Gangart.
- **Polkaschritt Typ 1 (e).** Das ist ein Spezifikum für Finken (eingeschränkt auch für Braunellen und Ammern). Diese Gangart ist eine Mischung kurzer Schritte und Hüpfbewegungen, oft mit Richtungswechseln verbunden. Immer sind die SL sehr kurz und die Trittsiegel, einmal stärker einmal schwächer, gegeneinander versetzt. Dazwischen liegen unregelmäßig eingestreute Ausgleichsschritte. Oft lassen die Einzelheiten Interpretationsspielraum offen, konstant ist jedoch eine Doppelspur mit dicht aneinander gereihten TS, die an einen „**Karrenweg**“ erinnert. Diese Gangart wird bei der Nahrungssuche genutzt.
- **Polkaschritt Typ 2 (f)** besteht aus Dreiergruppen, wobei nach einem Sprung mit versetzten Beinen ein Ausgleichsschritt erfolgt. Das beschreibt wieder den kombinierten Typus von Hüpfen und Gehen, der den Polkaschritt auszeichnet. Eine Polka schwingt allerdings im 2/4-Takt – vielleicht war den Heinroths, die diese Gangart um 1927 zuerst beschrieben, der Charleston vertrauter.

Die nachfolgende Tabelle stellt Beispiele vor, wie sie im Freiland gefunden werden. Es ist nicht sinnvoll, Mittelwerte anzugeben, da sich insbesondere beim Hüpfen entweder ganz kurze oder ganz lange SL zeigen.

Das **vielfältigste Bewegungsspektrum** zeigt der **Buchfink**, der alle beschriebenen Gangarten beherrscht. **Polkaschritte** lassen sich ebenso bei **Bergfink, Grünfink, Stieglitz** und **Bluthänfling** beobachten. **Kleinere Finkenarten** hingegen bewegen sich überwiegend **hüpfend**. Nach Peter Kunkel nimmt die Häufigkeit dieser Fortbewegungsart in folgender

Maße von Gangarten bei Finken (siehe auch Abkürzungsverzeichnis).

Art	Gangart	SB (cm)	SL (cm)	GL (cm)	ZGL (cm)
Buchfink	Gehen	2–3	5–8		
	Laufen	3	9–17		
	Hüpfen „klassisch“	3–4	3–11	3–5	-1–8
	Hüpfen versetzt	3–5	9–15	5–8	-1–8
	Polkaschritt Typ 1	3–6	3–7		
	Polkaschritt Typ 2	3–7	8–11		
Kleine Finken	Hüpfen „klassisch“	2–4	3–16	3–4	-1–12
	Hüpfen versetzt	2–5	8–20	5–7	2–14

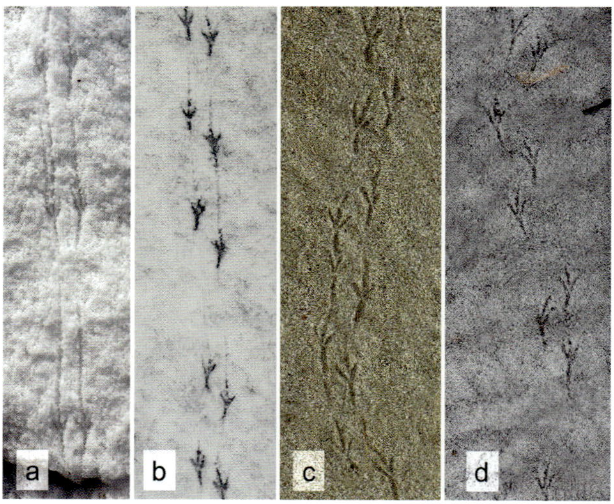

Spurgruppen von Finken: „Klassisches“ Hüpfen vom Birkenzeisig (a), versetztes Hüpfen beim Birkenzeisig (b), Polkaschritt Typ 1 beim Buchfinken (c), Polkaschritt Typ 2 beim Buchfinken (d).

Reihenfolge zu: Grünfink, Stieglitz, Bluthänfling, Girlitz, Erlenzeisig und Birkenzeisig, Gimpel, Fichtenkreuzschnabel. Während also Grünfinken auch noch andere Gangarten nutzen, hüpft der Fichtenkreuzschnabel ausschließlich. Findet man eine Spurgruppe, die zeigt, dass ein Finkenvogel eine **längere Strecke gelaufen** ist, so könnte es sich um einen **Berghänfling** handeln. Dieser im Binnenland sehr seltene Durchzügler benutzt als Tundravogel diese für Finken ungewöhnliche Gangart.

Ornithologisch Versierte werden sich vielleicht zu den Spurgruppen der Birkenzeisige Gedanken machen. Im Gegensatz zum „Alpenbirkenzeisig“ (*Acanthis flammea cabaret*) kommt der „Taigabirkenzeisig“ (*A. f. flammea*) öfter auf den Boden. Tatsächlich war dieser Wintertrupp von Birkenzeisigen sehr hell, sowohl an den Bauchseiten als auch am Bürzel. Dazu fielen die großen TSL auf, die durchweg an der oberen Dimensionsgrenze für diese Art lagen. Ein Beispiel, wie sich Feldornithologie und Spurenlesen ergänzen können.

Zeichen

Ebenso mannigfaltig wie Trittsiegel und Spurgruppen sind die Zeichen, die von Finken hinterlassen werden. Als Einstieg in diese umfangreiche Thematik wird im Folgenden eine kleine Auswahl vorgestellt.

Ernährung

Finken ernähren sich vorwiegend von Pflanzensamen. Die **Beziehung zwischen Pflanze und Vogel**, insbesondere die Präferenz für bestimmte Diasporen – ein Sammelbegriff für sämtliche Ausbreitungseinheiten von Pflanzen – und die Anpassung der Schnabelform, ist seit Langem Gegenstand intensiver Forschung. Ein bekanntes Beispiel sind die Darwinfinken der Galapagosinseln, welche die Idee der natürlichen Selektion inspirierten und letztlich zur Entwicklung der Evolutionstheorie beitrugen. Sobald wir eine Grundvorstellung von der Ernährung der Finkenarten haben, fällt es deutlich leichter, Fraßspuren und Exkremente zuzuordnen. Jede Art hat bevorzugte Nahrungsquellen, die sich jedoch mit den Jahreszeiten ändern. Bei einem Mangel an dieser „Hauptnahrung" zeigen sich die Vögel erstaunlich anpassungsfähig und greifen auf Ersatznahrung zurück. Trotz dieser variablen Kriterien können wir uns auf einige grundlegende Aspekte konzentrieren:

- **Insektenanteil** an der Ernährung. Dieser ist generell gering und konzentriert sich meist auf die Brutzeit. Ein Teil der Insektennahrung besteht aus Blattläusen, wobei Finken mit kräftigen Schnäbeln auch Pflanzengallen öffnen können. Während **Buch**- und **Bergfink** einen vergleichsweise **hohen Anteil** tierischer Nahrung zu sich nehmen, ist dieser bei Arten wie **Girlitz** und **Bluthänfling** äußerst **gering**.
- **„Milchreife".** Finkenarten mit schwächeren Schnäbeln bevorzugen unreife Samen, die – besonders bei Gräsern – noch weich und saftig sind. Dieser Zustand wird als „milchreif" bezeichnet. Beispielsweise nutzt der Girlitz diese Samen, um seine Nestlinge zu füttern. Auch Stieglitz und Bluthänfling bevorzugen in dieser Phase solche weichen Samen. Andere Pflanzenarten, die Milchsäfte bilden wie Löwenzahn und Lattich-Arten werden ebenso gerne gefressen.
- **Samen von „Kräutern".** Gerne fressen Finken Samen von Korbblütlern (Huflattich, Löwenzahn, Greiskraut, Kletten, Disteln, Beifuß und andere). Auf Disteln ist vor allem der **Stieglitz** (= „Distelfink") spezialisiert. Klettensamen fressen unter anderem **Grünfink** und **Kernbeißer.**
- **Baumsamen**
    - » **Koniferen** (vor allem Fichte, Lärche, Rotföhre). In erster Linie ist hier der **Fichtenkreuzschnabel** anzuführen, aber auch **Buch-**, **Berg-** und **Grünfink** sowie **Erlenzeisig** und **Kernbeißer** fressen Samen von Fichten und von anderen Nadelbäumen.
    - » **Erlen** (vor allem Schwarzerle). Hier zählt der **Erlenzeisig**, der seinen Namen zu Recht nach diesem Baum trägt, zu den bevorzugten Nutzern, gemeinsam mit **Bergfink**, **Girlitz**, **Stieglitz** und **Birkenzeisig**. Dieselbe Gruppe, ergänzt durch **Gimpel** und **Kernbeißer**, ernährt sich zudem auch von **Birkensamen**.
    - » **Bucheckern** können nur Finken mit kräftigen Schnäbeln aufschneiden, das sind **Buch-, Berg-, Grünfink, Fichtenkreuzschnabel** und **Kernbeißer**
    - » **Hainbuchen-Nüsschen** sind noch härter als Bucheckern und werden regelmäßig vor allem vom **Kernbeißer** geknackt, seltener auch vom **Grünfink**.
    - » Samen von **Eschen, Ahorn** sowie **Ulmen** dienen **Buch-, Berg-, Grünfink, Fichtenkreuzschnabel, Gimpel und Kernbeißer** als Nahrung.

- **Baumknospen.** In Zeiten, in denen Samen nicht verfügbar sind, ernähren sich manche Finkenarten von Blatt- oder Blütenknospen. Im Frühling sind **Blütenknospen von Ulmen** wichtige Nahrungselemente für **Girlitz, Stieglitz, Erlenzeisig** und **Gimpel**. **Knospen** von Obstbäumen sind im Spätwinter Ziele vor allem vom **Gimpel,** aber auch von **Grünfink, Birkenzeisig** und **Kernbeißer.** Auch an anderen Laub- und Nadelbäumen wird Knospenfraß durch verschiedene Finkenarten beobachtet, allerdings in geringerem Ausmaß.
- **Samen fleischiger Beeren und Früchte.** Besondere Bedeutung hat hier die **Vogelbeere** *(Sorbus aucuparia)*, deren Samen von **Berg-** und **Grünfink, Gimpel** und **Kernbeißer** freigelegt und verzehrt werden. In den meisten Fällen wird das Fruchtfleisch verworfen. Auch andere Beeren und Früchte (zum Beispiel Hagebutten) werden genutzt. **Bluthänfling** und **Birkenzeisig** fressen nicht an Vogelbeeren.

Nahrungserwerb und Fraßspuren

Wenn Samen bereits ausgefallen sind, suchen viele Finkenarten ihre Nahrung am Boden. Das ist zumeist im Spätwinter. Am seltensten verlassen Erlenzeisige die Bäume, den meisten Bodenkontakt haben Girlitze. Andere Arten wie der Stieglitz sitzen lieber auf den Stängeln ihrer Futterpflanzen. Kleine Samen werden in toto verschluckt, größere von ihren Schalen befreit und nur das Innere wird anschließend gefressen. Zapfen und Diasporen von Bäumen werden oft in spezifischer Weise behandelt. Bei Nahrungsüberfluss sind Finken verschwenderisch und ein Teil der geernteten Samen fällt zu Boden. Berücksichtigt man diese Voraussetzungen, lassen sich folgende Zeichen finden:

- „**Schnabelschleudern**“. Buchfink, Grünfink, Bluthänfling und Kernbeißer können mit dem Schnabel die oberflächliche Streuschicht entfernen, um an tiefer liegende Nahrung zu gelangen. Diese Zeichen sind aber unspezifisch und hinterlassen auch andere Singvögel wie Lerchen, Drosseln oder Sperlinge.
- **Schneetunnel**. Bergfinken können Nahrung (zum Beispiel Bucheckern) unter 15 cm Schnee freilegen und bis zu 40 cm lange Tunnel graben (nach G. v. Blotzheim & Bauer).
- Am Boden liegende **Ansammlungen** von **Samenschalen** und anderen Resten. Hier machen einzelne Finken ihrem Namen alle Ehre. Geöffnete Bucheckern sind häufig tatsächlich Fraßspuren des Buchfinken, während Massen abgebrochener Erlenzapfen auf Erlenzeisige hinweisen. Viele Finkenarten hinterlassen zudem verstreute Samen krautiger Pflanzen am Boden wie Ackerbeikräuter oder Korbblütler, wenn sie diese „verschwenderisch“ befressen. Hainbuchennüsschen-Schalen und sogar gespaltene Kirschkerne sind charakteristische Spuren vom Kernbeißer. Mit seinem kräftigen Schnabel kann er selbst so harte Schalen knacken (siehe dazu auch die Bilder im **Kapitel** über **Spechte**). Auch Meisen können diesbezügliche Fraßbilder hinterlassen, allerdings müssen dann die Schalen bereits gequollen und durchfeuchtet sein.
- **Fraßbild vom Fichtenkreuzschnabel.** Dieses Zeichen ist variabel und wird von der Samenreife respektive der Feuchtigkeit der Zapfen beeinflusst.
  - » Bei beginnender Reife und Zapfenöffnung kann der Vogel durch seine spezi-

fische Schnabelform einzelne Schuppen anheben, um an die Samen gelangen. Beim Zurückziehen des Schnabels **reißt dessen gebogene Spitze häufig die Zapfenschuppe in Längsrichtung auf**. **Dieses Zeichen ist typisch und unverwechselbar**.

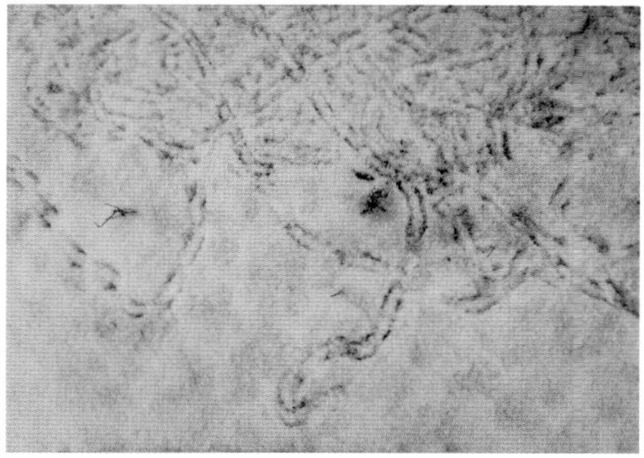

Nahrungssuche von Buchfinken am Boden: Mittels Hüpfen und Polkaschritt „durchpflügen“ Buchfinken den Schnee. Das verschlungene, erratisch wirkende Spurbild ist typisch.

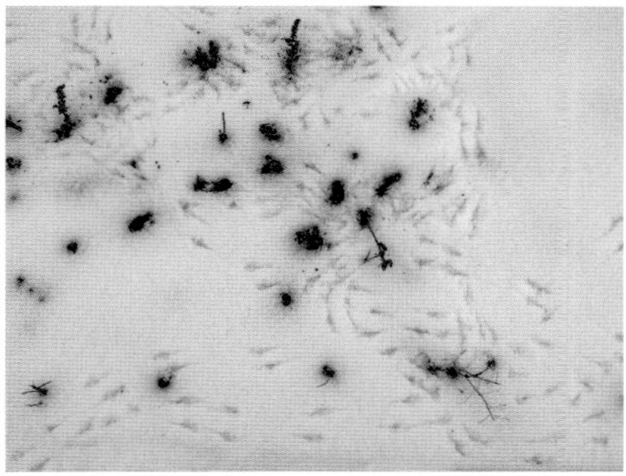

Fraßspuren von Bergfinken an einem Feldrand. Die Samen von „Unkräutern“ sind beliebte Winternahrung. Die dürren Stängel werden teilweise ganz abgeerntet, auch geknickt. Manche zu Boden gefallene Samenkörner bleiben hier liegen.

» Bei stärkerem Reifegrad können die Schuppen leichter aufgedrückt werden und die typischen Längsrisse bleiben aus. Zurück bleibt ein Zapfen mit unsymmetrischen Schuppenspeizungen. Die Zapfen werden nämlich nur **einseitig bearbeitet**, da eine weitere Manipulation (Drehung) in den Baumwipfeln technisch kaum klappt. Diese einseitige Bearbeitung kann zur Unterscheidung ähnlicher Fraßspuren beim Buntspecht dienen, der die Zapfen meist auch dreht.

» Oft werden die ganzen Zapfen abgebissen. Fallen diese zu Boden, fällt auf, dass an der **Basis auch ein geringer Nadelanteil** anhaftet – das unterscheidet dieses Fraßbild von jenen von Eichhörnchen.

- **Fraßspuren an „milchsaftreifen“ Löwenzahnblüten** von Girlitz, Stieglitz, Erlenzeisig und Gimpel. Die Vögel müssen nach dieser Kost regelmäßig ihre Schnäbel an der Vegetation abwischen (= „**Schnabelwischen**“). Mit der nötigen Akribie könnte es möglich sein, diese Zeichenkombination im Freiland aufzufinden.
- **Fraßspuren an Disteln** (und anderen Korbblütlern). Stieglitze können **seitlich** in den Blütenkorb eine **Öffnung meißeln** oder mit leicht geöffnetem Schnabel in einen Samenstand ein **Loch zirkeln**. Beides hinterlässt auffällige Zeichen.
- **Knospenfraß** durch den **Gimpel** ist besonders bei **Obstbäumen** (Äpfel, Birnen, Zwetschken) auffällig. Hier können im Winter ganze Zweige systematisch, beginnend von der Basis, abgefressen werden. Ziel sind die Blütenknospen, wobei die

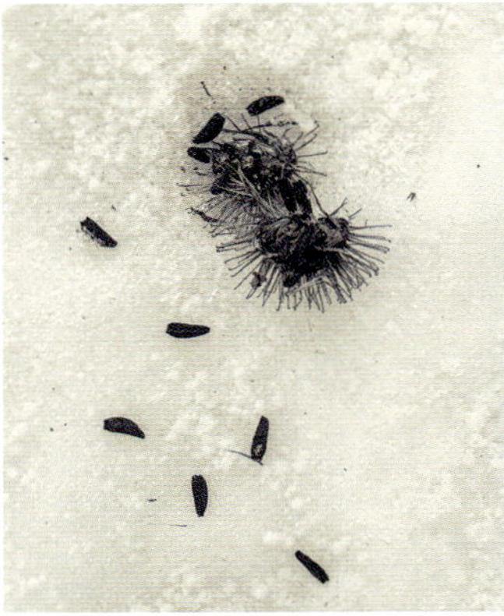

links oben: Fraßspuren vom Grünfink: Der „Kopf“ der Klette wurde abgebissen und einige Samen sind beim Fraß zu Boden gefallen.

links Mitte: Fraßspuren vom Kernbeißer. Nur wenige Finken können die harten Nüsse der Hainbuchen spalten. Ansammlungen von Schalenhälften verweisen meist auf den Kernbeißer. Sind diese Nüsschen allerdings durchfeuchtet, können sie auch von anderen Arten (zum Beispiel Meisen) genutzt werden.

links unten: Korbblütler als Vogelnahrung: Die Sonnenblume ist ein allgemein bekannter Vertreter der Kompositen. Viele Samenkörner werden bereits vor der Vollreife von Vögeln gefressen, nicht nur von Finken, sondern auch von Meisen und Sperlingen.

rechts oben: Fraßspuren von Erlenzeisigen: Im Winter ist es lohnend, sich unter Schwarzerlen umzusehen. Die zahlreichen abgebrochenen Zapfenschuppen weisen auf einen Besuch eines ganzen Trupps dieser kleinen Finkenvögel hin. Etwaige Zweifel zerstreuen die Exkrement-Kleckse. Zeichenkombinationen zu erkennen, ist hilfreich für Spurenlesende.

rechts unten: Fraßbild vom Fichtenkreuzschnabel. Diese Fichtenzapfen weisen einige charakteristische Merkmale auf. Die längsgespaltenen Zapfenschuppen wurden von den gebogenen Schnabelspitzen verursacht. An anderer Stelle wurden die Schuppen nur hochgedrückt. Diese Areale sind einseitig, da die Vögel die schweren Zapfen meist nicht drehen. An der Basis des rechten Zapfens sieht man auch ein kleines Stück mit Fichtennadeln. Andere Erntende wie Häher, Spechte oder Nagetiere kappen den Zapfen ohne Grünanteil.

Stieglitz und Disteln: „Distelfinken“ erschließen auf verschiedene Arten die nahrhaften Samen. Bei geschlossenen Samenköpfchen meißeln sie eine Öffnung in die Hülle (links). Bei geöffneten Samenständen können sie mit ihren langen und recht feinen Schnäbeln die Samen seitlich beginnend ernten (Mitte). In bestimmten Fällen zirkeln sie mit leicht geöffneten Schnäbeln in den „Pappus-Wald“ (rechts). Unter Pappus versteht man die Federkelche, die den Samen aufsitzen und diese zum Schweben bringen.

Schnabelspuren vom Fichtenkreuzschnabel an einer ausgetrockneten Wasserpfütze: Diese Vögel scheinen einen besonders hohen Mineralienbedarf zu haben. Die Erde an dieser Stelle enthält wahrscheinlich gelöste Reste von Tierexkrementen oder Streusalz. Ähnliche Zeichen können Schwalben oder Singdrosseln hinterlassen, wenn sie Lehm zum Nestbau sammeln.

Hüllblätter verworfen werden. Für andere Arten, die im Abschnitt über die Ernährung bereits erwähnt wurden, sind Blütenknospen von Ulmen attraktiv.

- **Fraßspuren an Früchten und Beeren.** Im Gegensatz zu Grasmücken, Drosseln und „Schmätzern“ sind Finken in der Regel nicht am Fruchtfleisch, sondern an den Samen interessiert (= **Samenprädatoren**). Besondere Bedeutung können Vogelbeere (*Sorbus aucuparia*) und Hagebutten verschiedener Rosenarten gewinnen. Die Fraßspuren bestehen aus verworfenem Fruchtfleisch und Beerenhäuten oder freigelegten Kernobstgehäusen und stammen meist von **Buch-, Berg-** und **Grünfink, Gimpel** oder **Kernbeißer**. **Bluthänfling** und **Birkenzeisig** nutzen diese Nahrungsquellen **nicht**.

Weitere Zeichen

- **Trinken und Baden**. Wie alle **Körnerfresser** müssen Finken **regelmäßig trinken**. An geeigneten Wasserstellen, an denen auch gebadet wird, finden sich daher regelmäßig deren Spuren.
- **Grit, Salz und Erde.** Körnerfresser zerkleinern ihrer Nahrung im Muskelmagen mithilfe von **kleinen Steinchen**, die regelmäßig gefressen werden. Bemerkenswert ist

auch das Bedürfnis von Finken, **verschiedene Salze** aufzunehmen. Salzbestreute Fahrbahnränder oder Wildlecken stellen dabei wichtige Quellen dar, an denen sich Grünfinken, Stieglitze, Erlenzeisige, Bluthänflinge, Karmingimpel und Fichtenkreuzschnäbel bedienen. Diese Arten suchen auch nach stickstoffhaltigen Salzen wie **Mauersalpeter**. Ein besonderer Spezialist in dieser Hinsicht ist der Fichtenkreuzschnabel, der unter anderem Erde von **uringetränkten Tierlagern** aufnimmt.

Schlafen

Gemeinschaftsschlafplätze sind ein Phänomen des Winters. Besonders eindrucksvoll sind diese, wenn im Rahmen von Masseneinflügen nordischer **Bergfinken** riesige Trupps zusammenfinden. Sowohl die Schlafbäume als auch der Boden darunter sind dann mit einer dicken Schicht von Exkrementen bedeckt. Auch Buch- und Grünfinken, Stieglitze, Erlenzeisige, Bluthänflinge und Kernbeißer können zur Zugzeit und im Winter größere Schlafgemeinschaften bilden.

Ausscheidungen

Exkremente von Finken sind uneinheitlich.

- **Kleine, weiße Kleckse.** Diese haben einen Durchmesser von ca. 1 cm im und zeugen von ballaststoffarmer, eiweißreicher Nahrung.
- **Gewundene Exkremente** (bis 3 cm Länge) mit geringem Uratanteil entstehen nach der Aufnahme von Samen, die hohe Anteile an unverdaulichen Bestandteilen wie Samenhüllen und Schalen enthalten. In diesem Zusammenhang lässt sich untersuchen, welche Samen vor dem Verzehr geschält oder entspelzt werden (größere Getreide- und Grasarten) und welche im Ganzen geschluckt werden (kleinere Samenkörner). Bei kohlenhydrat- und fettreichen Samen ist der Weißanteil im Exkrement gering, bei eiweißreichen Samen jedoch höher.
- **Gestreckte Zylinder** bis 2,5 cm Länge und etwa 0,5 cm Dicke mit geringer Urataufl age werden bei ähnlicher Ernährungslage produziert.
- **Chlorophyllanteile.** Bei den letzten beiden Typen kann man bei genauer Betrachtung manchmal auch grüne Pflanzenteile innerhalb des Kotanteils erkennen. Diese weisen vor allem Grünfink und Gimpel auf, wenn sie vermehrt Knospen oder grüne Pflanzenteile gefressen haben.
- **Speiballen** sind vom Kernbeißer bekannt, von anderen Arten zu erwarten.

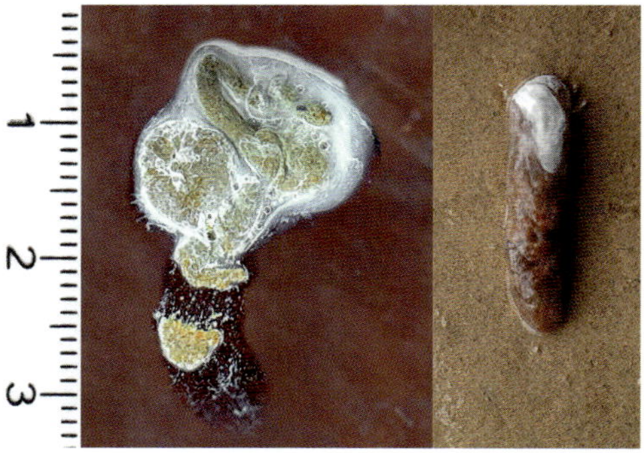

Exkremente von Finken. Voluminöse Exkremente mit einem großen Kotanteil weisen auf ballaststoffreiche Ernährung mit unverdaulichen Pflanzenanteilen hin. Gimpel nach Knospenfraß (links), Bluthänfling nach Samenernährung (rechts).

Ammern

Ein Vogel, der mit zurückgeworfenem Kopf und weit geöffnetem Schnabel auf einer Warte sitzt und seine monotone Gesangsstrophe immer wieder erklingen lässt – so erleben wir Ammern während der Brutzeit. Im winterlichen Binnenland hingegen begegnen uns oft größere Trupps von Goldammern, die auf kahlen Baumspitzen sitzen und uns mit einem *„Tsit – tsit – tsik“* begleiten. Dass Vögel mit solchem Verhalten auch Spuren hinterlassen könnten, liegt nicht unbedingt nahe. Dabei wird leicht übersehen, dass sich Ammern häufig am Boden aufhalten, wo sie versteckt und unauffällig nach Nahrung suchen. Manche zunächst unbestimmte Vogelspur lässt sich tatsächlich dieser Vogelfamilie zuordnen – man muss es nur in Betracht ziehen.

Fußmorphologie und Trittsiegel

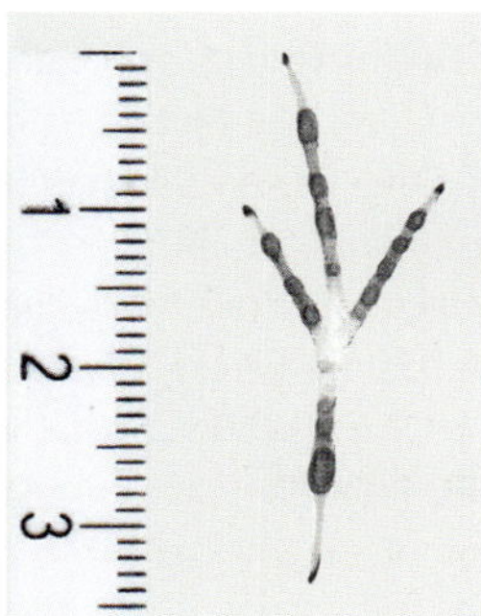

Goldammer:
links: linker Fuß, Unterseite.
Mitte: rechtes Trittsiegel (idealisierte Zeichnung).
rechts: Fuß seitlich.

Füße der Ammern zeigen folgende Merkmale:

- Grundtypus: Klassischer Vogelfuß.
- Dimension: TSL 3,1 bis 4,3 cm (für alle hier vorgestellten Arten).
- Die Füße sind relativ breit (Öffnungswinkel um 60°).
- Das Fußgewölbe ist hoch.
- Die **Zehen sind relativ dünn**, die **Ballen** sind nicht besonders breit, **überragen jedoch halbkugelig die Unterseite der Zehen**.
- Die Krallen sind lang und stärker gekrümmt.

Die Beschreibung bezieht sich zuerst auf die Goldammer als typischen Vertreter dieser Familie.

Umrisse und Proportionen

Der Umriss entspricht einem **Rechteck** in einem Verhältnis von etwa 3:1. Die **Ansatzlinie**

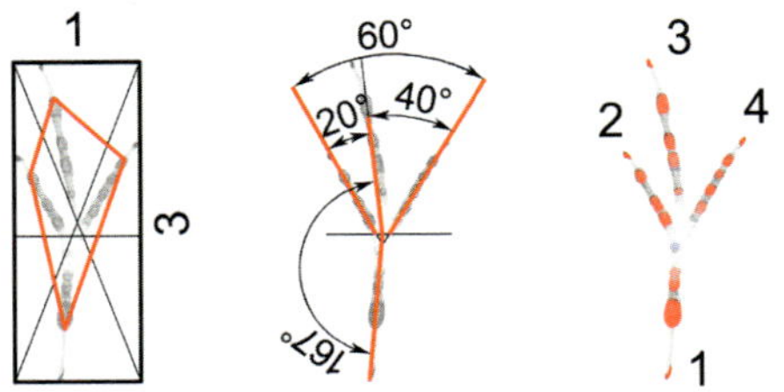

Goldammer:

links: Goldammer: Umrisslinien, geometrische Mitte (Diagonalenschnittpunkt), Ansatzlinie der Vorderzehen.

Mitte: Öffnungswinkel. Zehenachsen (rot), Gradangaben der Winkel.

rechts: Ballenmuster (Zehenballen rosa, Metatarsalballen blau und Krallen rot).

der Vorderzehen (horizontale Linie) liegt etwas **hinter der geometrischen Mitte** des Trittsiegels. Die Umrisslinie entlang der Zehenspitzen entspricht einem **asymmetrischen Deltoid** (rote Linie). Die Innenzehe ist deutlich kürzer als die Außenzehe. Diese Asymmetrie wird durch die Innenknickung der Fußachse noch verstärkt.

Achsen und Winkel

Die Öffnungswinkel der Vorderzehen betragen 60° (50 bis 70°). Die Teilwinkel sind etwa gleich. Die Fußachse ist bis knapp 160° nach innen gewinkelt.

Ballenmuster, Negativräume und Krallen

Das Fußgewölbe ist hoch und in der **Fußmitte** zeigt sich meist eine Lücke (**Negativraum**). Die Zehenspitzen sind stärker abgedrückt als der Metatarsalbereich.
Die **Zehen** sind zart, einzelne runde Zehenballen sind häufig erkennbar und können das Muster einer **„Perlenkette“** bilden. Auffällig ist vor allem der Endballen des Hallux. Die **Zehen** stehen meist **gerade** und weisen keine (allenfalls nur geringe) Biegungen auf. Die Fußachse aus Hinter- und Mittelzehe bildet oft einen deutlichen **Knick** nach innen.
Der **Metatarsalballen** drückt nicht oder nur **schwach ab.** Die Abdrücke der **langen Krallen** erscheinen meist als **einzelne Punkte**, die von den Endballen der jeweiligen Zehen abgesetzt sind.

Realitätsprüfung

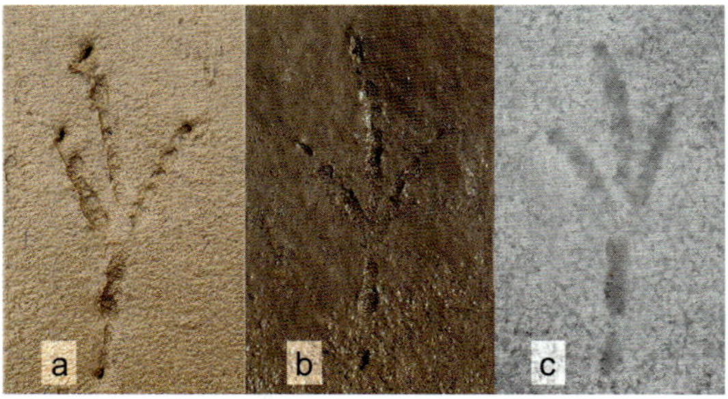

Goldammer: Drei rechte Trittsiegel auf Lehm (a), feuchter Erde (b) und auf Schnee (c) .

Bei Trittsiegeln aus dem Freiland lassen sich folgende Merkmale bestätigen:

- Die **Trittsiegel** wirken vergleichsweise **schmal** und die **Fußmitte** drückt **schwächer** ab als die Zehenspitzen.
- Die **Zehen** stehen **gerade,** nur auf Schnee **(Abb. b**) zeigt sich eine

geringe Biegungstendenz. Die **Fußachse** ist mehr oder minder nach **innen geknickt,** besonders in **Abb. a.**

- Die **Zehen** sind **relativ dünn,** in **Abb. a** kann man das **„Perlenmuster“** der Ballen erkennen, in den **Abb. b und c** wirken die Kanten **parallelrandig**.
- Der **Metatarsalballen** ist auf **keiner Abb.** erkennbar.
- Die **Krallen**, besonders die Hinterkralle, sind sehr **lang** und erscheinen meist als **abgesetzte Punkte.**

Verwechslungsmöglichkeiten

Trittsiegel von Ammern sind nicht so oft zu finden oder werden leicht übersehen. Bevor man eine Zuordnung zu dieser Vogelfamilie vornimmt, sollten zunächst andere, häufiger vorkommende Arten ausgeschlossen und von diesen unterschieden werden.

- **„Schmätzer“**. Deren Zehen sind gebogen. Meist lässt sich die „Runen“-Schablone einschreiben, was daran liegt, dass die Mittelzehe nach außen verschoben ist. Auch ist die Metatarsalregion meist deutlicher abgedrückt.
- **Braunellen** sind ähnlich, haben aber kürzere Seitenzehen, wodurch die Mittelzehe in Relation länger wirkt.
- **Sperlinge** zeigen eine stärkere Biegungstendenz der Zehen, haben kürzere Krallen und eine stärkere Betonung des Sitzkissens. Die Metatarsalregion drückt zumeist ab.
- **Finken** haben meist breitere Füße, dickere Zehen und kürzere Krallen. Die Metatarsalregion drückt meist ab, ebenso ein mehr oder minder deutliches Sitzkissen. Alle Zehen sind gebogen.

Artengarnitur

Für dieses Buch werden acht Ammernarten angeführt.
Schnee- und Spornammer sind in dem betrachteten Gebiet lediglich, teils sehr seltene, Wintergäste oder Durchzügler. Der Ortolan ist ein Zugvogel und verweilt nur kurz in Mitteleuropa, wo er in vielen Regionen selten geworden oder bereits ausgestorben ist. Wärmeliebende Arten wie Zaun- und Zippammer sowie die Grauammer weichen in der kalten Jahreszeit oft etwas nach Süden aus. Bei den in der Tabelle als „ganzjährig“ aufgeführten Arten gestaltet sich die Situation komplexer – heimische Populationen können im Winter nach Süden ziehen, während ihre Plätze von Individuen besetzt werden, die weiter nördlich gebrütet haben.
All diese Arten suchen häufig am Boden nach Nahrung und sind in den beschriebenen Lebensräumen zu erwarten. Ihre ökologischen Ansprüche ändern sich jedoch je nach Jahreszeit. So verlassen beispielsweise Rohrammern außerhalb der Brutzeit die Röhrichtzonen und sind während des Zuges in Getreidefeldern anzutreffen oder im Winter in Feldgehölzen.

Spurenrelevante Angaben für Ammern (Quellen: G. v. Blotzheim & Bauer, eigene Beobachtungen).

Art	Wann?	Wo?
Schneeammer	Wintergastaus dem Norden von Oktober bis März	Häufiger an den Küsten, Spülsäume an Stränden, niederwüchsige Wiesenflächen und umgebrochene Äcker
Spornammer	Wintergast aus dem Norden von September bis Februar	„Steppen" wie niederwüchsige Wiesen und offene Feldfluren
Rohrammer	Ganzjährig	Brutvogel in Röhrichtzonen, im Winter auch in der Kulturlandschaft
Zaunammer	Ganzjährig, in Mitteleuropa nur von Februar bis November	Im Süden und Südwesten, Ausbreitungstendenz, wärmeliebend, offene Kulturlandschaften (zum Beispiel Weinbau)
Goldammer	Ganzjährig	Strukturreiche Kulturlandschaft mit Hecken und Gehölzen
Zippammer	Ganzjährig	Wärmegetönte Felslandschaften in den Bergen und in Gebieten mit Terrassen-Weinbau
Ortolan	April bis September	Strukturreiches Kulturland niederer Lagen
Grauammer	Ganzjährig, teilweise Zugvogel	Trocken-warmes Offenland

Maße, Variationsbreite und Unterscheidungen

Trittsiegelmaße der Ammern (siehe auch Abkürzungsverzeichnis).

Art	TSL (cm)	TSL^{oK} (cm)	TSB (cm)	Z1 (cm)	$Z1^{oK}$ (cm)	Z3 (cm)	$Z3^{oK}$ (cm)
Schneeammer	3,8 (3,6–4,3)	2,7 (2,4–3,0)	1,8 (1,6–1,9)	1,6 (1,5–1,7)	0,9 (0,8–1,0)	2,1 (1,8–2,4)	1,6 (1,4–1,8)
Spornammer	4,1 (3,7–4,3)	2,7 (2,4–2,8)	1,8 (1,6–1,9)	2,0 (1,8–2,1)	1,0 (0,9–1,1)	2,0 (1,8–2,1)	1,6 (1,5–1,7)
Rohr-, Zaun, Gold-, Zippammer, Ortolan	3,4 (3,1–3,7)	2,6 (2,1–3,0)	1,4 (0,8–2,1)	1,3 (1,2–1,6)	0,9 (0,7–1,0)	1,9 (1,5–2,2)	1,5 (1,2–1,9)
Grauammer	3,9 (3,8–4,1)	2,9 (2,7–3,1)	1,8	1,6 (1,5–1,7)	1,1 (1,0–1,2)	2,2 (2,1–2,3)	1,7 (1,6–1,9)

Die meisten in Mitteleuropa brütenden Ammern weisen TSL um 3,4 cm auf, sie sind größenmäßig nicht zu unterscheiden. Deutlich **größer** sind nur die **Grauammer** und die nordischen Arten, **Schnee-** und **Spornammer.**

Morphologische Unterschiede zeigen sich besonders hinsichtlich der **Krallenlänge am Hallux**. Die Spornammer besitzt mit etwa 1 cm (im Trittsiegel) die längsten Krallen, wie ihr Name bereits vermuten lässt, gefolgt von der Schneeammer mit 0,7 cm. Damit lässt sich häufig eine Abgrenzung zur gleich großen Grauammer ziehen, deren Krallen nur eine Länge von 0,5 cm aufweisen.

Gangarten und Spurbilder

Ammern verfügen, ähnlich wie Finken, über ein vielseitiges Repertoire an Gangarten und Spurbildern. Diese variieren je nach Art sowie in Abhängigkeit von Terrain und Verhalten. **Viele Ammernarten** bewegen sich auf kleinem Raum in **maximal knöchelhoher Vegetation** und hinterlassen dabei kurzstreckige Spurbilder mit gewundenem Verlauf und kleinen Schrittlängen. **Rohrammern** zeigen ein ähnliches Muster, jedoch während der Brutzeit meist innerhalb von höherwüchsigen **Röhrichtbeständen**. Anders verhalten sich Arten wie **Schnee-** und **Spornammern**, die im Norden brüten und in Mitteleuropa als Wintergäste auftreten. Diese bewegen sich häufig in großen Trupps, hinterlassen in geeigneten Spurgründen wie Uferzonen oder seichten Schneelagen großflächige **Spurenteppiche** und legen längere Distanzen im **Laufen** zurück. Eine Besonderheit dieser Arten ist als weitere Gangart ein raumgreifender **Hüpflauf**, der anderen Ammern weitgehend fehlt.

Spurbilder von Ammern: Gehen mit kurzer SL (a unten), Ausfallschritt (a Mitte rechts) und Halbschritten oder Hüpfern im Sinne eines „Polkaschritts" (a oben). Hüpfen mit parallelen Beinen (b unten) und versetzter Fußstellung (b oben). Hüpflauf (c).

- **Gehen (a).** Für Ammern sind kurze, bis sehr kurze SL typisch. Diese werden durch häufige Stopps unterbrochen. Oft besteht dieses Gehen auch nur aus **Halbschritten** (**a oben**) oder aus einem **Ausfallschritt** (**a Mitte**), wenn eine Nahrungsquelle gefunden wurde und die Fußspitze in diese Richtung zeigt. Diese Spurbilder lassen sich vom „Polkaschritt" (siehe dort) nicht eindeutig trennen.
- **Laufen** ist eher selten und am häufigsten bei nordischen Ammern zu beobachten.
- **Stopps.** Bei der Nahrungssuche bewegen sich Ammern ruckartig vorwärts. Nach wenigen Schritten – oft ist es nur ein einzelner – erfolgt bereits wieder ein Stopp.
- **Hüpfen (b).** Ammern zeigen mehrere Typen dieser Gangart:
  - » Kurzes **Hüpfen mit (sehr) kurzen SL**. Die ZGL geht gegen Null und kann auch negativ sein. Dabei werden oft auch Richtungswechsel ausgeführt. Diese Fortbewegung wird alternativ zum Gehen (mit kurzer SL) bei der Nahrungssuche

genutzt. Von Zippammern kann man bei kalten Temperaturen auch einbeiniges Hüpfen sehen.

- » **Hüpfen** mit größeren SL (**Abb. b unten**), wobei die Füße **parallel** aufgesetzt werden. Diese Gangart ist raumgreifender.
- » **Hüpfen** mit größeren SL mit **versetzten Beinen** (**Abb. b oben**). Diese Gangart ist ein Spezifikum von Schnee- und Spornammer.

- **Hüpflauf (c).** Dies ist der „Turbo“ und dürfte ein Charakteristikum der Tundra-Arten (Schnee- und Spornammer) sein. Die großen SL lassen die Vögel über unebenes Gelände „schweben“ und größere Distanzen rasch überwinden, wenn sie das Auffliegen vermeiden wollen.
- **Polkaschritt** (angedeutet in **Abb. a oben**). Dieses charakteristische Bewegungsmuster ist typisch für Finken, Ammern sowie eingeschränkt für Braunellen und kombiniert kurze Schritte mit ebenso kurzen Hüpfern. Dabei suchen die Vögel in geduckter Haltung mit stark angewinkeltem Fersengelenk nach Nahrung, während sie sich durch dichtere Vegetation bewegen.

Peter Kunkel hat darauf hingewiesen, dass die Gangarten der Ammern einem ökologischen Gradienten folgen. Offenlandarten wie die Schnee- und Spornammer laufen oder „hüpflaufen“ häufiger, während Arten aus deckungsreicheren Lebensräumen, im Extrem die Rohrammer, vor allem durch kurze Hüpfer auffallen. Letztere zeigen in der Regel nur kurze Schrittfolgen innerhalb derselben Gangart, wobei die Schrittlänge stark variieren kann. Die Betrachtung solcher Spurbilder ist oft verwirrend.

Maße der Gangarten

Maße von Gangarten bei Ammern (siehe auch Abkürzungsverzeichnis).

Art	Gangart	SB (cm)	SL (cm)	GL (cm)	ZGL (cm)
Alle Ammern	Gehen	3–5	3–8		
Schnee- und Spornammer	Laufen	4–6	9–20		
Alle anderen Ammern	Laufen	3–5	8–11		
Schnee- und Spornammer	Versetztes Hüpfen	4–6	6–15	4–6	1–10
Alle anderen Ammern	Hüpfen (meist parallel)	3–5	2–13	4–7	-1–8
Schnee- und Spornammer	Hüpflauf	4–6	13–25	7–10	5–18
Die meisten Arten	„Polkaschritt“	3–4	2–5		

Wie bei vielen anderen Singvögeln ist es auch bei Ammern wenig sinnvoll, Mittelwerte anzugeben. Besonders beim Hüpfen liegen die Messwerte entweder im unteren Bereich, wenn die Vögel bei der Nahrungssuche nahezu auf der Stelle bleiben und lediglich die Richtung wechseln, oder im oberen Bereich, wenn sie längere Strecken zurücklegen.
Den Hüpflauf nutzen (fast) ausschließlich Schnee- und Spornammer. Der „Polkaschritt“ ist die häufigste Fortbewegung bei der Nahrungssuche in dichterer Vegetation.

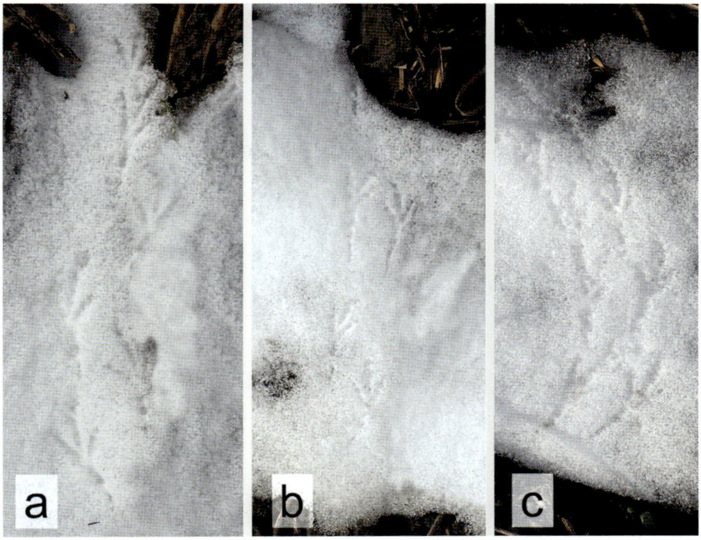

Spurgruppen von Goldammern auf ausapernden Schneeflecken: Gehen (a), Hüpfen (b), „Polkaschritt" (c).

Ausapernde Feldfluren bieten interessante Möglichkeiten, einzelne Gangarten zu vergleichen. Zwischen den Schneeflecken suchen Goldammern häufig nach Nahrung und zeigen dabei auf kurzen Strecken eine Vielfalt unterschiedlicher Spurbilder (siehe Abb. oben).

Zeichen

Zeichen von Ammern sind sehr diskret und schwer zu finden.

Ernährung

Ammern fressen Pflanzensamen und Gliedertiere, wobei die Zusammensetzung ihrer Nahrung jahreszeitlich erheblich variiert. Während der Brutzeit besteht diese fast ausschließlich aus Insekten wie Schnaken, Schmetterlingsraupen und Heuschrecken. Zu anderen Zeiten dominieren Samen, vor allem von Gräsern, wobei ein geringer Anteil an Insekten weiterhin Teil der Ernährung bleibt. Kurzfristig ergänzen grüne Pflanzenteile und Knospen die Nahrung.
Unterschiede zwischen einzelnen Arten sind eher durch regionale Verfügbarkeiten bedingt.

Nahrungserwerb und Fraßspuren

Die meisten Ammern suchen ihre Nahrung überwiegend am Boden. Dabei entfernen sie mit dem Schnabel oberflächliche Schichten, ernten Samenstände von Stängeln ab oder hinterlassen Samenhüllen am Boden. Diese Spuren sind jedoch meist unauffällig und schwer zuzuordnen, da sie nicht spezifisch für diese Vogelfamilie sind. Verwertbare Hinweise liefern gelegentlich Schneeammern, wenn sie eingeschneite Gräser freilegen und an diesen fressen.

Winterschlafplatz von Goldammern: Die Schlafplätze liegen relativ bodennah in einem Feldgehölz. Am Boden sammeln sich Exkremente an.

Weitere spurenrelevante Verhaltensweisen

- **Trinken und Baden.** Wie alle **Körnerfresser** müssen Ammern **regelmäßig trinken**. Manche Arten wie der Ortolan stillen ihren Durst jedoch über Tau und Regen. Andere Arten fressen Schnee.
- **Grit**. Die Aufnahme von Magensteinchen ist bei der beschriebenen Ernährung wahrscheinlich, jedoch nicht beobachtet. Möglicherweise müssen die kleinen, stärkehaltigen Samen der Süßgräser weniger zerrieben werden und Grit ist für Ammern weniger bedeutsam als für Finken.
- **Schlafplätze.** Größere Schlafgemeinschaften von Wintertrupps sind von Schnee-, Rohr- und Goldammern, Ortolanen und Grauammern bekannt. Am Boden schlafen Schneeammern, Ortolane und Grauammern, wo sie Mulden im lockeren Untergrund oder im Schnee hinterlassen können.

Auscheidungen

Die **Exkremente** von Ammern sind unspezifisch und ähneln denen von Finken. Bei eiweißreicher Nahrung im Frühling ist der Uratanteil höher als im Herbst und Winter. Die Kotkleckse haben einen Durchmesser von etwa 1 cm, während zylindrische Ausscheidungen bis zu 2 cm lang und nur etwa 0,3 cm dick sind. Der Kotanteil besteht aus unverdaulichen Pflanzenteilen oder Chitinresten, abhängig von der jeweiligen Nahrung.
Speiballen wären zu erwarten, sind jedoch (noch?) nicht beschrieben.

Exkremente von Ammern: Brutzeit-Exkrement einer Rohrammer mit hohem Weißanteil (Harnsäure) (a). Winter-Exkrement einer Goldammer aus Pflanzenresten mit Uratüberzug (b). Zwei Herbst-Exkremente von Rohrammern nach Samenernährung mit geringem Weißanteil. Die von dieser Art bevorzugten Pflanzensamen enthalten wenig Protein (c und d).

Glossar

Hier werden Fachbegriffe erklärt, die im Buch häufig verwendet werden. Die Terminologie in Bezug auf die Spurenkunde orientiert sich an jener von Elbroch & Marks und Grolms. Zur besseren Vergleichbarkeit mit englischsprachiger Literatur werden in einigen Fällen auch entsprechende Begriffe aus dieser Sprache aufgeführt. Detaillierte Erklärungen zu einzelnen Termini sind in den **Artkapiteln** und insbesondere in der **Einleitung** zu finden.

Spurentechnische Begriffe

Spurenfalle (track plate). Areale, in denen Trittsiegel oder Spurbilder wahrscheinlich sind. Das können Flachküsten, Schneefelder, austrocknende Pfützen auf unbefestigten Wegen, Schlamm- und Sandflächen sein, aber auch Bodenstreu, in der Fraßspuren auffallen können (siehe auch **Substrat**).

Trittsiegel (track). Darunter versteht man den Abdruck eines Fußes auf einem geeigneten Untergrund.

Trittsiegellänge (track length). Das ist die Länge vom Hinterrand bis zum Vorderrand des Trittsiegels, wobei die Krallen mitgemessen werden. Bei Vögeln mit reduziertem Hallux und bei solchen mit Schwimmhäuten wird die Hinterzehe, so überhaupt vorhanden, nicht mitgemessen. Andere Quellen messen die Trittsiegellänge ohne Krallen, was die Vergleichbarkeit der Daten erschwert. In diesem Buch werden diese Parameter gesondert angegeben (Trittsiegellänge ohne Krallen TSL^{oK}).

Trittsiegelbreite (track width). Dieser Begriff meint die Breite eines Trittsiegels, die zumeist von der Innenkante der Zehe 2 und der Außenkante von Zehe 4 gebildet wird.

Spurbild (Fährte) (trail). Eine Abfolge von Trittsiegeln. Die typische Anordnung wie Schrittlänge, Spurbreite, Spin (Drehung der Fußachse zur Richtung der Fortbewegung) oder Schleifmarken lassen auf die Gangart des Tieres schließen.

Gangart (gait). Die Gangart ist der Bewegungsablauf der hinteren Extremität von Vögeln. Dieser ist meist typisch für die Vogelart (-familie) oder für deren aktuelles Verhalten. Die Gangart bestimmt das Muster des Spurbildes.

T-Stopp. Ein Spurbild, das im Zusammenhang mit den Gangarten entsteht. Wenn ein Vogel aus dem Gehen heraus stoppt, stellt er häufig einen Fuß neben den anderen, wodurch eine t-förmige Spurgruppe entsteht.

Schrittlänge (stride length). Das ist der Abstand zwischen zwei aufeinanderfolgenden Trittsiegeln **desselben Fußes.** In manchen Quellen wird diese Strecke jedoch als der Abstand zwischen einem rechten und einem linken (oder umgekehrt) Trittsiegel beschrieben, was lediglich der halben Schrittlänge entspricht und zu Fehlinterpretationen führen kann. Beim Hüpfen und dem Hüpflauf lässt sich die Schrittlänge auch durch die Addition der Gruppen- und Zwischengruppenlängen ermitteln. (Der englische Ausdruck stride length ist mit der Schrittlänge bei den Gangarten Hüpfen und Hüpflauf identisch, beim Gehen und Laufen entspricht er jedoch der halben Schrittlänge.)

Spurbreite (trail width). Die Breite einer Spurgruppe gemessen am Abstand zwischen den jeweiligen **Außenkanten** der rechten und linken Trittsiegel-Reihe. Spurbreite ist nicht mit **Schrank** (Schränken) zu verwechseln. Dieser öfter gebrauchte Terminus bezeichnet den Abstand der jeweiligen **Innenkanten** und würde bei vielen Spurbildern von Vögeln einen Negativwert annehmen.
Gruppenlänge. Ein Parameter beim Hüpfen oder dem Hüpflauf, der die Länge – die Längsversetzung – eines Fußpaares bezeichnet.
Zwischengruppenlänge. Ein Parameter beim Hüpfen oder dem Hüpflauf, der den Abstand zwischen zwei Fußpaaren bezeichnet.
Zwischenlänge. Ein Parameter zur Ermittlung der Gangart, wenn nur eine kurze Spurgruppe vorliegt. Es ist der Abstand zwischen zwei aufeinanderfolgenden Trittsiegeln, also zwischen der Spitze eines Trittsiegels zum hinteren Ende des folgenden.
Spin. Die Drehung der Fußachse im Bezug auf die Laufrichtung. Bei Vögeln ist das fast immer eine Innendrehung – ein Innenspin.
Hugging toe. Bestimmte Zehenstellung bei Rabenvögeln, eingeschränkt auch bei manchen Greifvögeln und Falken. Dabei stehen Mittel- und Innenzehe nahezu parallel – sie „umarmen“ sich gleichsam.

Biologische Terminologie

adult. Altvogel, hier vor allem in Bezug auf endgütige Längenmaße im Trittsiegel.
juvenil. Jungvogel, hier im Fokus auf Nestflüchter und deren geringere Längenmaße im Trittsiegel.
digitgrad. Vögel bewegen sich auf den Zehen fort, im Gegensatz zu manchen Säugetieren, die beispielsweise Sohlengänger sind.
rudimentär. Ein unvollständiger oder rückgebildeter Körperteil, im Buch meist im Bezug auf die Hinterzehe von Vögeln.
synanthrop. Nahe am Menschen. Hier Vögel, die in unmittelbarer Menschennähe leben, brüten (zum Beispiel an Hauswänden, in Nebengebäuden) oder sich überwiegend füttern lassen, wie halbwildes Parkgeflügel.
Atavismus. Relikt aus früheren Entwicklungsstufen in der Stammesgeschichte. Im Buch beispielsweise Blinddärme bei Eulen.
Neozoon. Tier, das ursprünglich in anderen tiergeographischen Regionen beheimatet war. Bei Vögeln häufig entflogenes Ziergeflügel.
Habitat. Im Buch ist der charakteristische Lebensraum einer Vogelart gemeint.
Substrat. Im Kontext von Spuren bezieht sich der Begriff auf den Untergrund, auf dem Trittsiegel, Körper- oder Schnabelmarken hinterlassen werden. Dazu zählen Sand, Schlamm oder Lehm in verschiedenen Feuchtigkeitsgraden, ebenso Schnee und Laubstreu. In besonderen Fällen können sogar feine Staubschichten auf harten Böden Trittsiegel sichtbar machen.
Morphologie. In diesem Buch vor allem Elemente, Bauplan und Proportion von Vogelfuß und Trittsiegel.

Ganter. Männliche Gans.
Gössel. Juvenile Gans.
Limikolen. Watvögel – meist Arten mit langen Beinen und Schnäbeln, die überwiegend in Feuchtgebieten anzutreffen sind.

Begriffe in Bezug auf Ernährung, Verdauung und Ausscheidung

Ornithochorie. Gehölzverbreitung durch Vögel, die dadurch erfolgt, dass die Samen nach der Darmpassage keimfähig bleiben oder durch diesen Prozess erst keimfähig werden. Der große Aktionsradius der Vögel ermöglicht zudem eine effektive Fernverbreitung.
Zoochorie. Wie Ornithochorie, nur ist der Begriff auf alle Tiere erweitert.
Prädatoren. Beutegreifer oder Fressfeinde, die sich von anderen Organismen ernähren. Das sind häufig andere Tiere, aber man spricht auch von „Fruchtfleischprädatoren". Dieser Begriff bezieht sich (in diesem Buch) auf Vögel, die saftige und zuckerhaltige Pflanzenteile konsumieren, und von „Samenprädatoren", die das Fruchtfleisch unbeachtet lassen und stattdessen die Samen fressen.
Gastrolithen. Magensteine und Grit, die aufgenommen werden, um die Zerkleinerung von Nahrung im Muskelmagen zu unterstützen.
Urat. Im Zusammenhang mit Vogelexkrementen ist Urat das Endprodukt der Eiweißverdauung. Es zeigt sich als weißer Überzug aus amorpher oder kristallisierter Harnsäure – im Buch auch als „Weißanteil" bezeichnet.
Uratkappe. Weißanteil (von Harnsäure) an einem Pol des Vogelexkrements.
Chitin. Hier im Zusammenhang mit Vogelexkrementen – Teile des Außenskeletts von Insekten im Kot.
Lignin. Hier im Zusammenhang mit Vogelexkrementen – unverdauliche Reste von verholzten Pflanzenteilen wie Samenschalen im Kot.
Zellulose. Hier zumeist im Zusammenhang mit Vogelexkrementen – unverdauliche Zellwände von (faserreichen) Pflanzenteilen im Kot.

Anatomische Nomenklatur

Synsacrum. Starrer Stab aus versteiften Wirbelkörpern im Bereich der hinteren Wirbelsäule von Vögeln.
Femur. Oberschenkelknochen.
Tibiotarsus. Unterschenkelknochen mit ganz oder teilweise verwachsenem Schien- und Wadenbein.
Tarsometatarsus, „Tarsus", Lauf(knochen). Zusätzlicher Beinknochen, der aus den verschmolzenen Mittelfußknochen gebildet wird. Der Tarsometatarsus wird manchmal verkürzt nur mit Tarsus bezeichnet – dabei wird der Tibiotarsus ausgeblendet.

Metatarsalbereich. Die Fußmitte, in der entweder der Metatarsalballen den Boden berührt oder eine Lücke (**Negativraum**) entsteht, wenn das Fußgewölbe hoch steht.
Zehen (Bezeichnung, Nummerierung)

- Hinterzehe, Hallux, Zehe 1.
- Innenzehe, Zehe 2.
- Mittelzehe, Zehe 3.
- Außenzehe Zehe 4.

Vorderzehen. Das sind die Zehen 2 bis 4, die Innenzehe, Mittelzehe und Außenzehe – zumeist im Zusammenhang mit dem anisodactylen Vogelfuß verwendet, als Gegenpol zur Hinterzehe.
Seitenzehen. Die Zehen 2 und 4 sind die Seitenzehen, im Gegensatz zur Mittelzehe (3).
Hallux. Hinterzehe, Zehe 1
Phalangen. Die einzelnen Zehen der Vögel bestehen aus knöchernen Zehengliedern (Phalangen) und verteilen sich folgendermaßen: am Hallux (der Hinterzehe) sind es 2, an der Innenzehe 3, an der Mittelzehe 4 und an der Außenzehe 5. Das sind in den meisten Fällen mehr Glieder als bei Säugetieren, nur bei der Hinter- und Innenzehe sind es gleich viele. Abweichende Angaben zur Phalangenzahl, insbesondere in englischsprachiger Literatur, resultieren daraus, dass dort die krallentragende Endphalanx nicht mitgezählt wird.
Ballen (pad). Das sind elastische Gewebskissen, die unter Zehengliedern (Zehenballen, Phalangealballen), Zehengelenken (Interphalangealballen) oder unter dem Laufknochen (Metatarsalballen) liegen.
Metatarsalballen (Mittelfußballen). Ballen unter dem Laufknochen in der Fußmitte.
Phalangealballen. Ballen, die unter den jeweiligen knöchernen Zehengliedern liegen.
Interphalangealballen. Ballen, die unter den Gelenken liegen, die die einzelnen knöchernen Zehenglieder verbinden.
Negativraum. Wenn der Fuß nicht vollständig aufsetzt, erscheint das Trittsiegel unterbrochen – dieser Bereich wird als Negativraum bezeichnet. Er tritt häufig in der Fußmitte auf, wenn der Metatarsalballen angehoben ist, oder zwischen den Zehenballen, wenn diese, wie bei Greifvögeln, hoch und kissenförmig ausgebildet sind.
Sitzkissen. Ein kräftiger Ballen an der Basis der Hinterzehe, typisch für Vögel, die sich häufig im Gezweig bewegen und dort Halt finden müssen.

Lage- und Richtungsbezeichnungen

distal. körperfern
proximal. körpernah
lateral. seitlich
medial. mittig

Register

T

Trittsiegellängen (TSL) in der Übersicht

„Klassische“ (anisodactyle) Vogelfüße		
TSL (in cm)	**Art**	**Seite**
2,2 (2,0–2,3)	Winter-goldhähnchen	324 ff.
2,3 (2,0–2,5)	Mehlschwalbe	339 ff.
2,4 (2,3–2,5)	Klappergrasmücke	356 ff.
2,4 (2,3–2,6)	Zilpzalp	352 ff.
2,5 (2,3–2,8)	Rauchschwalbe	339 ff.
2,6 (2,2–2,8)	Erlenzeisig	421 ff.
2,6 (2,5–2,7)	Tannenmeise	324 ff.
2,6 (2,5–2,8)	Girlitz	421 ff.
2,7	Felsenschwalbe	339 ff.
2,7 (2,5–2,8)	Blaumeise	324 ff.
2,7 (2,5–2,9)	Uferschwalbe	339 ff.
2,7 (2,6–3,0)	Sumpfmeise	324 ff.
2,7 (2,6–3,0)	Weidenmeise	324 ff.
2,8 (2,3–3,0)	Birkenzeisig	421 ff.
2,8 (2,6–3,0)	Haubenmeise	324 ff.
2,8 (2,6–3,1)	Stieglitz	421 ff.
2,9 (2,6–3,2)	Gartenrotschwanz	392 ff.
2,9 (2,8–2,9)	Gartenbaumläufer	360 ff.
3,0 (2,6–3,3)	Gebirgsstelze	416 ff.
3,0 (2,7–3,2)	Sumpfrohrsänger	344 ff.
3,0 (2,7–3,2)	Feldsperling	405 ff.
3,0 (2,7–3,3)	Mönchsgrasmücke	356 ff.
3,0 (2,7–3,3)	Zaunkönig	369 ff.
3,0 (2,8–3,1)	Waldbaumläufer	360 ff.
3,0 (2,8–3,3)	Bluthänfling	421 ff.
3,0 (2,9–3,2)	Gartengrasmücke	356 ff.
3,0 (2,9–3,2)	Hausrotschwanz	392 ff.
3,1	Braunkehlchen	392 ff.
3,1	Schwarzkehlchen	392 ff.
3,1 (2,8–3,5)	Bergfink	421 ff.
3,1 (3,1–3,3)	Karmingimpel	421 ff.
3,2 (2,8–3,4)	Gimpel	421 ff.

„Klassische“ (anisodactyle) Vogelfüße		
TSL (in cm)	**Art**	**Seite**
3,2 (2,9–3,4)	Bachstelze	416 ff.
3,2 (3,0–3,3)	Dorngrasmücke	356 ff.
3,2 (3,0–3,4)	Bartmeise	324 ff.
3,2 (3,0–3,4)	Teichrohrsänger	344 ff.
3,2 (3,0–3,4)	Buchfink	421 ff.
3,3 (2,8–3,5)	Grünfink	421 ff.
3,3 (2,9–3,5)	Rotkehlchen	392 ff.
3,3 (3,0–3,5)	Kohlmeise	324 ff.
3,3 (3,0–3,5)	Schilfrohrsänger	344 ff.
3,3 (3,0–3,5)	Feldschwirl	348 ff.
3,3 (3,1–3,4)	Marisken-rohrsänger	344 ff.
3,3 (3,1–3,5)	Heckenbraunelle	400 ff.
3,3 (3,1–3,5)	Haussperling	405 ff.
3,3 (3,1–3,6)	Schafstelze	416 ff.
3,3 (3,2–3,5)	Ortolan	435 ff.
3,4 (3,1–3,7)	Neuntöter	300 ff.
3,4 (3,1–3,7)	Goldammer	435 ff.
3,4 (3,2–3,7)	Rohrammer	435 ff.
3,4 (3,2–3,7)	Zaunammer	435 ff.
3,5	Schlagschwirl	348 ff.
3,5	Zitronenstelze	416 ff.
3,5 (3,0–3,8)	Rohrschwirl	348 ff.
3,5 (3,0–3,8)	Steinschmätzer	392 ff.
3,5 (3,3–3,6)	Zippammer	435 ff.
3,5 (3,3–3,7)	Blaukehlchen	392 ff.
3,5 (3,4–3,6)	Rotkopfwürger	300 ff.
3,6 (3,3–3,8)	Schneesperling	405 ff.
3,6 (3,5–3,8)	Nachtigall	392 ff.
3,8 (3,6–4,0)	Kleiber	360 ff.
3,8 (3,6–4,3)	Schneeammer	435 ff.
3,9 (3,6–4,1)	Brachpieper	410 ff.
3,9 (3,5–4,2)	Schwarzstirnwürger	300 ff.

„Klassische“ (anisodactyle) Vogelfüße		
TSL (in cm)	**Art**	**Seite**
3,9 (3,6–4,3)	Fichtenkreuz-schnabel	421 ff.
3,9 (3,8–4,1)	Grauammer	435 ff.
4,0 (3,8–4,1)	Alpenbraunelle	400 ff.
4,0 (3,8–4,4)	Kernbeißer	421 ff.
4,0 (3,8–4,4)	Baumpieper	410 ff.
4,1	Rotkehlpieper	410 ff.
4,1 (3,8–4,3)	Drosselrohrsänger	344 ff.
4,1 (3,7–4,3)	Spornammer	435 ff.
4,1 (3,7–4,4)	Steinrötel	392 ff.
4,2	Strandpieper	410 ff.
4,2 (3,8–4,5)	Ohrenlerche	333 ff.
4,2 (3,9–4,4)	Bergpieper	410 ff.
4,2 (3,9–4,5)	Raubwürger	300 ff.
4,3 (4,0–4,6)	Wiesenpieper	410 ff.
4,4 (4,0–4,7)	Mauerläufer	360 ff.
4,4 (4,1–4,6)	Turteltaube	257 ff.
4,4 (4,1–4,8)	Heidelerche	333 ff.
4,5 (4,0–4,8)	Haubenlerche	333 ff.
4,6 (4,2–5,0)	Feldlerche	333 ff.
4,6 (4,3–4,8)	Rotdrossel	379 ff.
4,7 (4,3–5,1)	Singdrossel	379 ff.
4,7 (4,5–4,9)	Wasseramsel	365 ff.
4,8 (4,3–5,4)	Spornpieper	410 ff.
4,9 (4,6–5,1)	Rotfußfalke	228 ff.
4,9 (4,7–5,2)	Star	373 ff.
5,0 (4,5–5,4)	Türkentaube	257 ff.
5,0 (4,9–5,1)	Wacholderdrossel	379 ff.
5,2 (4,8–5,4)	Rötelfalke	228 ff.
5,3 (4,9–5,4)	Misteldrossel	379 ff.
5,3 (5,0–5,8)	Amsel	379 ff.
5,4 (5,2–5,5)	Hohltaube	257 ff.
5,5 (5,1–5,6)	Ringdrossel	379 ff.
5,7 (5,0–6,2)	Straßentaube	257 ff.
5,7 (5,2–6,0)	Turmfalke	228 ff.
5,9 (5,5–6,3)	Merlin	228 ff.
6,0 (5,7–6,2)	Tannenhäher	306 ff.
6,1 (5,7–6,4)	Eichelhäher	306 ff.
6,1 (5,8–6,4)	Baumfalke	228 ff.
6,3 (5,9–6,7)	Elster	306 ff.
6,5 (6,3–6,9)	Alpendohle	306 ff.
6,6 (5,7–8,1)	Sperber ♂	203 ff.
6,6 (5,9–7,0)	Dohle	306 ff.
7,0 (6,4–7,4)	Ringeltaube	257 ff.
7,0 (6,8–7,4)	Wiesenweihe	203 ff.
7,8	Zwergrohrdommel	127 ff.
7,8 (7,5–8,5)	Sperber ♀	203 ff.
8,4 (8,0–8,9)	Saatkrähe	306 ff.
8,5 (7,4–9,5)	Kornweihe	203 ff.
8,6 (7,9–9,2)	Raben-/Nebel-krähe	306 ff.
9,4 (9,2–9,9)	Wespenbussard	203 ff.
9,6 (8,9–10,4)	Milane	203 ff.
9,6 (9,1–10,0)	Mäusebussard	203 ff.
9,7 (8,0–10,5)	Wanderfalke	228 ff.
9,8 (8,8–10,9)	Rohrweihe	203 ff.
9,8 (8,9–10,7)	Würgfalke	228 ff.
9,9	Raufußbussard	203 ff.
10,6 (9,7–11,6)	Kolkrabe	306 ff.
10,7 (9,7–11,9)	Brauner Sichler	136 ff.
10,7 (10,0–11,5)	Kuhreiher	127 ff.
10,8 (10,0–11,6)	Adlerbussard	203 ff.
11,1 (10,0–12,5)	Seidenreiher	127 ff.
11,1 (10,4–11,9)	Habicht ♂	203 ff.
11,1 (10,9–11,5)	Fischadler	203 ff.
11,3	Waldrapp	136 ff.
11,5 (10,2–12,3)	Schlangenadler	203 ff.
11,5 (10,9–12,1)	Zwergadler	203 ff.
12,0	Rallenreiher	127 ff.
12,0	Nachtreiher	127 ff.

„Klassische“ (anisodactyle) Vogelfüße		
TSL (in cm)	**Art**	**Seite**
12,0 (11,2–13,0)	Habicht ♀	203 ff.
12,2 (11,3–13,1)	Schmutzgeier	203 ff.
12,9 (12,7–13,0)	Schreiadler	203 ff.
13,2 (12,2–14,2)	Schwarzstorch	136 ff.
13,3 (12,2–14,2)	Weißstorch	136 ff.
13,5 (12,5–14,6)	Löffler	136 ff.
14,0 (12,4–15,3)	Schelladler	203 ff.
15,4 (14,5–16,1)	Kaiseradler	203 ff.
16,0 (14,7–18,2)	Graureiher	127 ff.
16,4 (13,6–17,5)	Silberreiher	127 ff.
17,9 (16,0–18,5)	Rohrdommel	127 ff.
18,1 (16,7–19,0)	Steinadler	203 ff.
18,7 (16,7–20,6)	Geier (außer Schmutzgeier)	203 ff.
19,0 (18,5–19,7)	Purpurreiher	127 ff.
19,5 (18,0–20,8)	Seeadler	203 ff.

Vogelfüße mit reduziertem oder fehlendem Hallux		
TSL (in cm)	**Art**	**Seite**
1,9 (1,8–2,1)	Temminck-strandläufer	150 ff.
2,0 (1,8–2,2)	Flussregenpfeifer	150 ff.
2,0 (1,8–2,2)	Zwergstrandläufer	150 ff.
2,2 (1,9–2,3)	Sanderling	150 ff.
2,2 (2,0–2,4)	Seeregenpfeifer	150 ff.
2,3 (2,0–2,4)	Odinshühnchen	150 ff.
2,3 (2,0–2,5)	Sandregenpfeifer	150 ff.
2,4 (2,0–2,7)	Flussuferläufer	150 ff.
2,6 (2,3–2,8)	Alpenstrandläufer	150 ff.
2,8 (2,3–3,1)	Wachtel	83 ff.
2,7 (2,5–2,9)	Mornell-regenpfeifer	150 ff.
2,7 (2,5–2,9)	Sichelstrandläufer	150 ff.

Vogelfüße mit reduziertem oder fehlendem Hallux		
TSL (in cm)	**Art**	**Seite**
2,9 (2,6–3,1)	Steinwälzer	150 ff.
3,0 (2,8–3,2)	Knutt	150 ff.
3,0 (2,8–3,2)	Meerstrandläufer	150 ff.
3,2 (2,9–3,6)	Bruchwasserläufer	150 ff.
3,2 (3,0–3,3)	Zwergschnepfe	150 ff.
3,3 (2,9–3,8)	Waldwasserläufer	150 ff.
3,5 (3,1–3,6)	Kampfläufer ♀	150 ff.
3,5 (3,3–3,6)	Goldregenpfeifer	150 ff.
3,6 (3,1–3,9)	Doppelschnepfe	150 ff.
3,6 (3,3–3,9)	Rotschenkel	150 ff.
3,7 (3,4–4,1)	Kiebitzregen-pfeifer	150 ff.
3,8 (3,4-4,1)	Kiebitz	150 ff.
3,9 (3,3–4,3)	Wachtelkönig	116 ff.
3,9 (3,6–4,2)	Kleinsumpfhuhn	116 ff.
4,0 (3,6–4,3)	Bekassine	150 ff.
4,0 (3,6–4,4)	Triel	150 ff.
4,1 (3,7–4,4)	Kampfläufer ♂	150 ff.
4,1 (3,7–4,4)	Dunkler Wasser-läufer	150 ff.
4,1 (3,8–4,4)	Pfuhlschnepfe	150 ff.
4,1 (3,9–4,5)	Grünschenkel	150 ff.
4,2 (3,7–4,7)	Zwergtrappe	136 ff.
4,4 (3,9–4,7)	Tüpfelsumpfhuhn	116 ff.
4,5 (4,1–5,0)	Alpenschneehuhn	83 ff.
4,6 (4,2–5,0)	Regenbrachvogel	150 ff.
4,6 (4,2–5,0)	Waldschnepfe	150 ff.
4,6 (4,2–5,3)	Stelzenläufer	150 ff.
4,7 (4,3–4,9)	Uferschnepfe	150 ff.
4,7 (4,5–5,0)	Haselhuhn	83 ff.
4,9 (4,4–5,2)	Rebhuhn	83 ff.
4,9 (4,4–5,4)	Austernfischer	150 ff.
5,0 (4,6–5,3)	Rothuhn	83 ff.

Vogelfüße mit reduziertem oder fehlendem Hallux		
TSL (in cm)	Art	Seite
5,0 (4,7–5,5)	Säbelschnäbler	150 ff.
5,2 (4,9–5,3)	Steinhuhn	83 ff.
5,3 (4,8–5,8)	Wasserralle	116 ff.
5,4 (4,9–5,7)	Großer Brachvogel	150 ff.
5,8 (5,7–6,2)	Fasan ♀	83 ff.
6,1 (5,9–6,3)	Birkhuhn ♀	83 ff.
6,6 (6,3–6,9)	Birkhuhn ♂	83 ff.
6,8 (6,3–7,6)	Großtrappe ♀	136 ff.
7,0 (6,7–7,4)	Fasan ♂	83 ff.
7,1 (6,6–7,4)	Teichhuhn	116 ff.
7,4 (7,0–7,6)	Auerhuhn ♀	83 ff.
9,5 (8,7–10,1)	Auerhuhn ♂	83 ff.
9,7 (8,7–10,3)	Großtrappe ♂	136 ff.
9,8 (8,6–10,7)	Blässhuhn	116 ff.
12,1 (11,0–13,8)	Kranich	136 ff.

Vogelfüße mit 2 Schwimmhäuten (Palmaten)		
TSL (in cm)	Art	Seite
2,1 (1,6–2,4)	Weißflügel-seeschwalbe	186 ff.
2,1 (1,7–2,4)	Trauerseeschwalbe	186 ff.
2,2 (1,8–2,7)	Zwergseeschwalbe	186 ff.
2,4 (2,0–2,6)	Küstenseeschwalbe	186 ff.
2,6 (2,1–3,1)	Weißbart-seeschwalbe	186 ff.
2,7 (2,3–3,4)	Flussseeschwalbe	186 ff.
3,1 (2,8–3,6)	Brandseeschwalbe	186 ff.
3,6 (2,8–4,2)	Zwergmöwe	186 ff.
3,6 (2,9–4,3)	Lachseeschwalbe	186 ff.
4,1 (3,5–4,5)	Lachmöwe	186 ff.
4,1 (3,6–4,3)	Falkenraubmöwe	186 ff.
4,2 (3,7–4,5)	Krickente	58 ff.

Vogelfüße mit 2 Schwimmhäuten (Palmaten)		
TSL (in cm)	Art	Seite
4,4 (4,1–4,7)	Schwarzkopfmöwe	186 ff.
4,5 (4,1–5,0)	Knäkente	58 ff.
4,7 (4,3–4,9)	Schmarotzer-raubmöwe	136 ff.
4,8 (4,3–5,4)	Raubseeschwalbe	136 ff.
4,9 (4,4–5,3)	Sturmmöwe	136 ff.
5,0 (4,2–5,6)	Dreizehenmöwe	136 ff.
5,0 (4,7–5,5)	Säbelschnäbler	150 ff.
5,2 (4,7–5,7)	Löffelente	58 ff.
5,4 (4,9–5,9)	Zwergsäger	58 ff.
5,6 (5,0–6,2)	Pfeifente	58 ff.
5,6 (5,0–6,2)	Schnatterente	58 ff.
5,8 (5,2-6,4)	Moorente	58 ff.
6,0 (5,4–6,3)	Spatelraubmöwe	136 ff.
6,0 (5,4–6,6)	Spießente	58 ff.
6,3 (5,8–7,2)	Heringsmöwe	186 ff.
6,4 (5,8–7,0)	Stockente	58 ff.
6,6 (5,9–7,3)	Reiherente	58 ff.
6,7 (5,7–7,3)	Silbermöwe	186 ff.
6,8 (6,1–7,5)	Brandgans	58 ff.
6,9 (5,9–7,7)	Mittelmeermöwe	186 ff.
7,1 (6,3–7,4)	Steppenmöwe	186 ff.
7,1 (6,4–7,8)	Ringelgans	58 ff.
7,2 (6,5–7,9)	Schellente	58 ff.
7,2 (6,5–7,9)	Mittelsäger	58 ff.
7,4 (6,7-8,1)	Kolbenente	58 ff.
7,7 (6,9–8,5)	Tafelente	58 ff.
7,8 (7,0–8,6)	Gänsesäger	58 ff.
7,9 (7,1-8,7)	Weißwangengans	58 ff.
7,9 (7,1–8,7)	Trauerente	58 ff.
8,0 (7,0–9,5)	Mantelmöwe	186 ff.
8,2 (7,3–8,5)	Skua	186 ff.
8,2 (7,4–9,0)	Nilgans	58 ff.

Vogelfüße mit 2 Schwimmhäuten (Palmaten)		
TSL (in cm)	**Art**	**Seite**
8,4 (7,6–9,2)	Blässgans	58 ff.
9,0 (8,1–9,9)	Samtente	58 ff.
9,2 (7,2–11,4)	Flamingo	136 ff.
9,3 (8,4-10,2)	Eiderente	58 ff.
9,3 (8,4-9,9)	Saatgans	58 ff.
10,0 (9,0–11,0)	Graugans	58 ff.
10,5 (9,5–11,6)	Kanadagans	58 ff.
14,0 (12,6–15,4)	Zwergschwan	58 ff.
16,9 (15,2–18,6)	Singschwan	58 ff.
17,7 (15,9–19,5)	Höckerschwan	58 ff.

Vogelfüße mit 3 Schwimmhäuten (Totipalmate)		
TSL (in cm)	**Art**	**Seite**
6,6 (6,0–6,4)	Zwergscharbe	107 ff.
11,6 (9,9–13,3)	Krähenscharbe	107 ff.
12,5 (11,9–12,9)	Basstölpel	107 ff.
12,6 (10,8–14,5)	Kormoran	107 ff.
17,4 (15,6–19,0)	Rosapelikan	107 ff.
20,7 (18,6–22,6)	Krauskopfpelikan	107 ff.

Zygodactyle Vogelfüße (in cm)		
TSL (in cm)	**Art**	**Seite**
3,3 (3,1-3,4)	Sperlingskauz	239 ff.
3,6 (3,3-3,9)	Kleinspecht	266 ff.
3,8 (3,5-4,2)	Dreizehenspecht	266 ff.
3,8 (3,6-4,2)	Wendehals	266 ff.
4,0 (3,7-4,2)	Zwergohreule	239 ff.
4,0 (3,8-4,2)	Raufußkauz	239 ff.
4,4 (3,9-4,6)	Mittelspecht	266 ff.
4,6 (4,0-4,8)	Buntspecht, Blutspecht	266 ff.
4,8 (4,5-5,4)	Weißrückenspecht	266 ff.
4,9 (4,7-5,3)	Steinkauz	239 ff.
5,3 (4,7-5,8)	Grauspecht	266 ff.
6,0 (5,7-6,3)	Waldohreule	239 ff.
6,4 (5,7-6,6)	Grünspecht	266 ff.
6,4 (6,1-6,7)	Sumpfohreule	239 ff.
6,7 (6,1-7,2)	Schleiereule	239 ff.
6,9 (6,0-7,9)	Waldkauz	239 ff.
7,2 (6,5-7,6)	Schwarzspecht	266 ff.
12,0 (10,5-13,0)	Uhu	239 ff.

Literatur

Abenza, L. (2019): Aves que dejan huella; MADbird, Espagna.

Becker, P. (1990): Kennzeichen und Kleider der europäischen kleinen Rallen und Sumpfhühner. Rallus und Porzana. Limicola, Band 4 Heft 3.

Bergmann, H.-H. & S. Klaus (2016): Spuren und Zeichen der Vögel Mitteleuropas. Aula, Wiebelsheim.

Birkhead, T. (2018): Die Sinne der Vögel oder wie es ist, ein Vogel zu sein. Springer Nature.

Busching, W.-D. (1997): Handbuch der Gefiederkunde europäischer Vögel. Aula, Wiebelsheim.

Bugnyar, T. (2023): Raben. Das Geheimnis ihrer erstaunlichen Intelligenz und sozialen Fähigkeiten. Brandstätter, Wien.

Demongin, L. (2013): Identification Guide to Birds in the Hand. ringersguide.e-monsite.com.

Drewitt, E. (2024): Bird Pellets. A complete photographic guide. Pelagic Publishing, London.

Düttmann, H. (1993): Die morphologische Jugendentwicklung bei der Brandente (*Tadorna tadorna*) – Vogelwarte – Zeitschrift für Vogelkunde – 37: 96 – 110.

Elbroch, M. & E. Marks (2001): Bird Tracks & Sign. A Guide to North American Species. Stackpole Books.

Galán, J. M. (2012): Huellas y rastros de la fauna de Doñana. D.N.A.S.L.

Galán, J. M. & Vázquez, J. (2016): Fichas de Huellas de la Fauna Ibérica. D.N.A.S.L., El Rocio.

G. v. Blotzheim, U. & K. Bauer (1987 bis 1997): Handbuch der Vögel Mitteleuropas. Bände 1 bis 14/2. Aula, Wiebelsheim.

Gorman, G. (1995): Identifying the presence of woodpecker (*Picidae*) species on the basis of their holes and signs. Aquila, 102.

Gorman, G. (2015): Foraging signs and cavities of some European woodpeckers (*Picidae*): Identifying the clues that lead to establishing the presence of species. DENISIA 36, S. 87 – 97.

Grolms, J. (2021): Tierspuren Europas. Spuren und Zeichen bestimmen und interpretieren. Ulmer, Stuttgart.

Heinrich, B. (1994): Die Seele des Raben. Eine zoologische Detektivgeschichte. Fischer-Taschenbuch-Verl., Frankfurt.

Kubetzki, U. (1997): Ernährungsökologie von Sturmmöwen (*Larus canus*) verschiedener Kolonien Norddeutschlands. Hamburger avifaunistische Beiträge. 29. 5 – 84.

Kunkel, P. (1962): Zur Verbreitung des Hüpfens und Laufens unter Sperlingsvögeln (*Passeres*). Z. f. Tierpsychol. Bd. 19, Heft 4.

Landman, A. (2021): Die Natur der Alpen: Von Gletscherflöhen, Gipfelspinnern und Extremisten am Berg – die Faszination alpiner Lebensräume. Franckh-Kosmos, Stuttgart.

Leisler, B. (1969): Neuere Feststellungen seltener Feldgans- (*Anser*) und Meergans- (*Branta*) Arten im Neusiedler-See-Gebiet. Egretta 1 – 2 1969. S. 53 – 58.

Leisler, B. (1975): Die Bedeutung der Fußmorphologie für die ökologische Sonderung mitteleuropäischer Rohrsänger (*Acrocephalus*) und Schwirle (*Locustella*). J. Orn, 116, 1975: S. 117 – 153.

Liebenberg, L. (1990): The Art of Tracking. The Origin of Science. David Philip Pub. (South Africa).

Lorenz, K. (1968): Er redete mit dem Vieh, den Vögeln und den Fischen. DTV, München.
März, R. (2011): Gewöll- und Rupfungskunde: Die Nahrung unserer Greifvögel nach Gewöllen und Rupfungen bestimmen. Aula , Wiebelsheim.
Mebs, T. & W. Scherzinger (2000): Die Eulen Europas. Frankh-Kosmos, Stuttgart.
Müller, F. & D. G. Müller (Hrsg.) (2006): Wildbiologische Informationen für den Jäger. Band 2 Federwild. Verlag Kessel, Remagen.
Muth, M. (2012): Anmerkungen zu Hackspuren von Weißrückenspecht (*Dendrocopos leucotos*) und Schwarzspecht (*Dryocopus martius*) im Allgäu. Naturkundl. Beiträge Jahrgang 47 (2012): 71 – 82.
Nauta, R. & A. Pot (2019): Het Prentenboek. Uitgeverij EXTRA.
Nero, R. W. & Taylor R. R. (1980): The Great Grey Owl – phantom of the northern forest. Smithsonian nature book.
Piersma, T., van Aelst, R., Kurk, K., Berkhoudt, H. & Maas, L. R. M. (1998): A new pressure sensory mechanism for prey detection in birds: The use of principles of seabed dynamics? *Proceedings of the Royal Society B*, *265*(1404), 1377–1383.
Rhyder, J. (2021): Track and Sign. A Guide to the Field Signs of Mammals and Birds of the UK. The History Press Ltd.
Rüggeberg, T. (1959): Zur funktionellen Anatomie der hinteren Extremität einiger mitteleuropäischer Singvogelarten. Zeitschrift für wissenschaftliche Zoologie. Bd. 164, H 1 – 2.
Sackl, P. (1985): Untersuchungen zur Habitatwahl und Nahrungsökologie des Weißstorchs (*Ciconia ciconia* L.) in der Steiermark (1985). Austrian Literature Online: [Sackl P.–Diss.]
Scherzinger, W. (1982): Die Spechte im Nationalpark Bayerischer Wald. Nationalpark Bayerischer Wald – Wissenschaftliche Reihe 9: 6 – 119.
Schönbeck, H. (1955): Die Verbreitung des Alpenschneehuhnes in der Steiermark. Vogelkundliche Nachrichten aus Österreich, Folge 6: 2–4. – Österr. Lehrerverein f. Naturkunde, Wien.
Svensson, L., Mullarney, K. & D. Zetterström (2011): Der Kosmos Vogelführer: Alle Arten Europas, Nordafrikas und Vorderasiens. 2. Auflage. Stuttgart: Kosmos Verlag.
Swennen, C. & Van der Baan, C. (1959): Tracking birds on tidal flats and beaches. British Birds 52: 15–18.
Thies, H. (1978): Bestand und Ökologie der Sturmmöwe (*Larus canus* L.) an Hochmoor-Brutplätzen im westlichen Kreis Segeberg, Schleswig-Holstein. Mitt. der Faunistischen Arbeitsgemeinschaft für Schleswig-Holstein, Hamburg und Lübeck. Bd. 6 Heft 4.
Thompson, D B A. (1981): Feeding behaviour of wintering Shelduck on the Clyde Estuary. Wildfowl, [S. l.], p. 88 – 98, Jan. 1981. ISSN 2052 – 6458.
Townsend, Ch. W. (1915): Notes on the Rock Dove. Auk 32, 1915, 306 – 316.
Tucker, B. W. (1944): The election of pellets by passerine and other birds. British Birds 38: 50 – 52.
Wenger, A. (2021 & 2022): Avibus, Ornithologische Informationen für Spurensuchende. https://shop. bewandert.eu/?product=12-lern-nuggets-im-abo, https: //shop.bewandert.eu/?product=abo-2022-4-ausgaben.
Young, J. (2012): What the Robin knows. Mariner Books, Boston & New York.
Zahner, V. & N. Wimmer (2021): Spechte & Co. Sympathische Hüter heimischer Wälder. Aula, Wiebelsheim.

Danksagung

Gleich zu Beginn möchte ich festhalten: Ohne Jörn Kaufhold wäre dieses Buch nicht entstanden. In fast fünf Jahren einfühlsamer Überzeugungsarbeit motivierte er mich, die neu gewonnene Freiheit eines Pensionisten gegen die Herausforderung des Buchschreibens einzutauschen. Seine eigene Erfahrung als Autor war mir in vielen Situationen eine große Hilfe, ebenso seine wertvollen Anmerkungen zu zahlreichen Kapiteln und die begleitenden Aufmunterungen. Ein Vorläufer dieses Buches war das Periodikum „Avibus", in dem wir mit Jörns pädagogischer Unterstützung ein geeignetes Format für die Vermittlung von Vogelspuren entwickelten.

Um ein Henne-Ei-Problem anzusprechen – für mich war die Ornithologie die erste Leidenschaft, erst später entdeckte ich das Spurenlesen. Nach ersten, einsamen Erfahrungen in den österreichischen Bergen stieß ich nach dem Studium auf eine engagierte Gruppe Gleichgesinnter, zunächst im Rahmen von BirdLife Österreich (damals noch ÖGV genannt). Gemeinsame Treffen, Exkursionen und Auslandsreisen ließen nicht nur meine vogelkundlichen Kenntnisse rasch wachsen, sondern führten auch zu lebenslangen Freundschaften. Besonders hervorheben möchte ich Thomas Hochebner und Otto Samwald. In vielen anregenden Diskussionen mit beiden erhielt ich wertvolle Impulse für dieses Buch. Thomas versorgte mich mit Fachliteratur, öffnete mir seine Sammlungen und teilte seine Erfahrungen, die viele spurenkundlich relevante Erkenntnisse enthielten. Als hervorragenden Kenner von Spechten und Eulen beriet er mich zu diesen Kapiteln. Otto ermöglichte mir die Teilnahme an Beringungen, bei denen ich die Füße von Singvögeln, Rallen und Schnepfen fotografieren und zudem gesicherte Trittsiegel gewinnen konnte. Ohne seine Unterstützung wären die Kapitel über Singvögel nicht möglich gewesen. Vielen Dank!

In frühere Jahre meiner Vogelleidenschaft fiel die Gründung der Forschungsgemeinschaft Lanius, einer NGO in Niederösterreich, die sich dem Naturschutz, der regionalen Faunistik und der Naturvermittlung widmet. Als Gründungsobmann profitierte ich von der Expertise dieses engagierten Teams und von der Möglichkeit, an verschiedenen Projekten mitzuwirken und diese mitunter zu leiten.

Mein Lehrer im Spurenlesen und mein Wegweiser in die Welt von Cybertracker war Joscha Grolms, einer der besten Spurenleser Europas und Autor des Standardwerks „Tierspuren Europas". Seine kompetente und strukturierte Art, Wissen zu vermitteln, überzeugte mich schon bei unserem ersten Treffen von den Möglichkeiten dieser Methode. Ihm und der Wildnisschule Wildniswissen verdanke ich eine völlig neue Dimension der Naturbegegnung. Ein besonderer Dank gilt auch Wolfgang Peham, dem Gründer und Leiter dieser Schule, für seine Wertschätzung meiner Arbeit und die zusätzliche Motivation für dieses Buch!

Vielen Menschen bin ich zu Dank verpflichtet, und ich hoffe, durch eine Nichterwähnung niemanden zu kränken. Sehr wohl persönlich bedanken möchte ich mich bei ich Monika Kriechbaum, Josef Pennerstorfer und Gerhard Rotheneder. Monika unterstützte mich mit Literatur und methodischer Hilfe, Sepp versorgte mich mit wertvollen Informationen, und Gerhard nahm mich in sein „heiliges" Fotoversteck mit. Mit Stefanie Argow verbinden mich zahlreiche unvergessliche Spuren-Erlebnisse, darunter ein Spuren-Intensivkurs am Stettiner Haff. Erfahrungen am Wattenmeer konnte ich durch die Initiative von Nicole Meyer sammeln. Eine Reise nach Kanada mit Ralph Müller war nicht nur ein großartiges Abenteuer, sondern auch eine wahre Fundgrube für Spuren und ermöglichte einen inspirierenden Austausch.

Meine Frau Maria hat gemeinsam mit mir auf vielen Reisen, Wanderungen und Exkursionen nach Spuren gesucht und manche vor mir entdeckt. Tochter Cornelia, eine Mathematikerin, hat mich bei der korrekten Auswertung des umfangreichen Datenmaterials unterstützt. Und schließlich danke ich meiner gesamten Familie, die geduldig hingenommen hat, dass ich oft mehr Zeit am Computer verbrachte als mit ihr.

Zahlreiche Autoren wissenschaftlicher Werke waren persönlich unbekannte, aber tatkräftige Unterstützer. Vieles an Literatur beschäftigt sich zwar nicht direkt mit Spuren, aber die beschriebenen Verhaltensweisen, Ernährungsgewohnheiten und morphologischen Analysen lassen sich auf die Spurenkunde übertragen. Eine unschätzbare Quelle war dabei das „Handbuch der Vögel Mitteleuropas“. Es ist zwar schon älter, bietet aber dank der Sorgfalt, mit der die Autoren Glutz v. Blotzheim und Kurt Bauer Daten zusammengetragen haben, eine Fülle an Informationen – weit mehr, als ich im Schreibprozess verarbeiten konnte.

Mein Dank gilt dem Verlag Quelle & Meyer, der mir als unbekanntem Autor die Chance gab, dieses Buch zu schreiben. Durch Fabian Kaschinski lernte ich die Qualität eines professionellen Lektorats zu schätzen.

Abschließend danke ich auch Ihnen, liebe Leserinnen und Leser – Ihr Interesse an diesem Buch hat auch mir neue Erkenntnisse eröffnet. Schließlich ist es der Autor, der am Ende am meisten lernt!

Andreas Wenger, im Herbst 2025